本书精彩案例欣赏

3ds Max / VRay / Photoshop
室内效果图设计从入门到精通

孙丹婷　许　金　编　著

天津大学出版社
TIANJIN UNIVERSITY PRESS

内 容 简 介

本书由浅入深、循序渐进地介绍了使用3ds Max 2016、VRay和Photoshop CC设计各类室内效果图的流程、方法和技巧。全书共分13章，第1～9章分别介绍了3ds Max 2016入门知识、基础物体建模、二维图形的创建与编辑、创建复合物体、材质与贴图、灯光与摄影机、初识VRay、VRay渲染器的材质和贴图、VRay渲染器的灯光和阴影等内容。第10～13章则分别介绍了客餐厅日景灯光综合表现、清晨卧室综合表现、书房柔和日光表现、卫生间室内灯光表现等综合性案例，便于提高和拓展读者对3ds Max 2016基本功能的掌握与应用。

附赠光盘中提供了书中实例的场景文件和所用到的素材文件，以及演示实例设计过程的语音视频教学文件。

本书内容翔实，结构清晰，语言流畅，实例分析透彻，操作步骤简洁明了，适合室内效果图设计初学者阅读学习，也可作为大中专院校和社会培训机构室内设计及其相关专业的培训教材。

图书在版编目（CIP）数据

3ds Max/VRay/Photoshop室内效果图设计从入门到精通/孙丹婷，许金编著．—天津：天津大学出版社，2016.6 （2022.8重印）

ISBN 978-7-5618-5574-4

Ⅰ．①3… Ⅱ．①孙… ②许… Ⅲ．①室内装饰设计—计算机辅助设计—三维动画软件 Ⅳ．①TU238-39

中国版本图书馆CIP数据核字（2016）第130731号

出版发行 天津大学出版社
地　　址 天津市卫津路92号天津大学内（邮编：300072）
电　　话 发行部：022-27403647
网　　址 publish.tju.edu.cn
印　　刷 廊坊市海涛印刷有限公司
经　　销 全国各地新华书店
开　　本 185mm×260mm
印　　张 26.5・4彩插
字　　数 686千
版　　次 2016年6月第1版
印　　次 2022年8月第3次
定　　价 99.00元

前　　言

随着计算机技术的飞速发展，计算机技术的应用领域也越来越广，三维渲染技术也在各个方面得到广泛应用，伴随着的是三维渲染软件层出不穷，3ds Max是这些三维渲染软件中的佼佼者，而VRay渲染器是3ds Max中表现出色的渲染插件。使用3ds Max可以完成多种工作，包括影视制作、广告动画、建筑效果图、室内外效果图、模拟产品造型设计和工艺设计等。

3ds Max 2016版本在建模技术、材质编辑、环境控制、动画设计、渲染输出和后期制作等方面日趋完善；内部算法相比以前的版本有很大改进，提高了制作和渲染输出的速度，渲染效果达到工作站级水准；功能和界面划分更合理，更人性化，各功能组有序地组合大大提高了室内外效果图制作的工作效率。

本书共13章，循序渐进地介绍了3ds Max 2016的基本操作和功能，详细讲解了3ds Max 2016的建模、材质、灯光、VRay渲染及特效等5大主体内容。

第1章　作为3ds Max的初级用户，学习和适应软件的工作环境及基本的文件操作是非常必要的，本章介绍了认识3ds Max 2016，3ds Max 2016的安装、启动与退出，3ds Max 2016工作界面，3ds Max的项目工作流程，3ds Max个性化界面设计，3ds Max常用建模辅助命令应用，3ds Max文件的操作、对象的选择以及如何复制、阵列对象等，通过对本章的学习，相信读者会对3ds Max的基本操作有简单的了解。

第2章　本章通过介绍具体操作方法和操作过程，使初学者切实掌握创建模型的基本技能。通过对本章的学习，使读者可以对三维模型的构建有初步的了解。

第3章　二维图形是指由一条或多条样条线构成的平面图形，或由两个及两个以上节点构成的线/段所组成的组合体。二维图形建模是三维造型的一个重要基础，本章详细介绍二维图形的创建与编辑。

第4章　3ds Max 2016的基本内置模型是创建复合物体的基础，可以将多个内置模型组合在一起，从而产生千变万化的模型，通过对本章的学习，可以使用户对如何创建复合物体有所了解。

第5章　详细介绍材质编辑器、基本材质贴图的设置，希望通过本章的学习使读者了解材质编辑器的用法并掌握材质的制作。

第6章　本章介绍灯光照明的基础知识、灯光类型、灯光的共同参数卷展栏以及摄影机的公共参数、摄影机视图导航控制等基础知识与使用方法。

第7章　本章着重介绍VRay渲染器的一些基本知识，使读者对其有初步的了解。

第8章　本章主要讲解VRay材质编辑器、基本材质贴图的设置，希望通过对本章的学习能让读者学会使用编辑器，了解材质制作的流程，充分认识材质与贴图的联系以及重要性，为后面章节的学习奠定基础。

第9章　本章主要介绍VRay渲染器的灯光和阴影，VRay灯光主要包含4种类型，即VR-灯光、VRayIES、VR-环境灯光和VR-太阳等。

第10章～第13章主要讲解客餐厅、卧室、书房以及卫生间的制作，并着重讲解了如何设置材质、灯光、渲染参数。

为便于阅读理解，本书的写作风格遵从如下约定。

- 本书中出现的中文菜单和命令将用【 】括起来，以示区分。此外，为了使语句更简洁易懂，本书中所有菜单和命令之间以竖线（|）分隔，例如，单击【编辑】菜单，再选择【移动】命令，就用【编辑】|【移动】来表示。
- 用加号（+）连接的两个或3个键表示组合键，在操作时表示同时按下这两个或三个键。例如，Ctrl+V是指在按下Ctrl键的同时，按下V字母键；Ctrl+Alt+F10是指在按下Ctrl和Alt键的同时，按下功能键F10。
- 在没有特殊指定时，单击、双击和拖动是指用鼠标左键单击、双击和拖动，右击是指用鼠标右键单击。

为了方便读者学习书中所介绍的知识，本书光盘中提供了书中实例的场景文件、素材文件，以及演示实例设计过程的语音视频教学文件。通过分析常见文件和观看视频教学，可快速提高学习效率和效果图设计水平。

本书内容充实，结构清晰，功能讲解详细，实例分析透彻，适合3ds Max的初级用户全面了解与学习，本书同样可作为各类高等院校相关专业以及社会培训班的教材使用。

本书主要由玉溪师范学院美术学院的孙丹婷、许金编写，其中孙丹婷负责编写第1～8章，许金负责编写第9～13章。其他参与编写的人员还有李梓萌、王珏、王永忠、安静、于舒春、王劲、张慧萍、陈可义、吴艳臣、纪宏志、宁秋丽、张博、于秀青、田羽、李永华、蔡野、李日强、刘宁、刘书彤、赵平、周艳山、熊斌、江俊浩、武可元、韩成斌、田君、段晖、张倩、刘美玲、申延合、张建勇等。由于作者水平有限，书中存在的疏漏和错误之处，敬请读者批评指正。

编　者

2016年6月

目　录

第1章 3ds Max 2016入门知识

本章导读：

基础知识	◈ 认识并了解3ds Max 2016 ◈ 3ds Max的安装、启动与退出
重点知识	◈ 3ds Max的工作界面 ◈ 3ds Max基本操作

本章主要介绍3ds Max应用范围以及Max中的工作界面、文件的操作、对象的选择以及如何复制、阵列对象等内容。通过对本章的学习，相信读者会对3ds Max的基本操作有一个简单的了解。

1.1 认识3ds Max

3D Studio Max，简称为3ds Max或MAX，是Discreet公司开发的（后被Autodesk公司合并）基于PC系统的三维动画渲染和制作软件。本节将介绍3ds Max软件以及该软件的应用范围。

3ds Max的雏形是当时运行在DOS系统下的3DS，在1996年正式转型为Windows操作系统下的桌面程序后，被命名为3D Studio Max。1999年，Autodesk公司将收购的Discreet Logic公司和旗下的Kinetix公司合并，吸收了3D Studio Max的设计人员，成立了Discreet多媒体分公司，专业致力于提供用于视觉效果、3D动画、特效编辑、广播图形和电影特技的系统和软件。2005年3月24日，Autodesk宣布将其下属分公司Discreet正式更名为Autodesk媒体与娱乐部，而软件的名称也由原来的Discreet 3ds Max更名为Autodesk 3ds Max。

1.2 3ds Max 2016的安装、启动与退出

在学习3ds Max 2016之前，首先要了解软件的安装、启动与退出，这样才能更好地掌握3ds Max 2016。

1.2.1 3ds Max 2016的安装

3ds Max 2016的安装方法非常简单，其具体操作步骤如下：

Step 1 将安装光盘放入光驱，运行3ds Max 2016安装程序，执行setup.exe，进入3ds Max 2016的安装界面，如图1-1所示。

Step 2 在弹出的安装界面中单击【Install】按钮，如图1-2所示。

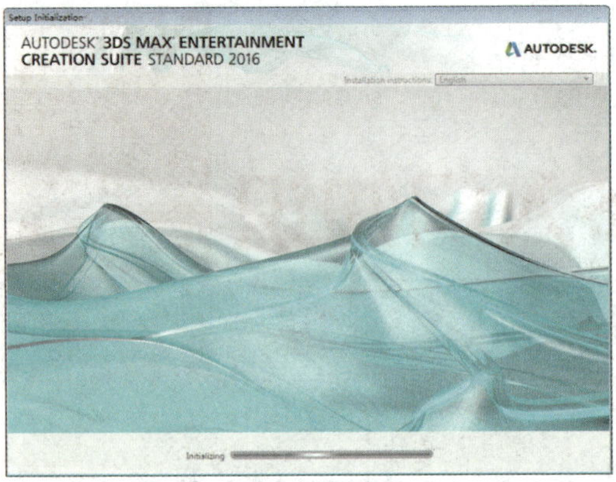

图1-1

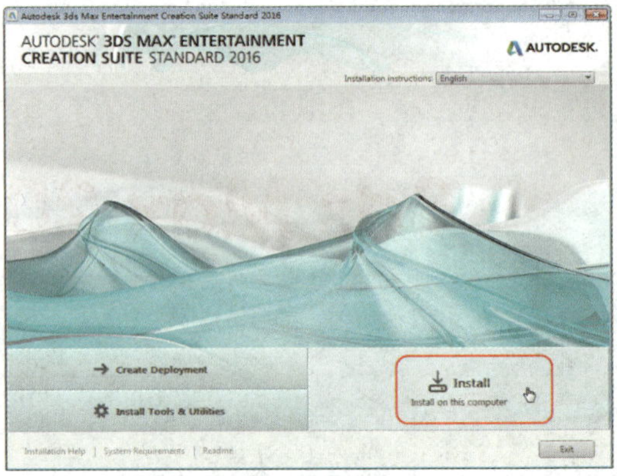

图1-2

Step 3 在弹出的如图1-3所示的对话框中选中右下角的【I Accept】单选按钮，单击【下一步】按钮。

Step 4 在弹出的对话框中选中【I have my product information】单选按钮，然后输入序列号和产品密钥，输入完成后单击【下一步】按钮，如图1-4所示。

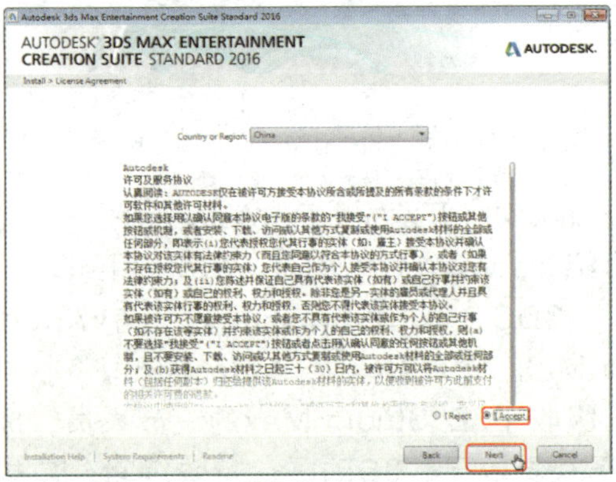

图1-3

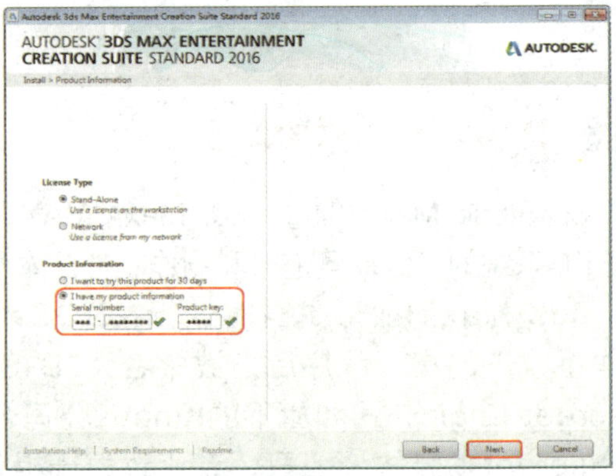

图1-4

Step 5 在弹出的对话框中设置产品的安装路径，单击【Install】按钮，如图1-5所示。

Step 6 弹出如图1-6所示的安装进度对话框。

Step 7 安装完毕后单击【Finish】按钮即可。

图1-5

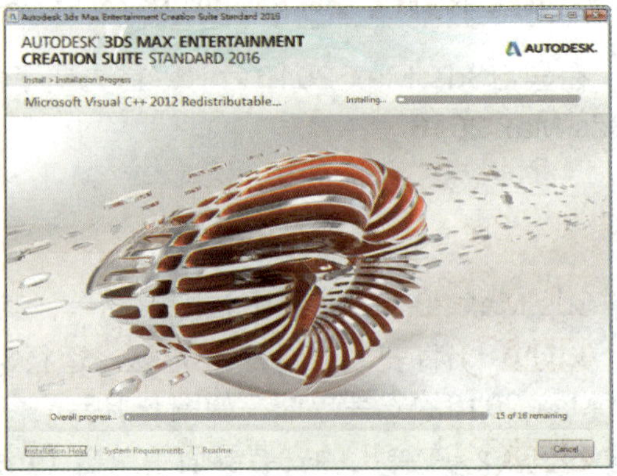

图1-6

1.2.2 【上机操作】——3ds Max 2016的启动

场景：无	完成场景：无
视频：视频教学\Cha01\3ds Max 2016的启动.avi	效果：无

安装完软件后，首先要学习如何启动该软件，其具体操作步骤如下：

Step 1 单击【开始】按钮，在弹出的菜单中选择【所有程序】|【Autodesk】|【Autodesk 3ds Max 2016】|【Autodesk 3ds Max 2016-Simplified Chinese】选项，如图1-7所示。

Step 2 执行该命令后，即可启动3ds Max 2016，打开后的3ds Max 2016操作界面如图1-8所示。

图1-7

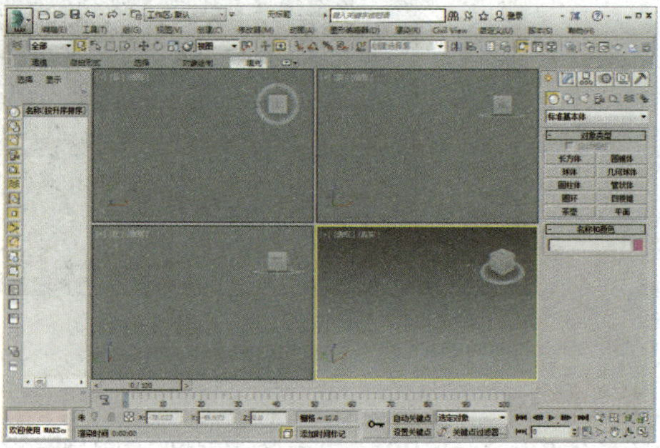

图1-8

1.2.3 3ds Max 2016的退出

退出3ds Max 2016的方法有两种：

- 在工作界面单击该窗口右上角的【关闭】按钮x，或者在标题栏上右击，在弹出的快捷菜单中选择【关闭】命令，如图1-9所示。
- 单击【应用程序】按钮，在弹出的下拉列表中单击【退出 3ds Max】按钮，如图1-10所示。

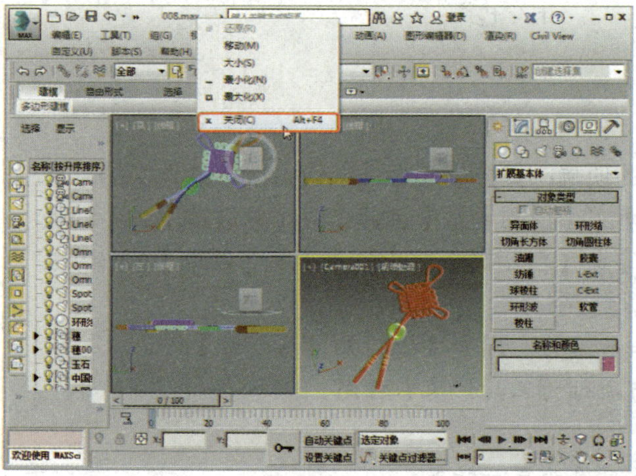

图1-9

图1-10

1.3 3ds Max 2016工作界面简介

熟悉了3ds Max的界面布局后，才能更熟练地进行操作，从而提高工作效率。3ds Max 2016的操作界面如图1-11所示。

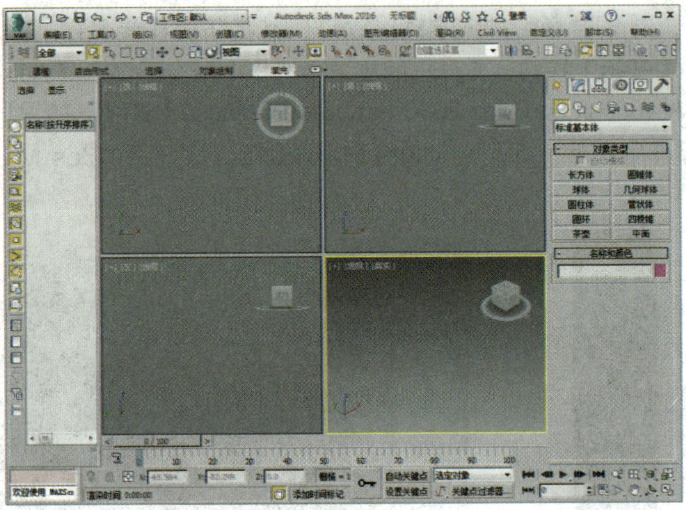

图1-11

1.3.1 标题栏

标题栏位于3ds Max 2016界面的最顶部，它显示了当前场景文件的软件版本、文件名等基本信息。位于标题栏最左边的是快速访问工具栏，单击它们可执行相应的命令，其右侧是工作区，然后是软件名、文件名、5个功能按钮和3个基本控制按钮（【最小化】按钮、【最大化】按钮和【关闭】按钮），如图1-12所示。

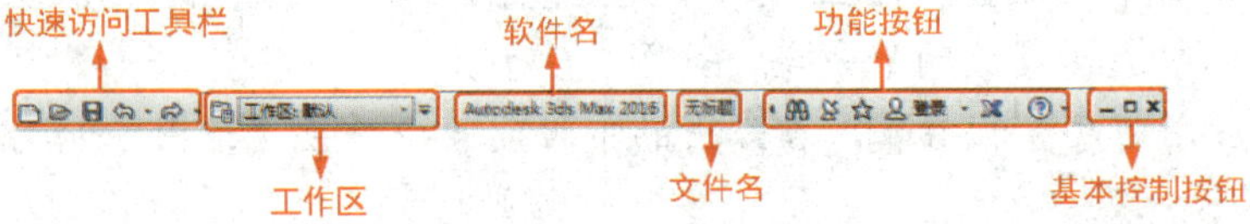

图1-12

1.3.2 菜单栏

菜单栏位于3ds Max 2016界面的顶端，其排列与标准的Windows软件中的菜单栏类似，其中包括【编辑】、【工具】、【组】、【视图】、【创建】、【修改器】、【动画】、【图形编辑器】、【渲染】、【Civil View】、【自定义】、【脚本】和【帮助】13个项目。

下面对菜单栏中各个项目分别进行介绍。

- 【编辑】：提供编辑物体的基本工具，例如【撤销】、【重做】等。
- 【工具】：提供多种工具，与顶行的工具栏基本相同。
- 【组】：用于控制成组对象。
- 【视图】：用于控制视图以及对象的显示情况。

- 【创建】：提供了与创建命令面板中相同的创建选项，同时也方便了操作。
- 【修改器】：用户可以直接通过菜单操作，对场景对象进行编辑修改，与修改命令面板相同。
- 【动画】：用于控制场景元素的动画创建，可以使用户快速便捷地进行工作。
- 【图形编辑器】：用于动画的调整以及使用图解视图进行场景对象的管理。
- 【渲染】：用于控制渲染着色、视频合成、环境设置等。
- 【Civil View】：Civil View对象库构成对象放置样式编辑器内容的基础。此面板将对象从【放置的对象】类别放置到当前场景中。
- 【自定义】：提供了多个让用户自行定义的设置选项，以使得用户能够依照自己的喜好进行调整设置。
- 【脚本】：提供了供用户编制脚本程序的各种选项。
- 【帮助】：提供了用户所需要的使用参考以及软件的版本信息等内容。

1.3.3　工具栏

3ds Max 2016的工具栏位于菜单栏的下方，由若干个工具按钮组成，分为主工具栏和标签工具栏两部分。其中包含变动工具、着色工具等，还有一些是菜单中的快捷键按钮，可以直接打开某些控制窗口，例如材质编辑器、轨迹控制器等，如图1-13所示。

图1-13

在3ds Max中还有一些工具未在工具栏中出现，它们会以浮动工具栏的形式显示。在菜单栏中选择【自定义】|【显示UI】|【显示浮动工具栏】命令，如图1-14所示。可以打开【轴约束】、【层】、【捕捉】等浮动工具栏，如图1-15所示。

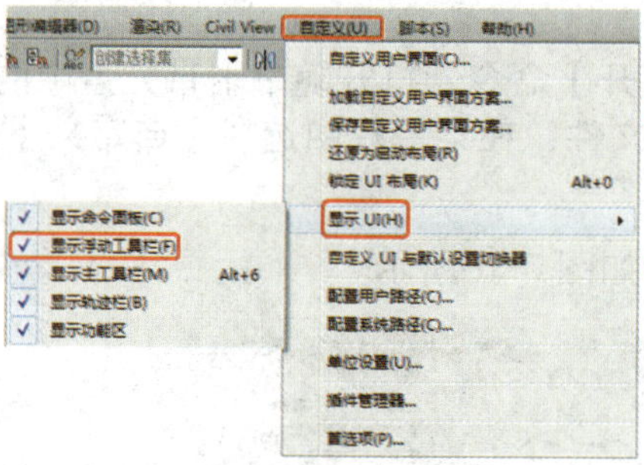

图1-14

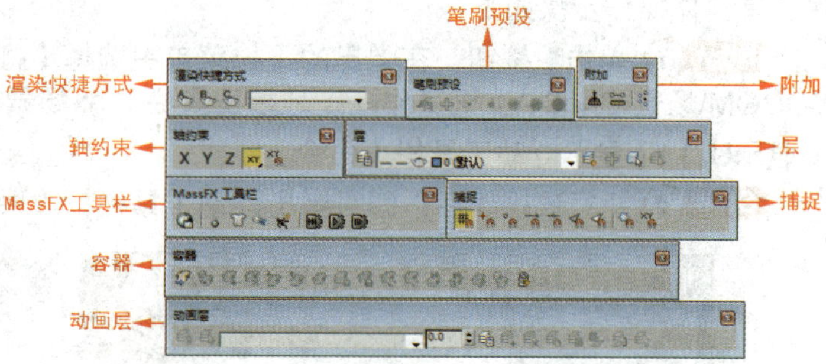

图1-15

1.3.4　【上机操作】——拖动工具栏

场景：CDROM\场景\Cha01\上机操作——拖动工具栏.max	完成场景：无
视频：视频教学\Cha01\拖动工具栏.avi	效果：无

在3ds Max中用户可以根据需要随意调整工具栏的位置，其具体操作步骤如下：

Step 1 单击按钮，在弹出的下拉菜单中选择【打开】命令，打开随书附带光盘中的CDROM\场景\Cha01\上机操作—— 拖动工具栏.max场景文件，将鼠标放置在工具栏的最左侧，如图1-16所示。

Step 2 当鼠标下方出现白色方框时，按住鼠标向下拖动，在合适的位置上释放鼠标，即可调整主工具栏的位置，如图1-17所示。

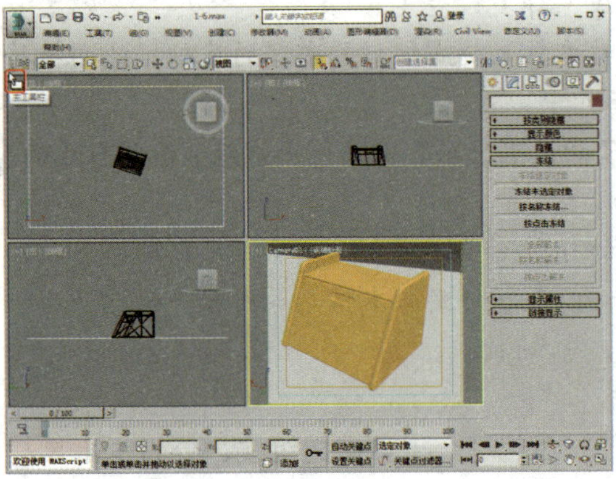

图1-16

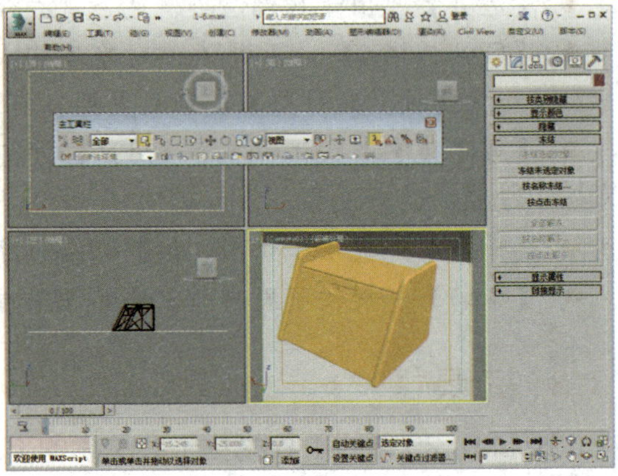

图1-17

1.3.5 【上机操作】——显示浮动工具栏

场景：CDROM\场景\Cha01\上机操作—— 拖拽工具栏.max	完成场景：无
视频：视频教学\Cha01\显示浮动工具栏.avi	效果：无

在3ds Max中，还有一些工具栏是以浮动的形式显示，下面将介绍如何显示浮动工具栏，其具体操作步骤如下：

Step 1 单击按钮，在弹出的下拉菜单中选择【打开】命令，打开随书附带光盘中的CDROM\场景\Cha01\上机操作——拖拽工具栏.max场景文件，在菜单栏中选择【自定义】|【显示UI】|【显示浮动工具栏】命令。

Step 2 执行该操作后，即可弹出浮动工具栏，效果如图1-18所示。

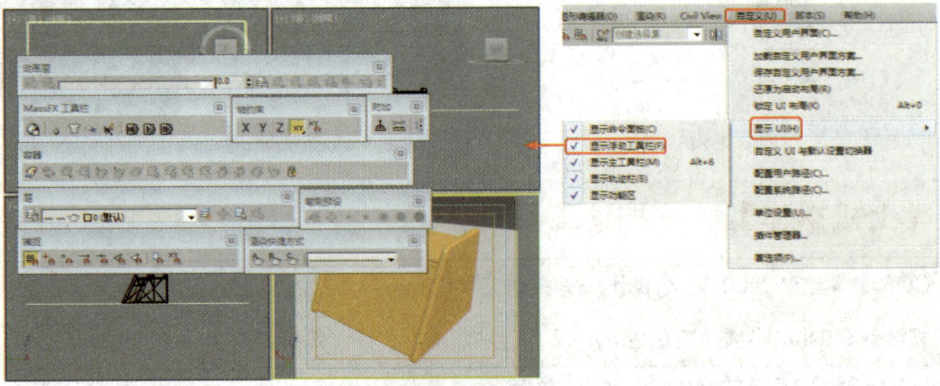

图1-18

1.3.6 【上机操作】——固定浮动工具栏

场景：CDROM\场景\Cha01\上机操作——拖拽工具栏.max	完成场景：无
视频：视频教学\Cha01\固定浮动工具栏.avi	效果：无

显示浮动工具栏后，用户可以根据自己的需要将浮动工具栏进行固定，其具体操作步骤如下：

Step 1 继续上一实例的操作，选择要固定的浮动工具栏，例如选择【动画层】浮动工具栏，如图1-19所示。

Step 2 按住鼠标将其拖动至主工具栏的下方，即可将该浮动工具栏固定到主工具栏下方，如图1-20所示。

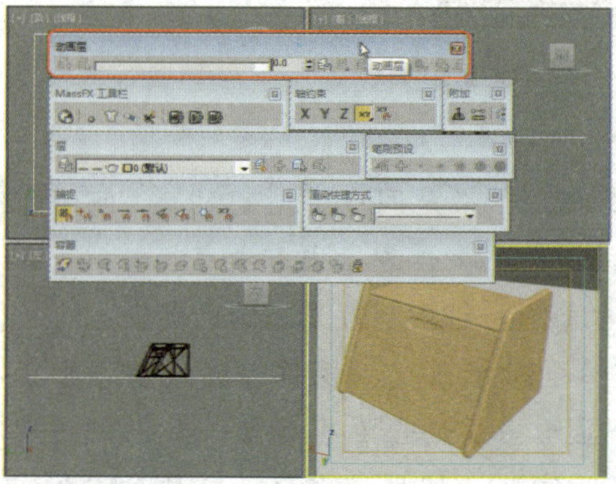

图1-19

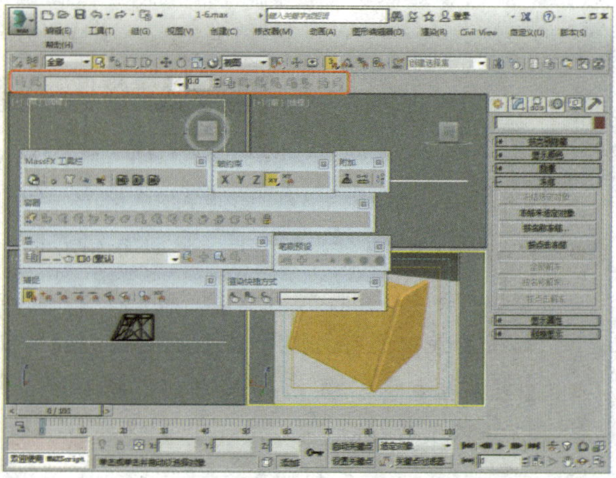

图1-20

提示：

将浮动工具栏隐藏后，被固定的浮动工具栏将不会隐藏，如果要关闭固定的浮动工具栏，可将其脱离固定位置，然后单击【关闭】按钮即可。

1.3.7 动画时间控制区

动画时间控制区位于状态栏与视图控制区之间，它们用于控制动画的时间。通过动画时间控制区可以开启动画制作模式，可以随时对当前的动画场景设置关键帧，并且完成的动画可在处于激活状态的视图中进行实时播放，如图1-21所示为动画时间控制区。

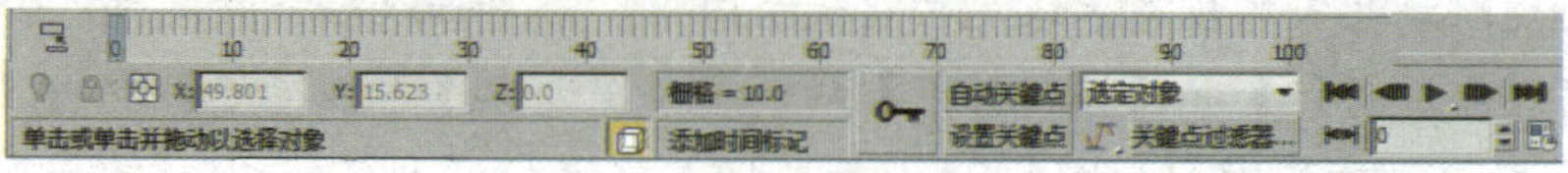

图1-21

1.3.8 命令面板

命令面板由【创建】、【修改】、【层次】、【运动】、【显示】和【实用程序】6部分构成，这6个面板可以分别完成不同的工作。命令面板区包含大多数造型和动画命令，可以进行丰富的参数设置，如图1-22所示。

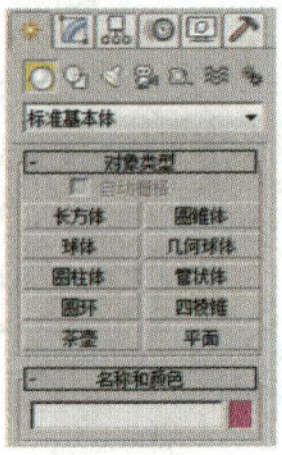

图1-22

1.3.9 视图区

视图区在3ds Max操作界面中所占面积最大，是进行三维创作的主要工作区域。一般分为【顶】视图、【前】视图、【左】视图和【透】视图4个工作窗口，通过这4个工作窗口可以从不同的角度观察创建的各种造型。

1.3.10 状态栏与提示栏

状态栏位于视图下方，分为当前状态栏和提示信息栏两部分，用于显示当前状态及选择锁定方式，如图1-23所示。

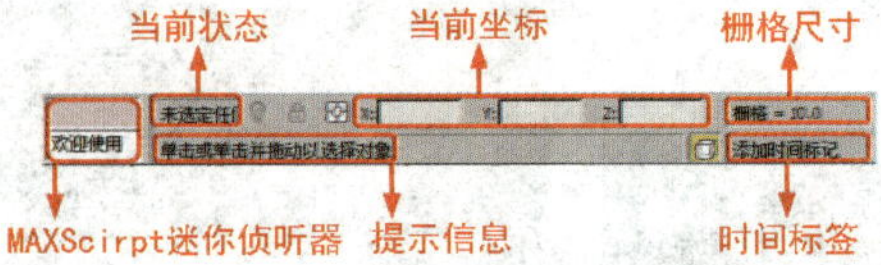

图1-23

- 【当前状态】：显示当前选择对象的数目和类型。如果是同一类型的对象，它可以显示出对象的类别。图1-23中显示为【未选定任何对象】，表示当前没有物体被选择，如果场景中还有灯光等多个不同类型的对象被选择，则显示为【选择了实体】。
- 【当前坐标】：显示的是当前鼠标指针的世界坐标值或变换操作时的数值。当鼠标指针不操作物体，只在视图上移动时，它会显示当前的世界坐标值；如果使用变换工具，将根据工具、轴向的不同而显示不同的信息。例如使用移动工具时它是依据当前的坐标系统显示位置的数值；使用旋转工具时显示当前活动轴上的旋转角度；使用缩放工具时显示当前缩放轴上的缩放比例。
- 【栅格尺寸】：显示当前栅格中一个方格的边长尺寸，它的值会随视图显示的缩放而变化。例如放大显示时，栅格尺寸会缩小，因为总的栅格数是不变的。
- 【MAXScirpt迷你侦听器】：分为粉色和白色上下两个窗格，粉色窗格是【宏录制器】窗格，用于显示最后记录的信息；白色窗格是脚本编写窗格，用于显示最后编写的脚本命令，MAX会自动执行直接输入到白色窗格中的脚本语言。
- 【提示信息】：针对当前选择的工具和程序，提示下一步的操作指导。
- 【时间标签】：这是一个非常快捷的方式，即通过文字符号指定特定的帧标记，使用户能够迅速跳到想去的帧。未设定时它是空白框，当单击或右击此处时，会弹出一个小菜单，有【添加标记】和【编辑标记】两个命令。选择【添加标记】命令，可以打开【添加时间标记】对话框，如图1-24所示，将当前帧加入到标签中，选择【编辑时间】命令，可以打开【编辑时间标记】对话框，在【编辑时间标记】对话框中的各选项与【添加时间标记】对话框中的选项基本相同，如图1-25所示【编辑时间标记】对话框。【添加时间标记】对话框中各选项的命令解释如下所示。

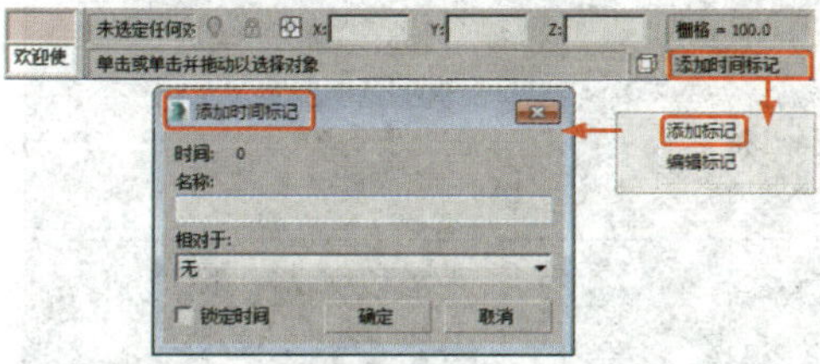

图1-24

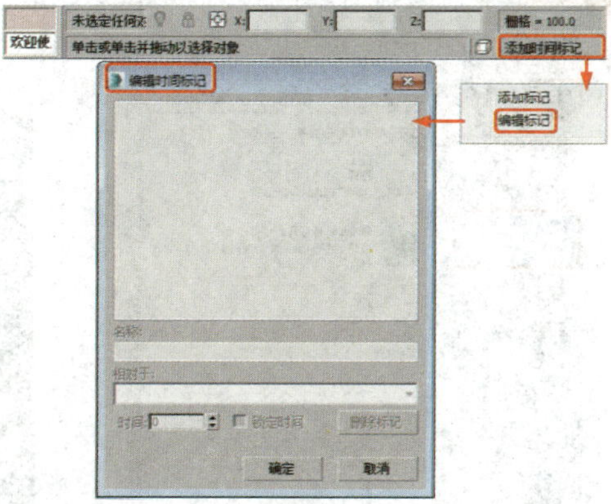

图1-25

- 【时间】：显示标记要指定的当前帧。
- 【名称】：在此文本框中可以输入一个文字串，即标签名称，它将与当前的帧号一起显示。
- 【相对于】：指定其他的标记，当前标记将保持与该标记的相对偏移。例如，在10帧指定一个时间标记，在30帧指定第二个标记，将第一个标记指定相对于到第二个标记。这样，如果第一个标记移至第30帧，则第二个标记自动移动到第50帧，以使两个标记之间保持20帧。这个相对关系是一种单方面的偏移，系统不允许建立循环的从属关系，如果第二个标记的位置发生变化，第一个标记不会受到影响。
- 【锁定时间】：勾选此复选框可以将标签锁定到一个特殊的帧上。

1.3.11 视图控制区

视图控制区位于视图右下角，如图1-26所示。其中的控制按钮可以控制视图区各个视图的显示状态，例如视图的缩放、旋转、移动等。另外，视图控制区中各按钮会因所用视图不同而呈现不同状态，例如在摄影机视图、灯光视图中的视图控制区会变得不同。

图1-26

1.3.12 【上机操作】——缩放视图

场景：CDROM\场景\Cha01\上机操作—— 缩放视图.max

完成场景：无

视频：视频教学\Cha01\缩放视图.avi

下面介绍如何缩放视图，其具体操作步骤如下：

Step 1 单击按钮，在弹出的下拉菜单中选择【打开】命令，如图1-27所示。

Step 2 打开随书附带光盘中的CDROM\场景\Cha01\上机操作——缩放视图.max场景文件，如图1-28所示。

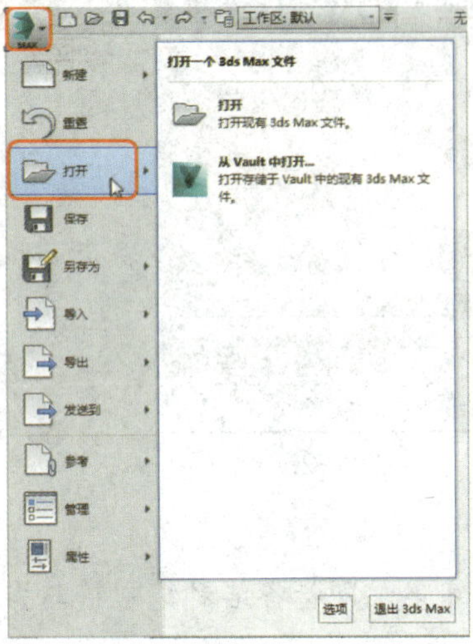

图1-27

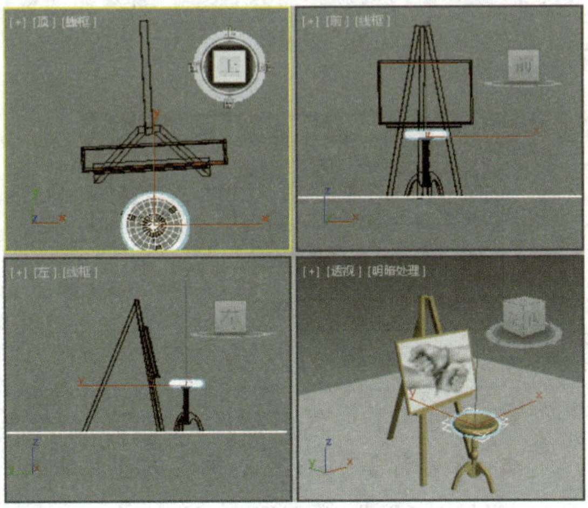

图1-28

Step 3 单击Max界面右下角的【缩放】按钮，按住鼠标在透视图中进行缩放，效果如图1-29所示。

Step 4 调整完成后，按F9键对【透视】视图进行渲染，渲染后的效果如图1-30所示。

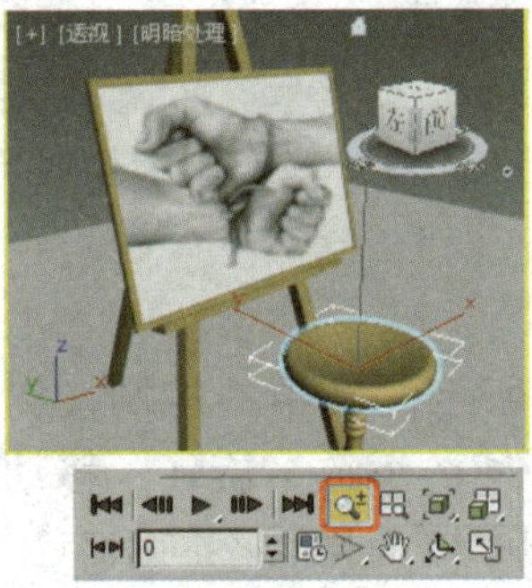

图1-29

图1-30

提示：

单击【缩放】按钮后，即可在任意视图中单击鼠标并上下移动来拉近或推远视景。

1.3.13 【上机操作】——缩放所有视图

场景：CDROM\场景\Cha01\上机操作——缩放视图.max	完成场景：无
视频：视频教学\Cha01\缩放所有视图.avi	效果：无

应用【缩放所有视图】按钮可以同时对所有视图进行缩放，其具体操作步骤如下：

Step 1 继续上一实例的操作，单击界面右下角的【缩放所有视图】按钮，如

图1-31所示。

Step 2 单击该按钮后，对任意一个视图进行拖动，即可对所有视图进行缩放，效果如图1-32所示。

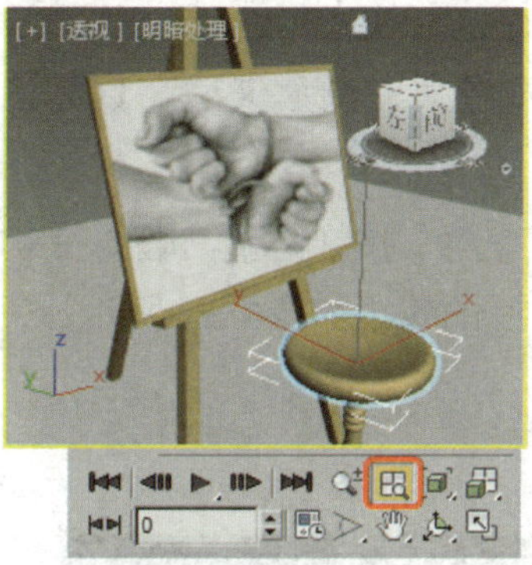

图1-31

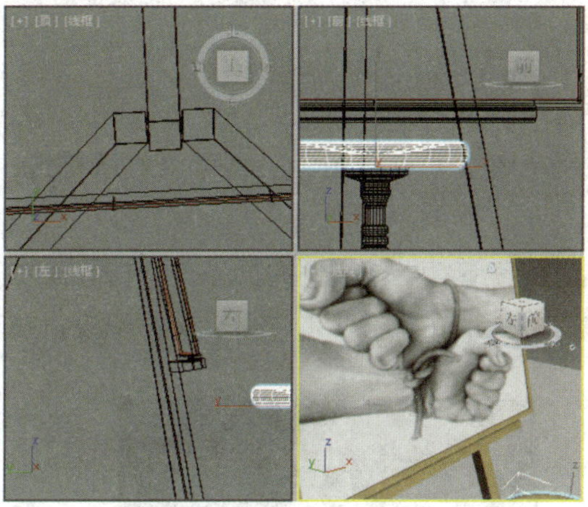

图1-32

提示：

如果在制作的场景中创建了摄影机，则【缩放所有视图】工具不能在【摄影机】视图中使用，但在其他视图中仍然可以使用。

1.3.14 【上机操作】——最大化显示选定对象

场景：CDROM\场景\Cha01\上机操作——缩放视图.max	完成场景：无
视频：视频教学\Cha01\最大化显示选定对象.avi	效果：无

【最大化显示选定对象】工具可以将选定对象或对象集在所有视口中居中显示。其具体操作步骤如下：

Step 1 继续上一实例的操作，在【透视】视图中选择如图1-33所示的对象，单击界面右下角的【最大化显示选定对象】按钮。

Step 2 执行该操作后，即可最大化显示选定对象，如图1-34所示。

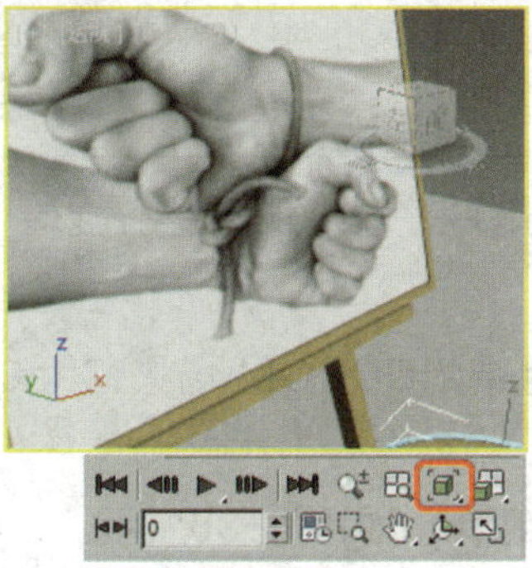

图1-33

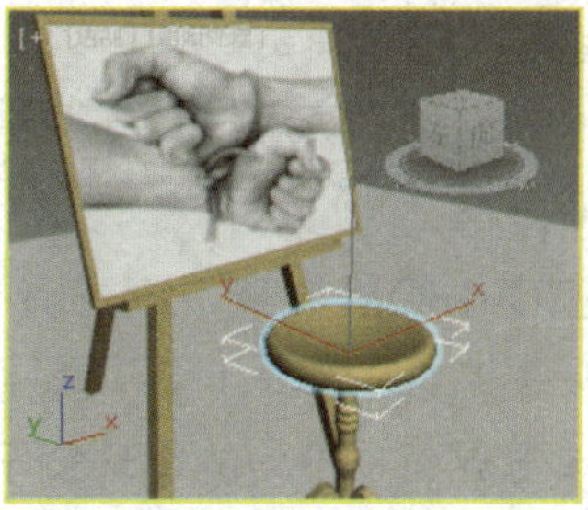

图1-34

1. 3. 15 【上机操作】——缩放区域

场景：CDROM\场景\Cha01\上机操作——缩放视图.max	完成场景：无
视频：视频教学\Cha01\缩放区域.avi	效果：无

利用【缩放所有视图】工具可以对所框选的区域进行缩放，缩放区域的具体操作步骤如下：

Step 1 继续上一实例的操作，单击界面右下角的【缩放】按钮，如图1-35所示。

Step 2 按住鼠标在【透视】视图中进行缩放，缩放后的效果如图1-36所示。

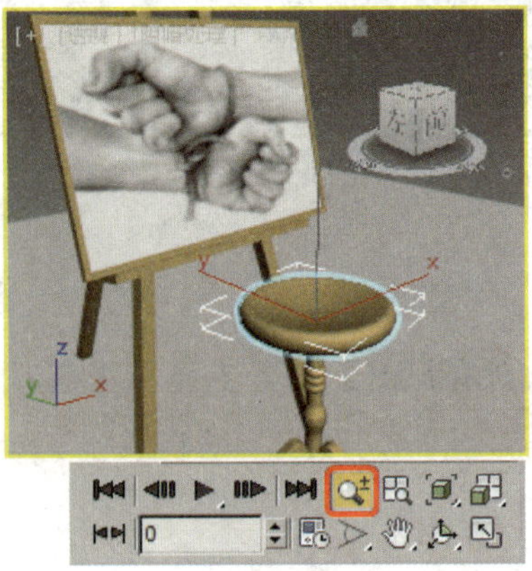

图1-35

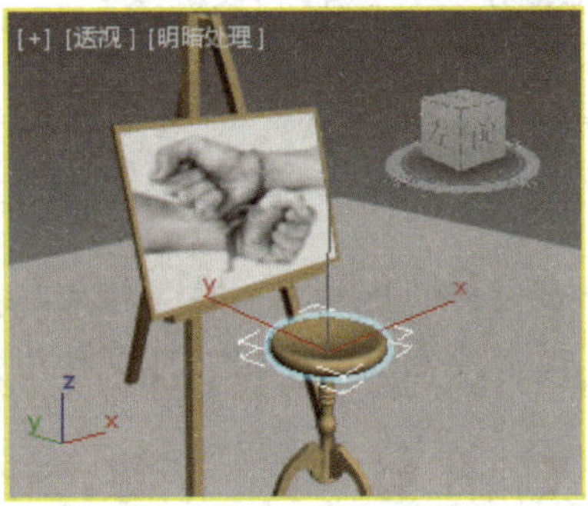

图1-36

1. 3. 16 【上机操作】——旋转视图

场景：CDROM\场景\Cha01\上机操作——缩放视图.max	
完成场景：DROM\场景\Cha01\上机操作——旋转视图OK.max	
视频：视频教学\Cha01\旋转视图.avi	

在3ds Max中，为了使用户更好地进行操作，用户可以对视图进行旋转。旋转视图的具体操作步骤如下：

Step 1 按Ctrl+O组合键，打开随书附带光盘中的CDROM\场景\Cha01\上机操作——缩放视图.max场景文件，如图1-37所示。

Step 2 单击界面右下角的【环绕子对象】按钮，如图1-38所示。

Step 3 在【透视】视图中按住鼠标进行旋转，旋转后的效果如图1-39所示。

Step 4 按F9键对透视视图进行渲染，渲染后的效果如图1-40所示。

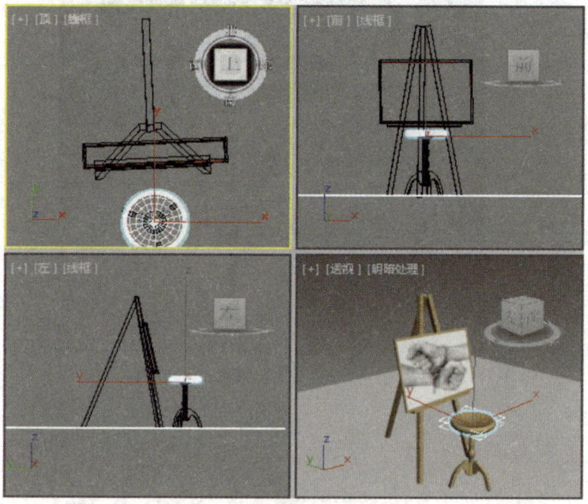

图1-37

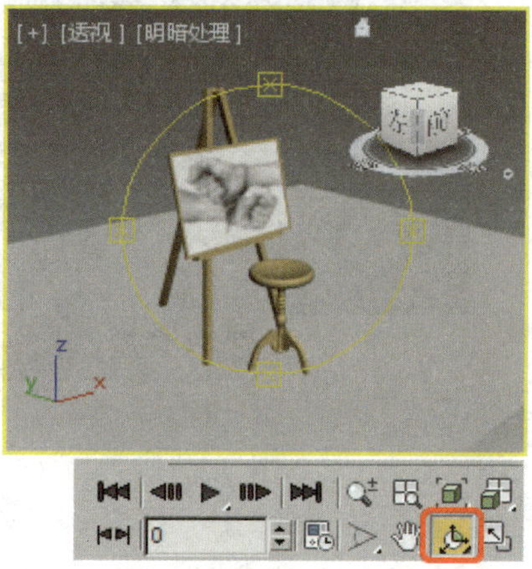

图1-38

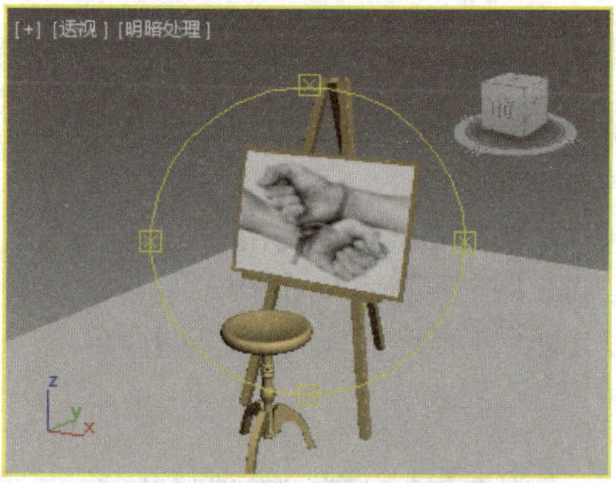

图1-39

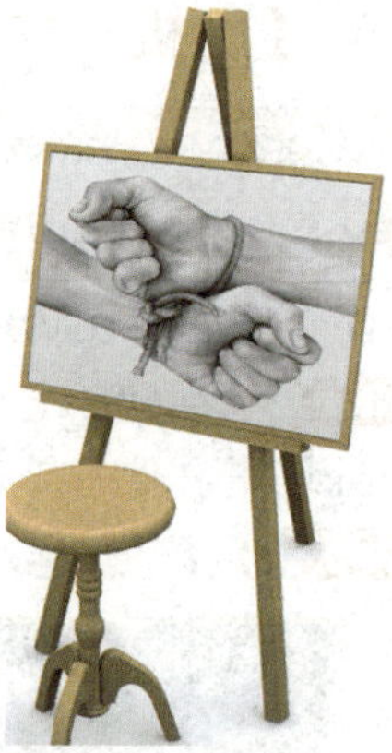

图1-40

1.3.17 【上机操作】——最大化视图

场景：CDROM\场景\Cha01\上机操作——缩放视图.max	完成场景：无
视频：视频教学\Cha01\最大化视图.avi	效果：无

在3ds Max中制作场景时，视图中的对象难免会有显示不全的情况，用户可以将该视图切换至最大，切换最大化视口的具体操作步骤如下：

Step 1 继续上一实例的操作，单击界面右下角的【最大化视口切换】按钮，如图1-41所示。

Step 2 执行该操作后，即可将该视口最大化显示，如图1-42所示。

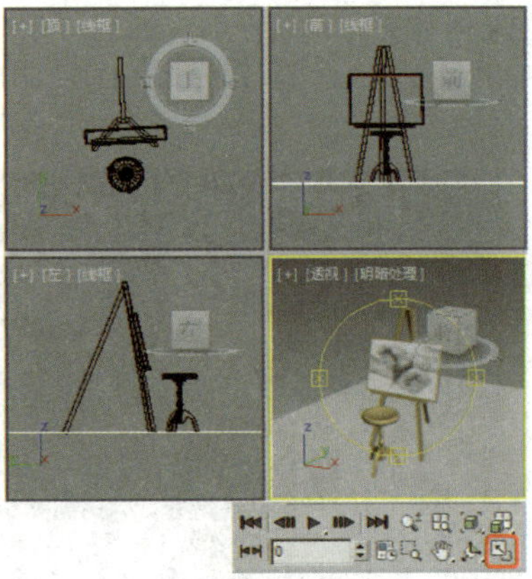

图1-41

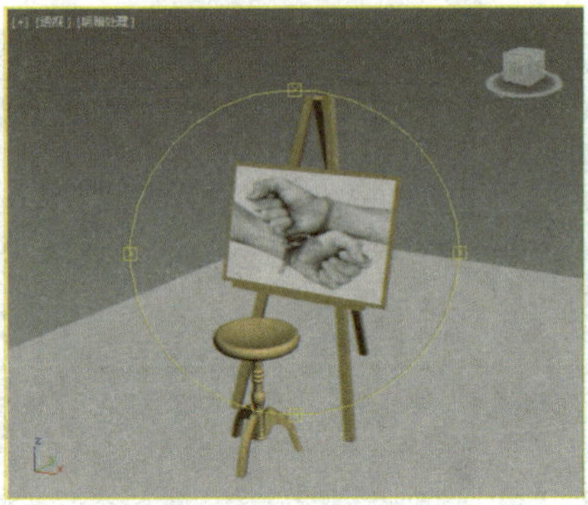

图1-42

提示：

如果需要将当前激活的视图切换为最大化视图，可按Alt+W组合键将其切换至最大化。

1.3.18 【上机操作】——平移视图

场景：CDROM\场景\Cha01\上机操作——缩放视图.max	完成场景：无
视频：视频教学\Cha01\平移视图.avi	效果：无

下面介绍如何在Max中平移视图，其具体操作步骤如下：

Step 1 按Ctrl+O键，打开随书附带光盘中的CDROM\场景\Cha01\上机操作——缩放视图.max场景文件，单击界面右下角的【平移视图】按钮，如图1-43所示。

Step 2 按住鼠标对要平移的视图进行拖动，即可平移该视图，如图1-44所示。

图1-43

图1-44

提示：

除了上述方法可以平移视图外，用户还可以滚动鼠标中键对视图进行移动。

1.4 3ds Max的项目工作流程

安装了3ds Max 2016后，在【开始】菜单中将其打开运行。下图显示了加载场景文件的应用程序窗口，如图1-45所示。

提示：

3ds Max是单文档应用程序，这意味着一次只能编辑一个场景。可以运行多个3ds Max软件，在每个软件中打开一个不同的场景，但这样做将需要大量的内存。要获得最佳性能，建议每次只对一个场景进行操作。

1.4.1 建立对象模型

在视口中建立对象模型并设置对象动画，视口的布局是可配置的。用户可以从不同的3D几何基本体开始，也可以使用2D图形作为放样或挤出对象的基础，并可以将对象转变成多种可编辑的曲面类型，然后通过拉伸顶点或使用其他工具进一步建模，如图1-46所示。

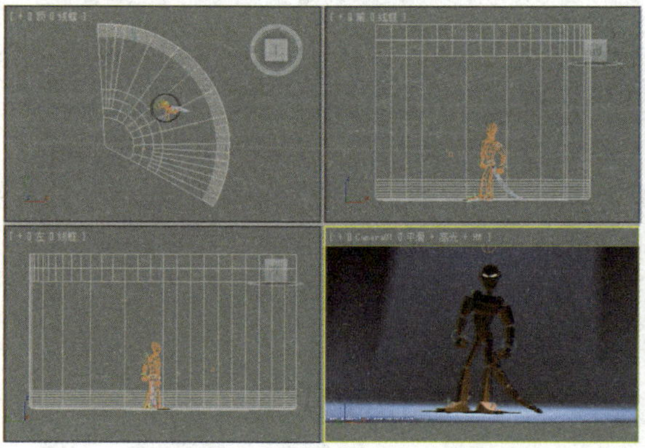

图1-45

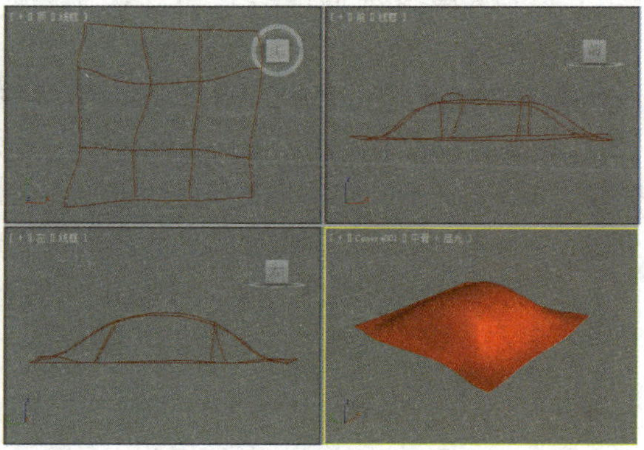

图1-46

另一个建模工具是将修改器应用于对象。修改器可以更改对象几何体，如【弯曲】和【扭曲】是修改器的两种类型。

1.4.2 使用材质

在3ds Max中可以使用【材质编辑器】对话框设计材质，编辑器在其自身的窗口中显示。使用【材质编辑器】对话框定义曲面特性的层次可以创建有真实感的材质。曲面特性可以表示静态材质，也可以表示动画材质，如图1-47所示。

1.4.3 放置灯光和摄影机

完成了模型的创建，并设置材质后，用户可以创建带有各种属性的灯光来为场景提供照明。灯光可以投射阴影、投影图像以及为大气照明创建体积效果。基于自然的灯光可以在场景中使用真实的照明数据，而光能传递在渲染中也提供了无比精确的灯光模拟，如图1-48所示。

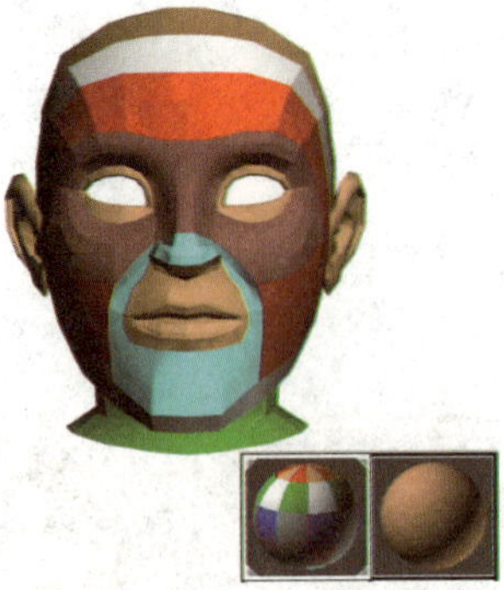

图1-47

图1-48

在3D场景中，摄影机就像我们的眼睛，可以在不同角度来观察和表现场景中的对象，而创建的摄影机可以如同在真实世界中一样控制镜头长度、视野和运动控制（例如平移、推拉和摇移镜头）。

1.4.4　设置场景动画

任何时候只要打开【自动关键点】按钮，就可以设置场景动画。关闭该按钮以返回到建模状态。同时也可以对场景中对象的参数进行动画设置以实现动画建模效果。

【自动关键点】按钮处于启用状态时，3ds Max会自动记录用户所做的移动、旋转和比例变化，但不是记录对静态场景所做的更改，而是记录表示时间的特定帧上的关键点。此外，还可以设置众多参数，不时做出灯光和摄影机的变化，并在3ds Max视口中直接预览动画。

使用轨迹视图来控制动画。【轨迹视图】可以在其中为动画效果编辑动画关键点、设置动画控制器或编辑运动曲线，如图1-49所示。

1.4.5　渲染场景

渲染会在制作的场景中进行着色。3ds Max中的渲染器包含下列功能，如选择性光线跟踪、分析性抗锯齿、运动模糊、体积照明和环境效果，如图1-50所示。

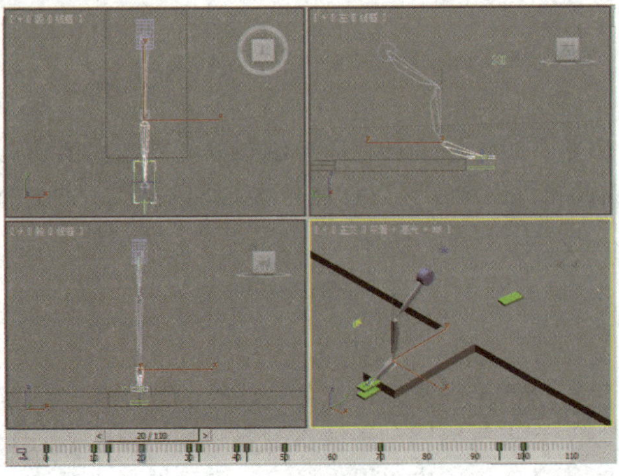

图1-49

图1-50

当使用默认的扫描线渲染器时，光能传递解决方案能在渲染中提供精确的灯光模拟，包括由于反射灯光带来的环境照明。当使用Mental Ray 渲染器时，全局照明会提供类似的效果。

使用Video Post，用户也可以将场景与已存储在硬盘上的动画进行合成。

1.5 如何学好3ds Max

3ds Max的功能众多，结构复杂，初学者在心理上往往会产生一定的恐惧感，一定要消除这种恐惧感，任何事物都有一定的规律可循，掌握好学习技巧就可以起到事半功倍的作用。

学习一门软件前，首先选择一些入门级的教材。先对这个软件在整体上有一个认识，如软件的适用领域、大多数功能以及常用功能等。

其次熟悉软件的界面分布与基础操作，初学时不要随意调整软件的布局与结构，也不要随意更改不清楚的设置与参数。这个非常重要，很多初学者往往因为误操作，改变了软件的默认界面与分布，而不知道如何复原，从而影响学习的积极性。

学习不能一蹴而就，没有人能一下子掌握3ds Max的全部功能，读者应该根据自己的需求和方向，有目的地学习，并要掌握比较基础和常用的功能与命令，再逐步深入地学习其他功能与命令。

一开始不要急切地做一些很复杂的例子，可以选择一些简单的案例，通过参照、临摹的方法学习软件的基本功能。在学完基础知识后，一定要及时总结和归纳，寻找规律与原理，做到举一反三。另外要善于利用3ds Max的帮助文件，帮助文件能提供最权威、最全面的解释。

1.6 个性化界面的设置

3ds Max 2016的人性化设计允许用户根据自身使用习惯来更改软件界面。

1.6.1 改变及增加文件路径

对于3ds Max 2016的初学者，大家都有过这样的经历，当打开光盘上的一个场景文件后，自己场景中所显示的模型效果及颜色设置与参考书中介绍的不一样，或者在进行场景着色渲染过程中经常提示一些关于文件没有找到的错误信息。

所发生的这些问题跟没有添加相应的文件路径设置有关。一些场景中材质和贴图无法显示是因为系统默认的Map（贴图素材）库文件夹中不存在这些贴图，解决问题有两种方法：第一种是将光盘贴图文件直接复制到3ds Max的Map子目录中；第二种则是为系统增加光盘上贴图文件所在的路径。

1.6.2 【上机操作】——改变文件的启动目录

Step 1 在菜单栏中单击【自定义】|【配置用户路径】命令，弹出【配置用户路径】对话框，此对话框包括【文件I/O】、【外部文件】、【外部参照】3个选项卡，如图1-51所示。

Step 2 双击【MaxStart.\scenes】选项（MAX启动默认场景文件目录），弹出【选择目录MaxStart】对话框，如图1-52所示。

Step 3 在弹出的对话框中，选择希望改变的文件路径，单击【使用路径】按钮，即可使用选择的路径，如图1-53所示。

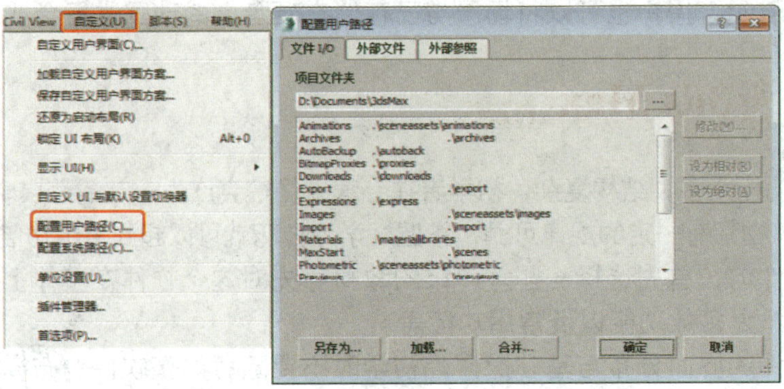

图1-51

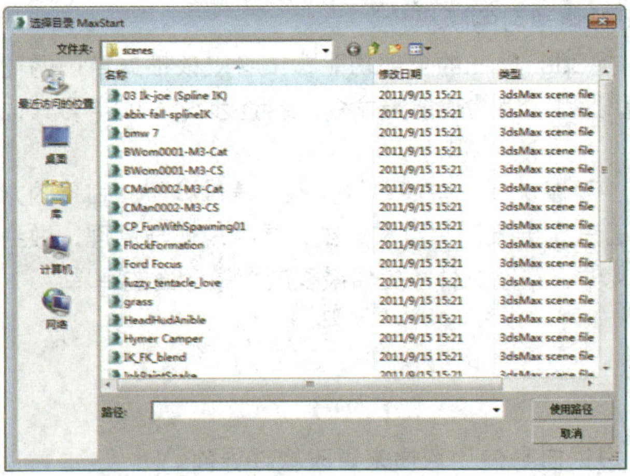

图1-52

图1-53

1.6.3 【上机操作】——增加位图目录

Step 1 在菜单栏中单击【自定义】|【配置用户路径】命令，在弹出的【配置用户路径】对话框中选择【BitmapProxies .\proxies】选项，单击【修改】按钮，如图1-54所示。

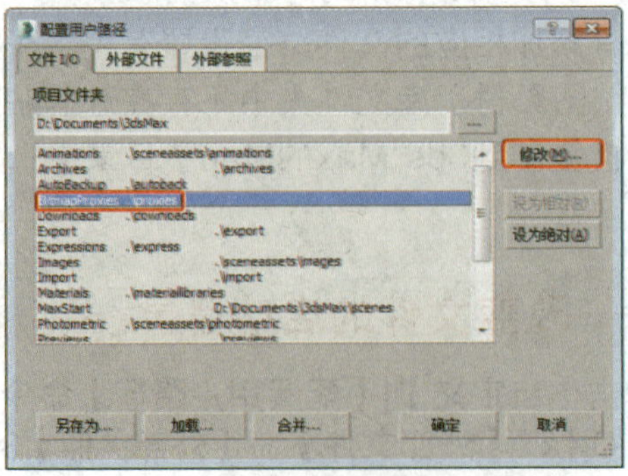

图1-54

Step 2 添加路径的方法同改变文件的启动目录的方法相同。

1.6.4　使用Max中的资源浏览器

涉及文件及路径的编辑不能不谈3ds Max中的资源浏览器，它位于实用程序面板中，使用起来非常方便，它提供了场景文件和图像的提前浏览功能。

单击【实用程序】按钮，进入【工具】命令面板，然后单击 资源浏览器 按钮，弹出【资源浏览器】对话框，在对话框的左侧选择路径，右侧进行文件浏览，如图1-55所示。

从资源浏览器中可以直接完成场景文件的调用。用鼠标选择该文件，按住左键不放将其拖动到任意视图中。如果操作正确，系统会弹出一个快捷菜单，询问用户是进行打开文件操作还是进行合并文件操作，如图1-56所示。通常情况下，我们仅仅使用其完成打开操作。使用资源浏览器打开文件与通过【文件】菜单中的打开命令最终结果一样。

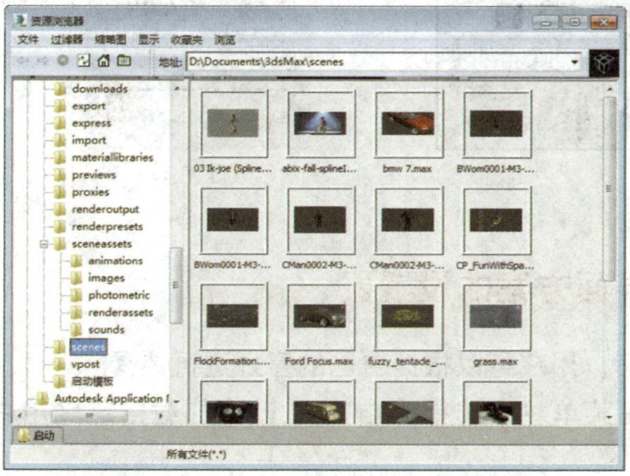

图1-55

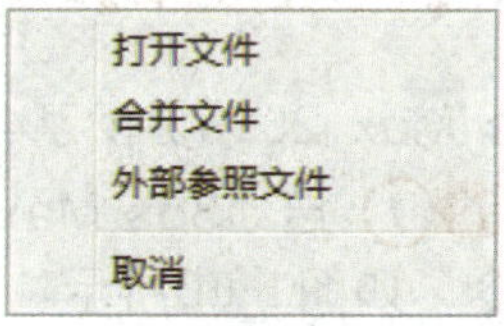

图1-56

1.6.5　改变系统默认名字及颜色

在3ds Max 2016中建立的每一个物体都会有一个默认的名字，对于相同类型的模型物体，系统会根据建立时间的先后顺序在它们名称后面增加数字以示区别。例如建立3个长方体模型，系统默认长方体的名称为Box001、Box002、Box003。

在以前的模型建立过程中，你会发现虽然跟作者做相同的操作，但长方体的颜色可能不相同。这一点并没有关系，颜色与名称都是默认的，当你制作模型物体时，允许所有物体的颜色都不相同，也允许不同类型的所有物体都使用同一种颜色。

使用【对象颜色】对话框中的【分配随机颜色】复选框来控制物体模型的颜色，如图1-57所示。当【分配随机颜色】复选框呈选中状态时，建立的所有物体模型的颜色是随机抽取的，所有物体都使用不同的颜色。

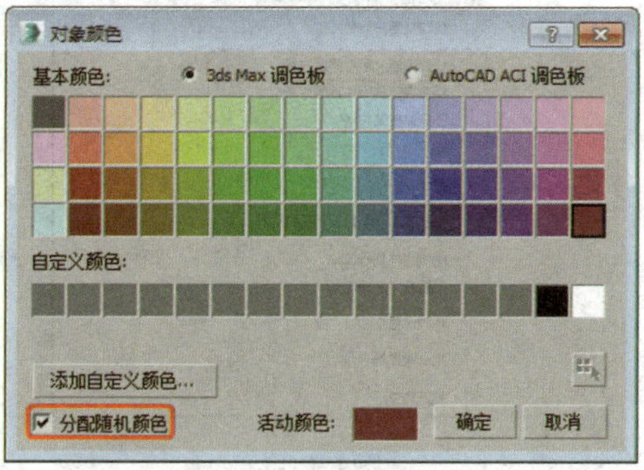

图1-57

如果没有特别的设置，将为物体随机分配颜色。

当取消【分配随机颜色】复选框的勾选时，所有物体模型将使用【基本颜色】选项区域下处于选中状态下的同一种颜色，如图1-58所示，带有黑色边框的颜色为指定使用颜色。

在屏幕右侧命令面板中的颜色框上单击，如图1-59所示，即可开启【对象颜色】对话框。模型物体名称框位于颜色框左侧。

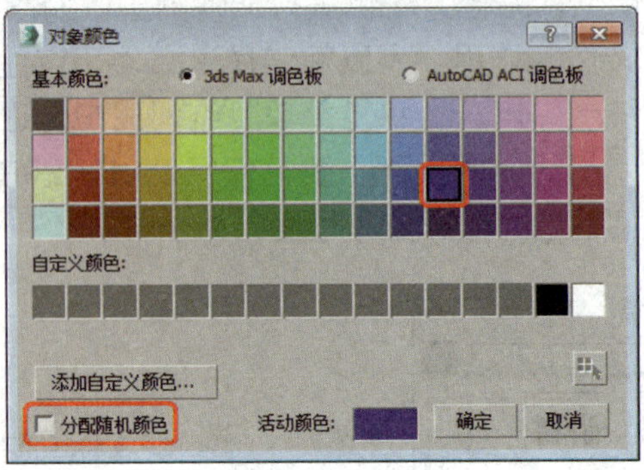

图1-58

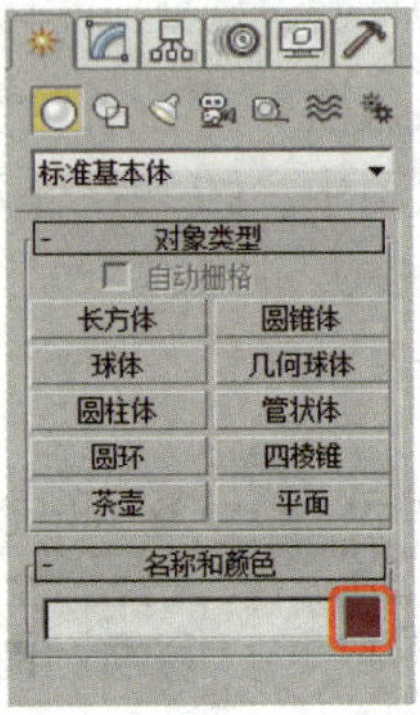

图1-59

1.6.6 【上机操作】——用户界面方案的设置器

3ds Max 2016提供了4种界面方案，用户可以根据自己的喜好进行选择。

Step 1 启动3ds Max 2016，在菜单栏中选择【自定义】|【加载自定义用户界面方案】命令，如图1-60所示。

Step 2 打开【加载自定义用户界面方案】对话框，找到安装路径，在该对话框中选择所需的用户界面方案即可，如图1-61所示。

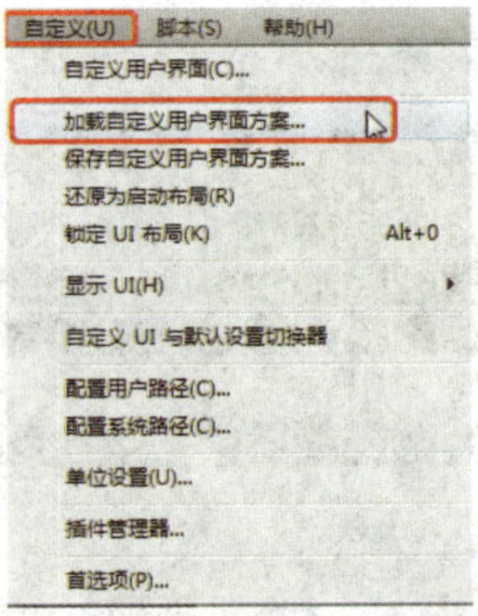

图1-60

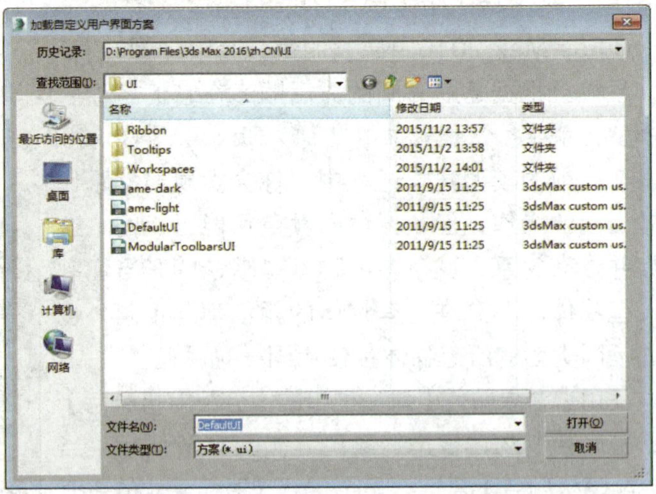

图1-61

Step 3 【DefaultUI.ui】用户界面方案为系统默认的用户界面，如图1-62所示。用户可以根据喜好更改其他用户界面方案，其中【ame-light.ui】用户界面方案如图1-63所示。

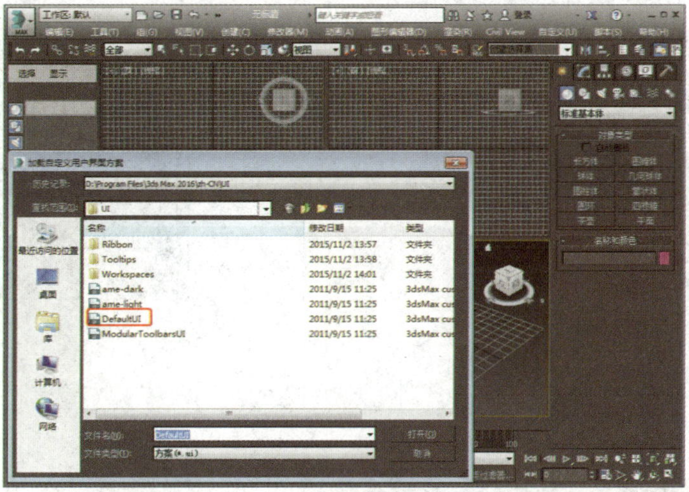

图1-62

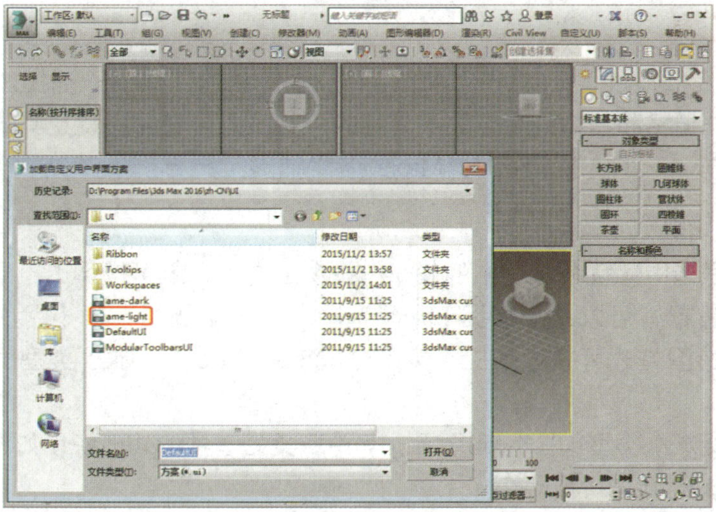

图1-63

1.7 常用建模辅助命令的应用

使用3ds Max建模时，一些常用的辅助命令是不可或缺的，如单位设置、捕捉工具、对齐工具、隐藏、冻结和调整轴点等命令，下面就来详细介绍这些辅助命令。

1.7.1 单位设置

创建对象时，有时为了达到一定的精确程度，必须设置图形单位，单击菜单栏中的【自定义】|【单位设置】命令，弹出【单位设置】对话框，在【显示单位比例】选项组中选中【公制】单选按钮，并在下拉列表中选择【厘米】，如图1-64所示，它表示在3ds Max 2016的工作区域中实际显示的单位。单击【系统单位设置】按钮，在弹出的对话框中也选择【厘米】，

它表示系统内部实际使用的单位，如图1-65所示，设置完成后，单击【确定】按钮即可。

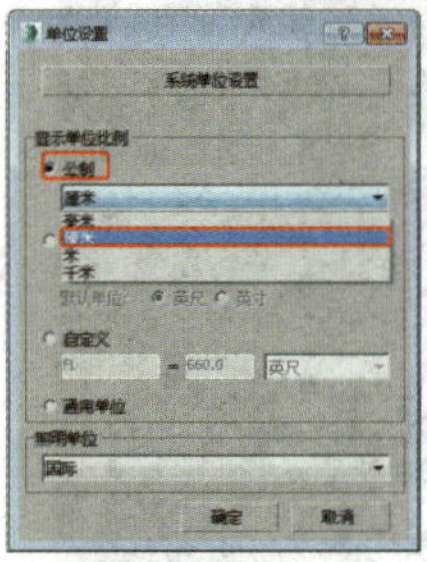

图1-64

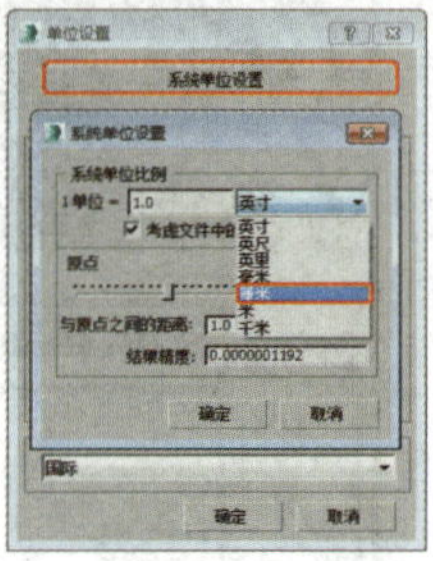

图1-65

提示：

根据我国强制性国家标准，如果没有明确要求，单位默认为毫米。

1.7.2 捕捉工具

3ds Max为我们提供了更加精确的创建和放置对象的工具——捕捉工具。什么是捕捉呢？捕捉就是根据栅格和物体的特点放置光标的一种工具，使用捕捉工具可以精确地将光标放置到想要的地方。下面就来介绍3ds Max的各种捕捉工具。

1. 捕捉与栅格设置

只要在工具栏选中2、2.5、3按钮中的任一个按钮上右击，就可以调出不同的设置对话框。对于捕捉与栅格设置，可以从【捕捉】、【选项】、【主栅格】、【用户栅格】几个方面进行设置。依据造型方式可将【捕捉】类型分成Standard（标准）类型、Body Snaps和NURBS捕捉类型。

Standard（标准）类型如图1-66所示。其中各类型选项的功能说明如下所述。

- 【栅格点】：捕捉栅格的交点。
- 【栅格线】：捕捉栅格线上的点。
- 【轴心】：捕捉物体的轴心。
- 【边界框】：捕捉物体边界框的8个角。
- 【垂足】：在视图中绘制曲线的时候，捕捉与上一次垂直的点。
- 【切点】：捕捉样条曲线上相切的点。
- 【顶点】：捕捉网格物体或可编辑网格物体的顶点。
- 【端点】：捕捉样条曲线或物体边界的端点。
- 【边/线段】：捕捉物体边界上的线段。
- 【中点】：捕捉样条曲线或物体边界的中点。
- 【面】：捕捉某一面正面的点，背面无法进行捕捉。
- 【中心面】：捕捉三角面的中心。

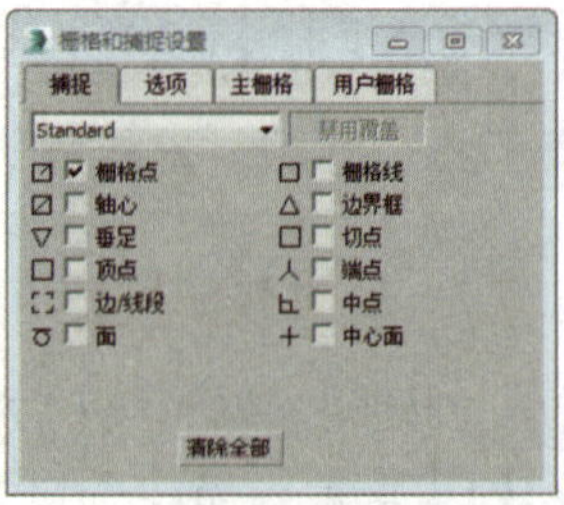

图1-66

NURBS捕捉类型：这里主要用于NURBS类型物体的捕捉，NURBS是一种曲面建模系统，对于它的捕捉类型，主要在这里进行设置，如图1-67所示。

- 【CV（CV次物体）】：捕捉NURBS曲线或曲面的CV次物体。
- 【点】：捕捉NURBS次物体的点。
- 【曲线中心】：捕捉NURBS曲线的中心点。
- 【曲线法线】：捕捉NURBS曲线法线的点。
- 【曲线切线】：捕捉NURBS曲线相切的切点。
- 【曲线边】：捕捉NURBS曲线的边界。
- 【曲线端点】：捕捉NURBS曲线的端点。
- 【曲面中心】：捕捉NURBS曲面的中心点。
- 【曲面法线】：捕捉NURBS曲面法线的点。
- 【曲面边】：捕捉NURBS曲面的边界。

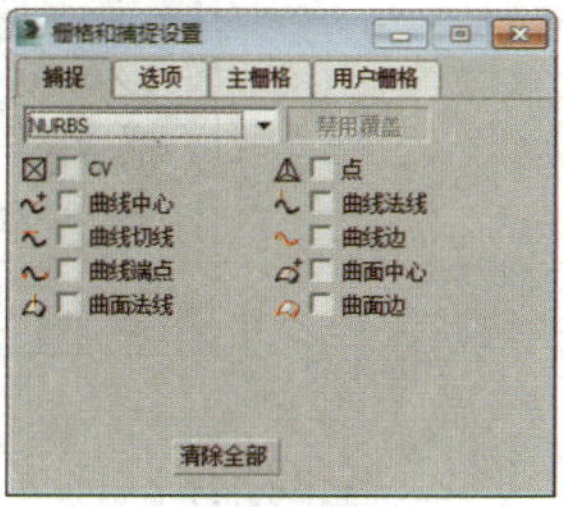

图1-67

【选项】选项卡用来设置显示、大小、捕捉半径等项目，如图1-68所示。

【选项】选项卡各选项功能说明如下所述。

- 【显示】：控制在捕捉时是否显示指示光标。
- 【大小】：设置捕捉光标的尺寸大小。
- 【捕捉半径】：设置捕捉光标的捕捉范围，值越大越灵敏。
- 【角度】：用来设置旋转时递增的角度。
- 【百分比】：用来设置放缩时递增的百分比。
- 【捕捉到冻结对象】：勾选该复选框可以捕捉到冻结的对象。
- 【启用轴约束】：将选择的物体沿着指定的坐标轴向移动。

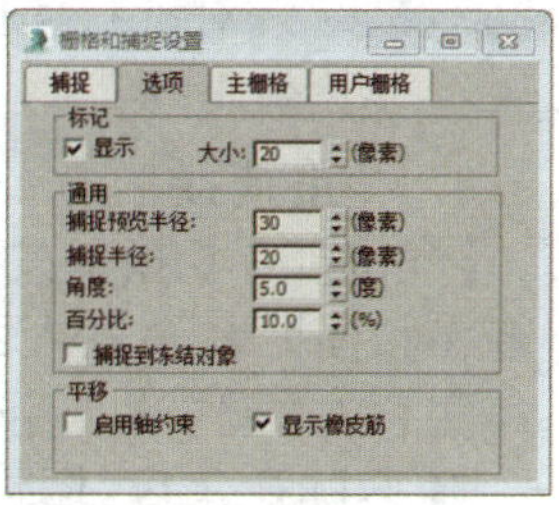

图1-68

【主栅格】用来控制主栅格特性，如图1-69所示。

【主栅格】选项卡中各选项的功能说明如下所述。

- 【栅格间距】：设置主栅格两根线之间的间距，以内部单位计算。
- 【每N条栅格线有一条主线】：栅格线有粗细之分，和坐标纸一样，这里是设置每两根粗线之间有多少个细线格。
- 【透视视图栅格范围】：设置透视图中粗线格中所包含的细线格数量。
- 【禁止低于栅格间距的栅格细分】：勾选该复选框可以在对视图放大或缩小时，栅格不会自动细分。取消勾选时，在对视图放大或缩小时栅格会自动细分。
- 【禁止透视视图栅格调整大小】：勾选时，在对透视图放大或缩小时，栅格数保持不变。取消勾选时，栅格会根据透视图的变化而变化。
- 【活动视口】：改变栅格设置时，仅对激活的视图进行更新。
- 【所有视口】：改变栅格设置时，所有视图都会更新栅格显示。

【用户栅格】用于控制用户创建的辅助栅格对象，【用户栅格】选项卡如图1-70所示。该选项卡中各选项的功能说明如下所述。

- 【创建栅格时将其激活】：选中此复选框就可以在创建栅格物体的同时将其激活。
- 【世界空间】：设置物体创建时自动与世界空间坐标系统对齐。
- 【对象空间】：设置物体创建时自动与物体空间坐标系统对齐。

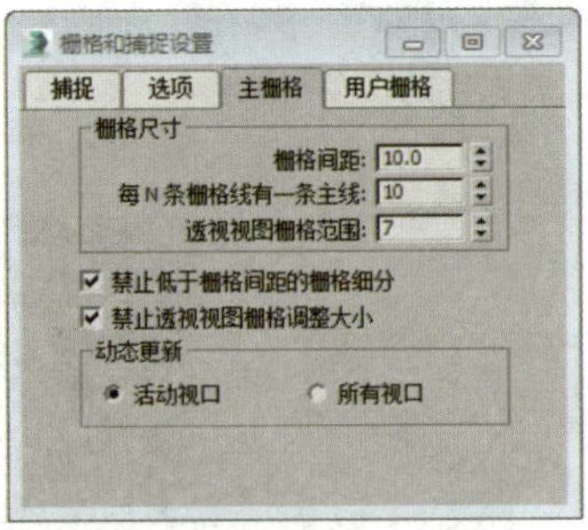

图1-69

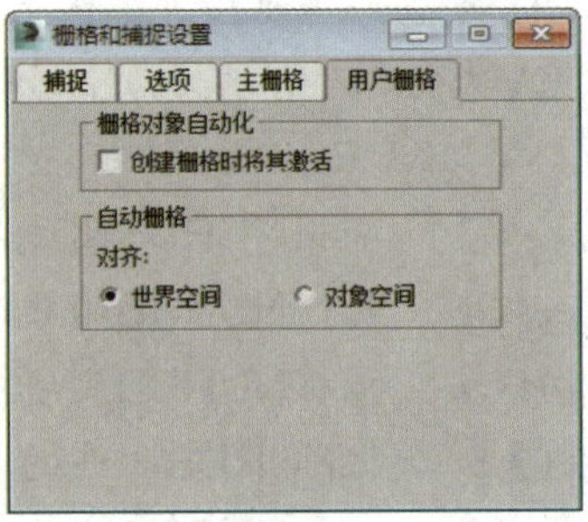

图1-70

2. 空间捕捉

3ds Max为我们提供了3种空间捕捉类型，2D、2.5D和3D。使用空间捕捉可以精确创建和移动对象。当使用2D或2.5D捕捉创建对象时，只能捕捉到直接位于绘图平面上的节点和边。当用空间捕捉移动对象的时候，被移动的对象是移动到当前栅格上还是相对于初始位置按捕捉增量移动，就由捕捉的方式来决定了。

例如，只选择【栅格点】选项捕捉移动对象时，对象将相对于初始位置按设置的捕捉增量移动；如果将【栅格点】捕捉和【顶点】捕捉选项都选择后再移动对象时，对象将捕捉并移动到当前栅格上或者场景中的对象的点上。

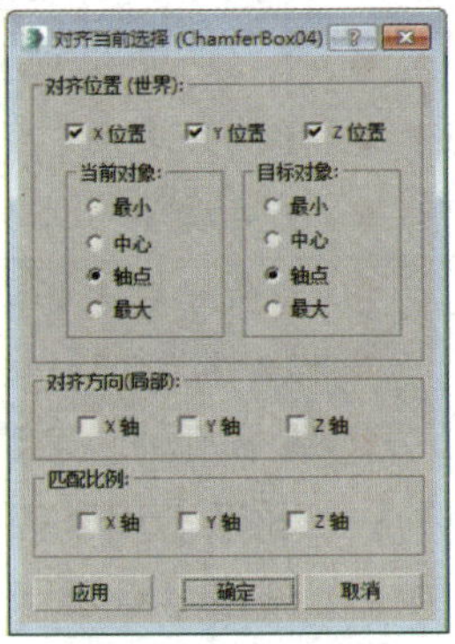

图1-71

3. 角度捕捉

【角度捕捉切换】按钮主要用于精确地旋转物体和视图，可以在【栅格和捕捉设置】对话框中进行设置，可以在【选项】选项卡中的【角度】文本框中输入用于旋转时递增的角度，系统默认值为5度。

在不打开角度捕捉的情况下，在视图中旋转物体，系统会以0.5度作为旋转时递增的角度。而在大多数情况下，在视图中旋转物体，系统旋转的度数为30、45、60、90或180度等整数，打开角度捕捉按钮为精确旋转物体提供了方便。

4. 百分比捕捉

在不打开【百分比捕捉切换】按钮的情况下，进行缩放或挤压物体，将默认以1%的比例进行变化。如果打开【百分比捕捉切换】按钮，系统将默认以10%的比例进行变化。当然也可以在【栅格和捕捉设置】对话框中的【百分比】文本框中进行百分比捕捉的设置。

1.7.3 对齐工具

【对齐】工具就是通过移动操作使物体自动与其他对象对齐，所以它在物体之间并没有建立什么特殊的关系。选择需要与其他对象对齐的对象，在工具栏中单击【对齐】按钮，然后在视图中选择目标对象，可以打开【对齐当前选择】对话框，如图1-71所示。【对齐当前选择】对话框中各选项的功能说明如下所述。

- 【对齐位置（世界）】：根据当前的参考坐标系来确定对齐方式。
- 【X/Y/Z 位置】：特殊指定位置对齐依据的轴向，可以单方向对齐，也可以多方向对齐。
- 【当前对象】或【目标对象】：分别设置当前对象与目标对象对齐的设置。
- 【最小】：以对象表面最靠近另一对象选择点的方式进行对齐。
- 【中心】：以对象中心点与另一对象的选择点进行对齐。

- 【轴点】：以对象的重心点与另一对象的选择点进行对齐。
- 【最大】：以对象表面最远离另一对象选择点的方式进行对齐。
- 【对齐方向（局部）】：特殊指定方向对齐依据的轴向，方向的对齐是根据对象自身坐标系完成的，三个轴向可任意选择。
- 【匹配比例】：将目标对象的缩放比例沿指定的坐标轴向施加到当前对象上。要求目标对象已经进行了缩放修改，系统会记录缩放的比例，将比例值应用到当前对象上。

1.7.4 【上机操作】——精确对齐

场景：CDROM\场景\Cha01\上机操作——精确对齐.max

完成场景：CDROM\场景\Cha01\上机操作——精确对齐OK.max

视频：视频教学\Cha01\精确对齐.avi

【精确对齐】命令是将选中的对象对齐到另一个对象上，其具体的操作步骤如下：

Step 1 单击按钮，在弹出的下拉列表中选择【打开】命令，打开随书附带光盘中的CDROM\场景\Cha01\上机操作——精确对齐.max场景文件，如图1-72所示。

Step 2 在工具栏中单击【按名称选择】按钮，在弹出的【从场景中选择】对话框中选择【ChamferBox01】，如图1-73所示。

Step 3 单击【确定】按钮即可在场景中选中对象，如图1-74所示。

Step 4 当对象处于选中状态时，在工具栏中单击【对齐】按钮，当鼠标处于状态时，在前视图中单击【Box06】对象，如图1-75所示。

Step 5 执行以上操作后，会弹出一个【对齐当前选择（Box06）】对话框，取消勾选【X位置】、【Z位置】，分别在【当前对象】和【目标对象】选项区域选中【最小】、【最大】单选按钮，如图1-76所示。

Step 6 单击【确定】按钮即可将选中的对象对齐，激活透视图，按F9键进行快速渲染，渲染完成后的效果如图1-77所示。

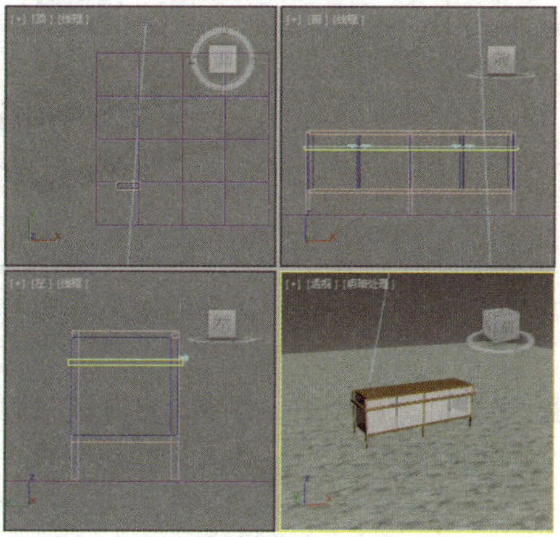

图1-72

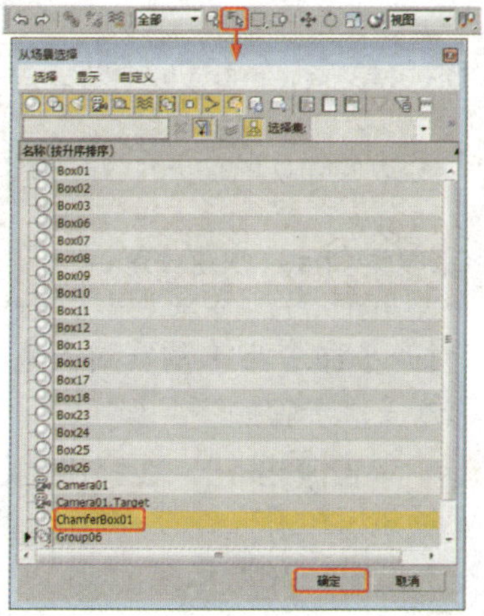

图1-73

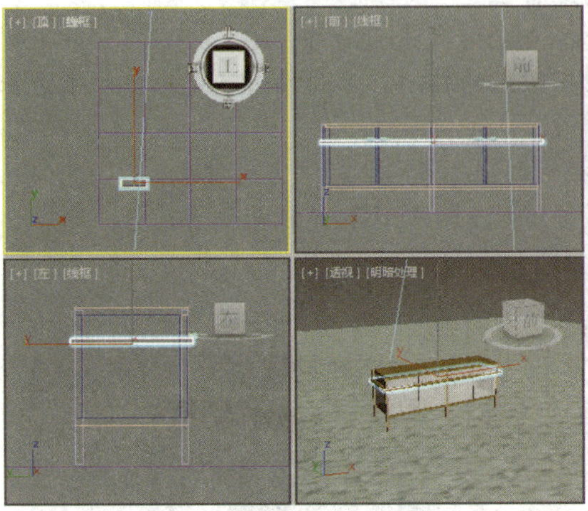

图1-74

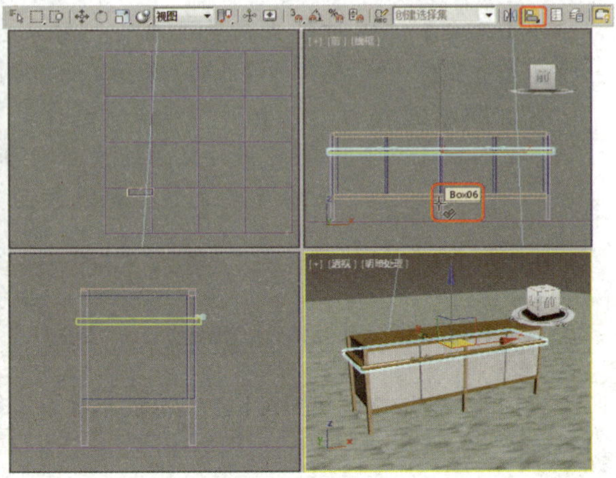

图1-75

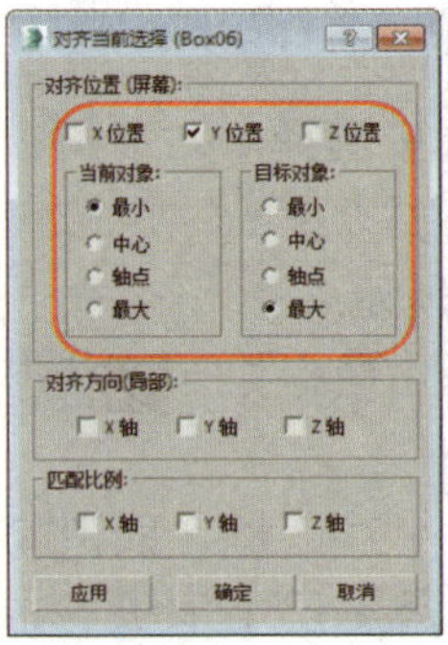

图1-76

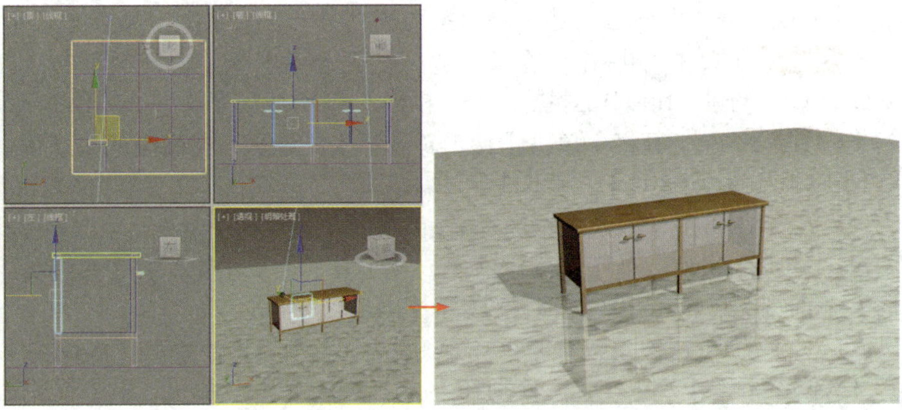

图1-77

1.7.5 【上机操作】——快速对齐

场景：CDROM\场景\Cha01\上机操作—— 快速对齐.max	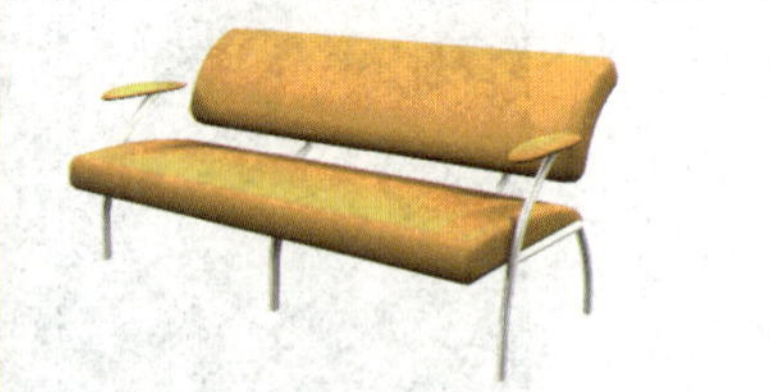
完成场景：CDROM\场景\Cha01\上机操作—— 快速对齐OK.max	
视频：视频教学\Cha01\快速对齐.avi	

【快速对齐】命令与【精确对齐】命令相似，即手动将需要对齐的对象与对齐目标快速对齐。其具体操作步骤如下：

Step 1 单击按钮，在弹出的下拉列表中选择【打开】命令，打开随书附带光盘中的CDROM\场景\Cha01\上机操作—— 快速对齐.max场景文件，在工具栏中单击【按名称选择】按钮，如图1-78所示。

Step 2 在弹出的【从场景选择】对话框中单击【ChamferBox01】，如图1-79所示。

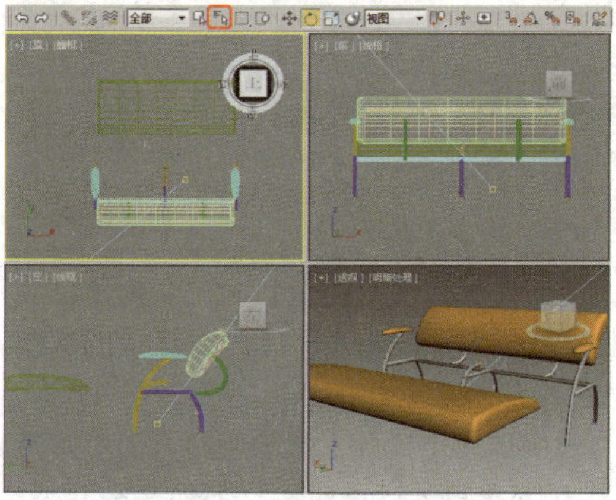

图1-78

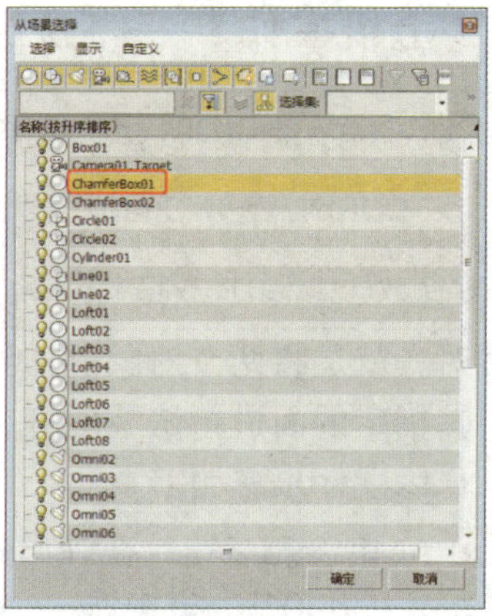

图1-79

Step 3 单击【确定】按钮，被选中的对象即可在场景中显示出来，如图1-80所示。

Step 4 确定对象处于被选中状态下，在工具栏中单击【对齐】按钮并向下拖动，在下拉列表中单击【快速对齐】按钮，如图1-81所示。

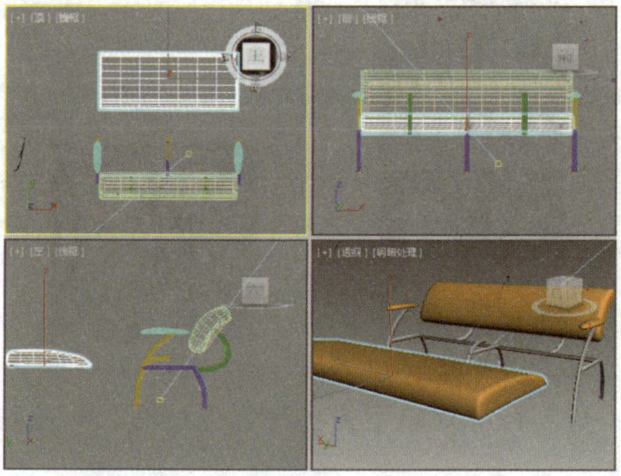

图1-80

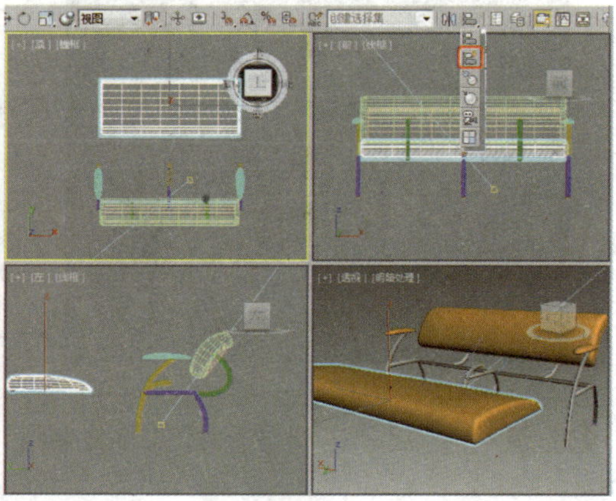

图1-81

Step 5 将鼠标移至左视图中，当鼠标处于状态时，单击视图中的【Loft04】对象，如图1-82所示。

Step 6 【快速对齐】后激活透视图，按F9键进行快速渲染，渲染完成后的效果如图1-83所示。

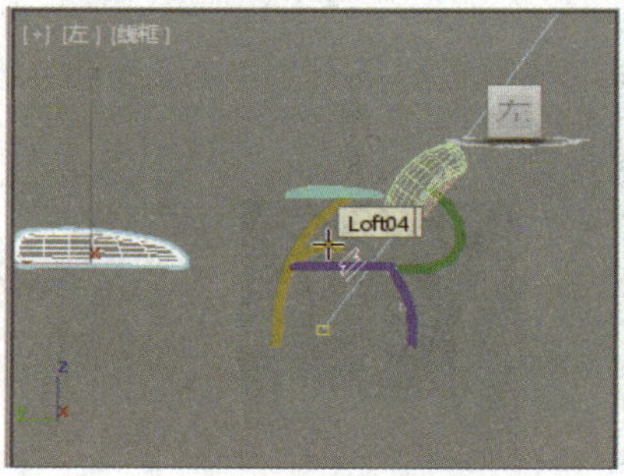

图1-82

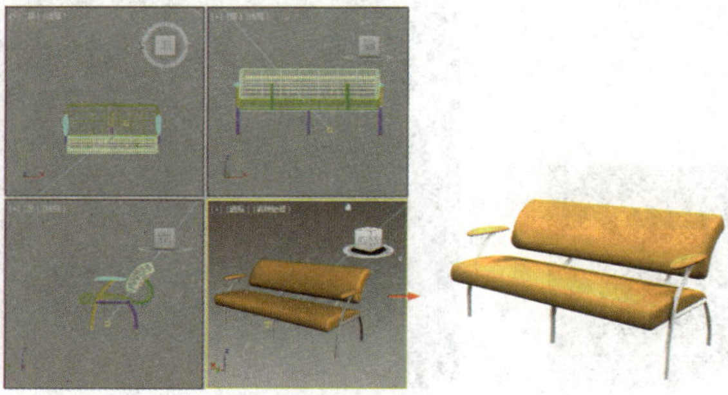

图1-83

1.7.6 【上机操作】——法线对齐

场景：CDROM\场景\Cha01\上机操作——法线对齐.max	
完成场景：CDROM\场景\Cha01\上机操作——法线对齐OK.max	
视频：视频教学\Cha01\法线对齐.avi	

法线对齐就是将两个对象的法线对齐，从而使物体发生变化，对于次物体或放样物体，也可以为其指定的面进行法线对齐，在次物体处于激活的状态下，只有选择的次物体可以对齐法线。具体操作步骤如下：

Step 1 单击按钮，在弹出的下拉列表中选择【打开】选项，打开随书附带光盘中的CDROM\场景\Cha01\上机操作——法线对齐.max场景文件，如图1-84所示。

Step 2 在视图中选择【栅栏01】对象，在工具栏中单击【对齐】按钮并向下拖动，在下拉列表中单击【法线对齐】按钮，如图1-85所示。

Step 3 当鼠标处于状态时，在透视图中单击选择的对象并向下拖动，直到在对象的下方出现蓝色法线，如图1-86所示。

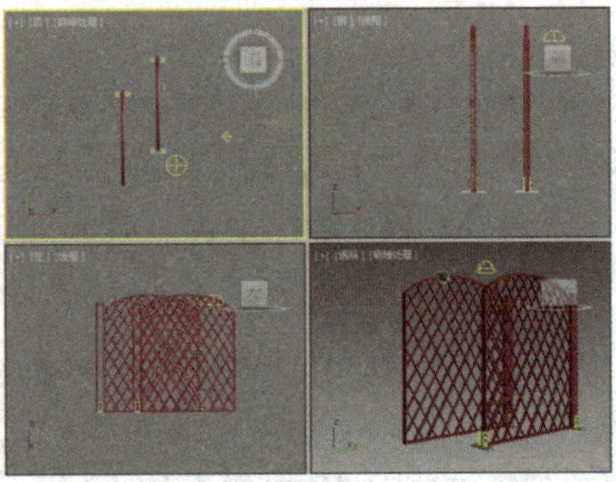

图1-84

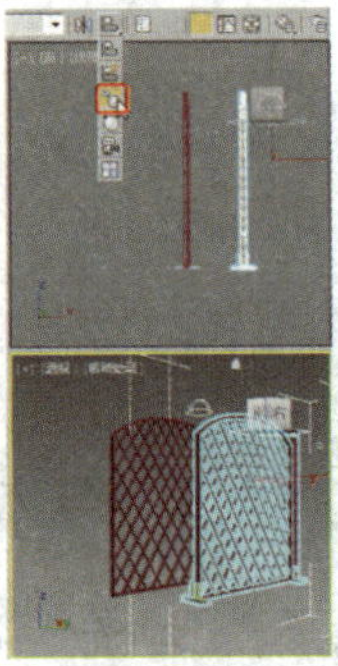

图1-85

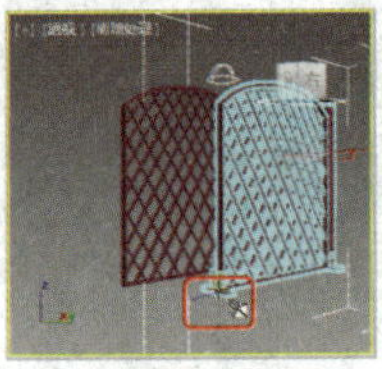

图1-86

Step 4 再次单击对象目标并拖动鼠标，直到目标对象下方出现绿色法线，如图1-87所示。

Step 5 释放鼠标，即可弹出【法线对齐】对话框，将X值设置为51.0，将Y值设置为-6.0，将Z值设置为-22.0，其他保持默认，如图1-88所示。

Step 6 单击【确定】按钮，所选对象将按法线将目标对象对齐，激活透视图，按F9键进行快速渲染，渲染完成后的效果如图1-89所示。

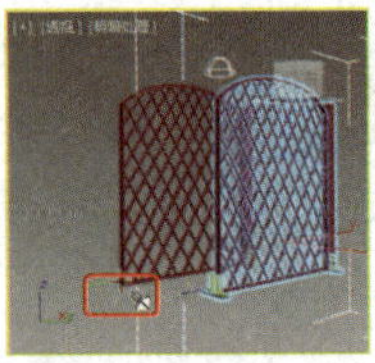

图1-87

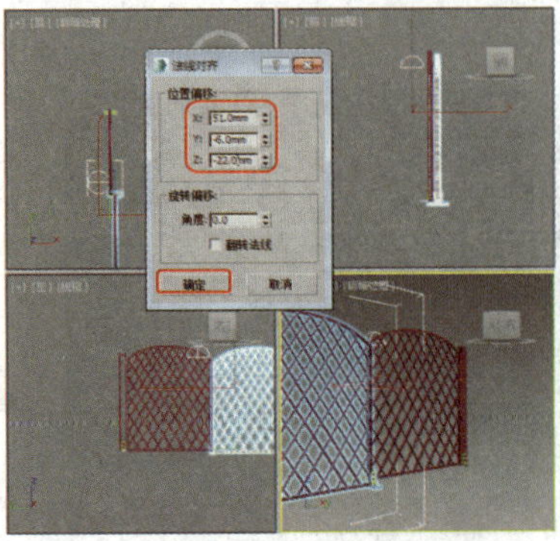

图1-88

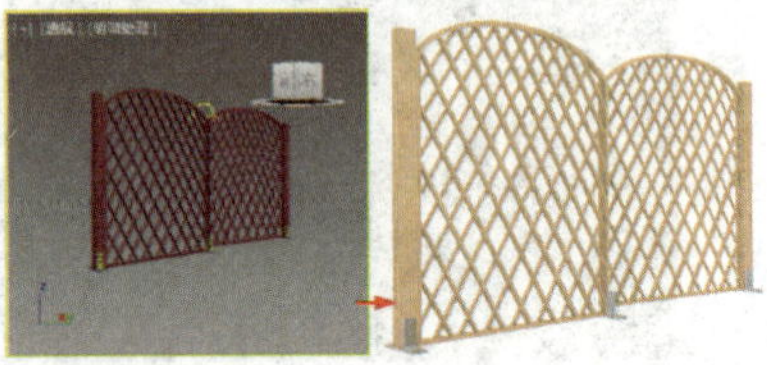

图1-89

1.7.7 隐藏

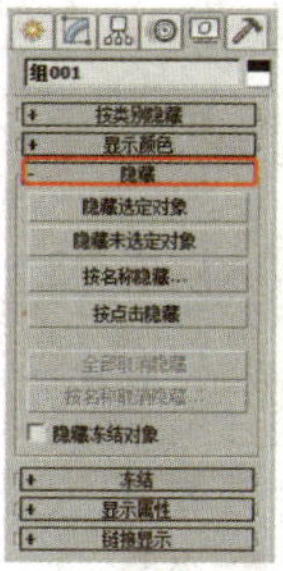

图1-90

隐藏是将所选择物体的形体不显示在视图上，它们仍然存在，但是在视图中无法看到，渲染时也不会显示（除非打开Render Hidden渲染隐藏物体选项），它位于【显示】命令面板中，主要用于加快显示速度，防止当前不需要的物体阻碍视线。【隐藏】卷展栏如图1-90所示。

下面简要介绍【隐藏】卷展栏中的选项命令。

- 【隐藏选定对象】：将当前视图中已经选择的物体进行隐藏。
- 【隐藏未选定对象】：将当前视图中所有未选择的物体进行隐藏。
- 【按名称隐藏】：弹出名称选择框，它与一般的名称选择框相同，左侧列表框中显示当前视图中存在的物体，允许自由选择要隐藏的物体名称。
- 【按点击隐藏】：按下此按钮打开点击隐藏模式，这时可以在视图中点取要隐藏的物体将其隐藏，再次按下可以关闭此按钮。
- 【全部取消隐藏】：将所有已经隐藏的物体全部显示出来。
- 【按名称取消隐藏】：弹出名称选择框，它与一般的名称选择框相同，左侧列表框中显示出当前已经隐藏的物体，可以通过名称选择重新显示的物体。
- 【隐藏冻结对象】：控制是否将冻结的物体在视图中隐藏。

1.7.8 【上机操作】——隐藏选定对象

场景：CDROM\场景\Cha01\上机操作——隐藏选定对象.max

完成场景：CDROM\场景\Cha01\上机操作——隐藏选定对象OK.max

视频：视频教学\Cha01\隐藏选定对象.avi

在视图中可以将选定的对象进行隐藏，其具体操作步骤如下：

Step 1 单击按钮，在弹出的下拉列表中选择【打开】命令，打开随书附带光盘中的CDROM\场景\Cha01\上机操作——隐藏选定对象.max场景文件，并在场景中选择要隐藏的对象，如图1-91所示。

Step 2 在视图中选中要隐藏的对象后，选择【命令面板】|【显示】选项，在【隐藏】卷展栏下单击【隐藏选定对象】隐藏选定对象按钮，释放鼠标后，选定对象即被隐藏，如图1-92所示。

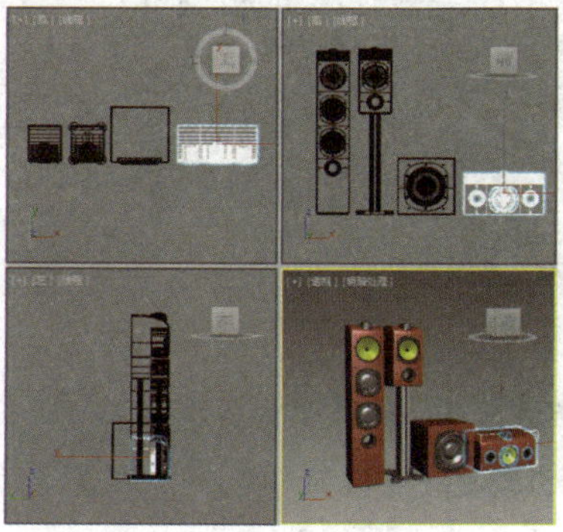
图1-91

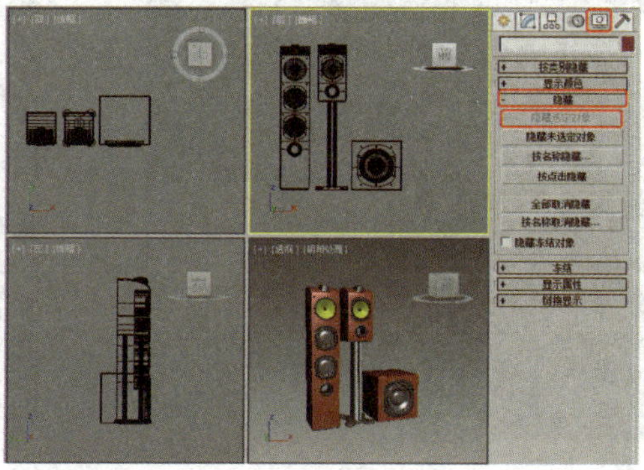
图1-92

1.7.9 【上机操作】——隐藏未选定对象

场景：CDROM\场景\Cha01\上机操作—— 隐藏未选定对象.max

完成场景：CDROM\场景\Cha01\上机操作—— 隐藏未选定对象OK.max

视频：视频教学\Cha01\隐藏未选定对象.avi

在视图中还可以将未选定的对象隐藏，其具体操作步骤如下：

Step 1 单击按钮，在弹出的下拉列表中选择【打开】命令，打开随书附带光盘中的CDROM\场景\Cha01\上机操作—— 隐藏未选定对象.max场景文件，并在视图中选择【组001】对象，如图1-93所示。

Step 2 在工具栏中单击【按名称选择】按钮，在弹出的【从场景选择】对话框中选择【选择】|【反选】命令，如图1-94所示。

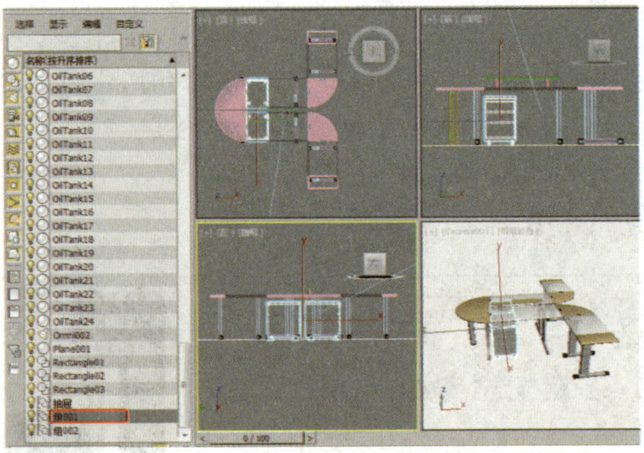

图1-93

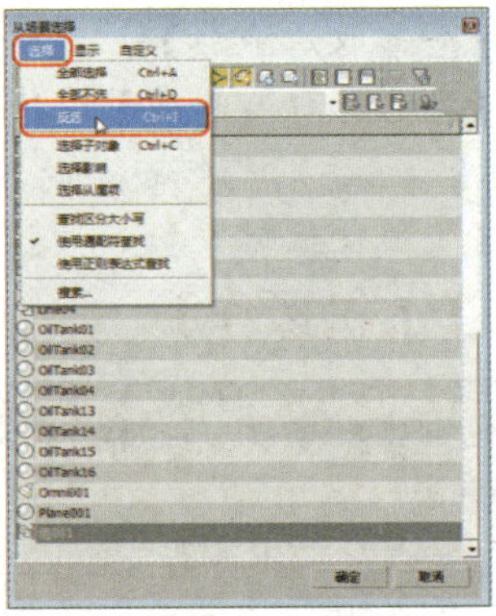

图1-94

Step 3 执行【反选】命令后，单击【确定】按钮，即可在场景中选择不需要隐藏的对象，如图1-95所示。

Step 4 当场景中不需要隐藏的对象处于被选中的状态时，切换至【显示】面板，在【隐藏】卷展栏下单击【隐藏未选定对象】 隐藏未选定对象 按钮，释放鼠标后未选定对象被隐藏，如图1-96所示。

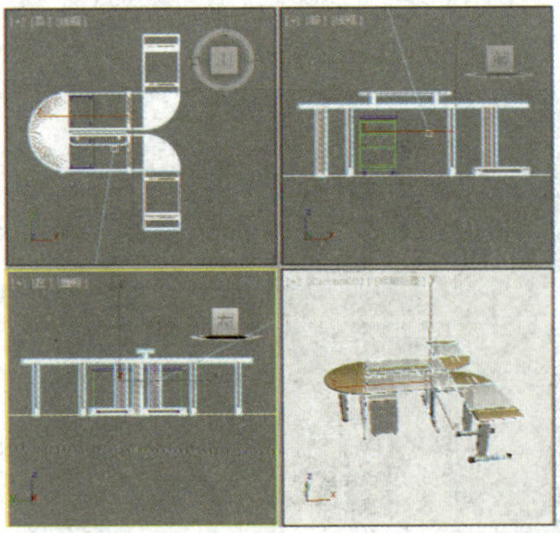

图1-95

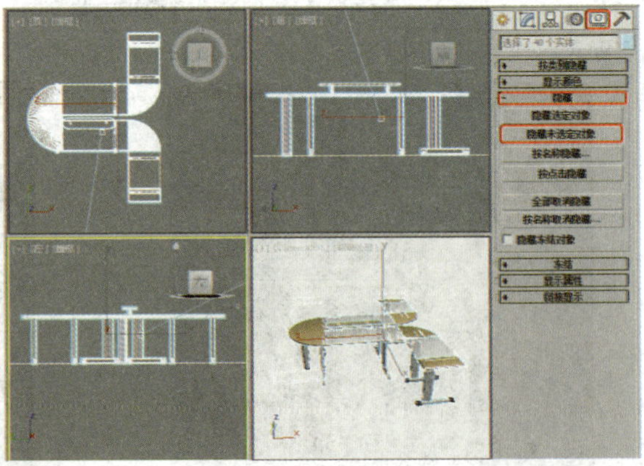

图1-96

1.7.10 【上机操作】——按点击隐藏

场景：CDROM\场景\Cha01\上机操作——按点击隐藏.max

完成场景：CDROM\场景\Cha01\上机操作——按点击隐藏OK.max

视频：视频教学\Cha01\按点击隐藏.avi

将选中的对象进行隐藏，可在【隐藏】卷展栏中单击【按点击隐藏】按钮来隐藏对象。一次命令可单击隐藏多个对象。其具体操作步骤如下：

Step 1 单击按钮，在弹出的下拉列表中选择【打开】命令，打开随书附带光盘中的CDROM\场景\Cha01\上机操作——按点击隐藏.max场景文件，如图1-97所示。

Step 2 切换至【显示】面板，单击【隐藏】卷展栏下的【按点击隐藏】按钮 按点击隐藏 ，移动鼠标至视图中，点击需要隐藏的对象，如图1-98所示。

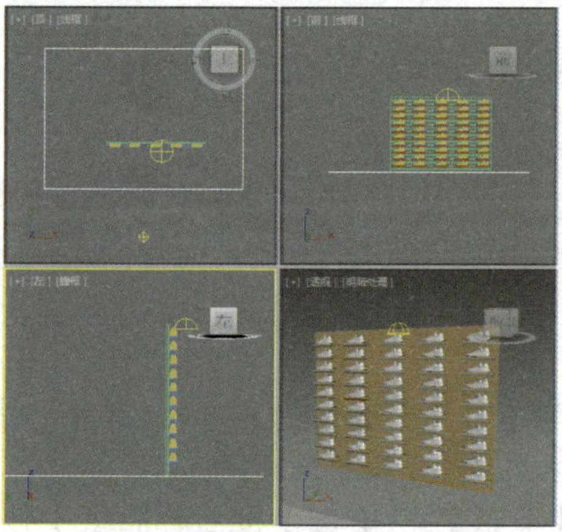

图1-97

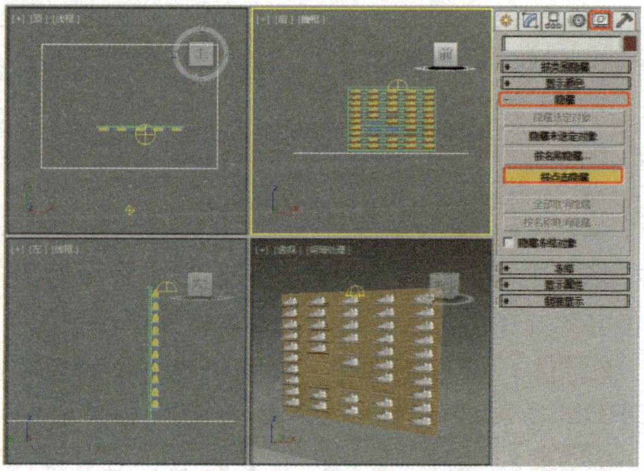

图1-98

1.7.11 【上机操作】——全部取消隐藏

场景：CDROM\场景\Cha01\上机操作——全部取消隐藏.max

完成场景：CDROM\场景\Cha01\上机操作——全部取消隐藏OK.max

视频：视频教学\Cha01\全部取消隐藏.avi

如果需要将当前视图中隐藏的对象全部取消隐藏，单击【全部取消隐藏】按钮 全部取消隐藏 即可，其具体操作步骤如下：

Step 1 单击按钮，在弹出的下拉列表中选择【打开】命令，打开随书附带光盘中CDROM\场景\Cha01\上机操作——全部取消隐藏Max场景文件，如图1-99所示。

Step 2 切换至【显示】面板，在【隐藏】卷展栏下单击【全部取消隐藏】按钮 全部取消隐藏 ，即可将视图中隐藏的对象全部取消隐藏，如图1-100所示。

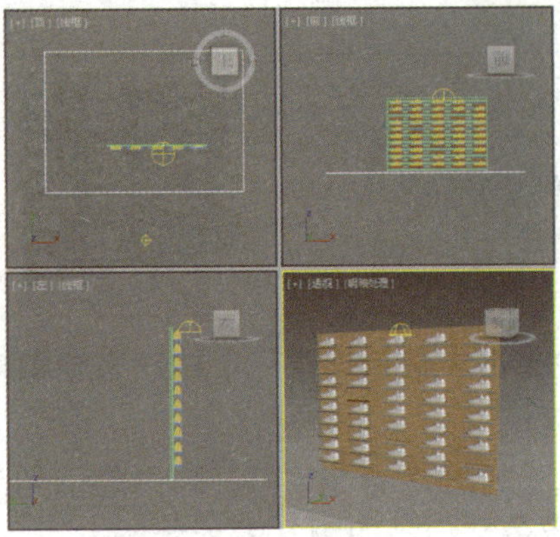

图1-99

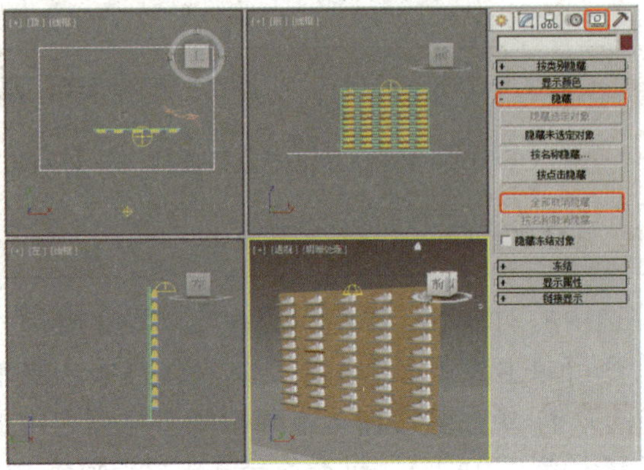

图1-100

1.7.12 【上机操作】——按名称隐藏

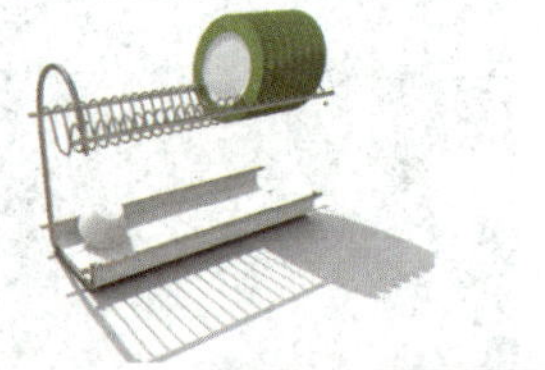

场景：CDROM\场景\Cha01\上机操作——按名称隐藏.max

完成场景：CDROM\场景\Cha01\上机操作——按名称隐藏OK.max

视频：视频教学\Cha01\按名称隐藏.avi

场景中需要隐藏的对象还可以在【隐藏对象】对话框中选择，【隐藏对象】对话框与【按名称选择】对话框类似，其具体操作步骤如下：

Step 1 单击按钮，在弹出的下拉列表中选择【打开】命令，打开随书附带光盘中CDROM\场景\Cha01\上机操作——按名称隐藏.max场景文件，如图1-101所示。

Step 2 切换至【显示】面板，在【隐藏】卷展栏下单击【按名称隐藏】按钮 按名称隐藏... ，如图1-102所示。

Step 3 在弹出的【隐藏对象】对话框中选择需要隐藏的对象名称，如图1-103所示。

Step 4 单击【隐藏】按钮 隐藏 ，被选择的对象即可在场景中隐藏，如图1-104所示。

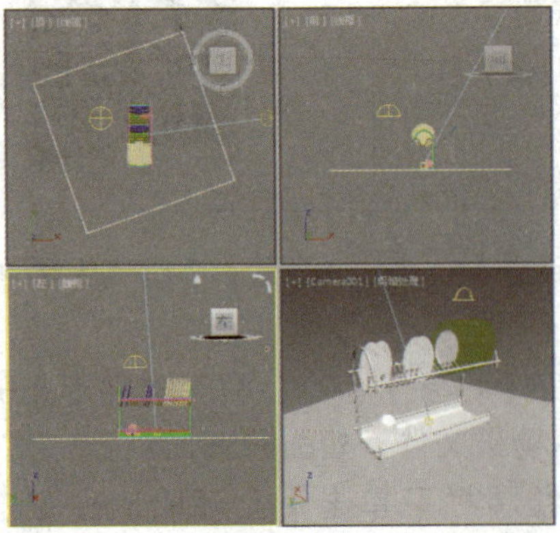

图1-101

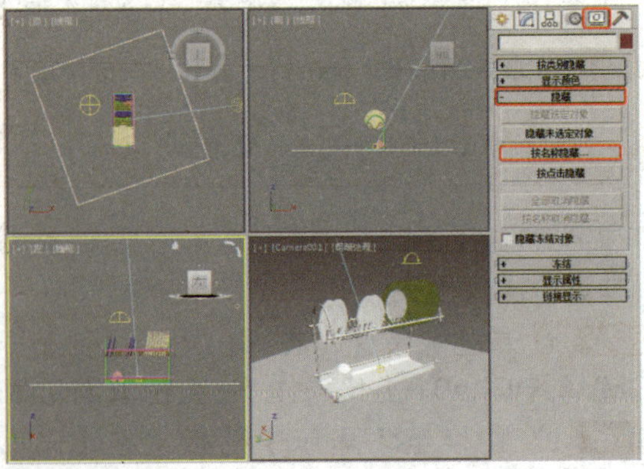

图1-102

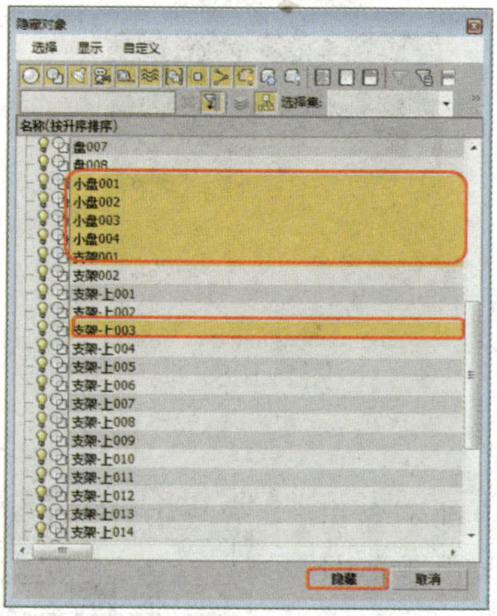

图1-103

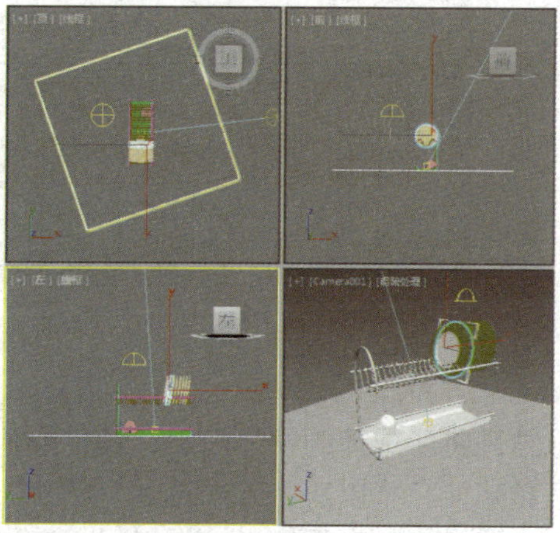

图1-104

1.7.13 【上机操作】——按名称取消隐藏

场景：CDROM\场景\Cha01\上机操作——按名称取消隐藏.max	
完成场景：CDROM\场景\Cha01\上机操作——按名称取消隐藏OK.max	
视频：视频教学\Cha01\按名称取消隐藏.avi	

【取消隐藏对象】对话框列表中显示当前视图中隐藏的对象名称，单击需要取消隐藏的对象名称，即可将场景中的对象取消隐藏，其具体操作步骤如下：

Step 1 单击按钮，在弹出的下拉列表中选择【打开】命令，打开随书附带光盘中CDROM\场景\Cha01\上机操作——按名称取消隐藏.max场景文件，如图1-105所示。

Step 2 切换至【隐藏】面板，在【显示】卷展栏下单击【按名称取消隐藏】按钮按名称取消隐藏...，如图1-106所示。

Step 3 在弹出的【取消隐藏对象】对话框中选择要取消对象的名称，如图1-107所示。

Step 4 单击【取消隐藏】按钮取消隐藏即可将选择的隐藏对象取消隐藏，如图1-108所示。

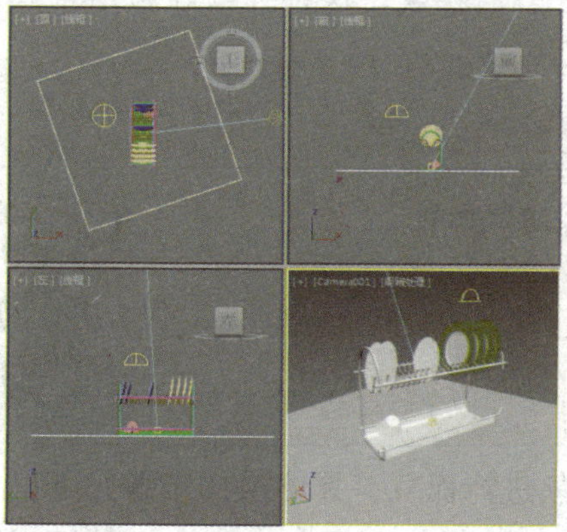

图1-105

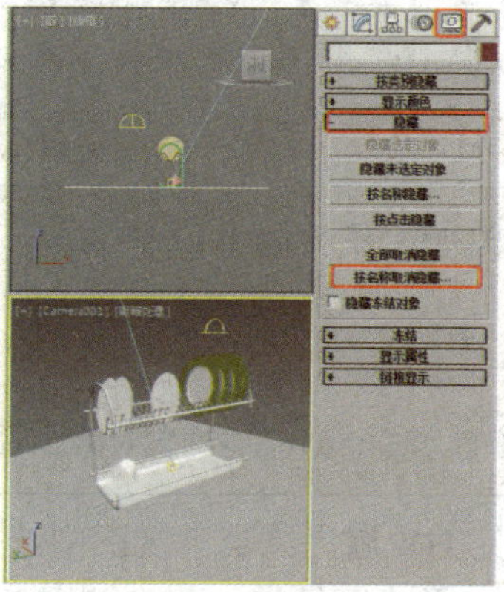

图1-106

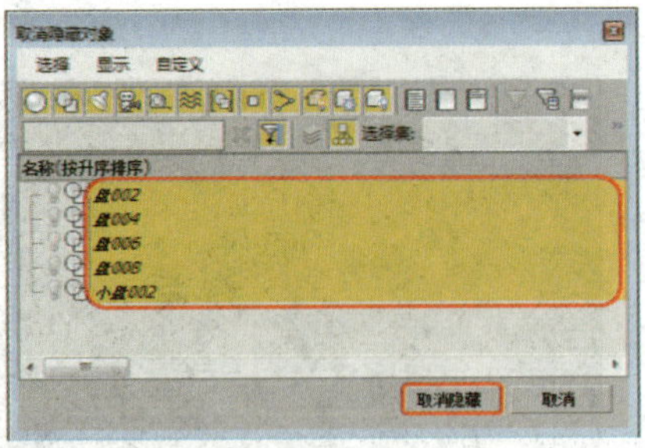

图1-107

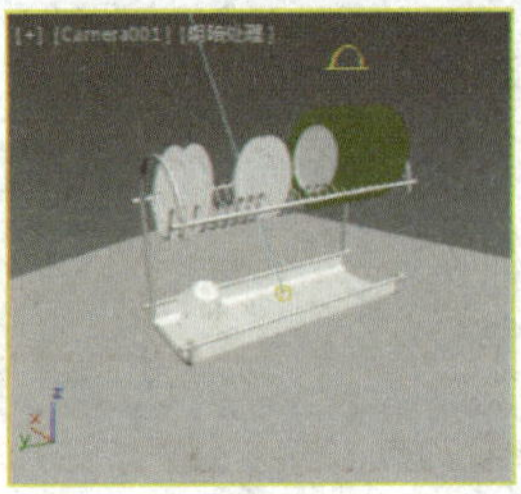

图1-108

1.7.14 冻结

冻结是将所选择的物体固定，任何操作（解冻除外）都不会再对它有影响，它将以灰色方式显示，防止它们阻碍操作，也避免对它们产生误操作。对于灯光、摄影机，冻结并不会影响其照明和摄影功能。冻结的好处是不像隐藏那样不显示，被冻结的物体仍可以在视图中显示，只是无法进行选择和其他操作，显示的形态可以是灰色也可以是本色，但由于已经被冻结，所以不会占用系统的显示资源，大大提升了显示速度。所以在大场景的整合制作中，一般都将目前不操作的物体冻结，只保留正在操作中的物体，这样就可以在视图上流畅地进行编辑操作了，【冻结】卷展栏如图1-109所示。

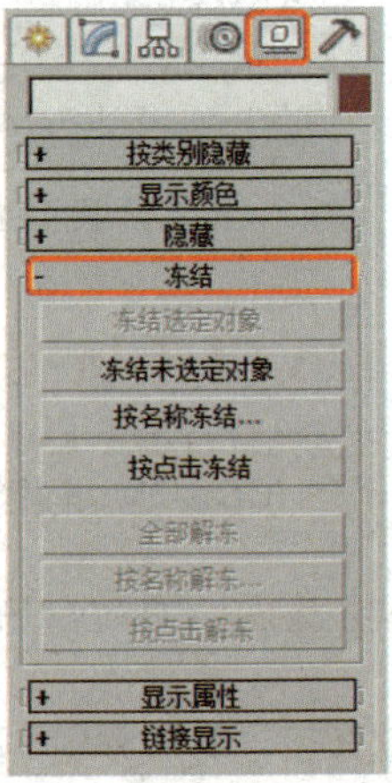

图1-109

- 【冻结选定对象】：将当前视图中已经选择的物体进行冻结。
- 【冻结未选定对象】：将当前视图中所有未选择的物体进行冻结。
- 【按名称冻结】：弹出名称选择框，它与一般的名称选择框相同，左侧列表框中显示当前视图中所有未冻结的物体，可以有选择地进行冻结。
- 【按点击冻结】：按下此按钮开启点击冻结模式，这时可以在视图中点击要冻结的物体将其冻结，再次按下可以关闭此按钮。
- 【全部解冻】：将所有已经冻结的物体全部解除冻结状态。
- 【按名称解冻】：弹出名称选择框，它与一般的名称选择框相同，左侧列表框中显示当前视图中已冻结的物体，可以有选择地进行解冻。
- 【按点击解冻】：按下此按钮开启点击解冻模式，这时可以在视图中点取已经冻结的物体将其解冻，再次按下可以关闭此按钮。

1.7.15 【上机操作】——冻结选定对象

场景：CDROM\场景\Cha01\上机操作——冻结选定对象.max

完成场景：无

视频：视频教学\Cha01\冻结选定对象.avi

冻结选定对象就是将当前视图中选择的对象进行孤立，具体操作步骤如下：

Step 1 单击按钮，在弹出的下拉列表中选择【打开】命令，打开随书附带光盘中

CDROM\场景\Cha01\上机操作——冻结选定对象.max场景文件，如图1-110所示。

Step 2 在视图中选择需要冻结的对象，切换至【显示】面板，在【冻结】卷展栏下单击【冻结选定对象】按钮 冻结选定对象 ，释放鼠标后，选定的对象呈灰色显示，表示选择的对象已经被冻结，如图1-111所示。

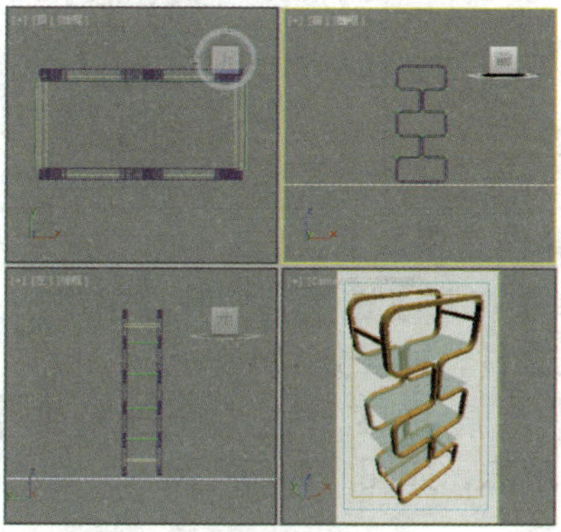

图1-110

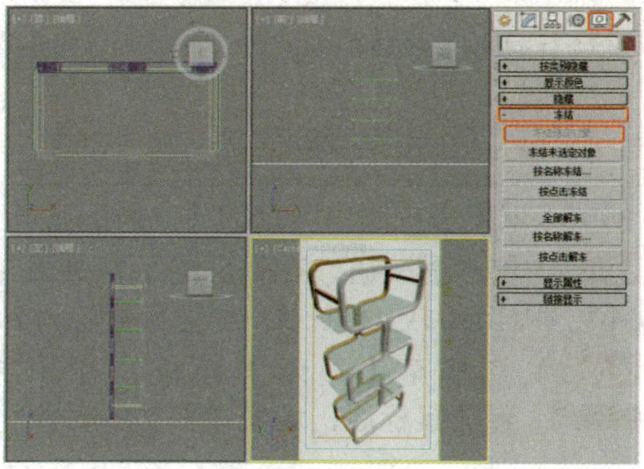

图1-111

1.7.16 【上机操作】——冻结未选定对象

场景：CDROM\场景\Cha01\上机操作——冻结选定对象.max

完成场景：无

视频：视频教学\Cha01\冻结未选定对象.avi

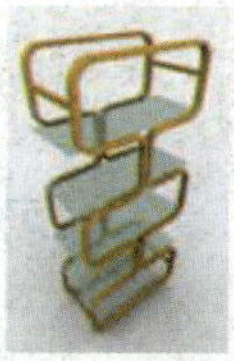

冻结未选定对象就是将场景中未选定的对象冻结，其具体操作步骤如下：

Step 1 单击按钮，在弹出的下拉列表中选择【打开】命令，打开随书附带光盘中CDROM\场景\Cha01\上机操作——冻结选定对象.max场景文件，如图1-112所示。

Step 2 在视图中选择不需要冻结的对象，切换至【显示】面板，在【冻结】卷展栏下单击【冻结未选定对象】按钮 冻结未选定对象 ，释放鼠标后，未选定的对象会呈灰色显示，表示来选择的对象已经被冻结，如图1-113所示。

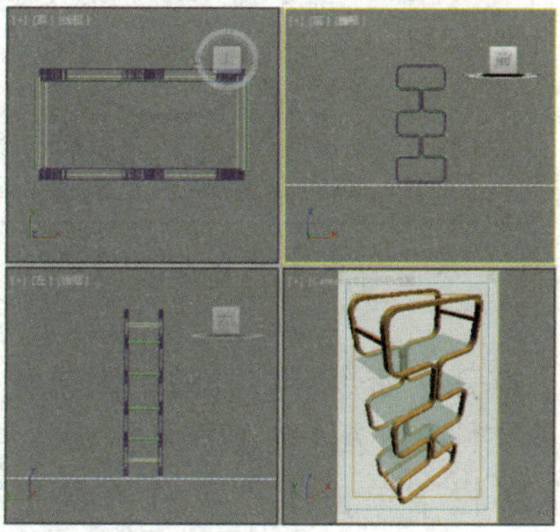

图1-112

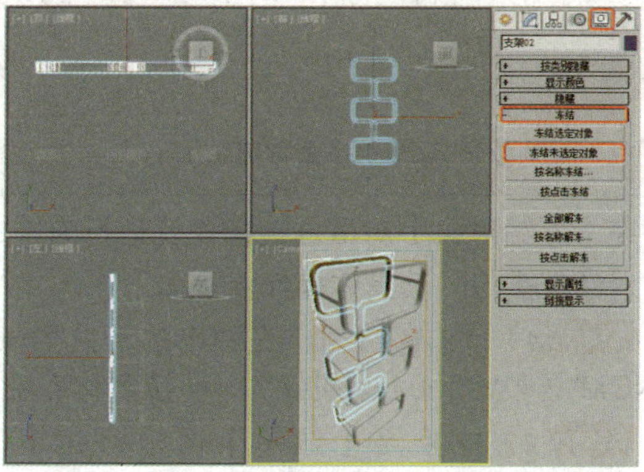

图1-113

1.7.17 【上机操作】——全部解冻

场景：CDROM\场景\Cha01\上机操作——全部解冻.max

完成场景：CDROM\场景\Cha01\上机操作——全部解冻OK.max

视频：视频教学\Cha01\全部解冻.avi

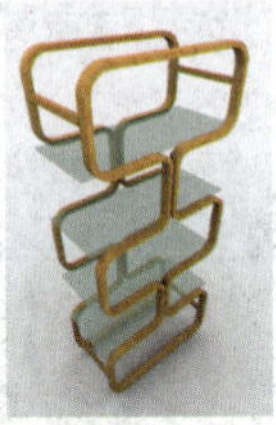

全部解冻就是将视图中冻结的对象解冻，其具体操作步骤如下：

Step 1 单击按钮，在弹出的下拉列表中选择【打开】选项，打开随书附带光盘中CDROM\场景\Cha01\上机操作——全部解冻.max场景文件，如图1-114所示。

Step 2 切换至【显示】面板，在【冻结】卷展栏下单击【全部解冻】按钮 全部解冻 ，释放鼠标后，场景中冻结的对象将会被解冻，如图1-115所示。

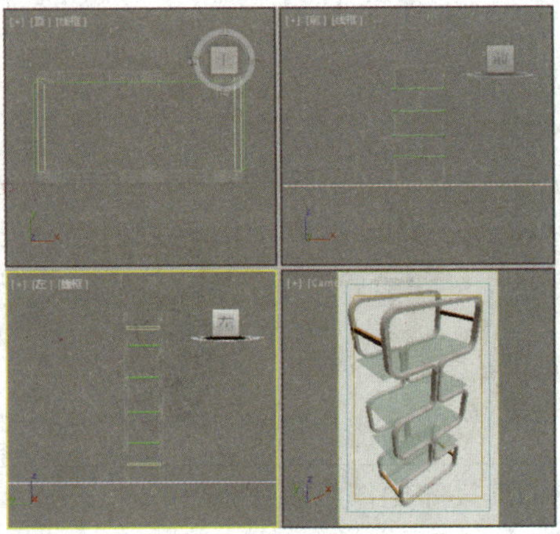

图1-114

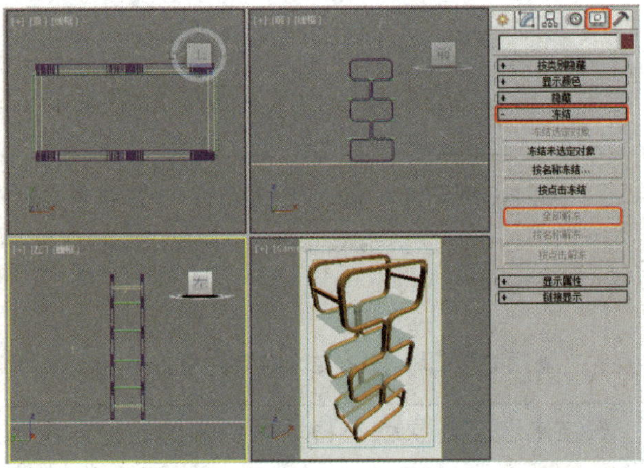

图1-115

1.7.18 【上机操作】——按名称冻结

场景：CDROM\场景\Cha01\上机操作——按名称冻结.max

完成场景：无

视频：视频教学\Cha01\按名称冻结.avi

在【冻结对象】对话框选择需要进行冻结的对象，其【冻结对象】对话框与【按名称选择】对话框类似，其具体操作步骤如下：

Step 1 单击按钮，在弹出的下拉列表中选择【打开】命令，打开随书附带光盘中CDROM\场景\Cha01\上机操作——按名称冻结..max场景文件，如图1-116所示。

Step 2 切换至【显示】面板，在【冻结】卷展栏下单击【按名称冻结】按钮 按名称冻结... ，如图1-117所示。

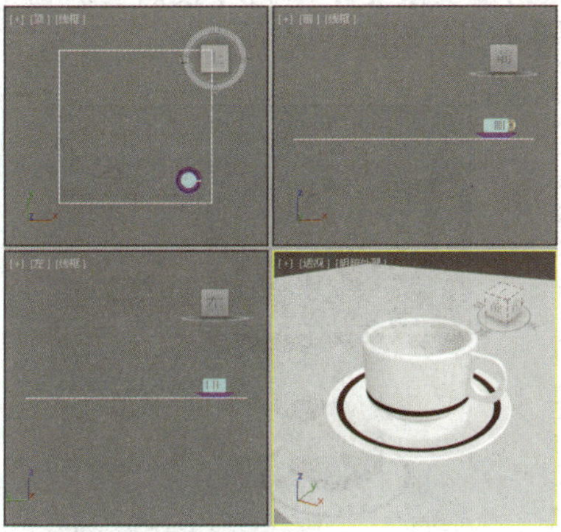

图1-116

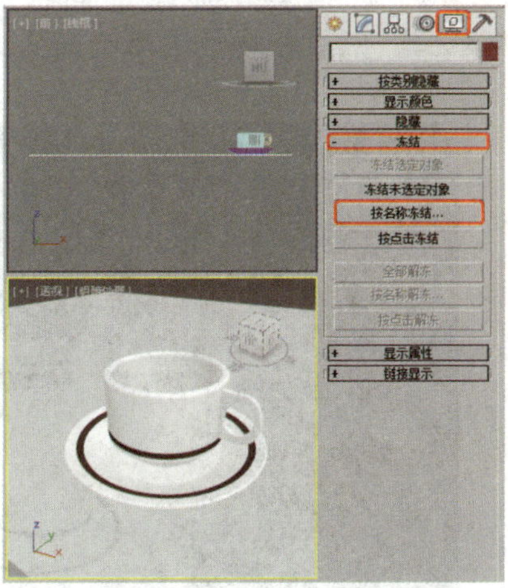

图1-117

Step 3 在弹出的【冻结对象】对话框中选择要冻结的对象名称，在这里选择咖啡杯把和托盘对象，如图1-118所示。

Step 4 单击【冻结】按钮 冻结 即可将选择的对象冻结，冻结的对象将以灰色显示，如图1-119所示。

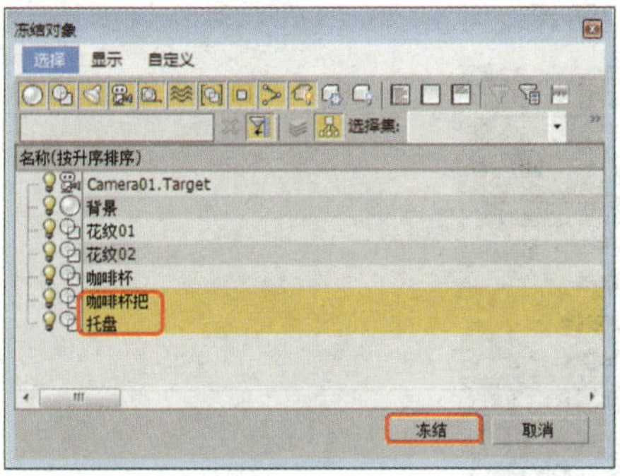

图1-118

图1-119

1.7.19 【上机操作】——按点击冻结

场景：CDROM\场景\Cha01\上机操作——按名称冻结.max

完成场景：无

视频：视频教学\Cha01\按点击冻结.avi

单击【按点击冻结】按钮 按点击冻结 即可在场景中通过单击对象来冻结对象，其具体操作步骤如下：

Step 1 单击按钮，在弹出的下拉列表中选择【打开】命令，打开随书附带光盘中CDROM\场景\Cha01\上机操作——按名称冻结.max场景文件，如图1-120所示。

Step 2 切换至【显示】面板，在【冻结】卷展栏中单击【按点击冻结】按钮

，然后在场景中单击需要冻结的对象即可，如图1-121所示。

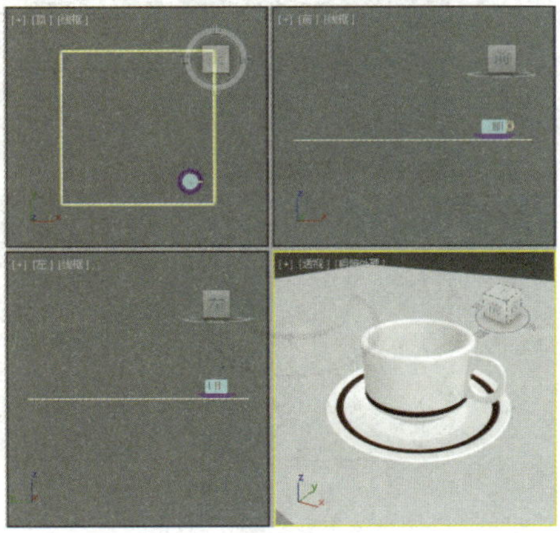

图1-120

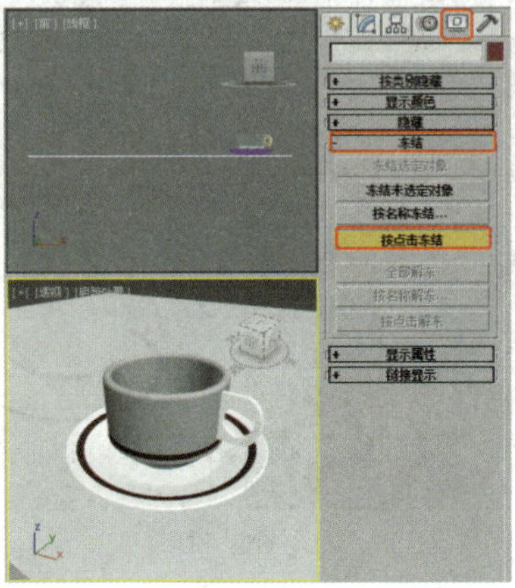

图1-121

1.7.20 调整轴

【调整轴】命令位于【层次】命令面板中，【层次】命令面板主要用于调节相互连接物体之间的层级关系。【层次】命令面板如图1-122所示。

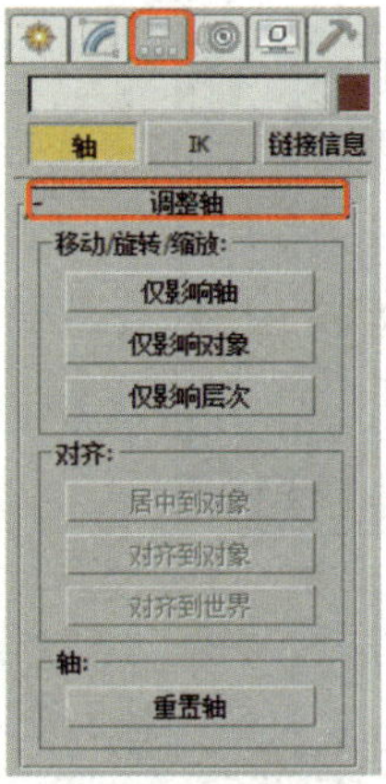

图1-122

下面主要介绍【层次】命令面板中的【调整轴】卷展栏。

【移动/旋转/缩放】选项组：其下包括3个控制项目，每个项目被选择后将显示为蓝色，下面的对齐项目也会根据当前不同的项目而变换不同的命令，便于轴心的对齐操作。

- 【仅影响轴】：仅对当前选择物体的轴产生变换影响，这时使用【选择并移动】和【选择并旋转】工具可以调节物体的位置和方向。
- 【仅影响对象】：仅对当前选择物体产生变换影响，其轴保持不变，这时使用【选择并移动】和【选择并旋转】工具可以调节物体的位置和方向。
- 【仅影响层次】：仅对当前选择物体的子物体产生旋转和缩放变换影响，不改变它的轴位置和方向。

提示：

在基于某个对象绘制另一个对象时，查询点坐标命令较为常用。在工具栏中的【对齐】、【法线对齐】、【对齐视图】3个命令会根据【层次】面板上3个不同的影响命令产生不同的影响效果；捕捉模式允许捕捉轴到它自身物体上或场景中的其他物体上。

【对齐】选项组：这里的选项仅对上面的【仅影响轴】和【仅影响对象】两个命令起作用，用于轴的自动对齐。

当选择【仅影响轴】命令时，相应选项按钮如下所示。

- 【居中到对象】：移动轴到物体的中心处。
- 【对齐到对象】：旋转轴使它与物体的变换坐标轴方向对齐。
- 【对齐到世界】：旋转轴使它与世界坐标系的坐标轴方向对齐。

当选择【仅影响对象】命令时，相应选项按钮如下所示。

- 【居中到轴】：移动物体的中心点到轴处。
- 【对齐到轴】：旋转物体使它的坐标轴向与轴方向对齐。
- 【对齐到世界】：旋转物体使它的坐标轴向与世界坐标系的坐标轴方向对齐。

【轴】选项组中只有【重置轴】一个选项按钮。

- 【重置轴】：恢复物体的轴到刚创建时的状态。

1.8 复制的方法

在制作一些大型场景的过程中，有时需要大量相同的物体，这就需要对物体进行复制，在3ds Max中复制的方法有很多种，下面进行详细介绍。

1.8.1 运用【克隆】命令原位置复制

选择菜单栏中的【编辑】|【克隆】命令或按Ctrl+V组合键，弹出【克隆选项】对话框，如图1-123所示，在【对象】选项组中选择复制类型，并在下方的【名称】文本框中输入复制后的对象名称，设置好参数后单击【确定】按钮。克隆出的对象与原对象是重叠的。

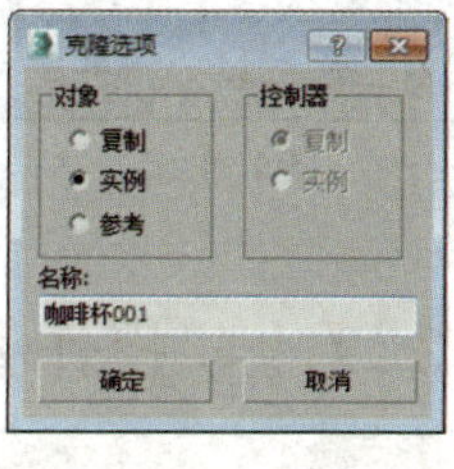

图1-123

1.8.2 【上机操作】——克隆对象

场景：CDROM\场景\Cha01\上机操作——克隆对象.max

完成场景：CDROM\场景\Cha01\上机操作——克隆对象OK.max

视频：视频教学\Cha01\克隆对象.avi

将当前选择的物体进行原地复制，复制的对象与原对象相同，即为克隆对象。具体操作步骤如下：

Step 1 单击按钮，在弹出的下拉列表中选择【打开】命令，打开随书附带光盘中CDROM\场景\Cha01\上机操作——克隆对象.max场景文件，如图1-124所示。

Step 2 在视图中选择需要克隆的源对象椅子，在菜单栏中选择【编辑】|【克隆】命令，如图1-125所示。

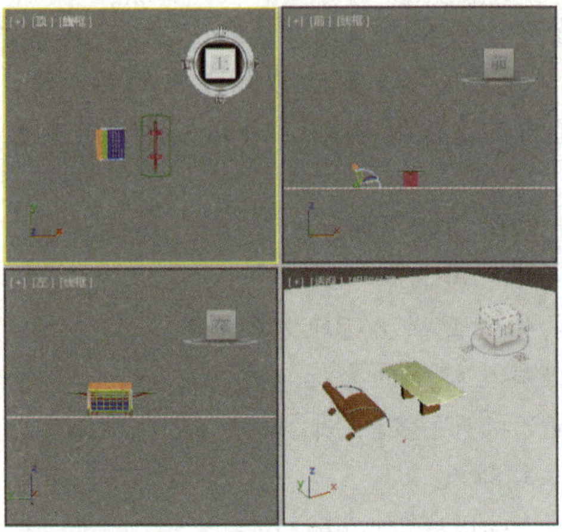

图1-124

图1-125

Step 3 弹出【克隆选项】对话框，在【对象】选项组中选择【实例】单选按钮，在【控制器】选项组中选择【复制】单选按钮，单击【确定】按钮，如图1-126所示，即可在场景中克隆出沙发对象。

Step 4 使用【选择并移动】工具和【选择并旋转】工具在视图中调整克隆对象的位置和角度，激活透视图，按F9键进行快速渲染，渲染完成后最终效果如图1-127所示。

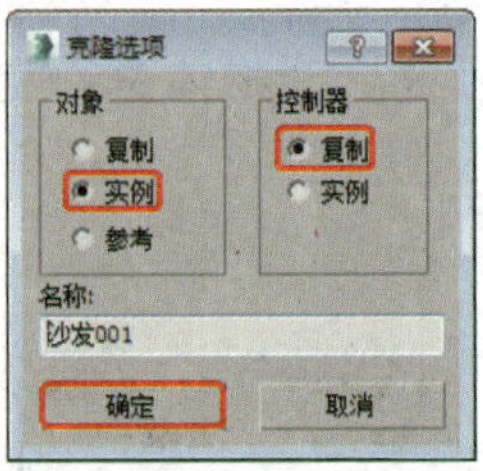

图1-126

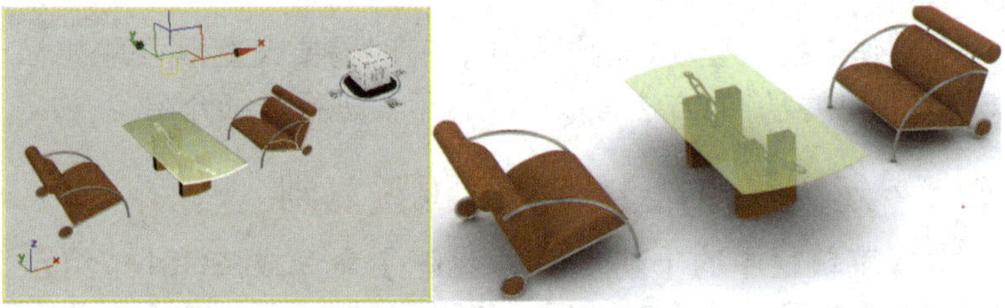

图1-127

1.8.3 【上机操作】——实例克隆

场景：CDROM\场景\Cha01\上机操作——实例克隆.max

完成场景：CDROM\场景\Cha01\上机操作——实例克隆OK.max

视频：视频教学\Cha01\实例克隆.avi

【实例克隆】是克隆的一种，克隆包括实例克隆、参考克隆、复制克隆。下面以实例克隆的应用为例，介绍其具体操作步骤如下：

Step 1 单击按钮，在弹出的下拉列表中选择【打开】命令，打开随书附带光盘中CDROM\场景\Cha01\上机操作——实例克隆.max场景文件，并在场景中选择需要克隆的对象，如图1-128所示。

Step 2 在菜单栏中选择【编辑】|【克隆】命令，弹出【克隆选项】对话框。在【克隆选项】对话框中的【对象】选项组中选中【实例】单选按钮，在【控制器】选项组中选中【复制】单选按钮，如图1-129所示。

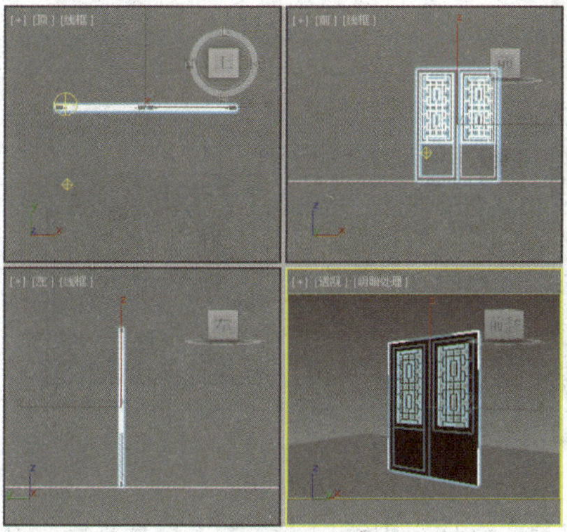

图1-128

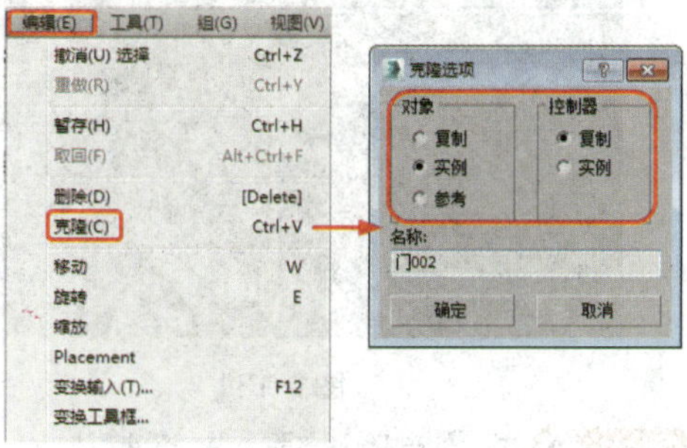

图1-129

Step 3 单击【确定】按钮，即可在场景中克隆对象，然后在视图中调整克隆对象的位置和角度，完成效果如图1-130所示。

图1-130

1.8.4 【上机操作】——参考克隆

场景：CDROM\场景\Cha01\上机操作——参考克隆.max	
完成场景：CDROM\场景\Cha01\上机操作——参考克隆OK.max	
视频：视频教学\Cha01\参考克隆.avi	

使用【参考克隆】的具体操作步骤如下：

Step 1 单击按钮，在弹出的下拉列表中选择【打开】命令，打开随书附带光盘中CDROM\场景\Cha01\上机操作——参考克隆.max场景文件，并在场景中选择需要克隆的对象，如图1-131所示。

Step 2 在菜单栏中选择【编辑】|【克隆】命令，弹出【克隆选项】对话框，如图1-132所示。

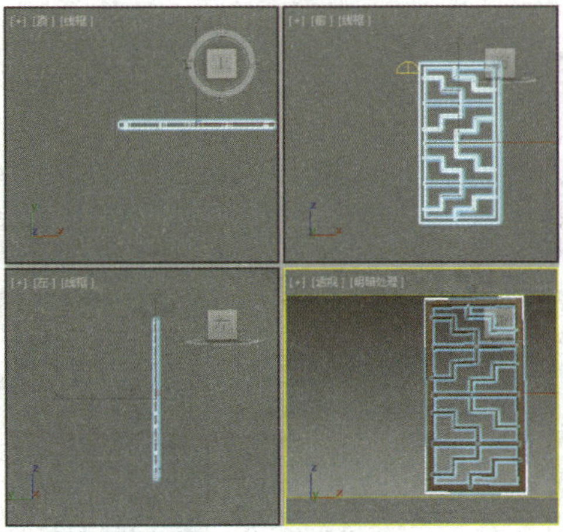

图1-131

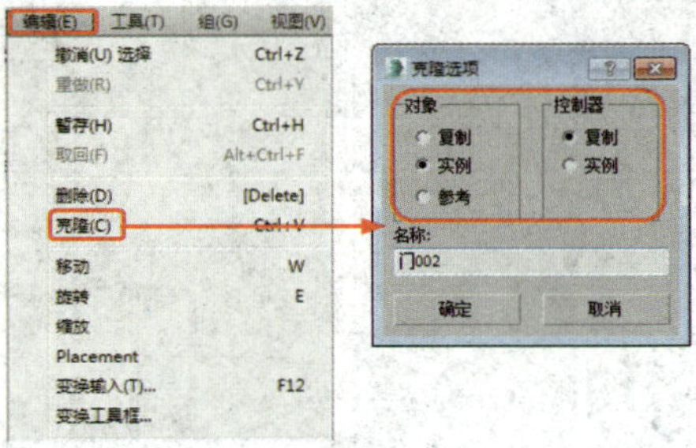

图1-132

Step 3 在【克隆选项】对话框中的【对象】选项组中选中【参考】单选按钮，在【控制器】选项组中选中【复制】单选按钮，如图1-133所示。

Step 4 单击【确定】按钮 确定 ，即可在视图中克隆对象，在视图中调整克隆对象的位置、角度和大小，激活透视图，按F9键进行快速渲染，渲染完成效果如图1-134所示。

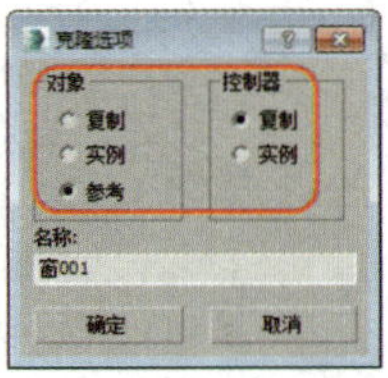

图1-133

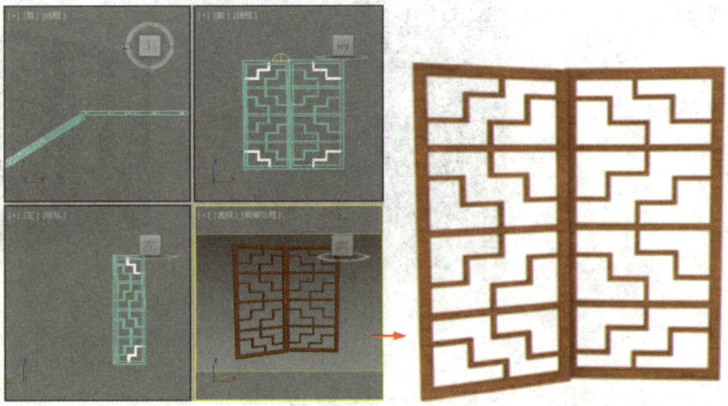

图1-134

1.8.5 Shift键组合复制法

选择需要复制的对象，按住Shift键，再使用【选择并移动】工具沿着需要的轴向拖动对象，就会看到在指定的轴向上复制出了一个新的对象，松开鼠标时会弹出【克隆选项】对话框，如图1-135所示，在【对象】选项组中指定复制类型，在【副本数】微调框中指定复制对象的数量，在【名称】文本框中输入复制对象的名称，设置完成后单击【确定】按钮即可。

图1-135

1.8.6 【上机操作】——运用Shift键复制

场景：CDROM\场景\Cha01\上机操作——运用Shift键复制.max

完成场景：CDROM\场景\Cha01\上机操作——运用Shift键复制OK.max

视频：视频教学\Cha01\运用Shift键复制.avi

Shift键通常与基本变换命令组合，包括移动、旋转、缩放，可以在变换物体的同时进行克隆，产生被变换的克隆物体，具体操作步骤如下：

Step 1 单击按钮，在弹出的下拉列表中选择【打开】命令，打开随书附带光盘中CDROM\场景\Cha01\上机操作——运用Shift键复制.max场景文件，如图1-136所示。

Step 2 在视图中选择需要复制的对象，在工具栏中选择【选择并移动】工具，当鼠标处于状态时，按住Shift并沿X轴向右拖动，如图1-137所示。

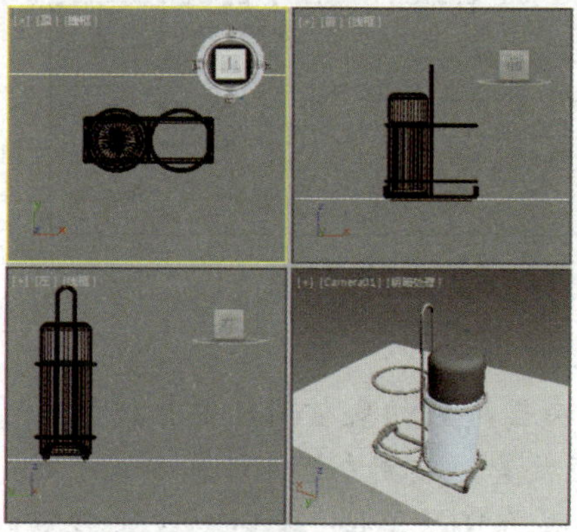

图1-136

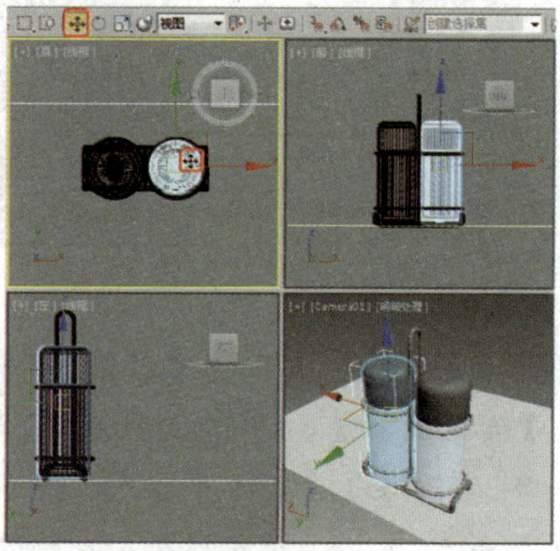

图1-137

Step 3 移动至合适位置后释放鼠标，即可弹出【克隆选项】对话框，在【对象】选项组中选中【复制】单选按钮，如图1-138所示。

Step 4 单击【确定】按钮，即可在视图中复制对象，激活透视图，按F9键进行快速渲染，渲染完成效果如图1-139所示。

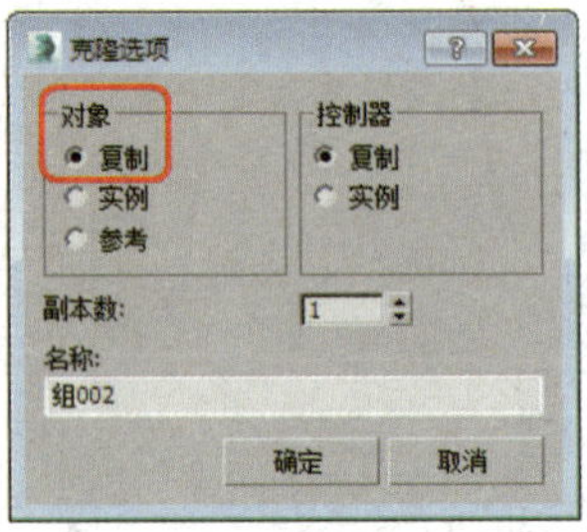

图1-138

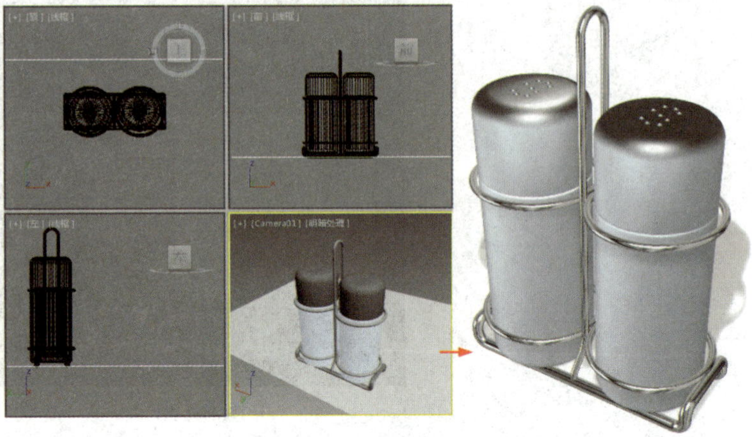

图1-139

1.8.7 用阵列工具复制

【阵列】可以大量有序地复制对象，可以控制产生一维、二维、三维的阵列复制。选中要进行阵列复制的对象，选择菜单栏中的【工具】|【阵列】命令，打开【阵列】对话框，如图1-140所示。

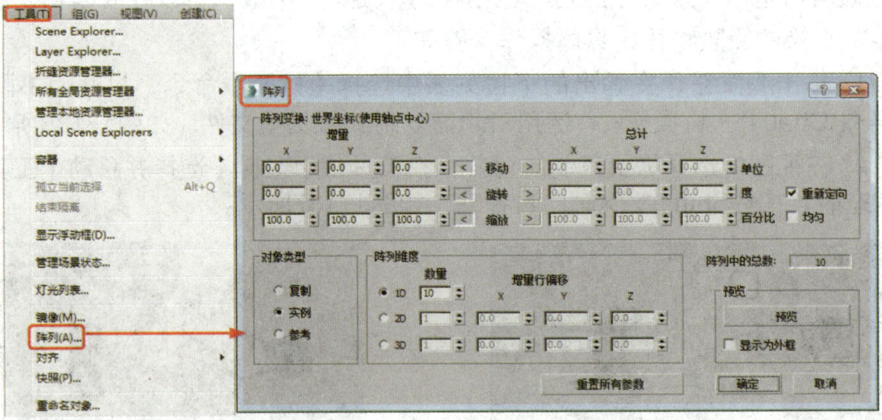

图1-140

【阵列】对话框中各项目的功能说明如下所述。

- 【阵列变换】：用来设置在1D阵列中3种类型阵列的变量值，包括位置、角度和比例。左侧为增量计算方式，要求设置增值数量；右侧为总计计算方式，要求设置最后的总数量。如果想在X轴方向上创建间隔为10个单位一行的对象，就可以在【增量】下【移动】左侧的X文本框中输入10。如果想在X轴方向上创建总长度为10的一串对象，那么就可以在【总计】下【移动】右侧的X文本框中输入10。
- 【移动】：分别设置3个轴向上的偏移值。
- 【旋转】：分别设置沿3个轴向旋转的角度值。

- 【缩放】：分别设置在3个轴向上缩放的百分比。
- 【重新定向】：在以世界坐标轴旋转复制原对象时，同时也对新产生的对象沿其自身的坐标系统进行旋转定向，使其在旋转轨迹上总保持相同的角度，否则所有的复制对象都与原对象保持相同的方向。
- 【均匀】：勾选该复选框后，在【增量】下【缩放】中只有X轴允许输入参数，这样可以锁定对象的比例，使对象只发生体积的变化，而不产生变形。

【对象类型】：设置产生的阵列复制对象的属性。

- 【复制】：标准复制属性。
- 【实例】：产生关联复制对象，与原对象息息相关。
- 【参考】：产生参考复制对象。

【阵列维度】：增加另外两个维度的阵列设置，这两个维度依次对前一个维度产生作用。

- 【1D】：设置第一次阵列产生的对象总数。
- 【2D】：设置第二次阵列产生的对象总数，右侧X、Y、Z用来设置新的偏移值。
- 【3D】：设置第三次阵列产生的对象总数，右侧X、Y、Z用来设置新的偏移值。
- 【阵列中的总数】：设置最后阵列结果产生的对象总数目，即1D、2D、3D三个【数量】值的乘积。

【重置所有参数】：将所有参数还原为默认设置。

1.8.8 【上机操作】——移动阵列

场景：CDROM\场景\Cha01\上机操作—— 移动阵列.max

完成场景：CDROM\场景\Cha01\上机操作—— 移动阵列OK.max

视频：视频教学\Cha01\移动阵列.avi

在阵列中分别设置3个轴向的偏移量即可移动阵列，具体操作步骤如下：

Step 1　单击按钮，在弹出的下拉列表中选择【打开】命令，打开随书附带光盘中CDROM\场景\Cha01\上机操作—— 移动阵列.max场景文件，在【顶】视图中选择需要移动的阵列对象，如图1-141所示。

Step 2　在菜单栏中选择【工具】|【阵列】命令，如图1-142所示。

Step 3　弹出【阵列】对话框，在【阵列变换：屏幕坐标（使用轴点中心）】选项组中激活【移动】坐标文本框，将X轴设置为750度，在【阵列维度】选项组中设置1D的数量为4，单击【确定】按钮 确定 ，如图1-143所示，即可在场景中阵列对象。

Step 4　激活透视图，按F9键进行快速渲染，渲染完成后的效果如图1-144所示。

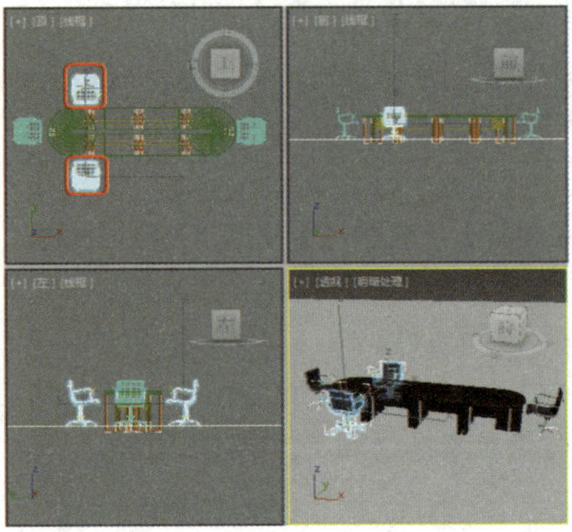

图1-141

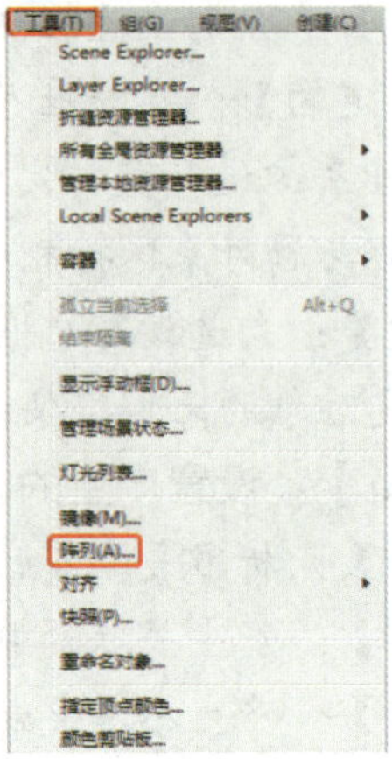

图1-142

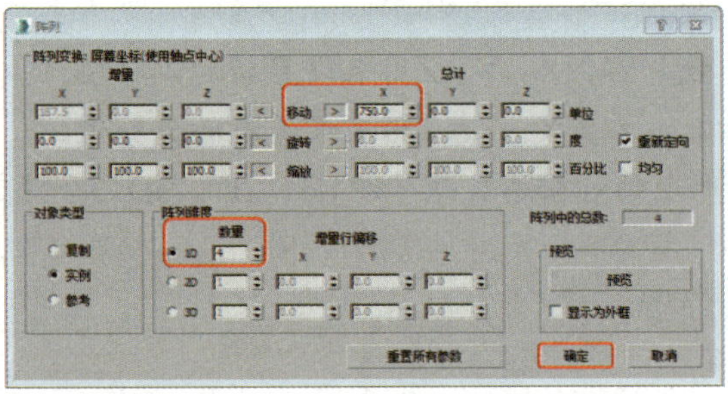

图1-143

图1-144

1.8.9 【上机操作】——旋转阵列

场景：CDROM\场景\Cha01\上机操作——旋转阵列.max	
完成场景：CDROM\场景\Cha01\上机操作——旋转阵列OK.max	
视频：视频教学\Cha01\旋转阵列.avi	

Step 1 单击按钮，在弹出的下拉列表中选择【打开】命令，打开随书附带光盘中CDROM\场景\Cha01\上机操作——旋转阵列.max场景文件，如图1-145所示。

Step 2 在视图中单击需要旋转阵列的对象，在【命令】面板中的【层次】选项组中，单击【轴】按钮 轴 ，在【调整轴】卷展览下单击【仅影响轴】按钮 仅影响轴 ，如图1-146所示。

Step 3 在菜单栏中单击【选择并移动】按钮，在各视图中调整轴的位置，如图1-147所示。

Step 4 激活顶视图，在菜单栏中选择【工具】|【阵列】命令，弹出【阵列】对话框，在【阵列变换：屏幕坐标（使用轴点中心）】选项组中激活【旋转】坐标文本框，将Z轴设置为360度，在【阵列维度】选项组中设置1D的数量为4，单击【确定】按钮 确定 ，即

可在场景中旋转阵列对象，如图1-148所示。

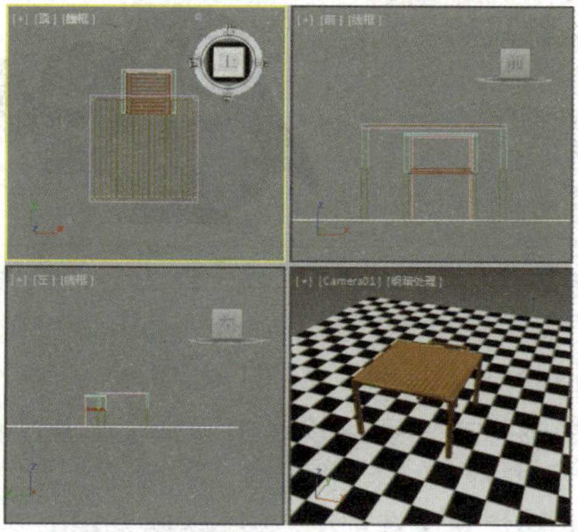

图1-145

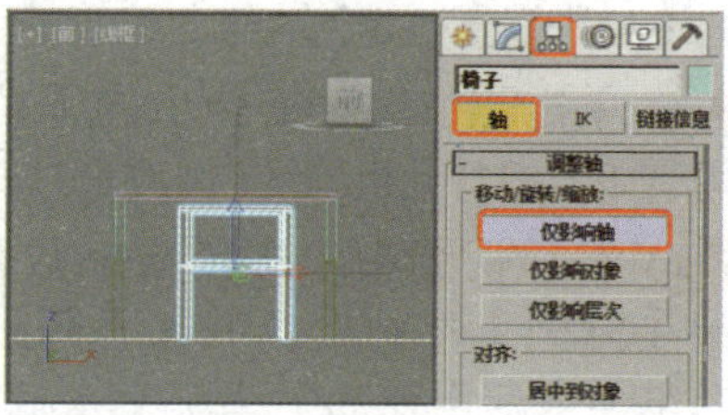

图1-146

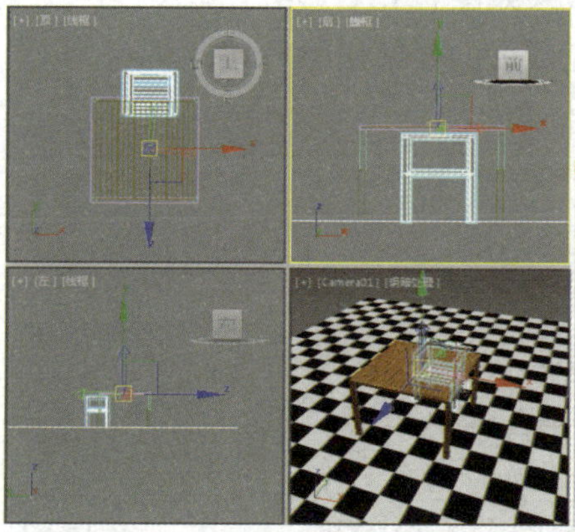

图1-147

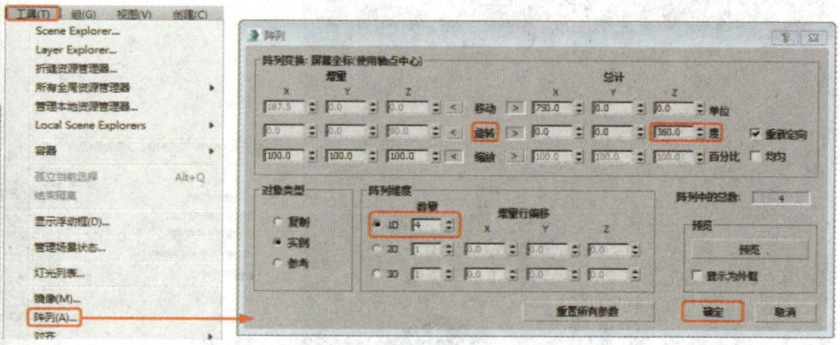

图1-148

Step 5 激活透视图，按F9键进行快速渲染，渲染完成后的效果如图1-149所示。

图1-149

1.8.10 【上机操作】——缩放阵列

场景：CDROM\场景\Cha01\上机操作——缩放阵列.max

完成场景：CDROM\场景\Cha01\上机操作——缩放阵列OK.max

视频：视频教学\Cha01\缩放阵列.avi

在阵列中分别设置在3个轴向上缩放的百分比比例即可进行缩放阵列，具体操作步骤如下：

Step 1 单击按钮，在弹出的下拉列表中选择【打开】命令，打开随书附带光盘中CDROM\场景\Cha01\上机操作——缩放阵列.max场景文件，如图1-150所示。

Step 2 在顶视图中单击需要缩放阵列的对象，在菜单栏中选择【工具】|【阵列】命令，弹出【阵列】对话框，并在【阵列】对话框的【阵列变换：屏幕坐标（使用轴点中心）】选项组中激活【移动】坐标文本框，在【增量】选项组中设置X值为180，Y值为45，在【缩放】文本框中设置总计X、Y、Z的值均为20，将1D数量设置为4，单击【确定】按钮，如图1-151所示。即可在场景中缩放阵列，陈列效果如图1-152所示。

Step 3 激活透视图，按F9键进行快速渲染，渲染完成后的效果如图1-153所示。

图1-150

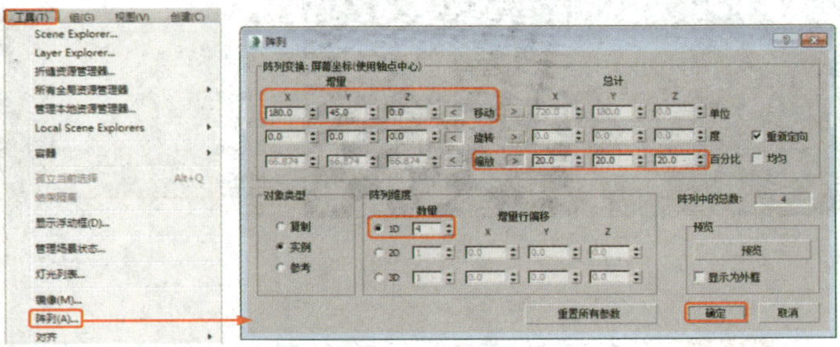

图1-151

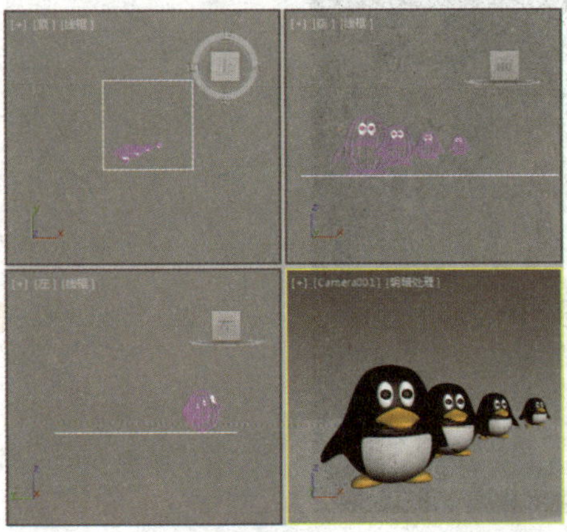

图1-152

图1-153

1.8.11 镜像复制

【镜像】工具可以移动一个或多个选择的对象沿着指定的坐标轴镜像到另一个方向，同时也可以产生具备多种特性的复制对象。选择要进行镜像复制的对象，在菜单栏中选择【工具】|【镜像】命令或者在工具栏中单击【镜像】按钮，打开【镜像：屏幕 坐标】对话框，如图1-154所示，在【镜像轴】选项组中指定镜像轴，在【偏移】微调框中指定镜像对象与源对象之间的间距，并在【克隆当前选择】选项组中设置是否复制以及复制的类型，设置好参数后单击【确定】按钮，最后效果如图1-155所示。

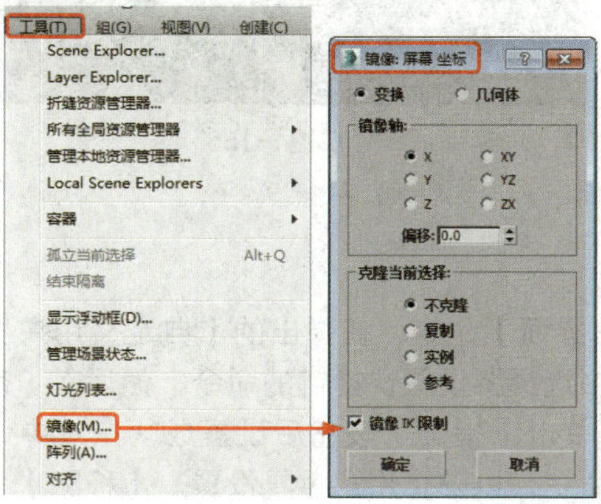

图1-154

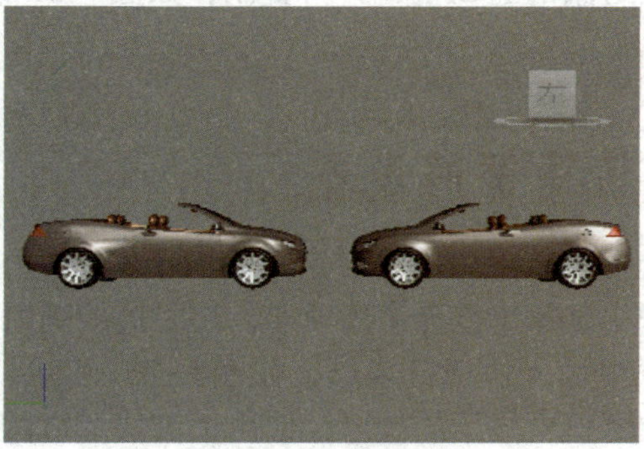

图1-155

【镜像：屏幕 坐标】对话框中各项目的功能说明如下所述。

【镜像轴】：提供了6种对称轴用于镜像，每当进行选择时，视图中的选择对象就会显示出镜像效果。

- 【偏移】：指定镜像对象与原对象之间的距离，距离值是通过两个对象的轴心点来计算的。

【克隆当前选择】：确定是否复制以及复制的方式。

- 【不克隆】：只镜像对象，不进行复制。
- 【复制】：复制一个新的镜像对象。
- 【实例】：复制一个新的镜像对象，并指定为关联属性，这样改变复制对象将对原始对象也产生作用。
- 【参考】：复制一个新的镜像对象，并指定为参考属性。

【镜像IK限制】：勾选该复选框可以连同几何体一起对IK约束进行镜像。IK所使用的末端效应器不受镜像工具的影响，所以想要镜像完整的IK层级的话，需要先在【运动】命令面板下的【IK控制参数】卷展栏中删除末端效应器，镜像完成之后再在相同的面板中建立新的末端效应器。

1.8.12 间隔工具复制

【间隔工具】可以在一条直线路径上将物体进行批量复制，并整齐地排列在路径上，还可以设置物体的间距方式和轴心点是否与曲线切线对齐。首先选择要复制的对象，选择菜单栏中的【工具】|【对齐】|【间隔工具】命令，弹出【间隔工具】对话框，在该对话框中，单击【拾取路径】按钮，在视图中点击指定的路径，然后设置好复制的数量，再单击【应用】按钮即可。

1.8.13 用快照工具复制

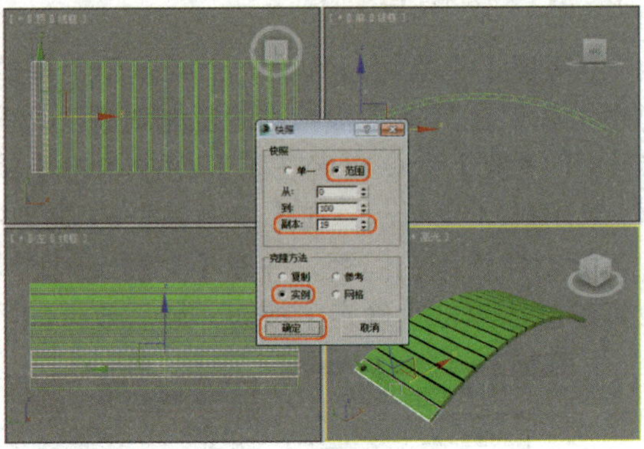

图1-156

快照复制是创建多重复制的另外一种方法，它同样可以为动画对象创建复制、关联复制或参考复制。

创建快照复制时，选择一个动画对象，选择菜单栏中的【工具】|【快照】命令，打开【快照】对话框，其中【副本】用于指定复制的数量，设置好参数单击【确定】按钮即可沿该动画对象的运动轨迹进行复制，如图1-156所示。

1.9 快捷键的设置

选择菜单栏中的【自定义】|【自定义用户界面】命令，在弹出的【自定义用户界面】对话框中选择【键盘】选项卡，在左边的列表中选择要设置快捷键的命令，然后在【热键】文本框中输入快捷键字母，如图1-157所示，单击【指定】按钮后设置成功。其中【指定到】文本框中显示的是已经使用了该快捷键的命令，以防止用户重复设置，【移除】按钮可以移除已设置的快捷键。

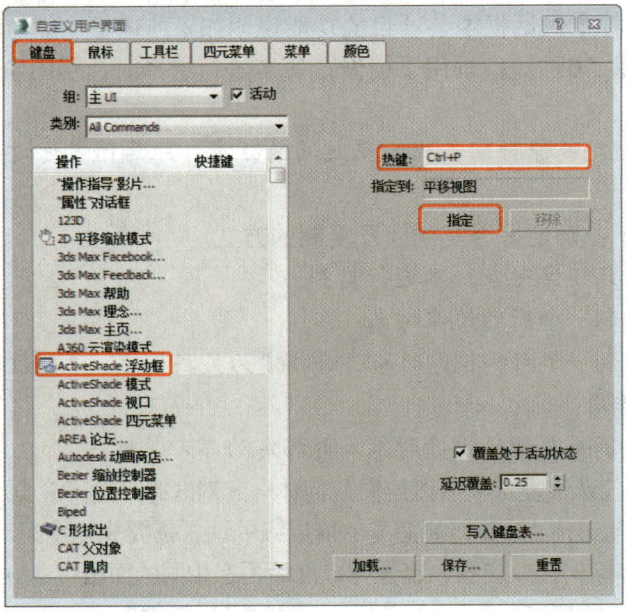

图1-157

提示：

对于常用的命令，3ds Max 2016已经自动为其分配了快捷键，而大多数命令都是没有设置快捷键的，用户可以根据自己的实际需要和使用习惯来设置快捷键，以提高工作效率。

1.10 自动备份功能的优化

选择【自定义】|【首选项】命令，在【首选项设置】对话框的【文件】选项卡，可以设置与文件处理相关的选项。可以选择用于归档的程序并控制日志文件维护选项，并且自动备份功能可以在设置的时间间隔内自动保存文件。【首选项设置】对话框【文件】选项卡如图1-158所示。

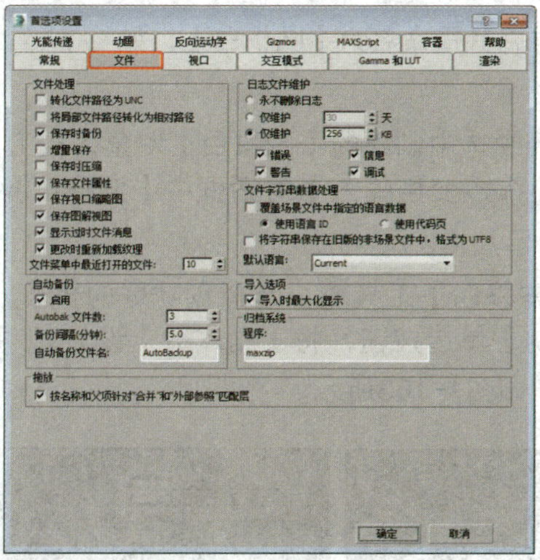

图1-158

默认情况下，3ds Max自动备份功能处于激活状态，并且在编辑场景时3个文件每五分钟写一次备份文件。这些文件存储在Autoback文件夹下。默认情况下，此文件夹存储在Documents|3dsMax|Autoback中。如果文件是由于系统故障或电源中断而受损，使用备份文件非常有用。具体操作步骤如下：

Step 1 启动3ds Max 2016，验证是否无法加载场景。

Step 2 打开Windows资源管理器，浏览至Autoback文件夹。

Step 3 先高亮显示AutoBackup01.max，然后复制文件（选择【编辑】|【复制】命令或者按Ctrl+C组合键）。

Step 4 浏览至场景文件夹，此文件夹可以在Documents|3dsMax中或程序安装文件夹中找到，并粘贴该文件。如果需要的话，可以对其重命名。

Step 5 在3ds Max 2016中，按Ctrl+O组合键尝试加载刚才从Documents|3dsMax|autoback文件夹中复制的文件。如果文件打开了，则先保存该场景，然后重建最后5分钟丢失的内容。

1.11 上机实践

1.11.1 制作围棋棋子

本例将讲解如何制作围棋棋子，首先绘制球体，通过对其参数设置及缩放，制作出棋子形状，并对其添加材质，完成后的效果如图1-159所示。

具体操作方法如下：

Step 1 启动软件后，打开随书附带光盘中的CDROM\场景\Cha01\【上机实践】——围棋.max，如图1-160所示。

Step 2 选择【创建】|【几何体】|【标准基本体】|【球体】命令，在【顶】视图中创建一个【半径】为3，【半球】为0.345的半球，并将其重命名为【围棋白】，如图1-161所示。

图1-159

Step 3 在【左】视图中选中创建的【围棋白】对象，在工具栏中右击【选择并非均匀缩放】工具，在弹出的【缩放变换输入】对话框中【偏移：屏幕】选项组中将【Y】轴参数设置为30，如图1-162所示。

Step 4 使用【选择并移动】工具，选择创建好的棋子，按住Shift键进行移动，在弹出的对话框中选择【复制】单选按钮，将【副本数】设为1，并将其【名称】设为【围棋黑】，单击【确定】按钮，如图1-163所示。

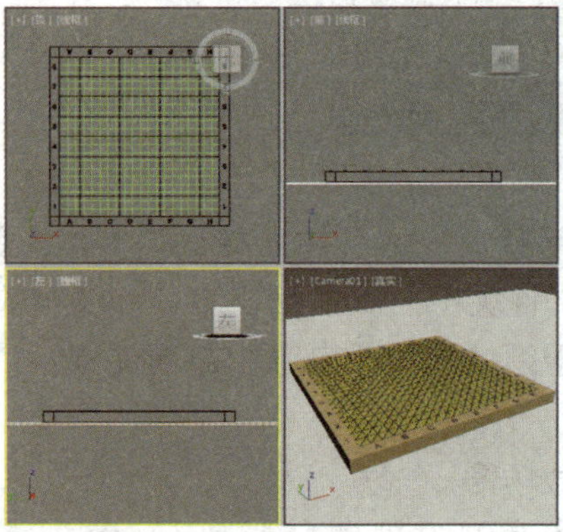

图1-160

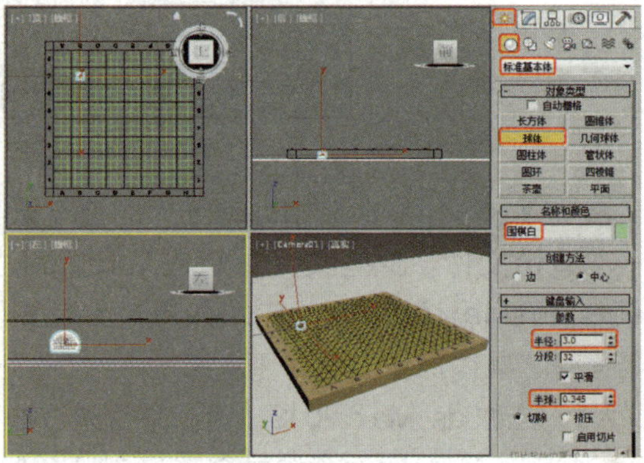

图1-161

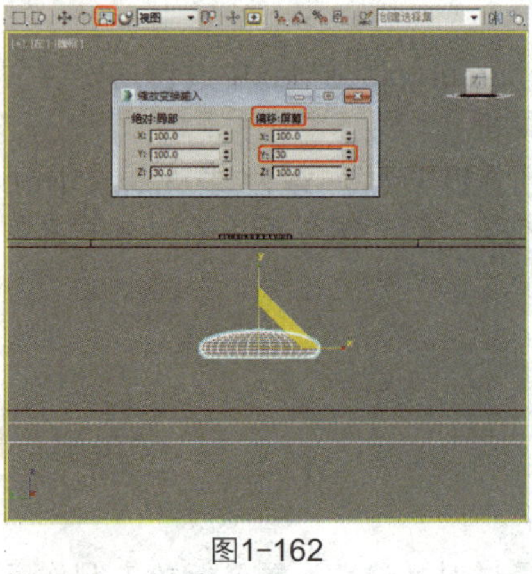

图1-162

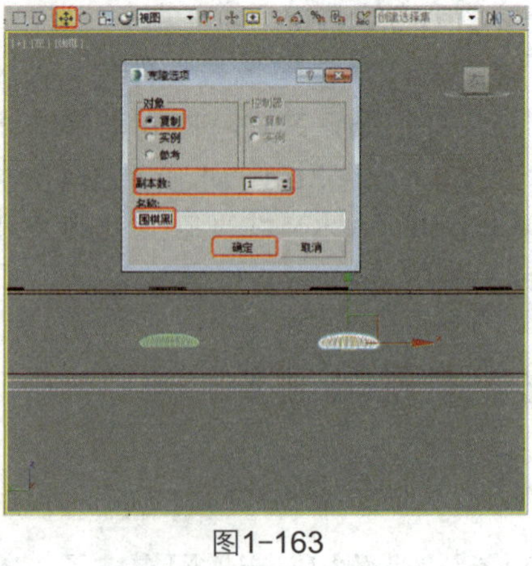

图1-163

Step 5 按M键弹出【材质编辑器】，选择一个新的样本球，并将其命名为【白棋】，将【明暗器的类型】设为【（B）Blinn】，在【Blinn基本参数】卷展栏中，将【环境光】和【漫反射】RGB值设为255、255、255，在【反射高光】选项组中，将【高光级别】和【光泽度】分别设为88、26，并将创建好的材质指定给【围棋白】对象，如图1-164所示。

Step 6 选择一个新的样本球，并将其命名为【黑棋】，将【明暗器的类型】设为【（B）Blinn】，在【Blinn基本参数】卷展栏中，将【环境光】和【漫反射】RGB值设为0、0、0，在【反射高光】选项组中，将【高光级别】和【光泽度】分别设为88、26，并将创建好的材质指定给【围棋黑】对象，如图1-165所示。

Step 7 分别选择【围棋黑】和【围棋白】对象，进行多次复制，并在【顶】视图中调整位置，如图1-166所示。

Step 8 激活【摄影机】视图，按F9键打开【渲染帧窗口】对其进行渲染，效果如图1-167所示。最后将场景文件保存。

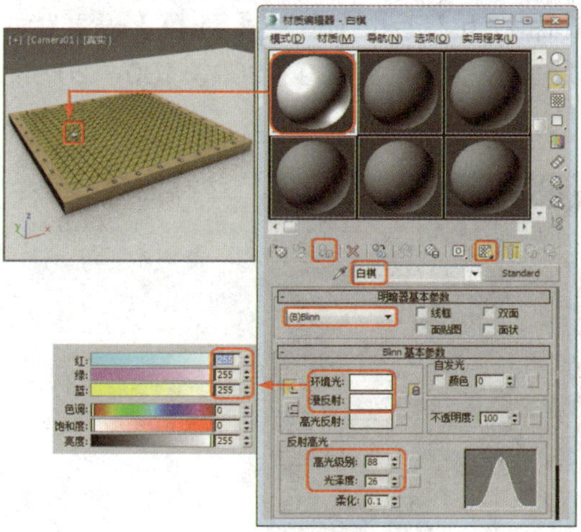

图1-164

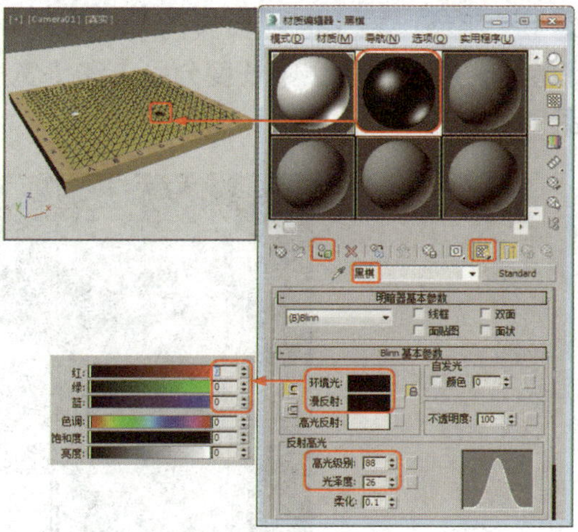

图1-165

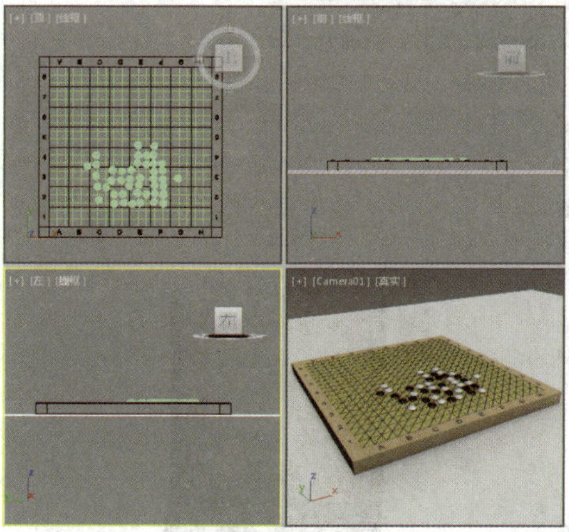

图1-166

图1-167

提示：

用户在对围棋子进行复制时可以根据自己的需求及审美，对黑白子的个数进行设置，并调整位置。

1.11.2 制作毛巾

毛巾的制作非常简单，主要由【矩形】工具来制作毛巾的支架，再使用【平面】工具来制作毛巾对象，然后通过【弯曲】和【FFD 4×4×4】修改器来调整毛巾的形状，最后再为其指定材质，完成后的效果如图1-168所示。

Step 1 打开随书附带光盘中CDROM\场景\Cha01\毛巾.max文件，如图11-169所示。

Step 2 激活【前】视图，选择【创建】|【几何体】|【平面】命令，在【前】视图中创建一个平面，在【名称和颜色】卷展栏中将其命名为【毛巾】，在【参数】卷展栏中将【长度】、【宽度】、【长度分段】和【宽度分段】分别设置为400、200、100、20，效果如图11-170所示。

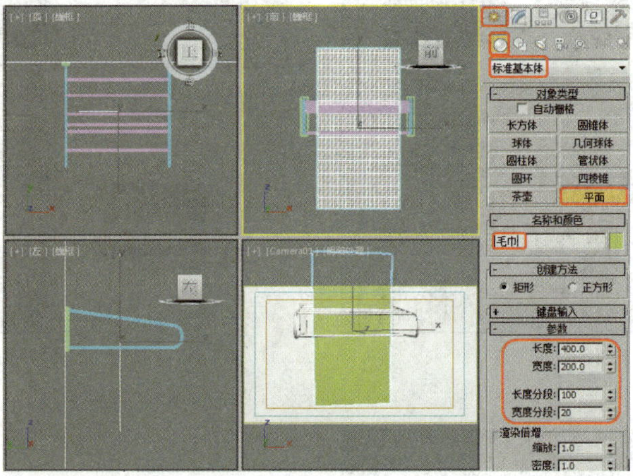

图1-168

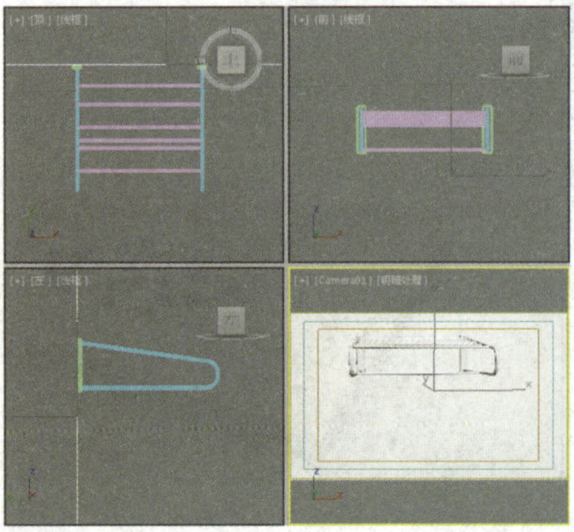

图1-169

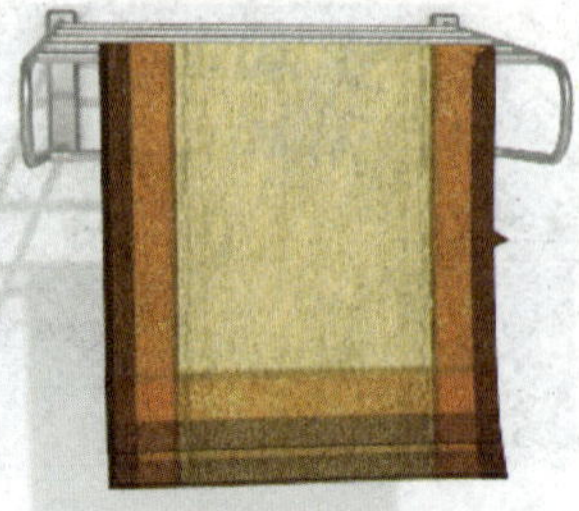

图1-170

Step 3 切换到【修改】命令面板，在【修改器列表】中选择【弯曲】修改器，在【参数】卷展栏中将【弯曲】选项组中的【角度】和【方向】分别设置为180、90，选择【弯曲轴】选项组中的【Y】单选按钮，在【限制】选项组中勾选【限制效果】复选框，并将【上限】和【下限】的值分别设置为23、0，然后在【左】视图中移动其位置，如图1-171所示。

Step 4 在【修改器列表】中选择【FFD 4×4×4】修改器，并将当前选择集定义为【控制点】，使用【选择并移动】工具调整点的位置，完成后的效果如图1-172所示。

Step 5 在【修改器列表】中选择【编辑多边形】修改器，将当前选择集定义为【顶点】，最大化显示【顶】视图，使用【选择并移动】工具调整点的位置，完成后的效果如图1-173所示。

Step 6 退出当前选择集，打开【材质编辑器】，选择第二个材质样本球并命名为【毛巾】。在【明暗器基本参数】卷展栏中选择【双面】复选框。在【Blinn基本参数】卷展栏中，将锁定的【环境光】和【漫反射】的RGB值设置为227、217、109，将【自发光】设置为30。打开【贴图】卷展栏，单击【漫反射颜色】右侧的【无】按钮，在打开的【材质/贴图浏览器】中选择【位图】贴图，单击【确定】按钮。在打开的对话框中选择随书附带光盘CDROM\Map\Arch30_026_diffuse.jpg文件，如图1-174所示。

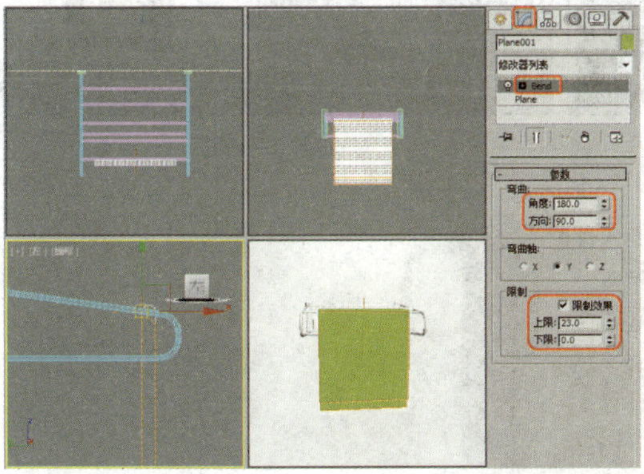

图1-171

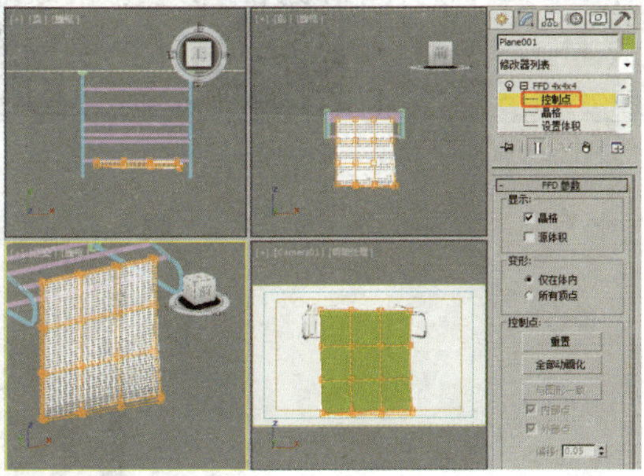

图1-172

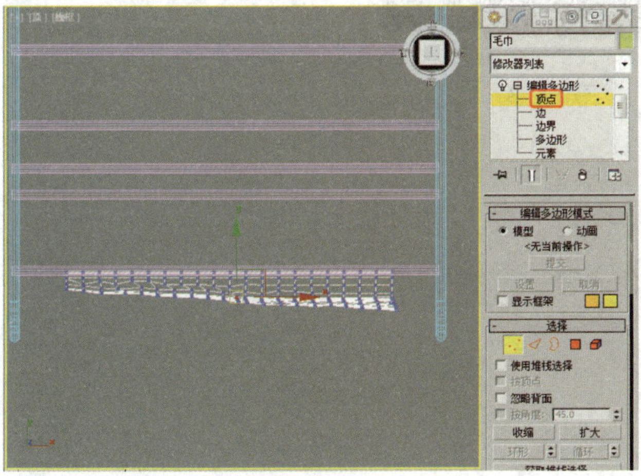

图1-173

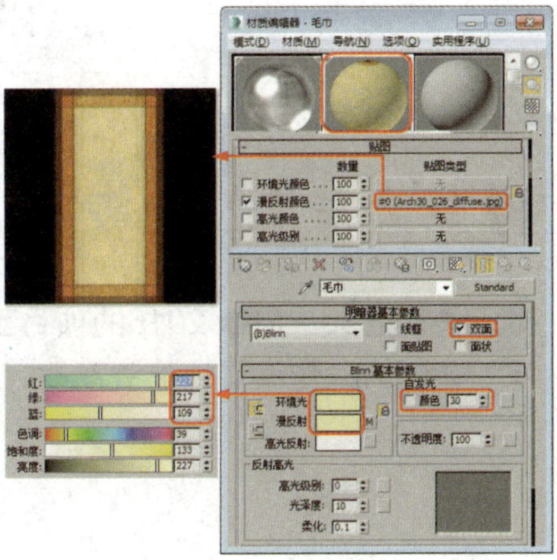

图1-174

Step 7 单击【打开】按钮，进入【漫反射颜色】通道面板，打开【位图参数】卷展栏，在【裁减/放置】选项组中勾选【应用】复选框，将【U】设置为0.256，【W】设置为0.496，单击【查看图像】按钮查看贴图，如图1-175所示。

Step 8 选择场景中的对象，单击【将材质指定给选定对象】按钮，将材质指定给选定的对象，如图1-176所示。关闭【材质编辑器】，按F9键进行快速渲染，渲染效果如图1-177所示。最后将场景文件保存。

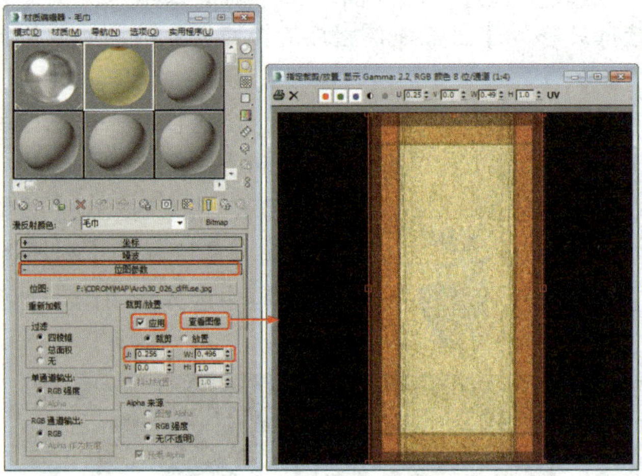

图1-175

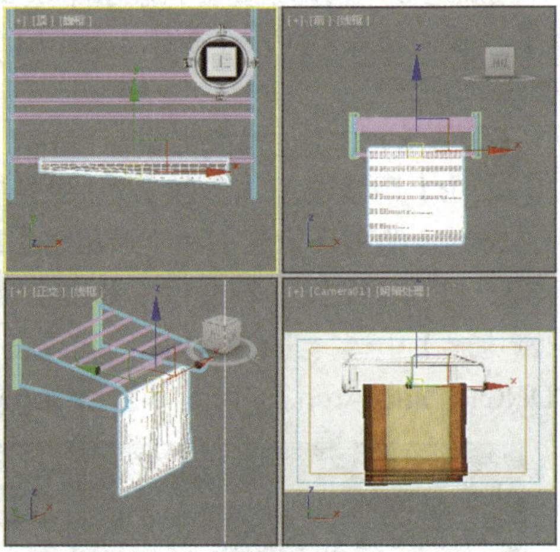

图1-176

图1-177

1.12 思考与练习

1. 请简述3ds Max 2016的项目工作流程。
2. 如何为命令设置快捷键?

基础物体建模

第2章

本章导读：

基础知识	◈ 标准基本体 ◈ 了解3ds Max工作界面
重点知识	◈ 绘制标准基本体 ◈ 绘制扩展基本体

本章通过介绍具体操作方法和操作过程，使初学者切实掌握创建模型的基本技能。通过对本章的学习，使读者可以对三维模型的构建有初步的了解。

2.1 标准基本体

标准基本体非常容易建立，只要单击并拖动鼠标指针，交替几次就可完成；或通过键盘输入来建立。建立标准的几何体是3ds Max的基础，一定要学扎实。

建立【标准基本体】的工具如图2-1所示。

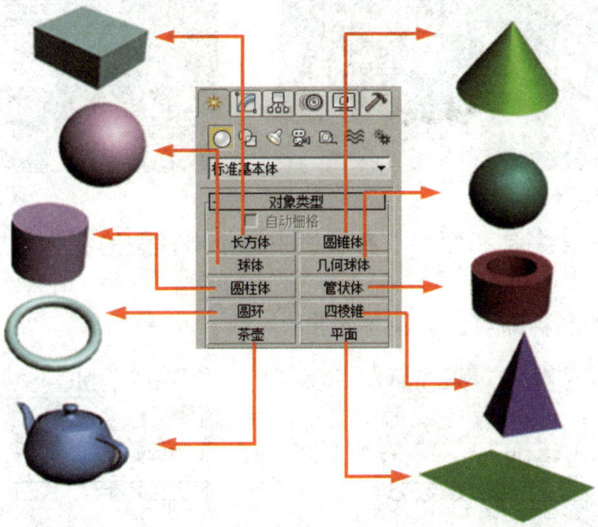

图2-1

- 【长方体】：用于建立方体的造型。
- 【球体】：用于建立球体的造型。
- 【圆柱体】：用于建立圆柱体的造型。
- 【圆环】：用于建立圆环的造型。
- 【茶壶】：用于建立茶壶的造型。

- 【圆锥体】：用于建立圆锥体的造型。
- 【几何球体】：用于建立简单的几何形球面。
- 【管状体】：用于建立管状的对象造型。
- 【四棱锥】：用于建立金字塔形的造型。
- 【平面】：用于建立无厚度的平面形状。

2.1.1 【上机操作】——为模型重命名

场景：CDROM\场景\Cha02\001.max	完成场景：CDROM\场景\Cha02\001OK.max
视频：视频教学\Cha02\为模型重命名.avi	效果：无

通过为模型重命名，可以方便地在比较大的场景中查找模型。为模型重命名的操作步骤如下：

Step 1 单击按钮，在弹出的下拉列表中选择【打开】命令，打开随书附带光盘中的CDROM\场景\Cha02\001.max场景文件，如图2-2所示。

Step 2 在视图中单击需要重命名的模型，如图2-3所示。

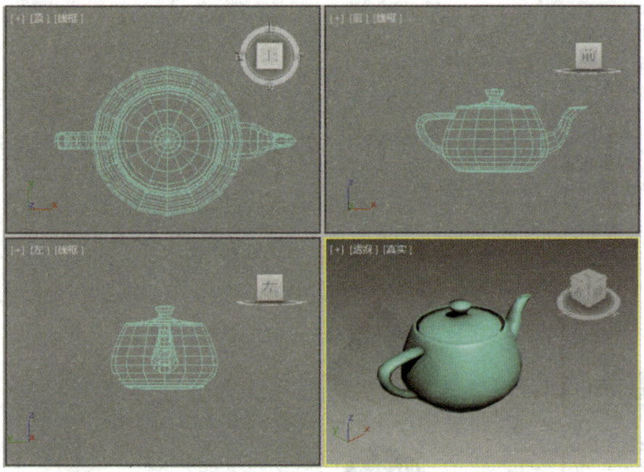

图2-2

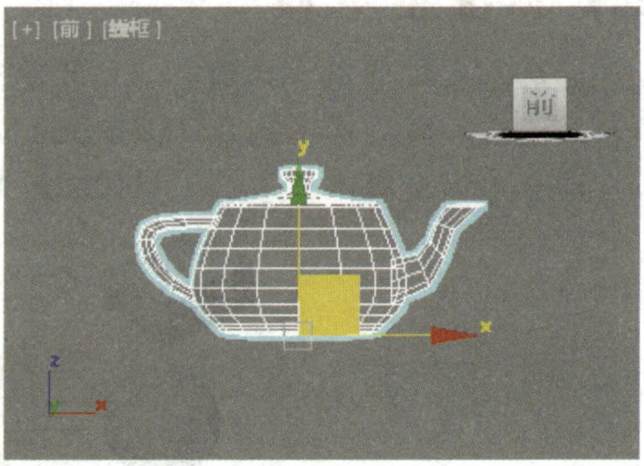

图2-3

Step 3 此时会在【名称和颜色】卷展栏中显示出模型的名称，拖动鼠标选中模型的名称，如图2-4所示。

Step 4 输入新的名称即可，如图2-5所示。

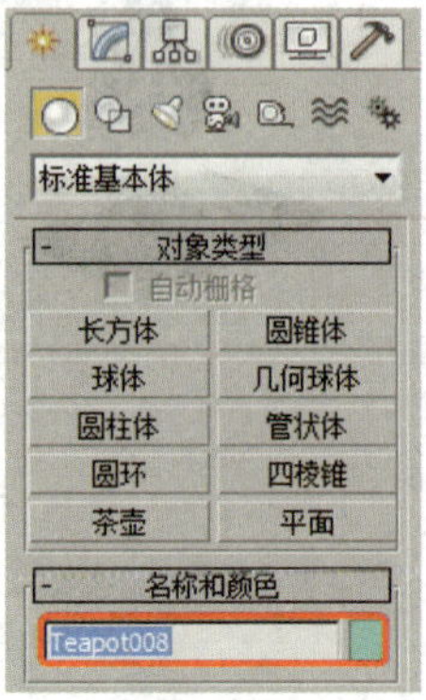

图2-4

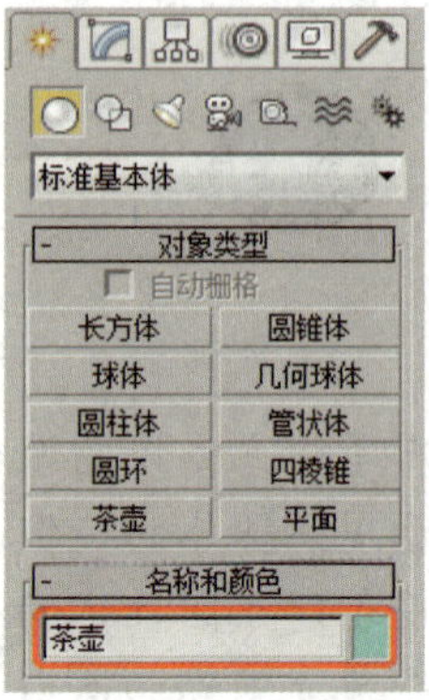

图2-5

2.1.2 【上机操作】——更改对象颜色

场景：无	完成场景：无
视频：视频教学\Cha02\更改对象颜色.avi	效果：无

通过更改选定对象的颜色，可以方便地观察和更改编辑对象。更改对象颜色的操作步骤如下：

Step 1 选择【创建】|【几何体】|【标准基本体】|【圆锥体】工具，在【顶】视图中按住鼠标左键拖动，创建圆锥体，并释放鼠标完成圆锥体的创建，如图2-6所示。

Step 2 选择创建的圆锥体，在【名称和颜色】卷展栏中单击右侧的色块，如图2-7所示。

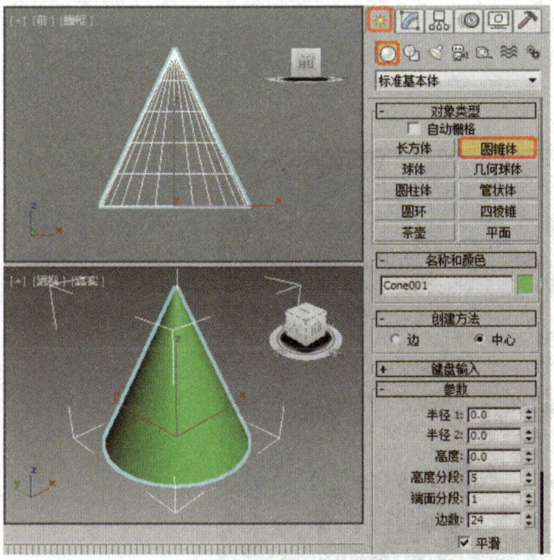

图2-6

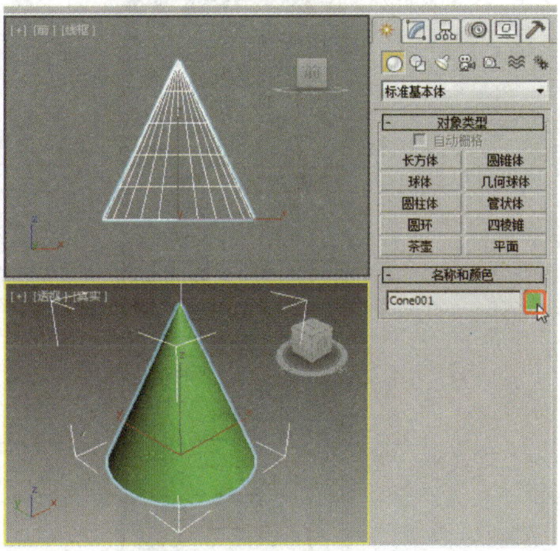

图2-7

Step 3 弹出【对象颜色】对话框，在该对话框中选择一种颜色，并单击【确定】按钮，如图2-8所示。

Step 4 即可为选择的对象更改颜色，效果如图2-9所示。

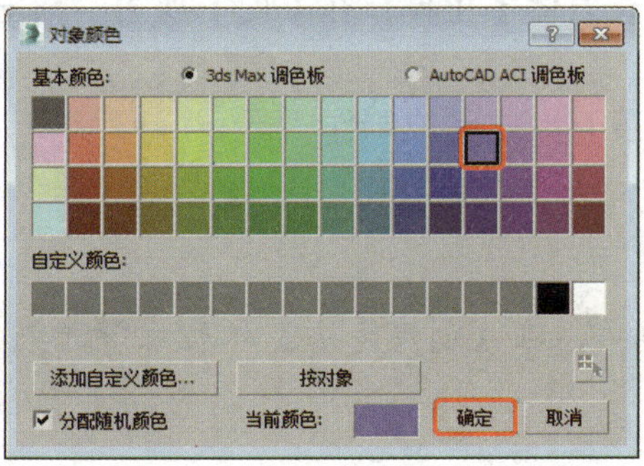

图2-8

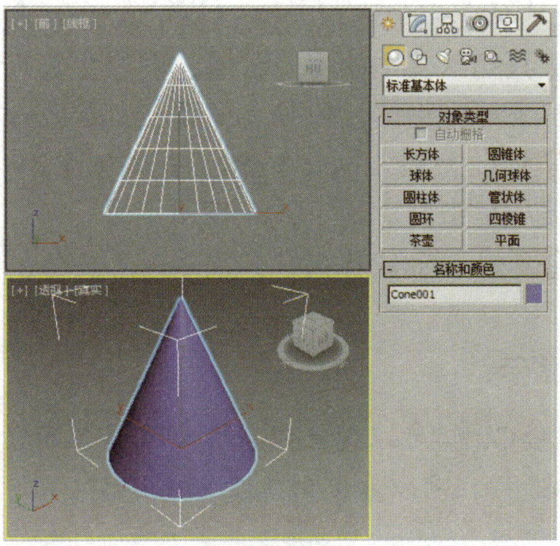

图2-9

2.1.3 【上机操作】——使用键盘输入

场景：无	完成场景：无
视频：视频教学\Cha02\使用键盘输入.avi	效果：无

使用键盘输入可以通过创建多数几何基本体。在单个操作中，可以同时定义对象的初始大小和其三维位置。下面以创建圆柱体为例来介绍键盘输入的使用方法，具体操作步骤如下：

Step 1 激活【顶】视图，选择【创建】|【几何体】|【标准基本体】|【圆柱体】工具，打开【键盘输入】卷展栏，将【半径】设置为50，将【高度】设置为100，如图2-10所示。

Step 2 单击【创建】按钮，即可在视图中创建圆柱体，效果如图2-11所示。

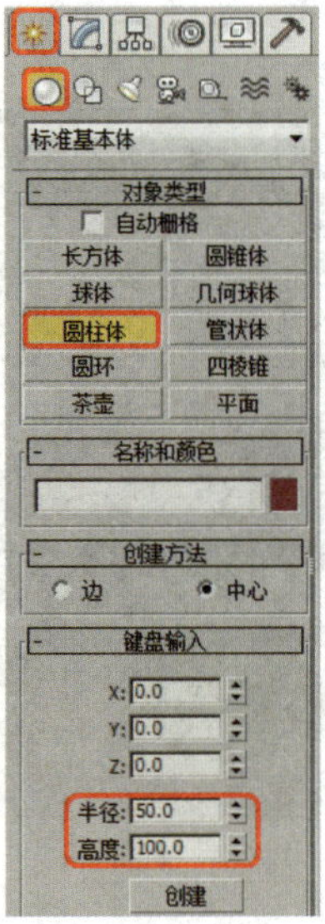

图2-10

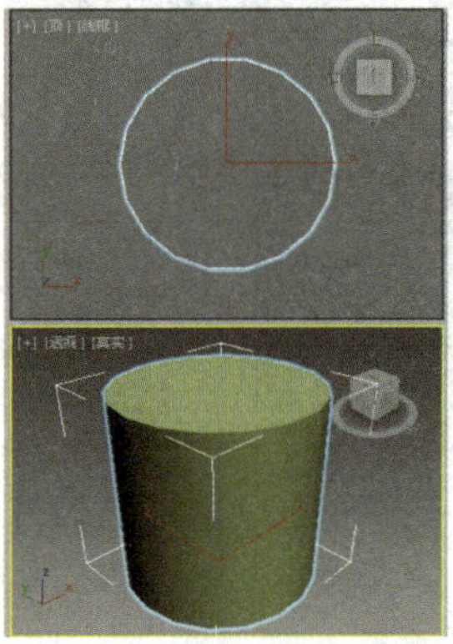

图2-11

2.1.4 长方体

【长方体】工具可以用来制作正六面体或矩形，其中，长、宽、高数值控制长方体的形状，如果只输入其中的两个数值，则产生矩形平面。片段划分可以产生栅格立方体，多用于修改、加工原型物体，如波浪平面、山脉地形等。

Step 1 选择【创建】|【几何体】|【长方体】工具，在【顶】视图中拖出方体对象的长宽后单击确定，如图2-12所示。

Step 2 移动鼠标指针，拖动出立方体的高度，单击完成制作。

提示：

> 配合Ctrl键可以建立以正方形为底面的立方体。在【创建方法】卷展栏中选中【立方体】单选按钮可以直接创建正方体模型。

完成对象的创建后，可以在命令面板中对其参数进行修改，如图2-13所示。

【长方体】工具各项参数功能说明如下所述。

- 长/宽/高：确定三边的长度。
- 分段数：控制长、宽、高三边的片段划分数。
- 【生成贴图坐标】：自动指定贴图坐标。
- 【真实世界贴图大小】：勾选该复选框，贴图大小将由绝对尺寸决定，与对象的相对尺寸无关；若不勾选，则贴图大小符合创建对象的尺寸。

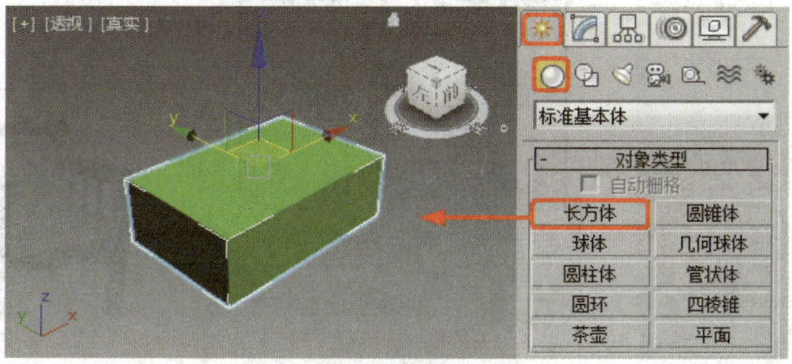

图2-12

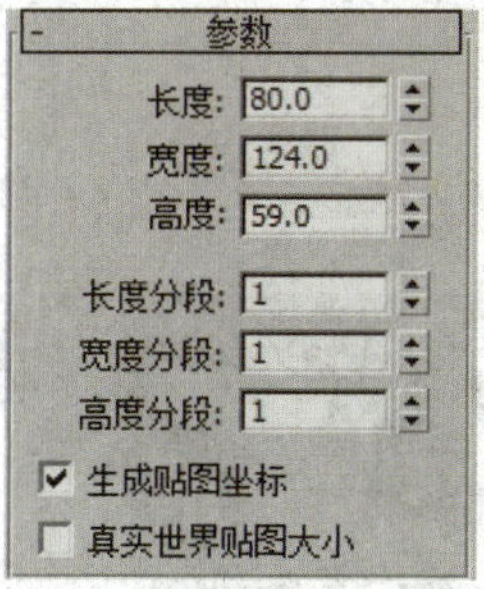

图2-13

2.1.5 【上机操作】——创建长方体

场景：CDROM\场景\Cha02\002.max

完成场景：CDROM\场景\Cha02\002OK.max

视频：视频教学\Cha02\创建长方体.avi

创建长方体具体操作步骤如下：

Step 1 单击按钮，在弹出的下拉列表中选择【打开】命令，打开随书附带光盘中的CDROM\场景\Cha02\002.max场景文件，如图2-14所示。

Step 2 选择【创建】|【几何体】|【标准基本体】|【长方体】工具，在【顶】视图中按住鼠标左键拖动，拉出矩形底面，释放鼠标，并向上移动鼠标，确定长方体的高度，单击鼠标完成长方体的创建，如图2-15所示。

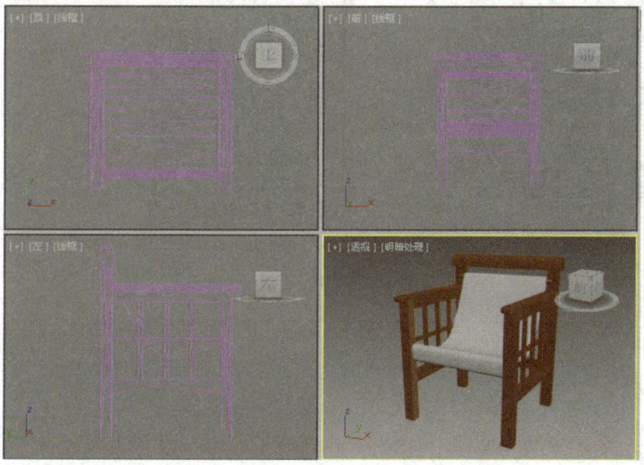
图2-14

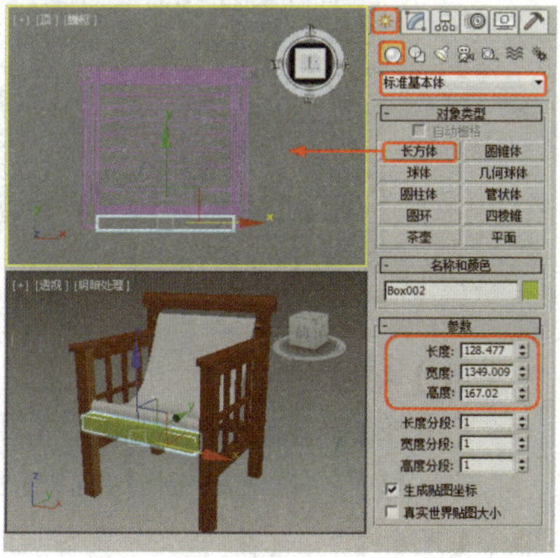
图2-15

Step 3 切换到修改命令面板，在【参数】卷展栏中将【长度】设置为125，将【宽度】设置为1 345，将【高度】设置为150，并在视图中调整长方体的位置，如图2-16所示。

Step 4 按M键打开【材质编辑器】对话框，在该对话框中选择【材质2】，并单击【将材质指定给选定对象】按钮，将材质指定给新创建的长方体，如图2-17所示。

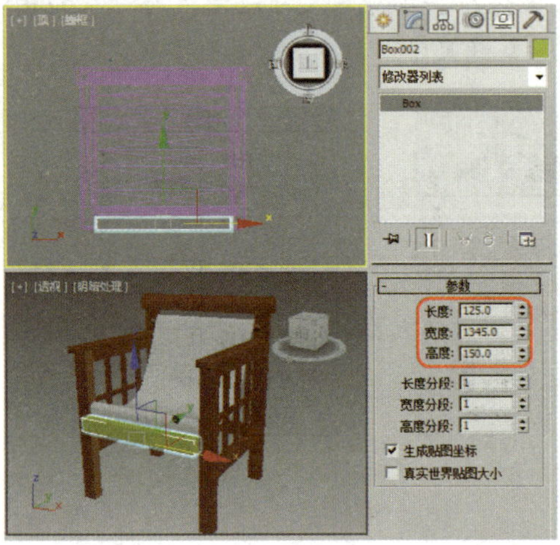

图2-16

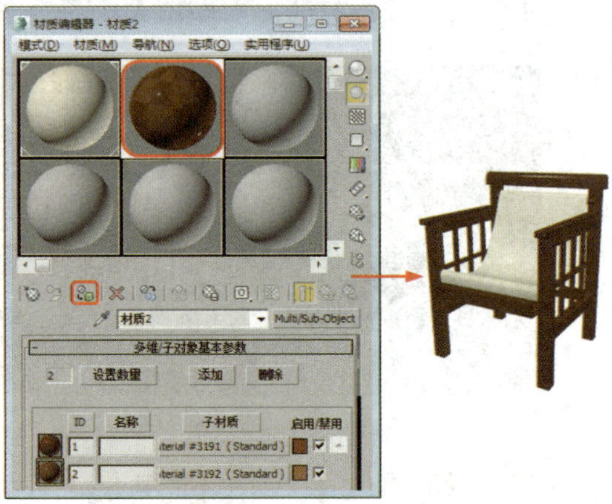

图2-17

2.1.6 球体

【球体】工具可用来制作球体，通过修改参数可以制作局部球体（包括半球体），如图2-18所示。

Step 1 选择【创建】|【几何体】|【球体】工具，在视图中拖动，拉出球体。

Step 2 释放鼠标，完成球体的制作。

Step 3 修改参数，制作不同形状的球体。

球体的参数面板如图2-19所示，各项参数的功能说明如下。

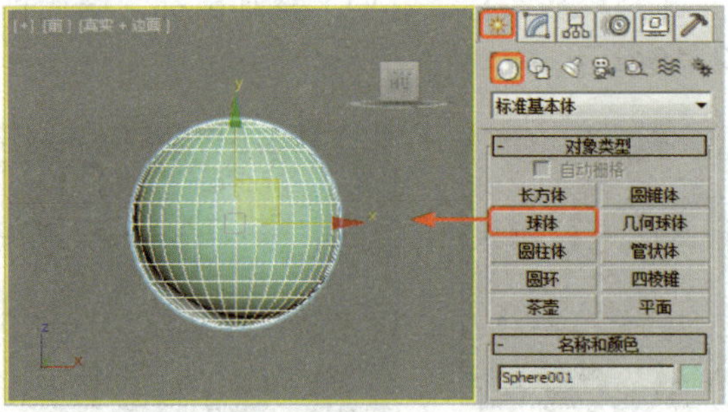

图2-18

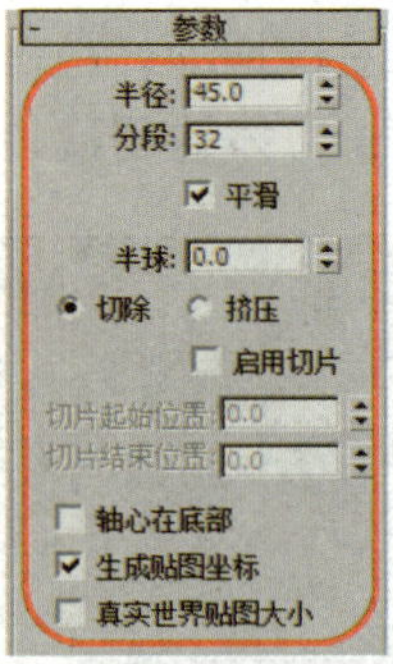

图2-19

【参数】卷展栏各选项如下所述。

- 【半径】：设置半径大小。
- 【分段】：设置表面划分的段数，值越高，表面越光滑，造型也越复杂。
- 【光滑】：是否对球体表面进行自动光滑处理（默认为开启）。

- 【半球】：值的范围由0到1，默认为0.0，表示建立完整的球体；增加数值，球体被逐渐减去；值为0.5时，制作出半球体；值为1.0时，什么都没有了。
- 【切除】：通过在半球断开时将球体中的顶点和面【切除】来减少它们的数量。默认设置为启用。
- 【挤压】：保持原始球体中的顶点数和面数，将几何体向着球体的顶部【挤压】，直到体积越来越小。
- 【轴心在底部】：在建立球体时，默认球体重心设置在球体的正中央，选中此复选框会将重心设置在球体的底部。
- 【生成贴图坐标】：生成将与贴图材质应用于球体的坐标。默认设置为启用。
- 【真实世界贴图大小】：控制应用于该对象的纹理贴图材质所使用的缩放方法。默认设置为禁用状态。

【创建方法】卷展栏各选项如下所述。

- 【边】：选中该单选按钮后在视图中拖动创建球体时，鼠标指针移动的距离是球的直径。
- 【中心】：以中心放射方式拉出球体模型（默认），鼠标指针移动的距离是球体的半径。

2.1.7 【上机操作】——创建球体

场景：CDROM\场景\Cha02\003.max

完成场景：CDROM\场景\Cha02\003OK.max

视频：视频教学\Cha02\创建球体.avi

使用【球体】工具可以创建完整的球体、半球体或球体的其他部分。创建球体的具体操作步骤如下：

Step 1 单击按钮，在弹出的下拉列表中选择【打开】命令，打开随书附带光盘中的CDROM\场景\Cha02\003.max场景文件，如图2-20所示。

Step 2 选择【创建】|【几何体】|【标准基本体】|【球体】工具，在【顶】视图中单击鼠标左键并拖动鼠标，创建球体，释放鼠标，完成球体的创建，如图2-21所示。

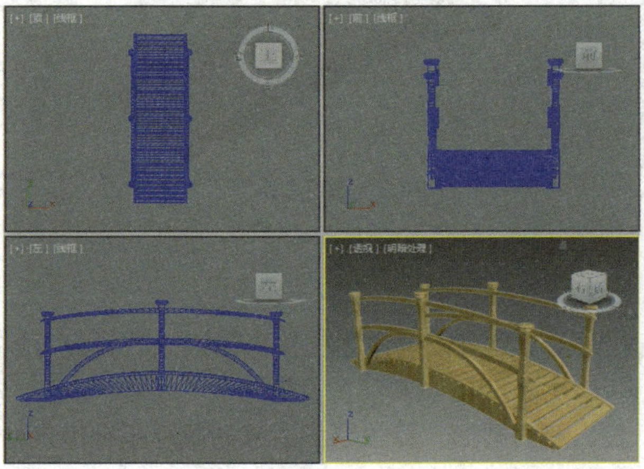

图2-20

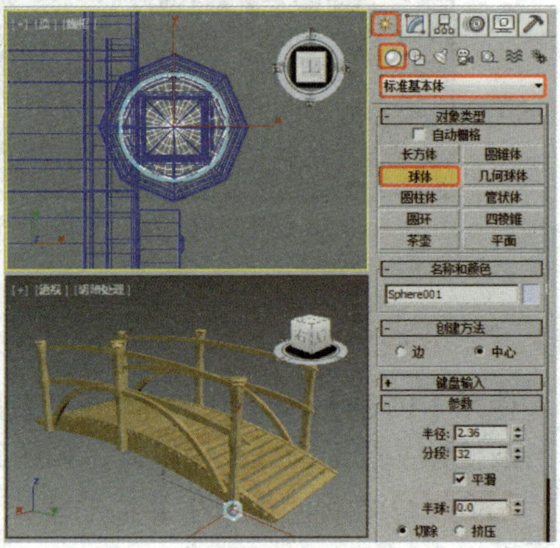

图2-21

Step 3 切换到修改命令面板，在【参数】卷展栏中将【半径】参数设为1.92，并在视图中调整球体的位置，如图2-22所示。

Step 4 按M键打开【材质编辑器】对话框，在该对话框中选择【木桥材质】，单击【将材质指定给选定对象】按钮，将材质指定给新创建的球体，如图2-23所示。

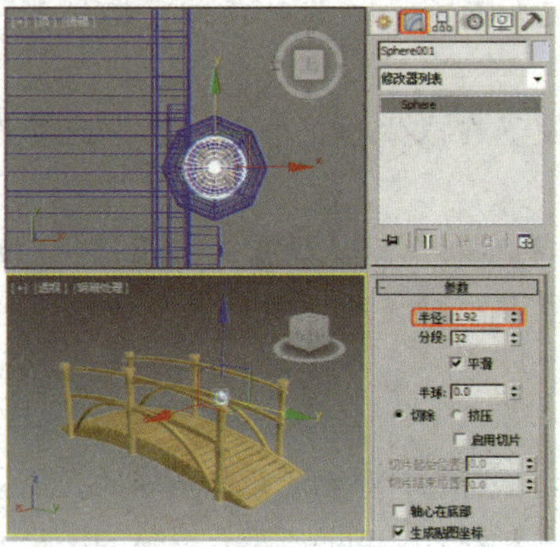

图2-22

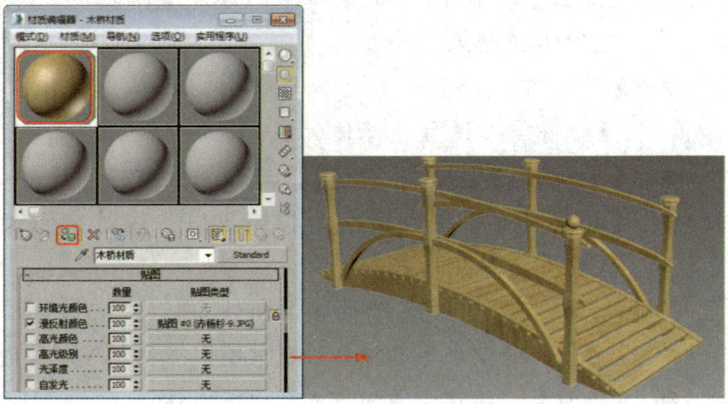

图2-23

Step 5 复制多个创建的球体，并调整球体的位置，效果如图2-24所示。

Step 6 激活【透视】视图，按F9键进行渲染，渲染完成后的效果如图2-25所示。

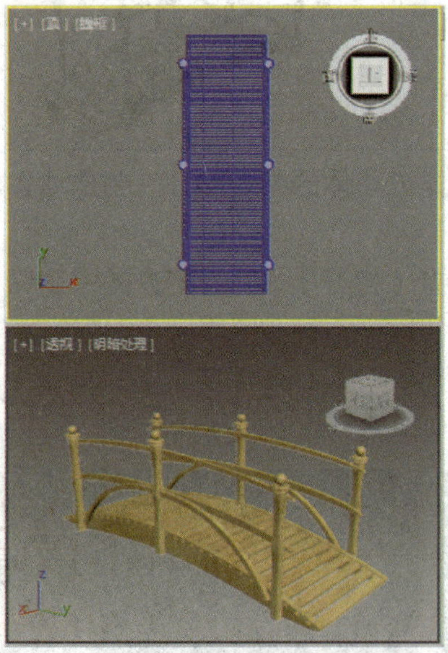

图2-24

图2-25

2.1.8 圆柱体

使用【创建】|【几何体】|【圆柱体】工具可以制作圆柱体。通过修改参数可以制作出圆柱体、局部圆柱或棱柱体，如图2-26所示。

Step 1 在视图中单击并拖动鼠标，拉出底面圆形，释放鼠标后移动鼠标指针确定柱体的高度。

Step 2 单击完成柱体的制作。

Step 3 调节参数改变柱体类型。

圆柱体的【参数】面板如图2-27所示，各项参数的功能说明如下所述。

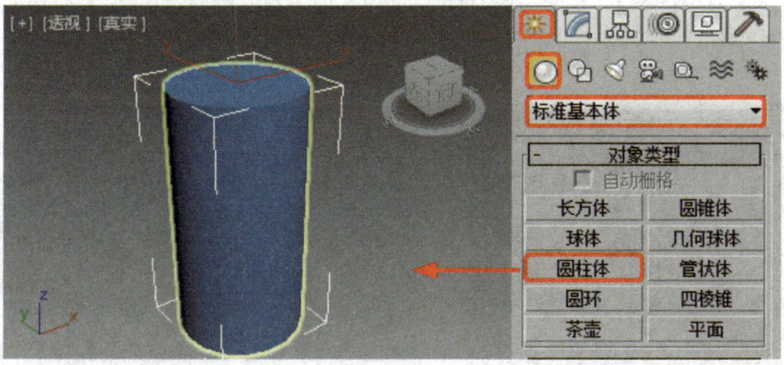

图2-26

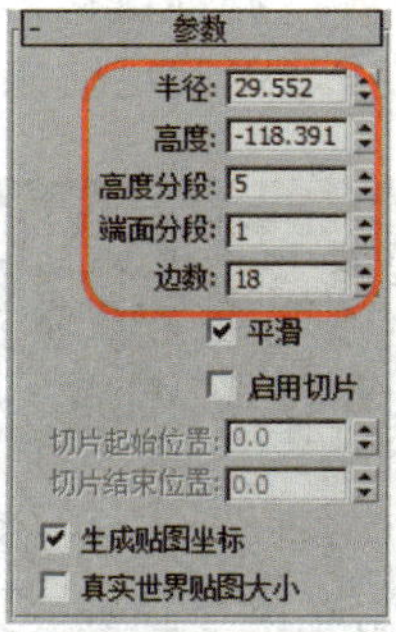

图2-27

- 【半径】：底面和顶面的半径。
- 【高度】：确定柱体的高度。
- 【高度分段】：确定柱体在高度上的分段数。如果要弯曲柱体，高的分段数可以产生光滑的弯曲效果。
- 【端面分段】：设置围绕圆柱体顶部和底部的中心的同心分段数量。
- 【边数】：确定圆周上的片段划分数（即棱柱的边数），对于圆柱体，边数越多越光滑。
- 【平滑】：是否在建立柱体的同时进行表面自动光滑处理，对圆柱体而言应将其选中，对棱柱体要将其取消选中。
- 【启用切片】：是否开启切片设置，选中它，可以在下面的微调框中调节柱体局部切片的大小。
- 【切片起始位置】/【切片结束位置】：控制沿柱体轴切片的度数。

2.1.9 【上机操作】——创建圆柱体

场景：CDROM\场景\Cha02\004.max

完成场景：CDROM\场景\Cha02\004OK.max

视频：视频教学\Cha02\创建圆柱体.avi

使用【圆柱体】工具可以创建圆柱体，还可以围绕其主轴进行【切片】。创建圆柱体的具体操作步骤如下：

Step 1 单击按钮，在弹出的下拉列表中选择【打开】命令，打开随书附带光盘中的CDROM\场景\Cha02\004.max，如图2-28所示。

Step 2 选择【创建】|【几何体】|【标准基本体】|【圆柱体】工具，在【顶】视图中按住鼠标左键并拖动鼠标，拉出底面圆形，释放鼠标，并向上移动鼠标，确定圆柱体的高度，单击鼠标完成圆柱体的创建，如图2-29所示。

Step 3 切换到修改命令面板，在【参数】卷展栏中将【半径】设置为3，将【高度】设置为200，将【高度分段】和【端面分段】设置为1，并在视图中调整圆柱体的位置，如图2-30所示。

Step 4 按M键打开【材质编辑器】对话框，在该对话框中选择【塑料】材质，并单击【将材质指定给选定对象】按钮，将材质指定给新创建的圆柱体，如图2-31所示。

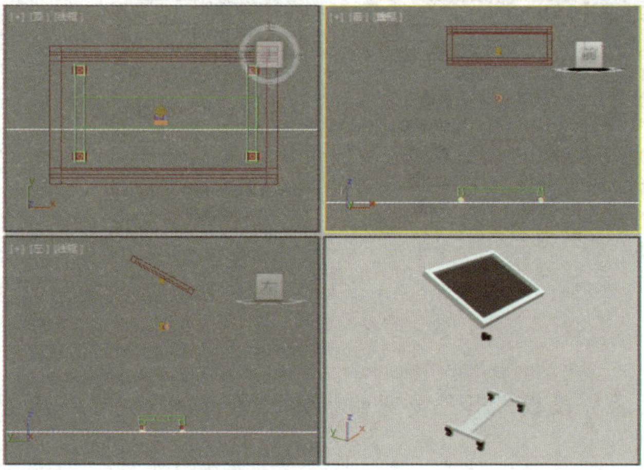

图2-28

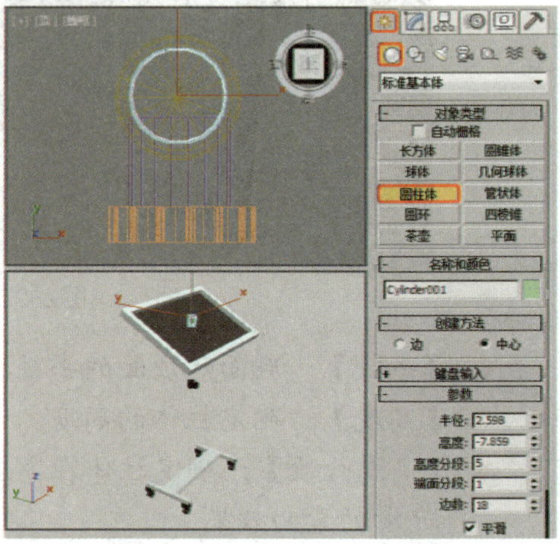

图2-29

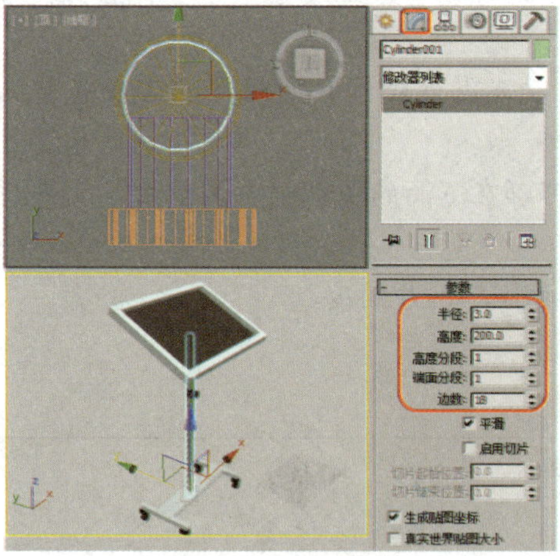

图2-30

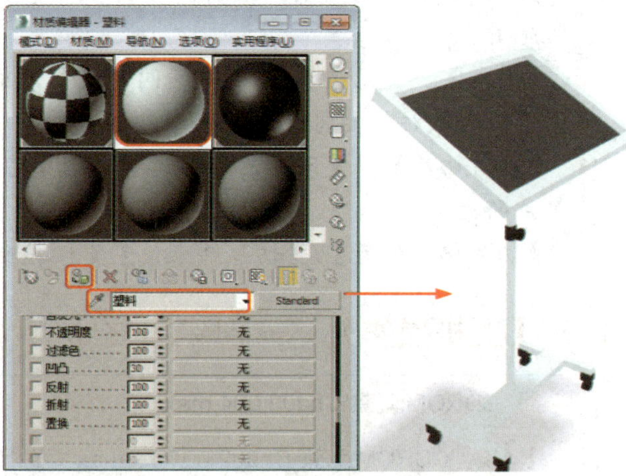

图2-31

2.1.10 圆环

【圆环】工具可用来制作立体的圆环，截面为正多边形，通过对正多边形边数、光滑度以及旋转等参数的控制来产生不同的圆环效果，调整切片参数可以制作局部的一段圆环，如图2-32所示。

Step 1 选择【创建】|【几何体】|【圆环】工具，在视图中拖动鼠标指针，拉出一级圆环。

Step 2 释放鼠标按键后移动鼠标指针，确定二级圆环，单击完成圆环的制作。

Step 3 设置参数调整圆环效果。

圆环的【参数】面板如图2-33所示，各项参数的功能说明如下所述。

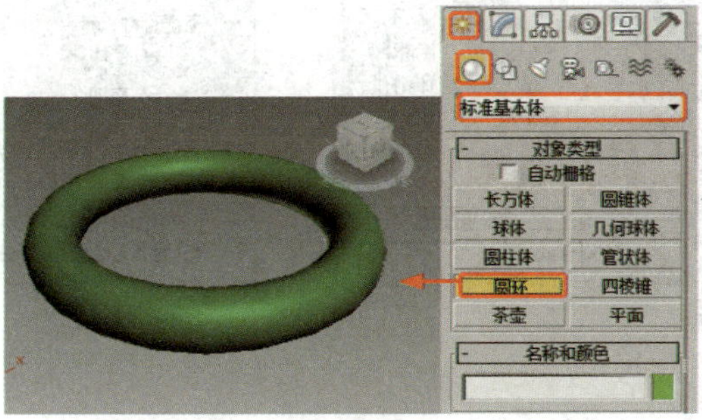

图2-32

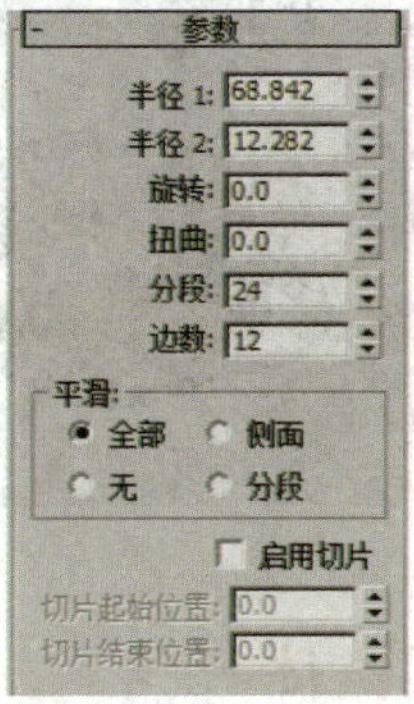

图2-33

- 【半径1】：设置圆环中心与截面正多边形的中心距离。
- 【半径2】：设置截面正多边形的内径。
- 【旋转】：设置每一片段截面沿圆环轴旋转的角度，如果进行扭曲设置或以不光滑表面着色，可以看到它的效果。
- 【扭曲】：设置每个截面扭曲的度数，产生扭曲的表面。
- 【分段】：确定圆周上片段划分的数目，值越大，得到的圆形越光滑，较小的值可以制作几何棱环，例如台球桌上的三角框。
- 【边数】：设置圆环截面的平滑度。边数越大越光滑。
- 【全部】：对整个表面进行光滑处理。
- 【侧面】：光滑相邻面的边界。
- 【无】：不进行光滑处理。
- 【分段】：光滑每个独立的片段。
- 【启用切片】：是否进行切片设置。选中此复选框可激活下面的选项，制作局部的圆环。
- 【切片起始位置】/【切片结束位置】：分别设置切片两端切除的幅度。

2.1.11　茶壶

茶壶因为它复杂弯曲的表面特别适合材质的测试以及渲染效果的评比，可以说是计算机图形学中的经典模型。用【茶壶】工具可以建立一只标准的茶壶造型，或者建立茶壶造型的一部分（如壶盖、壶嘴等），如图2-34所示。

茶壶的参数设置面板如图2-35所示，各项参数的功能说明如下所述。

- 【半径】：确定茶壶的大小。
- 【分段】：确定茶壶表面的划分精度，值越高，表面越细腻。
- 【平滑】：确定是否自动进行表面光滑。
- 【茶壶部件】：设置茶壶各部分的取舍，分为【壶体】、【壶把】、【壶嘴】、【壶盖】4部分，默认情况下，将启用所有部件，从而生成完整茶壶。

图2-34

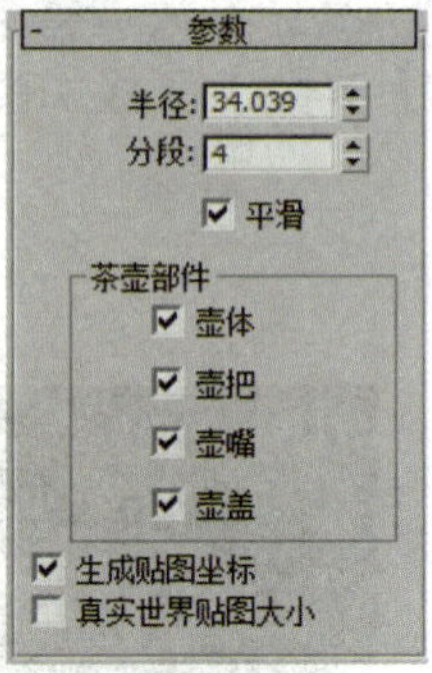

图2-35

2.1.12　圆锥体

【圆柱体】工具可以用来制作圆锥、圆台、棱锥、棱台，或者它们的局部（其中包括圆柱、棱柱体），但用【圆锥体】工具更方便，也包括【四棱锥体】和【三棱柱体】工具，如图2-36所示。这是一个制作能力比较强大的建模工具。

Step 1 选择【创建】|【几何体】|【圆锥体】工具，在【顶】视图中拖动鼠标指针，拉出圆锥体的一级半径。

Step 2 松开鼠标按键并向上移动，生成圆锥的高。

Step 3 向圆锥的内侧或外侧拖动鼠标指针，拉出圆锥的二级半径。

Step 4 单击完成圆锥体的创建。

【圆锥体】工具的参数设置面板如图2-37所示，各项参数的功能说明如下所述。

- 【半径1】/【半径2】：分别设置锥体两个端面（顶面和底面）的半径。如果两个值都不为0，则产生圆台或棱台体；如果有一个值为0，则产生锥体；如果两值相等，则产生柱体。
- 【高度】：确定锥体的高度。
- 【高度分段】：设置锥体高度上的划分段数。
- 【端面分段】：设置两端平面沿半径辐射的片段划分数。
- 【边数】：设置端面圆周上的片段划分数。值越高，锥体越光滑，对棱锥来说，边数决定它属于几棱锥。
- 【平滑】：确定是否进行表面光滑处理。选中它，产生圆锥、圆台；取消选中，则产生棱锥、棱台。
- 【启用切片】：确定是否进行局部切片处理，制作不完整的锥体。
- 【切片起始位置】/【切片结束位置】：分别设置切片局部的起始和终止幅度。

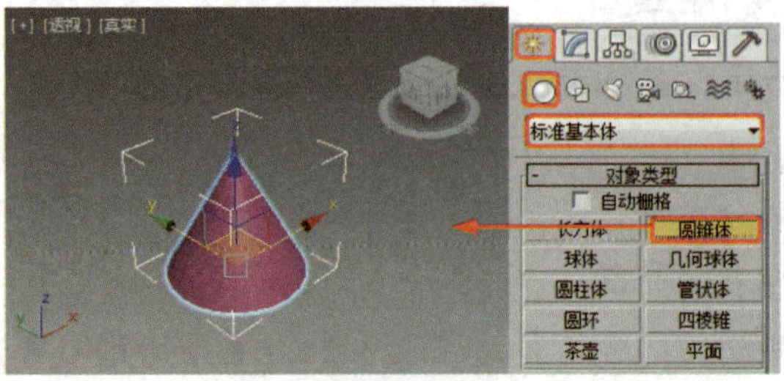

图2-36

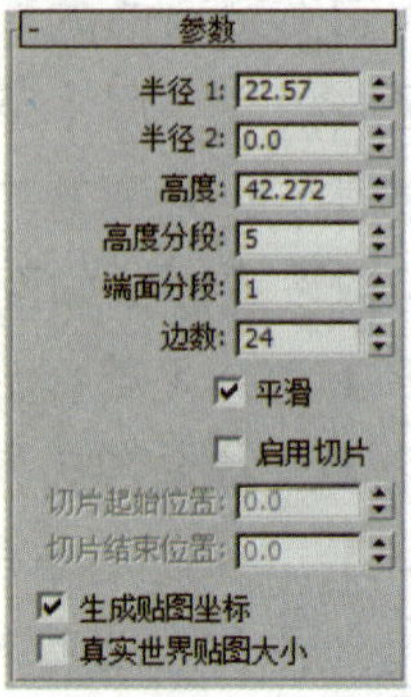

图2-37

2.1.13 几何球体

使用【几何球体】工具可以建立由三角面拼接而成的球体或半球体，如图2-38所示，它不像球体那样可以控制切片局部的大小。几何球体的长处在于：在点面数一致的情况下，几何球体比球体更光滑；它是由三角面拼接组成的，在进行面的分离特技时（如爆炸），可以分解成三角面或标准四面体、八面体等。

几何球体的参数面板如图2-38所示。

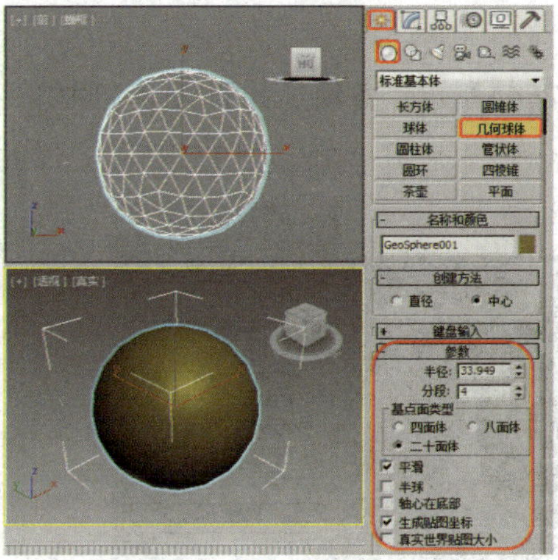

图2-38

【创建方法】卷展栏各选项功能如下所述。

- 【直径】：选中该单选按钮后，在视图中拖动创建几何球体时，鼠标指针移动的距离是球的直径。
- 【中心】：选中该单选按钮后，以中心放射方式拉出几何球体模型（默认），鼠标指针移动的距离是球体的半径。

【参数】卷展栏各选项功能如下所述。

- 【半径】：确定几何球体的半径大小。
- 【分段】：设置球体表面的划分复杂度，值越大，三角面越多，球体也越光滑。
- 【基点面类型】：确定由哪种类型的多面体组合成球体，包括【四面体】、【八面体】和【二十面体】，如图2-39所示。
- 【平滑】：确定是否进行表面光滑处理。
- 【半球】：确定是否制作半球体。
- 【轴心在底部】：设置球体的中心点位置在球体底部，这个复选框对半球体不产生作用。

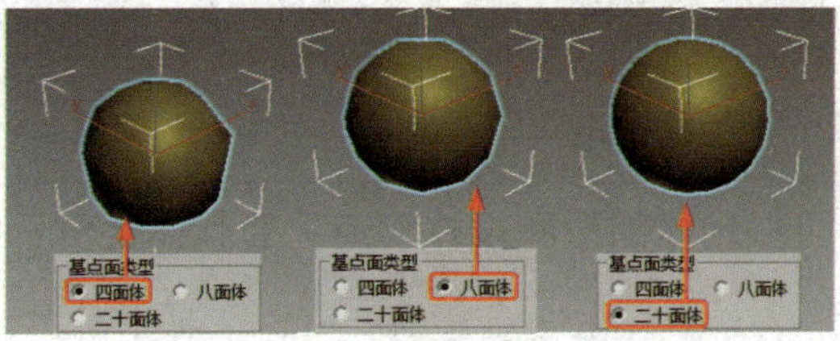

图2-39

2.1.14 管状体

【管状体】工具用来建立各种空心管状物体，包括圆管、棱管以及局部圆管，如图2-40所示。具体操作方法如下：

Step 1 选择【创建】|【几何体】|【管状体】工具，在视图中拖动鼠标拉出一个圆形线圈。

Step 2 释放鼠标按键后移动鼠标指针，确定圆环的大小。单击并移动鼠标指针，确定圆管的高度。

Step 3 单击按键后完成圆管的制作。

管状体的参数面板如图2-41所示，各项参数的功能说明如下所述。

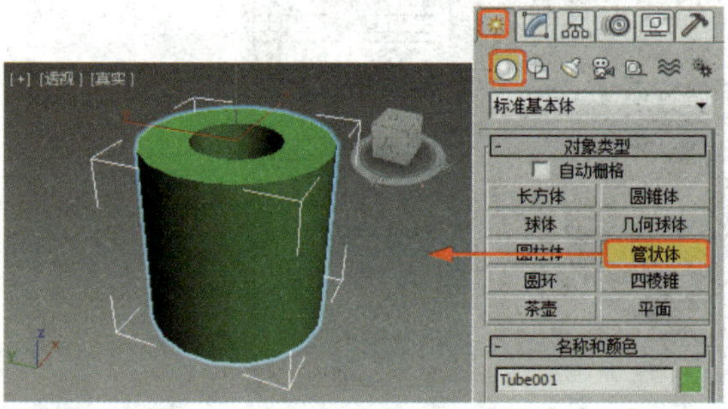

图2-40

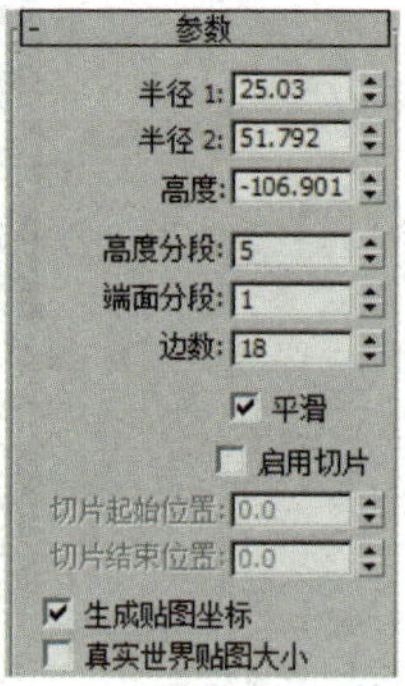

图2-41

- 【半径1】/【半径2】：分别确定圆管的内径和外径大小。
- 【高度】：确定圆管的高度。
- 【高度分段】：确定圆管高度上的片段划分数。
- 【端面分段】：确定上下底面沿半径轴的分段数目。
- 【边数】：设置圆周上边数的多少。值越大，圆管越光滑；对圆管来说，边数值决定它属于几棱管。
- 【平滑】：对圆管的表面进行光滑处理。
- 【启用切片】：确定是否进行局部圆管切片。
- 【切片起始位置】/【切片结束位置】：分别限制切片局部的幅度。

2.1.15 【上机操作】——创建管状体

场景：CDROM\场景\Cha02\005.max

完成场景：CDROM\场景\Cha02\005OK.max

视频：视频教学\Cha02\创建管状体.avi

使用【管状体】工具可以创建圆形和棱柱管道。管状体类似于中空的圆柱体。创建管状体的操作步骤如下：

Step 1 单击按钮，在弹出的下拉列表中选择【打开】命令，打开随书附带光盘中的

CDROM\场景\Cha02\005.max，如图2-42所示。

Step 2 选择【创建】|【几何体】|【标准基本体】|【管状体】工具，在【顶】视图中单击鼠标左键并拖动鼠标，创建管状体的一级半径，如图2-43所示。

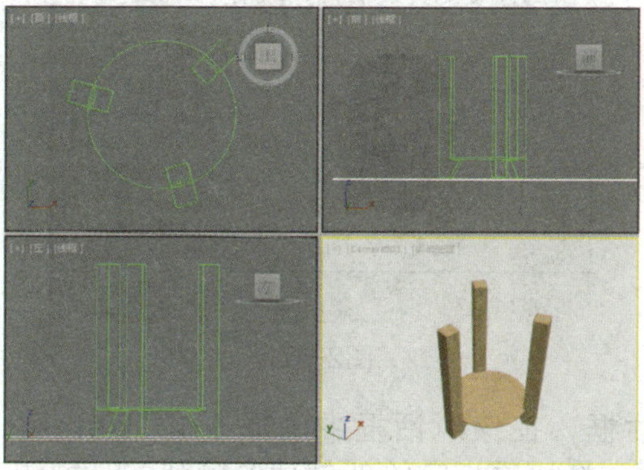

图2-42

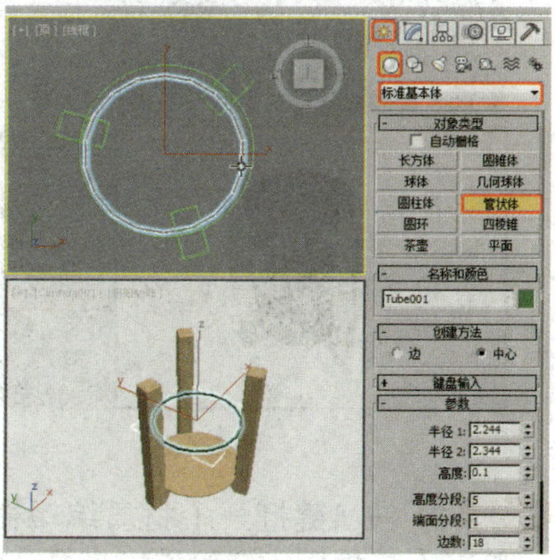

图2-43

Step 3 释放鼠标左键，并向内移动鼠标，创建管状体的二级半径，如图2-44所示。

Step 4 单击鼠标左键，并向上移动鼠标，创建管状体的高度，再次单击鼠标左键，完成管状体的创建，如图2-45所示。

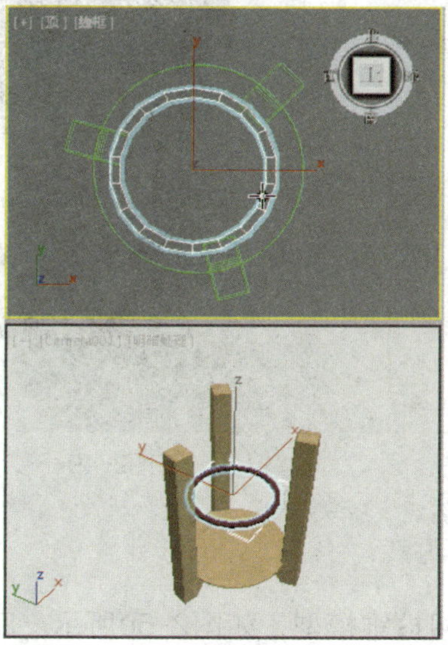

图2-44

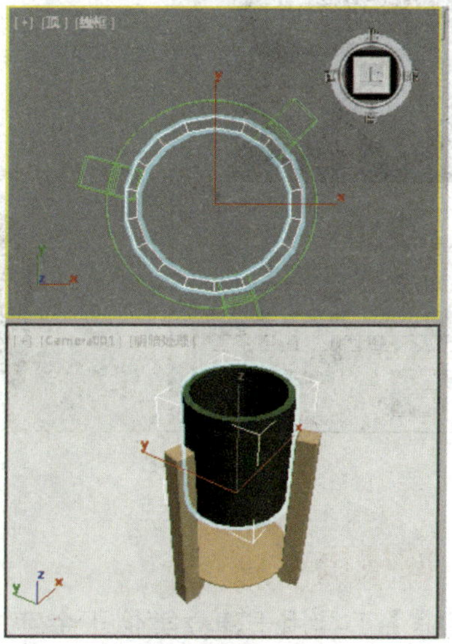

图2-45

Step 5 创建完成后，切换到修改命令面板，在【参数】卷展栏中将【半径1】设置为2.37，将【半径2】设置为2.28，将【高度】设置为7，将【边数】设置为27，并在视图中调整管状体的位置，如图2-46所示。

Step 6 在【修改器列表】中选择【UVW贴图】修改器，在【参数】卷展栏选中【贴图】区域下的【柱形】单选按钮，在【对齐】选项组选中【Z】单选按钮，并单击【适配】按钮，如图2-47所示。

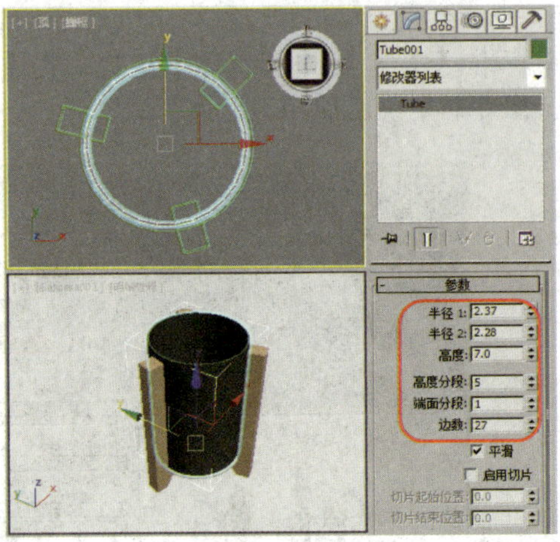

图2-46

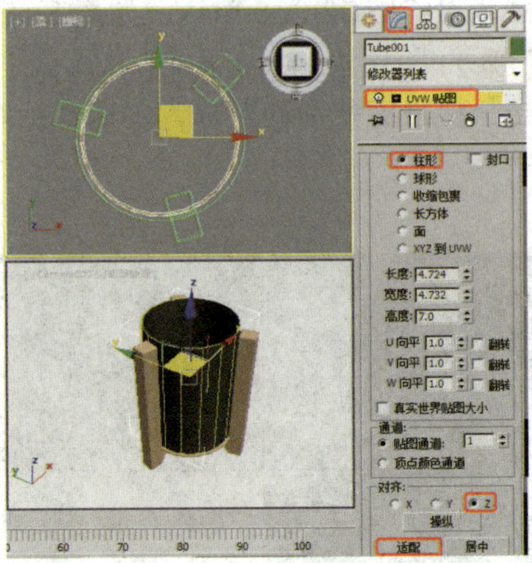

图2-47

Step 7 按M键打开【材质编辑器】对话框，在该对话框中选择【02-Default】材质，并单击【将材质指定给选定对象】按钮，将材质指定给新创建的管状体，如图2-48所示。

Step 8 激活摄影机视图，按F9键进行渲染，渲染完成后的效果如图2-49所示。

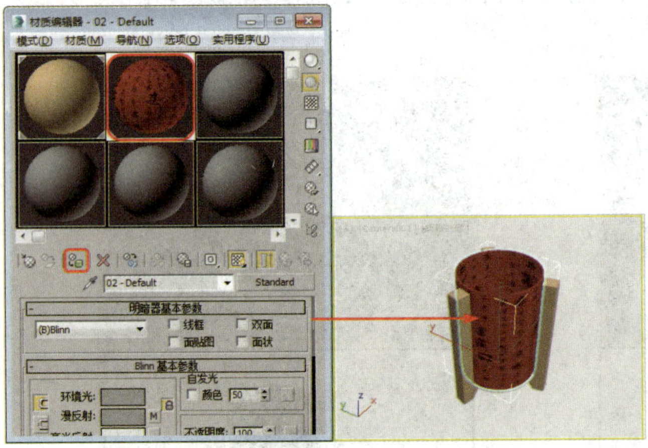

图2-48

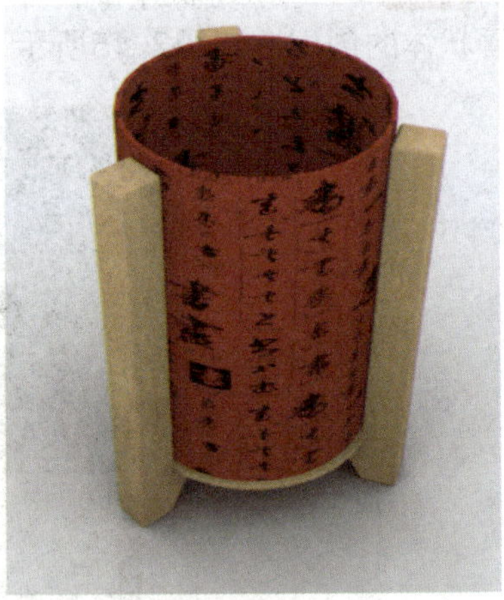

图2-49

2.1.16 四棱锥

【四棱锥】工具用于建立类似于金字塔形状的四棱锥模型，如图2-50所示。四棱锥的参数面板如图2-51所示。

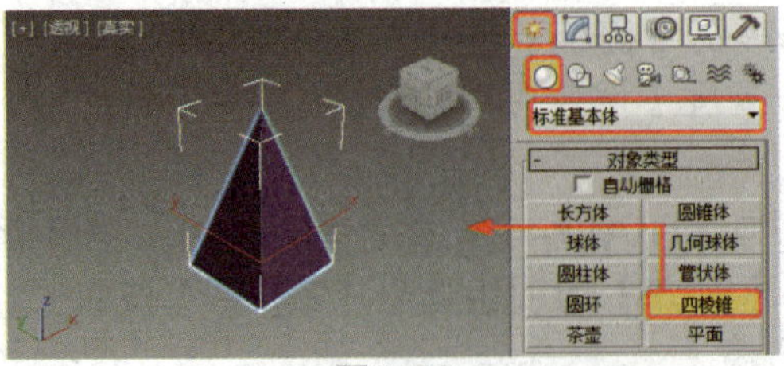

图2-50

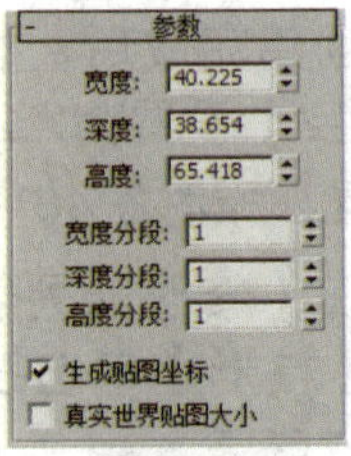

图2-51

四棱锥各项参数的功能说明如下所述。

- 【宽度】/【深度】/【高度】：分别确定底面矩形的长、宽以及锥体的高。
- 【宽度分段】/【深度分段】/【高度分段】：确定3个轴向片段的划分数。

提示：

在制作底面矩形时，配合Ctrl键可以建立底面为正方体的四棱锥。

2.1.17 【上机操作】——创建四棱锥

场景：CDROM\场景\Cha02\006.max

完成场景：CDROM\场景\Cha02\006OK.max

视频：视频教学\Cha02\创建四棱锥.avi

使用【四棱锥】工具可以创建拥有方形或矩形底部和三角形侧面的四棱锥基本体。创建四棱锥的具体操作步骤如下：

Step 1 单击按钮，在弹出的下拉列表中选择【打开】命令，打开随书附带光盘中的CDROM\场景\Cha02\006.max，如图2-52所示。

Step 2 选择【创建】|【几何体】|【标准基本体】|【四棱锥】工具，在【顶】视图中按住鼠标左键并拖动，创建出四棱锥的底部，如图2-53所示。

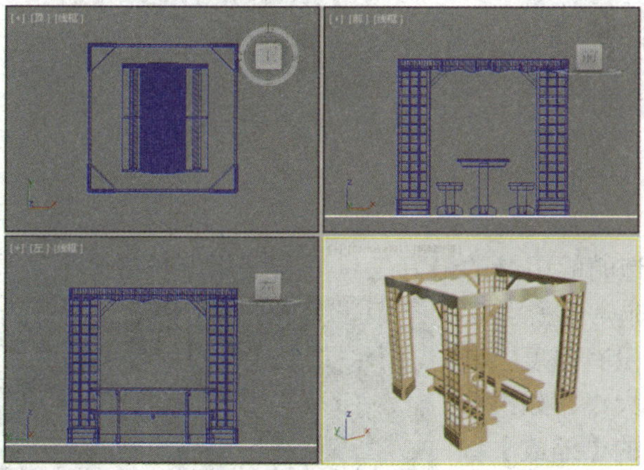

图2-52

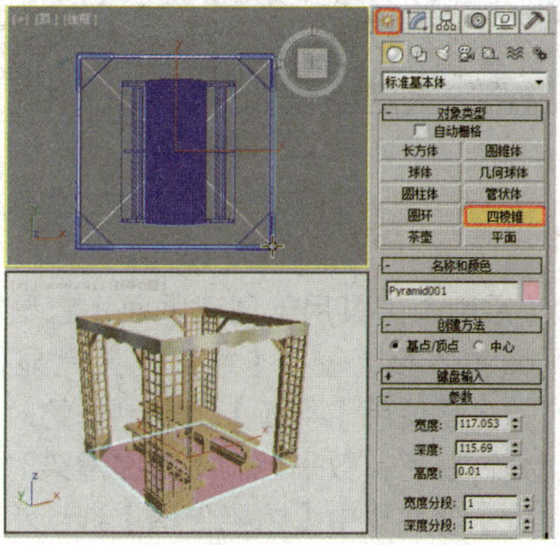

图2-53

Step 3 释放并向上移动鼠标，确定四棱锥的高度，单击鼠标左键，完成四棱锥的创建，如图2-54所示。

Step 4 切换到【修改】命令面板，在【参数】卷展栏中将【宽度】设置为119，将【深度】设置为116，将【高度】设置为29，并在视图中调整四棱锥的位置，如图2-55所示。

Step 5 按M键打开【材质编辑器】对话框，在该对话框中选择【02-Default】材质，并单击【将材质指定给选定对象】按钮，将材质指定给新创建的四棱锥，如图2-56所示。

Step 6 激活【摄影机】视图，按F9键进行渲染，渲染完成后的效果如图2-57所示。

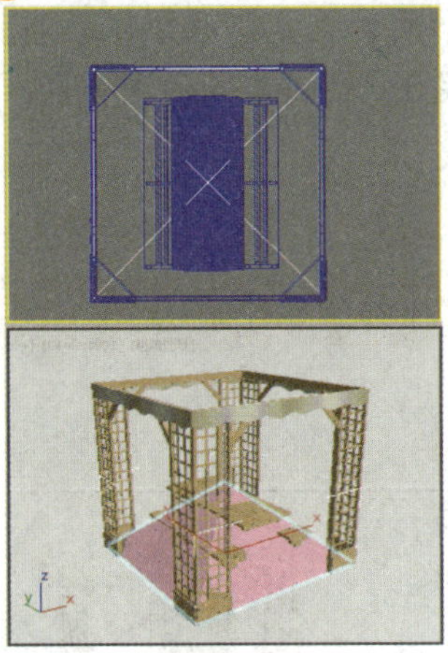

图2-54

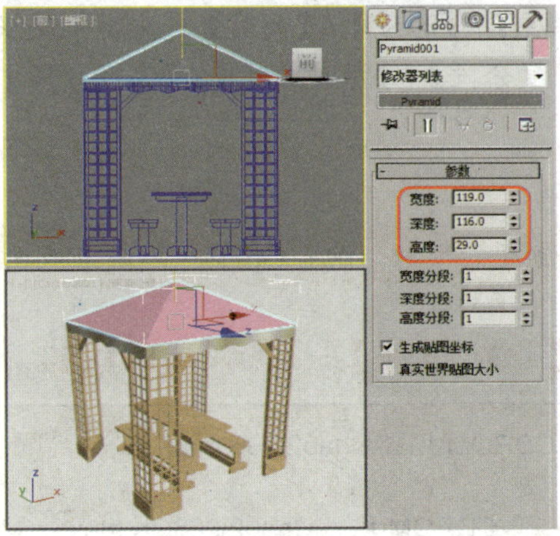

图2-55

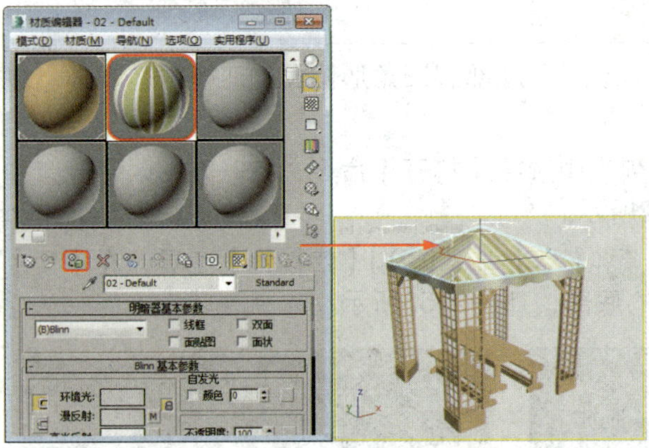

图2-56

图2-57

2.1.18 平面

【平面】工具用于创建平面，它是制造崎岖山脉的最好工具。与使用【长方体】工具创建平面物体相比较，【平面】工具显得非常特殊与实用。首先是使用【平面】工具制作的对象没有厚度，其次也允许使用参数来控制平面在渲染时的大小，如果将【参数】卷展栏中【渲染倍增】选项组中的【缩放】参数设置为2，则在渲染时输出平面的长宽分别被放大了2倍。

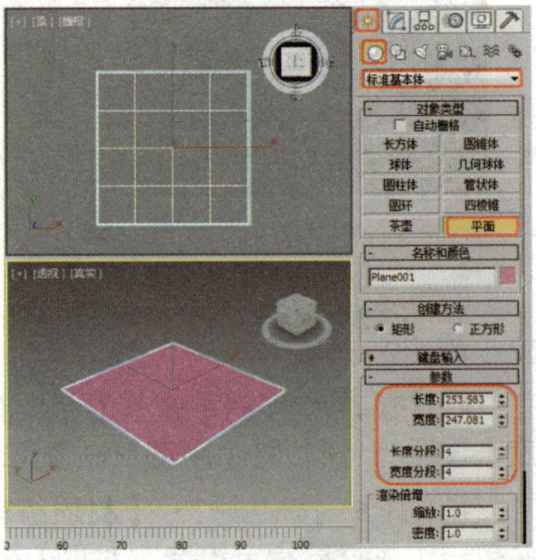

图2-58

【平面】工具的【参数】面板如图2-58所示。

【创建方法】卷展栏各选项功能如下所述。

- 【矩形】：以边界方式创建长方形平面对象。
- 【正方形】：以中心放射方式拉出正方形的平面对象。

【参数】卷展栏各选项功能如下所述。

- 【长度】/【宽度】：确定长和宽两个边缘的长度。
- 【长度分段】/【宽度分段】：控制长和宽两个边上的片段划分数。
- 【缩放】：设置当前平面在渲染过程中缩放的倍数。
- 【密度】：设置平面对象在渲染过程中精细程度的倍数，值越大，平面将越精细。

2.1.19 【上机操作】——创建平面

场景：CDROM\场景\Cha02\007.max

完成场景：CDROM\场景\Cha02\007OK.max

视频：视频教学\Cha02\创建平面.avi

使用【平面】工具可以创建平面，平面对象是特殊类型的平面多边形网格，可在渲染时无限放大。创建平面的具体操作步骤如下：

Step 1 打开随书附带光盘中的CDROM\场景\Cha02\007.max，选择【创建】|【几何体】|【标准基本体】|【平面】工具，在【顶】视图中单击鼠标左键并拖动鼠标，创建一个平面，释放鼠标，完成平面的创建，如图2-59所示。

Step 2 切换到【修改】命令面板，在【参数】卷展栏中将【长度】设置为3 500，将【宽度】设置为3 500，并在视图中调整平面的位置，如图2-60所示。

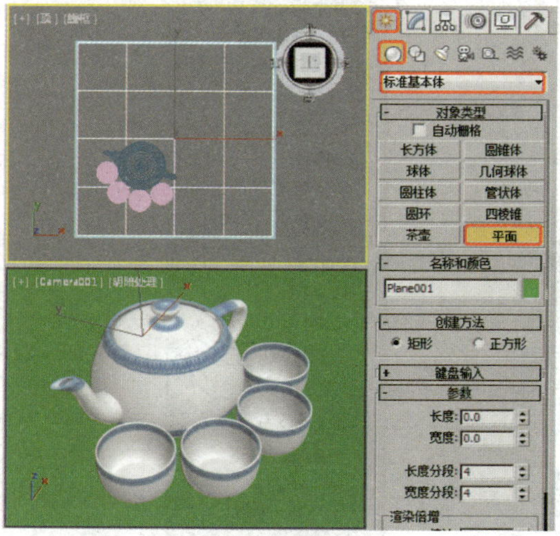

图2-59

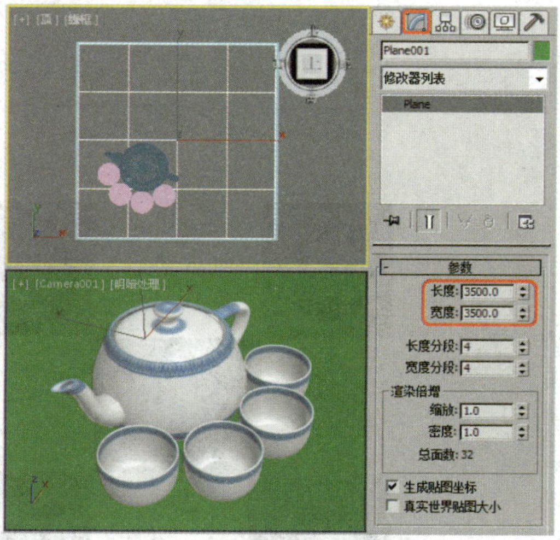

图2-60

Step 3 按M键打开【材质编辑器】对话框，在该对话框中选择【02-Default】材质，并单击【将材质指定给选定对象】按钮，将材质指定给新创建的平面，如图2-61所示。

Step 4 激活【摄影机】视图，按F9键进行渲染，渲染完成后的效果如图2-62所示。

图2-61

图2-62

2.2 扩展基本体

2.2.1 异面体

异面体是用基础数学原则定义的扩展几何体，可以创建四面体、八面体、十二面体以及两种星体，如图2-63所示。

异面体的【参数】面板如图2-64所示，各项参数的功能说明如下。

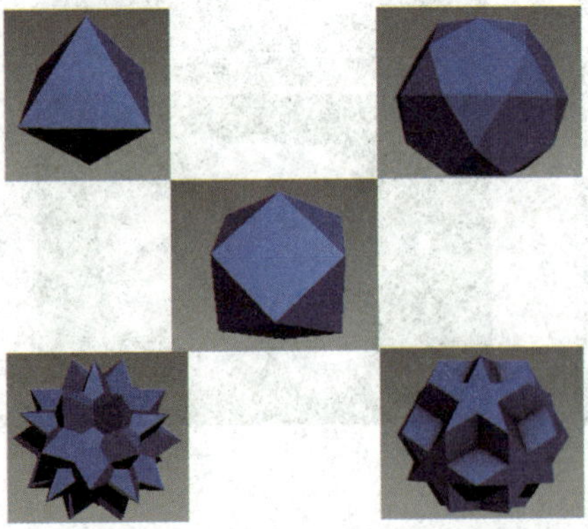

图2-63

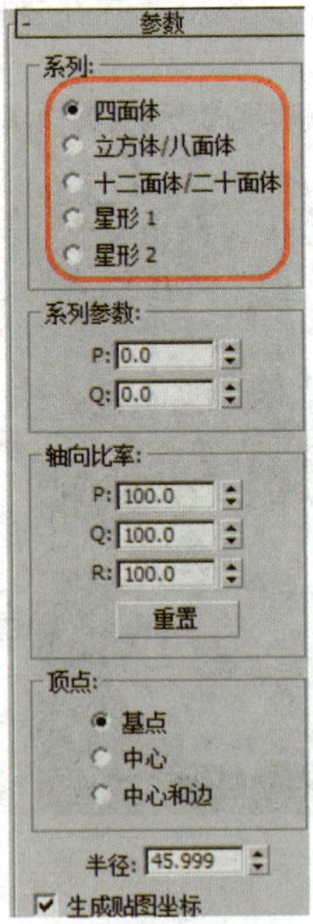

图2-64

【系列】：在该选项组中可选择要创建的多面体类型。

- 【四面体】：创建一个四面体。
- 【立方体/八面体】：创建一个立方体或八面体。
- 【十二面体/二十面体】：创建一个十二面体或二十面体。

- 【星形1/星形2】：创建两个不同类似的星形多面体。
- 【P】/【Q】：多面体顶点和面之间的两种变换方式的参数。

【轴向比率】：多面体可以拥有多达三种多面体的面，如三角形、方形或五角形。这些面可以是规则的，也可以是不规则的。如果多面体只有一种或两种面，则只有一个或两个轴向比率参数处于活动状态。不活动的参数不起作用。

- 【P】/【Q】/【R】：控制多面体反射的轴，一般默认设置为100。
- 【重置】：将轴返回为默认值设置。

【顶点】：该选项组中的参数决定多面体每个面的内部几何体。【中心】和【中心和边】会增加对象中的顶点数，因此增加面数。这些参数不可设置动画。

- 【基点】：面的细分不能超过最小值。
- 【中心】：通过在中心放置另一个顶点（其中边是从每个中心点到面角）来细分每个面。
- 【中心和边】：通过在中心放置另一个顶点（其中边是从每个中心点到面角，以及到每个边的中心）来细分每个面。与【中心】相比，【中心和边】会使多面体中的面数加倍。
- 【半径】：以当前单位数设置任何多面体的半径。

2.2.2　环形结

使用【环形结】工具可以通过在正常平面中围绕3D曲线绘制2D曲线来创建复杂或带结的环形，如图2-65所示。

环形结的【参数】面板如图2-66所示，各项参数的功能说明如下。

图2-65

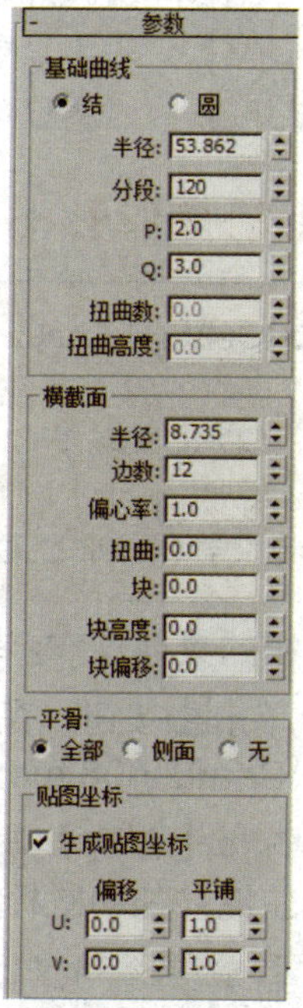

图2-66

【基础曲线】：提供影响基础曲线的参数。

- 【结】/【圆】：选择【结】单选按钮，环形将基于其他各种参数自身交织，选择

【圆】单选按钮，基础曲线将会是圆形。

- 【半径】：设置基础曲线的半径。
- 【分段】：设置围绕环形周界的分段数。
- 【P】/【Q】：选择【结】时，可以设置上下和围绕中心的数值。
- 【扭曲数】：选择【圆】时，可以设置曲线周围星形中的【点】数。
- 【扭曲高度】：设置指定为基础曲线半径百分比的【点】的高度。

【横截面】：提供影响环形结横截面的参数。

- 【半径】：设置横截面的半径。
- 【边数】：设置横截面周围的边数。
- 【偏心率】：设置横截面主轴与副轴的比率。
- 【扭曲】：
- 【块】：设置环形结中的凸出数量。
- 【块高度】：设置块的高度，作为横截面半径的百分比。
- 【块偏移】：围绕环形设置块的动画。

【平滑】：提供用于改变环形结平滑显示或渲染的选项。这种平滑不能移动或细分几何体，只能添加平滑组信息。

- 【全部】：对整个环形结进行平滑处理。
- 【侧面】：只对环形结侧面进行平滑处理。
- 【无】：环形结为面状效果。

【贴图坐标】：提供贴图坐标相关参数。

- 【偏移U/V】：沿着U向和V向偏移贴图坐标。
- 【平铺U/V】：沿着U向和V向平铺贴图坐标。

2.2.3 【上机操作】——创建环形结

场景：CDROM\场景\Cha02\008.max	
完成场景：CDROM\场景\Cha02\008OK.max	
视频：视频教学\Cha02\创建环形结.avi	

创建环形结的具体操作步骤如下：

Step 1 单击按钮，在弹出的下拉列表中选择【打开】命令，打开随书附带光盘中的CDROM\场景\Cha02\008.max，如图2-67所示。

Step 2 选择【创建】|【几何体】|【扩展基本体】|【环形结】工具，在【顶】视图中按住鼠标左键并拖动鼠标，定义环形结的大小，如图2-68所示。

Step 3 释放并移动鼠标，定义环形结的半径，然后单击鼠标左键，完成环形结的创建，如图2-69所示。

Step 4 切换到【修改】命令面板，在【参数】卷展栏中将【基础曲线】选项组中的【半径】设置为5，将【横截面】选项组的【半径】设置为4，其他参数使用默认设置，并在视图中调整环形结的位置，如图2-70所示。

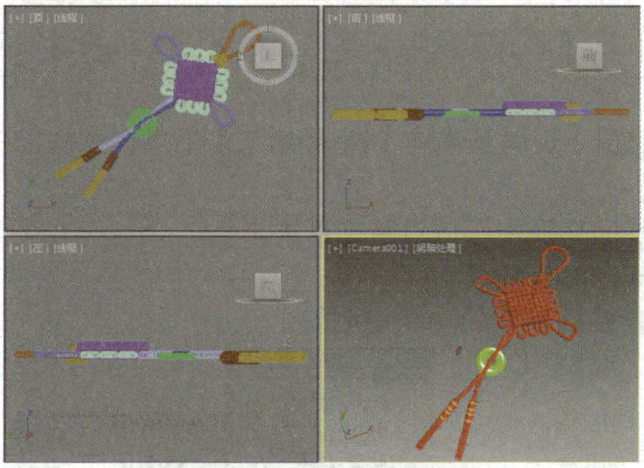

图2-67

图2-68

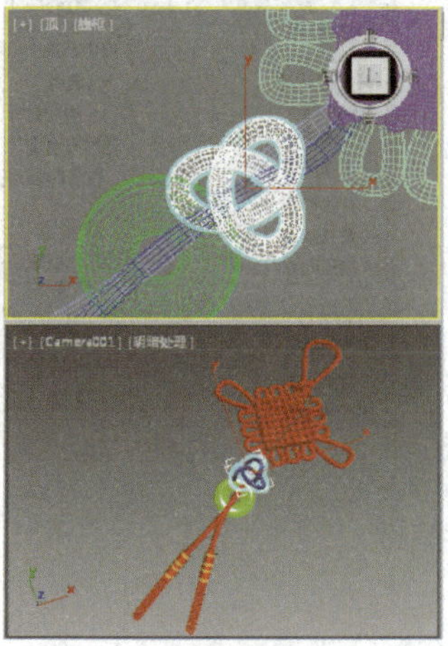

图2-69

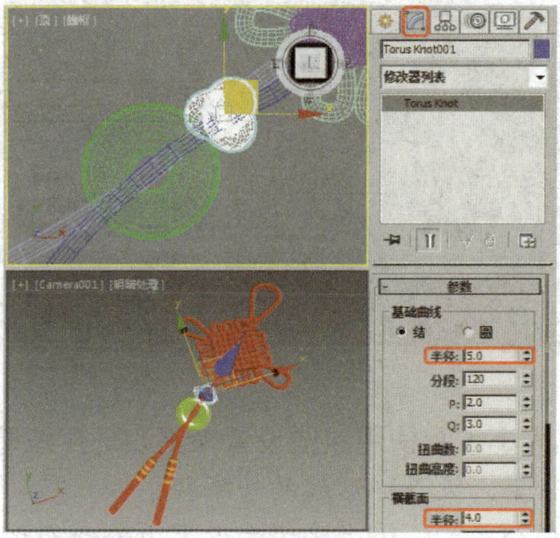

图2-70

Step 5 按M键打开【材质编辑器】对话框，在该对话框中选择【中国结主体】材质，并单击【将材质指定给选定对象】按钮，将材质指定给新创建的环形结，如图2-71所示。

Step 6 然后复制一个创建的环形结，并调整其位置，效果如图2-72所示，最后按F9键进行渲染，预览效果即可。

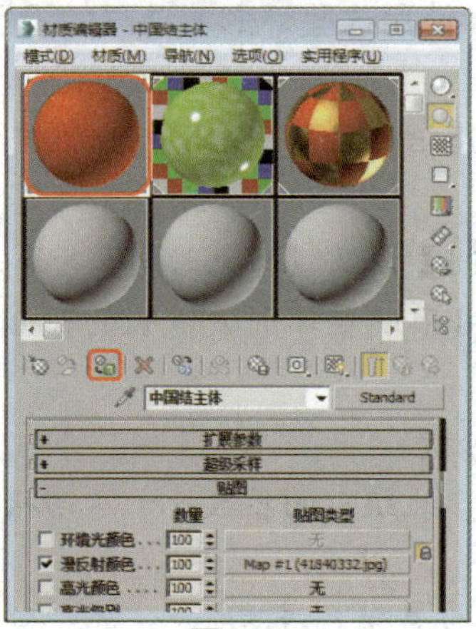

图2-71

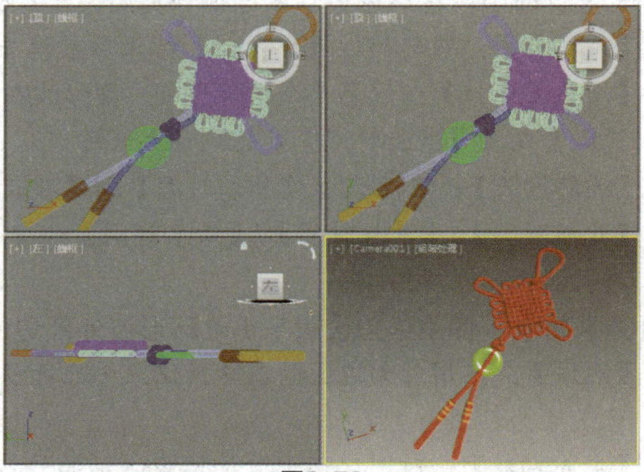

图2-72

2.2.4 环形波

使用【环形波】工具创建的对象可以设置环形波对象增长动画，也可以使用关键帧来设置所有数字设置动画。环形波如图2-73所示。

Step 1 选择【创建】|【几何体】|【扩展基本体】|【环形波】工具，在视口中拖动可以设置环形波的外半径。

Step 2 释放鼠标按钮，然后将鼠标移回环形中心以设置环形内半径。

Step 3 然后单击鼠标左键可以创建环形波对象。

环形波的【参数】面板如图2-74所示，各项参数的功能说明如下。

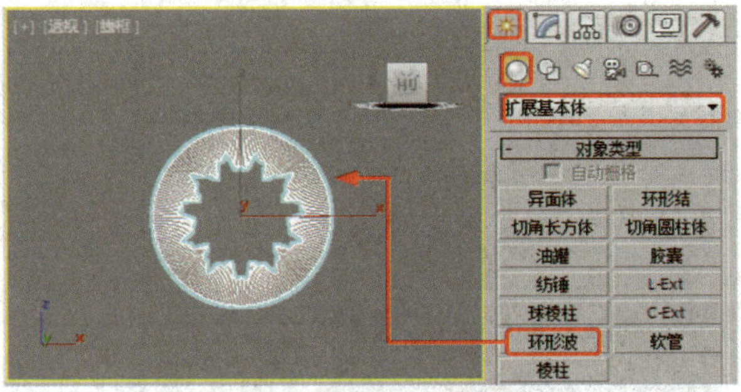

图2-73

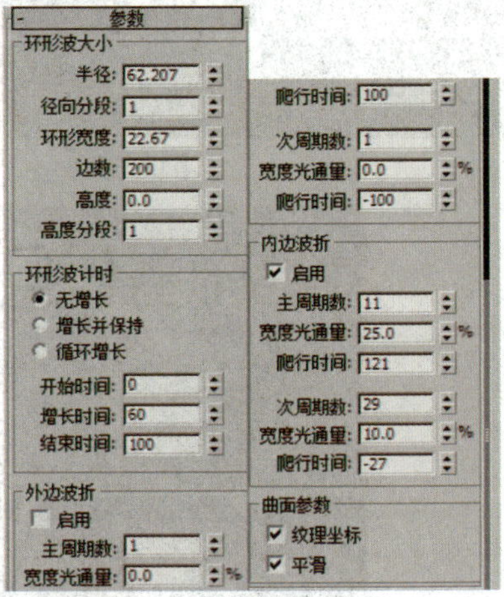

图2-74

【环形波大小】：使用这些设置来更改环形波基本参数。

- 【半径】：设置环形波的外半径。
- 【径向分段】：沿半径方向设置内外曲面之间的分段数目。
- 【环形宽度】：设置环形宽度，从外半径向内测量。
- 【边数】：为内、外和末端（封口）曲面沿圆周方向设置分段数目。
- 【高度】：沿主轴设置环形波的高度。
- 【高度分段】：沿高度方向设置分段数目。

【环形波计时】：在环形波从零增加到其最大尺寸时，使用这些环形波动画的设置。

- 【无增长】：在起始位置出现，到结束位置消失。
- 【增长并保持】：设置单个增长周期。环形波在【开始时间】开始增长，并在【开始时间】以及【增长时间】处达到最大尺寸。
- 【循环增长】：环形波从【开始时间】到【增长时间】以及【结束时间】重复增长。
- 【开始时间】/【增长时间】/【结束时间】：分别用于设置环形波增长的开始时间、增长时间、结束时间。

【外边波折】：使用这些设置来更改环形波外部边的形状。

- 【启用】：启用外部边上的波峰。仅启用此选项时，此组中的参数处于活动状态。默认设置为禁用。
- 【主周期数】：对围绕环形波外边缘运动的外波纹数量进行设置。

- 【宽度光通量】：设置主波的大小，以调整宽度的百分比表示。
- 【爬行时间】：外波纹围绕环形波外边缘运动时所用的时间。
- 【次周期数】：对外波纹之间随机尺寸的内波纹数量进行设置。
- 【宽度光通量】：设置小波的平均大小，以调整宽度的百分比表示。
- 【爬行时间】：对内波纹运动时所使用的时间进行设置。

【内边波折】：使用这些设置来更改环形波内部边的形状。

- 【启用】：启用内部边上的波峰。仅启用此选项时，此组中的参数处于活动状态。默认设置为启用。
- 【主周期数】：设置围绕内边的主波数目。
- 【宽度光通量】：设置主波的大小，以调整宽度的百分比表示。
- 【爬行时间】：设置每一主波绕环形波内周长移动一周所需的帧数。
- 【次周期数】：在每一主周期中设置随机尺寸次波的数目。
- 【宽度光通量】：设置小波的平均大小，以调整宽度的百分比表示。
- 【爬行时间】：设置每一次波绕其主波移动一周所需的帧数。

【曲面参数】：包含两个复选框。

- 【纹理坐标】：设置将贴图材质应用于对象时所需的坐标。默认设置为启用。
- 【平滑】：通过将所有多边形设置为平滑组1将平滑应用到对象上。默认设置为启用。

2.2.5　切角长方体

使用切角长方体可以创建出具有倒角或圆形边的长方体，如图2-75所示。

Step 1 选择【创建】|【几何体】|【扩展基本体】|【切角长方体】工具，拖动鼠标，定义切角长方体底部的对角线角点。（按Ctrl键可将底部约束为方形）

Step 2 释放鼠标按钮，然后垂直移动鼠标以定义长方体的高度，单击可设置高度。

Step 3 对角移动鼠标可定义圆角或倒角的高度（向左上方移动可增加宽度；向右下方移动可减小宽度）。

Step 4 再次单击以完成切角长方体的创建。

切角长方体的【参数】面板如图2-76所示，部分参数功能说明如下。

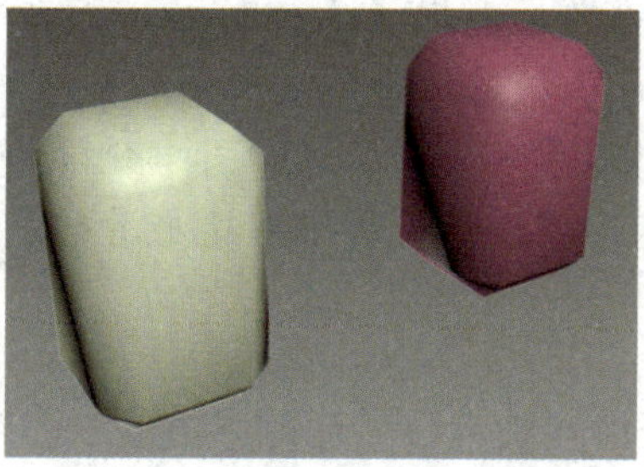

图2-75

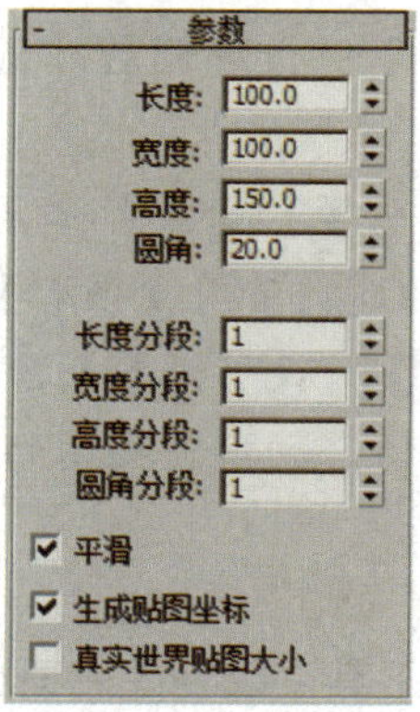

图2-76

- 【圆角】：设置切开切角长方体的边。值越高切角长方体的圆角将越精细。

- 【圆角分段】：设置长方体圆角边时的分段数。

2.2.6 切角圆柱体

使用【切角圆柱体】工具来创建具有倒角或圆形封口边的圆柱体，如图2-77所示。

Step 1 选择【创建】|【几何体】|【扩展基本体】|【切角圆柱体】工具，单击并拖动鼠标，定义切角圆柱体底部的半径。

Step 2 释放鼠标按钮，然后垂直移动鼠标以定义圆柱体的高度，单击以设置高度。

Step 3 对角移动鼠标可定义圆角或倒角的高度（向左上方移动可增加宽度；向右下方移动可减小宽度）。

Step 4 单击以完成切角圆柱体的创建。

切角圆柱体的【参数】面板如图2-78所示，部分参数功能说明如下。

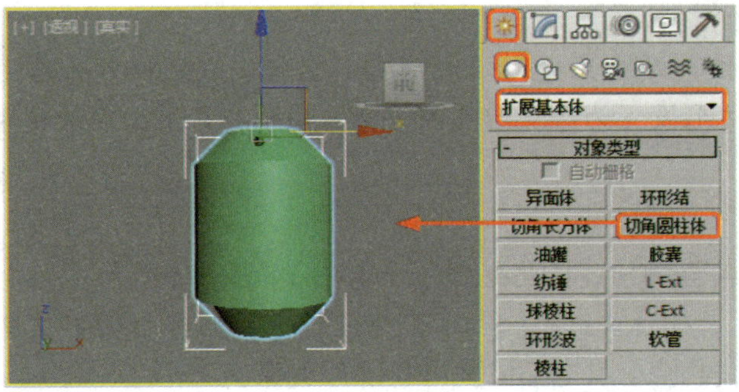

图2-77

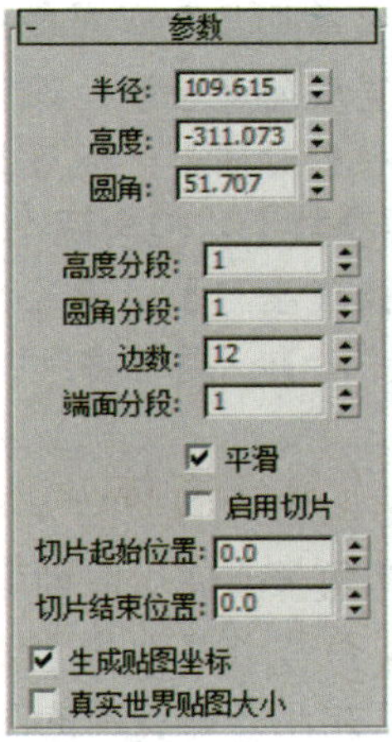

图2-78

- 【半径】：设置切角圆柱体的半径。
- 【高度】：设置沿着中心轴的维度。负数值将在构造平面下面创建切角圆柱体。
- 【圆角】：斜切切角圆柱体的顶部和底部封口边。数量越多将使沿着封口边的圆角越精细。
- 【圆角分段】：设置圆柱体圆角边时的分段数。添加圆角分段曲线边缘从而生成圆角圆柱体。
- 【边数】：设置切角圆柱体周围的边数。启用【平滑】时，较大的数值将着色和渲染为真正的圆。禁用【平滑】时，较小的数值将创建规则的多边形对象。
- 【端面分段】：设置沿着切角圆柱体顶部和底部的中心同心分段的数量。
- 【平滑】：混合切角圆柱体的面，从而在渲染视图中创建平滑的外观。

2.2.7 油罐

使用【油罐】工具可以创建带有凸面封口的圆柱体，如图2-79所示。

Step 1 选择【创建】|【几何体】|【扩展基本体】|【油罐】工具，在视图中拖动鼠标，定义油罐底部的半径。

Step 2 释放鼠标，然后垂直移动鼠标以定义油罐的高度，单击以设置高度。

Step 3 对角移动鼠标可定义凸面封口的高度（向左上方移动可增加高度；向右下方移动可减小高度）。

Step 4 再次单击可完成油罐的创建。

油罐的【参数】面板如图2-80所示，部分参数功能说明如下。

- 【半径】：设置油罐的半径。
- 【高度】：设置沿着中心轴的维度。负数值将在构造平面下面创建油罐。
- 【封口高度】：设置凸面封口的高度。
- 【总体】/【中心】：决定【高度】值指定的内容。【总体】是对象的总体高度。【中心】是圆柱体中部的高度，不包括其凸面封口。
- 【混合】：大于0时将在封口的边缘创建倒角。
- 【边数】：设置油罐周围的边数。
- 【高度分段】：设置沿着油罐主轴的分段数量。

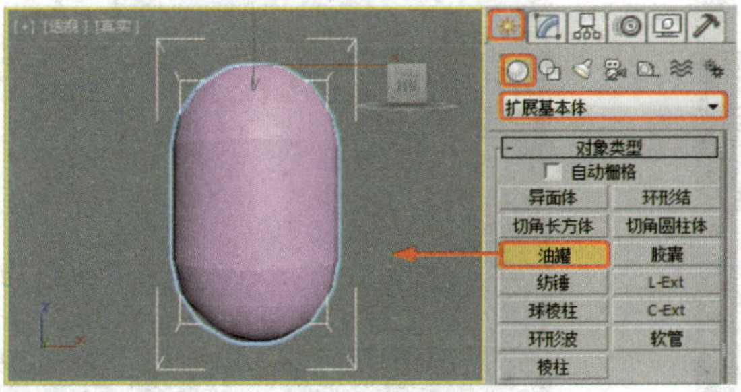

图2-79

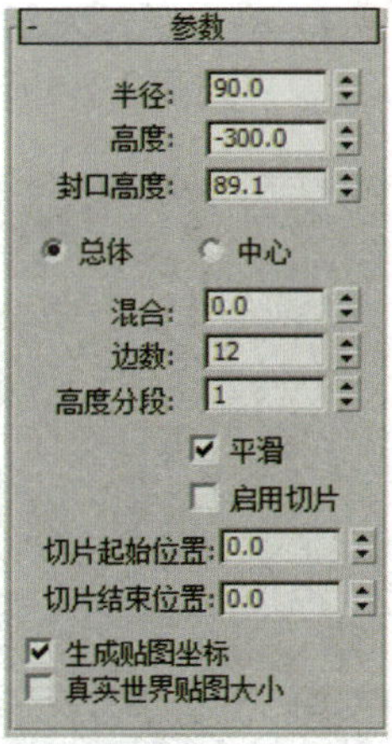

图2-80

2.2.8 【上机操作】——创建油罐

场景：CDROM\场景\Cha02\创建油罐.max

完成场景：CDROM\场景\Cha02\创建油罐OK.max

视频：视频教学\Cha02\创建油罐.avi

创建油罐的具体操作步骤如下：

Step 1 单击按钮，在弹出的下拉列表中选择【打开】命令，打开随书附带光盘中的CDROM\场景\Cha02\创建油罐.max，如图2-81所示。

Step 2 选择【创建】|【几何体】|【扩展基本体】|【油罐】工具，在【顶】视图中单击鼠标左键并拖动鼠标，定义油罐底部的半径，如图2-82所示。

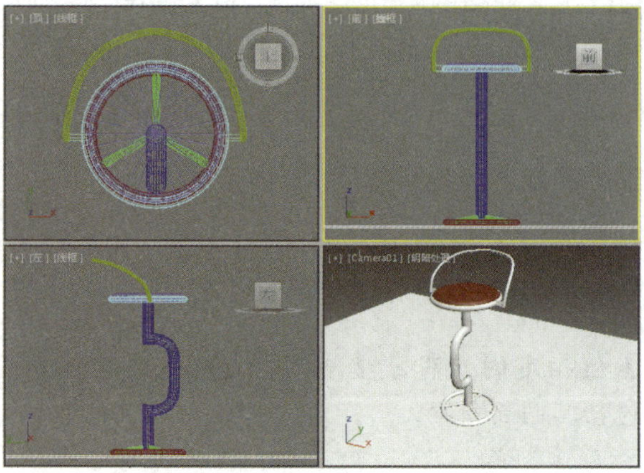

图2-81

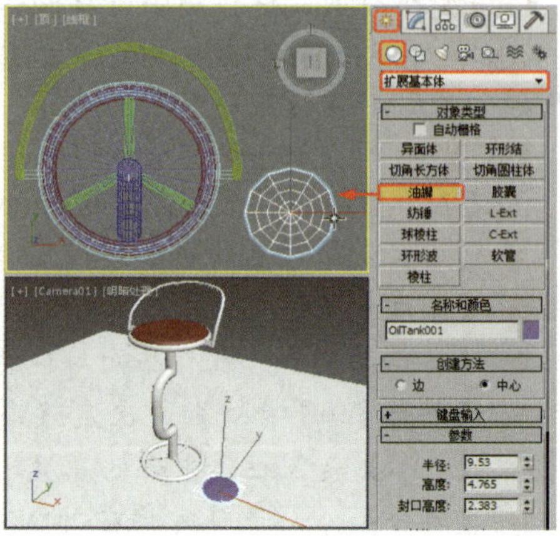

图2-82

Step 3 释放并移动鼠标，定义油罐的高度，如图2-83所示。

Step 4 单击鼠标左键，然后移动鼠标，定义凸面封口的高度，再次单击鼠标左键，完成油罐的创建，如图2-84所示。

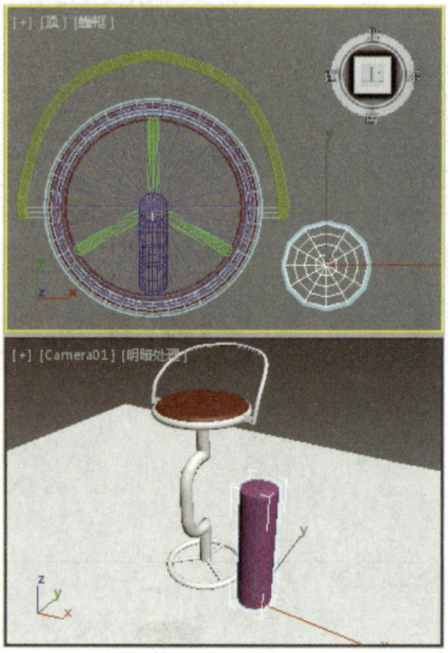

图2-83

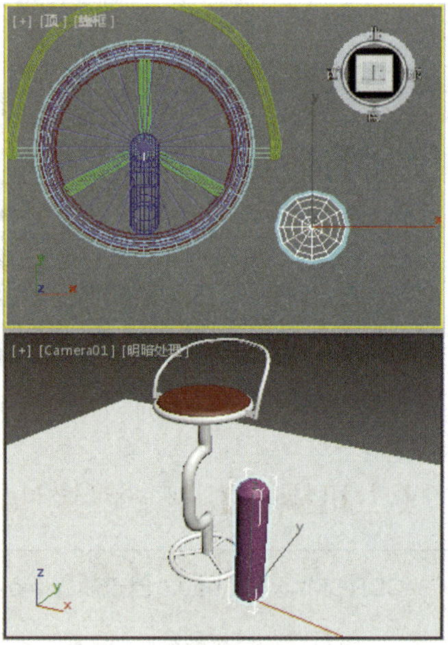

图2-84

Step 5 切换到【修改】命令面板，在【参数】卷展栏中将【半径】设置为1.2，将【高度】设置为37，将【封口高度】设置为0.5，在工具栏中单击【选择并旋转】工具，在【前】视图中沿Z轴旋转创建的油罐，并使用【选择并移动】工具在视图中调整油罐的位置，效果如图2-85所示。

Step 6 按M键打开【材质编辑器】对话框，在该对话框中选择【不锈钢】材质，并单击【将材质指定给选定对象】按钮，将材质指定给新创建的油罐，如图2-86所示。

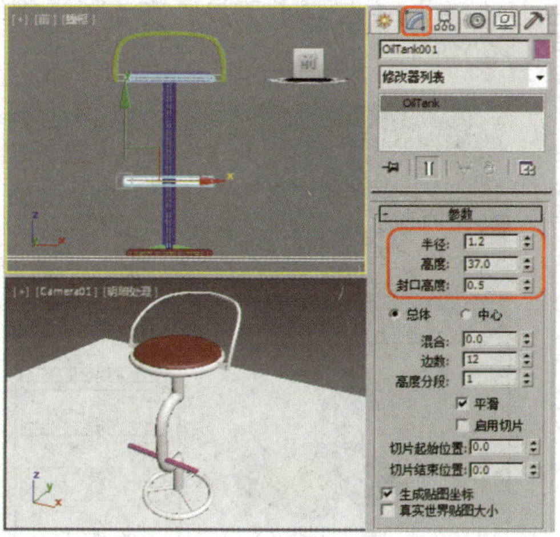

图2-85

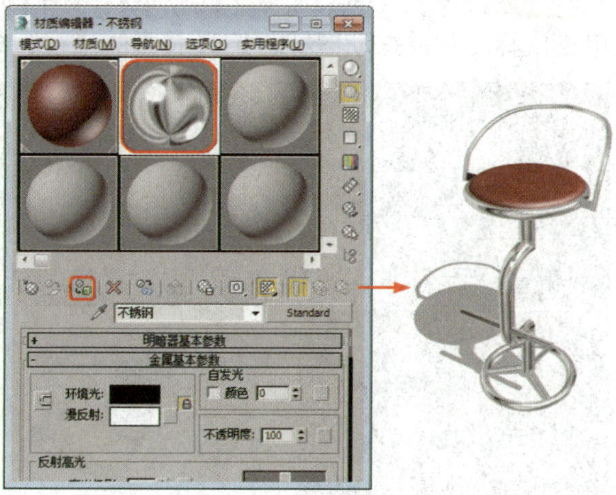

图2-86

2.2.9　胶囊

使用【胶囊】工具可创建带有半球状端点封口的圆柱体。

Step 1 选择【创建】 |【几何体】 |【扩展基本体】|【胶囊】工具，在视图中拖动鼠标左键创建胶囊，如图2-87所示。

Step 2 完成创建后，切换至【修改】命令面板，在【参数】卷展栏中将【半径】设置为20，将【高度】设置为100，如图2-88所示。

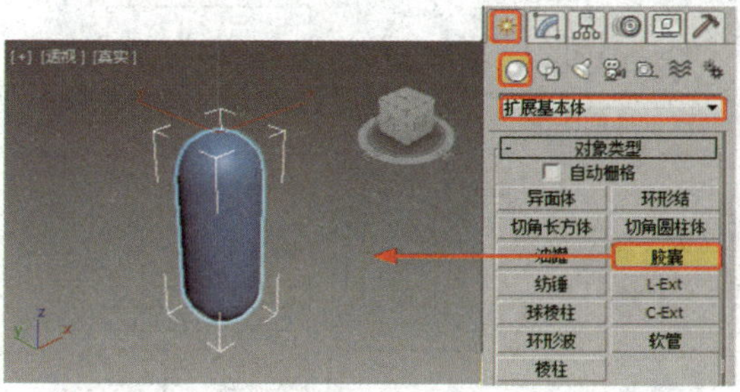

图2-87

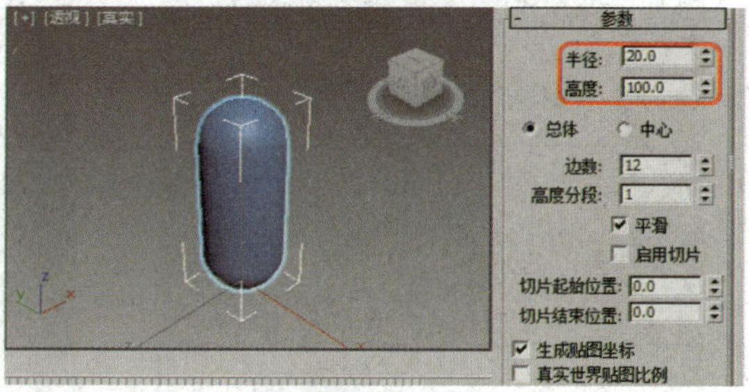

图2-88

2.2.10　【上机操作】——创建胶囊

场景：CDROM\场景\Cha02\胶囊.max	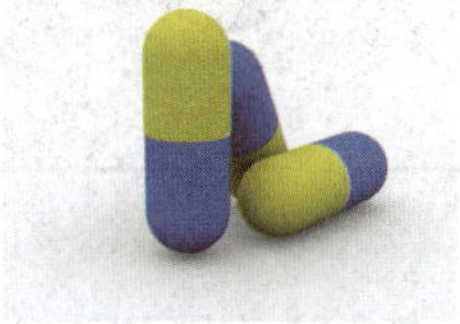
完成场景：CDROM\场景\Cha02\胶囊OK.max	
视频：视频教学\Cha02\创建胶囊.avi	

使用【胶囊】工具可以创建带有半球状封口的圆柱体。创建胶囊的具体操作步骤如下：

Step 1 单击 按钮，在弹出的下拉列表中选择【打开】命令，打开随书附带光盘中的CDROM\场景\Cha02\胶囊.max，如图2-89所示。

Step 2 选择【创建】|【几何体】|【扩展基本体】|【胶囊】工具，在【顶】视图中单击鼠标左键并拖动鼠标，定义胶囊的半径，如图2-90所示。

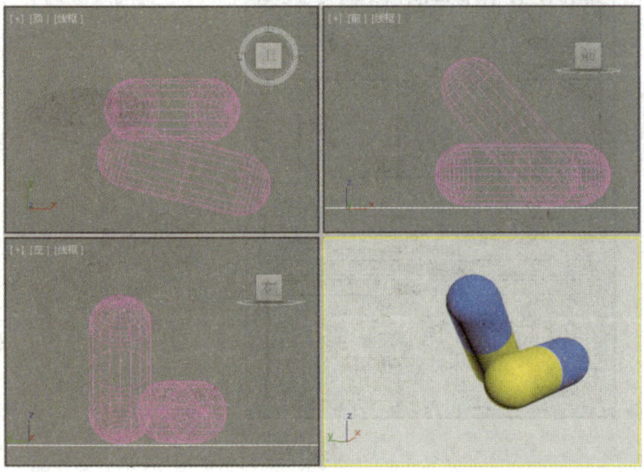

图2-89

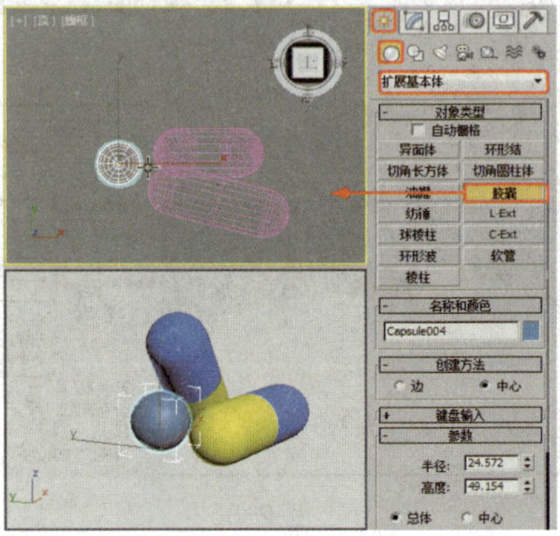

图2-90

Step 3 释放并移动鼠标，定义胶囊的高度，再次单击鼠标左键，完成胶囊的创建，如图2-91所示。

Step 4 切换到【修改】命令面板，在【参数】卷展栏中将【半径】设置为28，将【高度】设置为160，将【边数】设置为18，将【高度分段】设置为2，并在视图中调整胶囊的位置，如图2-92所示。

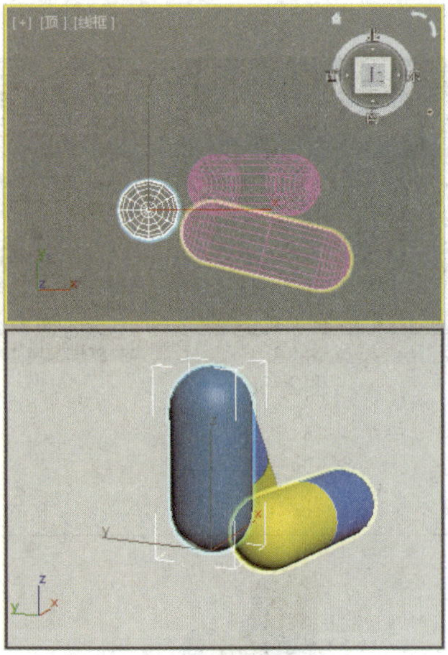

图2-91

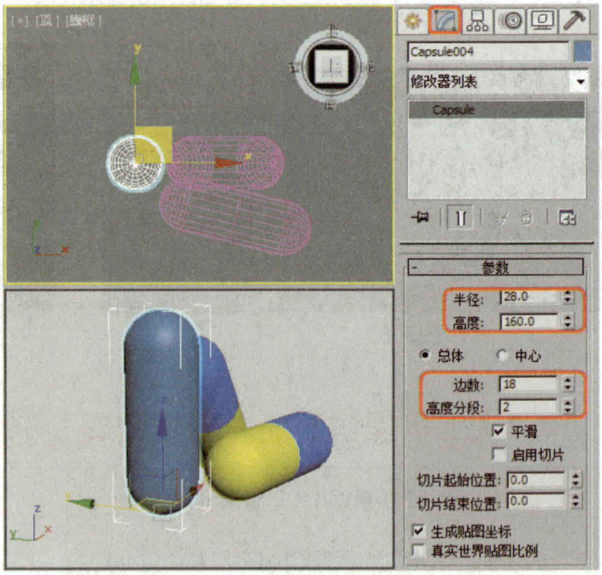

图2-92

Step 5 在【修改器列表】中选择【编辑多边形】修改器，并将当前选择集定义为【多边形】，在【前】视图中选择胶囊上半部分的多边形，在【多边形：材质ID】卷展栏中将【设置ID】设置为1，如图2-93所示。

Step 6 在菜单栏中选择【编辑】|【反选】命令，如图2-94所示，即可选择胶囊下半

部分的多边形。

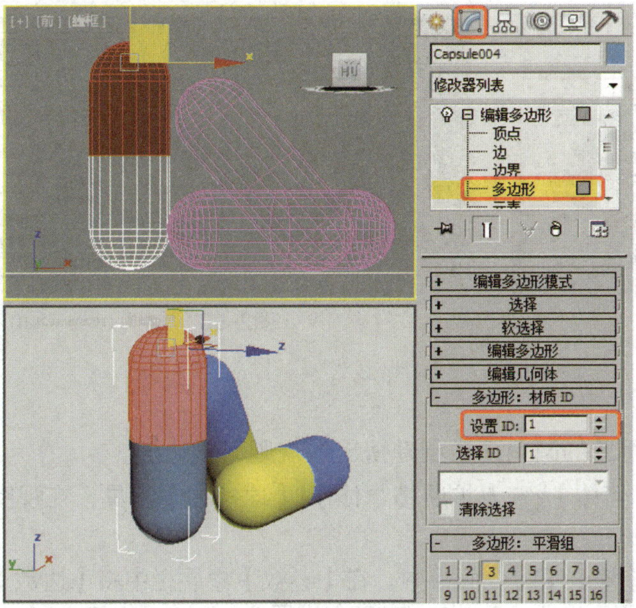

图2-93

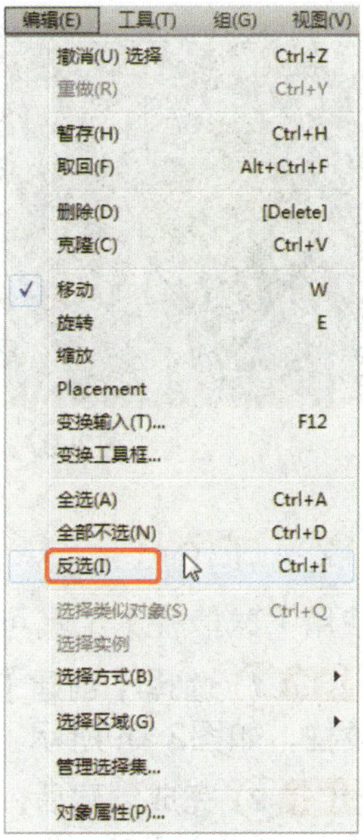

图2-94

Step 7 在【多边形：材质ID】卷展栏中将【设置ID】设置为2，如图2-95所示。

Step 8 关闭当前选择集，按M键打开【材质编辑器】对话框，在该对话框中选择【01-Default】材质，并单击【将材质指定给选定对象】按钮，将材质指定给新创建的胶囊，如图2-96所示。

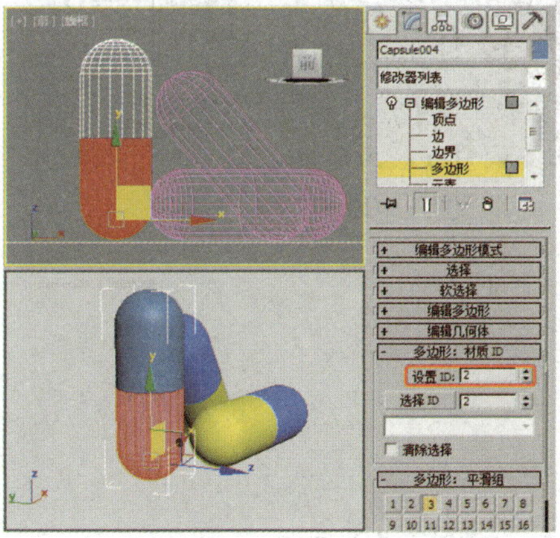

图2-95

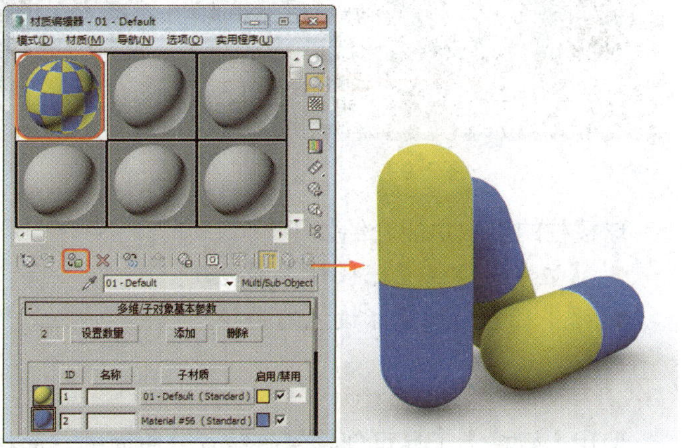

图2-96

2.2.11 纺锤

使用【纺锤】工具可创建带有圆锥形封口的圆柱体。

Step 1 选择【创建】|【几何体】|【扩展基本体】|【纺锤】工具，在视图中创建纺锤，如图2-97所示。

Step 2 完成创建后，切换至【修改】命令面板中，在【参数】卷展栏中将【半径】设置为20，将【高度】设置为-100，将【封口高度】设置为30，如图2-98所示。

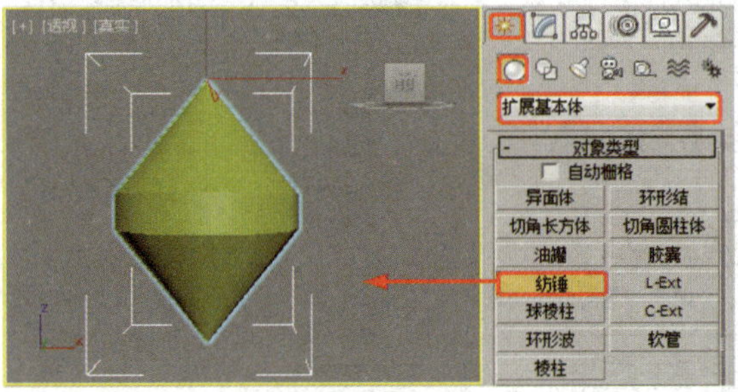

图2-97

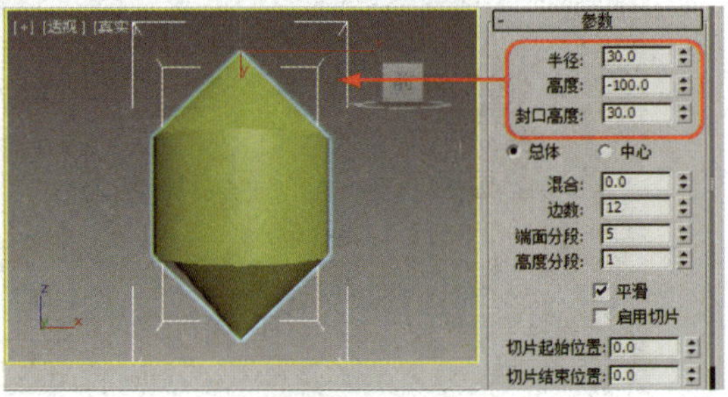

图2-98

2.2.12 球棱柱

使用【球棱柱】工具可以利用可选的圆角面边创建挤出的规则面多边形。

Step 1 选择【创建】|【几何体】|【扩展基本体】|【球棱柱】工具，在视图中创建球棱柱，如图2-99所示。

Step 2 完成创建后，切换至【修改】命令面板中，在【参数】卷展栏中将【边数】设置为4，将【半径】设置为50，将【圆角】设置为0，将【高度】设置为-100，如图2-100所示。

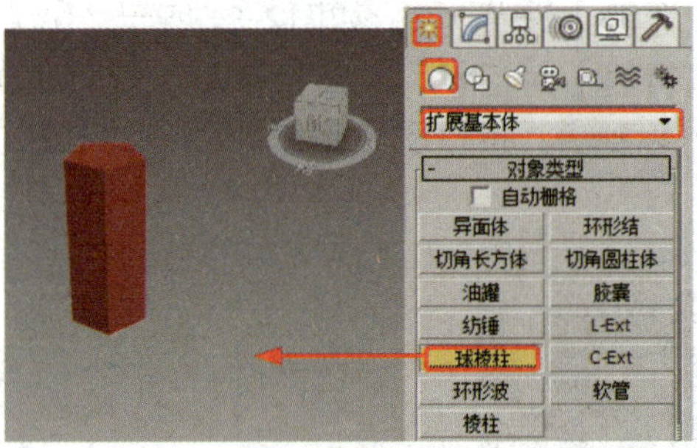

图2-99

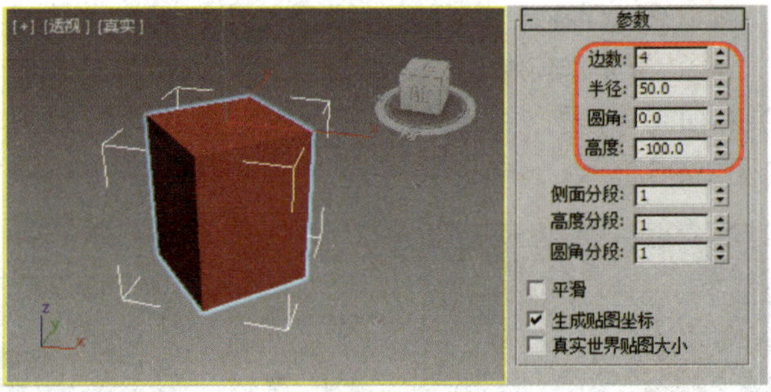

图2-100

球棱柱的参数功能介绍如下。

- 【边数】：设置球棱柱周围边数。
- 【半径】：设置球棱柱的半径。

2.2.13 棱柱

使用【棱柱】工具可创建带有独立分段面的三面棱柱，如图2-101所示。

Step 1 选择【创建】|【几何体】|【扩展基本体】|【棱柱】工具，在视口中水平拖动以定义侧面1的长度（沿着X轴）。

Step 2 单击鼠标左键并垂直拖动以定义侧面2和侧面3的长度（沿着Y轴）。

Step 3 单击鼠标左键再垂直移动鼠标可定义棱柱体的高度。

Step 4 再次单击以完成棱柱体的创建。

棱柱的【参数】面板如图2-102所示，参数功能说明如下。

- 侧面1/2/3长度：设置三角形对应面的长度（以及三角形的角度）。

- 【高度】：设置棱柱体高度。
- 侧面1/2/3分段：指定棱柱体每个侧面的分段数。
- 【高度分段】：设置沿着棱柱体主轴的分段数量。

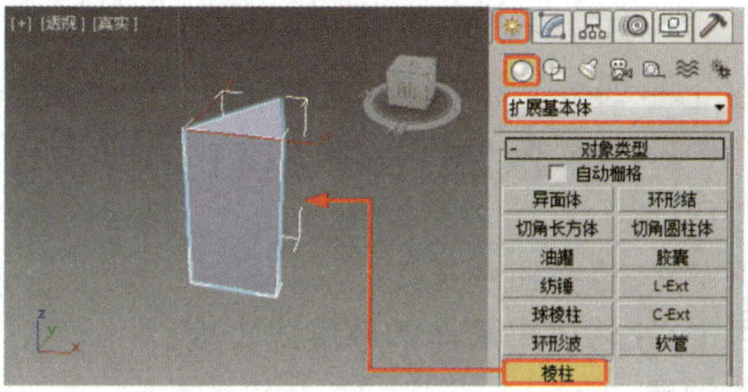

图2-101

图2-102

2.1.14　软管

【软管】工具是一个能连接两个对象的弹性对象，因而能反映这两个对象的运动，软管对象如图2-103所示。可以指定软管的总直径、长度、圈数以及其线的直径和形状。

Step 1 选择【创建】|【几何体】|【扩展基本体】|【软管】工具，拖动鼠标，定义软管的半径。

Step 2 松开鼠标，然后移动鼠标以定义软管的长度。

Step 3 单击以完成软管的创建。

软管的【参数】面板如图2-104所示，部分参数功能说明如下。

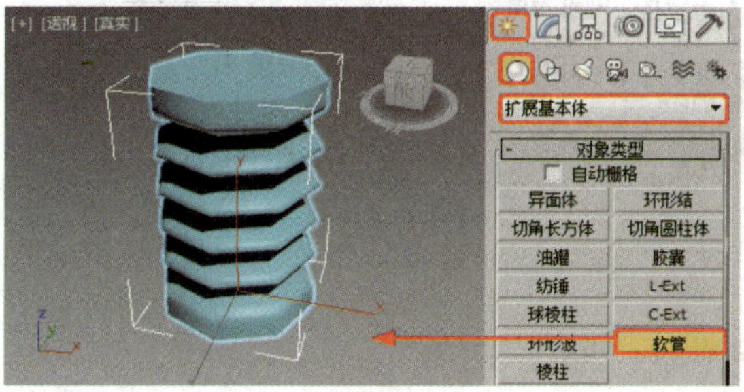

图2-103

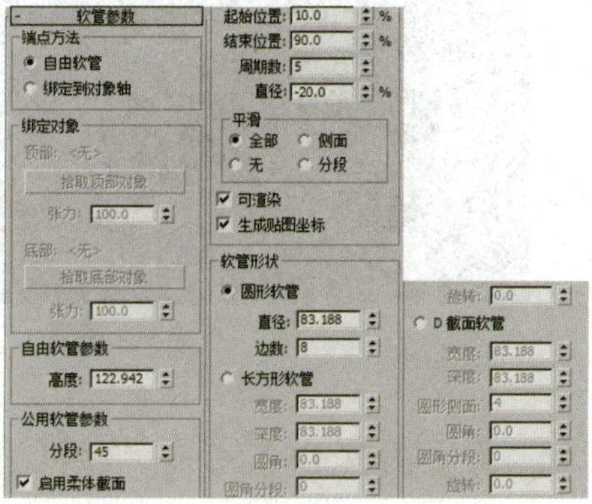

图2-104

- 【自由软管】：自由软管是将软管作为一个单独的对象，不与其他对象绑定。
- 【绑定到对象轴】：选中此单选按钮，可以激活【绑定对象】的使用。
- 【顶部】：顶部绑定对象的名称。
- 【拾取顶部对象】：单击该按钮，选择【顶部】对象。
- 【张力】：设置当软管靠近底部对象时顶部对象附近的软管曲线的张力。
- 【分段】：设置软管长度上的段数。

- 【起始位置】：设置伸缩剖面起始位置同软管顶端的距离。
- 【结束位置】：设置伸缩剖面结束位置同软管顶端的距离。
- 【周期数】：设置伸缩剖面的褶皱数量。
- 【直径】：设置伸缩剖面的直径。

2.2.15 L-Ext

使用【L-Ext】工具可创建挤出的L形对象，如图2-105所示。

Step 1 选择【创建】|【几何体】|【扩展基本体】|【L-Ext】工具，拖动鼠标以定义底部。（按Ctrl键可将底部约束为方形）

Step 2 释放鼠标并垂直移动可定义L形挤出的高度。

Step 3 单击后垂直移动鼠标可定义L形挤出墙体的厚度或宽度。

Step 4 单击以完成L形挤出的创建。

L-Ext的【参数】面板如图2-106所示，部分参数功能说明如下。

- 侧面/前面长度：指定L形侧面和前面的长度。
- 侧面/前面宽度：指定L形侧面和前面的宽度。
- 【高度】：指定对象的高度。
- 侧面/前面分段：指定L形侧面和前面的分段数。
- 宽度/高度分段：指定整个宽度和高度的分段数。

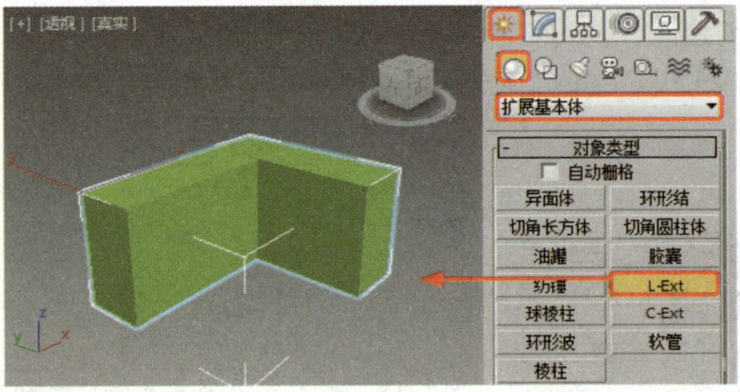

图2-105

图2-106

2.2.16 【上机操作】——创建L-Ext

场景：CDROM\场景\Cha02\创建L-Ext.max	
完成场景：CDROM\场景\Cha02\创建L-ExtOK.max	
视频：视频教学\Cha02\创建L-Ext.avi	

使用【L-Ext】工具可以创建挤出的L形对象，具体操作步骤如下：

Step 1 单击按钮，在弹出的下拉列表中选择【打开】命令，打开随书附带光盘中的CDROM\场景\Cha02\创建L-Ext.max，如图2-107所示。

Step 2 选择【创建】|【几何体】|【扩展基本体】|【L-Ext】工具，在【左】视图中单击鼠标左键并拖动鼠标，定义侧面长度和前面长度，如图2-108所示。

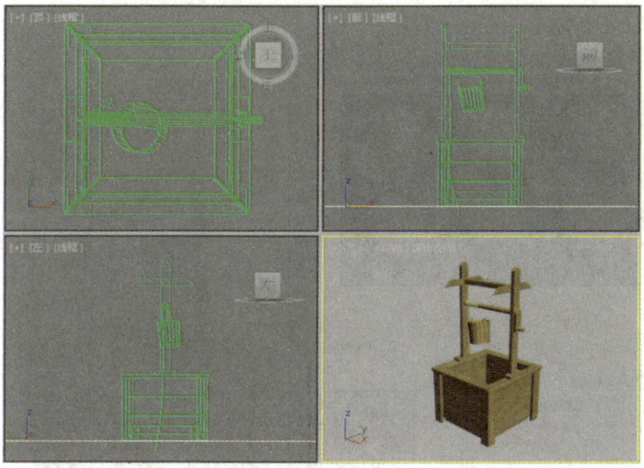

图2-107

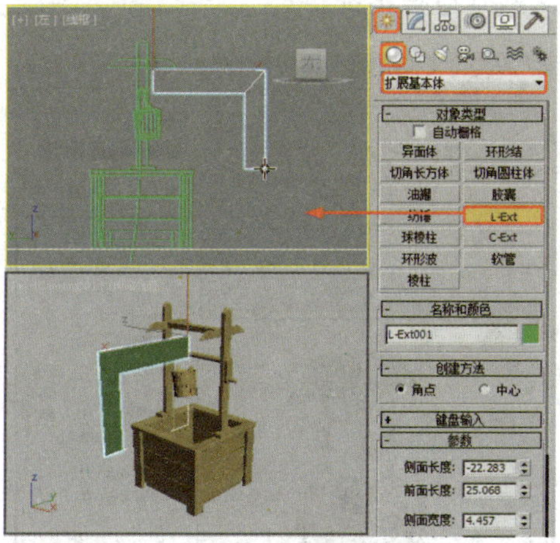

图2-108

Step 3 释放并移动鼠标，定义挤出的高度，单击鼠标左键，并移动鼠标，定义侧面宽度和前面宽度，再次单击鼠标左键，完成创建，如图2-109所示。

Step 4 切换到【修改】命令面板，在【参数】卷展栏中将【侧面长度】设置为-16，将【前面长度】设置为16，将【侧面宽度】和【前面宽度】设置为1，将【高度】设置为23，在工具栏中单击【选择并旋转】工具，在【左】视图中沿Z轴进行旋转，并使用【选择并移动】工具在视图中调整其位置，效果如图2-110所示。

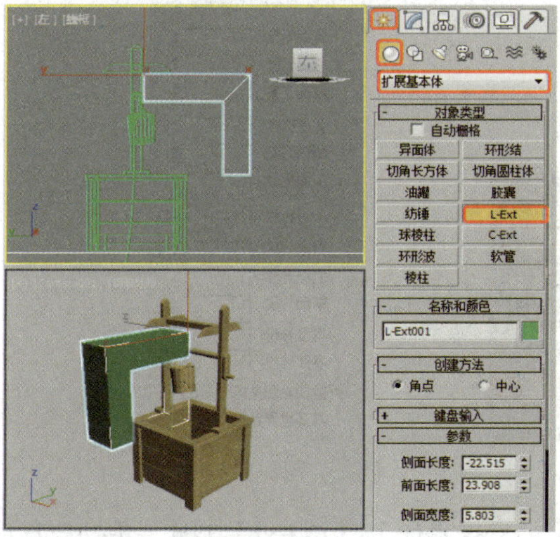

图2-109

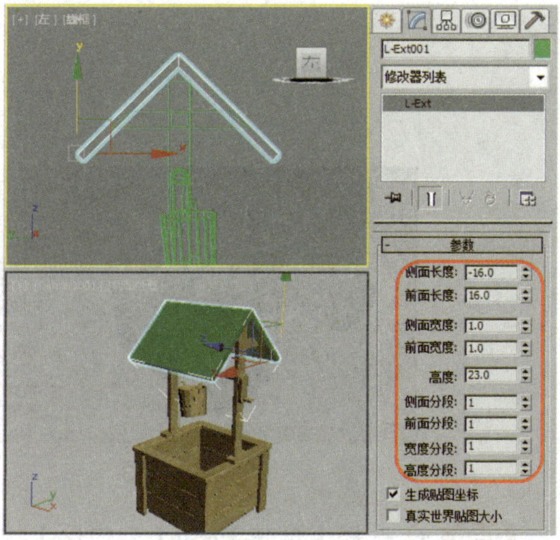

图2-110

Step 5 在【修改器列表】中选择【UVW贴图】修改器，在【参数】卷展栏选中【贴图】选项组的【长方体】单选按钮，在【对齐】选项组选中【Z】单选按钮，并单击【适配】按钮，如图2-111所示。

Step 6 按M键打开【材质编辑器】对话框，在该对话框中选择【01-Default】材质，并单击【将材质指定给选定对象】按钮，如图2-112所示，然后激活【摄影机】视图，按F9键进行渲染即可。

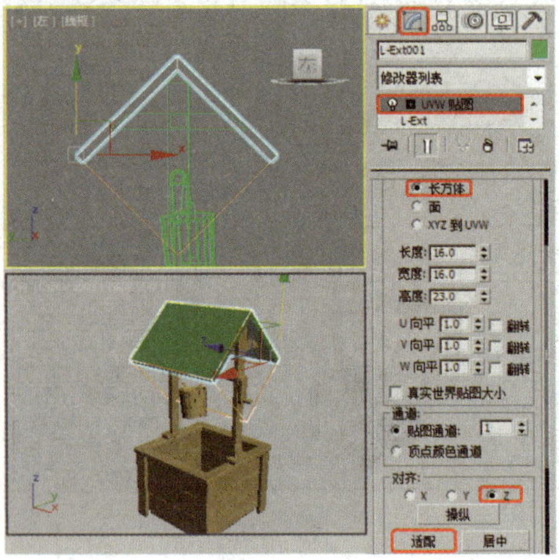

图2-111

图2-112

2.2.17 C-Ext

使用【C-Ext】工具可创建挤出的C形对象，如图2-113所示。

C-Ext的【参数】面板如图2-114所示，部分参数功能说明如下。

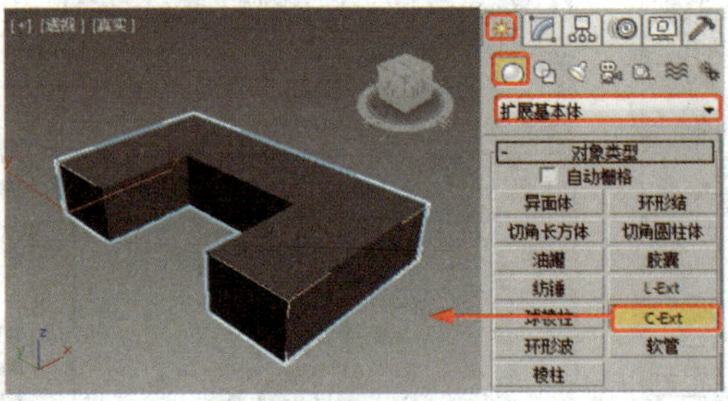

图2-113

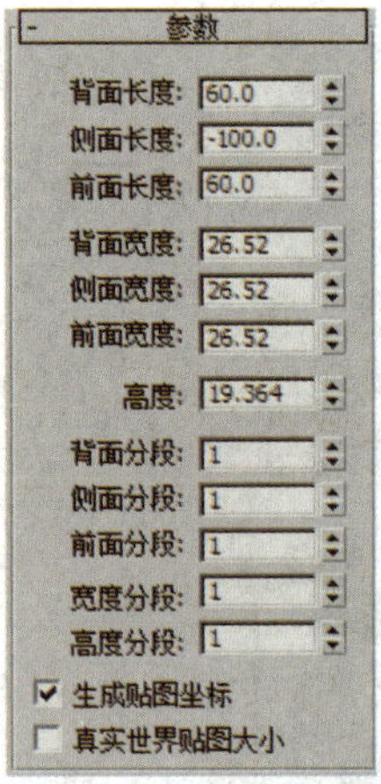

图2-114

Step 1 选择【创建】|【几何体】|【扩展基本体】|【C-Ext】工具，拖动鼠标以定义底部。（按Ctrl键可将底部约束为方形）

Step 2 释放鼠标并垂直移动可定义C形挤出的高度。

Step 3 单击后垂直移动鼠标可定义C形挤出墙体的厚度或宽度。

Step 4 单击以完成C形挤出的创建。

- 背面/侧面/前面长度：指定三个侧面的每一个长度。
- 背面/侧面/前面宽度：指定三个侧面的每一个宽度。
- 【高度】：指定对象的总体高度。
- 背面/侧面/前面分段：指定对象特定侧面的分段数。
- 宽度/高度分段：指定对象的整个宽度和高度的分段数。

2.3 上机实践

2.3.1 制作梳妆镜

本案例将介绍如何使用标准基本体创建梳妆镜，该案例主要利用长方体及图形等工具制作出梳妆镜的模型，然后再为制作出的模型添加修改器及材质，从而完成梳妆镜的制作，如图2-115所示。

2-115

Step 1 选择【创建】|【几何体】|【长方体】工具，在【顶】视图中创建长方体，并命名为【木板01】，在【参数】卷展栏中将【长度】设置为8，【宽度】设置为50，【高度】设置为1，勾选【真实世界贴图大小】复选框，如图2-116所示。

Step 2 切换至【修改】命令面板，在修改器列表中选择【UVW贴图】修改器，在【参数】卷展栏中选择【长方体】单选按钮，取消勾选【真实世界真实大小】复选框，在【对齐】选项组单击【适配】按钮，如图2-117所示。

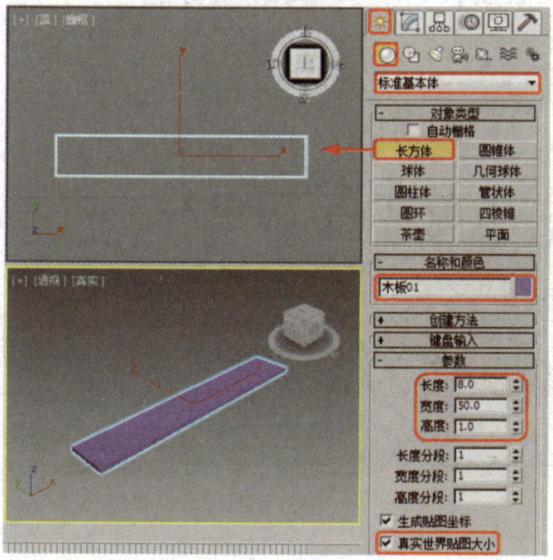

图2-116

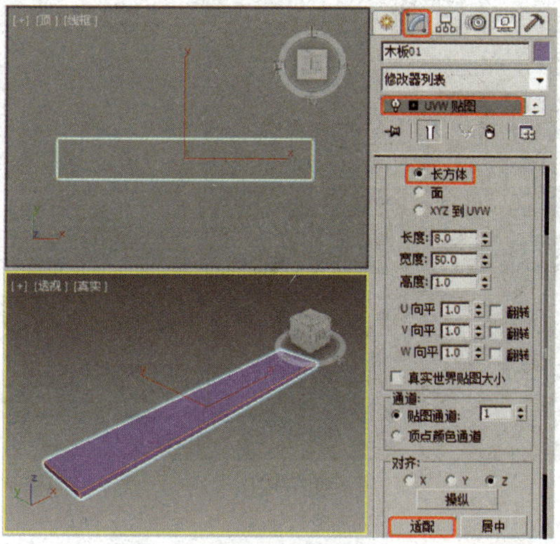

图2-117

Step 3 继续选中该对象，在【顶】视图中按住Shift键沿Y轴向上移动，在弹出的对话框中选中【复制】单选按钮，将【副本数】设置为2，如图2-118所示。

Step 4 选择【创建】|【图形】|【矩形】工具，在【左】视图中创建矩形，并命名为【木板04】，在【参数】卷展栏中将【长度】设置为8，【宽度】设置为4，如图2-119所示。

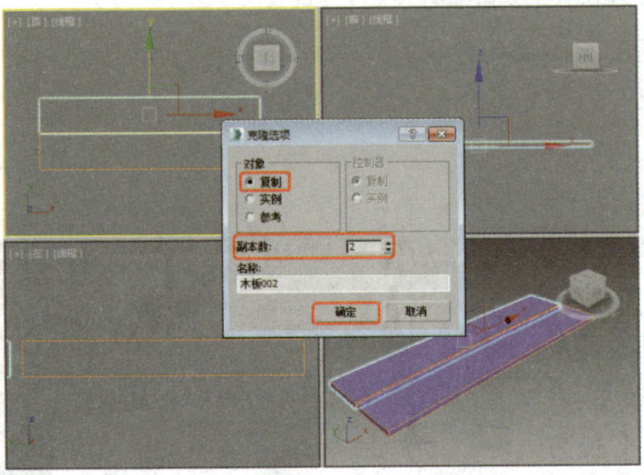

图2-118

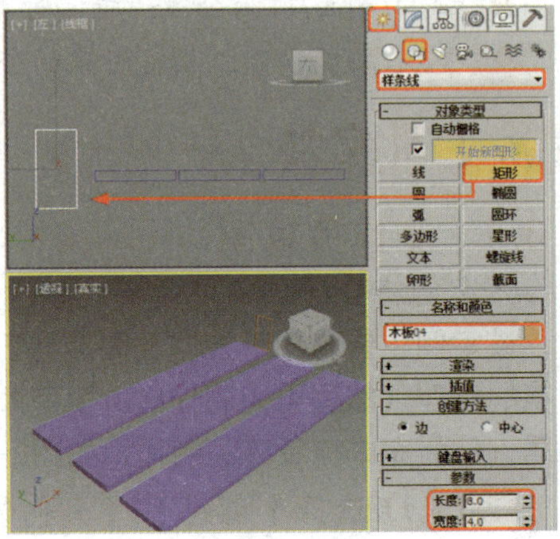

图2-119

Step 5 切换至【修改】命令面板，在修改器列表中选择【编辑样条线】修改器，将当前选择集定义为【顶点】，添加顶点并调整顶点的位置，调整完成后的效果如图2-120所示。

Step 6 在修改器列表中选择【挤出】修改器，在【参数】卷展栏中将【数量】设置为50，勾选【生成贴图坐标】和【真实世界贴图大小】复选框，如图2-121所示。

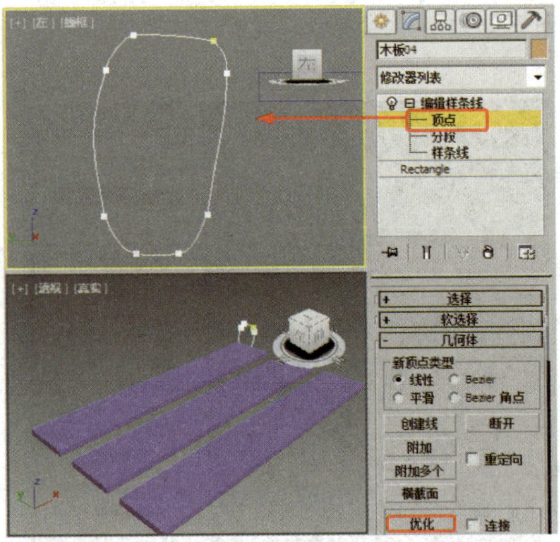

图2-120

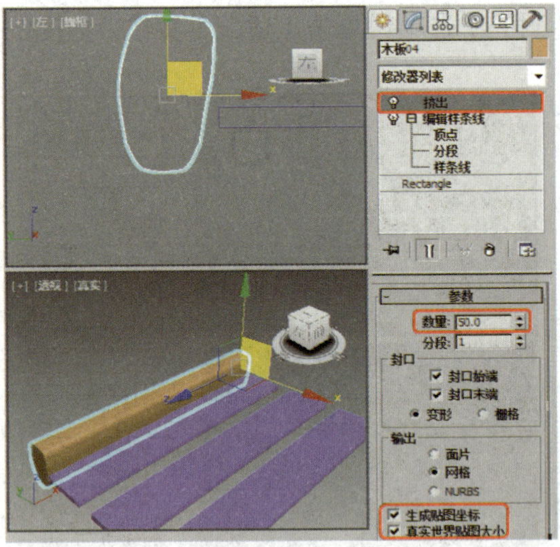

图2-121

Step 7 选择【创建】|【图形】|【矩形】工具，在【左】视图中创建矩形，并命名为【木板05】，在【参数】卷展栏中将【长度】设置为4，【宽度】设置为29，如图2-122所示。

Step 8 切换到【修改】命令面板，在修改器列表中选择【编辑样条线】修改器，将选择集定义为【顶点】，然后调整顶点的位置，调整完成后的效果如图2-123所示。

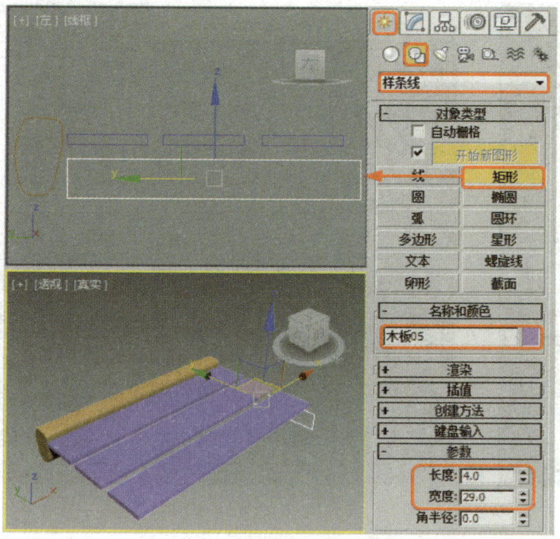

图2-122

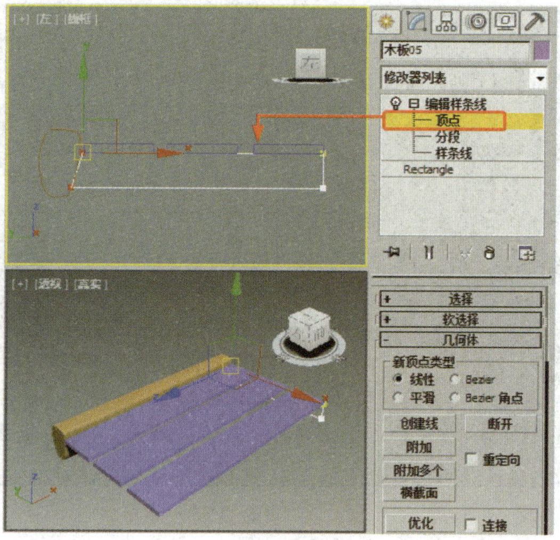

图2-123

Step 9 关闭当前选择集，在视图中调整该对象的位置，在修改器列表中选择【挤出】修改器，在【参数】卷展栏中将【数量】设置为2，勾选【真实世界贴图大小】复选框，如图2-124所示。

Step 10 在修改器列表中选择【UVW贴图】修改器，在【参数】卷展栏中选中【长方体】单选按钮，单击【适配】按钮，如图2-125所示。

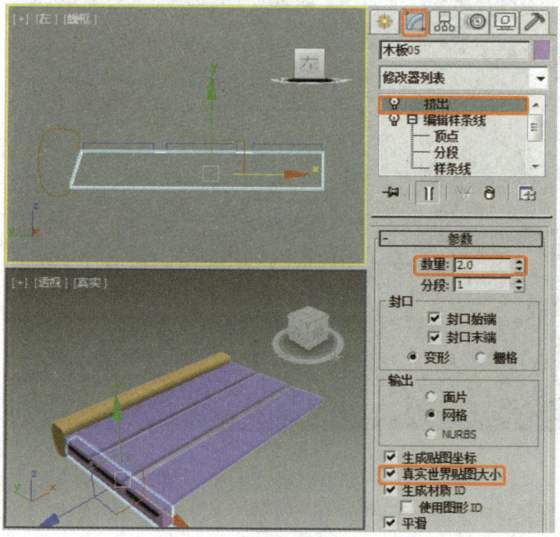

图2-124

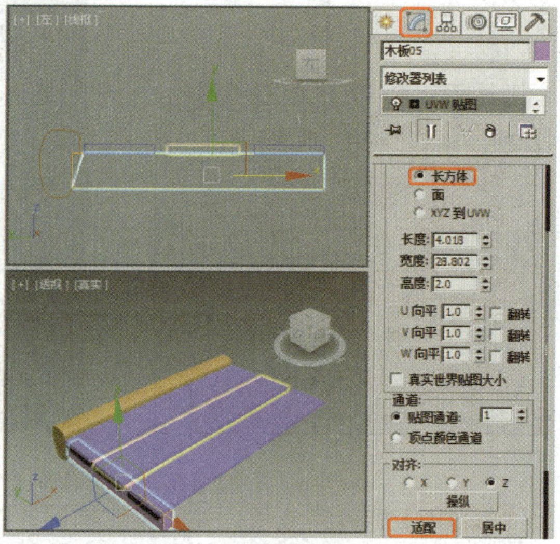

图2-125

Step 11 在【顶】视图中继续选中该对象，按住Shift键沿X轴向右进行拖动，在弹出的对话框中选中【复制】单选按钮，如图2-126所示。

Step 12 设置完成后，单击【确定】按钮，选择【创建】|【图形】|【矩形】工具，在【左】视图中创建矩形，并命名为【木条01】，在【参数】卷展栏中将【长度】设置为50，

【宽度】设置为4，【角半径】设置为1.5，如图2-127所示。

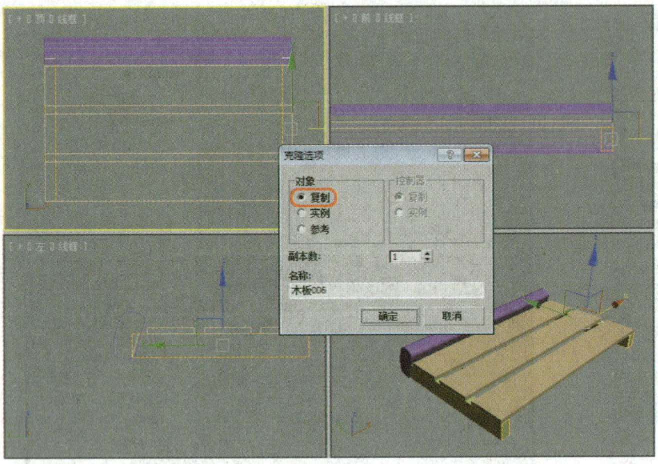

图2-126

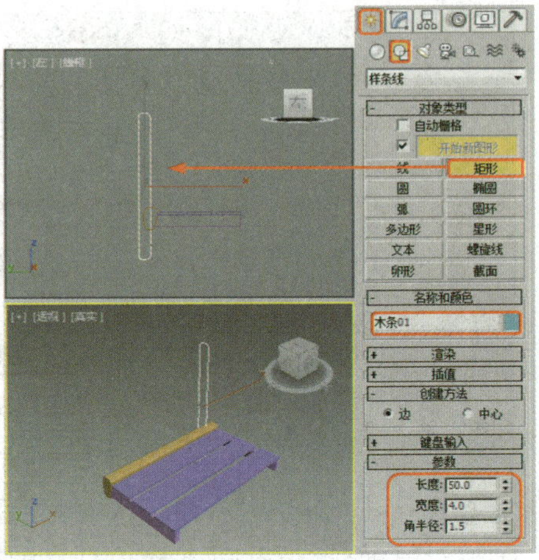

图2-127

Step 13 在工具栏中右击【角度捕捉切换】按钮，在弹出的对话框中将【角度】设置为15度，如图2-128所示。

Step 14 设置完成后，关闭该对话框，在工具栏中单击【角度捕捉切换】按钮，在工具栏中单击【选择并旋转】按钮，选择【木条01】对象，在【左】视图中进行旋转，如图2-129所示。

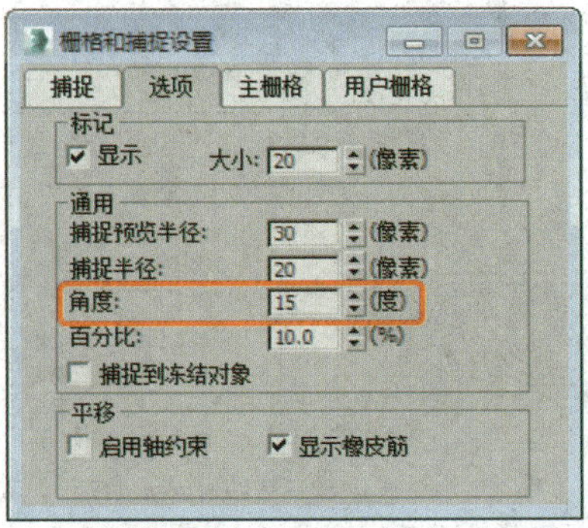

图2-128

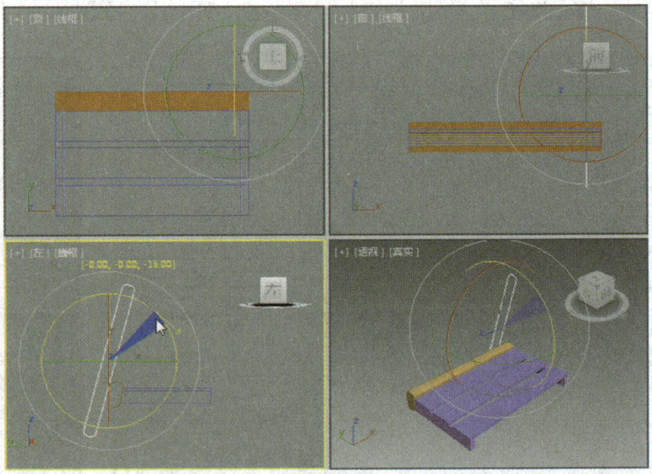

图2-129

Step 15 旋转完成后，关闭角度捕捉，在视图中调整该对象的位置，切换至【修改】命令面板，在修改器列表中选择【挤出】修改器，在【参数】卷展栏中将【数量】设置为2，如图2-130所示。

Step 16 为其添加【UVW贴图】修改器，在【顶】视图中继续选中该对象，按住Shift键沿X轴向右进行拖动，在弹出的对话框中选中【复制】单选按钮，如图2-131所示。

Step 17 单击【确定】按钮，选择【创建】|【图形】|【矩形】工具，在【前】视图中创建矩形，将其命名为【玻璃】，在【参数】卷展栏中将【长度】设置为50，【宽度】设置

为52，如图2-132所示。

Step 18 切换至【修改】命令面板，在修改器列表中选择【编辑样条线】修改器，将当前选择集定义为【顶点】，添加顶点并调整顶点的位置，如图2-133所示。

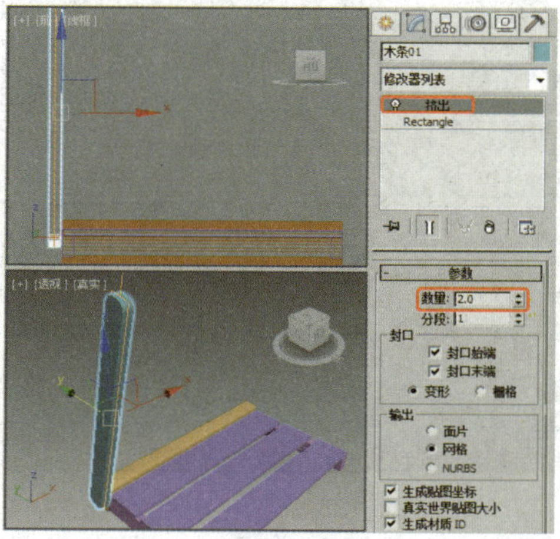

图2-130

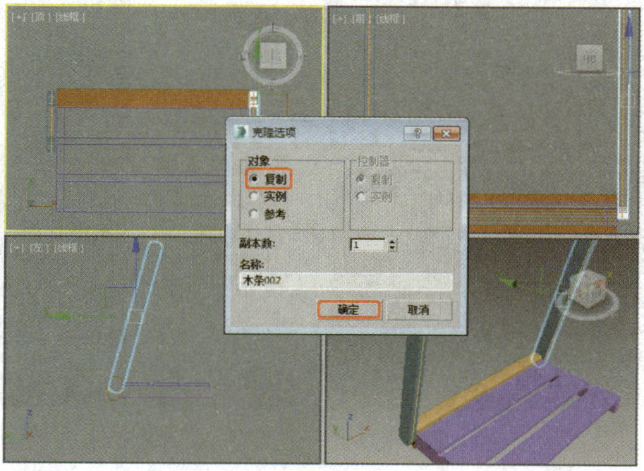

图2-131

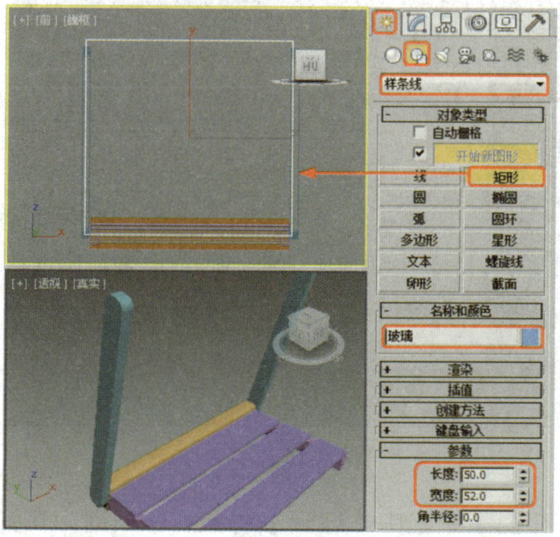

图2-132

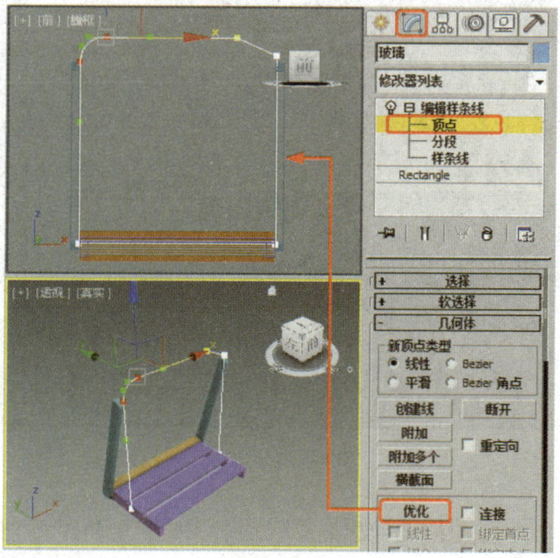

图2-133

Step 19 关闭当前选择集，在修改器列表中选择【挤出】修改器，在【参数】卷展栏中将【数量】设置为0.2，如图2-134所示。

Step 20 打开角度捕捉，在工具栏中单击【选择并旋转】按钮，在【左】视图中进行旋转，如图2-135所示。

Step 21 在视图中调整该对象的位置，并为其添加【UVW贴图】修改器，选择【创建】|【几何体】|【球体】工具，在【左】视图中创建球体，将该模型命名为【螺钉】，将【半径】设置为1.2，将【半球】设置为0.5，如图2-136所示。

Step 22 在视图中调整其位置，并为其添加球形UVW贴图，激活【前】视图并选中该对象，在工具栏中单击【镜像】按钮，在弹出的对话框中将【偏移】设置为54，选中【复制】单选按钮，如图2-137所示。

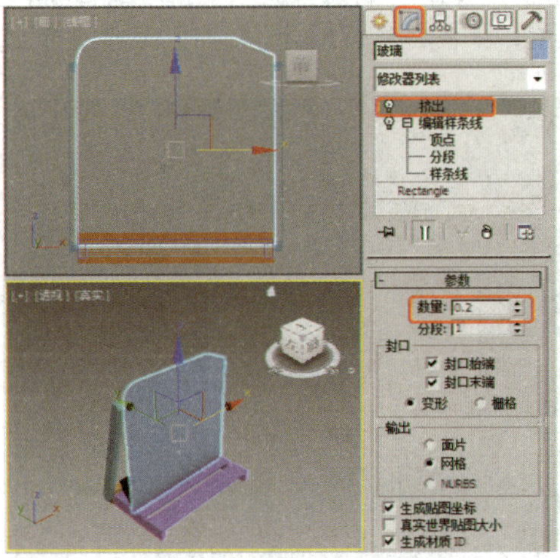

图2-134

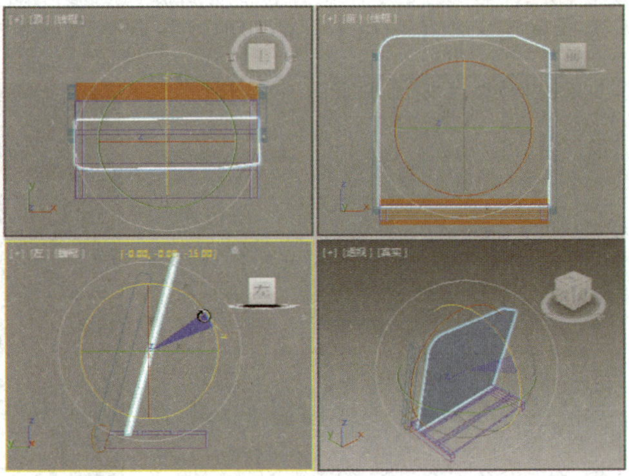

图2-135

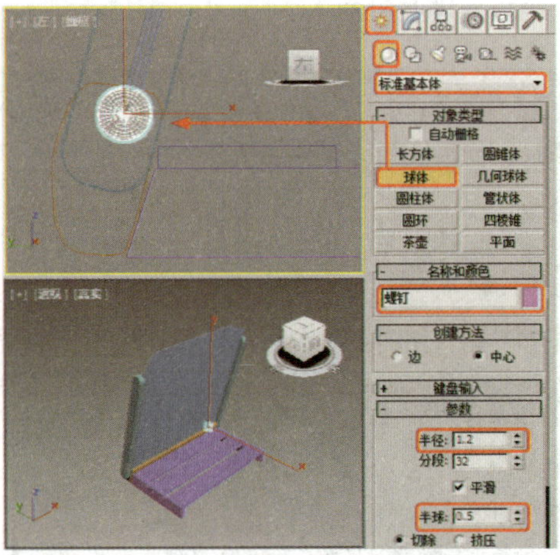

图2-136

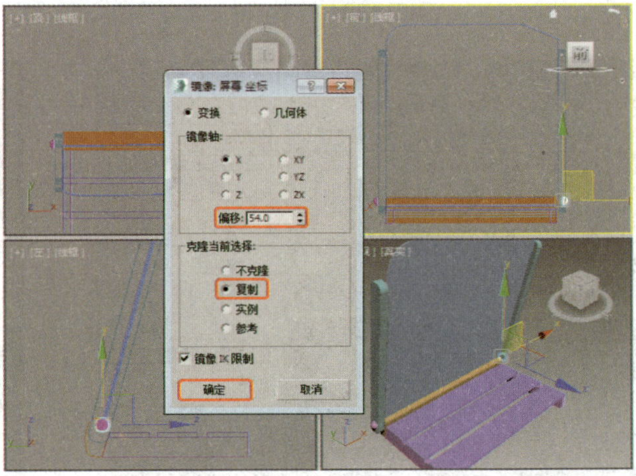

图2-137

Step 23 设置完成后，单击【确定】按钮，在视图中选中【玻璃】对象，按M键，在弹出的对话框中选择一个材质样本球，将其命名为【玻璃】，在【Blinn基本参数】卷展栏中将【环境光】的RGB值设置为215、236、255，将【自发光】设置为61，将【不透明度】设置为40，将【高光级别】和【光泽度】分别设置为128、47，如图2-138所示。

Step 24 设置完成后，单击将【材质指定给选定对象】按钮和【在视口中显示标准贴图】按钮，在视图中选中两个【螺钉】对象，在【材质编辑器】对话框中选择一个材质样本球，为其命名为【螺钉】，在【明暗器基本参数】卷展栏中将明暗器类型设置为【（M）金属】，将【高光级别】和【光泽度】分别设置为61、80，在【贴图】卷展栏中单击【折射】右侧的子材质按钮，在弹出的对话框中双击【位图】选项，在弹出的对话框中选择随书附带光盘中的CDROM\Map\Bxgmap1.jpg贴图文件，单击【打开】按钮，在【坐标】卷展栏中将

【贴图】设置为【收缩包裹环境】，如图2-139所示。

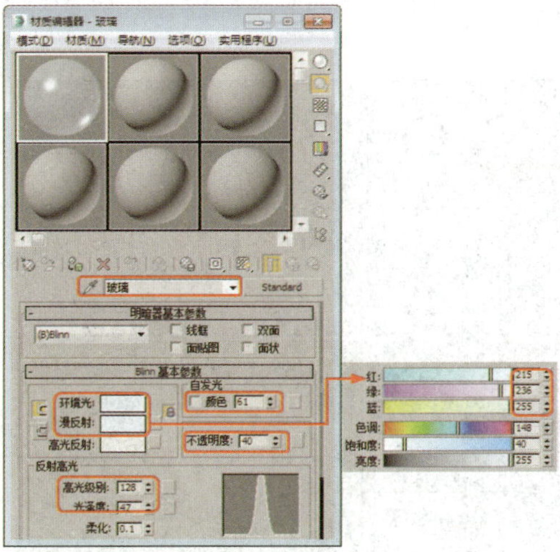

图2-138

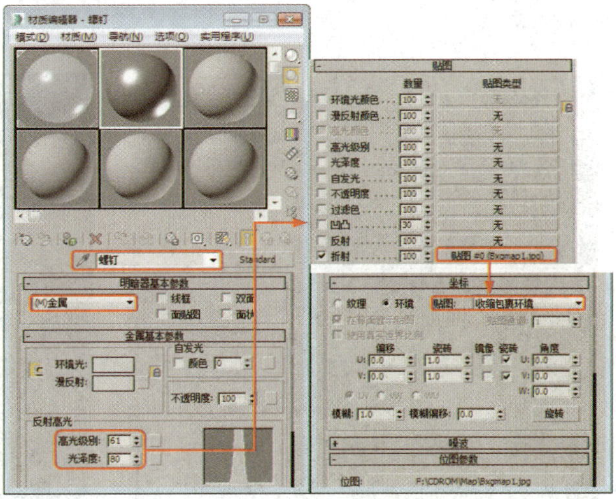

图2-139

Step 25 将材质指定给选定对象，再在视图中选定其他对象，在【材质编辑器】对话框中选择一个材质样本球，将其命名为【木纹】，在【Blinn基本参数】卷展栏中将【自发光】设置为50，在【贴图】卷展栏中单击【漫反射颜色】右侧的子材质按钮，在弹出的对话框中双击【位图】选项，在弹出的对话框中选择随书附带光盘中的CDROM\Map\009.jpg贴图文件，单击【打开】按钮，如图2-140所示。

Step 26 将材质指定给选定对象，选择【创建】|【几何体】|【标准基本体】|【平面】工具，在【顶】视图中创建平面，切换到【修改】命令面板，在【参数】卷展栏中，将【长度】和【宽度】分别设置为3 658、4 478，将【长度分段】、【宽度分段】都设置为1，在视图中调整其位置，如图2-141所示。

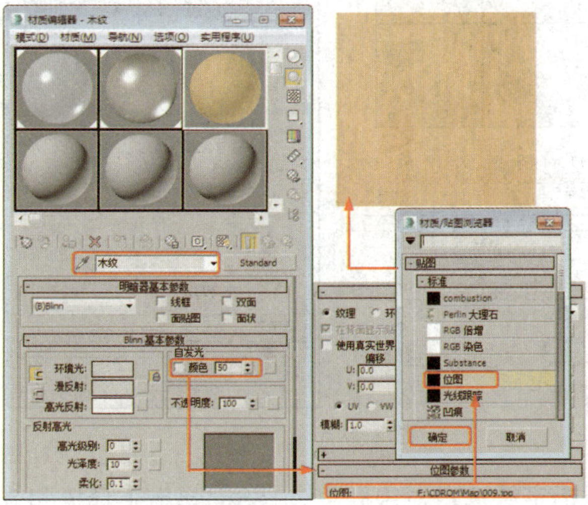

图2-140

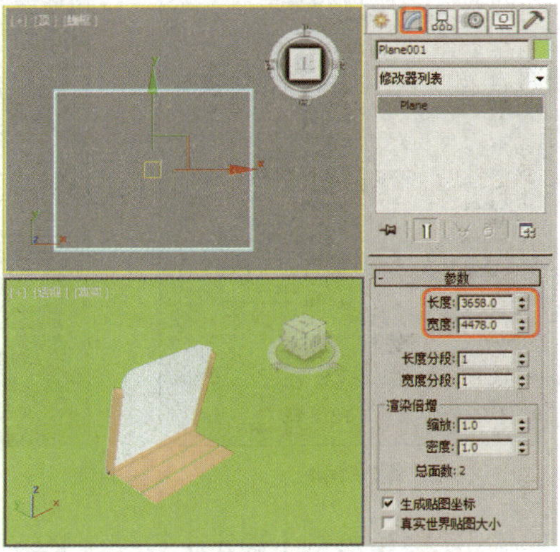

图2-141

Step 27 在修改器下拉列表中选择【壳】修改器，使用其默认参数即可，如图2-142所示。

Step 28 继续选中该对象并右击，在弹出的快捷菜单中选择【对象属性】命令，如图2-143所示。

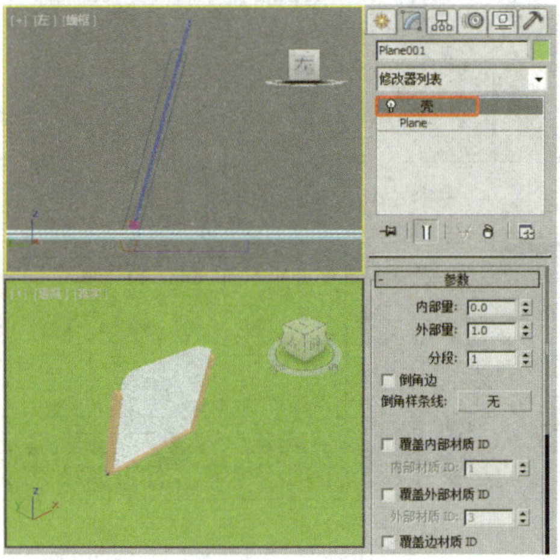

图2-142

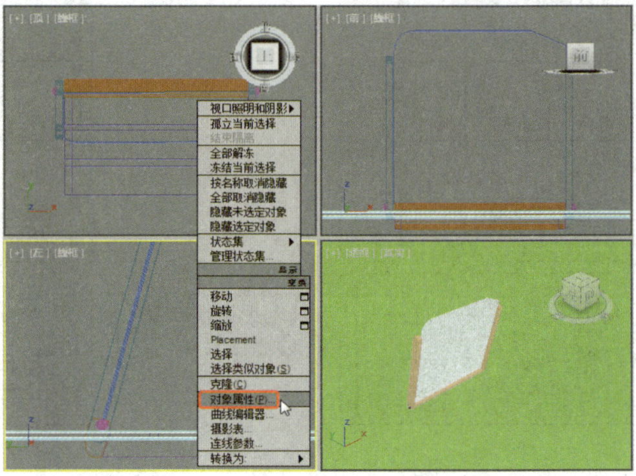

图2-143

Step 29 执行该操作后，将会打开【对象属性】对话框，在弹出的对话框中选中【透明】复选框，单击【确定】按钮，如图2-144所示。

Step 30 继续选中该对象，按M键打开【材质编辑器】对话框，在该对话框中选择一个材质样本球，将其命名为【地面】，单击Standard按钮，在弹出的对话框中选择【无光/投影】选项，如图2-145所示。

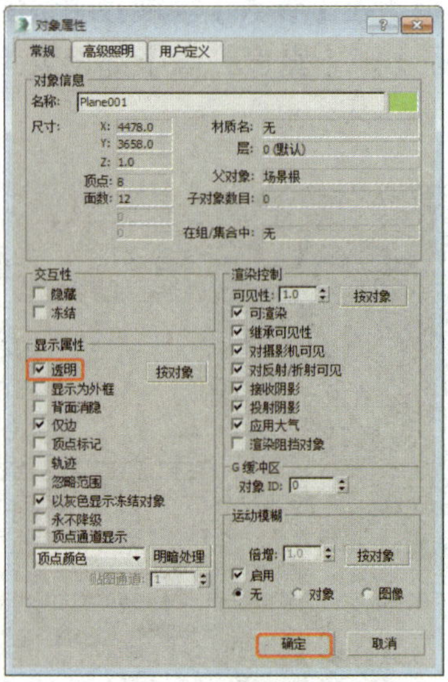

图2-144

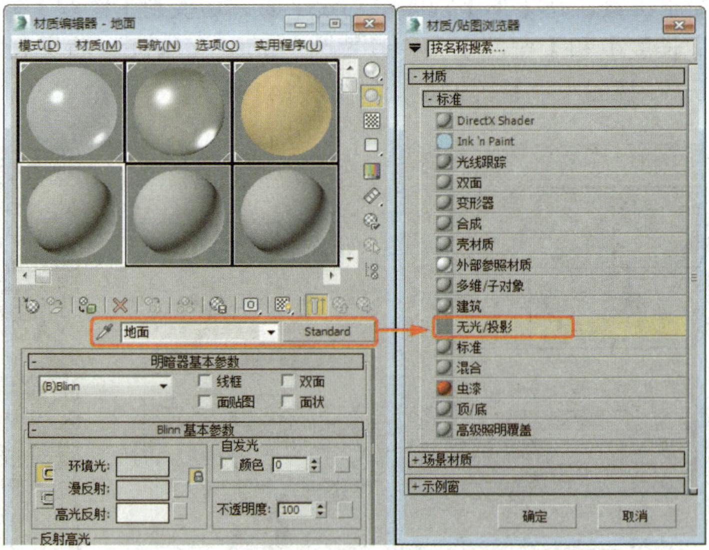

图2-145

Step 31 单击【确定】按钮，将该材质指定给选定对象即可，按8键弹出【环境和效果】对话框，在【公用参数】卷展栏中单击【无】按钮，在弹出的【材质/贴图浏览器】对话框中双击【位图】贴图，再在弹出的对话框中打开随书附带光盘中的【茶几.jpg】素材文件，如图2-146所示。

Step 32 在【环境和效果】对话框中将环境贴图拖动至新的材质样本球上，在弹出的【实例（副本）贴图】对话框中选中【实例】单选按钮，单击【确定】按钮，如图2-147所示。

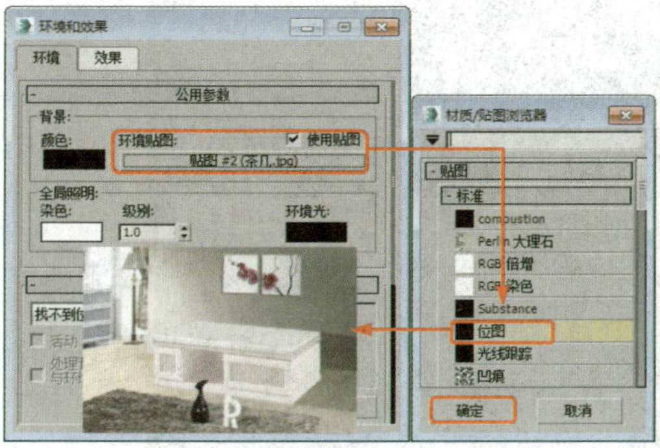

图2-146

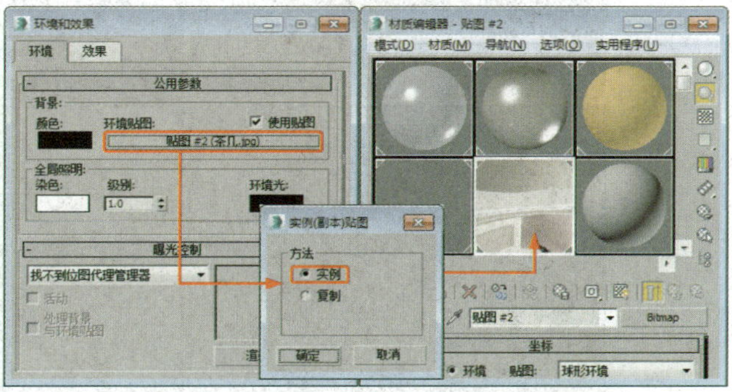

图2-147

Step 33 在【坐标】卷展栏中，将贴图设置为【屏幕】，激活【透视】视图，按Alt+B组合键，在弹出的对话框中选中【使用环境背景】单选按钮，如图2-148所示。

Step 34 设置完成后，单击【确定】按钮，选择【创建】|【摄影机】|【目标】工具，在视图中创建摄影机，激活【透视】视图，按C键将其转换为【摄影机】视图，在其他视图中调整摄影机位置，效果如图2-149所示。

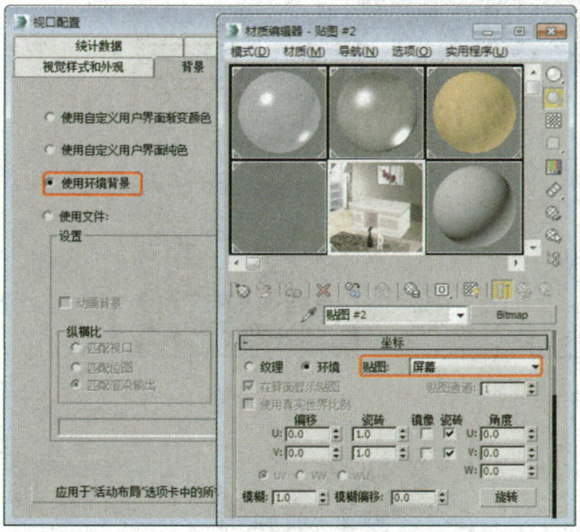

图2-148

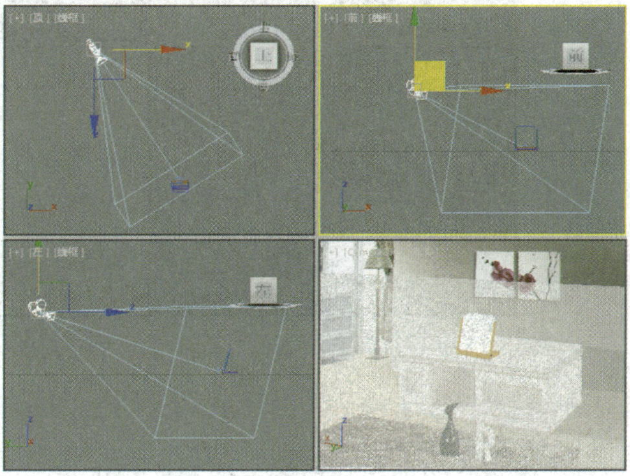

图2-149

Step 35 选择【创建】|【灯光】|【标准】|【泛光】工具，在【顶】视图中创建泛光灯，并在其他视图中调整灯光的位置，切换至【修改】命令面板，在【强度/颜色/衰减】卷展栏中将【倍增】设置为0.35，如图2-150所示。

Step 36 选择【创建】|【灯光】|【标准】|【天光】工具，在【顶】视图中创建天光，切换到【修改】命令面板，在【天光参数】卷展栏中勾选【投射阴影】复选框，如图

2-151所示，至此，梳妆镜就制作完成了，对完成后的场景进行渲染保存即可。

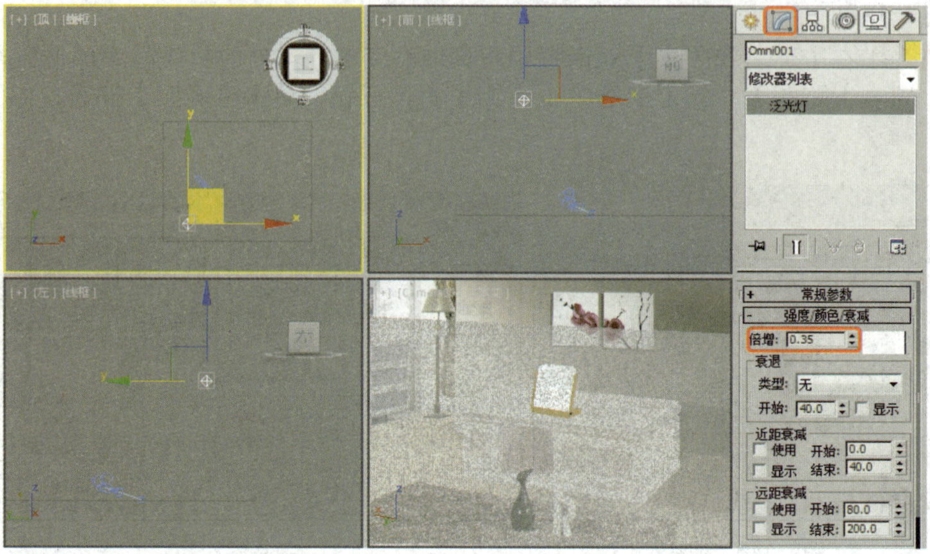

图2-150

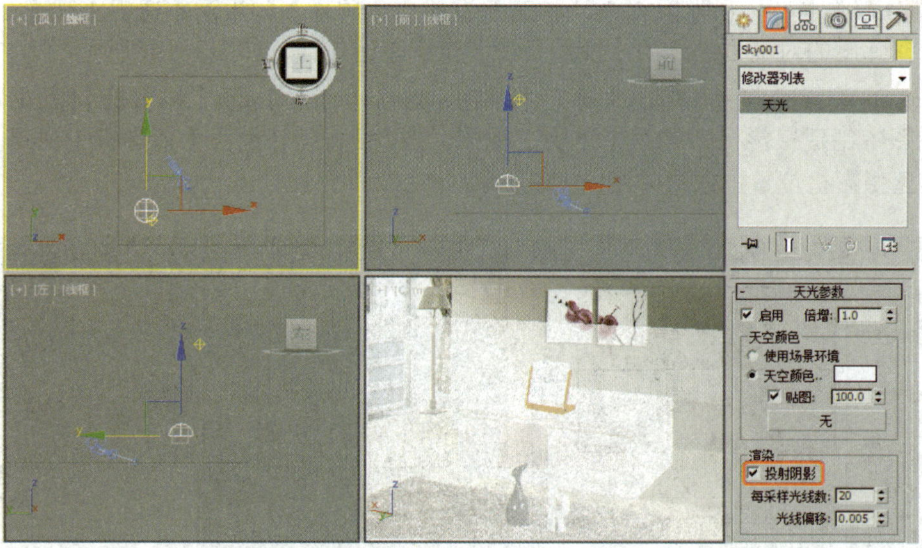

图2-151

2.3.2 制作垃圾箱

本例将介绍使用切角长方体制作垃圾箱。首先使用【切角长方体】工具创建垃圾桶的主体，然后使用【线】工具绘制垃圾桶的顶盖轮廓，最后将【线】设置【轮廓】、【挤出】并添加【编辑多边形】修改器，通过设置【挤出】和【多边形】调整出顶盖模型。创建一个切角长方体，通过【布尔】工具创建垃圾桶的洞口。最后为垃圾桶设置材质并进行场景合并。完成后的效果

图2-152

如图2-152所示。

Step 1 激活【顶】视图，选择【创建】 |【几何体】 |【扩展基本体】|【切角长方体】工具，在【顶】视图中创建一个切角长方体，将其命名为【垃圾箱】，在【参数】卷展栏中将【长度】、【宽度】、【高度】、【圆角】的值分别设置为350、204、711、20，如图2-153所示。

Step 2 选择【创建】 |【图形】 |【线】工具，将【捕捉开关】按钮 打开，然后右击【捕捉开关】按钮 ，在弹出的对话框中选中【顶点】复选框，在【顶】视图中，通过捕捉顶点沿逆时针方向绘制如图2-154所示的闭合轮廓线。

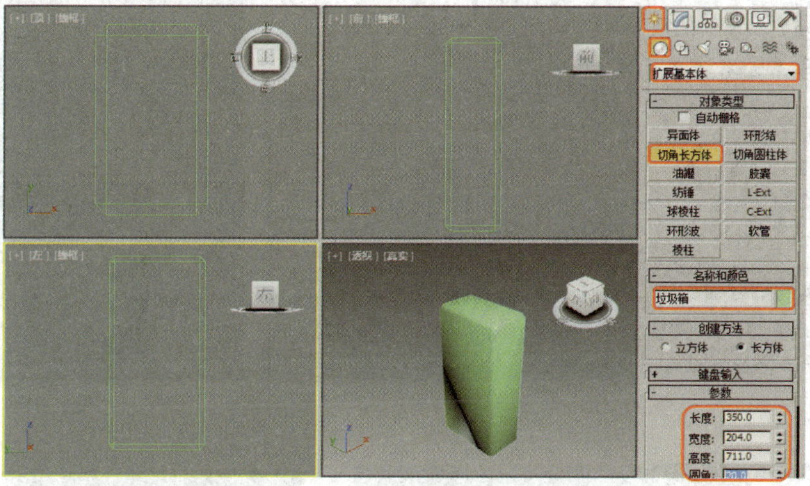

图2-153

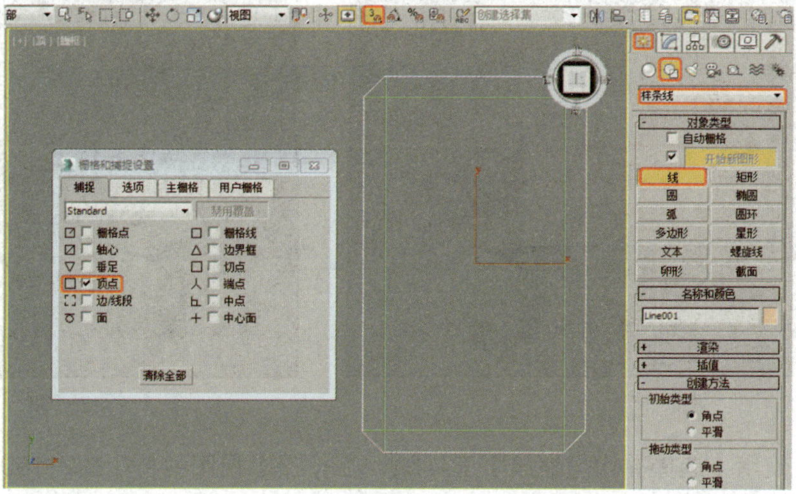

图2-154

Step 3 切换至【修改】命令面板，将当前选择集定义为【样条线】，在【几何体】卷展栏中，将【轮廓】的数值设置为-20，然后按Enter键确定，如图2-155所示。

Step 4 退出当前选择集，在修改器列表中添加【挤出】修改器，在【参数】卷展栏中，将【数量】设置为40，如图2-156所示。

Step 5 将【捕捉开关】按钮关闭，激活【前】视图，在场景中选择【Line001】对象，使用【选择并移动】工具，配合Shift键，将其向下移动复制，在弹出的【克隆选项】对话框中选择【对象】选项组的【复制】单选按钮，将【副本数】设置为1，最后单击【确定】按钮，调整复制得到的模型位置，如图2-157所示。

Step 6 选中【Line001】对象，为其添加【编辑多边形】，然后将当前选择集定义为【多边形】，选择如图2-158所示的多边形，在【编辑多边形】卷展栏中，单击【挤出】右侧的【设置】按钮，在弹出的对话框中，将【挤出高度】设置为10.0，如图2-158所示。

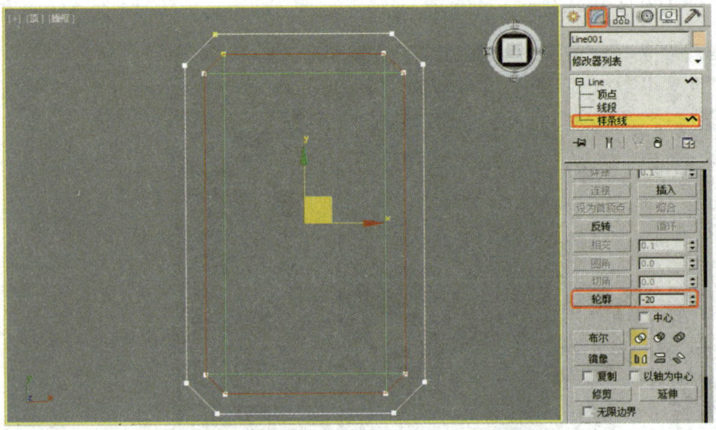
图2-155

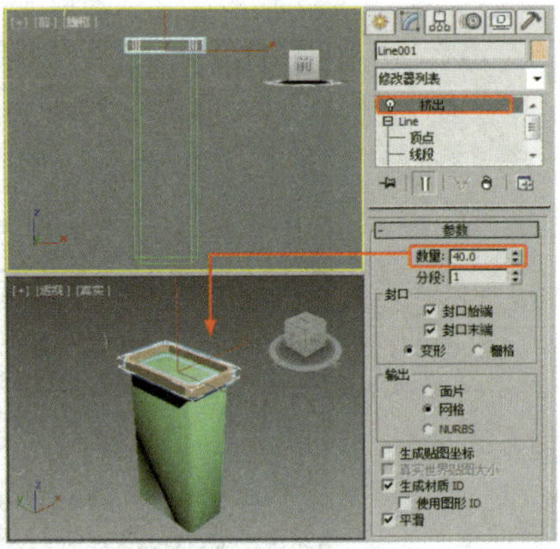
图2-156

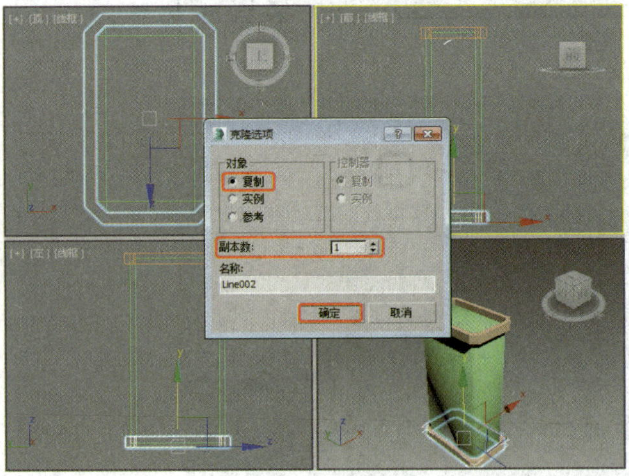
图2-157

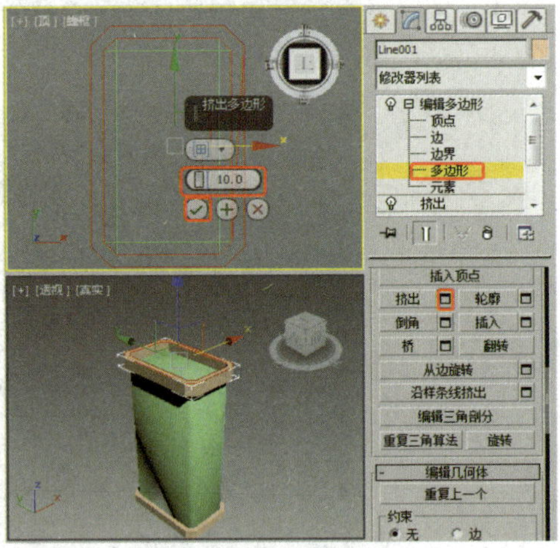
图2-158

Step 7 使用【选择并均匀缩放】工具，在【顶】视图中将如图2-159所示的多边形进行适当缩放。

Step 8 使用【选择并移动】工具，在【前】视图中，向下调整多边形的位置，如图2-160所示。

Step 9 选择【创建】|【几何体】|【扩展基本体】|【切角长方体】工具，在【左】视图中创建一个切角长方体，在【参数】卷展栏中将【长度】、【宽度】、【高

度】、【圆角】的值分别设置为150、220、30、5，然后调整其位置，如图2-161所示。

Step 10 选中【垃圾箱】对象，选择【创建】|【几何体】|【复合对象】|【布尔】工具，在【拾取布尔】卷展栏中，单击【拾取操作对象B】按钮，然后选择创建的切角长方体对象，如图2-162所示。

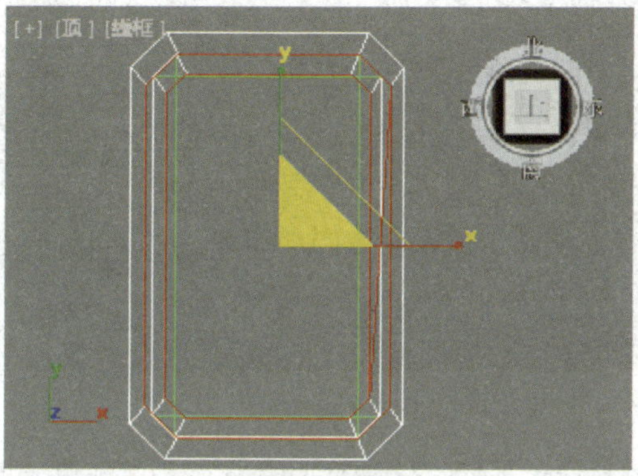

图2-159

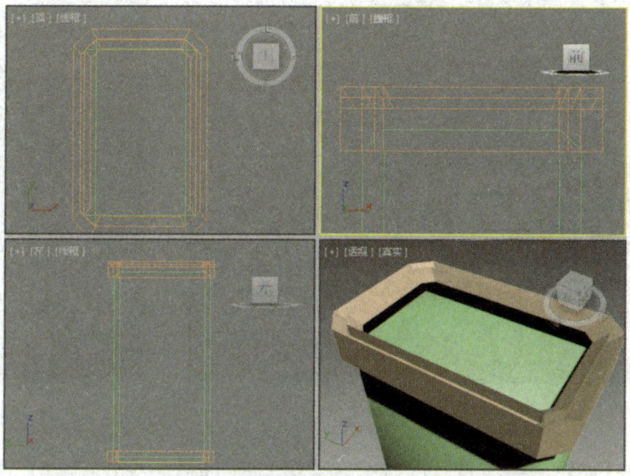

图2-160

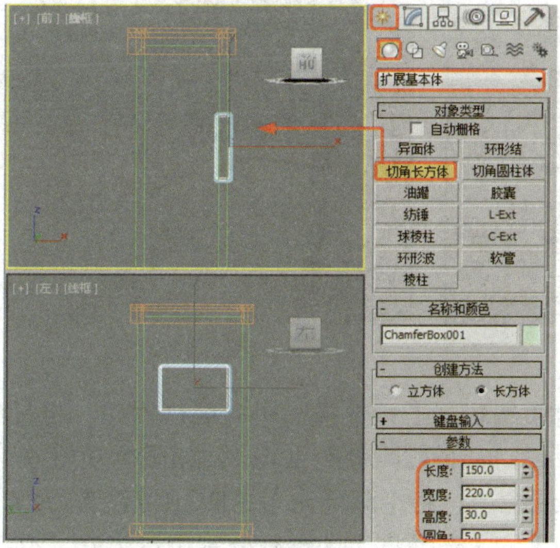

图2-161

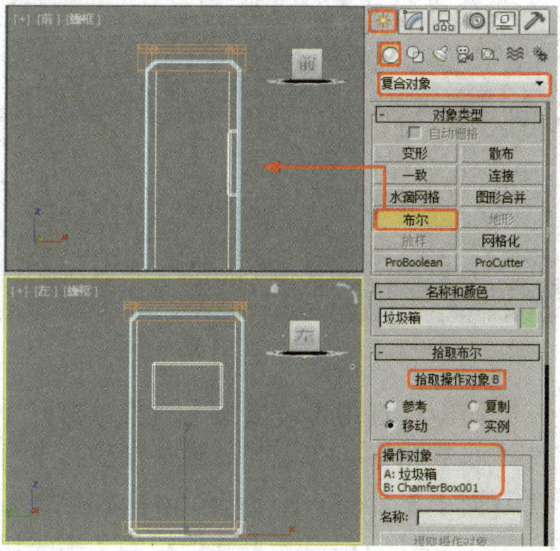

图2-162

Step 11 选择【垃圾箱】对象，切换至【修改】命令面板，为其添加【编辑多边形】修改器，将当前选择集定义为【多边形】，在【右】视图中选择如图2-163所示的多边形，按Delete键将其删除。

Step 12 将选择集关闭，选择【创建】|【图形】|【线】工具，将【捕捉开关】按钮打开，然后在【右】视图中，通过捕捉顶点沿逆时针方向绘制如图2-164所示的闭合轮廓线。

Step 13 切换至【修改】命令面板，将当前选择集定义为【样条线】，在【几何体】卷展栏中，将【轮廓】的数值设置为8，然后按Enter键确定，如图2-165所示。

Step 14 关闭选择集，为其添加【挤出】修改器，在【参数】卷展栏中，将【数量】设置为30，调整至合适的位置，如图2-166所示。

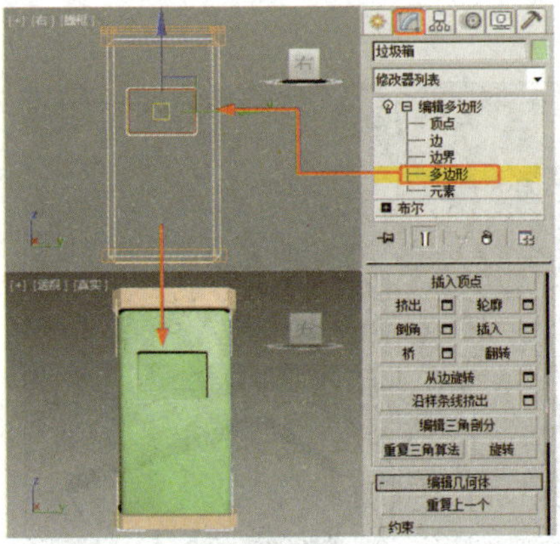

图2-163

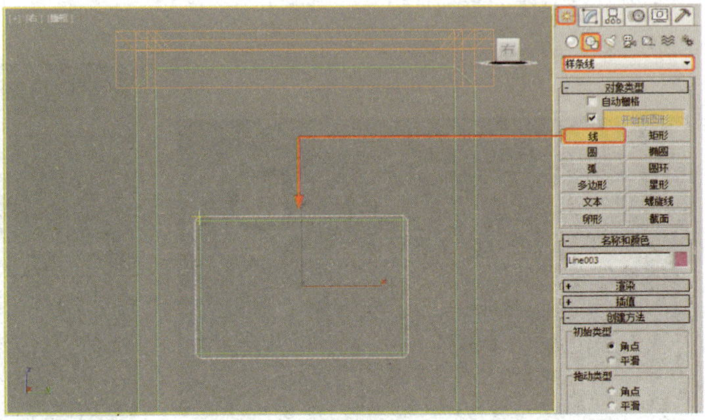

图2-164

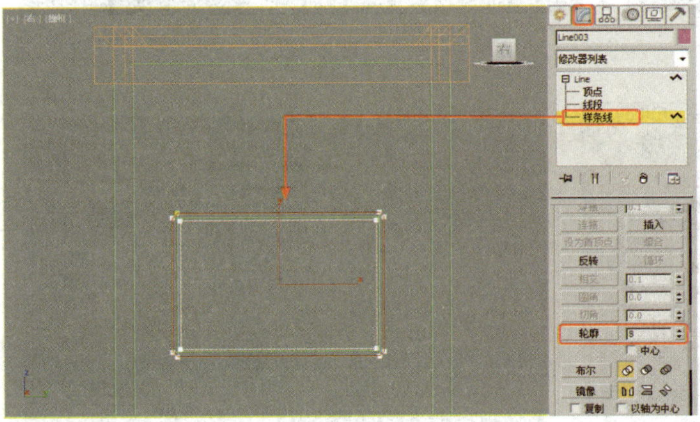

图2-165

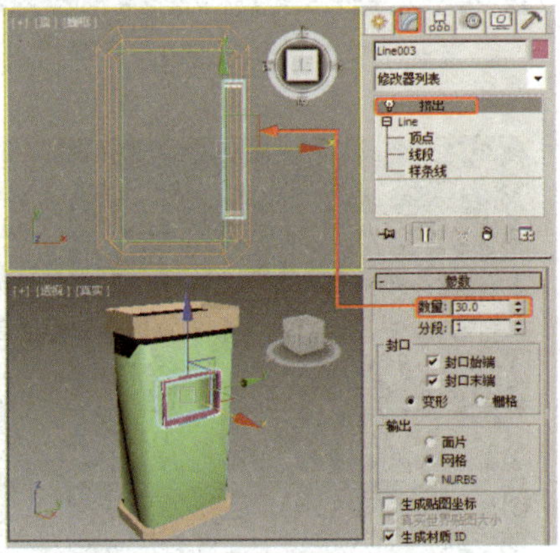

图2-166

Step 15 选中【垃圾桶】对象，打开【材质编辑器】，选择一个材质样本球，将其命名为【垃圾箱】。在【明暗器基本参数】卷展栏中，将明暗器类型设置为【Phong】并勾选【双面】复选框。在【Phong基本参数】卷展栏中，将【环境光】的RGB值设置为17、17、17，将【反射高光】选项组的【高光级别】和【光泽度】的参数分别设置为80、40。在【贴图】卷展栏中单击【漫反射颜色】通道右侧的【无】按钮，在弹出的【材质/贴图浏览器】对话框中选择【噪波】贴图，单击【确定】按钮。进入【漫反射颜色】通道后，在【坐标】卷展栏中，将【模糊】设置为1.21，将【模糊偏移】设置为5.2，在【噪波参数】卷展栏将【噪波类型】设置为【湍流】，【大小】设置为1.0，如图2-167所示。然后单击【将材质指定给选定对象】按钮，将设置好的材质指定给场景中的对象。

Step 16 按Ctrl+I组合键，反选场景中的对象。选择一个新的材质样本球，将其命名为【金属】。在【明暗器基本参数】卷展栏中，将明暗器类型设置为【金属】。在【金属基本参数】卷展栏中，将【环境光】的RGB值设置为64、64、64，将【漫反射】的RGB值设置为255、255、255，将【反射高光】选项组的【高光级别】和【光泽度】的参数分别设置为80、80，如图2-168所示。

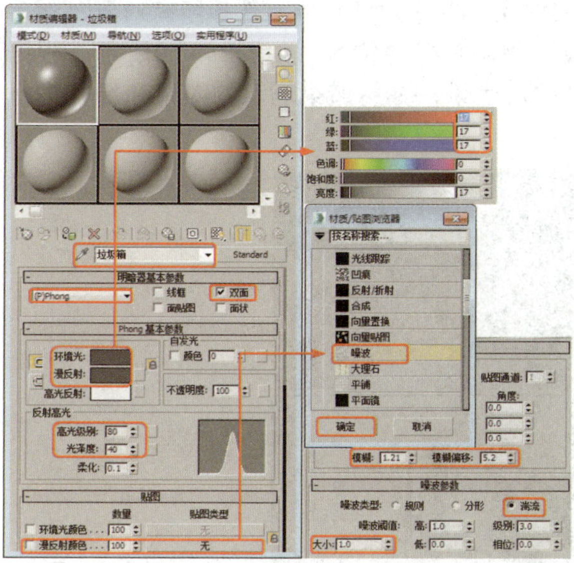

图2-167

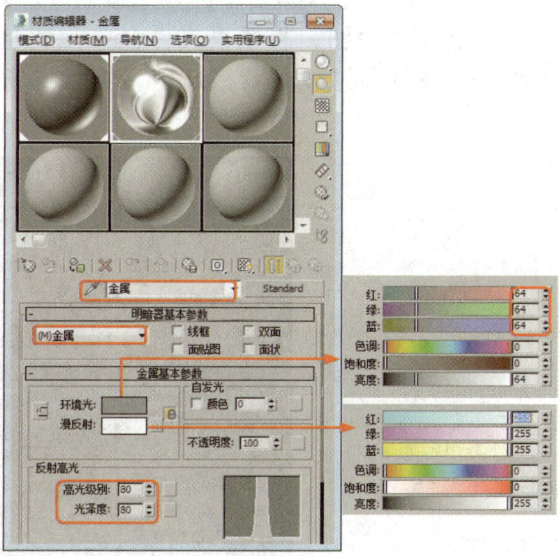

图2-168

Step 17 在【贴图】卷展栏中单击【反射】通道右侧的【无】按钮，在弹出的【材质/贴图浏览器】对话框中选择【位图】贴图，单击【确定】按钮，在打开的对话框中选择随书附带光盘中的CDROM\Map\Chromic.JPG文件，单击【打开】按钮。进入【漫反射颜色】通道后，在【坐标】卷展栏将【瓷砖】的U、V值设置为0.8、0.2，在【位图参数】卷展栏中，将【裁剪/放置】中的W值设置为0.481，勾选【应用】复选框，如图2-169所示。然后单击【将材质指定给选定对象】按钮，将设置好的材质指定给场景中的对象。

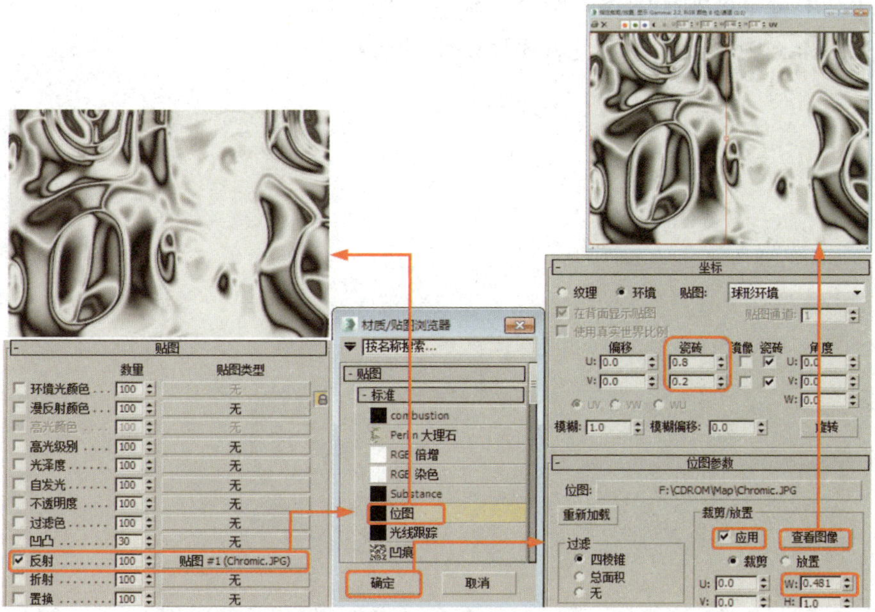

图2-169

Step 18 保存场景文件。打开随书附带光盘中的CDROM\场景\Cha02\使用切角长方体制作垃圾箱.max文件，单击按钮，选择【导入】|【合并】命令，选择保存的场景文件，在弹出的对话框中，单击【打开】按钮。在弹出的【合并】对话框中，选择所有对象，然后单击【确定】按钮，将场景文件合并，调整模型和摄影机的位置，如图2-170所示。根据上面介绍过的方法设置背景环境，然后将场景进行渲染，并将渲染满意的效果和场景进行存储。

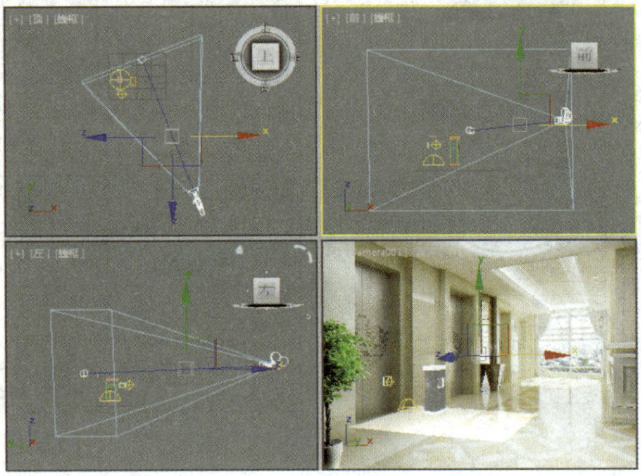

图2-170

2.4 思考与练习

1. 什么面板是其中最复杂的一个命令面板?
2. 用什么工具可以制作圆锥、圆台、棱锥、棱台?
3. 在3ds Max 中可以创建哪几种不同类型的楼梯?

第3章

二维图形的创建与编辑

本章导读：

基础知识	◈ 常用修改器 ◈ 修改面板的结构
重点知识	◈ 二维图形的绘制 ◈ 二维图形的编辑

二维图形是指由一条或多条样条线构成的平面图形，或由两个及两个以上节点构成的线段所组成的组合体。二维图形建模是三维造型的一个重要基础，本章将详细为大家介绍二维图形的创建与编辑。

3.1 二维图形的创建

二维对象的创建是通过【创建】|【图形】面板下的选项实现的，如图3-1所示。大多数的曲线类型都有共同的设置参数，如图3-2所示，下面对这些参数进行介绍。

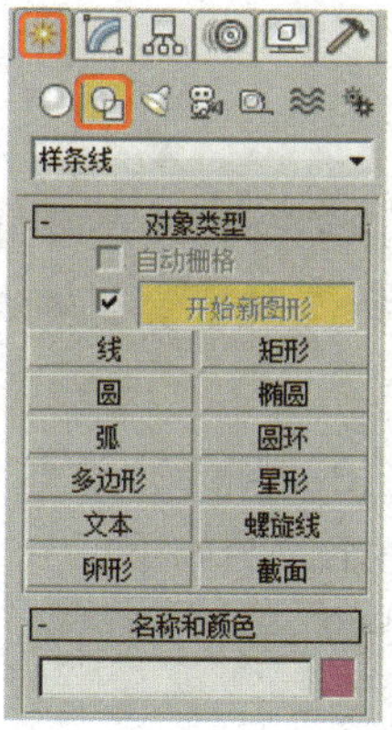

图3-1

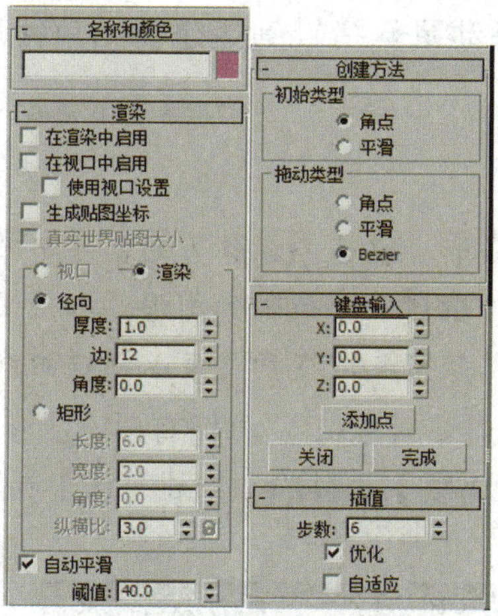

图3-2

【渲染】卷展栏：用来设置曲线的可渲染属性。

- 【在渲染中启用】：选中此复选框，可以在视图中显示渲染网格的厚度。
- 【在视口中启用】：选中该复选框，可以使设置的图形作为3D网格显示在视口中（该选项对渲染不产生影响）。
- 【使用视口设置】：控制图形按视口设置进行显示。
- 【生成贴图坐标】：对曲线指定贴图坐标。

- 【视口】：基于视图中的显示来调节参数（该单选按钮对渲染不产生影响）。当【在渲染中启用】和【使用视口设置】两个复选框被选中时，该单选按钮可以被选中。
- 【渲染】：基于渲染器来调节参数，当选中【渲染】单选按钮时，图形可以根据【厚度】参数值来渲染图形。
- 【厚度】：设置曲线渲染时的粗细大小。
- 【边】：设置可渲染样条曲线的边数。
- 【角度】：调节横截面的旋转角度。

【插值】卷展栏：用来设置曲线的光滑程度。

- 【步数】：设置两顶点之间由多少个直线片段构成曲线，值越高，曲线越光滑。
- 【优化】：自动检查曲线上多余的【步数】片段。
- 【自适应】：自动设置【步数】数值，以产生光滑的曲线，直线的【步数】设置为0。

【键盘输入】卷展栏：使用键盘方式建立，只要输入所需要的坐标值、角度值以及参数值即可，不同的工具会有不同的参数输入方式。

另外，除了【文本】、【截面】和【星形】工具之外，其他的创建工具都有一个【创建方法】卷展栏，该卷展栏中的参数需要在创建对象之前选择，这些参数一般用来确定是以边缘作为起点创建对象，还是以中心作为起点创建对象。

3.1.1 创建线

使用【线】工具可以绘制任意形状的封闭或开放型曲线（包括直线），如图3-3所示。

Step 1 选择【创建】|【图形】|【样条线】|【线】工具，在视图中单击确定线条的第一个节点。

Step 2 移动鼠标指针到达想要结束线段的位置单击创建一个节点，再右击结束直线段的创建。

提示：

在绘制线条时，当线条的终点与第一个节点重合时，系统会提示是否封闭图形，单击【是】按钮即可创建一个封闭的图形；如果单击【否】按钮，则继续创建线条。在创建线条时，通过按住鼠标左键拖动，可以创建曲线。

在命令面板中，【线】工具拥有自己的参数设置，如图3-4所示。这些参数需要在创建线条之前设置，【线】工具的【创建方法】卷展栏中各项功能说明如下。

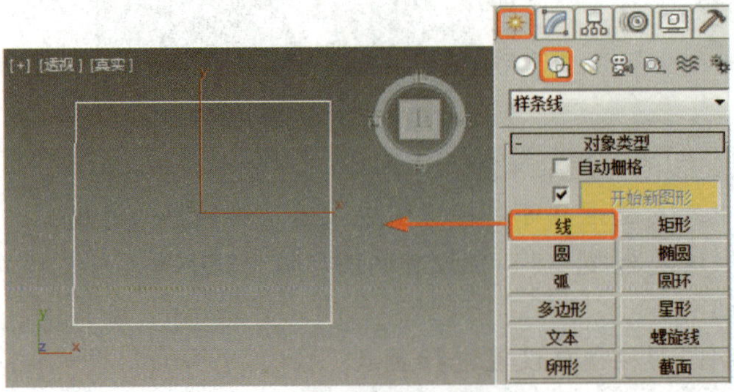

图3-3

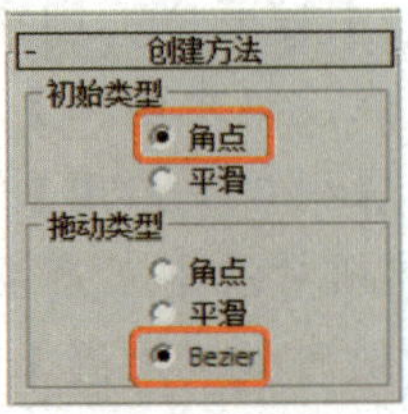

图3-4

- 【初始类型】：设置单击后拖动出的曲线类型，包括【角点】和【平滑】两种，可以绘制出直线和曲线。
- 【拖动类型】：设置单击并拖动鼠标指针时引出的曲线类型，包括【角点】、【平滑】和【Bezier】3种，贝赛尔曲线是最优秀的曲度调节方式，通过两个手控柄来调节曲线的弯曲。

3.1.2 【上机操作】——创建线

场景：CDROM\场景\Cha03\001.max

完成场景：CDROM\场景\Cha03\001OK.max

视频：视频教学\Cha03\创建线.avi

【线】工具是用来绘制开放或是封闭型的曲线，它还可以创建多个分段组成的自由形式样条线。

Step 1 按住Ctrl+O组合键，打开随书附带光盘中的CDROM\场景\Cha03\001.max，如图3-5所示。

Step 2 选择【创建】|【图形】|【样条线】|【线】工具，在【左】视图中绘制两个样条线，如图3-6所示。

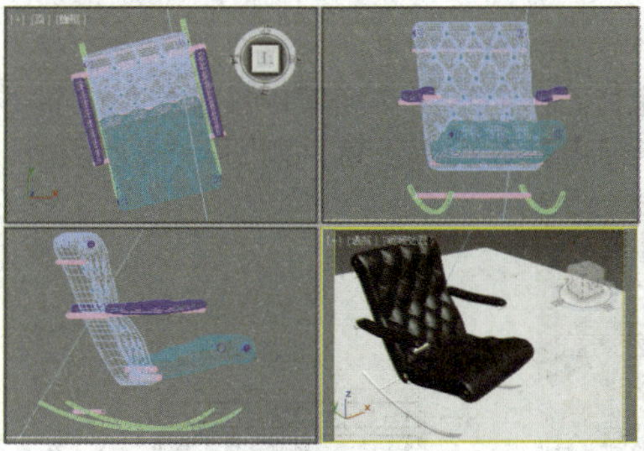

图3-5

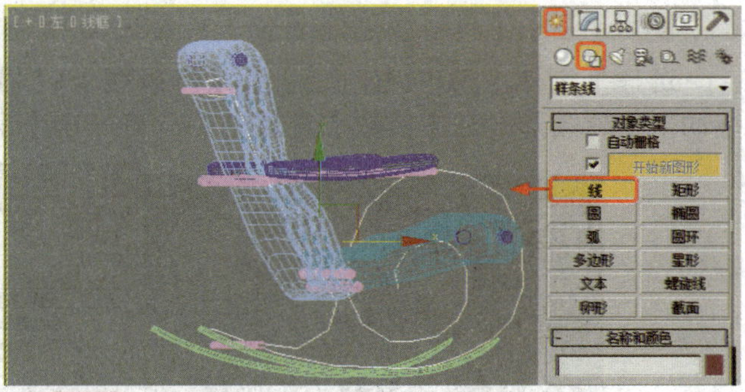

图3-6

Step 3 在左视图中适当调节顶点的位置，如图3-7所示。

Step 4 切换到【修改】面板，在【渲染】卷展栏中勾选【在渲染中启用】和【在视口中启用】复选框，将【径向】选项组中【厚度】设置为6，【边】设置为12，第二个样条线同第一个样条线方法一样，效果如图3-8所示。

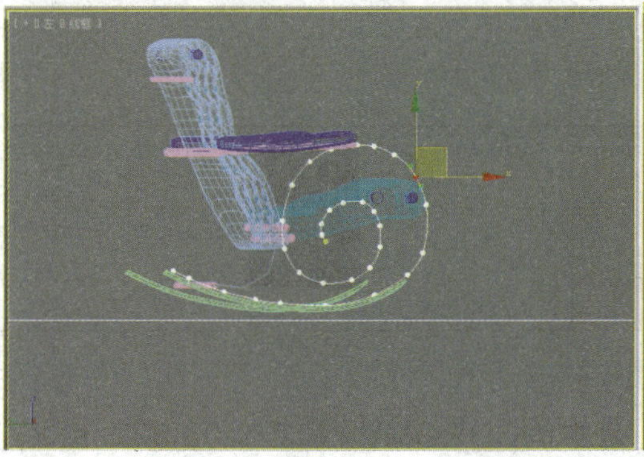

图3-7

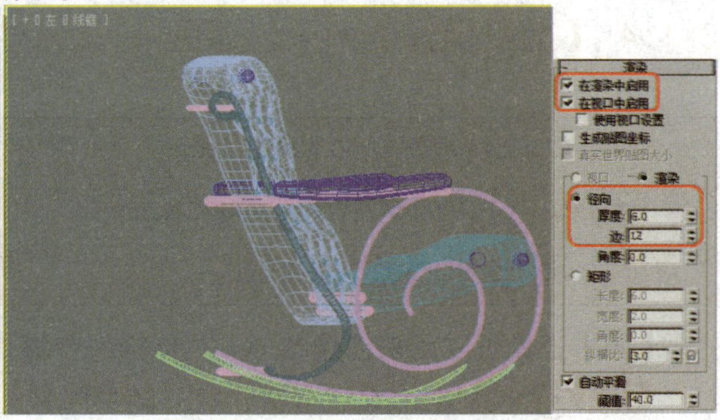

图3-8

Step 5 设置完成后，在【顶】视图中选择刚刚绘制的两个样条线，按住Shift键单击鼠标左键向右拖动，对其进行复制，并在视图中调整其位置，如图3-9所示。

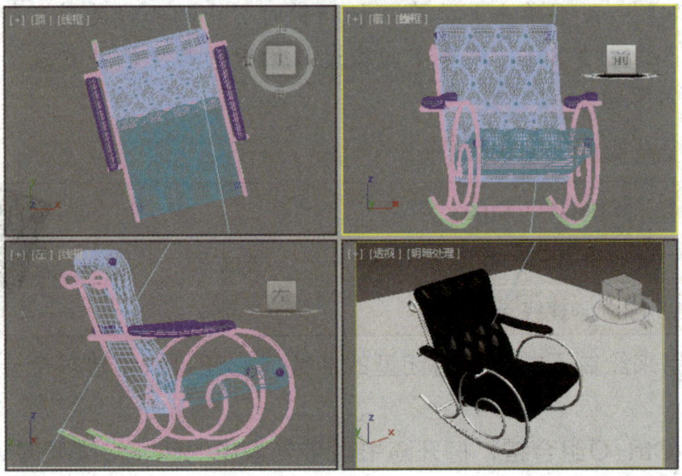

图3-9

3.1.3 创建圆

使用【圆】工具可以创建圆形，如图3-10所示。

选择【创建】|【图形】|【样条线】|【圆】工具，然后在场景中按住鼠标左键并拖动来创建圆形。在【参数】卷展栏中只有一个【半径】参数可以设置，如图3-11所示。

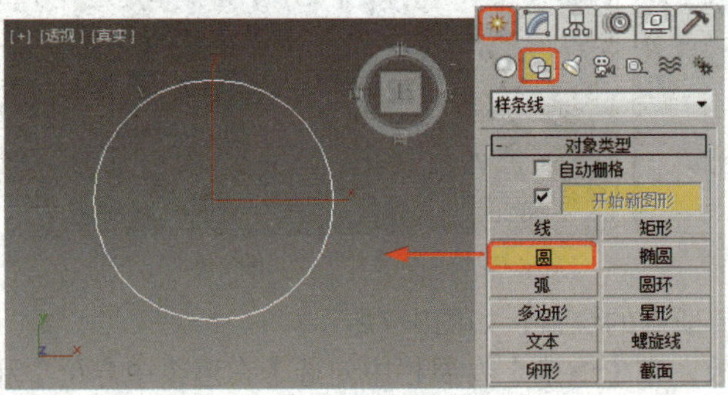

图3-10

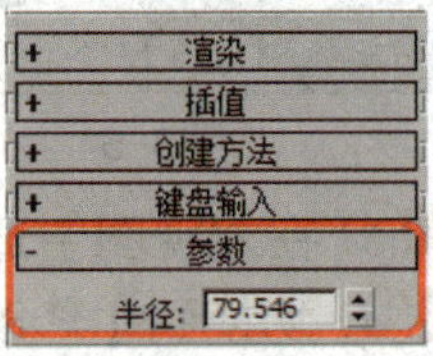

图3-11

3.1.4 【上机操作】——创建圆

场景：CDROM\场景\Cha03\002.max

完成场景：CDROM\场景\Cha03\002OK.max

视频：视频教学\Cha03\创建圆.avi

【圆】工具可以用来创建圆形。具体操作步骤如下：

Step 1 按住Ctrl+O组合键，打开随书附带光盘中的CDROM\场景\Cha03\002.max，如图3-12所示。

Step 2 打开后，选择【创建】|【图形】|【样条线】|【圆】工具，在【左】视图中单击鼠标左键并拖动，单击鼠标右键完成圆的创建，如图3-13所示。

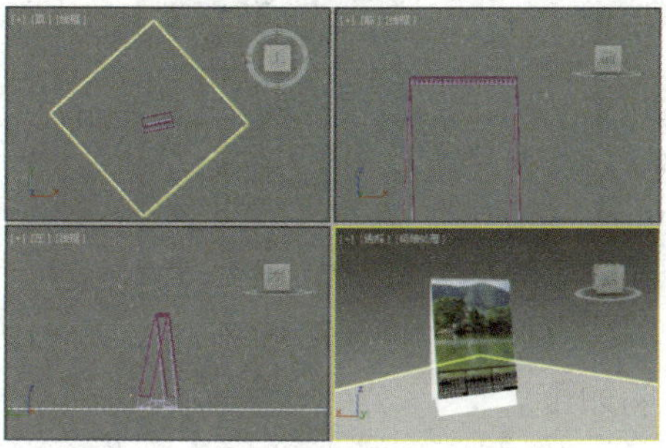
图3-12

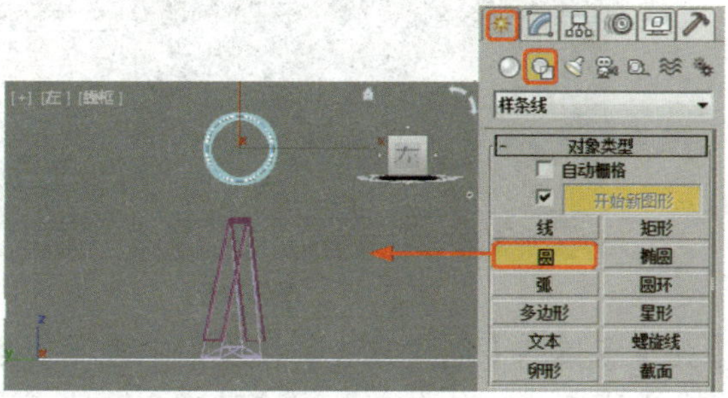

图3-13

Step 3 完成对象的创建后，将圆移动到合适的位置，单击【修改】|按钮，进入【修改】命令面板，在【渲染】卷展栏中勾选【在渲染中启用】和【在视口中启用】复选框，将【厚度】设为0.8，【边】设为12，在【参数】卷展栏中将【半径】设为4，并设置圆的颜色，如图3-14所示。

Step 4 设置完成后，激活【前】视图，选择圆环，按Shift键单击鼠标左键向右拖动，对齐进行复制，在弹出的对话框中，将其【副本数】设置为21，并在视图中调整其位置，复制后的效果如图3-15所示。

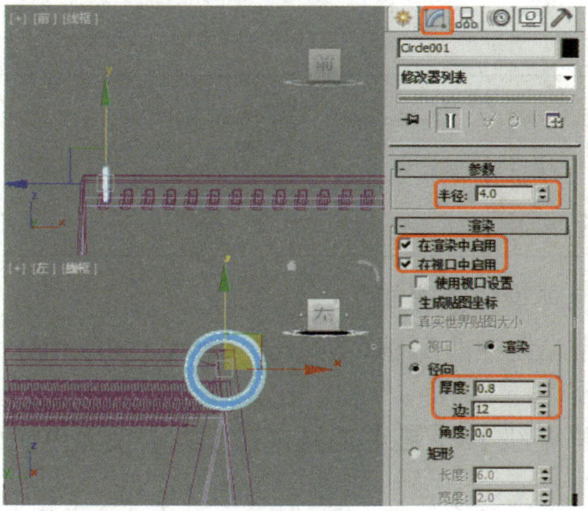

图3-14

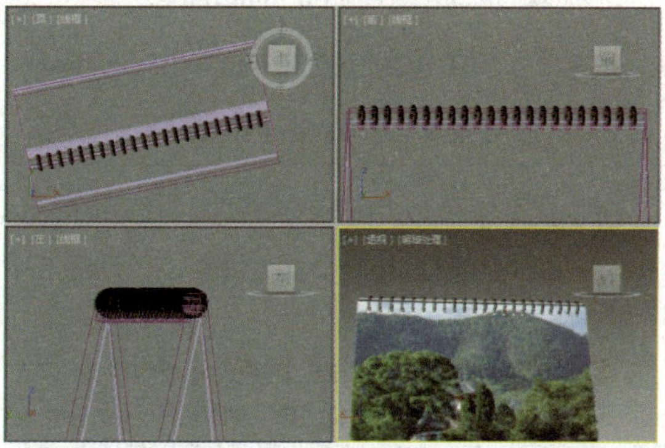
图3-15

3.1.5　创建弧

使用【弧】工具可以制作圆弧曲线或扇形，如图3-16所示。

Step 1 选择【创建】|【图形】|【样条线】|【弧】工具，在视图中按住鼠标左键并拖动来绘制一条弧线。

Step 2 至合适的位置后释放鼠标左键，移动鼠标并在合适位置单击确定圆弧的半径。完成对象的创建之后，可以在修改命令面板中对其参数进行修改，如图3-17所示。

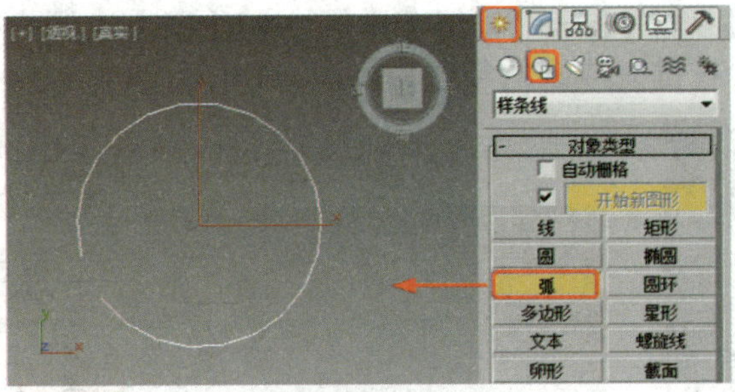

图3-16

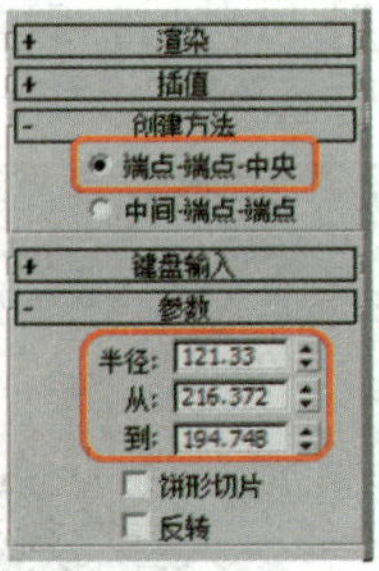

图3-17

【弧】工具的【创建方法】卷展栏中各项功能说明如下。

- 【端点-端点-中央】：这种建立方式是先引出一条直线，以直线的两端点作为弧的两端点，然后移动鼠标，确定弧长。
- 【中间-端点-端点】：这种建立方式是先引出一条直线，作为圆弧的半径，然后移动鼠标，确定弧长，这种建立方式对扇形的建立非常方便。

【参数】卷展栏中各项功能说明如下。

- 【半径】：设置圆弧的半径大小。
- 【从】/【到】：设置弧起点和终点的角度。
- 【饼形切片】：选中该复选框，将建立封闭的扇形。
- 【反转】：将弧线方向反转。

3.1.6 【上机操作】——创建弧

场景：CDROM\场景\Cha03\003.max	
完成场景：CDROM\场景\Cha03\003OK.max	
视频：视频教学\Cha03\创建弧.avi	

【弧】工具可以用来制作圆弧曲线和扇形。具体操作步骤如下：

Step 1 按住Ctrl+O组合键，打开随书附带光盘中的CDROM\场景\Cha03\003.max，如图3-18所示。

Step 2 选择【创建】|【图形】|【样条线】|【弧】工具，在【左】视图中按住鼠标并拖动，拖出一条弧线，如图3-19所示。

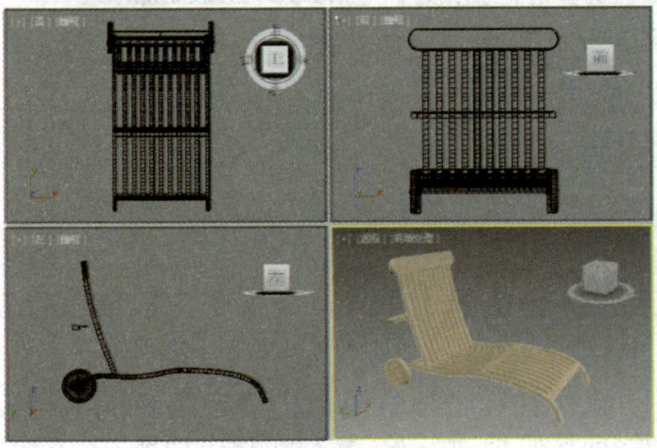
图3-18

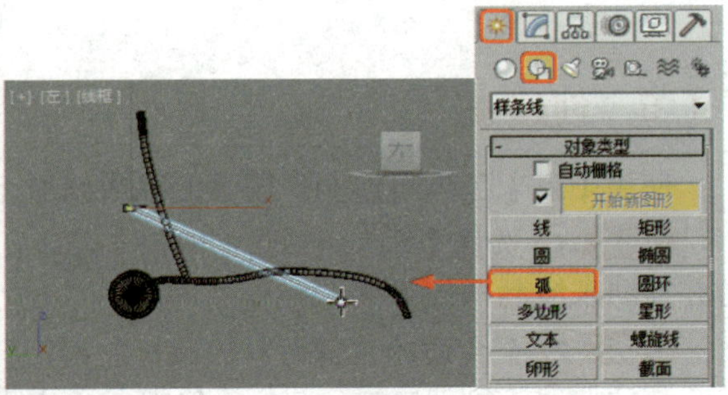

图3-19

Step 3 到达一定的位置后松开鼠标，移动鼠标确定圆弧的大小，单击鼠标左键完成弧的创建，如图3-20所示。

Step 4 完成对象的创建后，单击【修改】按钮，进入【修改】命令面板，在【渲染】卷展栏中勾选【在渲染中启用】和【在视口中启用】复选框，将【长度】设为4.0，【宽度】设为2.5，并设置弧的颜色，如图3-21所示。

Step 5 选择弧，切换到【修改】命令面板，单击右侧的小三角按钮，在弹出的下拉菜单中选择【网格平滑】修改器，使其平滑，如图3-22所示。

Step 6 激活【顶】视图，选择创建好的弧，按住Shift键单击鼠标左键向右拖动，对齐进行复制，在弹出的对话框中，将其【副本数】设置为1，并在视图中调整其位置，复制后的效果如图3-23所示。

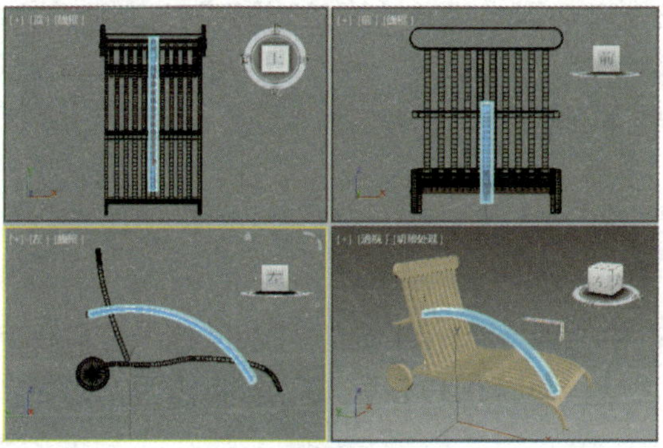

图3-20

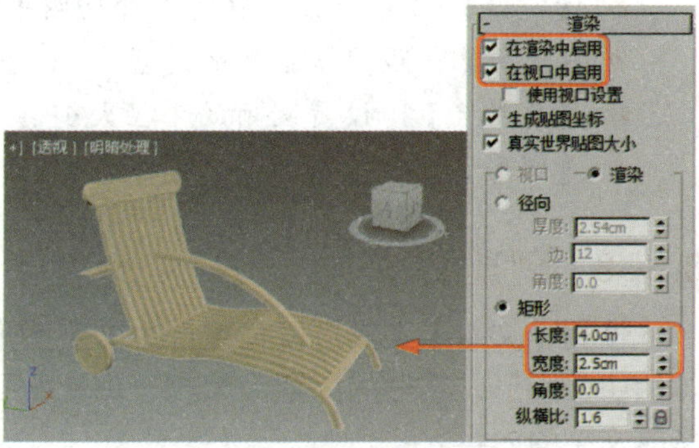

图3-21

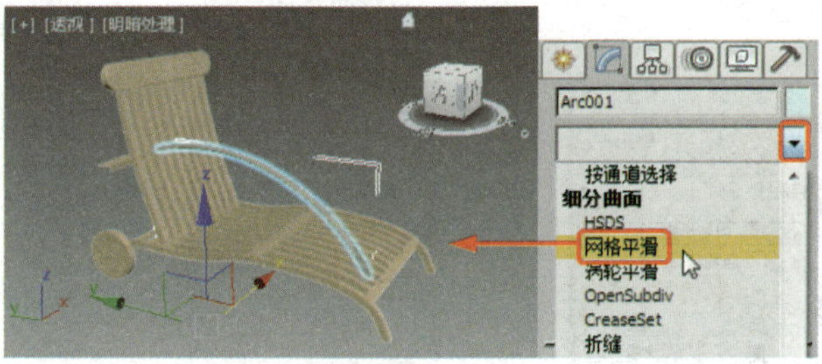

图3-22

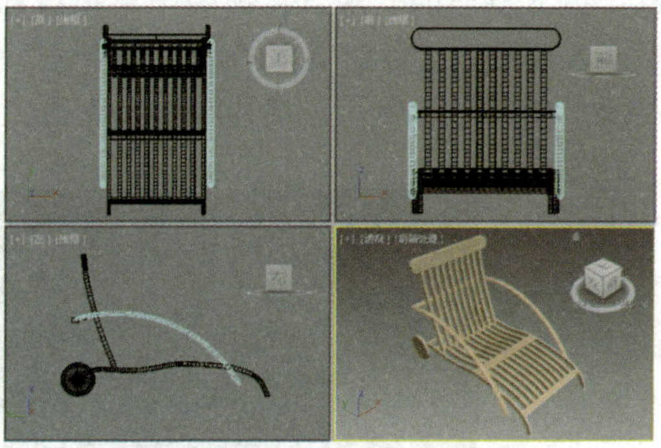

图3-23

3.1.7 创建多边形

使用【多边形】工具可以创建任意边数的正多边形，可以产生圆角多边形，如图3-24所示。

选择【创建】|【图形】|【样条线】|【多边形】工具，然后在视图中按住鼠标左键并拖动创建多边形。在【参数】卷展栏中可以对多边形的半径、边数等参数进行设置，其【参数】卷展栏如图3-25所示，该卷展栏中各项功能如下。

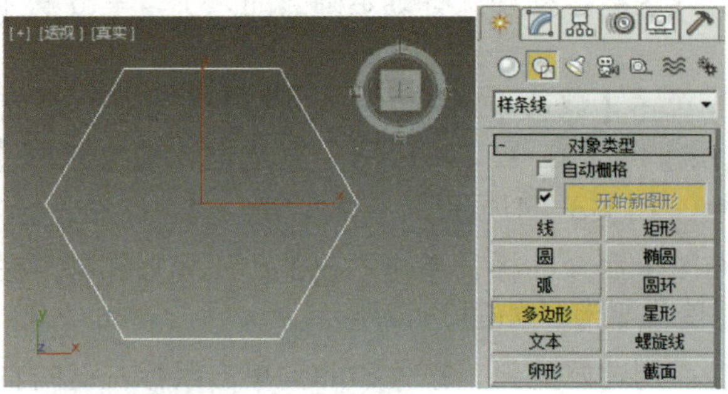

图3-24

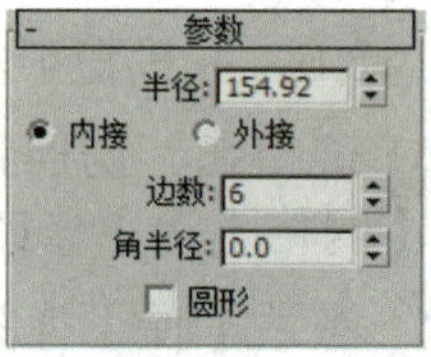

图3-25

- 【半径】：设置多边形的半径大小。
- 【内接】/【外接】：确定以外切圆半径还是内切圆半径作为多边形的半径。
- 【边数】：设置多边形的边数。
- 【角半径】：设置圆角的半径大小，可创建带圆角的多边形。
- 【圆形】：设置多边形为圆形。

3.1.8 创建文本

使用【文本】工具可以直接产生文字图形，在中文Windows平台下可以直接产生各种字体的中文字形，字形的内容、大小、间距都可以调整，而且用户在完成动画制作后，仍可以修改文字的内容。

选择【创建】|【图形】|【样条线】|【文本】工具，在【参数】卷展栏中的文本框中输入需要的文本，在视图中单击鼠标左键即可创建文本图形，如图3-26所示。在【参数】卷展栏中可以对文本的字体、字号、间距以及内容进行修改，【文本】工具的【参数】卷展栏如图3-27所示，该卷展栏中各项功能如下。

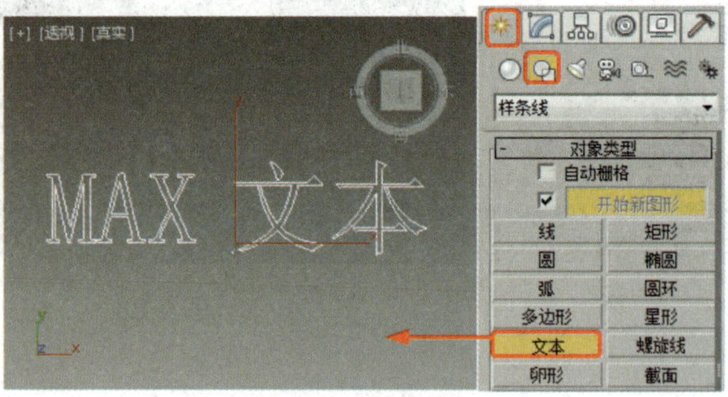

图3-26

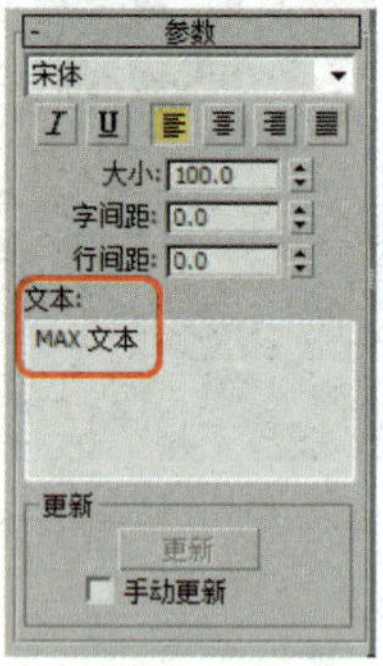

图3-27

- 【大小】：设置文字的大小尺寸。
- 【字间距】：设置文字之间的间隔距离。
- 【行间距】：设置文字行与行之间的距离。
- 【文本】：用来输入文本文字。
- 【更新】：设置修改参数后，视图是否立刻进行更新显示。遇到大量文字处理时，为了加快显示速度，可以选中【手动更新】复选框，自行指示更新视图。

3.1.9　创建卵形

使用【卵形】工具可以通过两个同心圆创建封闭的形状，而且每个圆都由4个顶点组成。

选择【创建】|【图形】|【样条线】|【卵形】工具，在视图中单击鼠标并进行拖动，松开鼠标再次单击完成多边形的创建，如图3-28所示。在【参数】卷展栏中包含5个常用参数，如图3-29所示。

【卵形】工具【参数】卷展栏中各项参数的作用如下。

- 【长度】：设置卵形的长度（其长轴）。
- 【宽度】：设置卵形的宽度（其短轴）。
- 【轮廓】：启用后，会创建一个轮廓，这是与主图形分开的另外一个卵形图形。默认设置为启用。
- 【厚度】：启用【轮廓】后，设置主卵形图形与其轮廓之间的偏移。
- 【角度】：设置卵形的角度，即绕图形的局部 Z 轴的旋转。当角度为0.0时，卵形的长度是垂直的，较窄的一端在上。

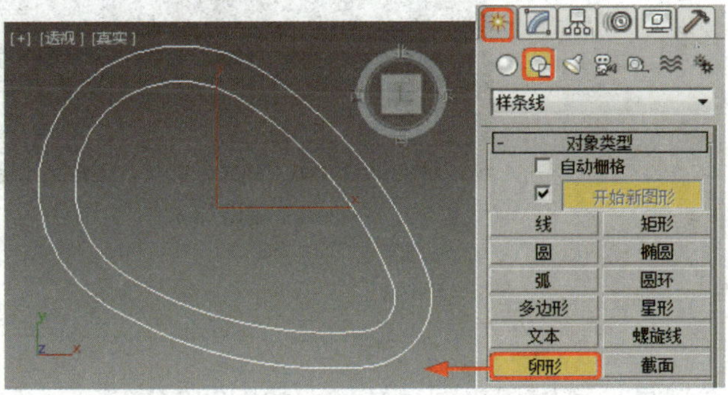

图3-28

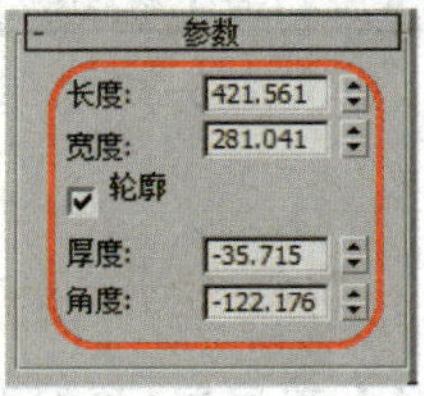

图3-29

3.1.10　创建截面

使用【截面】工具可以通过截取三维造型的截面而获得二维图形，使用此工具建立一个平面，可以对其进行移动、旋转和缩放，当它穿过一个三维造型时，会显示出截获的截面，在命令面板中单击【创建图形】按钮，可以将这个截面制作成一个新的样条曲线。

下面来制作一个截面图形，具体操作步骤如下：

Step 1 在场景中创建一个茶壶，大小可自行设置，如图3-30所示。

Step 2 选择【创建】|【图形】|【样条线】|【截面】工具，在【前】视图中拖动鼠标，创建一个平面，如图3-31所示。

Step 3 在【截面参数】卷展栏中单击【创建图形】按钮，在打开的【命名截面图形】对话框中为截面命名，单击【确定】按钮即可创建一个模型的截面，如图3-32所示。

Step 4 使用【选择并移动】工具调整模型的位置，可以看到创建的截面图形，如图3-33所示。

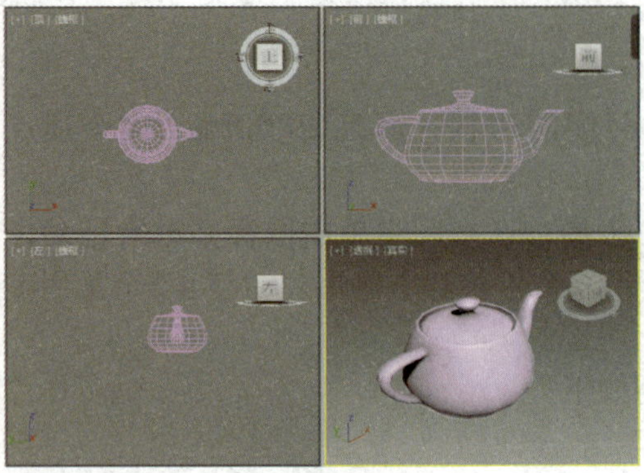

图3-30

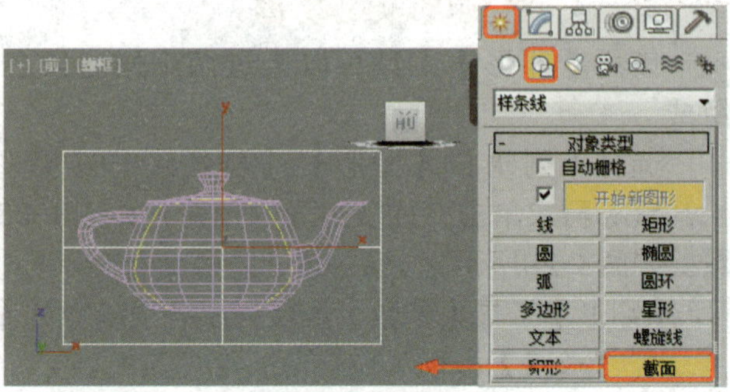

图3-31

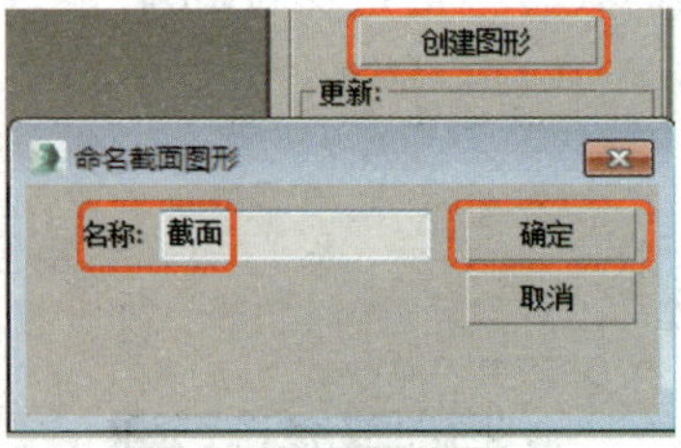

图3-32

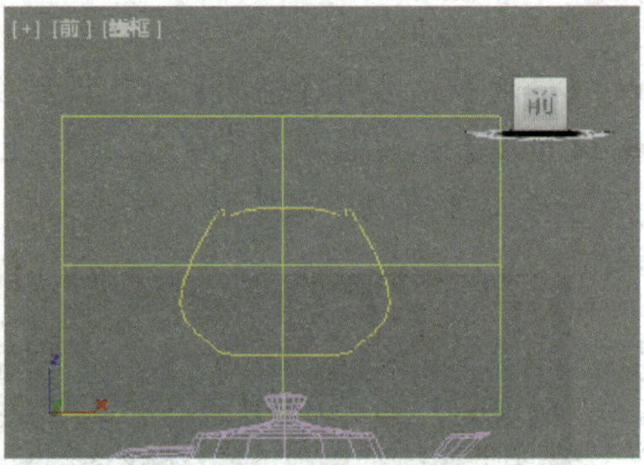

图3-33

3.1.11 创建矩形

【矩形】工具是经常用到的一个工具，可以用来创建矩形，如图3-34所示。

创建矩形与创建多边形时的方法基本一样，都是通过拖动鼠标来创建。在【参数】卷展栏中包含3个常用参数，如图3-35所示。

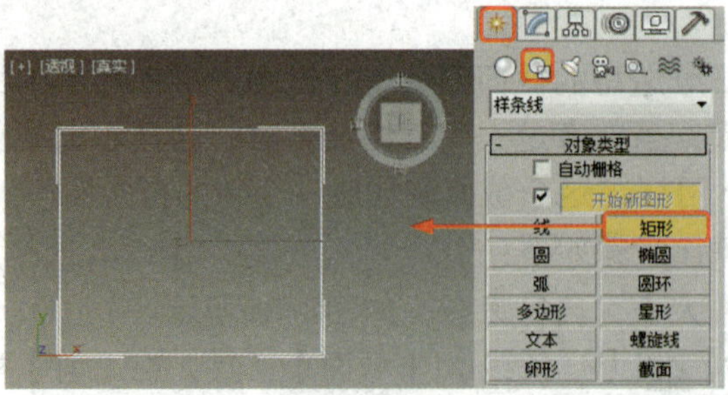

图3-34

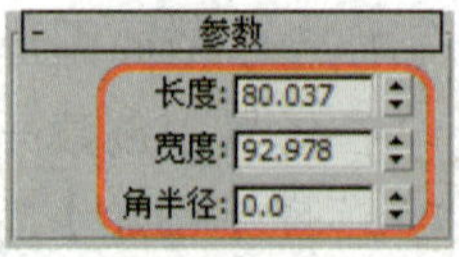

图3-35

【矩形】工具的【参数】卷展栏中各项功能说明如下。

- 【长度】/【宽度】：设置矩形的长宽值。
- 【角半径】：设置矩形的4个角是直角还是有弧度的圆角。

3.1.12 【上机操作】——创建矩形

场景：CDROM\场景\Cha03\004.max

完成场景：CDROM\场景\Cha03\004OK.max

视频：视频教学\Cha03\创建矩形.avi

【矩形】工具是一个经常用到的工具，可以创建正方形和矩形样条线。具体操作步骤如下：

Step 1 按住Ctrl+O组合键，打开随书附带光盘中的CDROM\场景\Cha03\004.max，如图3-36所示。

Step 2 选择【创建】 | 【图形】 | 【样条线】|【矩形】工具，在【前】视图中创建矩形，如图3-37所示，并将其位置进行调整。

Step 3 切换到【修改】命令面板，在修改器下拉列表中选择【挤出】修改器，对其进行挤出，如图3-38所示。

Step 4 选择完成后，在【参数】卷展栏中，将挤出【数量】设置为20，【分段】设置为1，如图3-39所示。

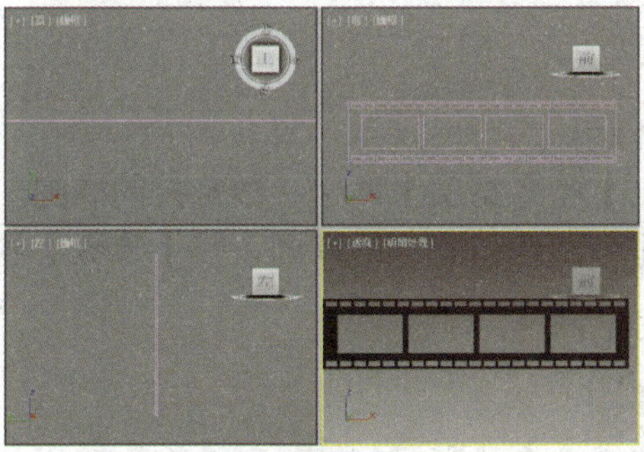

图3-36

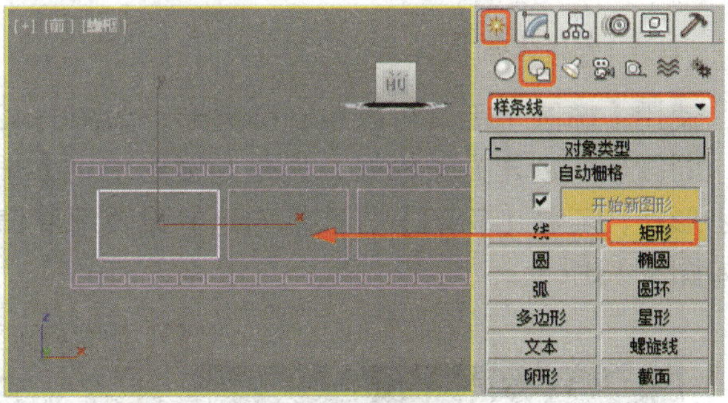

图3-37

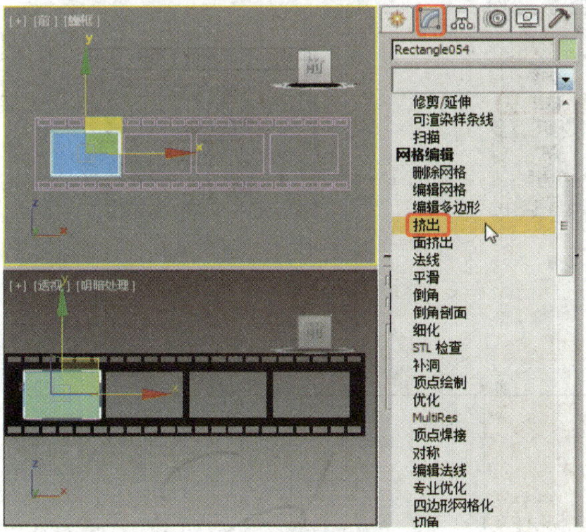

图3-38

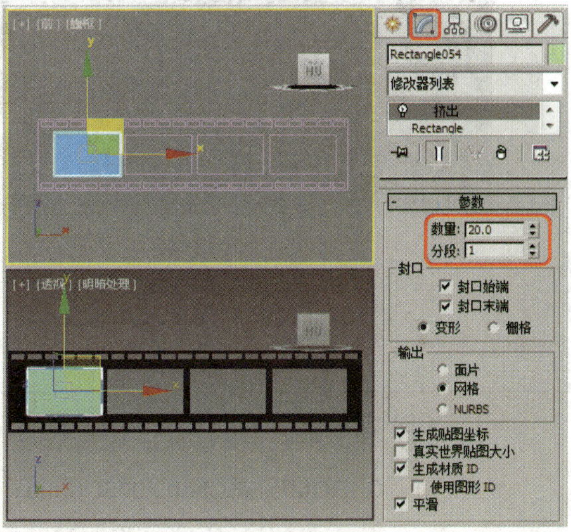

图3-39

Step 5 设置完成后，在【顶】视图中选择刚刚绘制的矩形，按住Shift键单击鼠标左键向右拖动，对其进行复制，在弹出的对话框中，将【副本数】设置为3，并在视图中调整其位置，复制后的效果如图3-40所示。

Step 6 设置完成后，为创建的矩形指定材质，效果如图3-41所示。

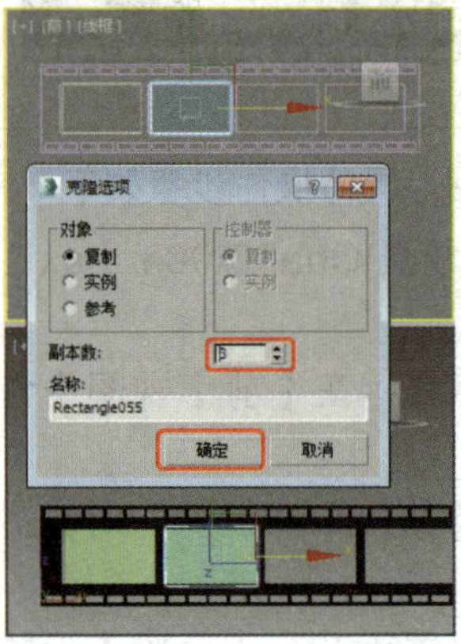

图3-40

图3-41

3.1.13 创建椭圆

使用【椭圆】工具可以绘制椭圆形，如图3-42所示。

同圆形的创建方法相同，只是椭圆形使用【长度】和【宽度】两个参数来控制椭圆形的大小形态，若将【轮廓】复选框勾选并设置厚度值即可创建如圆环的椭圆，其【参数】卷展栏如图3-43所示。

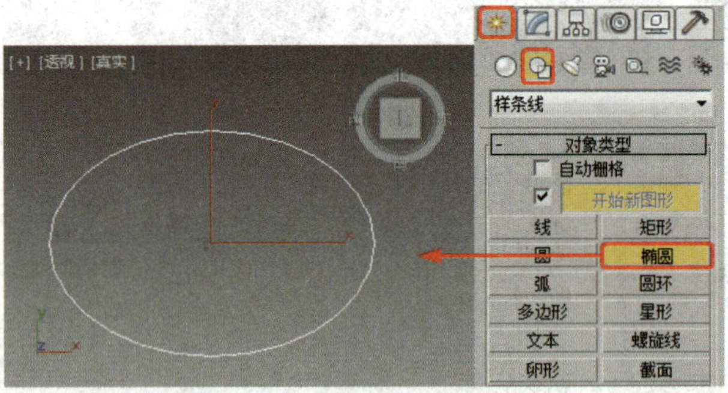

图3-42

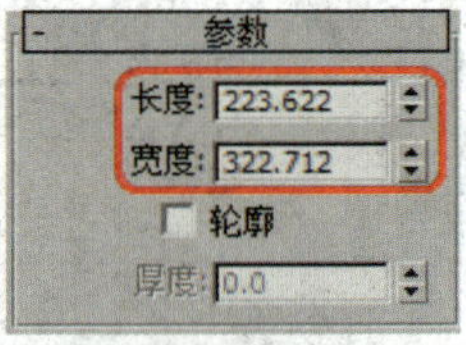

图3-43

3.1.14 【上机操作】——创建椭圆

场景：CDROM\场景\Cha03\005.max	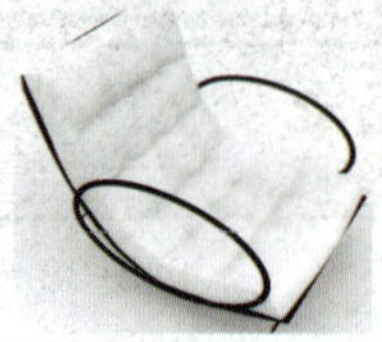
完成场景：CDROM\场景\Cha03\005OK.max	
视频：视频教学\Cha03\创建椭圆.avi	

【椭圆】工具可以用来绘制椭圆形，具体操作步骤如下：

Step 1 按住Ctrl+O组合键，打开随书附带光盘中的CDROM\场景\Cha03\005.max，如图3-44所示。

Step 2 选择【创建】|【图形】|【样条线】|【椭圆】工具，在【左】视图中按住鼠标左键并拖动，单击鼠标右键结束椭圆的创建，如图3-45所示。

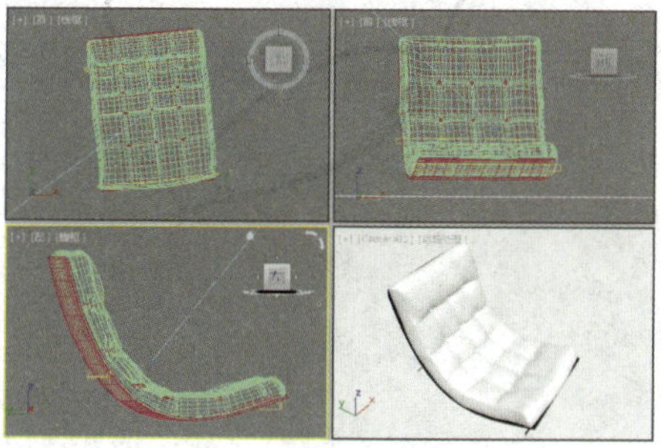

图3-44

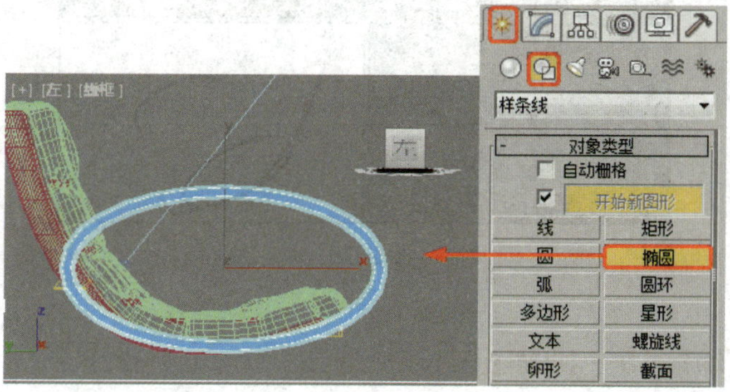

图3-45

Step 3 完成对象的创建后，将椭圆移动到合适的位置，单击【修改】|按钮，进入【修改】命令面板，在【参数】卷展栏中将【长度】设为77，【宽度】设为126，在【渲染】卷展栏中勾选【在渲染中启用】和【在视口中启用】复选框，将【长度】设为3，【宽度】设为4，并设置椭圆的颜色，如图3-46所示。

Step 4 设置完成后，切换至【修改】面板，在修改器下拉列表中选择【网格平滑】修改器，使其平滑，如图3-47所示。

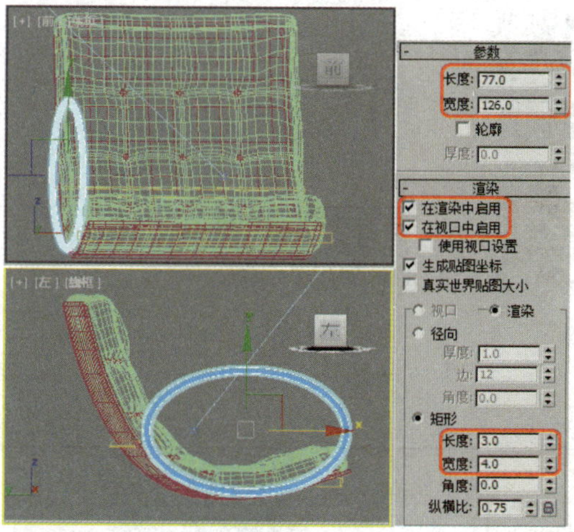

图3-46

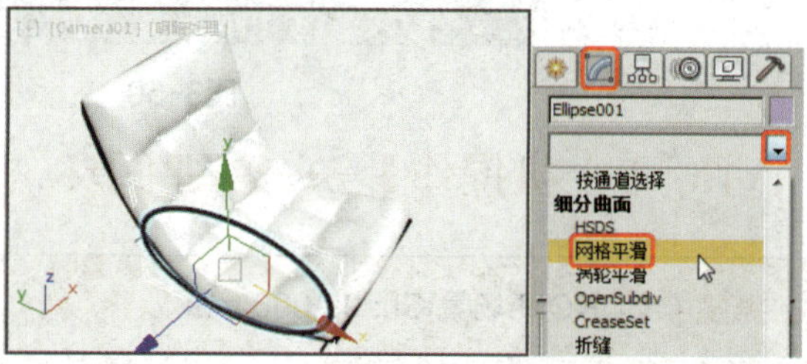

图3-47

Step 5 激活【顶】视图，选择创建好的椭圆，按Shift键单击鼠标左键向右拖动，对齐进行复制，在弹出的对话框中将【副本数】设置为1，并在视图中调整其位置，复制后的效果如图3-48所示。

Step 6 设置完成后，按F9键，渲染出效果图，如图3-49所示。

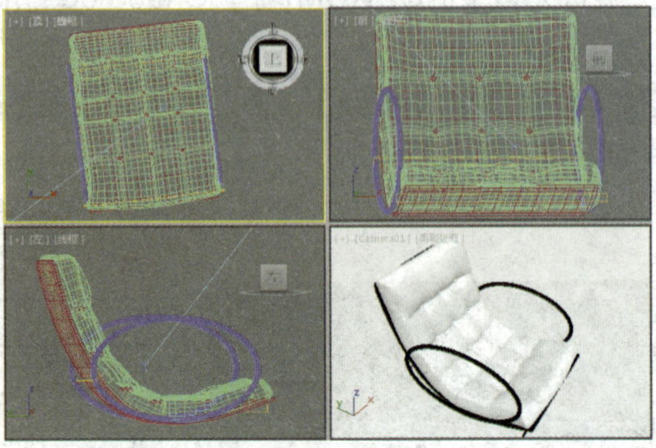

图3-48

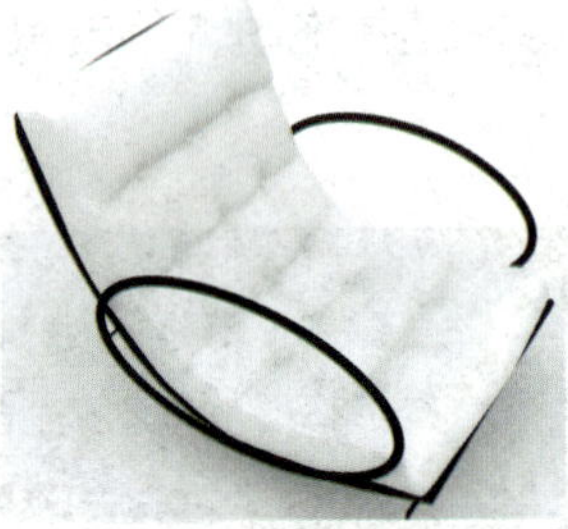

图3-49

3.1.15 创建圆环

使用【圆环】工具可以制作同心圆环，如图3-50所示。

圆环的创建要比圆形麻烦一点，它相当于创建两个圆形，下面我们来创建一个圆环。

Step 1 选择【创建】 |【图形】 |【样条线】|【圆环】工具，在视图中单击并拖动鼠标，拖动出一个圆形后放开鼠标。

Step 2 再次移动鼠标，向内或向外再拖动出一个圆形，至合适位置处单击鼠标即可完成圆环的创建。

在【参数】卷展栏中，圆环有两个半径参数（半径1、半径2），分别用于控制两个圆形的半径，如图3-51所示。

图3-50

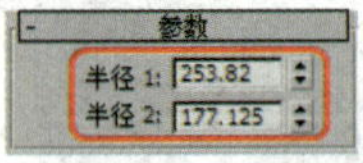

图3-51

3.1.16 【上机操作】——创建圆环

场景：CDROM\场景\Cha03\006.max

完成场景：CDROM\场景\Cha03\006OK.max

视频：视频教学\Cha03\创建圆环.avi

使用【圆环】工具可以通过两个同心圆创建封闭的形状 ，而且每个圆都由4个顶点组成。

Step 1 按住Ctrl+O组合键，打开随书附带光盘中的CDROM\场景\Cha03\006.max，

如图3-52所示。

Step 2 选择【创建】 |【图形】 |【样条线】|【圆环】工具，在【顶】视图中创建圆环，在【参数】卷展栏中将【半径1】设置为10，将【半径2】设置为9，并在视图中将其位置调整好，如图3-53所示。

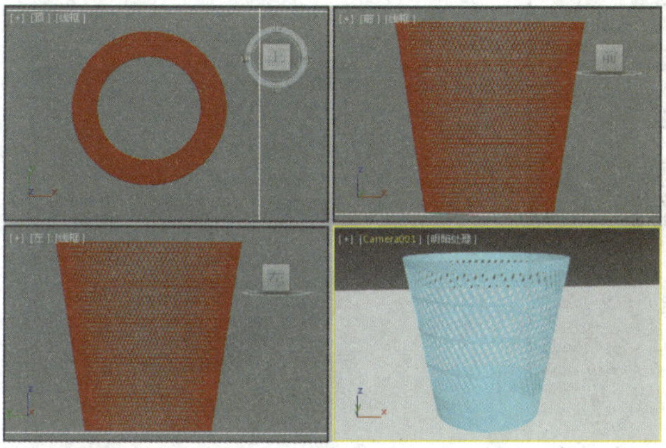
图3-52

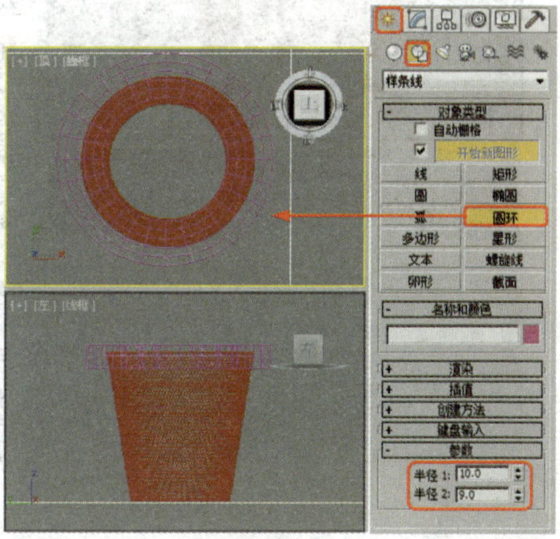

图3-53

Step 3 选择绘制的圆环，切换到【修改】面板，单击右侧小三角按钮，在弹出的下拉菜单中选择【挤出】修改器，如图3-54所示。

Step 4 在【参数】卷展栏中将【数量】设为1，【分段】设为100，如图3-55所示。

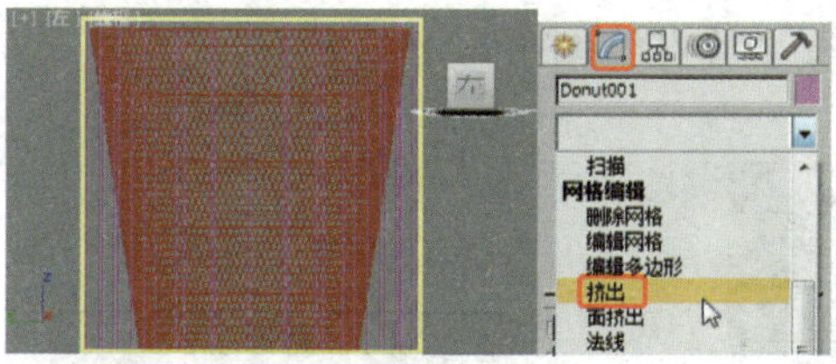

图3-54

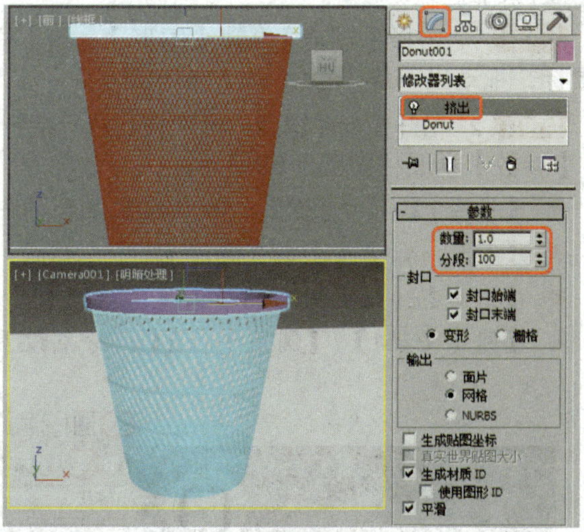

图3-55

Step 5 设置完成后，在视图中选择挤出后的圆环，再单击【修改】面板上右侧的小三角按钮，在弹出的下拉菜单中选择【网格平滑】修改器，使其平滑，如图3-56所示。

Step 6 为圆环设置材质，激活【透视】视图，按F9键进行渲染，最终效果如图3-57所示。

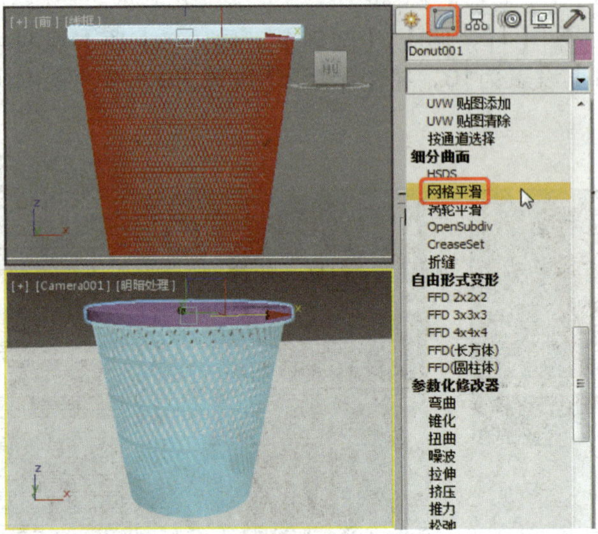

图3-56

图3-57

3.1.17 创建星形

使用【星形】工具可以建立多角星形，尖角可以钝化为圆角，制作齿轮图案；尖角的方向可以扭曲，产生倒刺状锯齿；参数的变换可以产生许多奇特的图案，因为可以对其进行渲染，所以图形即使交叉，也可以用作一些特殊的图案花纹，如图3-58所示。

星形创建步骤如下：

Step 1 选择【创建】|【图形】|【样条线】|【星形】工具，在视图中单击并拖动鼠标，拖动出一级半径。

Step 2 松开鼠标左键后，再次拖到鼠标指针，拖动出二级半径，单击完成星形的创建。

【参数】卷展栏如图3-59所示。

- 【半径1】/【半径2】：分别设置星形的内径和外径。
- 【点】：设置星形的尖角个数。
- 【扭曲】：设置尖角的扭曲度。
- 【圆角半径1】/【圆角半径2】：分别设置尖角的内外倒角圆半径。

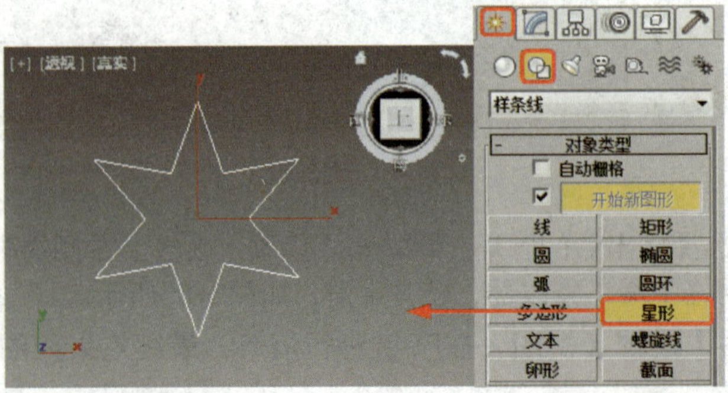

图3-58

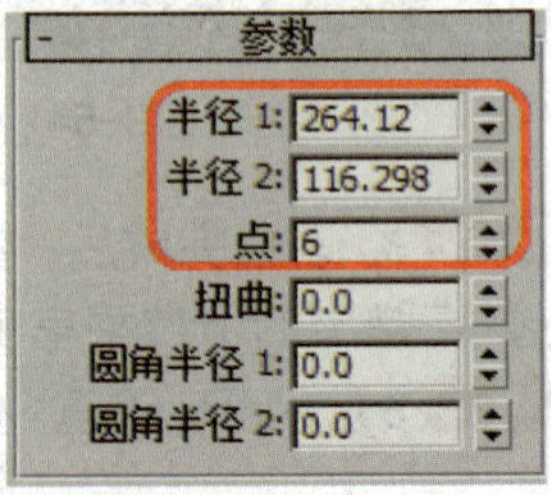

图3-59

3.1.18　创建螺旋线

【螺旋线】工具用来制作平面或空间的螺旋线，常用于完成弹簧、线轴等造型，或用来制作运动路径，如图3-60所示。

螺旋线的创建方法如下：

Step 1 选择【创建】|【图形】|【样条线】|【螺旋线】工具，在【顶】视图中单击鼠标并拖动，绘制一级半径。

Step 2 松开鼠标左键后再次拖动鼠标指针，绘制螺旋线的高度。

Step 3 单击确定螺旋线的高度，然后再按住鼠标左键拖动鼠标指针，绘制二级半径后单击，完成螺旋线的创建。

在【参数】卷展栏中可以设置螺旋线的两个半径、圈数等参数，如图3-61所示。

- 【半径1】/【半径2】：设置螺旋线的内径和外径。
- 【高度】：设置螺旋线的高度，此值为0时，是一个平面螺旋线。
- 【圈数】：设置螺旋线旋转的圈数。
- 【偏移】：设置在螺旋高度上，螺旋圈数的偏向强度。
- 【顺时针】/【逆时针】：分别设置两种不同的旋转方向。

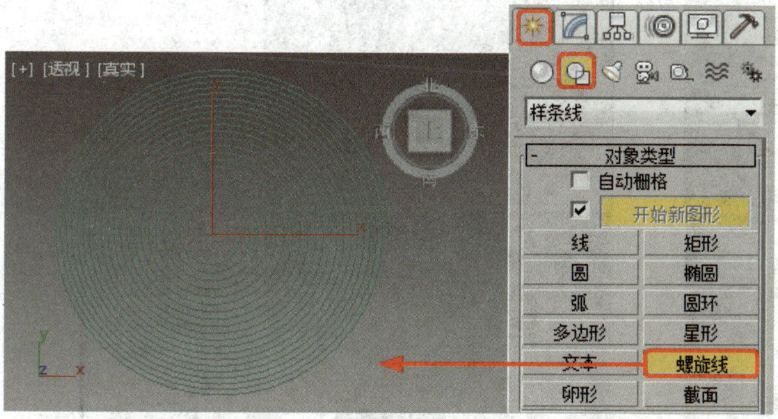

图3-60

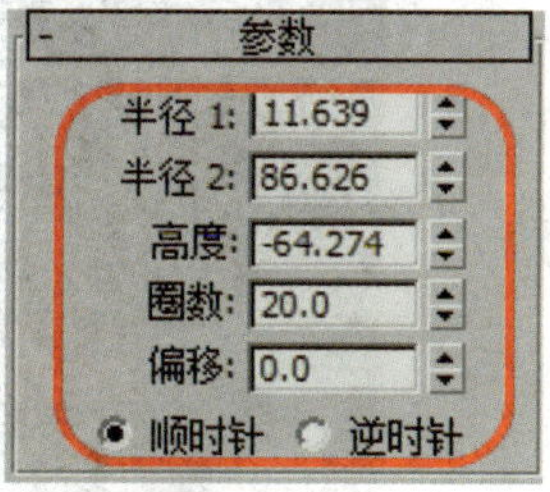

图3-61

3.1.19　【上机操作】——创建螺旋线

场景：CDROM\场景\Cha03\007.max

完成场景：CDROM\场景\Cha03\007OK.max

视频：视频教学\Cha03\创建螺旋线.avi

【螺旋线】工具可以制作平面或空间的螺旋线，用于完成弹簧、盘香、线轴等的造型，或用来制作运动路径。

Step 1 按住Ctrl+O组合键，打开随书附带光盘中的CDROM\场景\Cha03\007.max，如图3-62所示。

Step 2 选择【创建】|【图形】|【样条线】|【螺旋线】工具，在【顶】视图中单击鼠标左键并拖动鼠标，拉出一级半径，如图3-63所示。

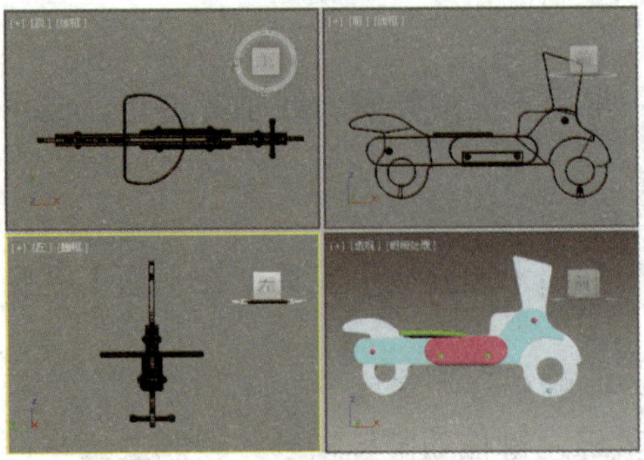

图3-62

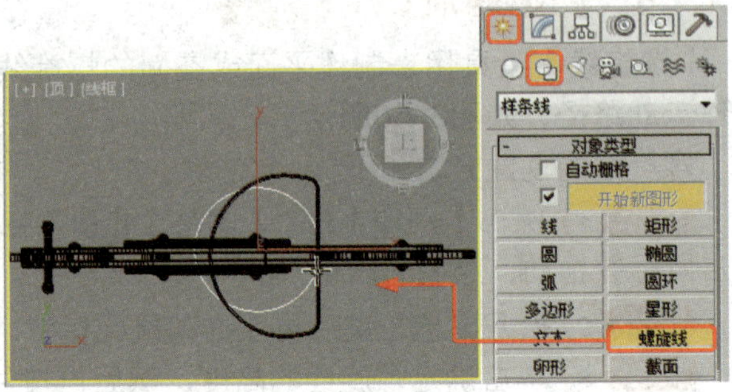

图3-63

Step 3 释放鼠标并移动鼠标，拽动出螺旋线的高度，单击鼠标左键，确定螺旋线的高度，然后再移动鼠标，拉出二级半径后右击结束螺旋线的创建，如图3-64所示。

Step 4 切换到【修改】面板，在【渲染】卷展栏中勾选【在渲染中启用】和【在视口中启用】复选框，将【厚度】设为1.0，【边】设为18，在【参数】卷展栏中将【半径1】设为7.0，【半径2】设为7.0，【高度】设为20，【圈数】设为5，【偏移】设为0.005，如图3-65所示。

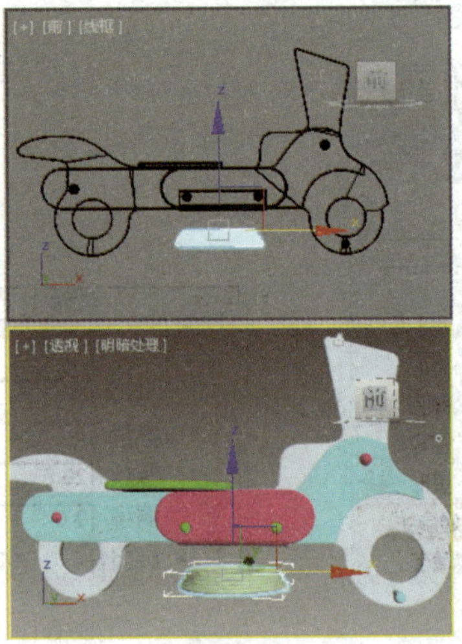

图3-64

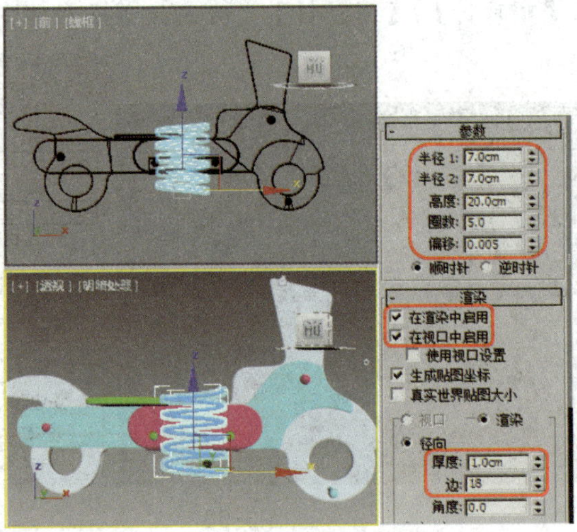

图3-65

Step 5 设置完成后，在视图中将其位置调整好，并为其指定金属材质，如图3-66所示。

Step 6 调整好后，激活【透视】视图，按F9键进行渲染，渲染完成后的效果如图3-67所示。

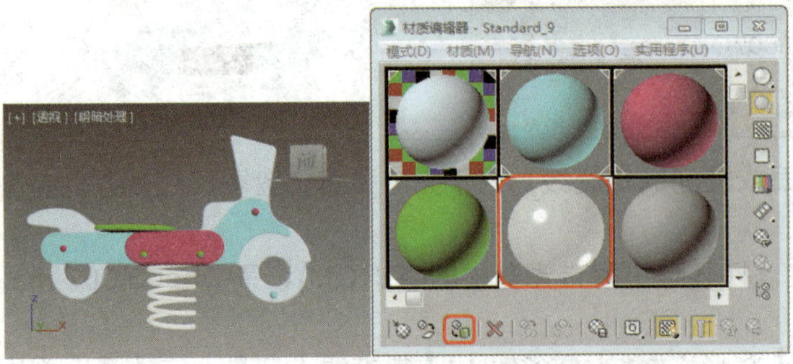

图3-66

图3-67

3.2 二维图形的编辑与修改

使用图形工具直接创建的二维图形不能直接生成三维物体，需要先对它们进行编辑修改，才可转换为三维物体。在对二维图形进行编辑修改时，通常会选择【编辑样条线】修改器，它提供了【顶点】、【分段】、【样条线】3个次物体级别的编辑修改。

3.2.1　修改【顶点】选择集

在对二维图形进行编辑操作时，最基本、最常用的就是对【顶点】选择集的修改，如图3-68所示为选择的星形的所有顶点。

进入【顶点】子物体层级之后，展开【选择】卷展栏，此卷展栏用于对选择物体的过程进行控制，如图3-69所示，其各项参数的作用如下。

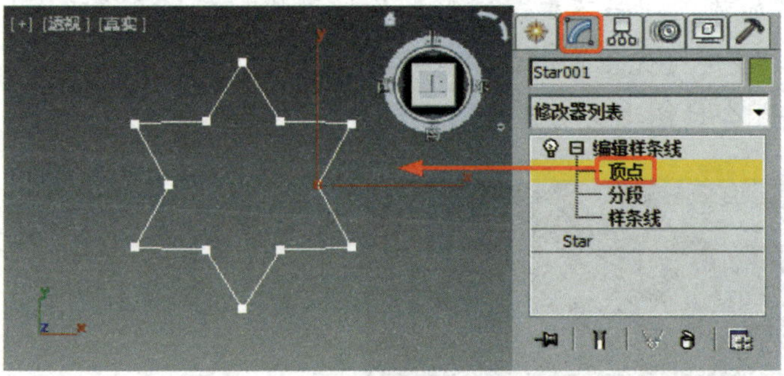

图3-68

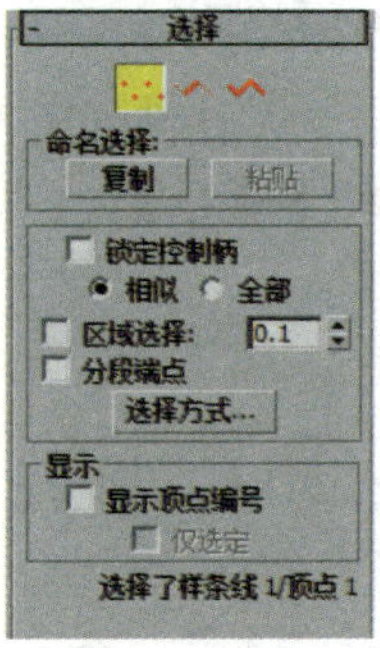

图3-69

- 、和：用于3种层级的切换。
- 【锁定控制柄】：用来锁定所有选择点的控制手柄，通过它可以同时调整多个选择点的控制手柄；选中【相似】单选按钮，将相同方向的手柄锁定；选中【全部】单选按钮，将所有手柄锁定。
- 【区域选择】：和其右侧的微调框配合使用，用来确定面选择的范围，在选择点时可以将单击处一定范围内的点全部选择。
- 【显示】：选中【显示顶点编号】复选框时，在视图中会显示出节点的编号；选中【仅选定】复选框时只显示被选中的节点的编号。

在【顶点】子物体层级下，当选中一个顶点时，可以看到被选择的顶点都有两个控制手柄，在选择的顶点上右击，在弹出的快捷菜单中可以看到有4种类型的顶点：【平滑】、【角点】、【Bezier】和【Bezier角点】。

- 【平滑】：创建平滑连续曲线的不可调整的顶点。平滑顶点处的曲率是由相邻顶点的间距决定的，如图3-70所示。
- 【角点】：创建锐角转角的不可调整的顶点，如图3-71所示。
- 【Bezier】：带有锁定连续切线控制柄的不可调解的顶点，用于创建平滑曲线。顶点处的曲率由切线控制柄的方向和量级确定，如图3-72所示。

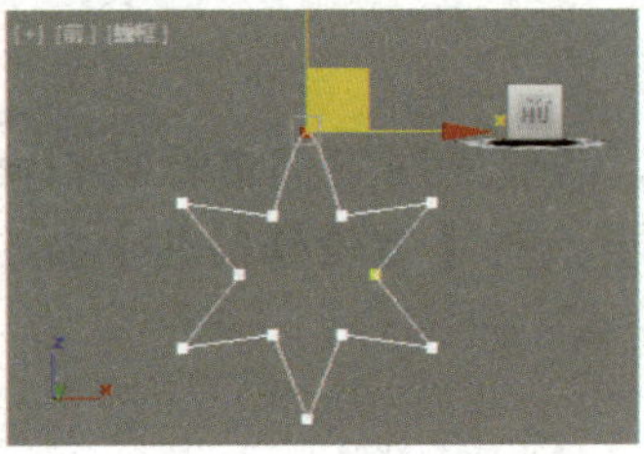

图3-70

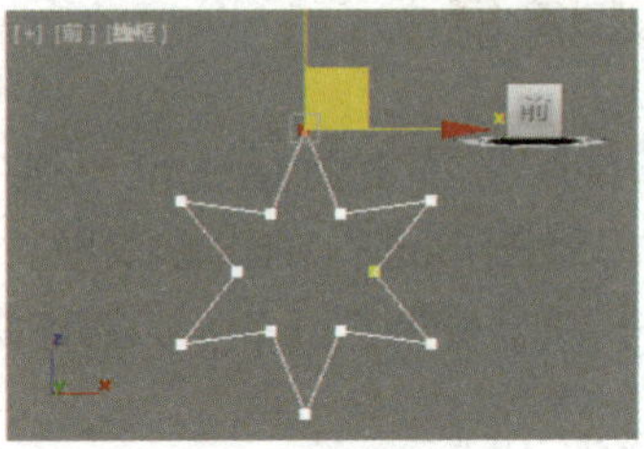

图3-71

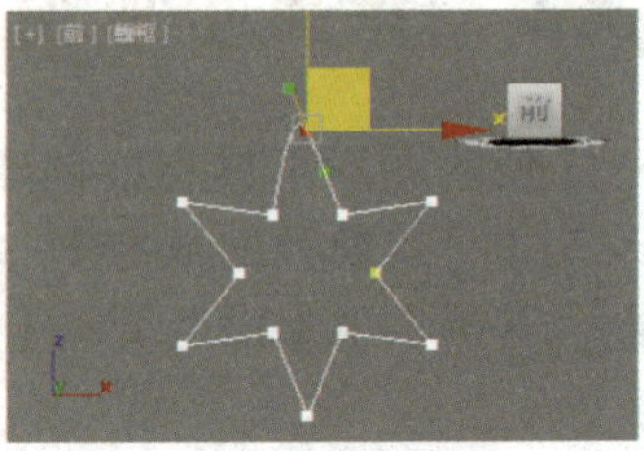

图3-72

- 【Bezier角点】：带有不连续的切线控制柄的不可调整的顶点，用于创建锐角转角。线段离开转角时的曲率是由切线控制柄的方向和量级设置的，如图3-73所示。

选择【顶点】子物体层级，除了经常用到【优化】按钮进行加点外，还有一些常用的命令，其功能如下。

- 【优化】：允许为图形添加顶点，而不更改图形的原始形状，有利于修改图形，如图3-74所示为原始图形与使用【优化】增加顶点的效果。
- 【断开】：使点断开，将闭合的图形变为开放图形，如图3-75所示。

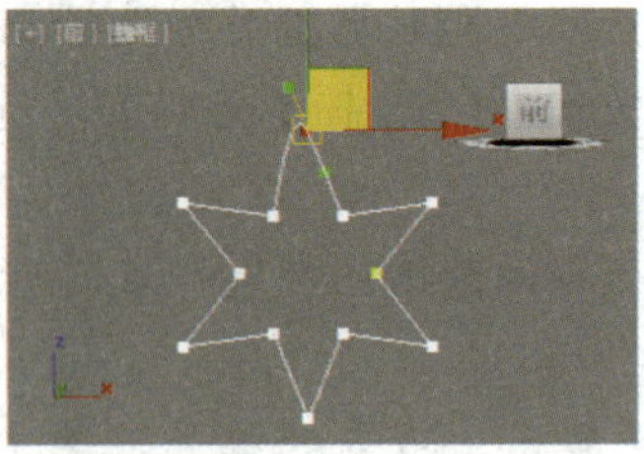

图3-73

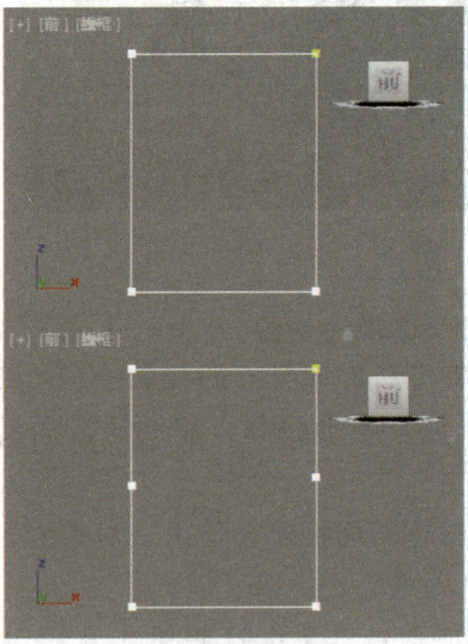

图3-74

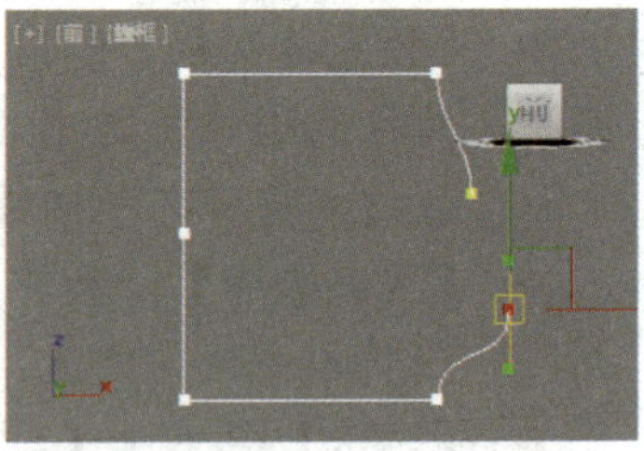

图3-75

- 【插入】：与【优化】按钮相似，都是加点命令，只是【优化】是在保持原图形不变的基础上增加顶点，而【插入】是一边加点一边改变原图形的形状。
- 【设置首顶点】：将所选的顶点设为第一点。
- 【焊接】：将两个断点合并为一个点，通常在使用了样条线的【修剪】后，必须将顶点全部选中，并对顶点进行焊接。
- 【圆角】、【切角】：允许对选择的顶点进行圆角或切角操作，并增加新的控制点，如图3-76所示。

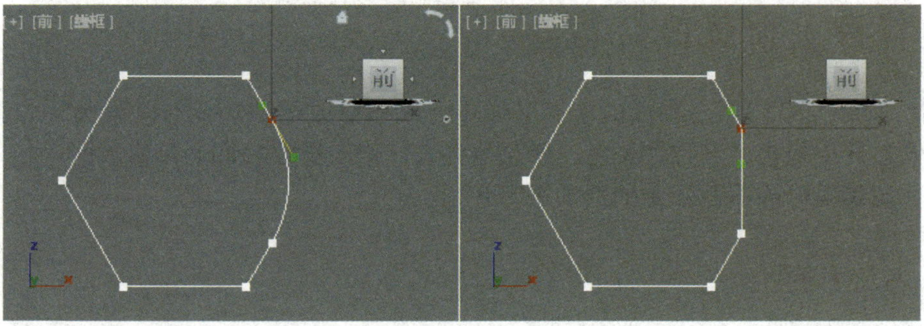

图3-76

3.2.2 修改【分段】选择集

【分段】是连接两个点之间的线段，当用户对线段进行变换操作时也相当于在对两端的点进行变换操作，如图3-77所示。

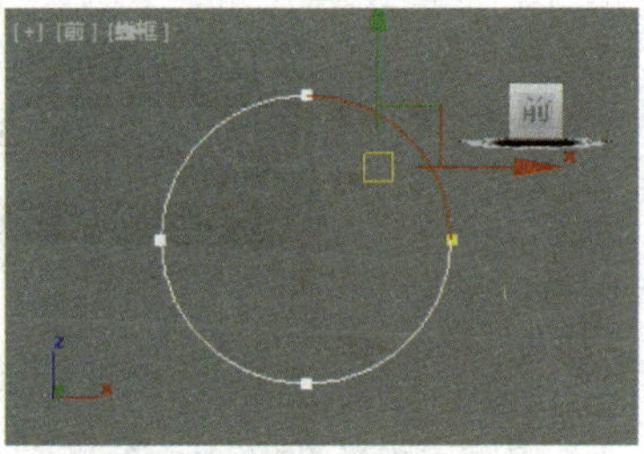

图3-77

进入【分段】子物体层级后，在【几何体】卷展栏中提供了多个命令用来调整线段，其中比较常用的命令如下。

- 【断开】：将选择的线段断开，类似于点的打断。
- 【隐藏】：将选择的线段隐藏。
- 【全部取消隐藏】：显示所有隐藏的线段。
- 【删除】：将选择的线段删除。
- 【拆分】：该命令和其后的微调按钮配合使用，用于在选择的线段中平均插入若干个点。

3.2.3 修改【样条线】选择集

【样条线】子物体层级是二维图形中另一个功能强大的次物体修改级别，相连接的线段即可为一条样条线，【几何体】卷展栏中常用的按钮介绍如下。

- 【轮廓】：制作样条线的副本，所有侧边上的距离偏移量由其右侧的【轮廓宽度】微调器指定。选择一个或多个样条线，然后使用微调器动态地调整轮廓位置，或单击【轮廓】然后拖动样条线。如果样条线是开口的，生成的样条线及其轮廓将生成一个闭合的样条线。
- 【布尔】：对二维图形进行布尔运算前用【附加】按钮将要进行运算的二维图形合并。布尔运算包括【并集】、【差集】和【相交】3种方式。
- 【镜像】：将选择的样条线进行镜像变换，与工具栏中的工具类似，包括【水平镜像】、【垂直镜像】和【双向镜像】。
- 【反转】：将样条线节点的编号前后对调。

3.3 【修改】面板的结构

在3ds Max 2013用户界面的所有区域中，编辑修改器的功能非常强大，如图3-78所示。编辑修改器中包含了名称和颜色、修改器列表、修改器堆栈和通用修改区。

下来将对编辑修改器面板中的选项进行介绍。

3.3.1 名称和颜色

显示修改对象的名称和线框颜色，在名称框中可以更改对象的名称。在3ds Max中，允许同一场景中有重名的对象存在，单击颜色块，可以打开【对象颜色】对话框，用于颜色的选择，如图3-79所示。

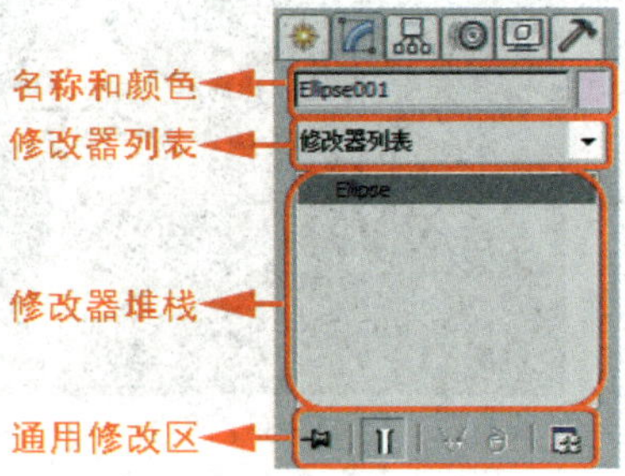

图3-78

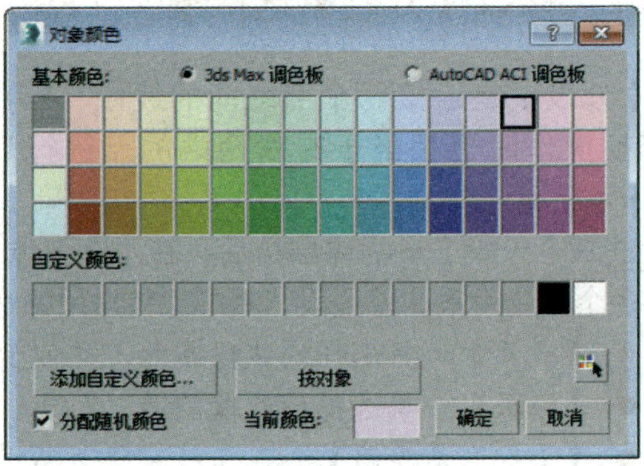

图3-79

3.3.2 修改器列表

单击修改器右侧的下拉按钮，会展开修改器列表，可从中选择修改器。

3.3.3 修改器堆栈

修改器堆栈在名称和颜色字段下面。修改器堆栈（简称【堆栈】）包含项目的累积历史记录，其中包括所应用的创建参数和修改器。堆栈的底部是原始项目，对象的上面就是修改器，按照从下到上的顺序排列。这便是修改器应用于对象几何体的顺序，如图3-80所示。

通过上面对修改器面板的初步认识，可以大体知道修改器界面的组成。下面将对编辑修改器面板进行详细的介绍。

在堆栈中右击，弹出快捷菜单，如图3-81所示。

- 【重命名】：对选择的修改器重新命名。图3-82所示就可以对【曲面贴图】进行重新命名了。按Enter键确认当前输入的名称，按Esc键退出重命名。
- 【删除】：删除选择的修改器。
- 【剪切】：将对象当前选择的修改器从堆栈中删除，可以粘贴到其他的对象修改器堆栈中。

图3-80

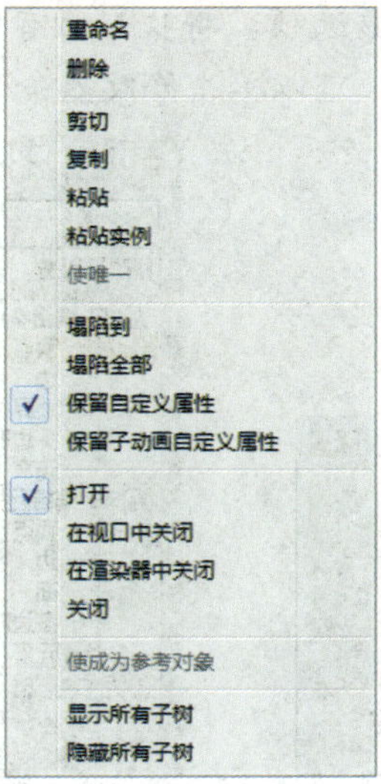

图3-81

图3-82

- 【复制】：复制选择的修改器。
- 【粘贴】：将修改器粘贴到堆栈中。修改器将显示在当前选定的对象或修改器上，除非修改器是世界空间修改器，在这种情况下，将其粘贴在堆栈的顶部。
- 【粘贴实例】：将修改器的实例粘贴到堆栈中。修改器实例将显示在当前选定的对象或修改器上面，除非修改器实例是世界空间修改器，在这种情况下，将其粘贴在堆栈的顶部。
- 【使唯一】：将实例化修改器转化为副本，它对于当前对象是唯一的。除非右击的修改器已实例化，否则此按钮处于不可用状态。
- 【塌陷到】：塌陷堆栈的一部分。除非选择堆栈中的一个或多个修改器，否则【塌陷到】不可用。对象塌陷后会失去这些修改器的记录，以后不能再返回到这些修改器中进行调节，选择该项后会弹出提示对话框，如图3-83所示。
- 【塌陷全部】：塌陷整个堆栈。
- 【保留自定义属性】：启用该选项后，当塌陷对象的修改器或将其转换为其他对象时，将会在堆栈中保留对象的自定义属性。
- 【打开】：选择该选项，不论视图显示还是渲染，当前的修改器效果都能显示出来。
- 【在视口中关闭】：选择该选项，当前修改器在视口中不显示。
- 【在渲染器中关闭】：选择该选项，当前修改器的效果在渲染时不显示。
- 【关闭】：选择该选项，当前的修改命令效果无论是视图显示还是渲染，都不显示出来。
- 【使成为参考对象】：用于将实例对象转换为参考对象。对实例对象使用这个命令后，会在对象的堆栈上方出现一个空的堆栈层。
- 【显示所有子树】：选择该选项，将展开所有修改器的层级，使所有子级项目都被显示出来，如图3-84所示。如果要扩展单个修改器的子级，可以单击修改器名称左侧的加号图标。

- 【隐藏所有子树】：选择该选项，将收起所有修改器的层级，如图3-85所示。如果只需隐藏单个对象的层级，可以单击修改器命令名称左侧的减号图标。

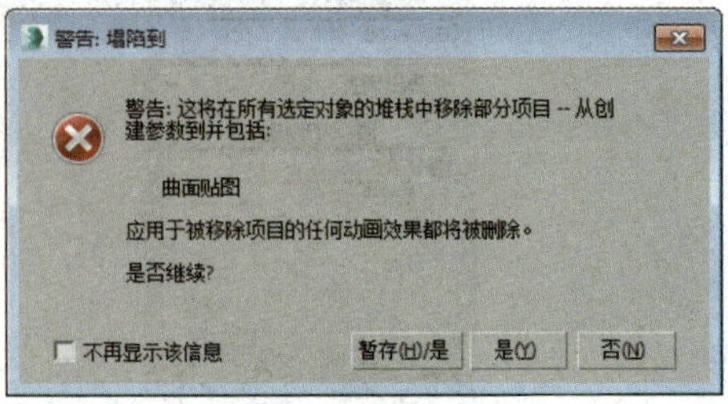

图3-83

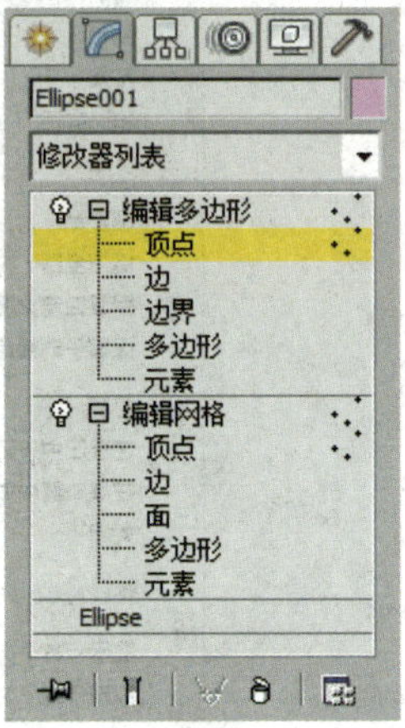

图3-84

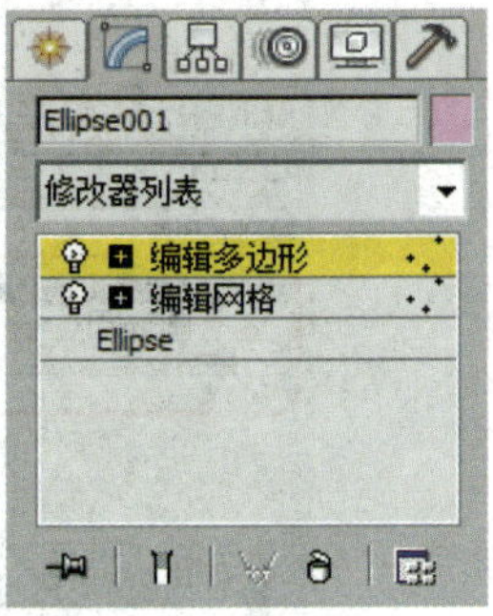

图3-85

3.3.4 通用修改区

在【通用修改区】中提供了通用的修改操作工具，对所有修改工具有效，起着辅助修改的作用。

- 【锁定堆栈】按钮：将修改堆栈锁定到当前的对象上，即使在场景中选择了其他对象，命令面板仍会显示锁定的对象修改器。
- 【显示最终结果开/关切换】按钮：如果当前处在修改堆栈的中间或底层，在视图中只会显示出当前所在层之前的修改结果，单击此按钮可以观察到最后的修改结果。
- 【使唯一】按钮：当对一组选择对象加入修改器时，这个修改器会同时影响所有对象，以后在调节这个修改器的参数时，都会对所有的对象同时进行影响，因为它们已经属于Instance关联属性的修改器的命令了，单击该按钮，可以将这种关联的修改各自独立，将共同的修改器独立分配给每个对象，使它们失去彼此的关联。
- 【从堆栈中移除修改器】按钮：将当前修改器从修改堆栈中删除。
- 【配置修改器集】按钮：可以重新对列出的修改工具进行设置，如图3-86所示。
  - 【配置修改器集】：选择该选项后，弹出【配置修改器集】对话框，如图3-87所示。使用该对话框可以创建自定义修改器和按钮集。
  - 【显示按钮】：选择此选项后，可以在修改器列表中显示所有的编辑修改器的按钮，如图3-88所示。
  - 【显示列表中的所有集】：通常在3ds Max中编辑修改器序列默认设置为3种类型，即【选择修改器】、【世界空间修改器】和【对象空间修改器】。【显示列表中的所有集】选项可以将默认的编辑修改器中的编辑器按照功能的不同进行有效的划分，使用户在设置操作中便于查找和选择。

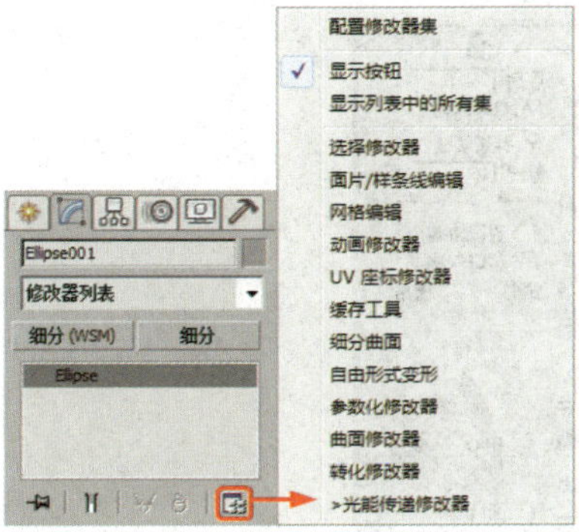

图3-86

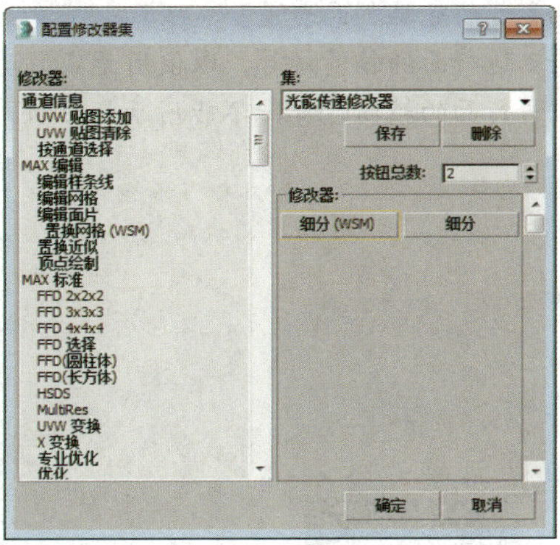

图3-87

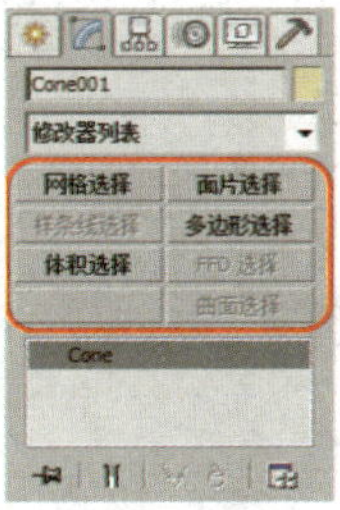

图3-88

3.4 常用修改器

如果想让模型的形体发生变化，以生成一些奇特的模型，那么必须给该物体添加相应的修改器。常用的修改器有【车削】修改器、【挤出】修改器、【倒角】修改器。下面就来学习这些常用的修改器。

3.4.1 【车削】修改器

使用【车削】修改器可以通过旋转二维图形来产生三维模型，如图3-89所示，或通过NURBS曲线来创建3D对象。

图3-89

在修改器堆栈中，将【车削】修改器展开，可以通过次物体选择集【轴】调整车削，如图3-90所示。在此次物体层级上，可以进行变换和设置绕轴旋转动画。

图3-91所示的【参数】卷展栏中各项含义及作用介绍如下。

- 【度数】：设置旋转成型的角度，360° 为一个完整环形，小于360° 为不完整的扇形。
- 【焊接内核】：通过焊接旋转轴中的顶点来简化网格，如果要创建一个变形目标，禁用此复选框。
- 【翻转法线】：将模型表面的法线方向反向。
- 【分段】：设置旋转圆周上的片段划分数，值越高，模型越平滑。
- 【封口始端】：将顶端加面覆盖。

- 【封口末端】：将底端加面覆盖。
- 【变形】：不进行面的精简计算，以便用于变形动画的制作。
- 【栅格】：进行面的精简计算，不能用于变形动画的制作。

图3-90

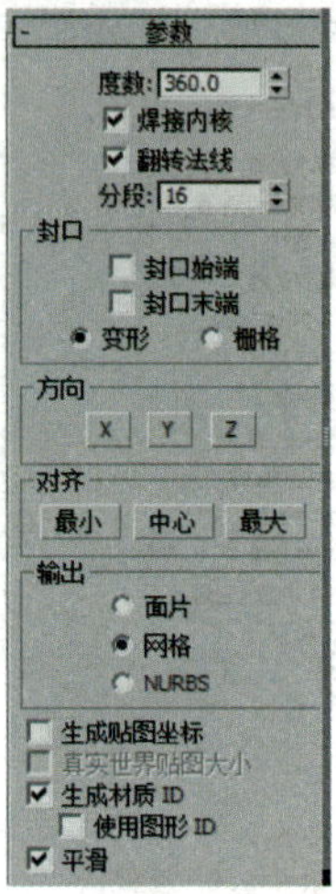

图3-91

- X/Y/Z：【方向】选项组中的X、Y、Z按钮分别用于设置不同的轴向。
- 【最小】：将曲线内边界与中心轴对齐。
- 【中心】：将曲线中心与中心轴对齐。
- 【最大】：将曲线外边界与中心轴对齐。
- 【面片】：将放置成型的对象转化为面片模型。
- 【网格】：将旋转成型的对象转化为网格模型。
- 【NURBS】：将放置成型的对象转化为NURBS曲面模型。
- 【生成贴图坐标】：将贴图坐标应用到车削对象中。当【度数】值小于360°并选中【生成贴图坐标】复选框时，将另外的贴图坐标应用到末端封口中，并在每个封口上放置一个1×1的平铺图案。
- 【真实世界贴图大小】：控制应用于该对象的纹理贴图材质所使用的缩放方法。
- 【生成材质ID】：为模型指定特殊的材质ID，两端面指定为ID1和ID2，侧面指定为ID3。
- 【使用图形ID】：旋转对象的材质ID号分配以封闭曲线继承的材质ID值决定。只有在对曲线指定材质ID后才可用。
- 【平滑】：选中该复选框时自动平滑对象的表面，产生平滑过渡，否则会产生硬边。如图3-92所示为选中与没选中【平滑】复选框的效果。

使用【车削】修改器的具体操作步骤如下：

Step 1 在【前】视图中使用【圆】工具绘制一个如图3-93所示的圆。

Step 2 切换到【修改】命令面板，在【修改器列表】中选择【车削】修改器，如图3-94所示。

Step 3 在【参数】卷展栏中单击【方向】选项组中的【Y】按钮，然后设置【分段】

为35，如图3-95所示。

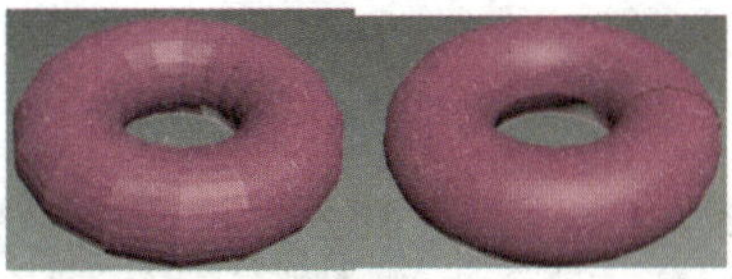

图3-92

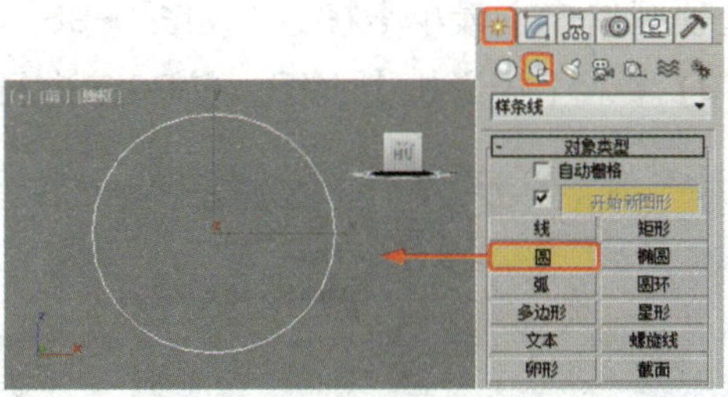

图3-93

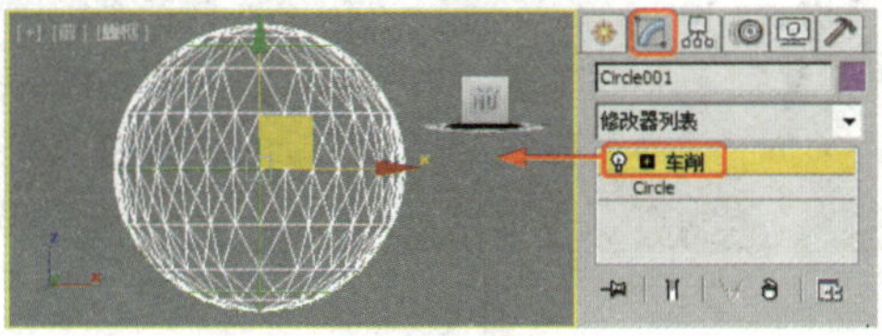

图3-94

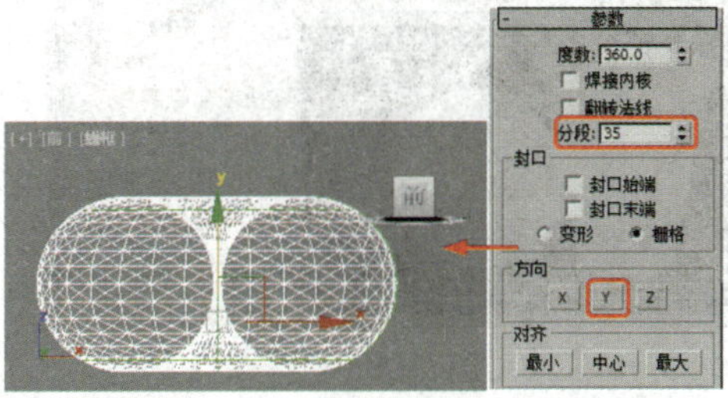

图3-95

3.4.2　【上机操作】——【车削】修改器

场景：CDROM\场景\Cha03\008.max

完成场景：CDROM\场景\Cha03\008OK.max

视频：视频教学\Cha03\【车削】修改器.avi

【车削】修改器通过绕轴旋转出一个图形或NURBS曲线来创建三维对象。下面介绍【车削】修改器的使用方法，具体操作步骤如下：

Step 1 单击按钮，在弹出的下拉列表中选择【打开】命令，打开随书附带光盘中的CDROM\场景\Cha03\008.max，如图3-96所示。

Step 2 在视图中选择【一次性水杯01】对象，然后切换到【修改】命令面板，在【修改器列表】中选择【车削】修改器，如图3-97所示。

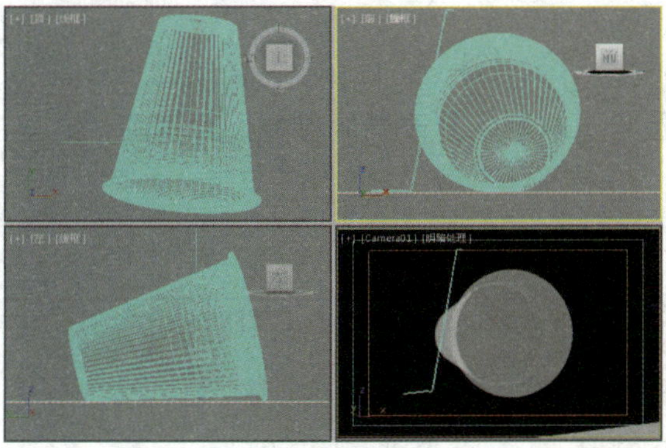

图3-96

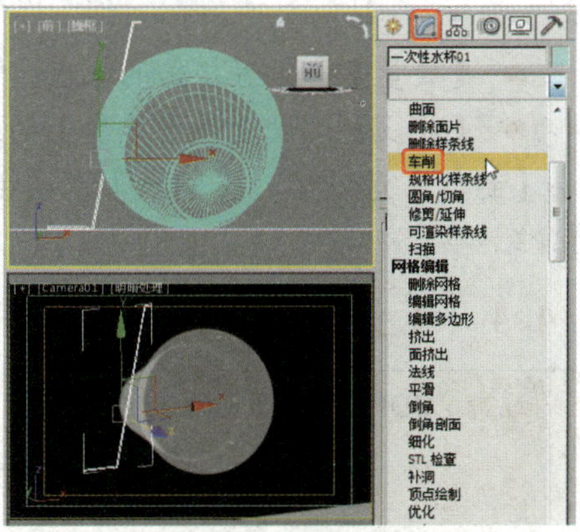

图3-97

Step 3 在【参数】卷展栏中勾选【焊接内核】复选框，将【分段】设置为50，并在【对齐】选项组单击【最小】按钮，如图3-98所示。

Step 4 激活【摄影机】视图，按F9键进行渲染，渲染完成后的效果如图3-99所示。

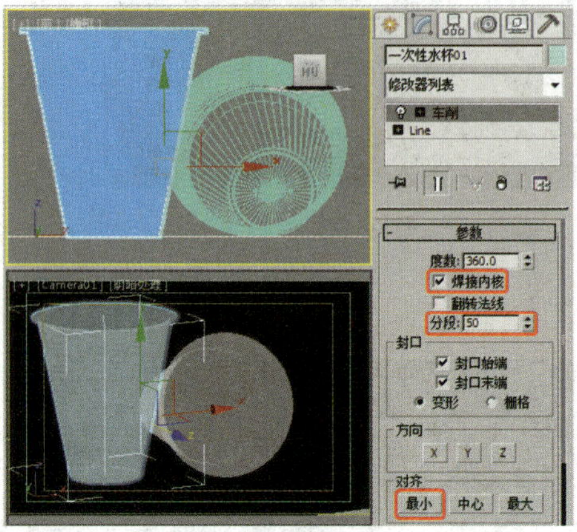

图3-98

图3-99

3.4.3 【挤出】修改器

【挤出】修改器是将二维的样条线图形增加厚度，挤出成为三维实体，如图3-100所示。这是一个常用的建模方法，可以进行面片、网格对象和NURBS对象3类模型的输出。

在【修改】命令面板中，设置【挤出】修改器的【参数】卷展栏，如图3-101所示。

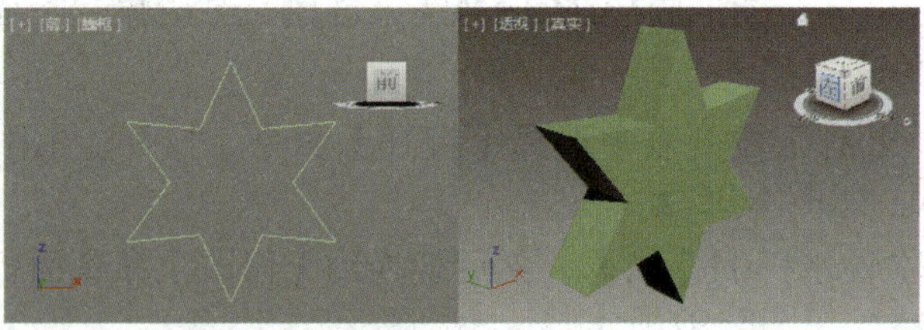

图3-100

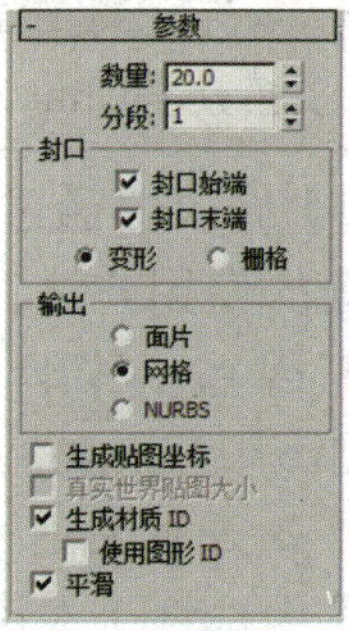

图3-101

- 【数量】：设置挤出的深度。
- 【分段】：设置挤出厚度上的片段划分数。

【封口】选项组、【输出】选项组等的设置与【车削】修改器的参数设置相同，这里不再介绍。

3.4.4 【上机操作】——【挤出】修改器

场景：CDROM\场景\Cha03\009.max	
完成场景：CDROM\场景\Cha03\009OK.max	
视频：视频教学\Cha03\【挤出】修改器.avi	

【挤出】修改器是将二维的样条线图形增加厚度，挤出为三维实体。下面介绍【挤出】修改器的使用方法，具体操作步骤如下：

Step 1 单击按钮，在弹出的下拉列表中选择【打开】命令，打开随书附带光盘中的CDROM\场景\Cha03\009.max，如图3-102所示。

Step 2 在视图中选择【叶子】对象，然后切换到【修改】命令面板，在【修改器列表】中选择【挤出】修改器，如图3-103所示。

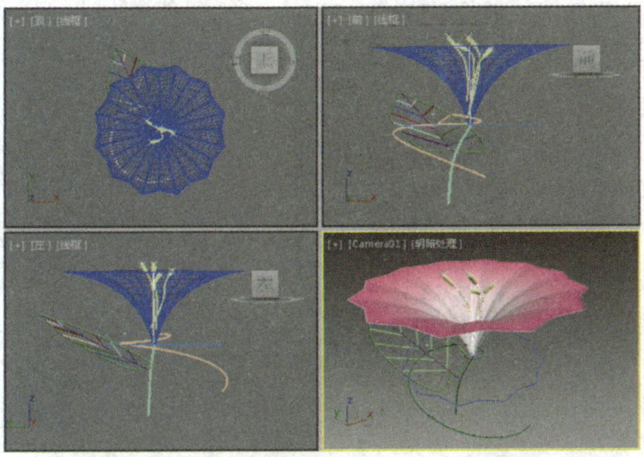

图3-102

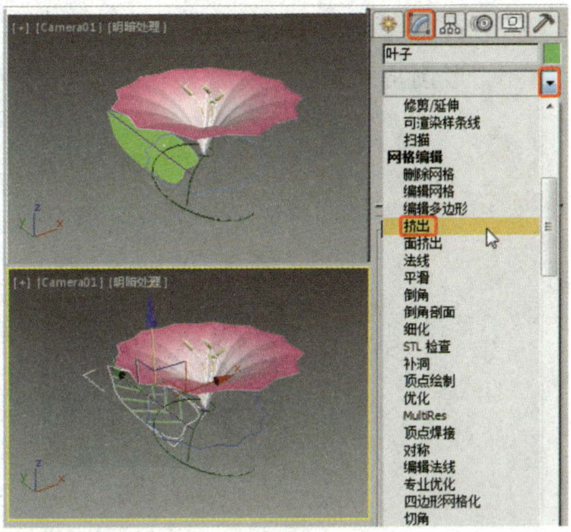

图3-103

Step 3 在【参数】卷展栏中将【数量】设置为0.1。

Step 4 激活【摄影机】视图，按F9键进行渲染，渲染完成后的效果如图3-104所示。

图3-104

3.4.5 【倒角】修改器

使用【倒角】修改器是通过对二维图形进行挤出成形的同时，在边界上加入直形或圆形的倒角，如图3-105所示，一般用来制作立体文字和标志。

在【倒角】修改器面板中包括【参数】和【倒角值】两个卷展栏。

1. 【参数】卷展栏（见图3-106）

【封口】与【封口类型】选项组中的选项与前面介绍的【车削】修改器的选项含义相同，这里不再介绍。

【曲面】选项组：用于控制侧面的曲率、平滑度以及贴图坐标。

- 【线性侧面】：选中此单选按钮后，级别之间会沿着一条直线进行分段插值。
- 【曲线侧面】：选中此单选按钮后，级别之间会沿着一条 Bezier 曲线进行分段插值。
- 【分段】：设置倒角内部的片段划分数。选中【线性侧面】单选按钮，设置【分段】的值，如图3-107所示，上面的【分段】值为1，下面的【分段】值为3；选中【曲线侧面】单选按钮，设置【分段】的值如图3-108所示，上面的【分段】值为1，下面的【分段】值为3。多的片段划分主要用于弧形倒角，如图3-109所示，右侧为弧形倒角效果。

图3-105

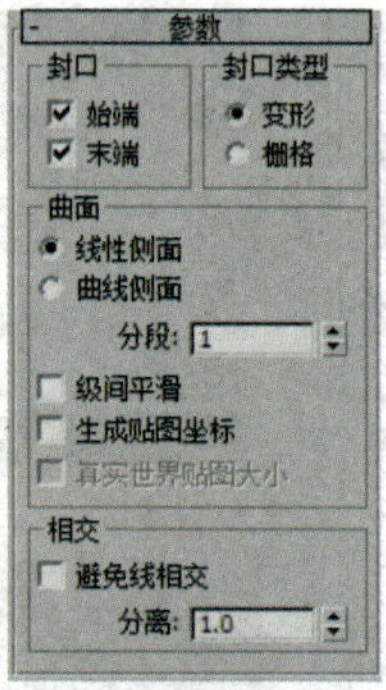

图3-106

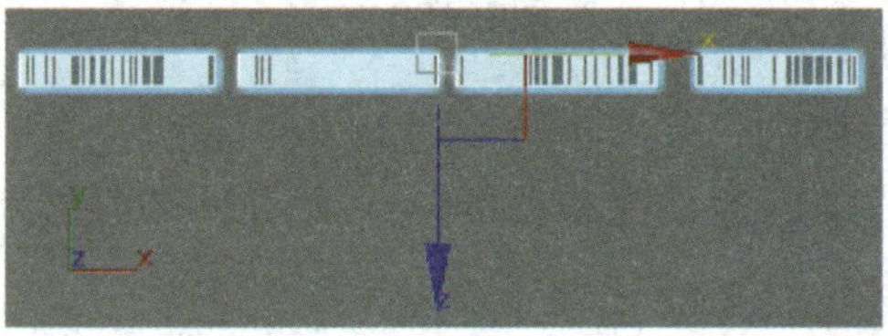

图3-107

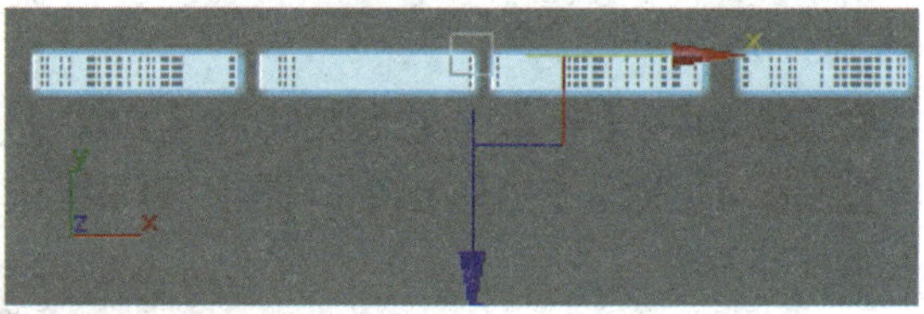

图3-108

- 【级间平滑】：控制是否将平滑组应用于倒角对象侧面。顶面会使用与侧面不同的平滑组。选中此复选框后，对侧面应用平滑组，侧面显示为弧状；取消选中此复选框后不应用平滑组，侧面显示为平面倒角。
- 【生成贴图坐标】：选中该复选框，将贴图坐标应用于倒角对象。
- 【真实世界贴图大小】：控制应用于该对象的纹理贴图材质所使用的缩放方法。

【相交】选项组：在制作倒角时，有时尖锐的折角会产生突出变形，这里提供处理这种问题的方法。

- 【避免线相交】：选中该复选框，可以防止尖锐折角产生的突出变形，如图3-110所示。左图为突出现象，右图为选中该复选框后的修改效果。
- 【分离】：设置两个边界线之间保持的距离间隔，以防止越界交叉。

2. 【倒角值】卷展栏（见图3-111）

在【倒角值】卷展栏中包括级别1、级别2和级别3，它们分别设置3个级别的【高度】和【轮廓】。

图3-109

图3-110

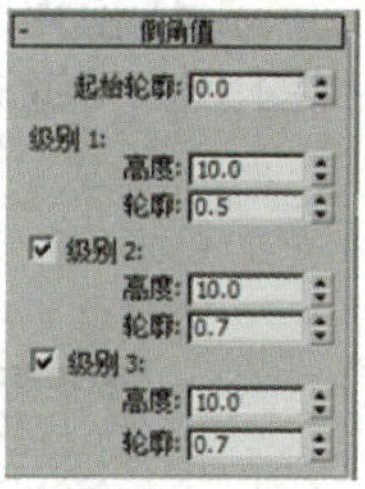

图3-111

提示：

选中【避免线相交】复选框会增加系统的运算时间，可能会等待很久，而且将来在改动其他倒角参数时也会变得迟钝，所以尽量避免使用这个功能。如果遇到线相交的情况，最好返回到曲线图形手动进行修改，将转折过于尖锐的地方调节为圆滑。

3.4.6 【上机操作】——【倒角】修改器

场景：CDROM\场景\Cha03\010.max

完成场景：CDROM\场景\Cha03\010OK.max

视频：视频教学\Cha03\【倒角】修改器.avi

【倒角】修改器是将图形挤出为3D对象并在边缘应用平或圆的倒角。下面介绍【倒角】修改器的使用方法，具体操作步骤如下：

Step 1 单击按钮，在弹出的下拉列表中选择【打开】命令，打开随书附带光盘中的CDROM\场景\Cha03\010.max，如图3-112所示。

Step 2 在视图中选择【固定板001】对象，然后切换到【修改】命令面板，在【修改器列表】中选择【倒角】修改器，如图3-113所示。

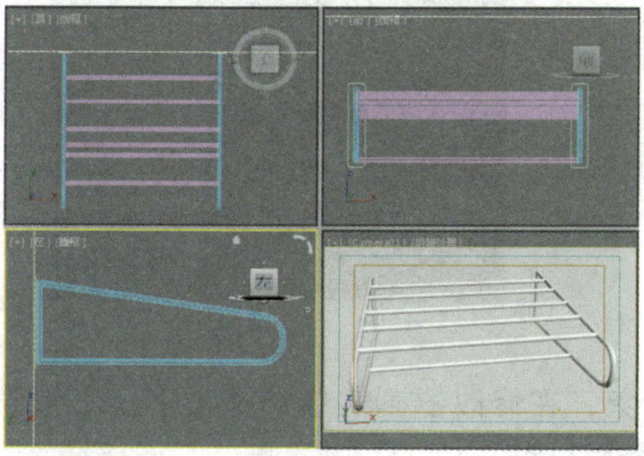

图3-112

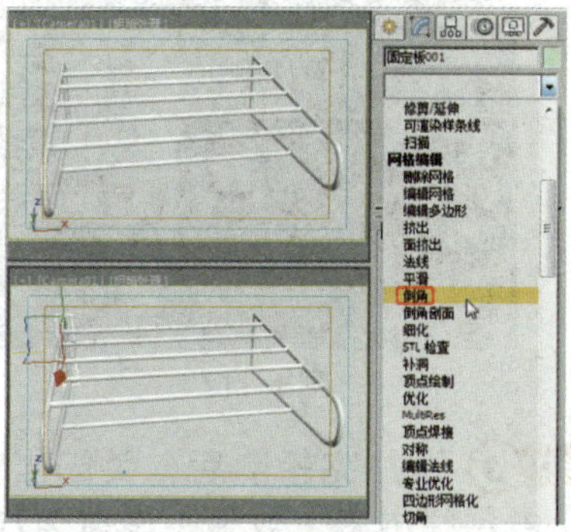

图3-113

Step 3 在【参数】卷展栏中勾选【曲面】选项组的【曲线侧面】单选按钮，设置【分段】为3，在【倒角值】卷展栏中设置【级别1】的【高度】为5，勾选【级别2】复选框，设置【高度】为3，【轮廓】为-3，如图3-114所示。

Step 4 使用同样的方法为【固定板002】对象施加【倒角】修改器，然后激活【摄影机】视图，按F9键进行渲染，渲染完成后的效果如图3-115所示。

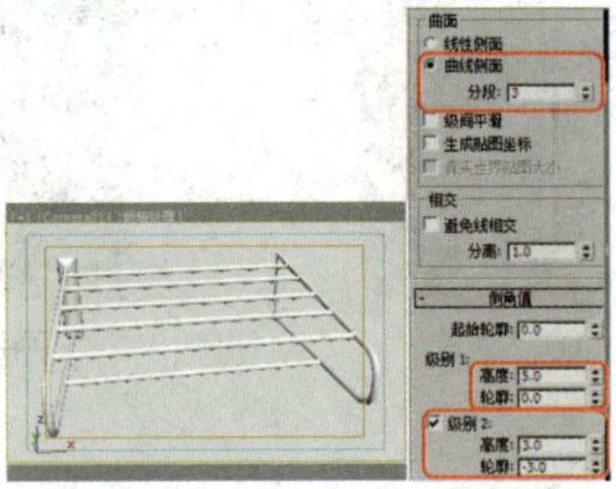
图3-114

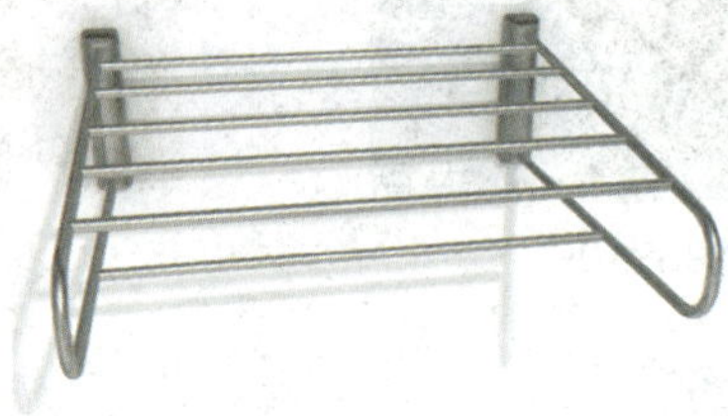
图3-115

3.5 上机实践

3.5.1 制作茶几

本例将介绍如何使用【矩形】工具制作茶几，如图3-116所示，该案例主要通过创建圆角矩形、添加【挤出】修改器等操作进行制作。

图3-116

Step 1 新建一个空白场景文件，将单位设置为厘米，选择【创建】|【图形】|【矩形】工具，在【左】视图中绘制一个矩形，将其命名为【茶几框】，在【参数】卷展栏中将【长度】、【宽度】、【角半径】分别设置为40、130、3，如图3-117所示。

Step 2 选中该图形，切换至【修改】命令面板，在修改器列表中选择【编辑样条线】修改器，将当前选择集定义为【样条线】，在视图中选中绘制的图形，在【几何体】卷展栏中将【轮廓】设置为2.5，如图3-118所示。

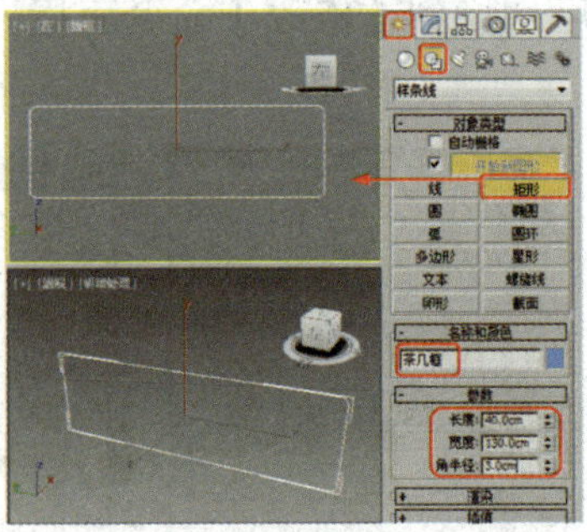
图3-117

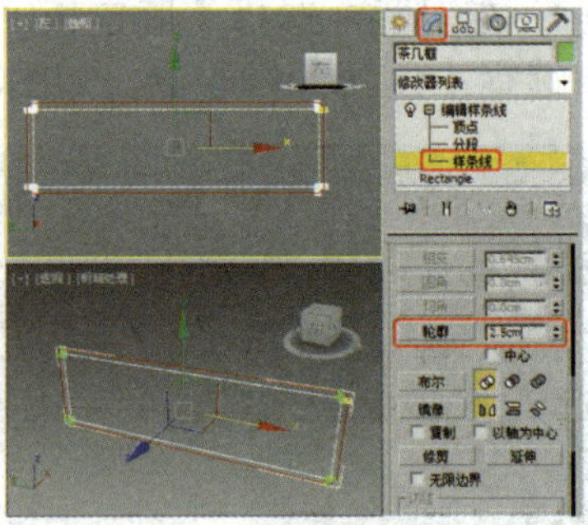
图3-118

Step 3 添加完轮廓后，关闭当前选择集，在修改器列表中选择【挤出】修改器，在【参数】卷展栏中将【数量】设置为70，如图3-119所示。

Step 4 选择【创建】|【图形】|【矩形】工具，在【左】视图中绘制一个矩形，将其命名为【抽屉001】，在【参数】卷展栏中将【长度】、【宽度】、【角半径】分别设置为14、61.5、0.5，如图3-120所示。

Step 5 切换至【修改】命令面板，在修改器列表中选择【挤出】修改器，在【参数】

卷展栏中将【数量】设置为34，并在视图中调整该对象的位置，效果如图3-121所示。

Step 6 选择【创建】|【图形】|【矩形】工具，在【左】视图中绘制一个矩形，将其命名为【抽屉-挡板001】，在【参数】卷展栏中将【长度】、【宽度】、【角半径】分别设置为14、28、0.5，如图3-122所示。

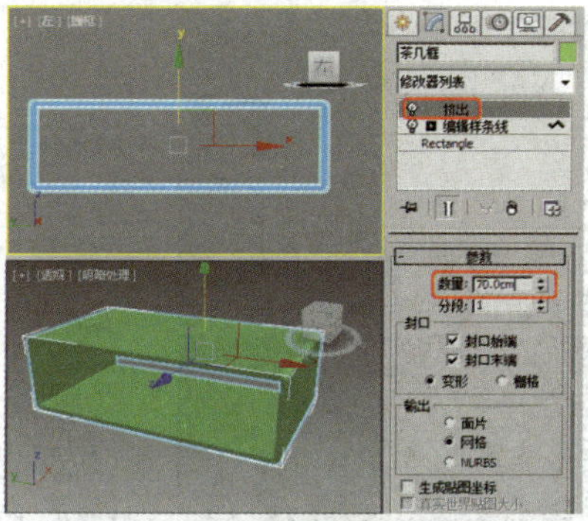

图3-119

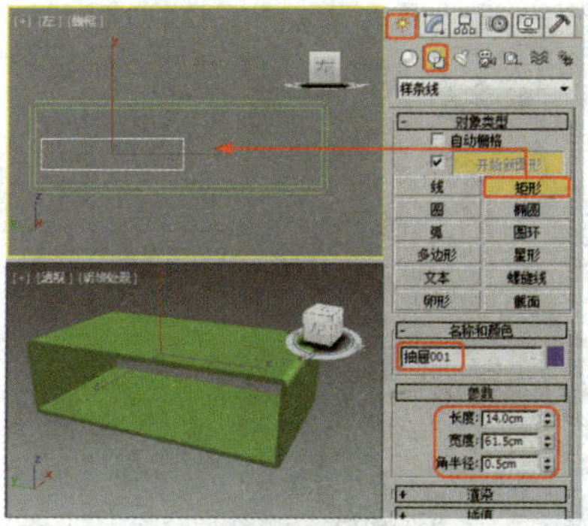

图3-120

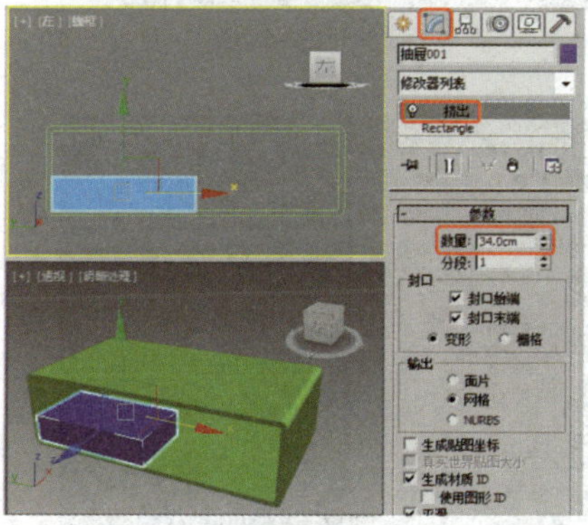

图3-121

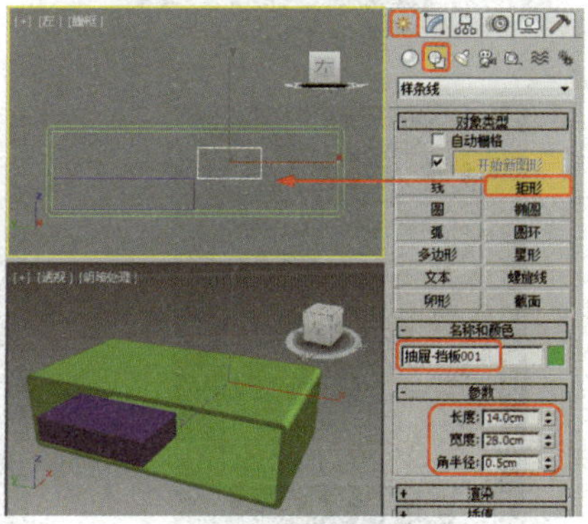

图3-122

Step 7 切换至【修改】命令面板，在修改器列表中选择【编辑样条线】，将当前选择集定义为【顶点】，对圆角矩形右上角的顶点进行调整，效果如图3-123所示。

Step 8 继续选中右上角的顶点，在【几何体】卷展栏中将【圆角】设置为7，如图3-124所示。

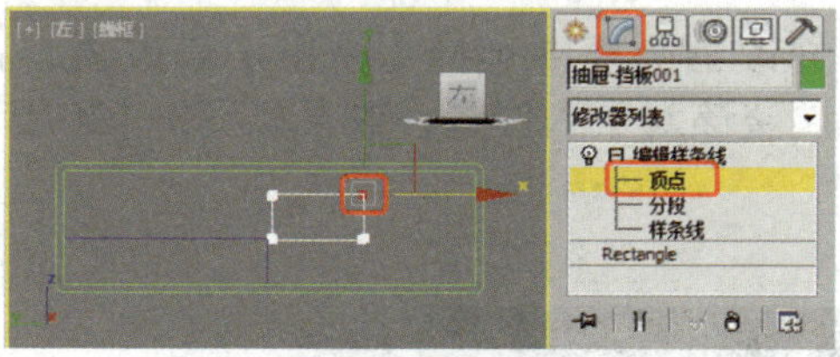

图3-123

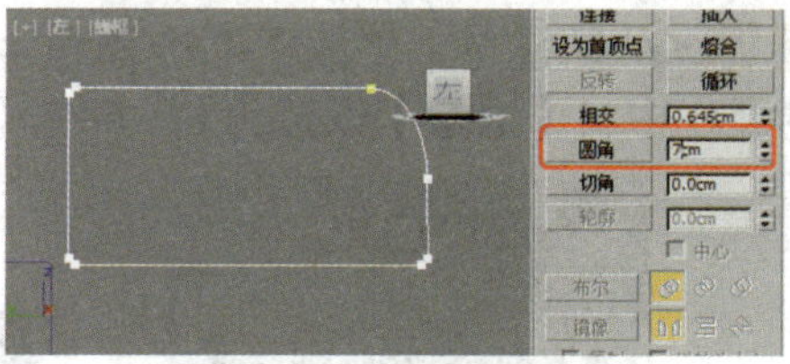

图3-124

Step 9 设置完成后，关闭当前选择集，在修改器列表中选择【挤出】修改器，在【参数】卷展栏中将【数量】设置为0.5，并在视图中调整该对象的位置，如图3-125所示。

Step 10 继续选中该对象并激活【左】视图，在工具栏中单击【镜像】按钮，在弹出的对话框中选中【实例】单选按钮，将【偏移】设置为33.6，如图3-126所示。

Step 11 单击【确定】按钮，在视图中选中抽屉和抽屉挡板，在【左】视图中按住Shift

键沿X轴向右进行拖动，在弹出的对话框中选中【实例】单选按钮，如图3-127所示。

Step 12 设置完成后，单击【确定】按钮，再次选中所有的抽屉和抽屉挡板，激活【顶】视图，在工具栏中单击【镜像】按钮，在弹出的对话框中选中【实例】单选按钮，将【偏移】设置为57.5，如图3-128所示。

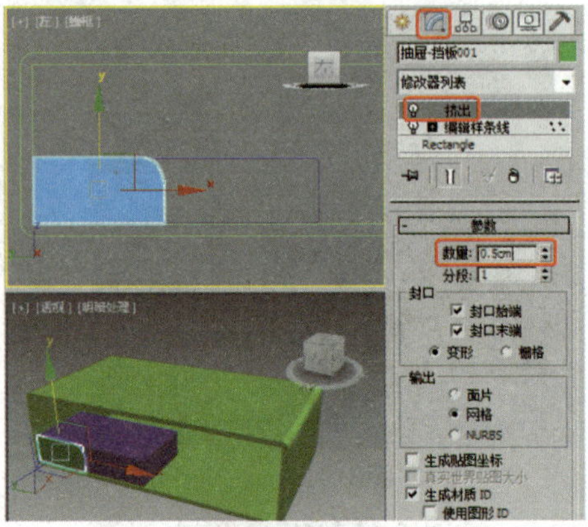

图3-125

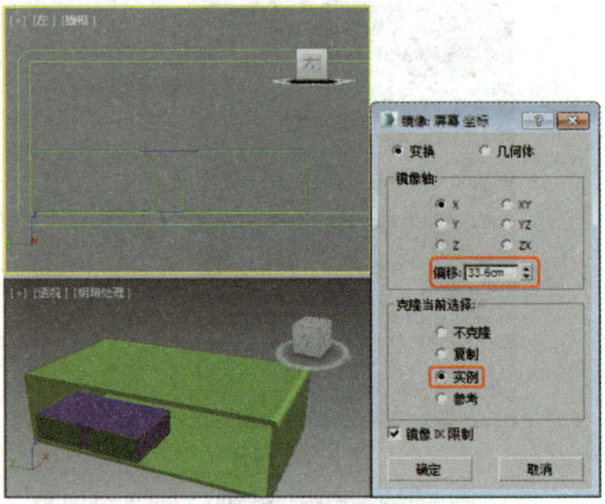

图3-126

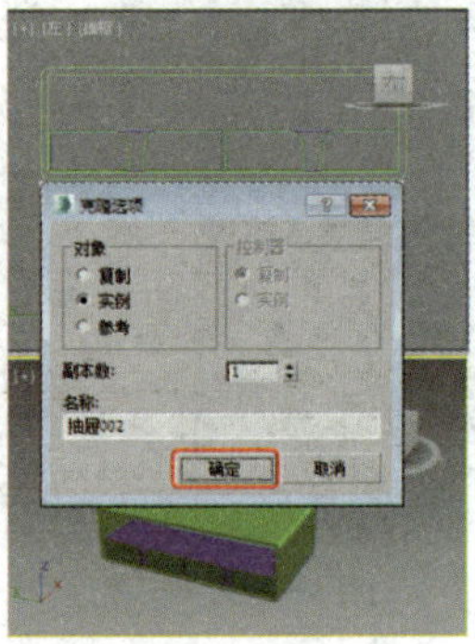

图3-127

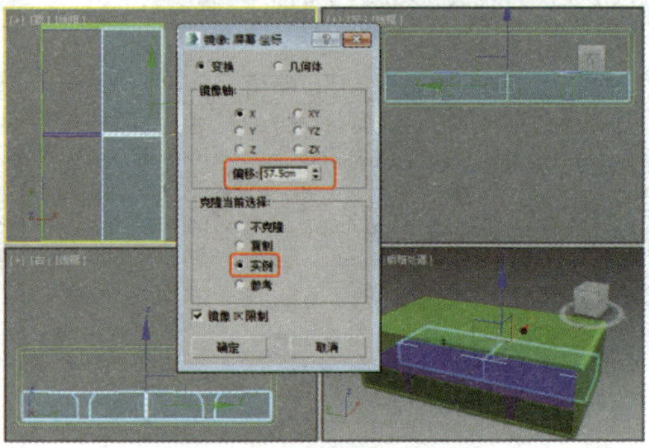

图3-128

Step 13 单击【确定】按钮，选择【创建】|【图形】|【矩形】工具，在【顶】视图中绘制一个矩形，将其命名为【茶几-横板】，在【参数】卷展栏中将【长度】、【宽度】、【角半径】分别设置为125、70、1，如图3-129所示。

Step 14 切换至【修改】命令面板中，在修改器列表中选择【挤出】修改器，在【参数】卷展栏中将【数量】设置为1，并在视图中调整该对象的位置，效果如图3-130所示。

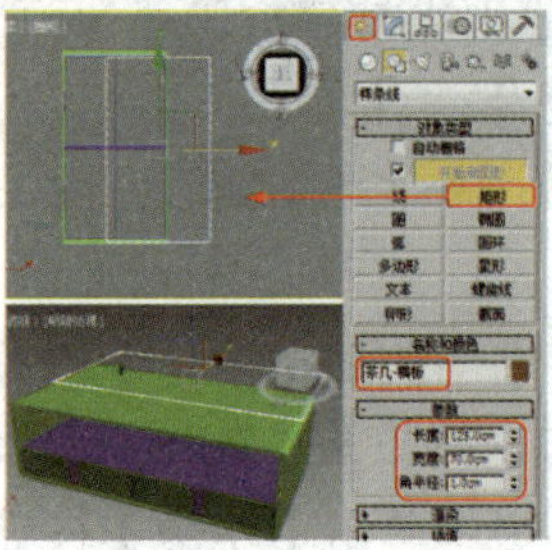

图3-129

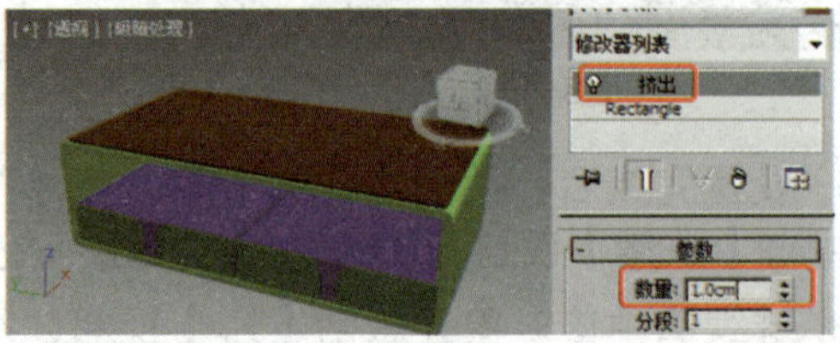

图3-130

Step 15 在视图中选中所有的抽屉挡板、茶几横板、茶几框对象，按M键，在弹出的对话框中选择一个材质样本球，将其命名为【白色】，在【明暗器基本参数】卷展栏中将明暗器类型设置为【（P）Phong】，在【Phong基本参数】卷展栏中将【环境光】的RGB值设置为251、248、234，将【自发光】设置为60，将【反射高光】选项组中的【高光级别】、【光泽度】分别设置为98、87，如图3-131所示。

Step 16 将设置完成后的材质指定给选定对象，再在视图中选择所有的抽屉对象，在【材质编辑器】对话框中选择一个新的材质样本球，将其命名为【抽屉】，在【Blinn基本参数】卷展栏中将【环境光】的RGB值设置为187、76、115，如图3-132所示。

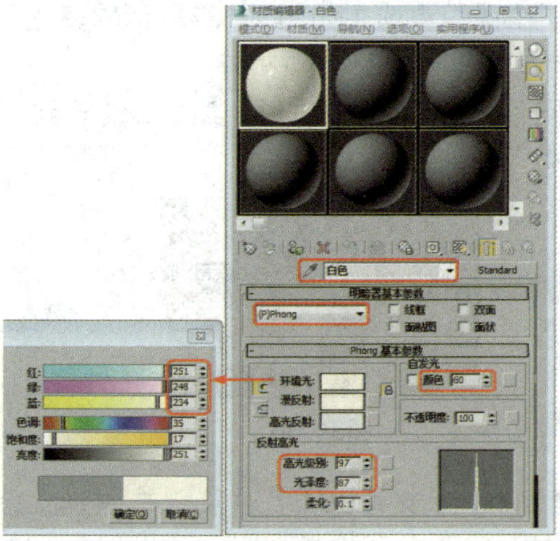

图3-131

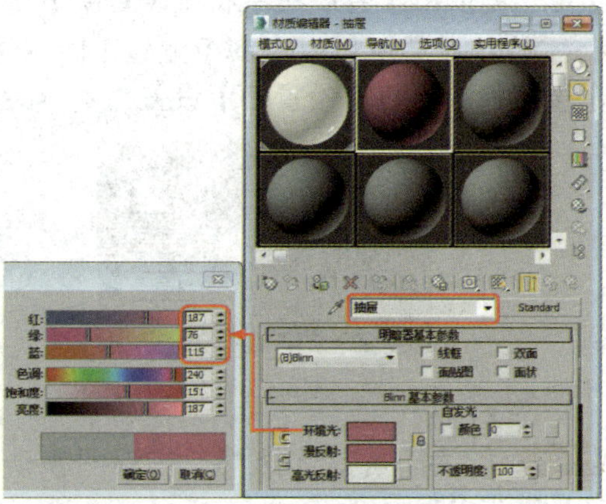

图3-132

Step 17 设置完成后，将材质指定给选定对象，然后选择【创建】|【几何体】|【圆柱体】工具，在【顶】视图中创建圆柱体，将其命名为【支架001】，在【参数】卷展栏中设置【半径】为1.65cm，【高度】为6cm，【高度分段】为2，并在视图中调整其位置，如图3-133所示。

Step 18 在修改器下拉列表中选择【编辑多边形】修改器，将当前选择集定义为【顶点】，在【前】视图中选择如图3-134所示的顶点，并向下调整其位置。

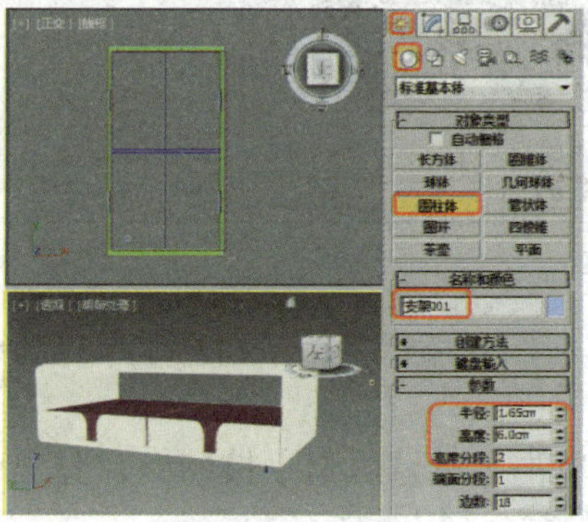

图3-133

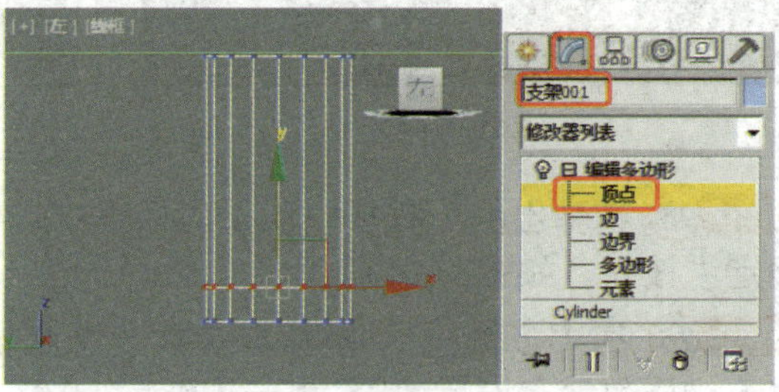

图3-134

Step 19 将当前选择集定义为【多边形】，在视图中选择如图3-135所示的多边形。

Step 20 在【编辑多边形】卷展栏中单击【挤出】右侧的【设置】按钮，在弹出的对话框中选中【挤出类型】选项组中的【本地法线】单选按钮，将【挤出高度】设置为

0.455cm，单击【确定】按钮，挤出后的效果如图3-136所示。

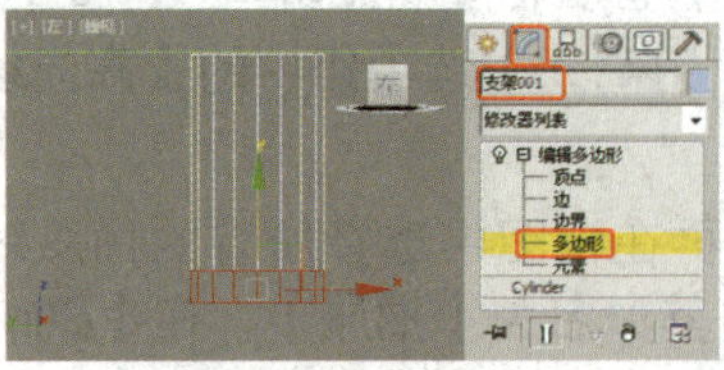

图3-135

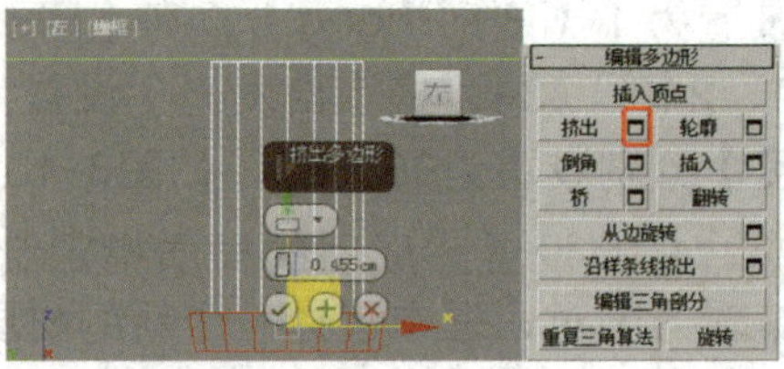

图3-136

Step 21 设置完成后，单击【确定】按钮，在视图中选中如图3-137所示的多边形，在【多边形：材质ID】卷展栏中将【设置ID】设置为1，如图3-137所示。

Step 22 在菜单栏中选择【编辑】|【反选】命令，反选多边形，然后在【多边形：材质ID】卷展栏中，将【设置ID】设置为2，如图3-138所示。

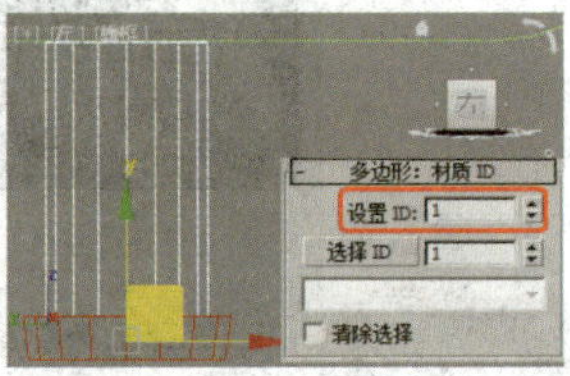

图3-137

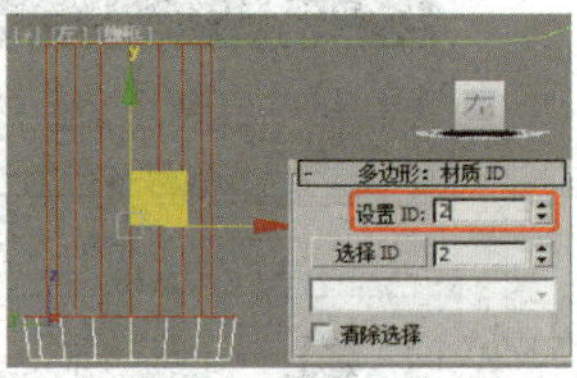

图3-138

Step 23 关闭当前选择集，在视图移动复制3个【支架001】对象，并调整支架的位置，如图3-139所示。

Step 24 在场景中选择所有的支架对象，在【材质编辑器】对话框中选择一个新的材质样本球，将其命名为【支架】，并单击【Standard】按钮，在弹出的【材质/贴图浏览器】对话框中选择【多维/子对象】材质，单击【确定】按钮，如图3-140所示。

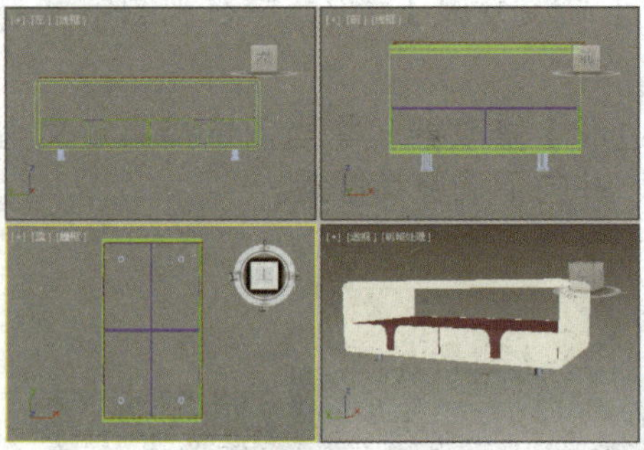

图3-139

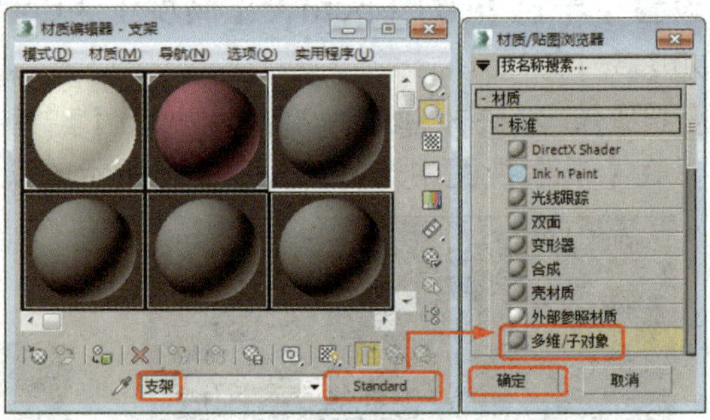

图3-140

Step 25 在弹出的【替换材质】对话框中选中【将旧材质保存为子材质】单选按钮，单击【确定】按钮，如图3-141所示。

Step 26 在【多维/子对象基本参数】卷展栏中单击【设置数量】按钮，在弹出的对话框中将【材质数量】设置为2，单击【确定】按钮，如图3-142所示。

Step 27 在【多维/子对象基本参数】卷展栏中单击ID1右侧的子材质按钮，在【明暗器基本参数】卷展栏中选择【金属】，取消【环境光】和【漫反射】的锁定，在【金属基本参数】卷展栏中将【环境光】的RGB值设置为0、0、0，将【漫反射】的RGB值设置为255、

255、255，在【反射高光】选项组中将【高光级别】和【光泽度】分别设置为100、86，如图3-143所示。

Step 28 在【贴图】卷展栏中，将【反射】后的【数量】设置为60，单击右侧的【无】按钮，在弹出的【材质/贴图浏览器】对话框中选择【位图】贴图，单击【确定】按钮，在弹出的对话框中打开随书附带光盘中的CDROM\MAP\Metal01.tif文件，如图3-144所示。

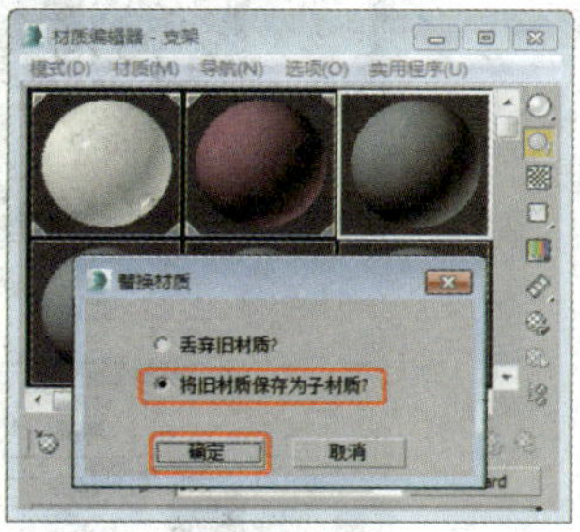

图3-141

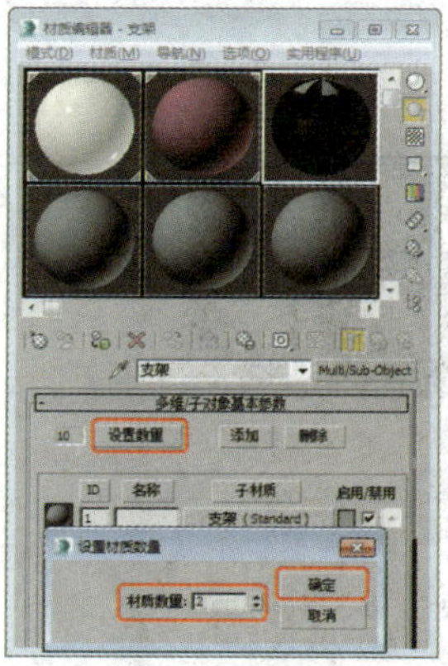

图3-142

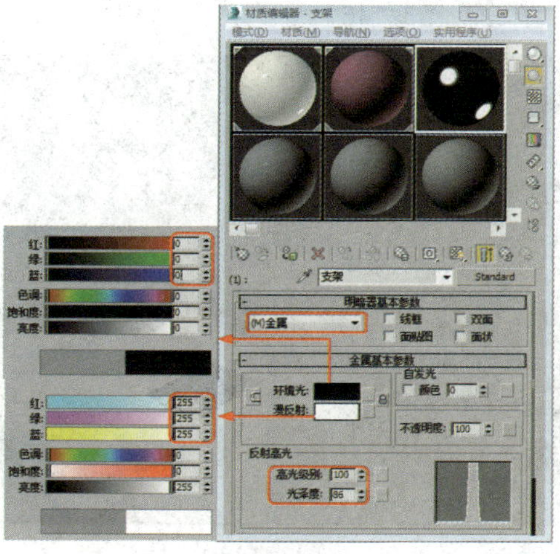

图3-143

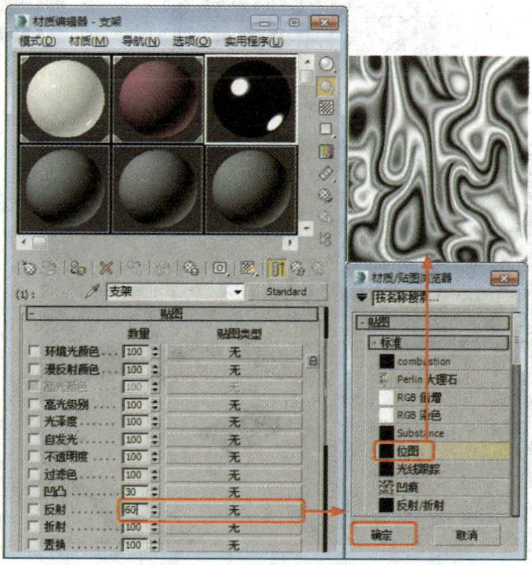

图3-144

Step 29 在【坐标】卷展栏中将【瓷砖】下的U、V分别设置为0.4、0.1，将【模糊偏移】设置为0.05，在【输出】卷展栏中，将【输出量】设置为0.15，如图3-145所示。

Step 30 单击两次【转到父对象】按钮，在【多维/子对象基本参数】卷展栏中单击ID2右侧的子材质按钮，在弹出的【材质/贴图浏览器】对话框中双击【标准】材质，然后在【Blinn基本参数】卷展栏中将【环境光】和【漫反射】的RGB值设置为20、20、20，在【反射高光】选项组中，将【高光级别】和【光泽度】分别设置为51、50，如图3-146所示。然后单击【转到父对象】按钮和【将材质指定给选定对象】按钮，将材质指定给选定对象。

Step 31 使用前面介绍的方法创建桌面、地面并添加背景，然后为桌面添加材质，选择【创建】|【摄影机】|【目标】工具，在视图中创建一个摄影机，激活【透视】视图，按C键将其转换为摄影机，在其他视图中调整摄影机，如图3-147所示。

Step 32 选择【创建】|【灯光】|【标准】|【天光】工具，在【顶】视图中创建天光，切换到【修改】命令面板，在【天光参数】卷展栏中勾选【投射阴影】复选框，效果如图3-148所示。

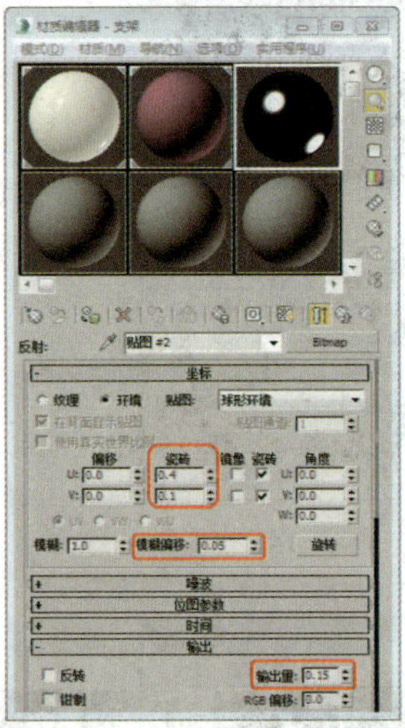

图3-145

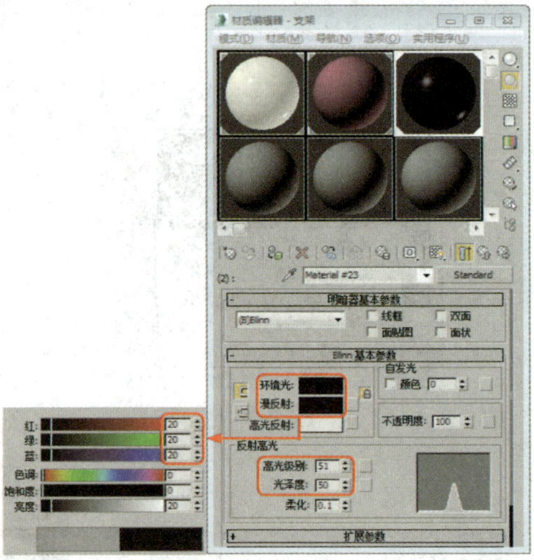

图3-146

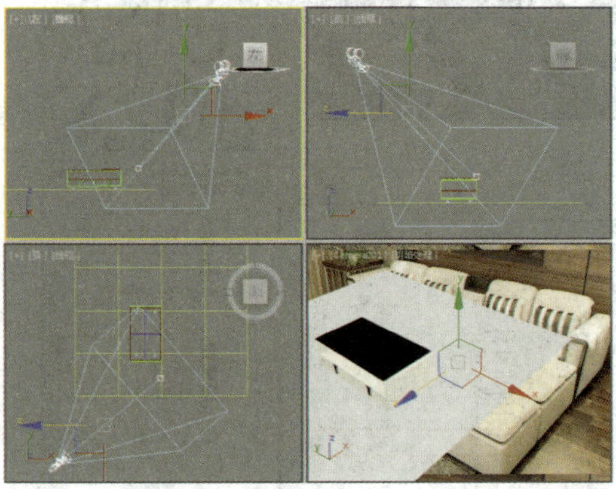

图3-147

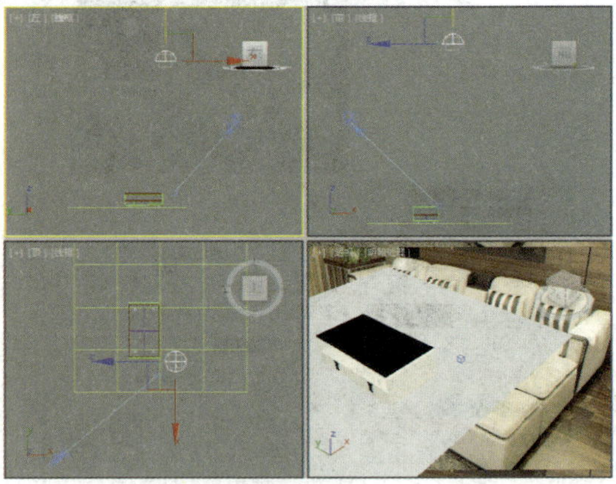

图3-148

3.5.2 制作造型椅

本例将介绍如何制作造型椅，首先使用【线】工具绘制出造型椅的截面，然后利用【挤出】修改器设置出三维效果，再使用【矩形】工具绘制出金属底座，完成后的效果如图3-149所示。

图3-149

Step 1 选择【创建】|【图形】|【线】工具，在【前】视图中绘制一条闭合图形，并将其命名为【主体】，如图3-150所示。

Step 2 进入【修改】命令面板，将当前选择集定义为【顶点】，将场景中的顶点全部选中，然后右击，在弹出的快捷菜单中选择【Bezier角点】命令，并使用工具栏中的【选择并移动】工具调整节点的位置，调整后的效果如图3-151所示。

Step 3 将当前选择集关闭，然后在修改器列表中选择【倒角】修改器，在【倒角值】卷展栏中将【级别1】区域下的【高度】和【轮廓】分别设置为2、0.7，勾选【级别2】复选框，将【级别2】区域下的【高度】设置为115，勾选【级别3】复选框，将【级别3】区域下的【高度】和【轮廓】分别设置为2、-0.7，如图3-152所示。

Step 4 激活【顶】视图，选择【创建】|【图形】|【矩形】工具，在【顶】视图中创建一个【长度】、【宽度】和【角半径】分别为129、132、15的矩形，在【渲染】卷展栏中选择【在渲染中启用】和【在视口中启用】复选框，并将【厚度】值设置为8，然后在【前】视图中将其调整至椅子的下方，如图3-153所示。

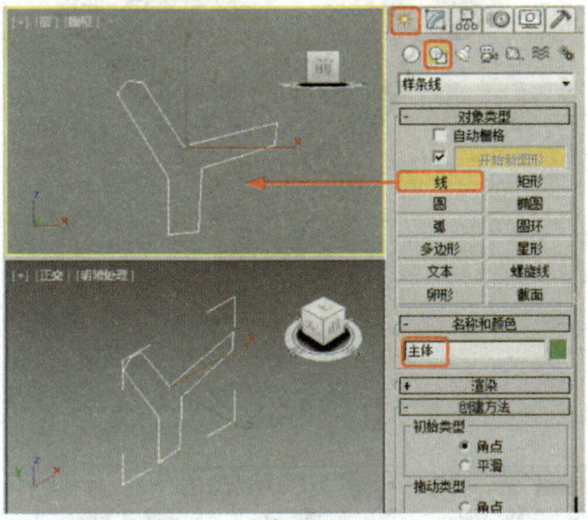

图3-150

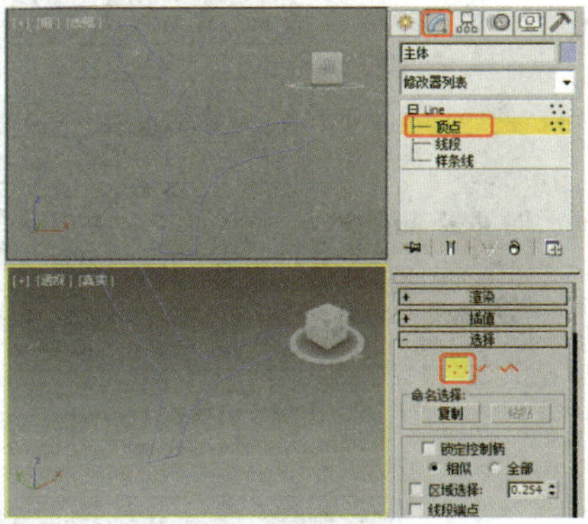

图3-151

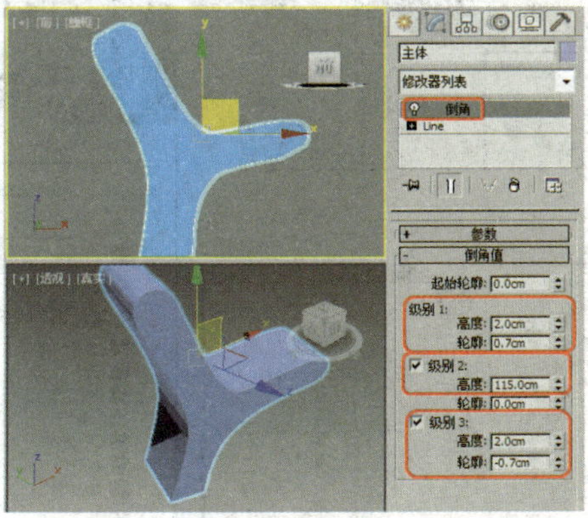

图3-152

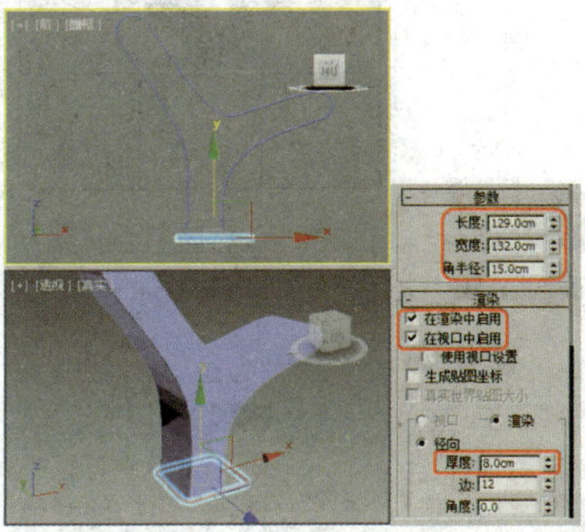

图3-153

Step 5 将其命名为【支架】，按M键打开【材质编辑器】对话框，选择一个空白的材质样本球，将其命名为【主体】，单击【环境光】右侧的色块，在弹出的对话框中将RGB分别设置为255、132、0，将【自发光】设置为30，将【高光级别】、【光泽度】设置为10、0，如图3-154所示。

Step 6 在场景中选择【主体】对象，然后单击【将材质指定给选定对象】按钮，然后对透视视图进行渲染，效果如图3-155所示。

Step 7 选择一个空白的材质，将其命名为【支架】，将明暗器类型设置为【金属】，在【金属基本参数】卷展栏中，将【环境光】的RGB设置为4、4、4，将【漫反射】的RGB设置为255、255、255，将【反射高光】选项组的【高光级别】和【光泽度】分别设置为100、80，如图3-156所示。

Step 8 打开【贴图】卷展栏，单击【反射】通道后的【无】按钮，在打开的【材质/贴图浏览器】中选择【位图】贴图，如图3-157所示，单击【确定】按钮。在打开的对话框中选择随书附带光盘中的CDROM\Map\HOUSE.jpg文件，单击【打开】按钮。进入【位图】贴图层级，在【坐标】卷展栏中将【模糊偏移】设置为0.1。

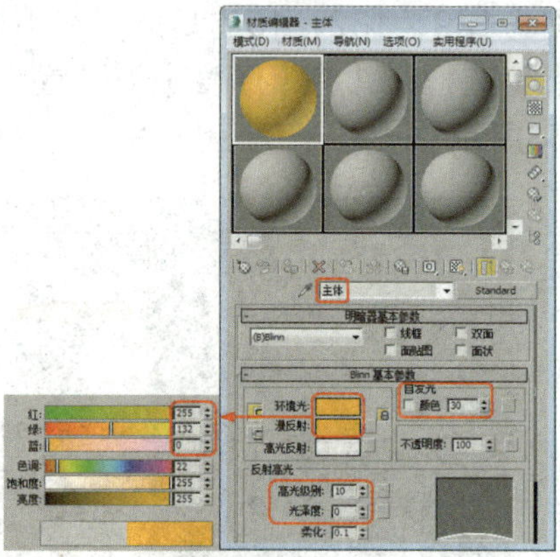

图3-154

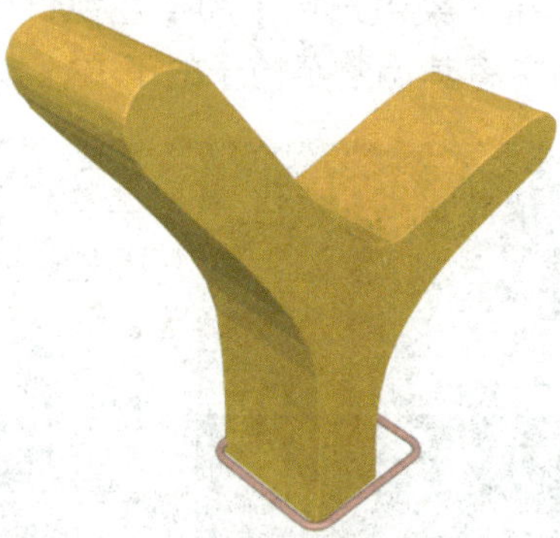

图3-155

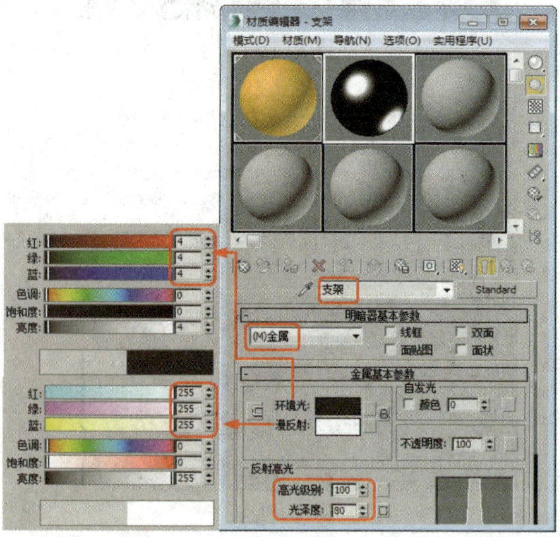

图3-156

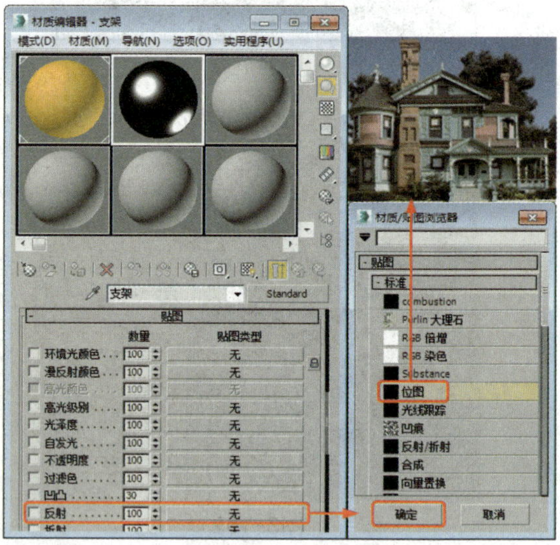

图3-157

Step 9 单击【转到父对象】按钮，然后在场景中选择【支架】对象，单击【将材质指定给选定对象】按钮，然后对【透视】视图进行渲染，效果如图3-158所示。

Step 10 按8键打开【环境和效果】对话框，在该对话框中单击【环境贴图】按钮，在弹出的对话框中选择【位图】选项，单击【确定】按钮，打开【选择位图图像文件】对话框，在该对话框中选择随书附带光盘中的CDROM\Map\2013d00f.jpg文件，如图3-159所示。

Step 11 将环境贴图拖动至空白的材质球上，在弹出的对话框中选择【实例】单选按钮，将【贴图】设置为【屏幕】，如图3-160所示。

Step 12 将【透视】视图的视口背景设置为【环境背景】，选择【创建】|【摄影机】|【目标】摄影机，在【顶】视图中创建摄影机，将【透视】视图转换为【摄影机】视图，然后在视图调整摄影机，效果如图3-161所示。

图3-158

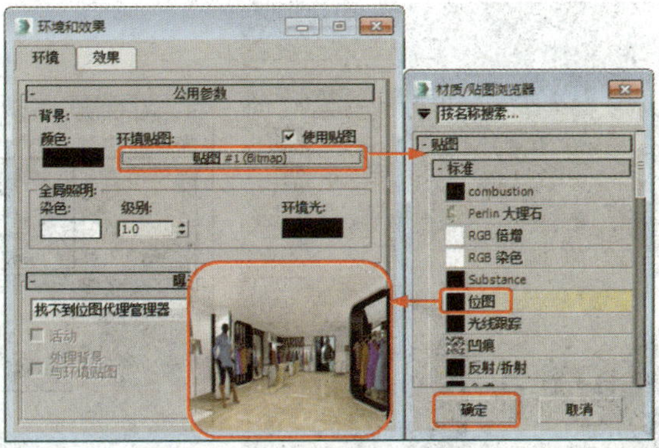

图3-159

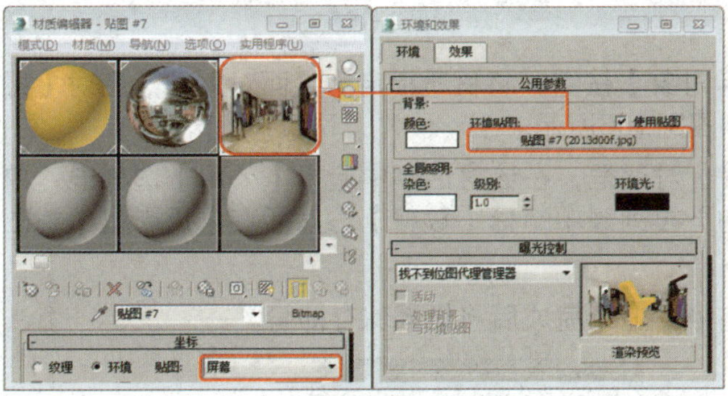

图3-160

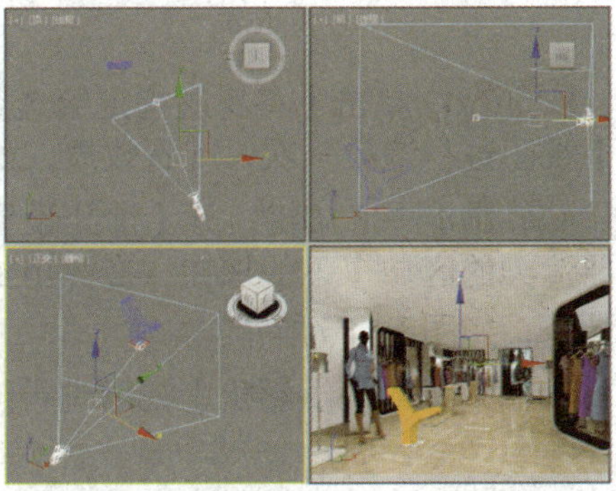

图3-161

Step 13 选择【创建】|【灯光】|【标准】|【目标聚光灯】工具，在【常规参数】卷展栏中勾选【阴影】选项组中的【启用】复选框，将【阴影类型】设置为【光线跟踪阴影】，在【阴影参数】卷展栏中将【密度】设置为0.3，然后在视图中调整聚光灯的位置，效果如图3-162所示。

Step 14 选择【创建】|【灯光】|【泛光】工具，在【顶】视图中创建泛光灯，然后在视图中调整泛光灯的位置，效果如图3-163所示。

图3-162

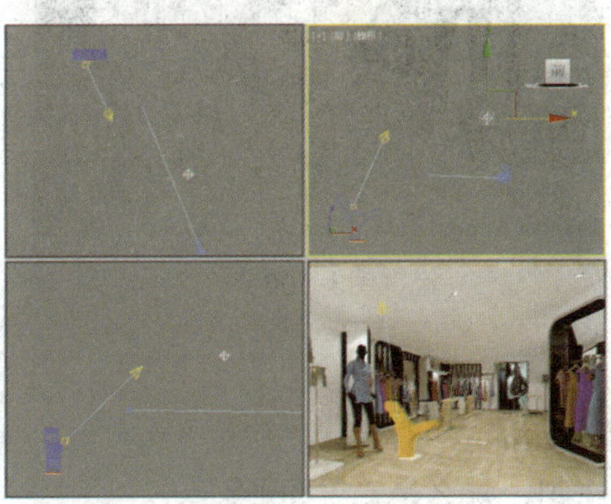

图3-163

Step 15 选择【创建】|【几何体】|【平面】工具，在【顶】视图中创建平面，将【宽

度】、【长度】设置为2 000、2 000，如图3-164所示。

Step 16 按M键打开【材质编辑器】对话框，选择空白的材质样本球，单击【Standard】按钮，在弹出的对话框中选择【无光/投影】选项，如图3-165所示。

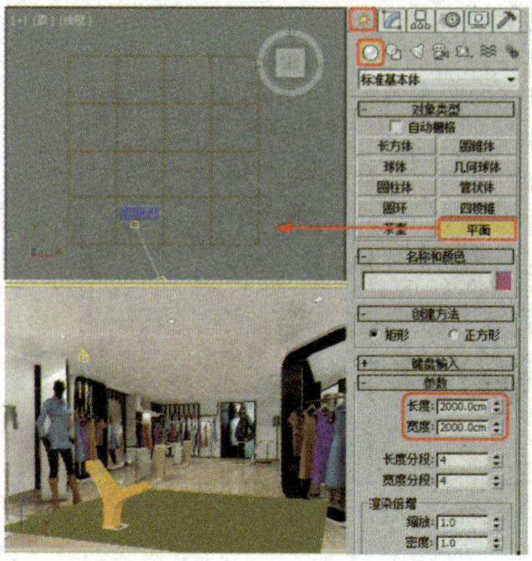

图3-164

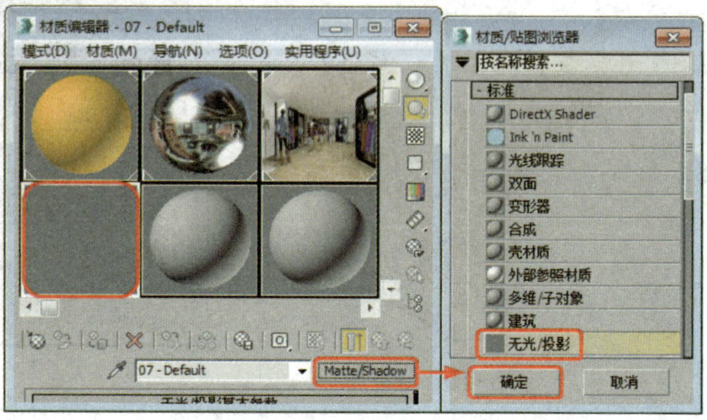

图3-165

Step 17 单击【将材质指定给选定对象】按钮，将材质指定为平面对象，然后对【摄影机】视图进行渲染一次，观看效果，如图3-166所示。

Step 18 按F10键打开【渲染设置】对话框，在该对话框中选择【公用】选项卡，单击【要渲染的区域】下的按钮，在弹出的下拉列表中选择【裁剪】，然后在【摄影机】视图进行调整，如图3-167所示。

Step 19 对【摄影机】视图进行渲染，渲染完成后将场景保存即可。

图3-166

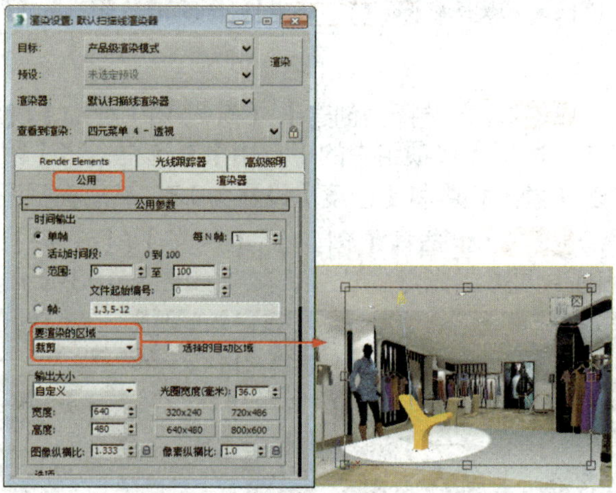

图3-167

3.6 思考与练习

1. 什么是二维图形？
2. 二维图形是建立三维模型的一个重要基础，二维图形在制作中有什么用途？
3. 【创建】|【线】工具的具体使用方法以及如何绘制直线？

第4章

创建复合物体

本章导读：

基础知识	◆ 复合物体创建工具 ◆ 变形物体与变形动画
重点知识	◆ 对物体进行放样 ◆ 创建布尔运算

3ds Max 2016的基本内置模型是创建复合物体的基础，可以将多个内置模型组合在一起，从而产生出千变万化的模型，通过本章的学习，可以使用户对如何创建复合物体有简单的了解。

4.1 复合物体创建工具

复合物体就是两个及两个以上的物体组合而成的一个新物体。本章将学习使用复合物体的创建工具，主要包括【变形】、【连接】、【布尔】、【散布】、【图形合并】工具。

选择【创建】|【几何体】|【复合对象】选项，在如图4-1所示的命令面板中，利用各个按钮创建复合物体，也可以在菜单栏中选择【创建】|【复合】命令，在其子菜单中选择相应的命令，如图4-2所示。

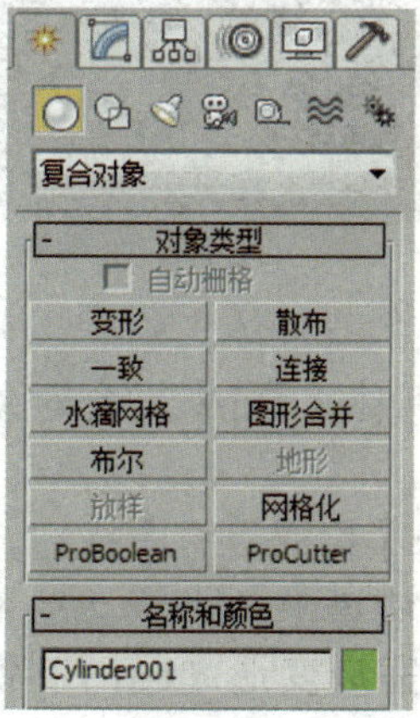

图4-1

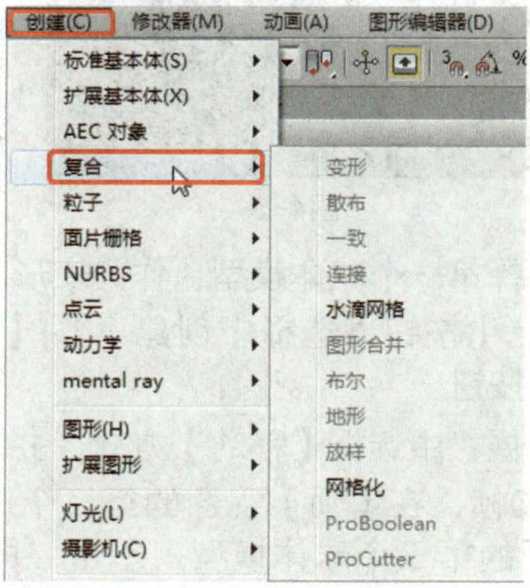

图4-2

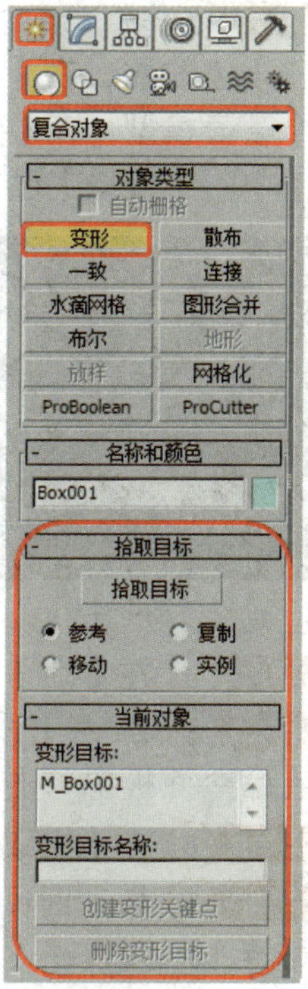

图4-3

4.2 变形物体与变形动画

【变形】是制作动画的工具之一，它通过一个模型向另外一个目标模型的演变来产生物体表面的变形动画，一般用这种功能完成一些类似面部表情变化的动画。3ds Max 2016中提供了制作表情变化的修改器，下面介绍【变形】工具参数面板的组成，如图4-3所示。

- 【拾取目标】卷展栏：用来设置物体是否参与变形以及参与变形的方式。其中，选中【参考】单选按钮，表示下一步拾取的运算对象作为原来物体的参考物体；选中【复制】单选按钮，表示下一步拾取的运算对象作为原来物体的复制物体；选中【移动】单选按钮，表示下一步拾取的运算对象将不复存在，即拾取操作完成后，被拾取的对象在视图中消失；选中【实例】单选按钮，表示下一步拾取的运算对象作为原来物体的实例物体。默认选择【实例】单选按钮。选择其中一种方式后，单击【拾取目标】按钮为变形选择对象。
- 【当前对象】卷展栏：用于显示变形的对象名称。其中【变形目标】列表框用于显示参与变形的关键帧物体。【变形目标名称】文本框用来显示当前选择关键帧物体的名称。单击【创建变形关键点】按钮增加与【变形目标】列表框中显示与关键帧物体相同的关键帧，单击【删除变形目标】按钮则可以删除关键帧物体。

制作变形物体的具体操作步骤如下：

Step 1 选择【创建】|【几何体】|【标准基本体】|【球体】工具，在【顶】视图中创建球体，如图4-4所示。

Step 2 使用工具栏中的【选择并移动】工具，在场景中按住Shift键移动复制2个球体模型，如图4-5所示。

Step 3 选择第二个球体模型，切换到【修改】命令面板，在【修改器列表】中选择【挤压】修改器，在【参数】卷展栏中将【径向挤压】选项组中的【数量】设置为5，选择第三个茶壶模型，在【修改器列表】中选择【挤压】修改器，在【参数】卷展栏中将【轴向凸出】中的【数量】设置为1，效果如图4-6所示。

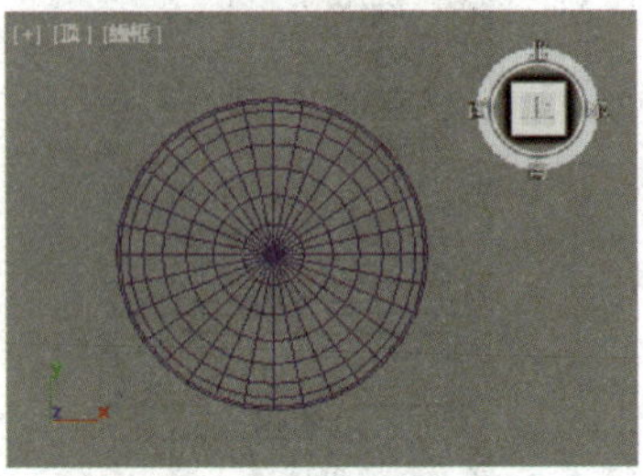
图4-4

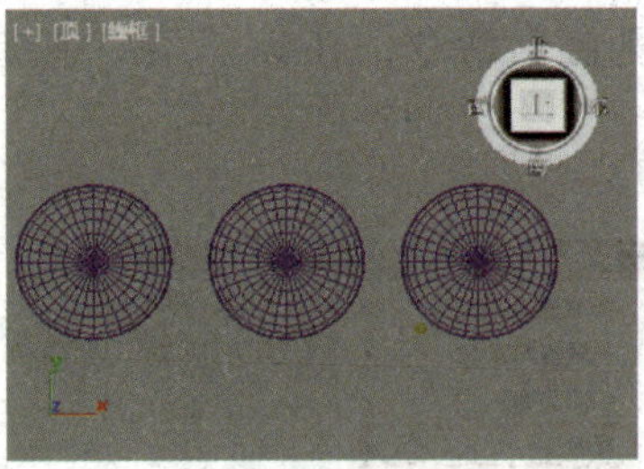
图4-5

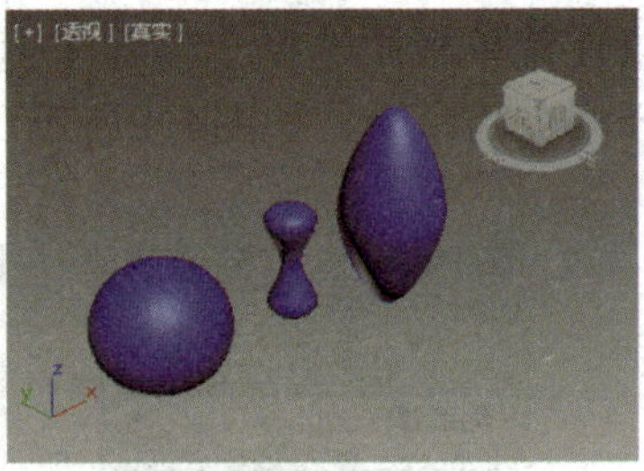
图4-6

Step 4 在【顶】视图中选择第一个球体模型，作为变形动画的基准体。

Step 5 单击【自动关键点】按钮，选择【创建】|【几何体】|【复合对象】选项，在命令面板中单击【变形】按钮。

Step 6 在【拾取目标】卷展栏中选择【移动】方式，并单击【拾取目标】按钮。

Step 7 拖动时间滑块至50帧，在【顶】视图的第二个球体模型上单击，然后拖动时间滑块至100帧，在【顶】视图的第三个球体模型上单击，即可完成变形动画的制作，如图4-7所示。

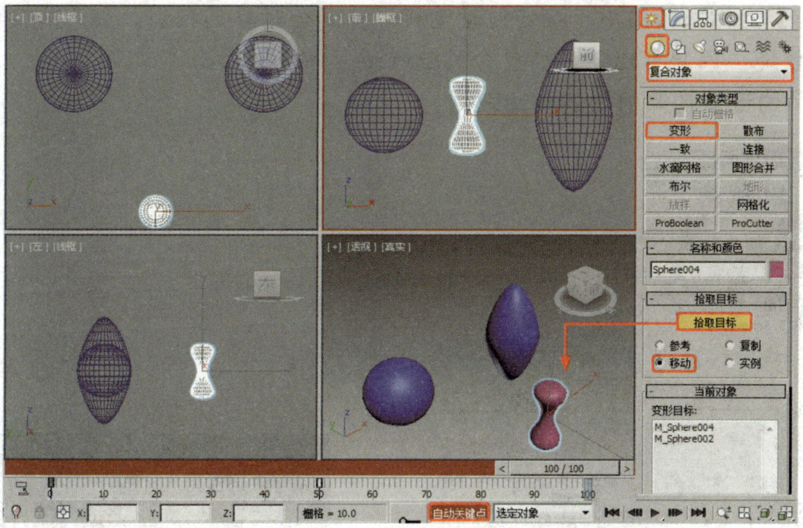

图4-7

Step 8 激活【透视】视图，单击动画控制工具栏中的【播放动画】▶按钮，即可观看制作的变形动画。

4.3 连接物体

使用【连接】工具，可通过对象表面的【洞】连接两个或多个对象。要执行此操作，请删除每个对象的面，在其表面创建一个或多个洞，并确定洞的位置，以使洞与洞之间相对，然后应用【连接】工具。

【连接】工具的卷展栏如图4-8所示。

【拾取操作对象】卷展栏：用于选取一种连接方式来连接物体。方法是选中【参考】、【复制】、【移动】和【实例】4个单选按钮中的一个，单击【拾取操作对象】按钮，再到视图中选择连接对象。

下面介绍【参数】卷展栏中各选项。

- 【操作对象】：该选项组中的列表框用于显示连接中用到的物体及其先后顺序。
- 【名称】：该文本框用来显示当前选择的形体。
- 【删除操作对象】：该按钮用来删除操作中的对象。
- 【提取操作对象】：该按钮可用来创建挤压复制连接前的物体，也可用来拉伸连接部分的形状。
- 【插值】：该选项组中的【分段】和【张力】微调框分别用于设置连接部分的分段数与凹凸形状。
- 【平滑】：该选项组中的【桥】和【末端】复选框分别用于对连接组件的连接部分与连接对象进行光滑处理。

下面对【显示/更新】卷展栏中的参数进行介绍。

- 【显示】：该选项组确定是否显示图形操作对象。选中【结果】单选按钮只显示操作结果。选中【操作对象】单选按钮只显示操作对象。

- 【更新】：该选项组用于确定何时重新计算复合对象的投影。由于复杂的复合对象会降低性能，因此可以使用所包含的选项避免常量计算。

图4-9所示为连接物体前后的对比效果。

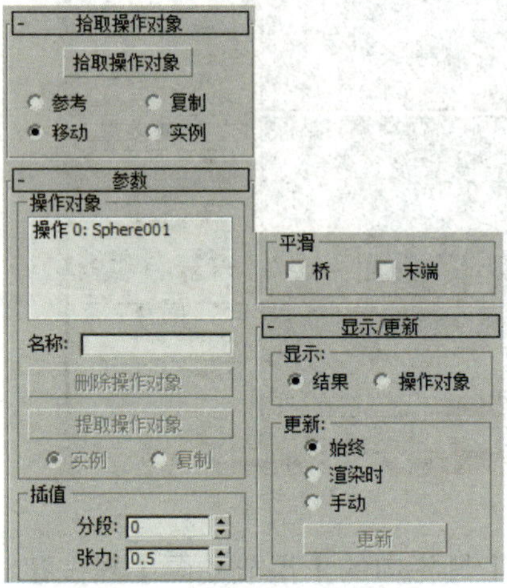

图4-8

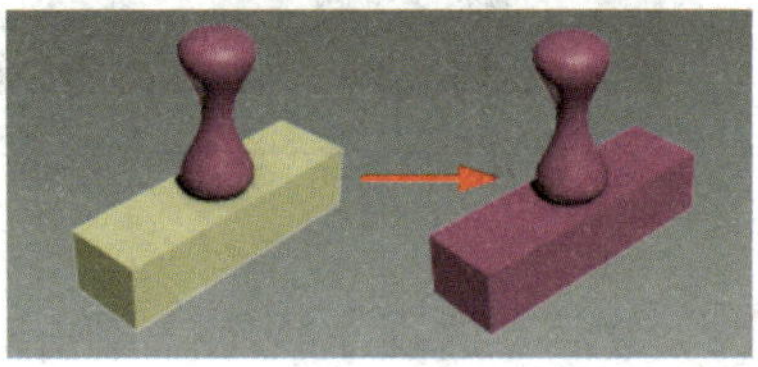

图4-9

提示：

连接只能用于能够转换为可编辑表面的对象，例如可编辑网格。

4.3.1 【上机操作】——创建连接对象

场景：CDROM\场景\Cha04\创建连接对象.max	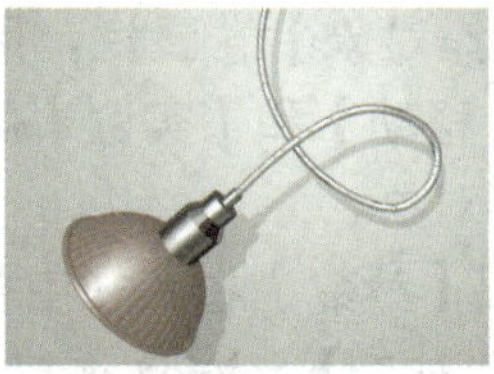
完成场景：无	
视频：视频教学\Cha04\创建连接对象.avi	

下面介绍如何创建连接对象，其具体操作步骤如下：

Step 1 启动3ds Max 2016，按Ctrl+O组合键，打开随书附带光盘中的CDROM\场景\Cha04\创建连接对象.max，打开的场景如图4-10所示。

Step 2 选择【创建】|【几何体】|【标准基本体】|【圆柱体】工具，在【顶】视图中创建一个【半径】、【高度】都为8，【高度分段】为1的圆柱体，并将其命名为【连接01】，如图4-11所示。

提示：

除了上述方法可以创建圆柱体外，用户还可以通过在菜单栏中选择【创建】|【标准基本体】|【圆柱体】命令来创建圆柱体。

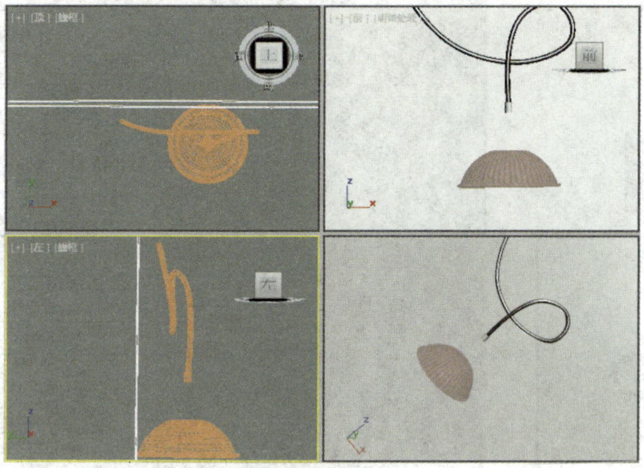

图4-10

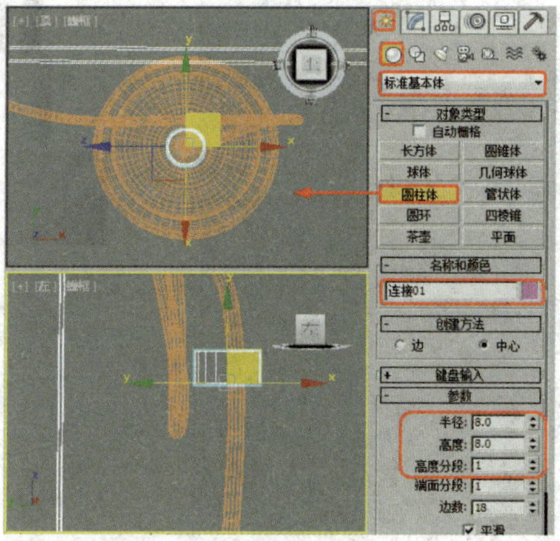

图4-11

Step 3 切换至【修改】命令面板，在修改器下拉列表中选择【编辑网格】修改器，将当前选择集定义为【多边形】，使用【选择并移动】工具在【左】视图中选择如图4-12所示的多边形。

Step 4 在菜单栏中选择【编辑】|【反选】命令，如图4-13所示。

提示：

除了上述方法可以执行【反选】命令外，用户还可以通过按Ctrl+I组合键来进行反选。

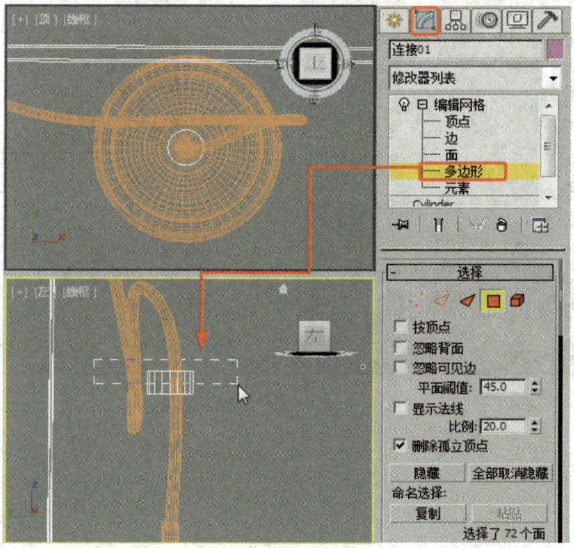

图4-12

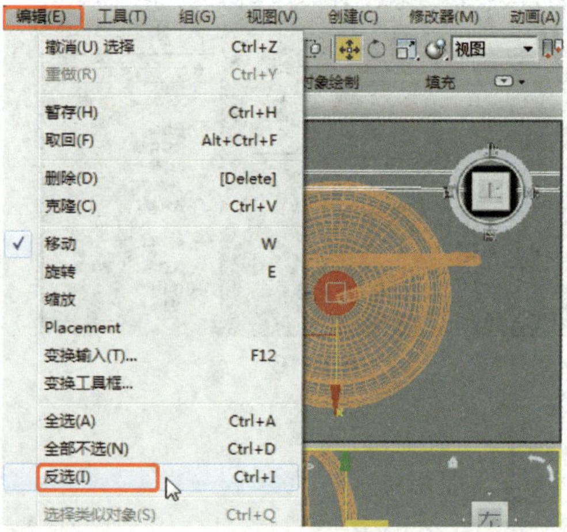

图4-13

Step 5 按键盘上的Delete键将反选后的多边形删除，关闭当前选择集，使用【选择并移动】工具调整该对象的位置，调整后的效果如图4-14所示。

Step 6 选择【创建】|【几何体】|【标准基本体】|【圆柱体】工具，在【顶】视图中创建一个【半径】、【高度】分别为12、18，【高度分段】为5的圆柱体，并将其命名为【连接02】，如图4-15所示。

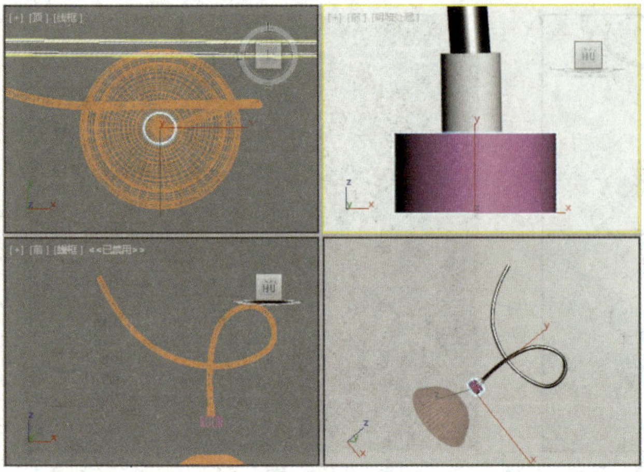

图4-14

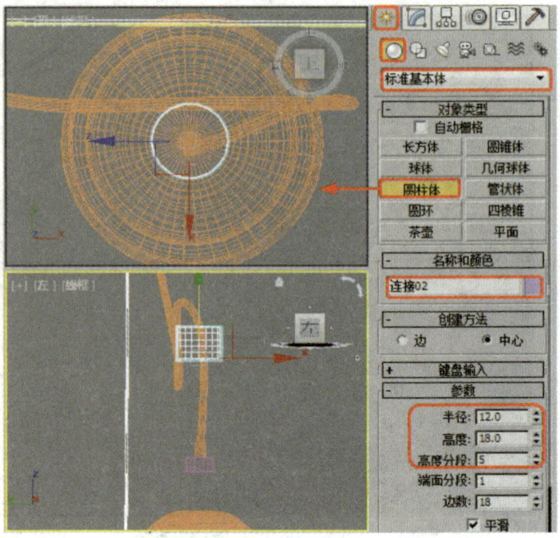

图4-15

Step 7 切换至【修改】命令面板，在修改器下拉列表中选择【编辑网格】修改器，将当前选择集定义为【多边形】，使用【选择并移动】工具在【顶】视图中选择如图4-16所示的多边形。

Step 8 按键盘上的Delete键将选中的多边形删除，关闭当前选择集，使用【选择并移动】工具调整该对象的位置，调整后的效果如图4-17所示。

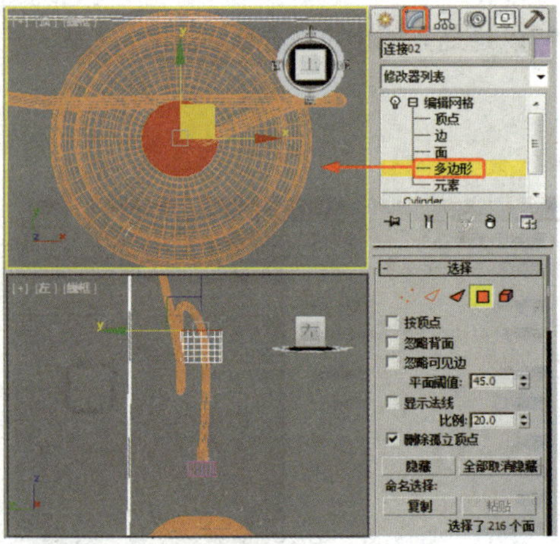

图4-16

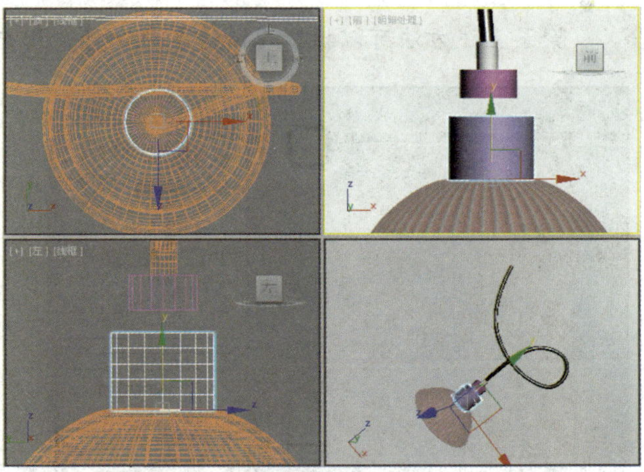

图4-17

提示：

当连接物体为NURBS对象时，系统将不能保证连接的正确性，如果需要对其进行连接，首先要将NURBS对象应用【焊接】修改器转换为网格类型。

Step 9 确认【连接02】对象处于选中状态，选择【创建】|【几何体】|【复合对象】|【连接】工具，如图4-18所示。

Step 10 在【拾取操作对象】卷展栏中单击【拾取操作对象】按钮，按H键打开【拾取对象】对话框，在该对话框中选择【连接01】，如图4-19所示。

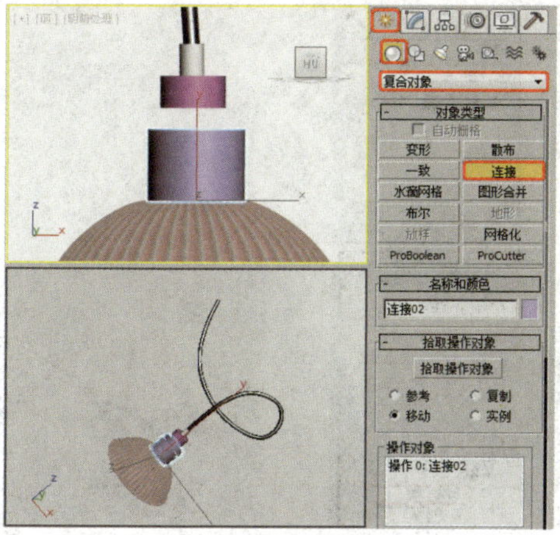

图4-18

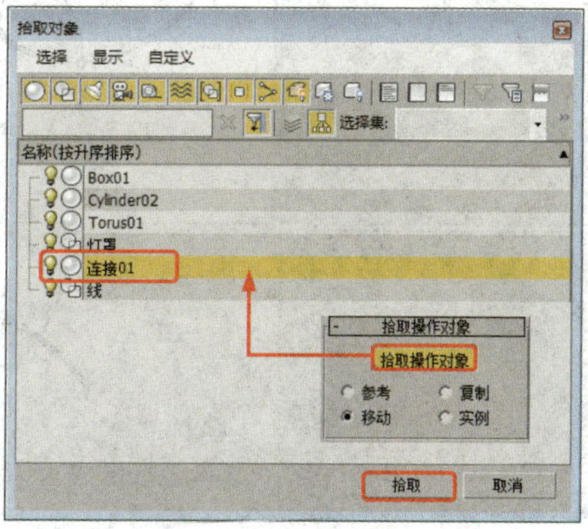

图4-19

Step 11 选择完成后，单击【拾取】按钮，即可连接对象，如图4-20所示。

Step 12 为其指定【金属】材质，按F9键对【Camera01】视图进行渲染，渲染后的效果如图4-21所示。

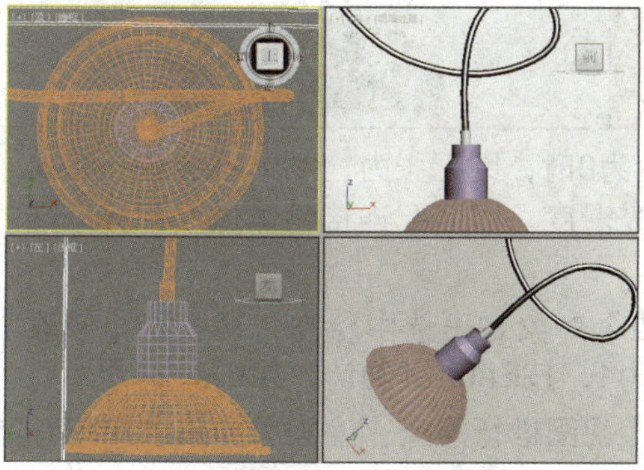

图4-20

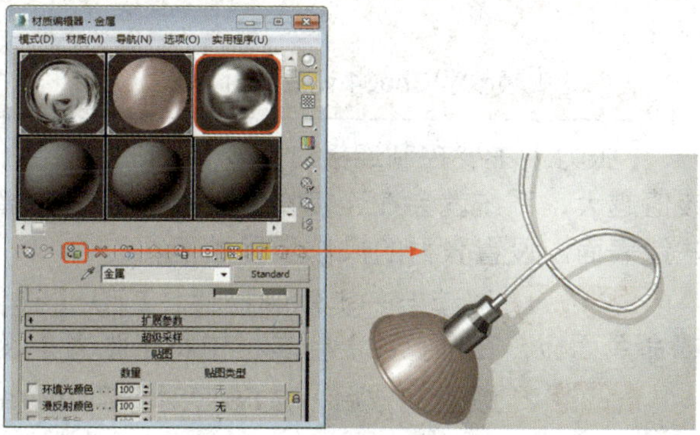

图4-21

4.3.2 【上机操作】——设置分段数

场景：无	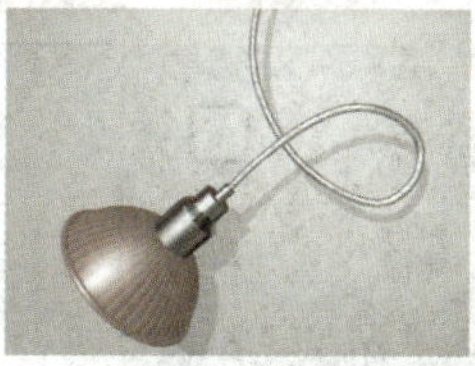
完成场景：无	
视频：视频教学\Cha04\设置分段数.avi	

当创建完连接复合对象后，用户可以根据需要设置连接对象的分段数，其具体操作步骤如下：

Step 1 继续上一实例的操作，在场景中选择【连接02】，切换至【修改】命令面板，在【参数】卷展栏中将【分段】设置为100，按Enter键确认，如图4-22所示。

Step 2 设置完成后，按F9键对【Camera01】视图进行渲染，渲染后的效果如图4-23所示。

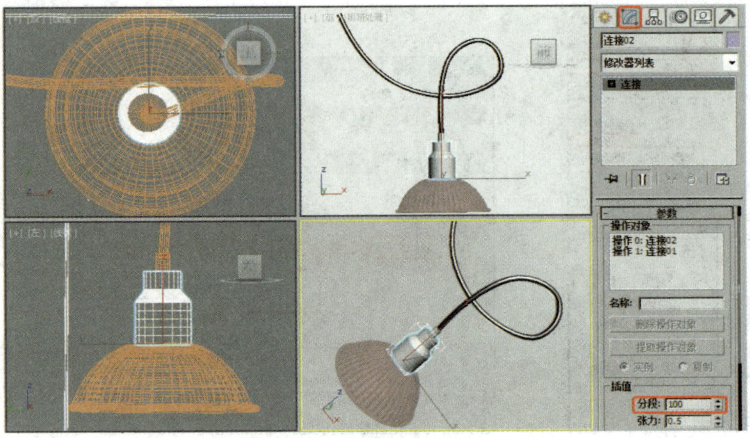

图4-22

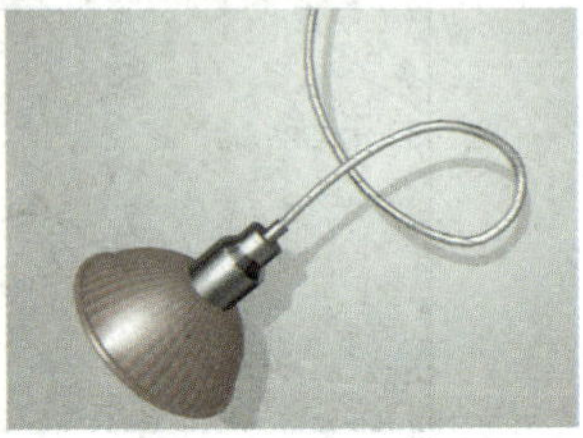

图4-23

4.3.3 【上机操作】——设置张力

场景：无	
完成场景：无	
视频：视频教学\Cha04\设置张力.avi	

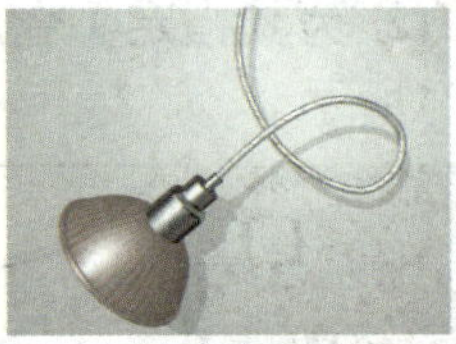

【张力】主要控制连接过渡物体的曲度，当该值为0时，则无张力，物体不会进行弯曲，该值越大，系统就会在连接物体上建立曲线并增加光滑度，以匹配连接物体过渡部分末端的法线表面。设置张力的操作步骤如下：

Step 1 继续上一实例的操作，确认【连接02】对象处于选中状态，切换至【修改】命令面板，在【参数】卷展栏中将【张力】设置为1，按Enter键确认，如图4-24所示。

Step 2 设置完成后，按F9键对【Camera01】视图进行渲染，渲染后的效果如图4-25所示。

提示：

当【分段】为0时，无论【张力】值多大，都不会产生任何效果。

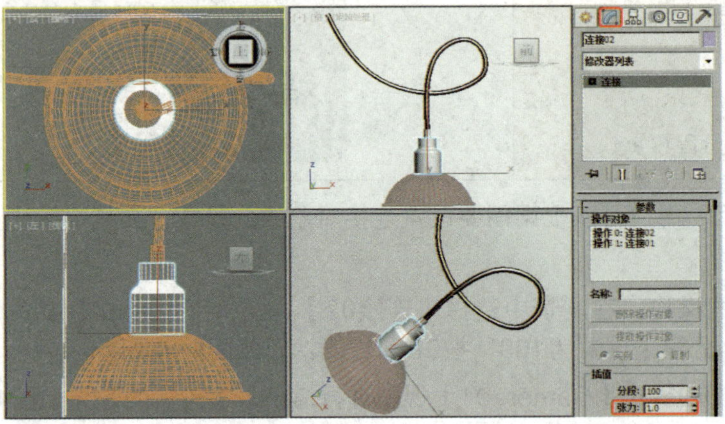

图4-24

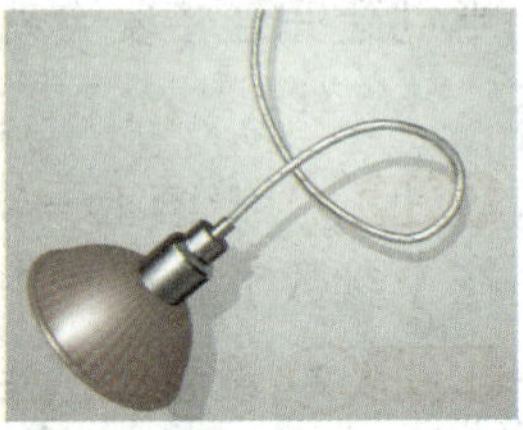

图4-25

4.3.4 【上机操作】——设置平滑

场景：无	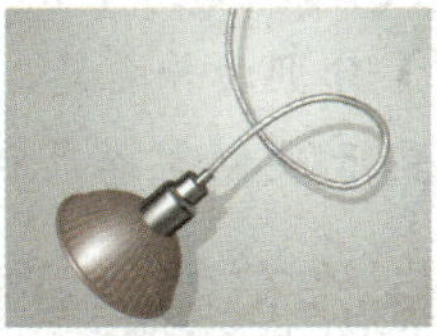
完成场景：CDROM\场景\Cha04\创建连接对象OK.max	
视频：视频教学\Cha04\设置平滑.avi	

下面介绍如何设置平滑，其具体操作步骤如下：

Step 1 继续上一实例的操作，确认【连接02】对象处于选中状态，切换至【修改】命令面板，在【参数】卷展栏中勾选【桥】复选框，如图4-26所示。

Step 2 设置完成后，按F9键对【Camera01】视图进行渲染，渲染后的效果如图4-27所示。

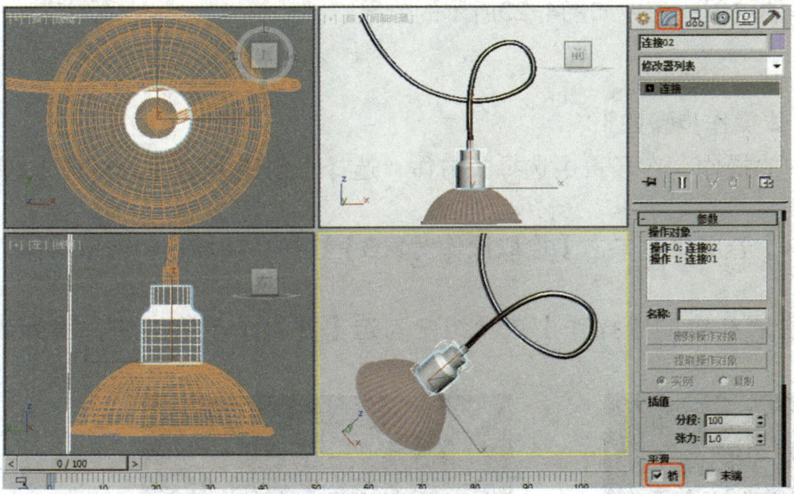

图4-26

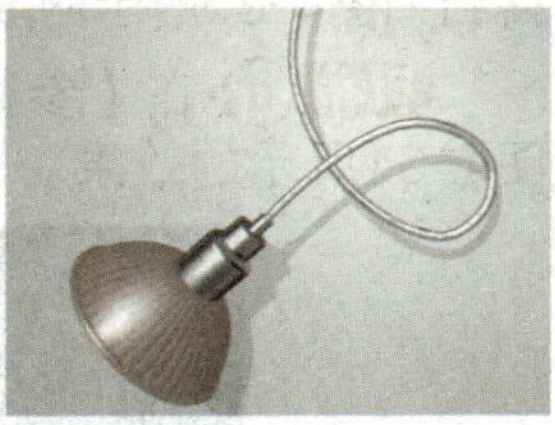
图4-27

4.4 布尔对象

布尔运算在数学上是指两个集合之间的相交、并集及差集运算，而在3ds Max 2016中是指两个物体之间的并、交及减运算。通过布尔运算可以制作出复杂的复合物体，还可以制作出严谨的动画。

布尔运算涉及的卷展栏如图4-28所示。

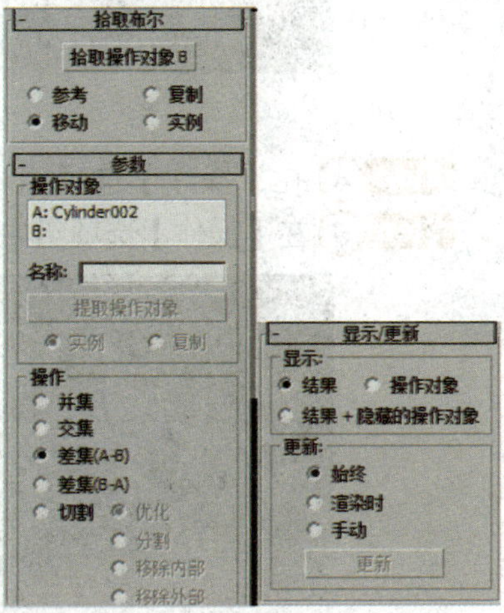

图4-28

- 选择操作对象B时，根据在【拾取布尔】卷展栏中为布尔对象所做的选择，操作对象B可指定为参考、移动、复制或实例化。应根据创建布尔对象之后希望如何使用场景几何体来进行选择。
- 【参数】卷展栏中【操作对象】列表框显示操作

对象，分为A、B两种，【名称】文本框显示操作对象的名称；【操作】选项组用来确定布尔运算的并、交或差运算的运算方式。【并集】、【交集】、【差集】、【切割】分别为并运算、交运算、差运算和剪切运算。

- 【显示/更新】卷展栏用于设置布尔运算物体的显示与更新方式。

4.4.1 制作布尔运算物体

制作布尔运算物体的具体操作步骤如下：

Step 1 重置一个新的场景文件。

Step 2 选择【创建】|【几何体】|【标准基本体】|【球体】工具，在【顶】视图中创建一个球体，参数根据实际情况设置。

Step 3 选择【圆柱体】按钮，在【顶】视图中创建圆柱体。

Step 4 调整两个物体的位置，生成如图4-29所示的效果。

图4-29

4.4.2 创建布尔运算

创建布尔运算物体的具体操作步骤如下：

Step 1 继续上一节中的操作，在场景中选择长方体，选择【创建】|【几何体】|【复合对象】|【布尔】工具。

Step 2 在【拾取布尔】卷展栏中单击【拾取操作对象B】按钮，在场景中拾取球体，得到如图4-30所示的效果。

Step 3 在【参数】卷展栏中的【操作】选项组中勾选【并集】单选按钮，得到如图4-31所示的效果。

图4-30

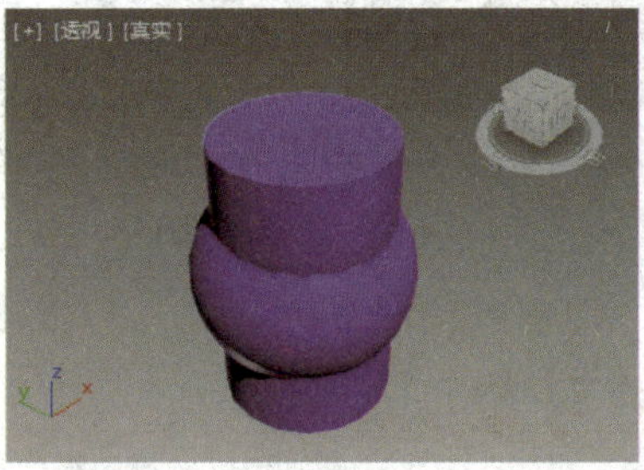

图4-31

Step 4 在【操作】选项组中勾选【交集】单选按钮，得到如图4-32所示的效果。

Step 5 在【操作】选项组中勾选【差集（A-B）】单选按钮，得到如图4-33所示的效果。

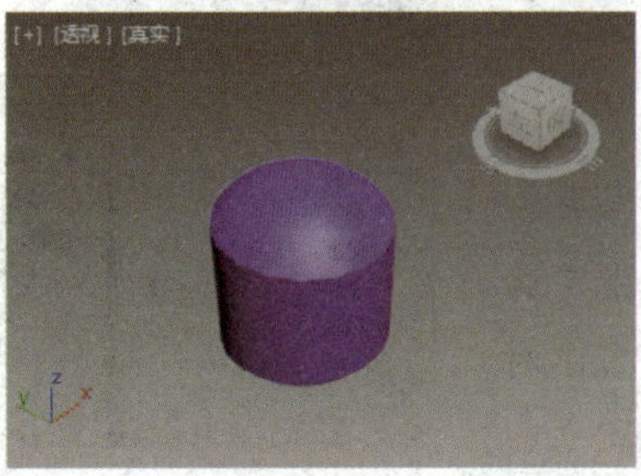

图4-32

图4-33

4.4.3 【上机操作】——差集运算

场景：CDROM\场景\Cha04\差集运算.max

完成场景：CDROM\场景\Cha04\差集运算OK.max

视频：视频教学\Cha04\差集运算.avi

下面介绍差集运算的使用方法，具体操作步骤如下：

Step 1 启动3ds Max 2016，按Ctrl+O组合键，打开随书附带光盘中的CDROM\场景\Cha04\差集运算.max，打开的场景如图4-34所示。

Step 2 选择【创建】|【几何体】|【扩展基本体】|【切角长方体】工具，在【顶】视图中创建切角长方体，在【参数】卷展栏中设置【长度】为100、【宽度】为178、【高度】为50、【圆角】为1，将其命名为【抽屉01】，如图4-35所示。

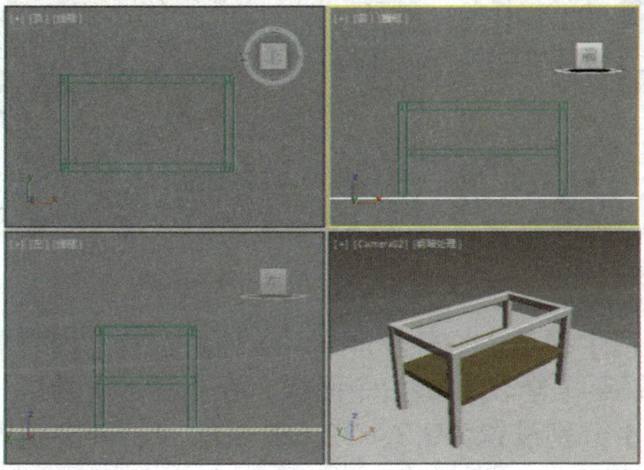

图4-34

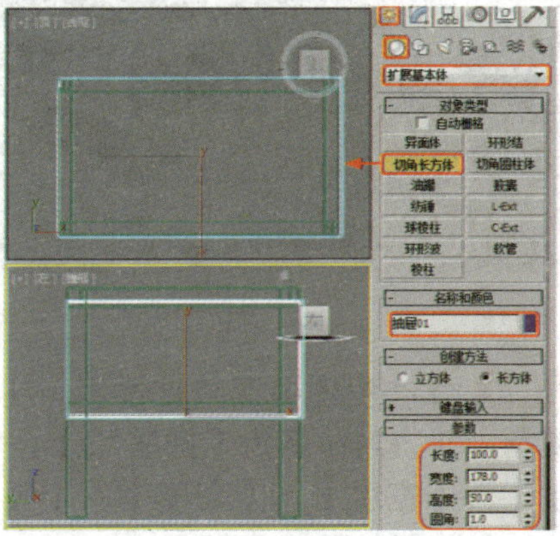

图4-35

Step 3 选择所创建的【抽屉01】对象，在【前】视图中按住Shift键沿Y轴向下拖动，在弹出的【克隆选项】对话框中将名称设置为【抽屉02】，切换至【修改】命令面板，在【参数】卷展栏中将【长度】、【宽度】、【高度】、【圆角】分别设置为100、140、50、1，如图4-36所示。

Step 4 在工具栏中单击【选择并移动】按钮，在视图中调整【抽屉01】和【抽屉02】的位置，调整后的效果如图4-37所示。

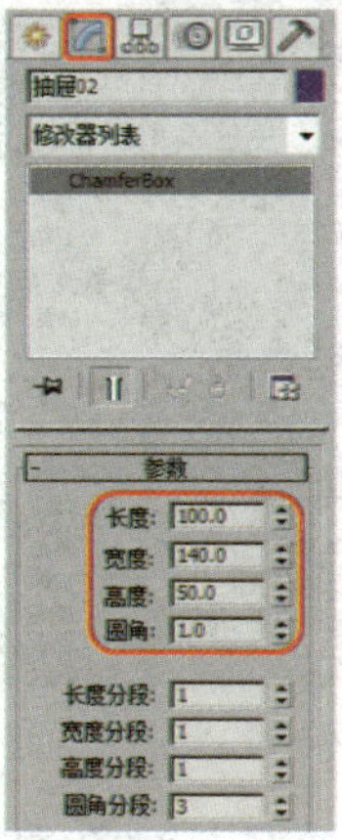

图4-36

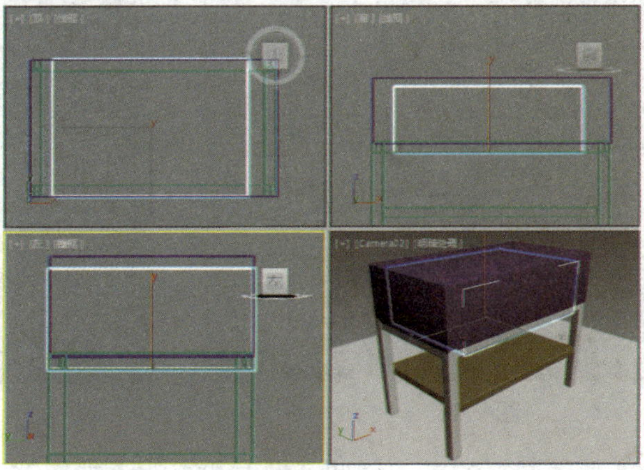

图4-37

Step 5 在视图中选择【抽屉01】对象，选择【创建】|【几何体】|【复合对象】|【布尔】工具，在【参数】卷展栏中选中【差集（A-B）】单选按钮，在【拾取布尔】卷展栏中单击【拾取操作对象B】按钮，在视图中拾取【抽屉02】对象，如图4-38所示。

Step 6 选择【创建】|【几何体】|【扩展基本体】|【切角长方体】工具，在【顶】视图中创建切角长方体，在【参数】卷展栏中设置【长度】为93、【宽度】为137、【高度】为40、【圆角】为1，将其命名为【抽屉】，如图4-39所示。

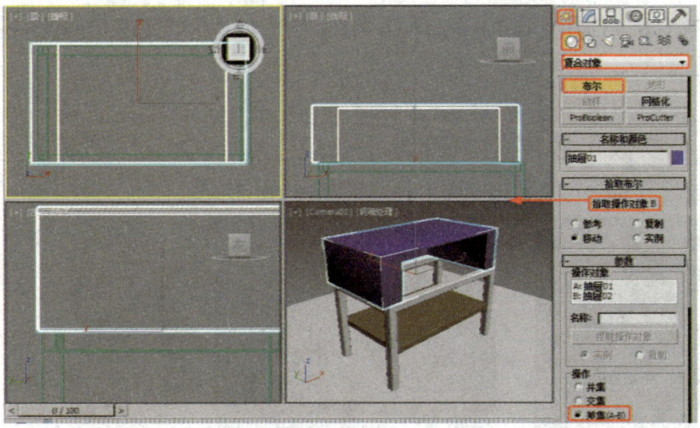

图4-38

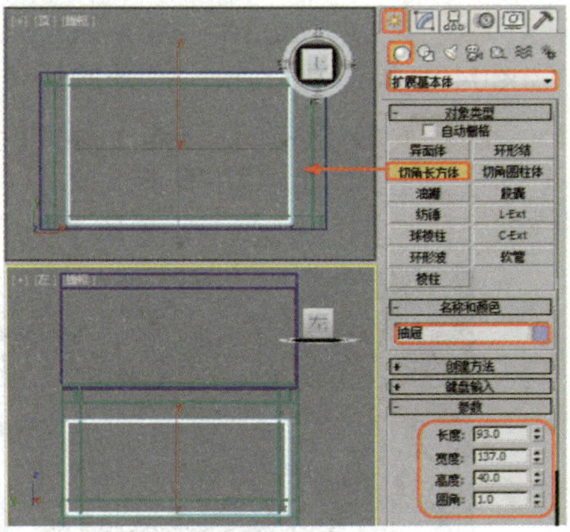

图4-39

Step 7 在视图中调整其位置，在【顶】视图中按住Shift键沿X轴向右对【抽屉】对象进行复制，并将其命名为【抽屉03】，切换至【修改】命令面板，在【参数】卷展栏中将【长度】、【宽度】、【高度】、【圆角】分别设置为9.3、32.88、18、1，并在视图中调整其位置，效果如图4-40所示。

Step 8 在视图中选择【抽屉】对象，选择【创建】|【几何体】|【复合对象】|【布尔】工具，在【参数】卷展栏中选中【差集（B-A）】单选按钮，在【拾取布尔】卷展栏中单击【拾取操作对象B】按钮，在视图中拾取【抽屉03】对象，如图4-41所示。

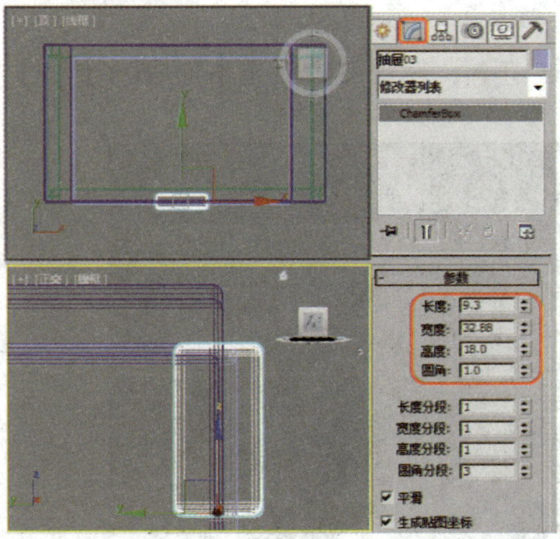

图4-40

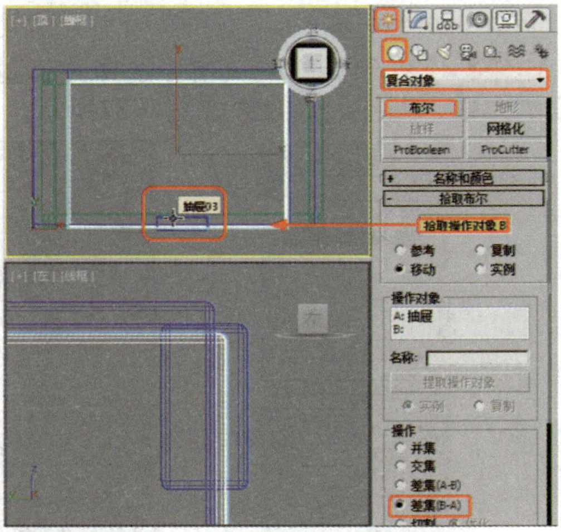

图4-41

Step 9 使用同样的方法创建其他对象，为【抽屉01】和【抽屉】对象添加【UVW贴图】修改器，并对其进行调整，为其指定相应的材质，效果如图4-42所示。

Step 10 按F9键对【Camera02】视图进行渲染，渲染后的效果如图4-43所示。

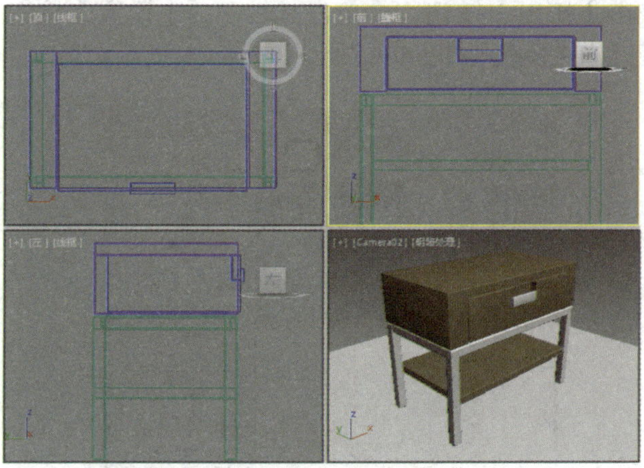

图4-42

图4-43

4.4.4 【上机操作】——并集运算

场景：CDROM\场景\Cha04\并集运算.max

完成场景：CDROM\场景\Cha04\并集运算OK.max

视频：视频教学\Cha04\并集运算.avi

并集运算是指将两个对象进行合并，然后将相交的部分删除，下面介绍如何应用并集运算，具体操作步骤如下：

Step 1 启动3ds Max 2016，按Ctrl+O组合键，打开随书附带光盘中的CDROM\场景\Cha04\并集运算.max，打开的场景如图4-44所示。

Step 2 选择【创建】 |【几何体】 |【圆柱体】工具，在【顶】视图中创建一个【半径】、【高度】、【高度分段】、【端面分段】、【边数】分别为150、3、5、13、36，将其命名为【铜钱】，如图4-45所示。

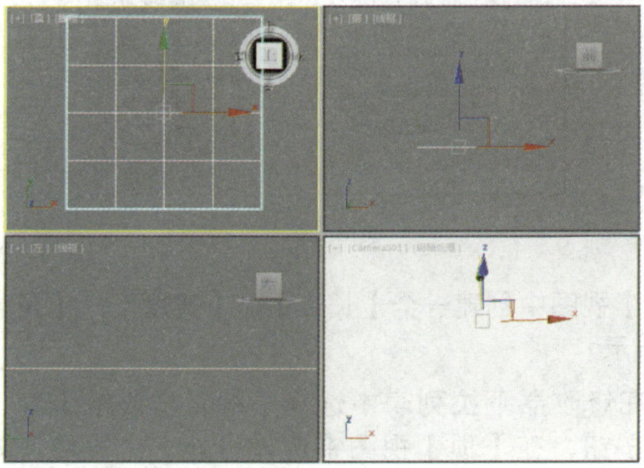

图4-44

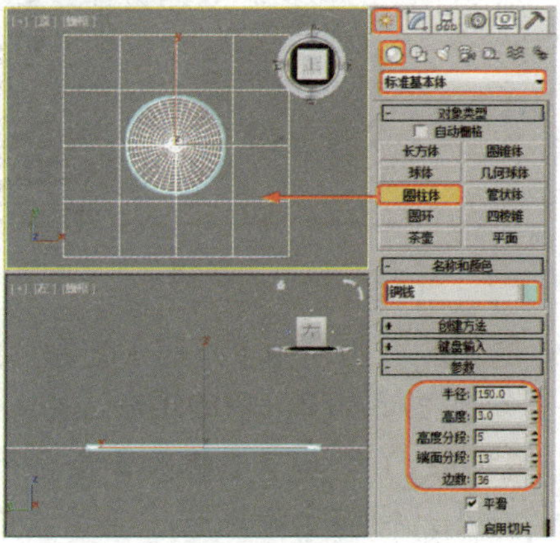

图4-45

Step 3 切换至【修改】命令面板，在修改器下拉列表中选择【编辑多边形】修改器，将当前选择集定义为【多边形】，在【顶】视图中选择如图4-46所示的多边形。

Step 4 在【编辑多边形】卷展栏中单击【挤出】按钮，再单击其右侧的【设置】按钮，在【高度】文本框中输入3，单击【确定】按钮，如图4-47所示。

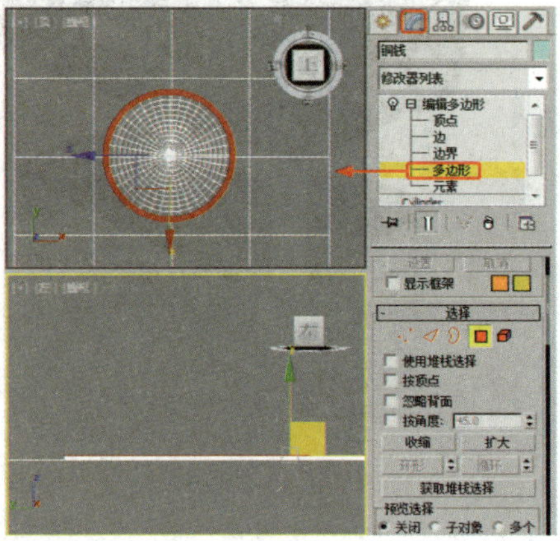

图4-46

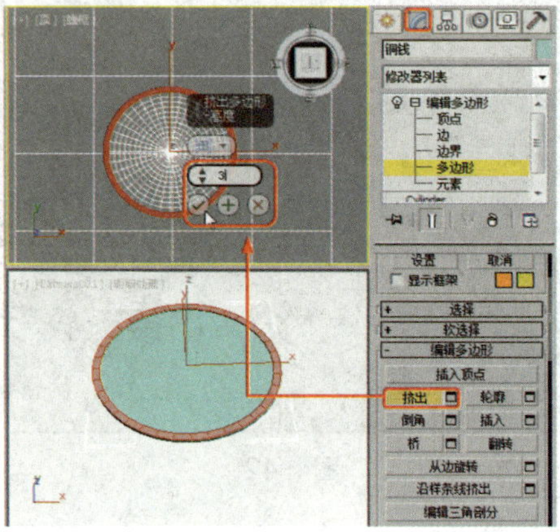

图4-47

Step 5 再次单击【挤出】按钮，将其关闭，使用相同的方法对其底部的多边形进行挤出，然后将当前选择集定义为【顶点】，在【顶】视图中选择如图4-48所示的顶点。

Step 6 按Delete键删除所选择的顶点，关闭当前选择集，选择【创建】|【图形】|【矩形】工具，在【顶】视图中绘制一个【长度】、【宽度】、【角半径】分别为52、52、7的矩形，如图4-49所示。

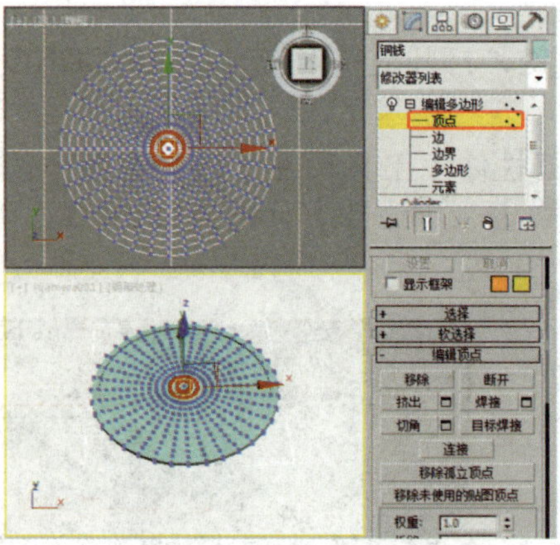

图4-48

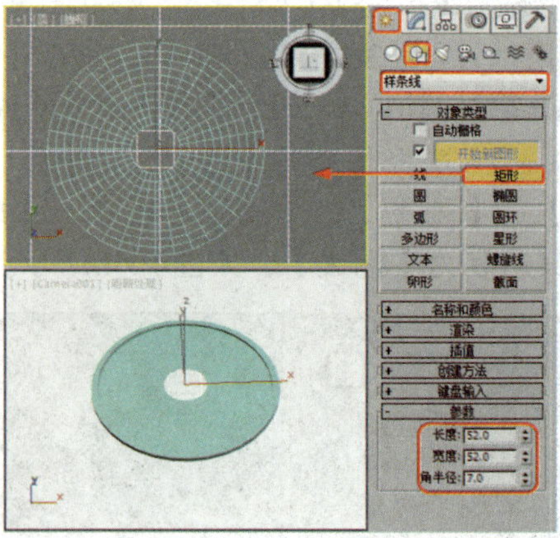

图4-49

Step 7 再使用【矩形】工具，在【顶】视图中创建一个【长度】、【宽度】、【角半径】分别为72、72、12的矩形，如图4-50所示。

Step 8 切换至【修改】命令面板，在修改器下拉列表中选择【编辑样条线】修改器，在【几何体】卷展栏中单击【附加】按钮，在【顶】视图中选择另外一个矩形，如图4-51所示。

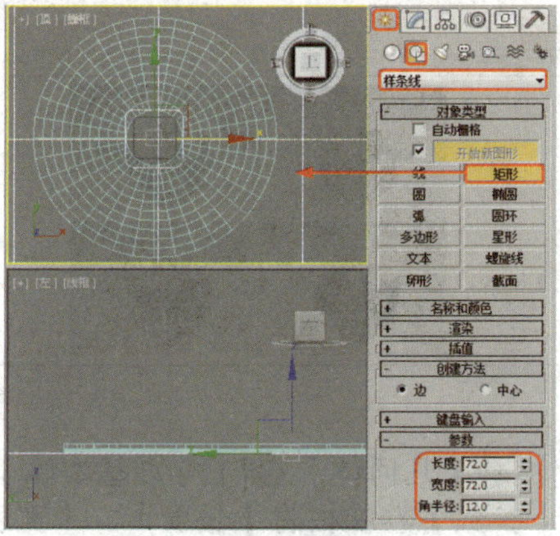

图4-50

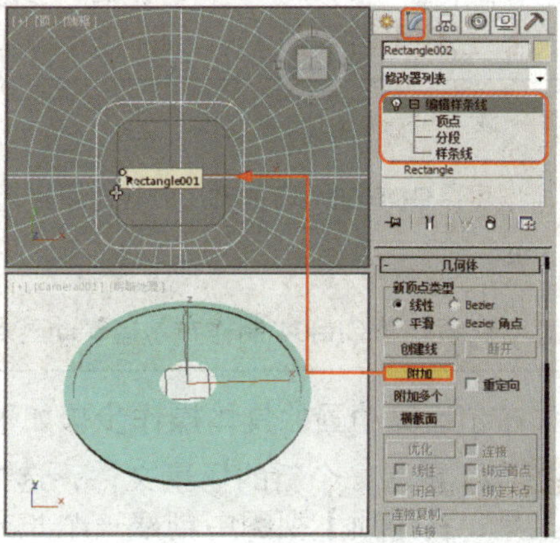

图4-51

Step 9 在修改器下拉列表中选择【挤出】修改器，在【参数】卷展栏中将【数量】设置为9，并在视图中调整其位置，如图4-52所示。

Step 10 在视图中选择【铜钱】，选择【创建】|【几何体】|【复合对象】|【布尔】工具，在【拾取布尔】卷展栏中单击【拾取操作对象B】按钮，在【参数】卷展栏中选择【并集】单选按钮，在视图中的矩形上单击，如图4-53所示。

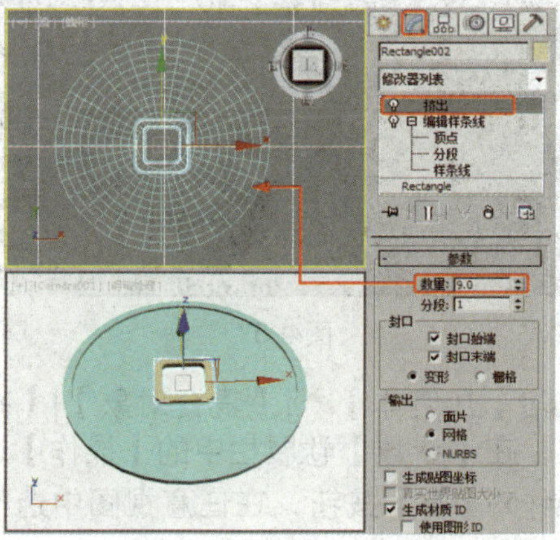

图4-52

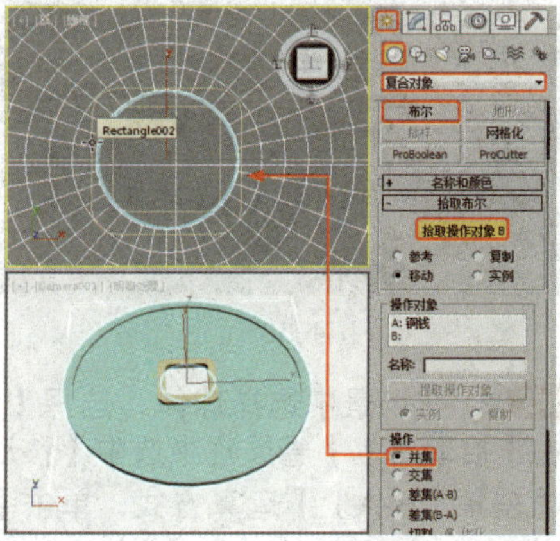

图4-53

Step 11 拾取完成后，为该对象添加【UVW贴图】修改器，使用【选择并缩放】工具对该对象进行缩放，并将该对象进行复制，调整复制后的对象，效果如图4-54所示。

Step 12 按F9键对【Camera001】视图进行渲染，渲染后的效果如图4-55所示。

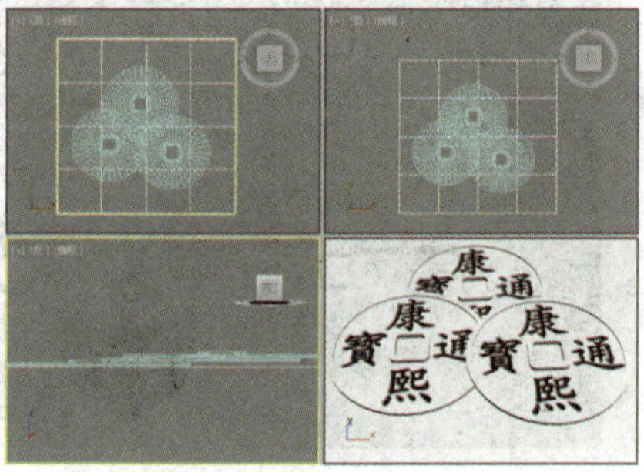

图4-54

图4-55

4.4.5 【上机操作】——制作布尔运算动画

场景：无

完成场景：CDROM\场景\Cha04\制作布尔运算动画OK.max

视频：视频教学\Cha04\制作布尔运算动画.avi

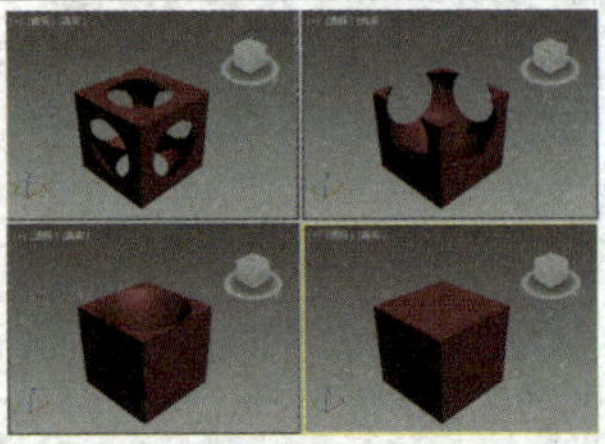

制作布尔运算动画的具体操作步骤如下：

Step 1 重置一个新的场景文件，选择【创建】|【几何体】|【标准基本体】|【长方体】工具，在【顶】视图中创建一个长方体，在【参数】卷展栏将【长度】、【宽度】、【高度】均设置为200，将【长度分段】、【高度分段】、【宽度分段】均设置为4，得到一个长方体，如图4-56所示。

Step 2 选择【创建】|【几何体】|【标准基本体】|【球体】工具，在【参数】卷展栏中将【半径】设置为120，得到如图4-57所示的用于布尔运算的物体。

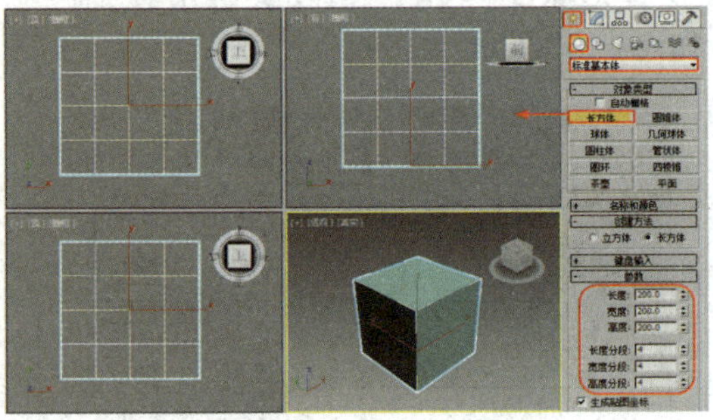

图4-56

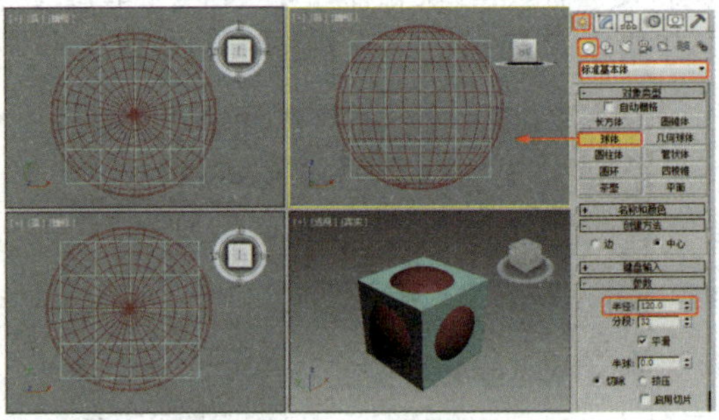

图4-57

Step 3 在场景中选择球体，选择【创建】|【几何体】|【复合对象】|【布尔】工具。在【拾取布尔】卷展栏中选中【移动】方式，在【参数】卷展栏中的【操作】选项组中选中【差集（B-A）】运算方式，单击【拾取操作对象B】按钮，在任意视图中选择长方体，得到如图4-58所示的布尔差集（B-A）运算的物体。

Step 4 切换到【修改】命令面板，在堆栈布尔的子物体层级选择【操作对象】，在【显示/更新】卷展栏中的【显示】选项组中选中【结果+隐藏的操作对象】方式，如图4-59所示。

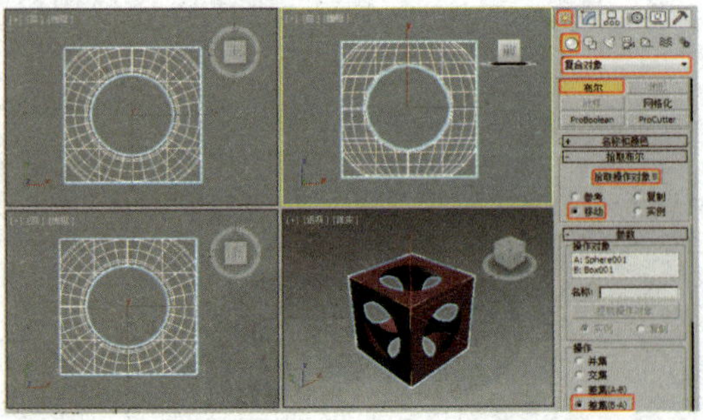

图4-58

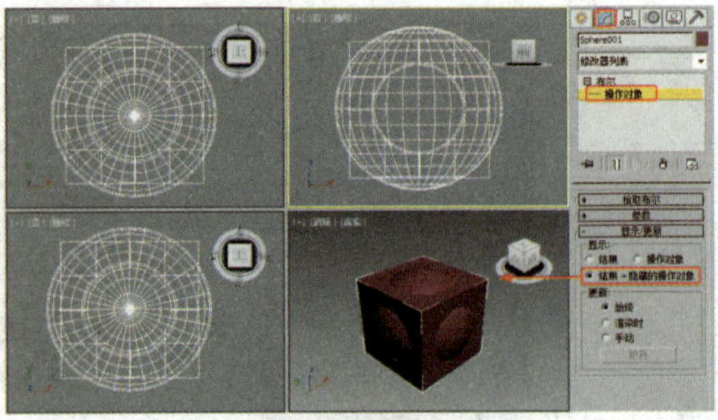

图4-59

Step 5 在【前】视图中选择球体，单击动画控制工具栏中的【自动关键点】按钮，将时间滑块拖动到100帧。使用【选择并移动】工具，在【前】视图中选择在Y轴方向向上移动球体至长方体顶端，在【显示/更新】卷展栏中的【显示】选项组中选择【结果】单选按钮，如图4-60所示。

Step 6 激活【透视】图，单击动画控制工具栏中的【播放动画】按钮，观看动画效果，如图4-61所示。

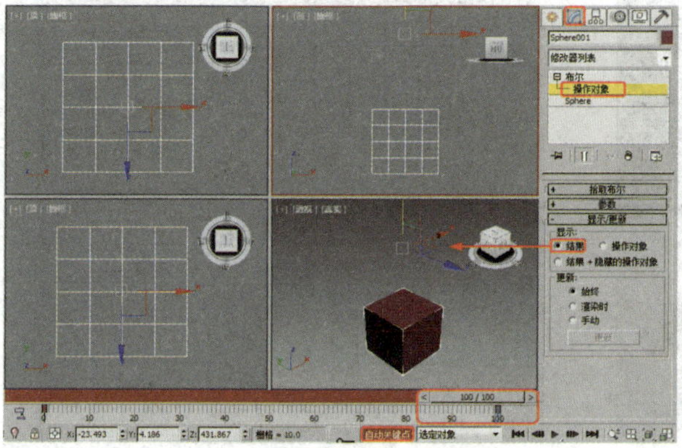

图4-60

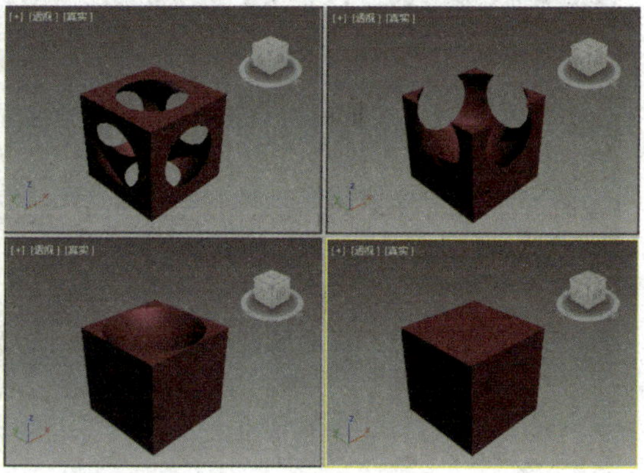

图4-61

4.5 散布工具

在自然界存在大量没有规律的物体，如乱石、树木等，在3ds Max 2016的复合类型中提供了一个【散布】工具，可以利用它来创建自然界场景，【散布】工具的参数面板如图4-62所示。

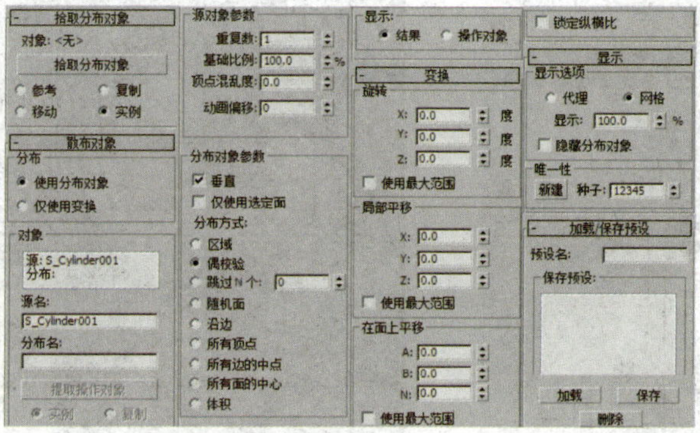

图4-62

4.5.1 【上机操作】——创建散布复合对象

场景：CDROM\场景\Cha04\创建散布复合对象.max

完成场景：无

视频：视频教学\Cha04\创建散布复合对象.avi

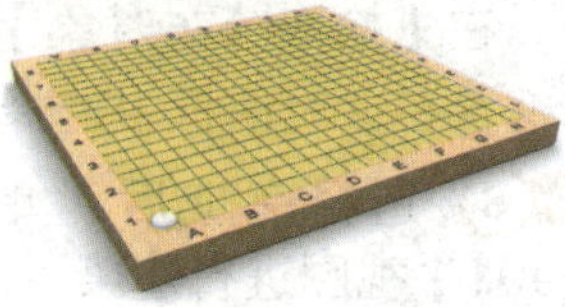

下面介绍如何创建散布复合对象，具体操作步骤如下：

Step 1 启动3ds Max 2016，按Ctrl+O组合键，打开随书附带光盘中的CDROM\场景\Cha04\创建散布复合对象.max，打开的场景如图4-63所示。

Step 2 选择【创建】|【几何体】|【标准基本体】|【球体】工具，在【顶】视图中创建一个【半径】为3.3的球体，并将其命名为【棋子】，如图4-64所示。

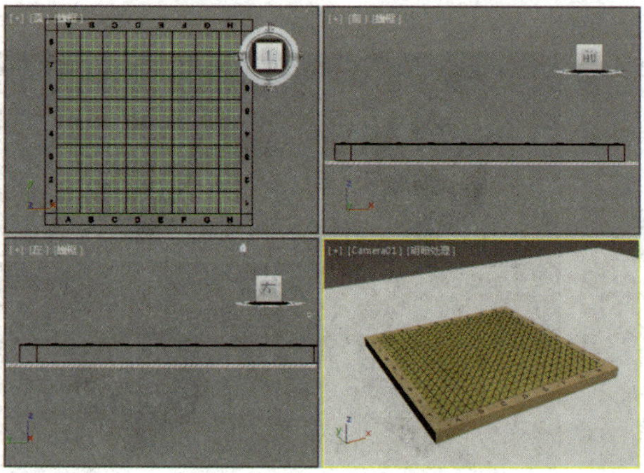

图4-63

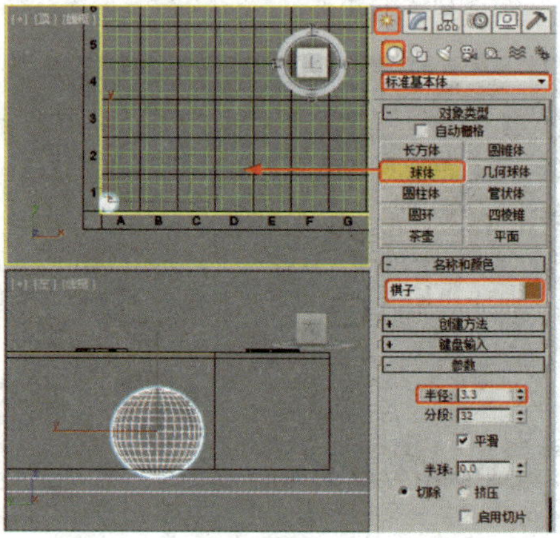

图4-64

Step 3 切换至【修改】命令面板，在修改器下拉列表中选择【拉伸】修改器，在【参数】卷展栏中将【拉伸】、【放大】分别设置为-0.7、-16.6，按Enter键确认，如图4-65所示。

Step 4 设置完成后，为该球体指定相应的材质，然后在工具栏中单击【选择并移动】工具，在视图对其进行调整，效果如图4-66所示。

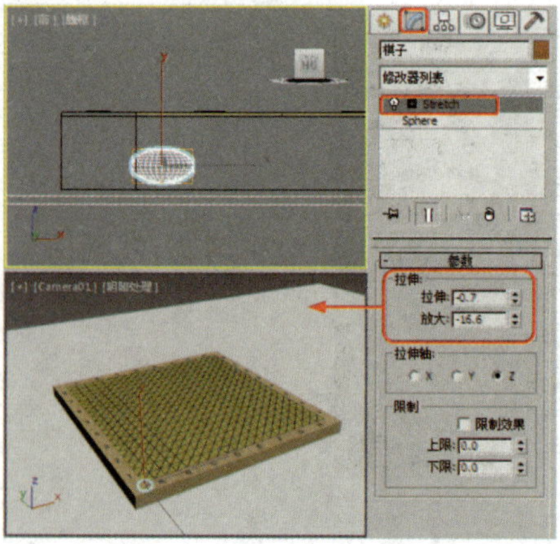

图4-65

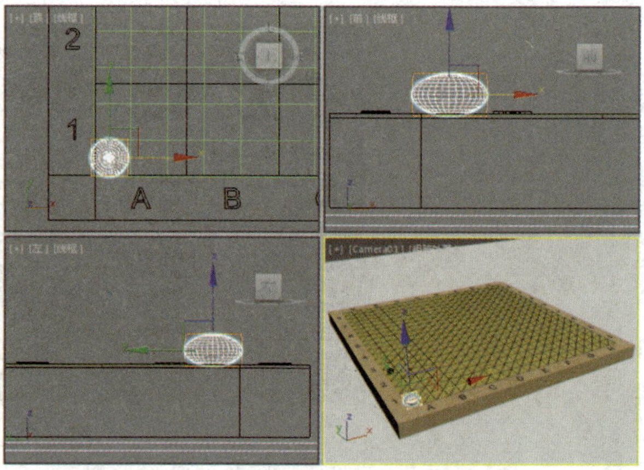

图4-66

Step 5 确认该球体处于选中状态，选择【创建】|【几何体】|【复合对象】|【散布】工具，在【拾取分布对象】卷展栏中单击【拾取分布对象】按钮，按H键打开【拾取对象】对话框，在该对话框中选择【棋盘】，如图4-67所示。

Step 6 选择完成后，单击【拾取】按钮，即可散布到选定对象上，按F9键对【Camera01】视图进行渲染，渲染后的效果如图4-68所示。

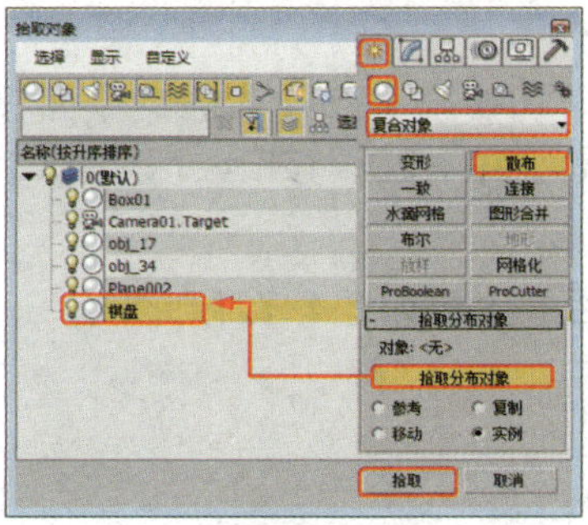

图4-67

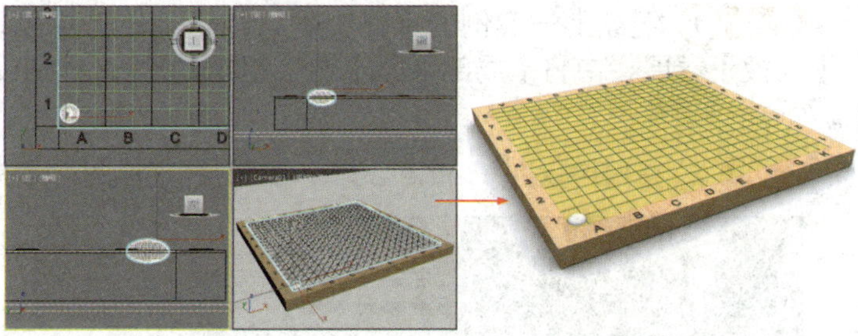

图4-68

提示：

除了上述方法可以执行【散布】命令外，用户还可以通过菜单栏执行【创建】|【复合】|【散布】命令。

4.5.2 【上机操作】——设置重复数与分布方式

场景：无

完成场景：无

视频：视频教学\Cha04\设置重复数与分布方式.avi

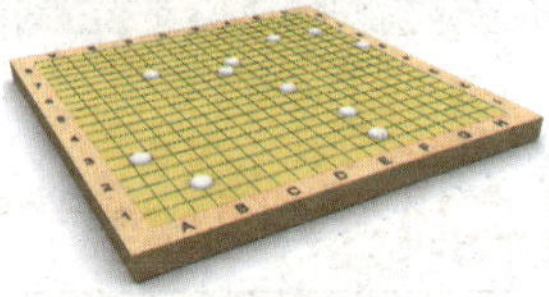

创建完复合对象外，用户还可以根据需要设置重复数和分布方式，具体操作步骤如下：

Step 1 继续上一实例的操作，按键盘上的H键，打开【从场景选择】对话框，在该对话框中选择【棋子】，选择完成后，单击【确定】按钮，即可将该对象选中，如图4-69所示。

Step 2 切换至【修改】命令面板，在【散布对象】卷展栏中将【源对象参数】选项组中的【重复数】设置为11，再选中【分布对象参数】选项组中的【随机面】单选按钮，按F9键对【Camera01】视图进行渲染，渲染后的效果如图4-70所示。

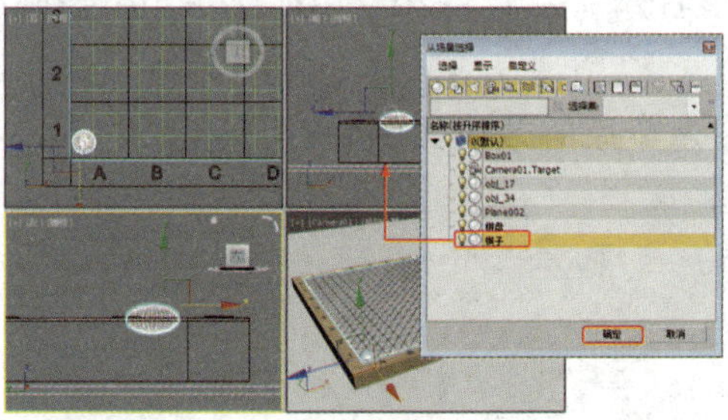

图4-69

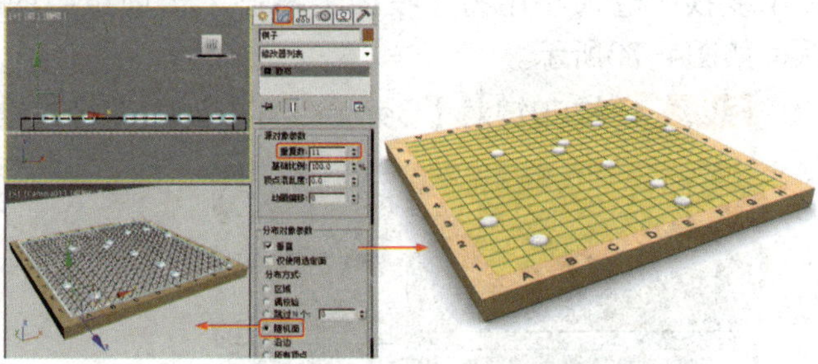

图4-70

4.5.3 【上机操作】——设置局部平移

场景：无

完成场景：无

视频：视频教学\Cha04\设置局部平移.avi

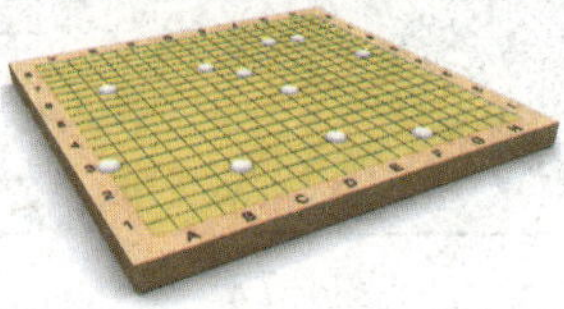

下面介绍如何设置局部平移，具体操作步骤如下：

Step 1 继续上一实例的操作，确认棋子处于选中状态，切换至【修改】命令面板，在【变换】卷展栏中将【局部平移】选项组中的X、Y分别设置为-10、20，按Enter键确认，如图4-71所示。

Step 2 按F9键对【Camera01】视图进行渲染，渲染后的效果如图4-72所示。

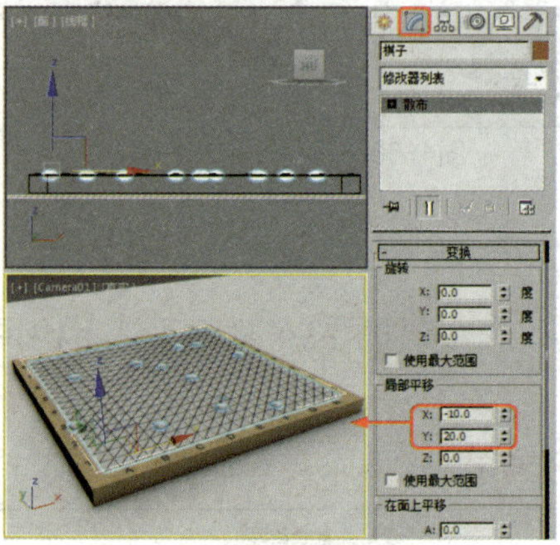

图4-71

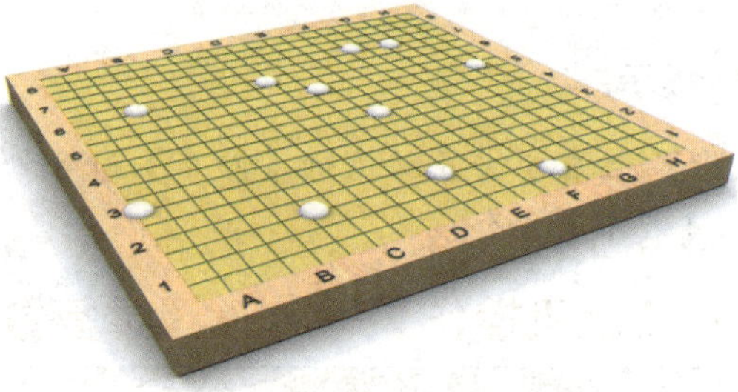

图4-72

4.5.4 【上机操作】——设置在面上平移

场景：无

完成场景：无

视频：视频教学\Cha04\设置在面上平移.avi

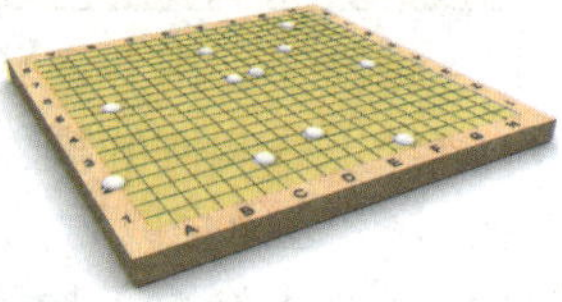

下面介绍如何设置【在面上平移】，具体操作步骤如下：

Step 3 继续上一实例的操作，确认棋子处于选中状态，切换至【修改】命令面板，在【变换】卷展栏中将【在面上平移】选项组中的A、B分别设置为20、10，按Enter键确认，如图4-73所示。

Step 4 按F9键对【Camera01】视图进行渲染，渲染后的效果如图4-74所示。

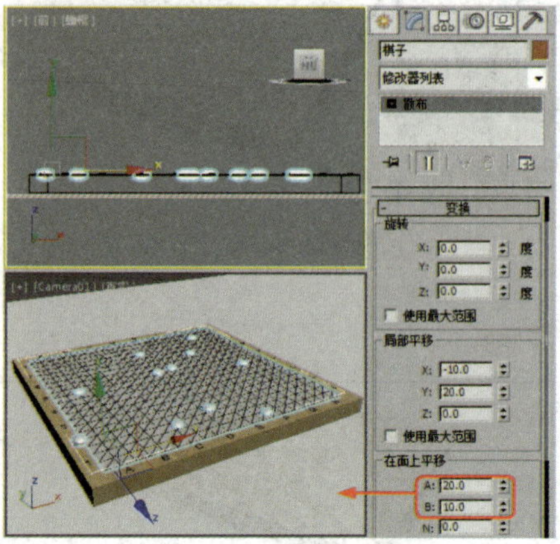

图4-73

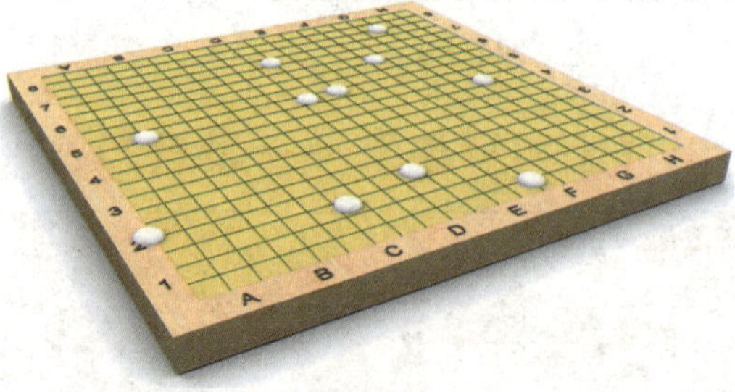

图4-74

4.5.5 【上机操作】——设置显示

场景：无	
完成场景：CDROM\场景\Cha04\创建散布复合对象OK.max	
视频：视频教学\Cha04\设置显示.avi	

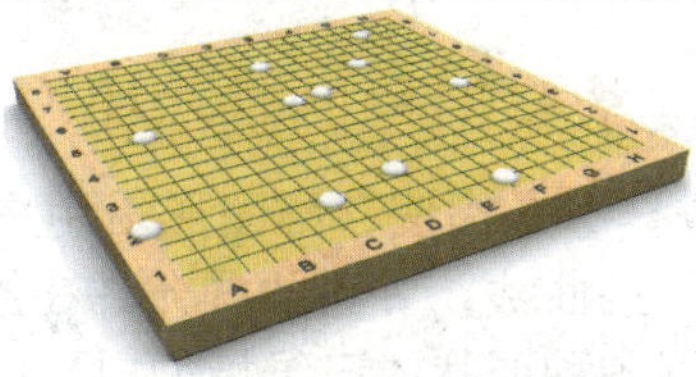

下面介绍如何设置显示方式，具体操作步骤如下：

Step 1 继续上一实例的操作，确认棋子处于选中状态，切换至【修改】命令面板，在【显示】卷展栏中勾选【隐藏分布对象】复选框，如图4-75所示。

Step 2 按F9键对【Camera01】视图进行渲染，渲染后的效果如图4-76所示。

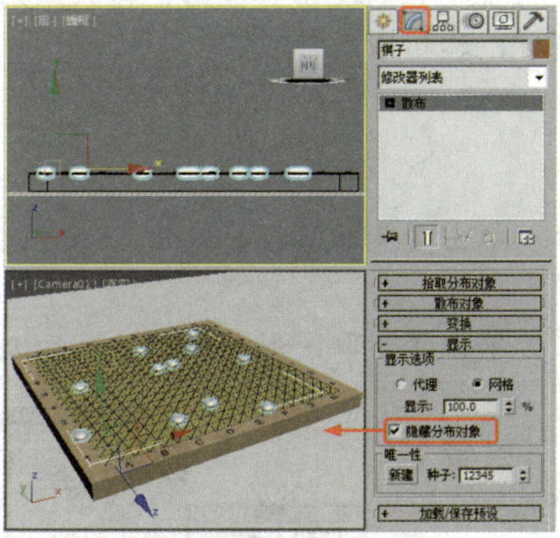

图4-75

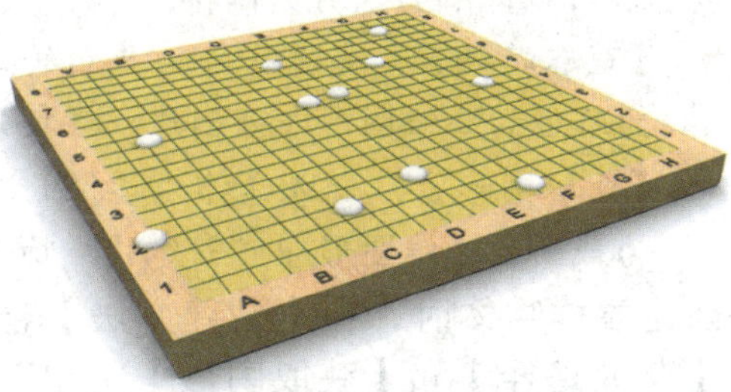

图4-76

4.6 图形合并工具

【图形合并】工具能够把任意样条物体投影到多边形物体表面上，从而在多边形物体表面制作凸起或镂空效果，如文字、图案、商标等。

【图形合并】工具涉及的卷展栏有4个，其中两个卷展栏介绍如下。

- 【拾取操作对象】卷展栏：用于将一个二维图形投影到一个三维物体表面，从而产生相交或相减的效果。选择4种方式中的一种后，单击【拾取图形】按钮，即可选择对象。
- 【参数】卷展栏：用于对合并形状的对象进行相关操作设置。【操作】选项组中的【饼切】与【合并】单选按钮用来确定合并的方式，其中【合并】为默认选项，可在物体上产生新的按照样条形状分布的情况。

4.7 放样

放样建模是3ds Max 2016中一种强大的建模方法，在放样建模中还可以对放样对象进行变形编辑，包括【缩放】变形、【扭曲】变形、【倾斜】变形、【倒角】变形和【拟合】变形。

放样建模是截面图形在一段路径上形成的轨迹，截面图形和路径的相对方向取决于两者的法线方向。

4.7.1 放样对象的基本概念

【放样】是指使二维图形沿用户自定义的放样路径产生三维模型。放样路径可以是任意形状的一条曲线，并且放样允许在放样路径上指定多个完全不同的二维图形作为截面图形，从而得到各种形状的三维模型。

在3ds Max 2016中提供了挤压修改器，它与放样有相似的地方，在挤压中，绘制一个截面二维图形，给出挤压高度即可得到三维模型。挤压的路径是一条与截面图形垂直的直线，没有放样灵活。放样是在挤压基础上的进一步发展。

在进行放样时，必须有适当的二维图形作为截面和路径。作为路径的二维图形称为放样路径，在一个放样物体中只能有一个；而用作截面的二维图形称为放样图形，可以用几个不同的二维图形作横截面。路径和截面图形既可以是封闭的也可以是开放的。

4.7.2 创建放样物体的方法

创建放样物体的方法分为两种。

- 【获取路径】：先选择作为截面的二维图形，单击【获取路径】按钮，然后选择作为路径的二维图形即可创建放样物体。
- 【获取图形】：先选择作为路径的二维图形，单击【获取图形】按钮，然后选择作为截面的二维图形即可创建放样物体。

创建放样物体时，在【创建方法】卷展栏中可以看到，【获取路径】和【获取图形】按钮下有【移动】、【复制】和【实例】3个单选按钮，如图4-77所示。

- 【移动】：选中此单选按钮，放样后原图形在场景中不存在。
- 【复制】：选中此单选按钮，放样后原图形在场景中仍然存在。
- 【实例】：选中此单选按钮，复制出来的路径或截面图形与原图形相关联，对原图形修改时，放样出来的物体也同时被修改。

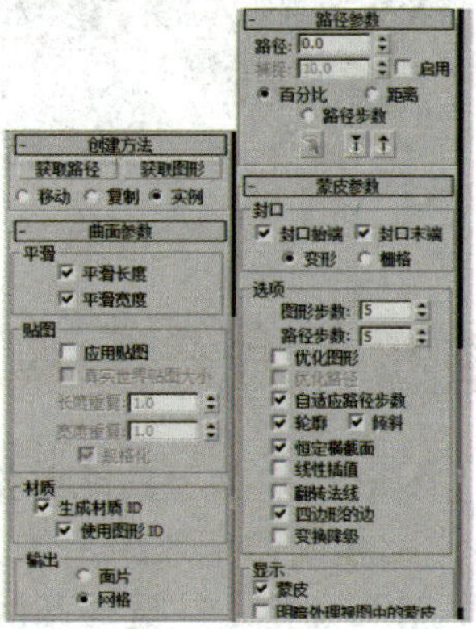

图4-77

使用【获取路径】方法创建放样物体的基本操作步骤如下：

Step 1 在场景中创建放样的截面图形和路径。

Step 2 选择创建的放样截面，然后选择【创建】|【几何体】|【复合对象】|【放样】工具，在【创建方法】卷展栏中单击【获取路径】按钮，在场景中单击作为路径的二维图形，就可以创建出放样的模型。

使用【获取图形】方法创建放样物体的基本操作步骤如下：

Step 1 在场景中创建放样的截面图形和路径。

Step 2 选择创建的放样路径，然后选择【创建】|【几何体】|【复合对象】|【放样】工具，在【创建方法】卷展栏中单击【获取图形】按钮，在场景中单击作为截面的二维图形，就可以创建出放样的物体。

提示：

在制作简单的放样物体时，比如只有一个截面图形时，两种方法的结果是一样的，但有多个截面图形时，应该采用第二种方法。

4.8 调整放样

在创建完放样后，还可以根据需要对放样进行相应的调整，在本节将对其进行简单介绍。

4.8.1 设置放样表面

控制放样物体表面的选项主要在【蒙皮参数】卷展栏中。

切换到【修改】命令面板，展开【蒙皮参数】卷展栏，如图4-78所示。【蒙皮参数】卷展栏中主要参数的意义如下。

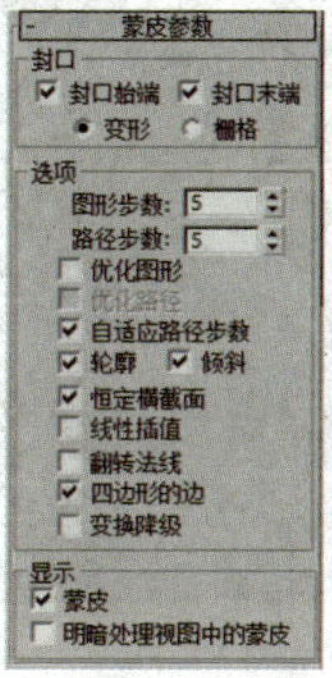

图4-78

- 【封口】：该选项组中的两个复选框用于打开或关闭顶盖的显示。
- 【图形步数】：该参数微调框用来设置图形截面定点间的步幅数，值越大纵向光滑度越高。
- 【路径步数】：该参数微调框用来设置路径定点间的步幅数，值越大横向光滑度越高。
- 【优化图形】：该复选框用来优化纵向光滑度，忽略图形步幅。
- 【自适应路径步数】：该复选框用来优化横向光滑度，忽略路径步幅。
- 【轮廓】：选中该复选框后，每个图形都将遵循路径的曲率。
- 【蒙皮】：该复选框用来控制各视图中是否只显示放样物体的路径和截面。
- 【明暗处理视图中的蒙皮】：该复选框用来控制在【透视】视图中是否显示放样物体。

4.8.2 带有多个截面的放样

下面介绍多个截面图形的放样。

在路径的不同位置摆放不同的二维图形主要是通过在【路径参数】卷展栏中的【路径】微调框中输入数值或单击微调按钮来实现，有3种定位方式。

- 【百分比】：此方式为沿路径的百分比放置二维图形，【路径】微调框中的数值表示路径的百分比，【路径】微调框中的值为0，表示将在路径的起始点处添加第1个截面图形。它的取值范围为0～100。
- 【距离】：此方式为沿路径的起点开始的绝对长度放置二维图形，【路径】微调框中的数值表示从路径第1个顶点开始的长度。取值范围从0到路径的最大长度。
- 【路径步数】：此方式为沿路径上的各个插值步数放置二维图形，【路径】微调框中的数值表示路径上的各个插值步数。

下面可以通过实例来练习一下。

Step 1 重置一个新的场景文件。

Step 2 在视图中创建两个放样截面图形和一条放样路径，如图4-79所示。

Step 3 在视图中选择放样路径，然后选择【创建】|【几何体】|【复合对象】|【放样】工具。

Step 4 在【路径参数】卷展栏中使用默认的【路径】参数为0，单击【创建方法】卷展栏中的【获取图形】按钮，在圆形的放样图形上单击。

Step 5 在【路径参数】卷展栏中设置【路径】参数为100，单击【创建方法】卷展栏中的【获取图形】按钮，在场景中选择另一个放样图形。完成的模型效果如图4-80所示。

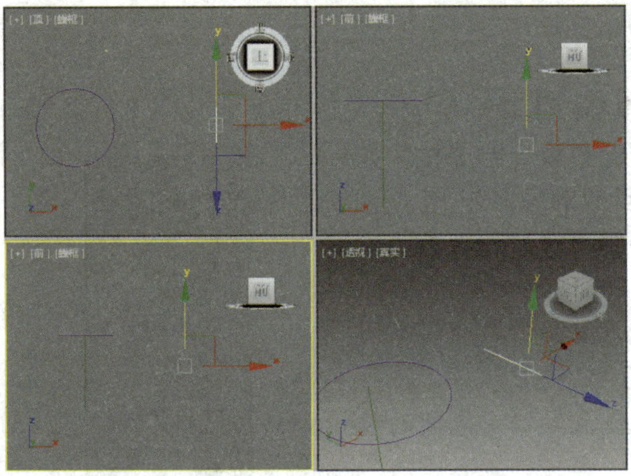

图4-79

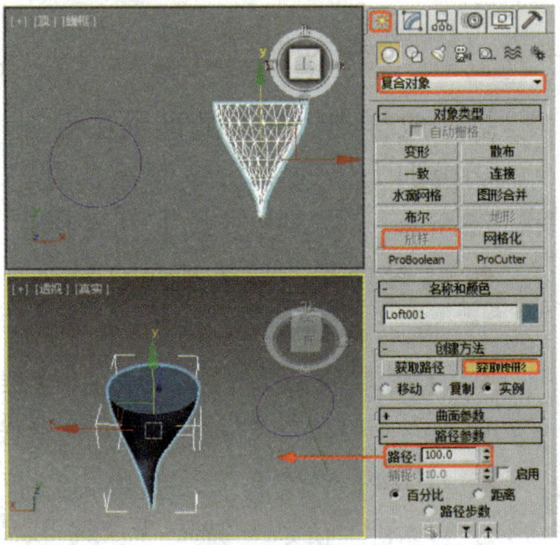

图4-80

4.8.3 对齐图形顶点

在制作放样物体时，如果路径上各个截面图形的顶点没有对齐就会造成放样物体的扭曲。要消除扭曲现象，需要将截面图形的起始点对齐。

对齐起始点的具体操作步骤如下：

Step 1 切换到【修改】命令面板，在修改器堆栈中单击Loft修改器前面的加号，在展开的两个子物体中单击【图形】。

Step 2 此时会出现【图形命令】卷展栏，单击【比较】按钮，将会弹出【比较】对话框，此时，对话框中没有任何截面图形，如图4-81所示。在该对话框中可以很容易地比较截面二维图形的起始点位置。

Step 3 在【比较】对话框中单击【拾取图形】按钮，在视图中的放样物体上依次拾取放样的截面图形。

Step 4 再次单击【拾取图形】按钮，结束截面图形的拾取工作，拾取截面图形后的效果如图4-82所示。

Step 5 在工具栏中选择【选择并旋转】工具，将【透视】视图中的截面图形旋转，在旋转的同时观察【比较】对话框中各截面图形的起始点，使2个截面图形的起始点处于同一条直线，即可停止旋转，如图4-83所示。此时在视图中可以看到放样物体的扭曲现象已经消失了。

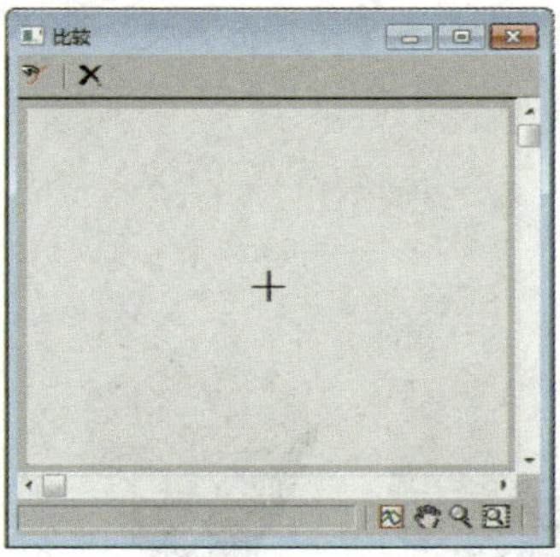

图4-81

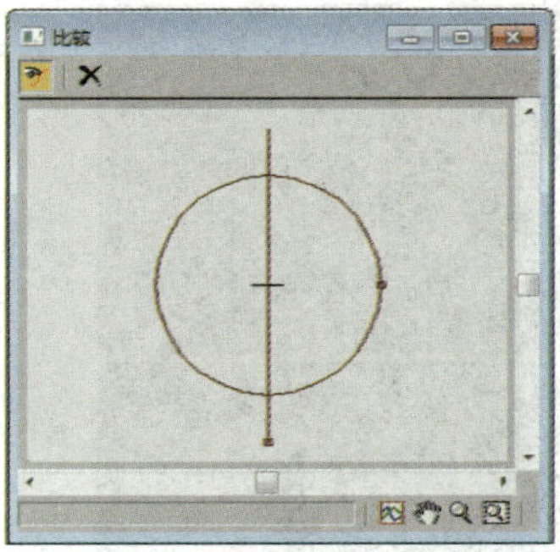

图4-82

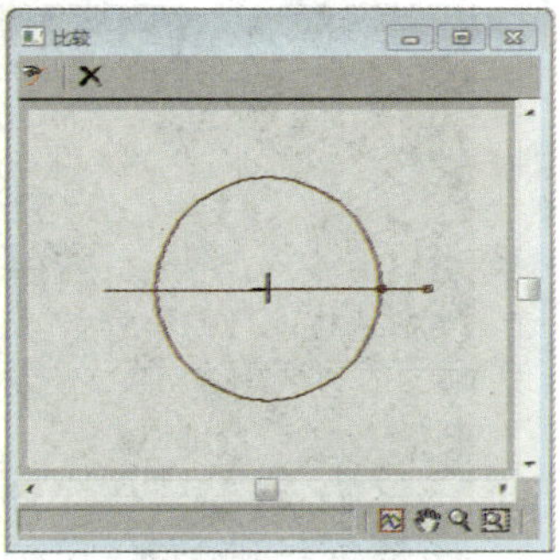

图4-83

4.8.4 编辑和复制路径上的二维图形

可以通过编辑路径上的二维图形来修改放样物体，主要有移动、复制、旋转和缩放等操作，下面分别练习这几种操作。

1. 移动路径上的二维图形

移动路径上的二维图形的具体操作步骤如下：

Step 1 启动3ds Max 2016，创建一个如图4-84所示的模型。

Step 2 切换到【修改】命令面板，在修改器堆栈中单击Loft修改器前面的加号，在展开的两个子物体中单击【图形】，进入Loft的【图形】子物体层级。

Step 3 在工具栏中选择【选择并移动】工具，再选择放样物体中的某个截面图形，对其进行移动，则放样物体也随着发生变化，如图4-85所示。

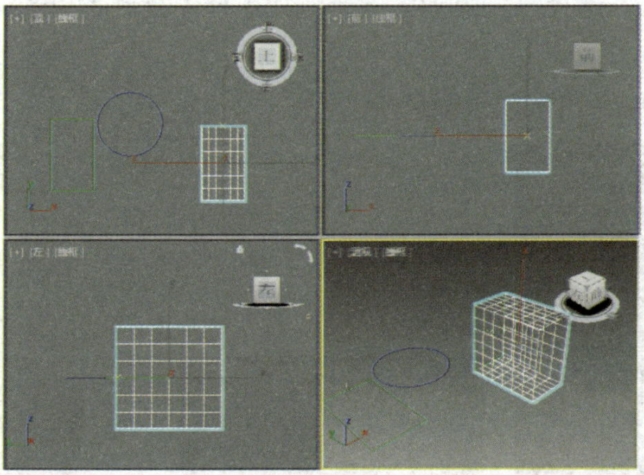

图4-84

图4-85

2. 缩放路径上的二维图形

缩放路径上的二维图形的具体操作步骤如下：

Step 1 启动3ds Max 2016，创建一个如图4-86所示的模型。

Step 2 切换到【修改】命令面板，在修改器堆栈中单击Loft修改器前面的加号，在展开的两个子物体中单击【图形】，进入Loft的【图形】子物体层级。

Step 3 单击工具栏中的【选择并均匀缩放】按钮，再选择放样物体的长方形截面图形，对其进行缩放，则放样物体也随着发生变化，缩放前后的效果如图4-87所示。

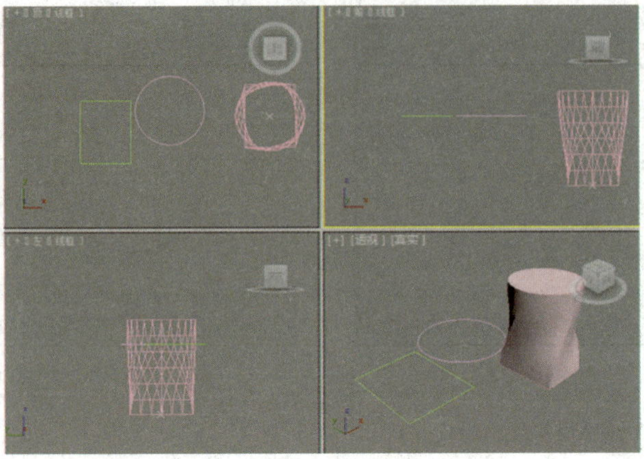

图4-86

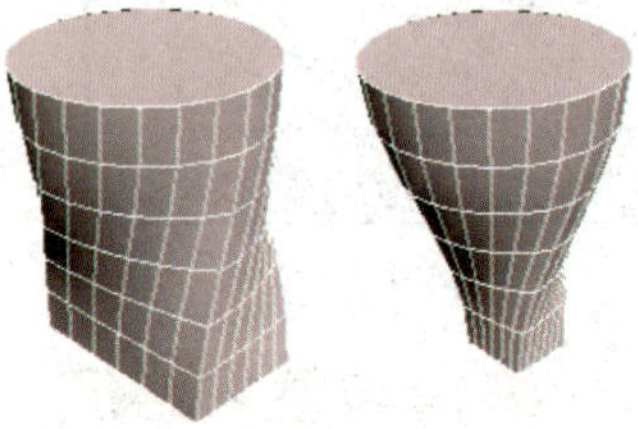

图4-87

3．复制路径上的二维图形

复制路径上的二维图形的具体操作步骤如下：

Step 1 启动3ds Max 2016，创建一个如图4-88所示的模型。

Step 2 切换到【修改】命令面板，在修改器堆栈中单击Loft修改器前面的加号，在展开的两个子物体中单击【图形】，进入Loft的【图形】子物体层级。

Step 3 在工具栏中选择【选择并移动】工具，然后选择放样物体的圆形截面图形。

Step 4 在【前】视图中按住Shift键的同时向下拖动，拖动到适当的位置松开鼠标，此时将会弹出一个【复制图形】对话框，选择一种复制方式，例如选择【复制】单选按钮，如图4-89所示。

Step 5 单击【确定】按钮，复制后的效果如图4-90所示。

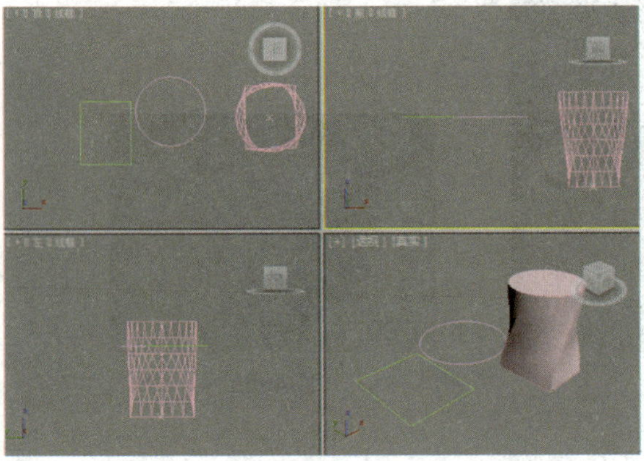

图4-88

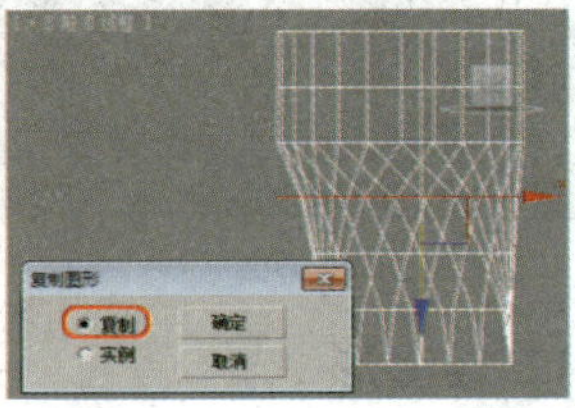

图4-89

图4-90

4.8.5 调整放样路径

在修改放样物体时除了调整放样物体的截面图形之外，还可以调整放样路径。

调整放样路径的具体操作步骤如下：

Step 1 启动3ds Max 2016，创建一个如图4-91所示的模型。

Step 2 切换到【修改】命令面板，在【蒙皮参数】卷展栏中取消勾选【蒙皮】复选框，而勾选【明暗处理视图中的蒙皮】复选框，此时只在【透视】视图中显示放样物体。

Step 3 在视图中选择放样路径，此时对该路径进行调整就会影响模型的形状，如图4-92所示。

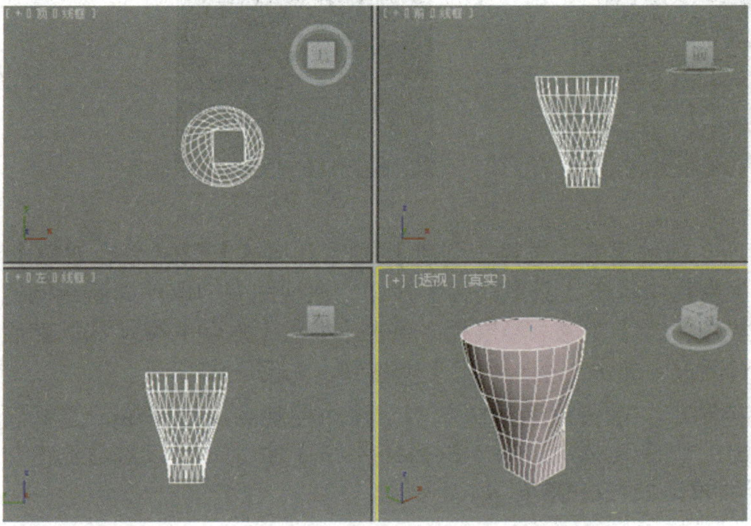

图4-91

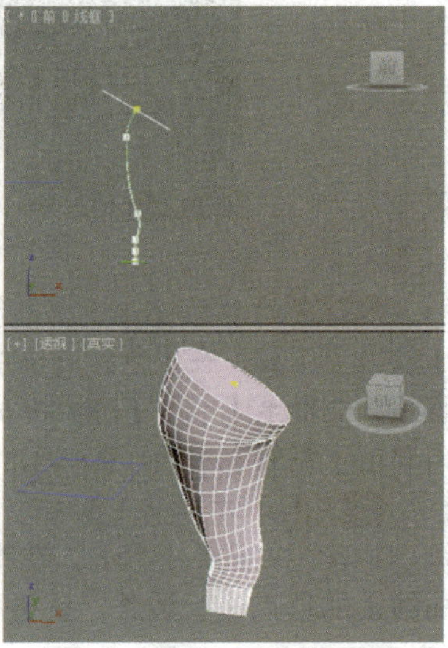

图4-92

提示：

在这里用户可以参照前面有关编辑样条曲线的内容对放样路径中的顶点进行编辑。

4.8.6 【上机操作】——使用放样制作花瓶

场景：无	
完成场景：CDROM\场景\Cha04\使用放样制作花瓶 OK.max	
视频：视频教学\Cha04\使用放样制作花瓶.avi	

本案例将介绍如何利用【放样】工具制作花瓶。具体操作步骤如下：

Step 1 新建一个空白场景，选择【创建】|【图形】|【星形】工具，在【顶】视图中创建一个星形，在【参数】卷展栏中将【半径1】、【半径2】、【点】、【扭曲】、【圆角半径1】、【圆角半径2】分别设置为50、34、6、0、7、8，如图4-93所示。

Step 2 选择【创建】|【图形】|【线】工具，在【前】视图中创建一条垂直直线，如图4-94所示。

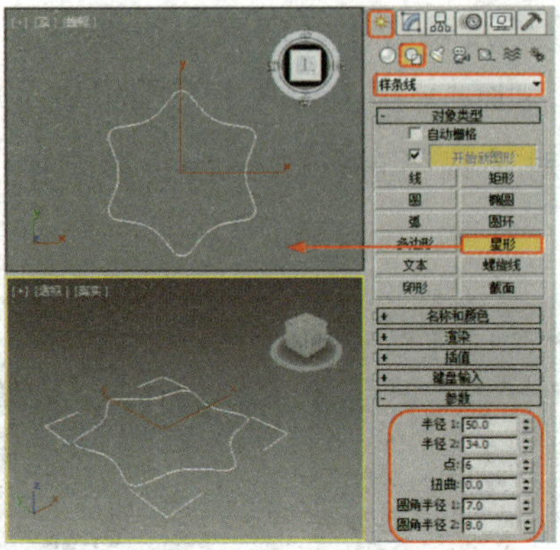

图4-93

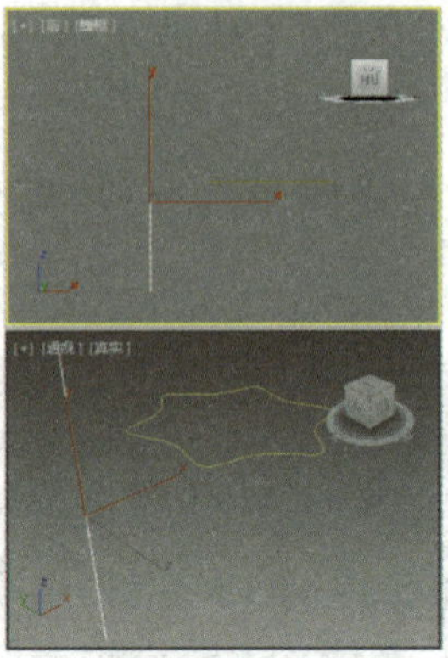

图4-94

Step 3 在视图中选择前面所创建的星形，选择【创建】|【几何体】|【复合对象】|【放样】工具，在【创建方法】卷展栏中单击【获取路径】按钮，在视图中拾取前面所绘制的直线，切换至【修改】命令面板中，在【变形】卷展栏中单击【缩放】右侧的按钮，然后再单击【缩放】按钮，在弹出的对话框中单击【插入角点】按钮，如图4-95所示。

Step 4 在曲线上添加3个控制点，在该对话框中单击【移动控制点】按钮，选择新添加的3个控制点并右击，在弹出的快捷菜单中选择【Bezier-平滑】命令，在该对话框中对曲线上的顶点进行调整，调整后的效果如图4-96所示。

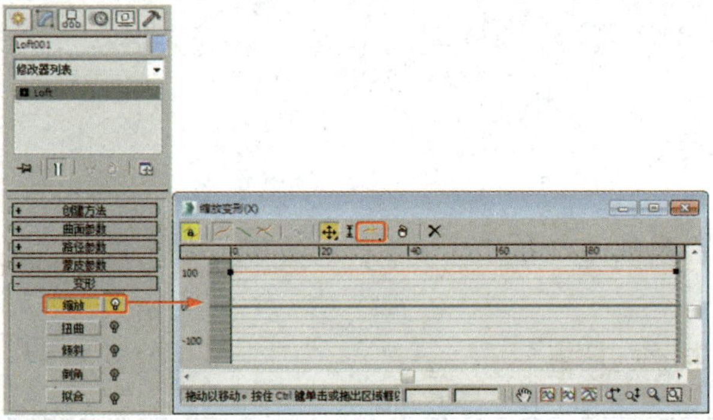

图4-95

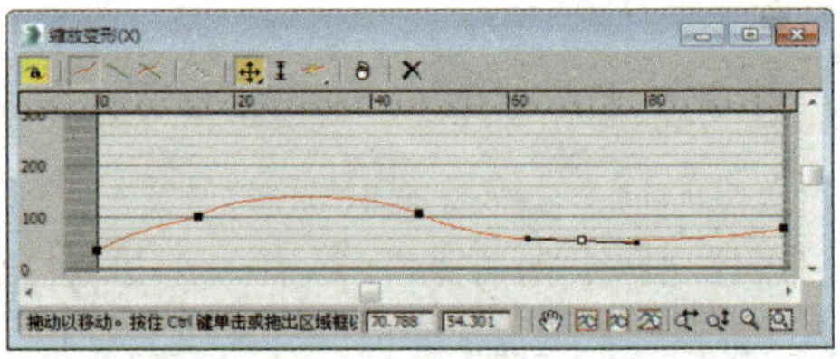

图4-96

Step 5 调整完成后，将该对话框关闭，继续选中该对象，在修改器下拉列表中选择【扭曲】修改器，在【参数】卷展栏中将【扭曲】选项组中的【角度】设置为-50，在【扭曲轴】选项组中选中【Y】单选按钮，如图4-97所示。

Step 6 在修改器下拉列表中选择【编辑网格】修改器，将当前选择集定义为【多边形】，在【顶】视图中选择最上侧的多边形。按Delete键将选中的多边形删除，关闭当前选择集，在修改器下拉列表中选择【壳】修改器，在【参数】卷展栏中将【外部量】设置为1，其他参数保持默认即可，如图4-98所示。

Step 7 在修改器下拉列表中选择【UVW贴图】修改器，使用其默认参数即可。

Step 8 确认该对象处于选中状态，按M键，在弹出的对话框中选择一个新的材质样本球，将其命名为【花瓶】，在【Blinn基本参数】卷展栏中将【环境光】的RGB值设置为215、230、250，将【自发光】设置为35，将【反射高光】选项组中的【高光级别】、【光泽度】分别设置为93、75，如图4-99所示。

Step 9 在【贴图】卷展栏中单击【漫反射颜色】右侧的【无】按钮，在弹出的对话框中选择【渐变坡度】选项，单击【确定】按钮，在【渐变坡度参数】卷展栏中将位置0处的渐变滑块的RGB值设置为255、100、170，将位置50处的渐变滑块的RGB值设置为255、255、255，将位置100处的渐变滑块的RGB值设置为100、160、255，如图4-100所示。

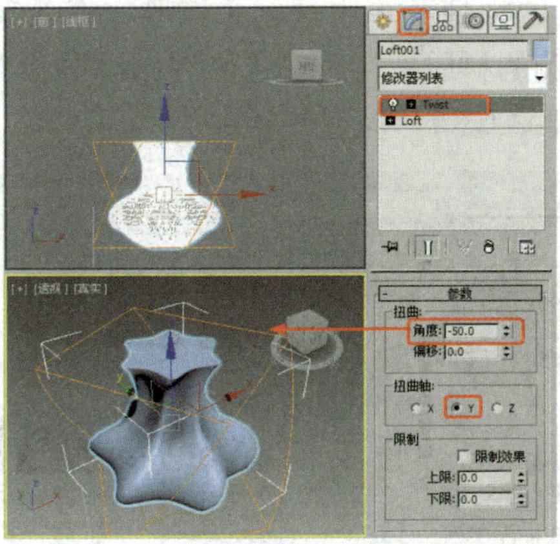

图4-97

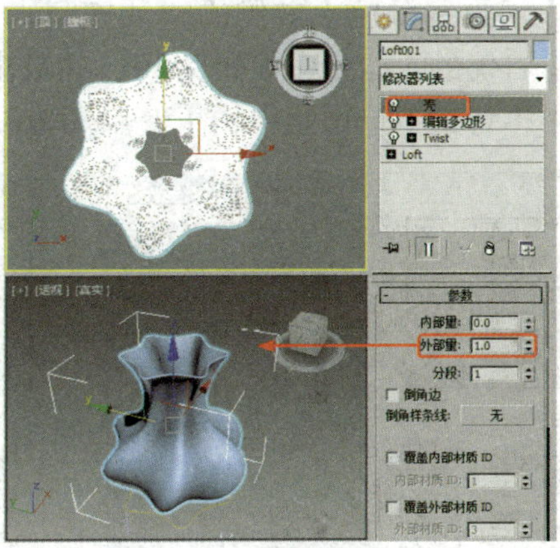

图4-98

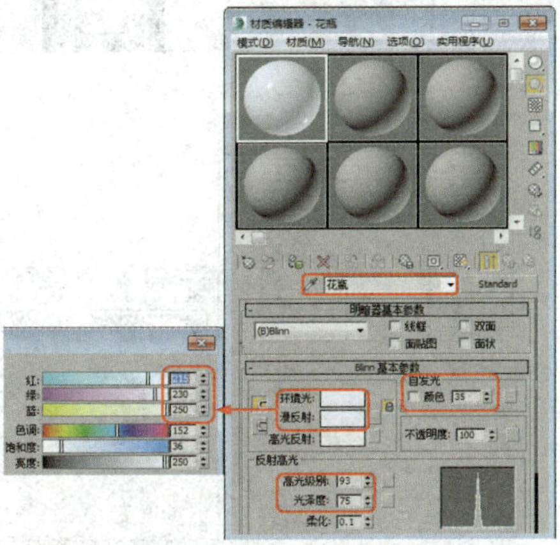

图4-99

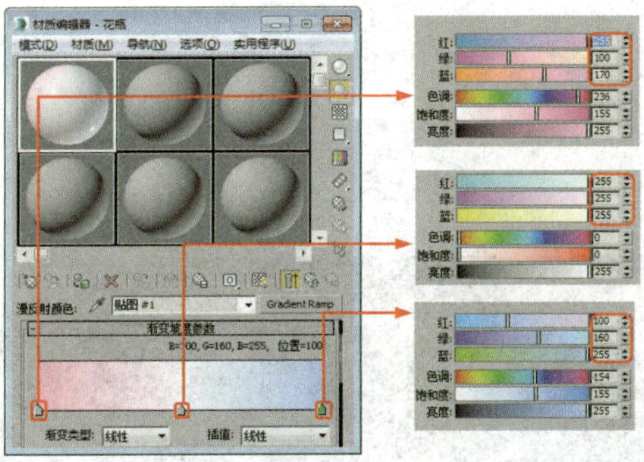

图4-100

Step 10 单击【转到父对象】按钮，在【贴图】卷展栏中将【反射】右侧的【数量】设置为20，然后单击其右侧的【无】按钮，在弹出的对话框中选择【光线跟踪】选项，如图4-101所示。

Step 11 单击【确定】按钮，在【光线跟踪器参数】卷展栏中单击【背景】选项组中的【无】按钮，在弹出的对话框中选择【位图】选项，单击【确定】按钮，在弹出的对话框中选择随书附带光盘中的CDROM\Map\BXG.JPG贴图文件，单击【打开】按钮，在【位图参数】卷展栏中勾选【裁剪/放置】选项组中的【应用】复选框，将【U】、【V】、【W】、【H】分别设置为0.339、0.16、0.469、0.115，如图4-102所示。

Step 12 设置完成后，单击【将材质指定给选定对象】按钮，将该对话框关闭，选择【创建】|【摄影机】|【目标】工具，在【顶】视图中创建一架摄影机，在【参数】卷展栏中将其【镜头】设置为50mm，激活【透视】视图，按C键将其转换为【摄影机】视图，在其他视图中调整摄影机的位置，如图4-103所示。

Step 13 选择【创建】|【几何体】|【平面】工具，在【顶】视图中创建一个平面，选中该平面对象，按M键，在弹出的对话框中选择【花瓶】材质样本球，按住鼠标将其拖动至一个新的材质样本球上，并将其命名为【地面】，在【Blinn基本参数】卷展栏中将【环境光】的RGB值设置为255、255、255，将【自发光】设置为15，在【贴图】卷展栏中右击【漫反射颜色】右侧的材质按钮，在弹出的快捷菜单中选择【清除】命令，然后将【反射】右侧的【数量】设置为10，并单击其右侧的材质按钮，在【光线跟踪器参数】卷展栏中选中【背景】选项组中的【使用环境设置】单选按钮，如图4-104所示。

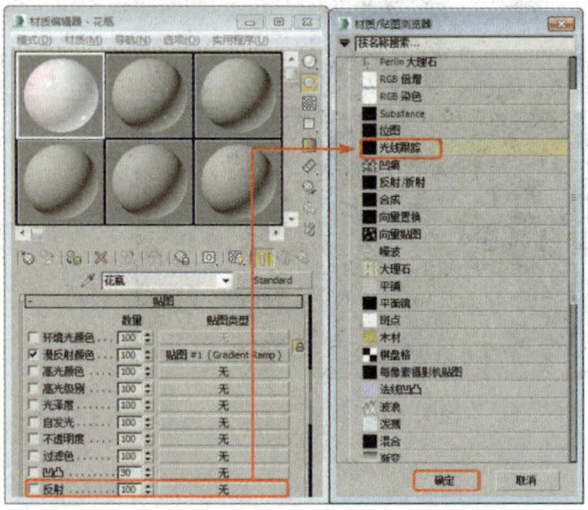

图4-101

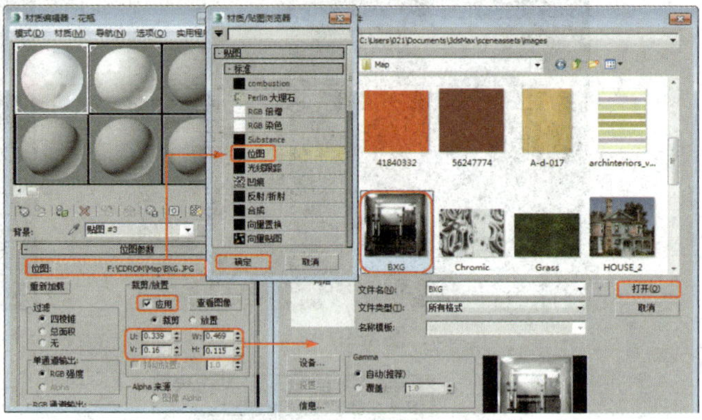

图4-102

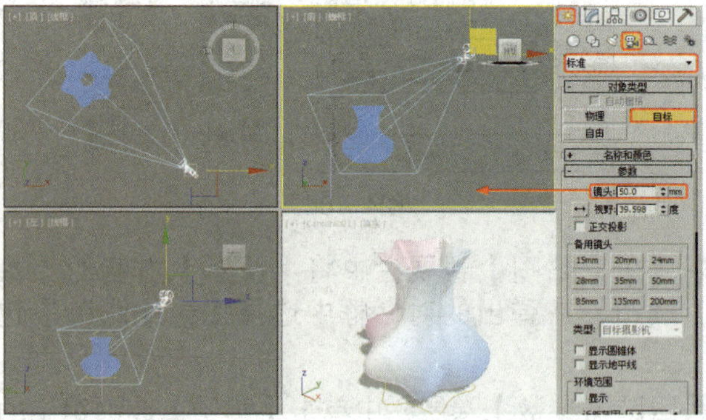

图4-103

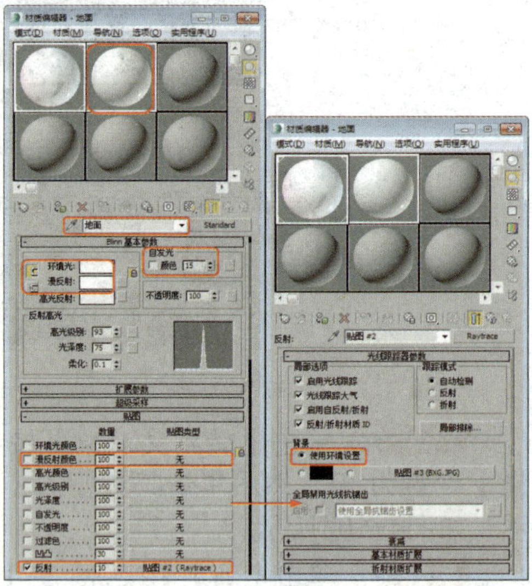

图4-104

Step 14 设置完成后，单击【将材质指定给选定对象】按钮，关闭该对话框，选择【创建】|【灯光】|【标准】|【天光】工具，在【顶】视图中创建一个天光，在视图中调整其位置，切换至【修改】命令面板，在【天光参数】卷展栏中将【倍增】设置为0.8，效果如图4-105所示。

Step 15 按F10键，在弹出的对话框中选择【高级照明】选项卡，在【选择高级照明】卷展栏中将照明类型设置为【光跟踪器】，在【参数】卷展栏中将【附加环境光】的RGB值设置为22、22、22，如图4-106所示。

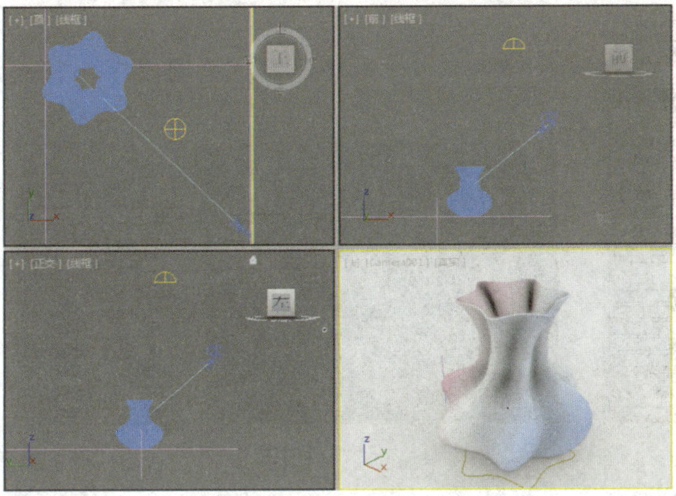

图4-105

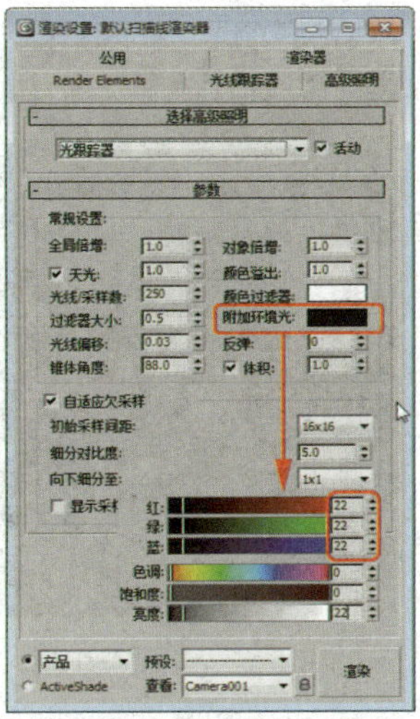

图4-106

Step 16 设置完成后，单击【渲染】按钮对【摄影机】视图进行渲染即可，对完成后的场景进行保存。

4.9 放样变形

放样物体的【变形】卷展栏中列出了3ds Max 2016中可以施加给放样物体的变形工具。变形工具提供基于样条曲线的、由曲线所构成的图形，这些图形可以改变放样物体的横截面的形状与路径的关系。在3ds Max 2016中共有5种变形工具，分别是【缩放】、【扭曲】、【倾斜】、【倒角】和【拟合】。

4.9.1 【缩放】变形

【缩放】变形工具可以沿着X轴或Y轴方向对截面图形进行缩放，使放样物体的形状发生变化，下面通过上机操作进行讲解，具体操作步骤如下：

Step 1 选择【创建】|【图形】|【多边形】工具，在【左】视图中创建多边形，在【参数】卷展栏中设置【半径】为35、【边数】为15，然后选中【外接】单选按钮，如图4-107所示。

Step 2 使用【线】工具在【前】视图中绘制一条如图4-108所示的样条线。

Step 3 在场景中选择样条线，然后选择【创建】|【几何体】|【复合对象】|【放样】工具，在【创建方法】卷展栏中单击【获取图形】按钮，在场景中拾取多边形，如图4-109所示。

Step 4 切换到【修改】命令面板，在【变形】卷展栏中单击【缩放】按钮，在弹出的【缩放变形（X）】对话框中选中【插入角点】按钮，在控制曲线上单击添加控制点，如图4-110所示。

Step 5 使用【移动控制点】工具调整控制点，在调整的同时右击控制点，在弹出的快捷菜单中选择控制点类型，并调整曲线的形状，如图4-111所示。

Step 6 在调整曲线时，可以随时查看场景中的模型变化，调整完成后的模型如图4-112所示。

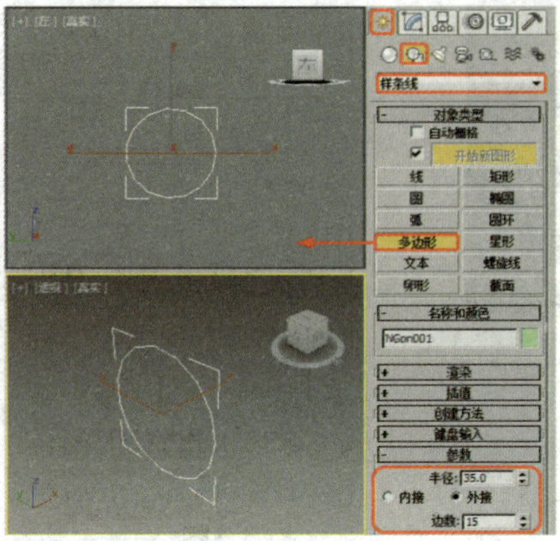

图4-107

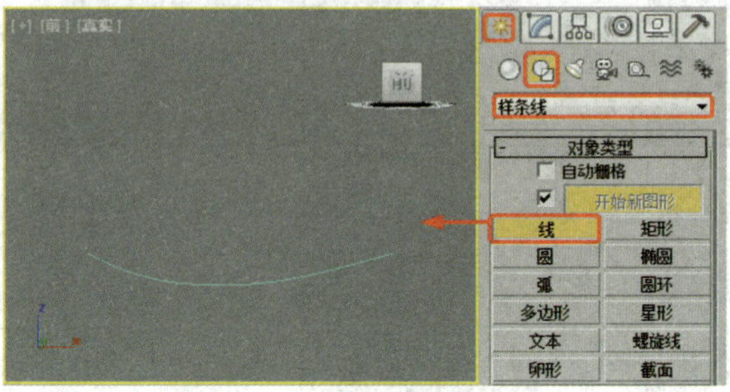

图4-108

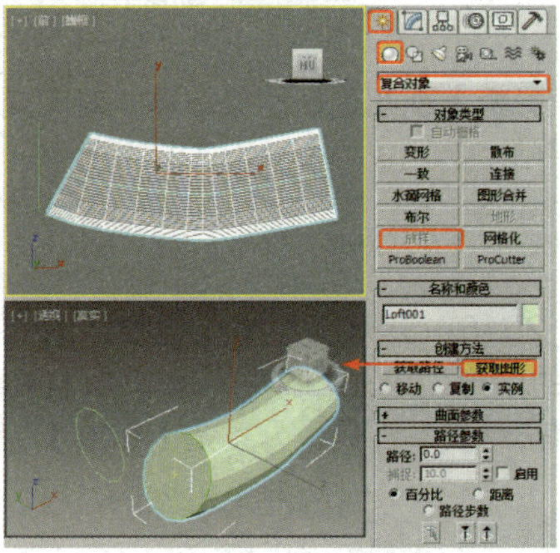

图4-109

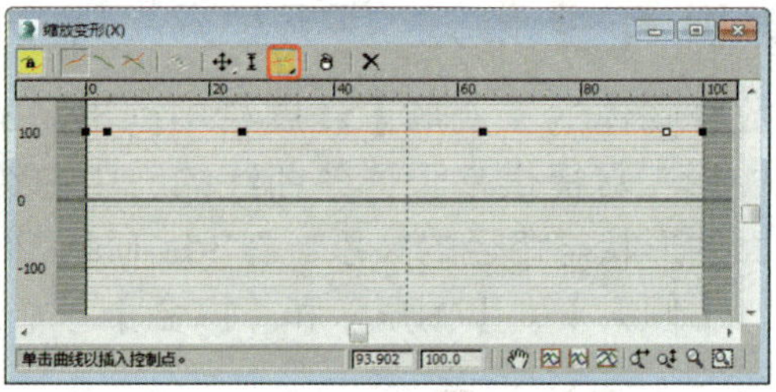

图4-110

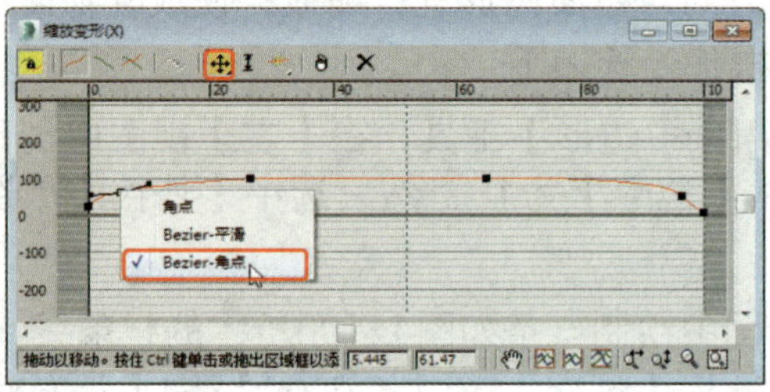

图4-111

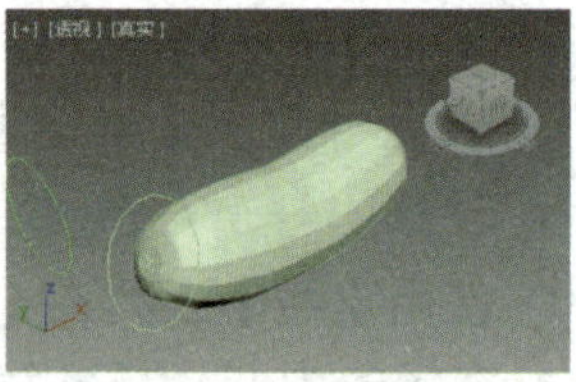

图4-112

4.9.2 【扭曲】变形

【扭曲】变形工具可以使截面二维图形绕着一定路径旋转指定的角度，从而使放样物体出现扭曲的效果。

下面使用【扭曲】变形工具制作简单的放样物体。具体操作步骤如下：

Step 1 选择【创建】|【图形】|【圆】工具，在【顶】视图中创建圆形，在【参数】卷展栏中设置【半径】为100，如图4-113所示。

Step 2 选中【线】按钮，在【前】视图中创建放样路径，如图4-114所示。

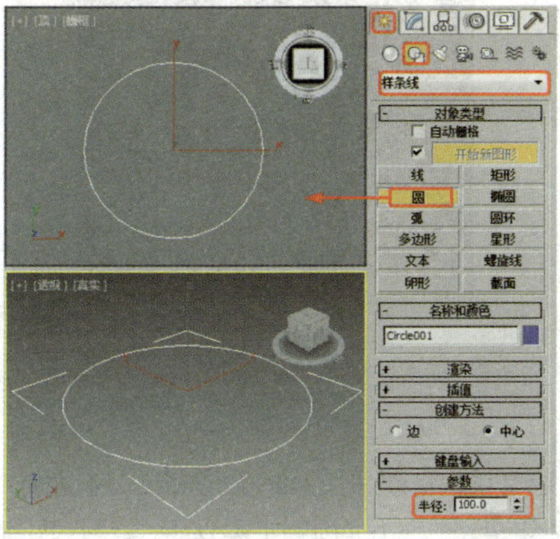

图4-113

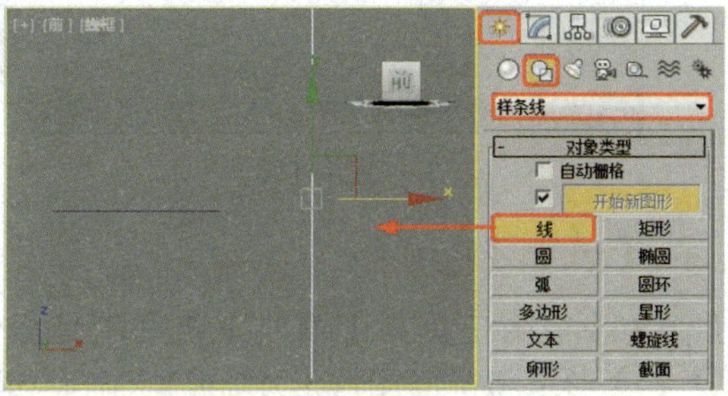

图4-114

Step 3 在场景中选择圆形，选择【创建】|【几何体】|【复合对象】|【放样】工具，在【创建方法】卷展栏中单击【获取路径】按钮，在场景中拾取直线，如图4-115所示。

Step 4 切换到【修改】命令面板，在【变形】卷展栏中单击【扭曲】按钮，在弹出的【扭曲变形】对话框中使用【移动控制点】工具，在场景中调整控制点的位置，扭曲模型，如图4-116所示。

Step 5 调整完成后的模型如图4-117所示。

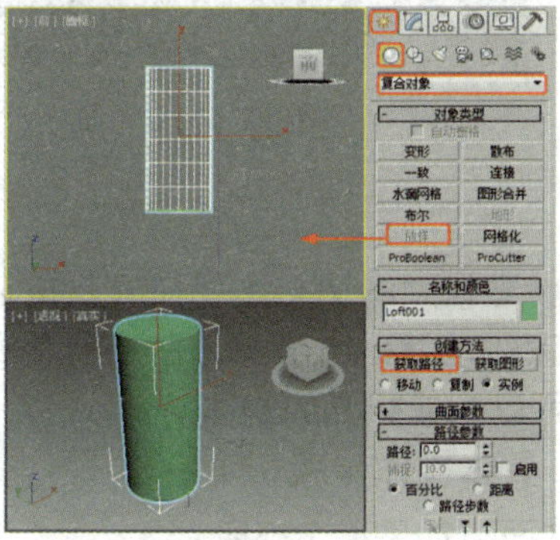

图4-115

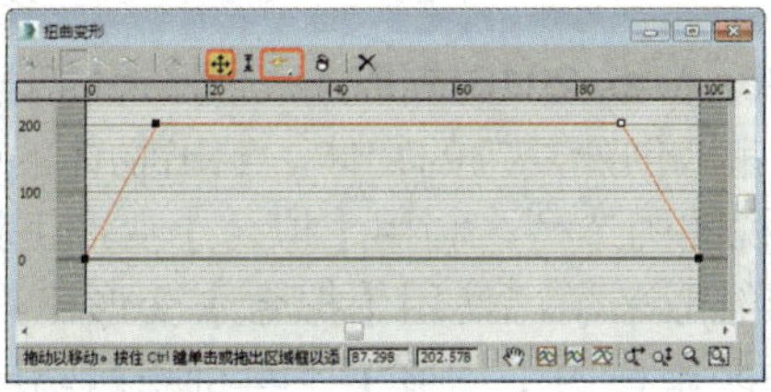

图4-116

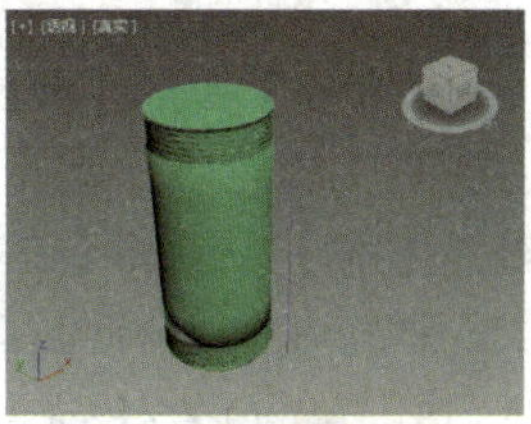

图4-117

4.9.3 【倾斜】变形

通过【倾斜】变形工具能够让路径上的截面图形绕着X轴或Y轴旋转。使用它可使放样路径上的起始剖面产生倾斜，通过下面实例来学习使用【倾斜】变形工具的方法。具体操作步骤如下：

Step 1 继续使用上一节中制作的场景文件。

Step 2 在【变形】卷展栏中单击【倾斜】按钮，在弹出的【倾斜变形（X）】对话框中单击【插入角点】按钮，在控制曲线上单击添加控制点，然后使用【移动控制点】工具调整控制点，如图4-118所示，在视图中会看到放样物体已经变形，如图4-119所示。

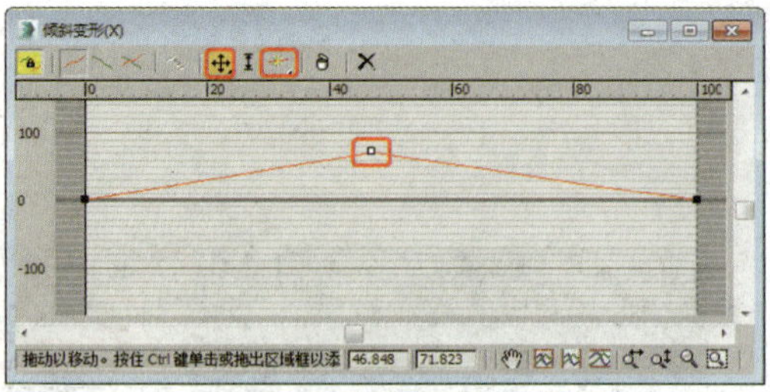

图4-118

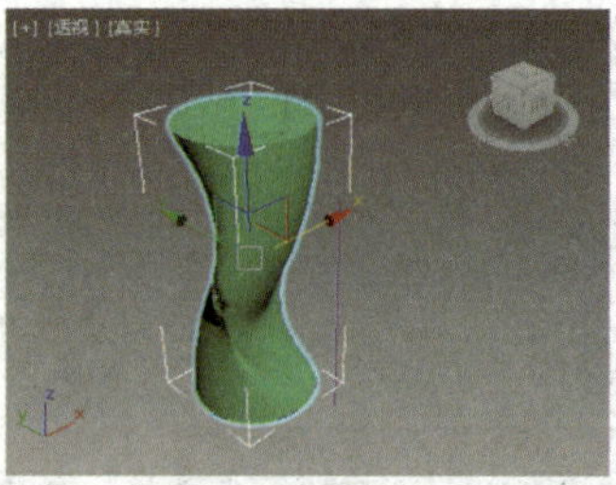

图4-119

4.9.4 【倒角】变形

【倒角】变形工具与【缩放】变形工具相似，它们都能改变截面图形的尺寸大小。但【倒角】变形是将截面图形沿X轴或Y轴作等量的变化处理。下面通过实例来学习使用【倒角】变形工具，具体操作步骤如下：

Step 1 创建一个文本的放样，如图4-120所示。

Step 2 切换到【修改】命令面板，在【变形】卷展栏中单击【倒角】按钮，在弹出的对话框中添加并调整控制点的位置，如图4-121所示。调整完成后的效果如图4-122所示。

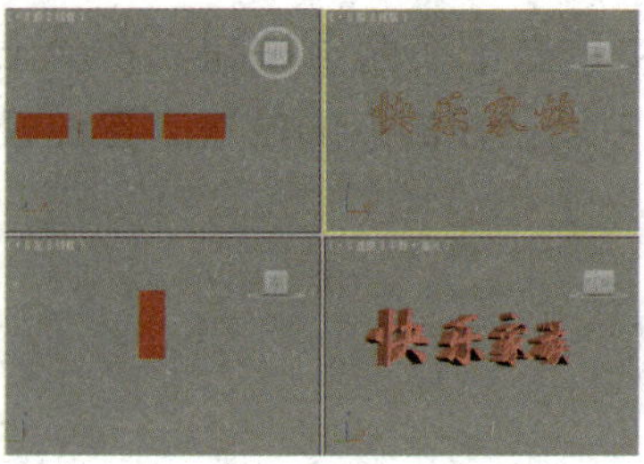

图4-120

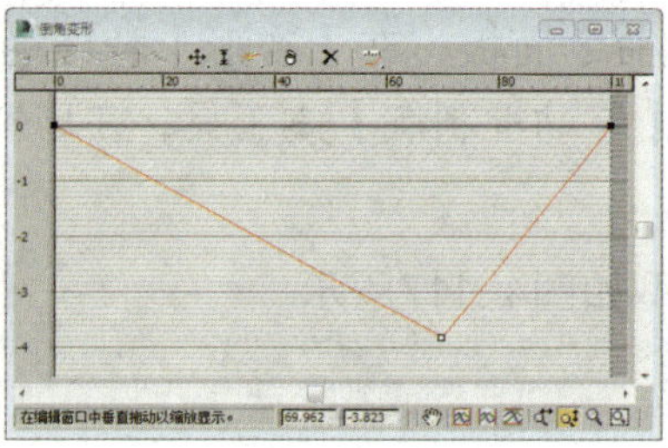

图4-121

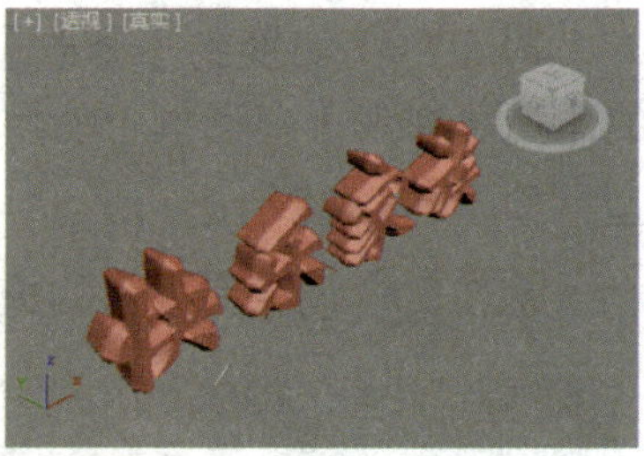

图4-122

4.9.5 【拟合】变形

【拟合】变形工具是3ds Max 2016提供的一个强大的工具。它强大的功能体现在只要指定了视图中的轮廓，就能快速地创建复杂的物体。给出物体的轮廓，也就是给出物体在【顶】视图、【前】视图和【左】视图的造型，利用【拟合】变形工具可以生成想要的物体。

通过制作躺椅坐垫的雏形来学习使用【拟合】变形工具，具体操作步骤如下：

Step 1 在【前】视图中使用【矩形】工具创建躺椅的截面，如图4-123所示。

Step 2 在【左】视图中创建一个放样路径，如图4-124所示。

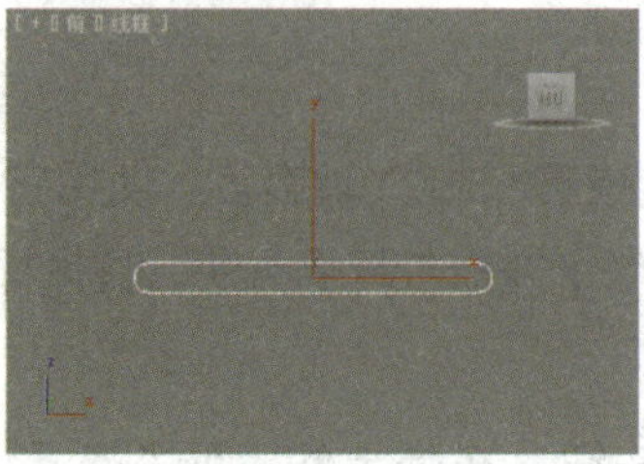

图4-123

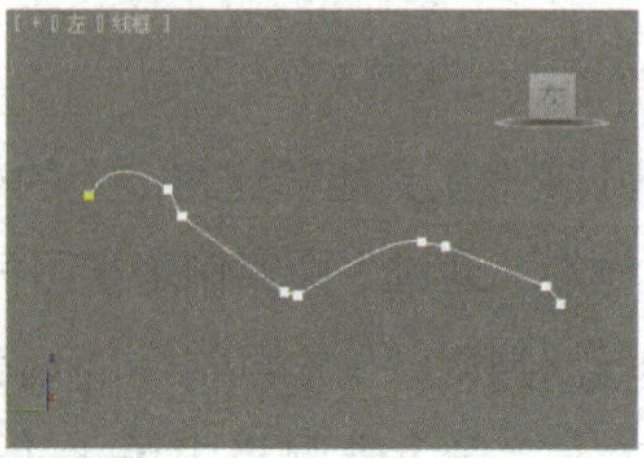

图4-124

Step 3 在【顶】视图中创建【拟合图形】，如图4-125所示。

Step 4 在场景中选择作为放样的路径，然后选择【创建】|【几何体】|【复合对象】|【放样】工具，在【创建方法】卷展栏中单击【获取图形】按钮，在场景中拾取放样截面，创建的放样模型如图4-126所示。

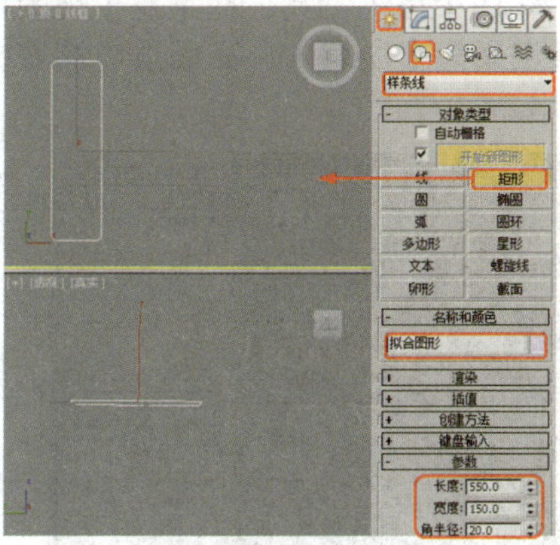

图4-125

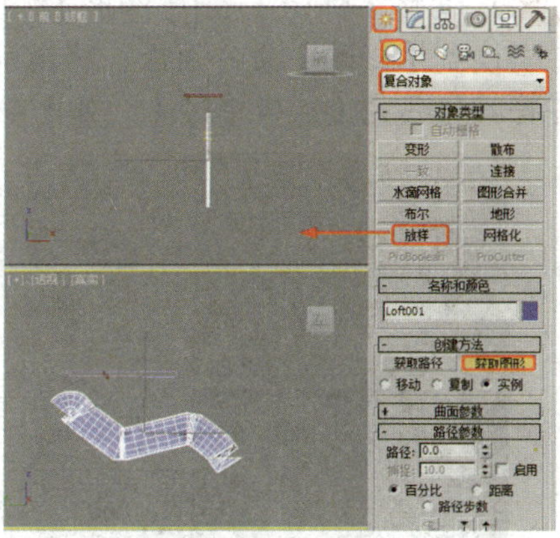

图4-126

Step 5 切换到【修改】命令面板，在修改器堆栈中单击Loft修改器前面的加号，在展开的两个子物体中选择【图形】，然后在场景中框选图形。单击工具栏中的【选择并旋转】按钮和【角度捕捉切换】按钮，在【前】视图中沿Z轴旋转图形90度，如图4-127所示。

Step 6 关闭【图形】的选择，在【变形】卷展栏中单击【拟合】按钮，在弹出的对话框中单击【均衡】按钮，将其关闭，并单击【显示Y轴】按钮，然后单击【获取图形】按钮，在场景中拾取作为拟合的图形，并单击【逆时针旋转90度】按钮，如图4-128所示。

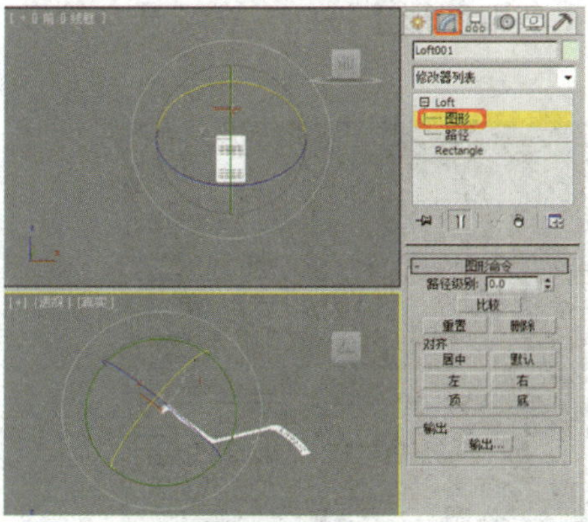

图4-127

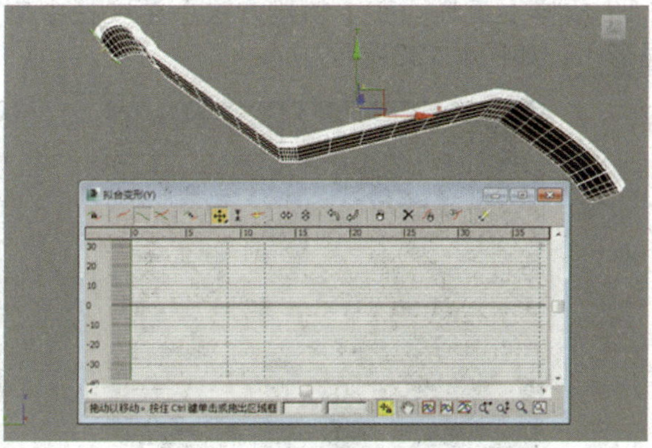

图4-128

4.10 上机实践——制作休闲躺椅

本例介绍休闲躺椅的制作，首先使用【矩形】、【线】、【放样】和【切角圆柱体】等工具来制作躺椅垫和躺椅枕，然后使用【线】和【切角长方体】等工具来制作躺椅支架，最后添加背景贴图即可，完成后的效果如图4-129所示。

图4-129

Step 1 选择【创建】| 【图形】| 【样条线】|【矩形】工具，在【前】视图中创建矩形，将其命名为【放样图形】，在【参数】卷展栏中设置【长度】为13、【宽度】为160、【角半径】为5.5，如图4-130所示。

Step 2 选择【创建】| 【图形】| 【样条线】|【线】工具，在【左】视图中创建样条线，并切换到【修改】命令面板，将当前选择集定义为【顶点】，在场景中调整样条线的形状，并将其命名为【放样路径】，如图4-131所示。

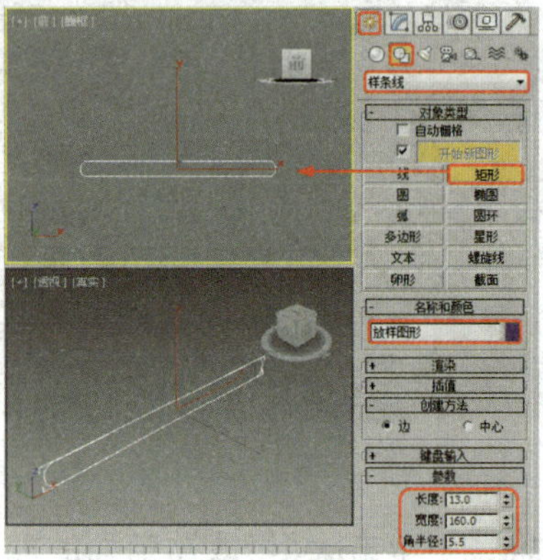

图4-130

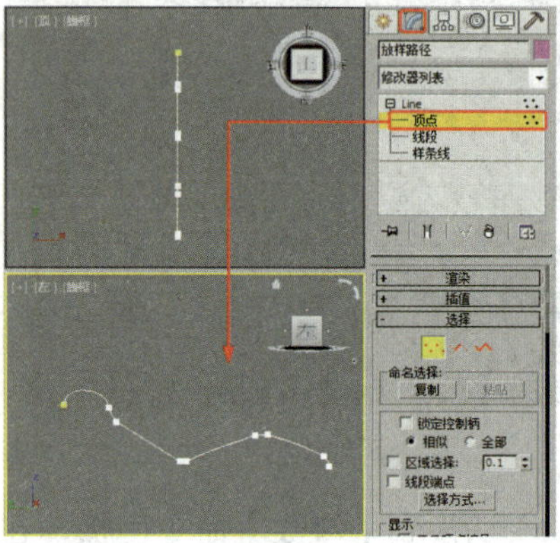

图4-131

Step 3 关闭当前选择集，选择【创建】| 【图形】| 【样条线】|【矩形】工具，在【顶】视图中创建矩形并命名为【拟合图形】，在【参数】卷展栏中设置【长度】为550、【宽度】为150、【角半径】为20，如图4-132所示。

Step 4 在场景中选择【放样路径】，然后选择【创建】| 【几何体】| 【复合对象】|【放样】工具，在【创建方法】卷展栏中单击【获取图形】按钮，在场景中拾取【放样图形】，如图4-133所示。

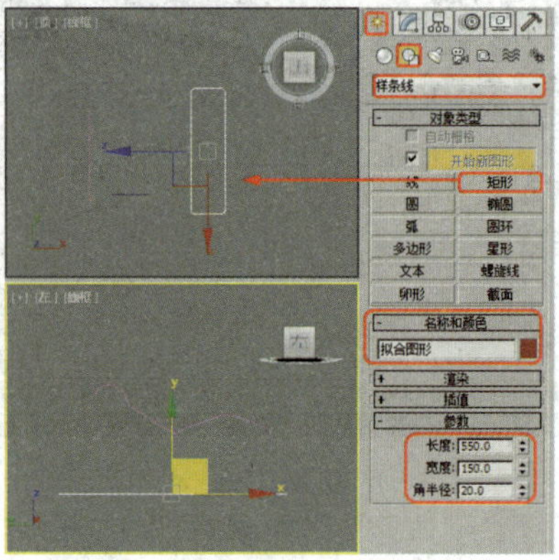

图4-132

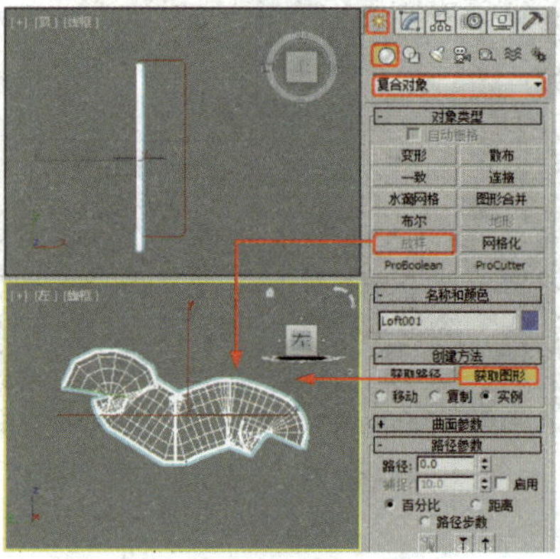

图4-133

提示：

放样对象是沿着第三个轴挤出的二维图形。从两个或多个现有样条线对象中创建放样对象，这些样条线之一会作为路径，其余的样条线会作为放样对象的横截面或图形。沿着路径排列图形时，3ds Max会在图形之间生成曲面。

Step 5 切换到【修改】命令面板，将放样出来的模型命名为【躺椅垫】，然后将当前选择集定义为【图形】，在场景中框选图形，单击工具栏中的【选择并旋转】按钮，单击【角度捕捉切换】按钮，在【前】视图中沿Z轴旋转90度，效果如图4-134所示。

Step 6 关闭当前选择集，在【变形】卷展栏中单击【拟合】按钮，在弹出的对话框中单击【均衡】按钮，然后单击【显示Y轴】按钮，再单击【获取图形】按钮，在场景中拾取【拟合图形】对象，单击【逆时针旋转90度】按钮旋转图形，如图4-135所示。

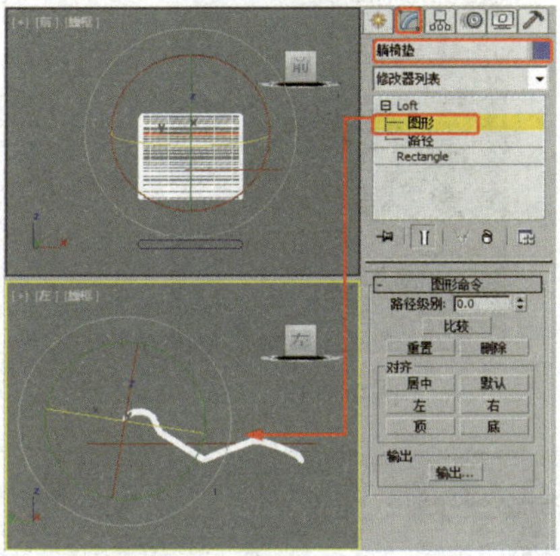

图4-134

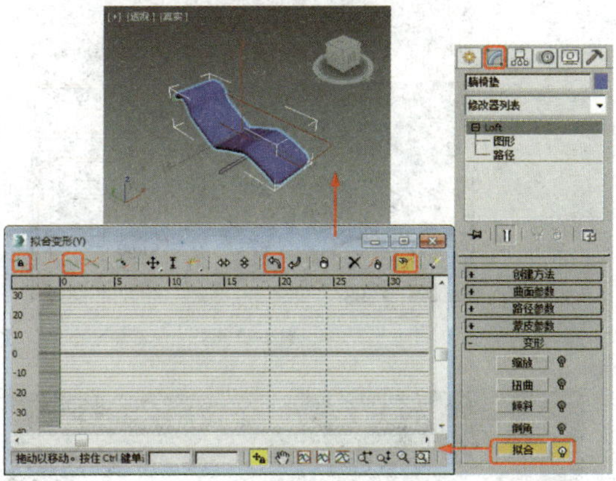

图4-135

提示：

拟合图形实际上是缩放边界。当横截面图形沿着路径移动时，缩放X轴可以拟合X轴拟合图形的边界，而缩放Y轴可以拟合Y轴拟合图形的边界。当放样输出设置为【面片】时，【拟合】功能不可用。

Step 7 选择【创建】|【几何体】|【扩展基本体】|【切角圆柱体】工具，在【左】视图中创建切角圆柱体并命名为【躺椅枕】，切换到【修改】命令面板，在【参数】卷展栏中设置【半径】为14、【高度】为145、【圆角】为5，设置【高度分段】为1、【圆角分段】为5、【边数】为30、【端面分段】为2，如图4-136所示。

Step 8 在工具栏中单击【选择并均匀缩放】工具，在【左】视图中沿X轴缩放【躺椅枕】，如图4-137所示。

Step 9 然后使用【选择并旋转】工具和【选择并移动】工具在视图中调整模型的角度和位置，效果如图4-138所示。

Step 10 在场景中选择【躺椅垫】和【躺椅枕】对象，切换到【修改】命令面板，在修改器下拉列表中选择【UVW贴图】修改器，在【参数】卷展栏中选中【长方体】单选按钮，设置【长度】、【宽度】和【高度】为100，如图4-139所示。

Step 11 按M键打开【材质编辑器】对话框，选择一个新的材质样本球，将其命名为【皮革材质】。在【Blinn基本参数】卷展栏中将【自发光】设置为50，在【反射高光】选项组中，将【高光级别】和【光泽度】分别设置为85和36，如图4-140所示。

Step 12 在【贴图】卷展栏中单击【漫反射颜色】右侧的【无】按钮，在弹出的【材质/贴图浏览器】对话框中双击【位图】贴图，在弹出的对话框中打开随书附带光盘中的【红色皮革.jpg】文件，进入漫反射层级通道，在【坐标】卷展栏中使用默认参数，如图4-141所示。然后单击【转到父对象】按钮和【将材质指定给选定对象】按钮，将材质指定给【躺椅垫】和【躺椅枕】对象。

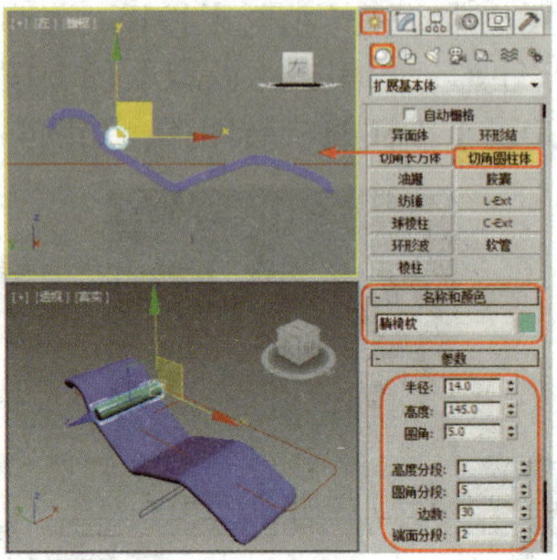

图4-136

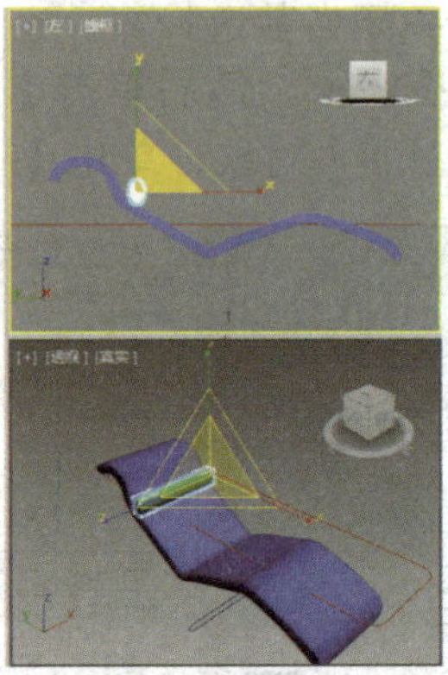

图4-137

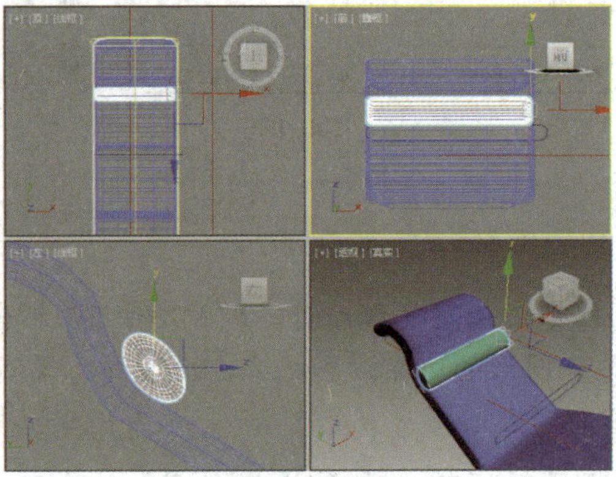

图4-138

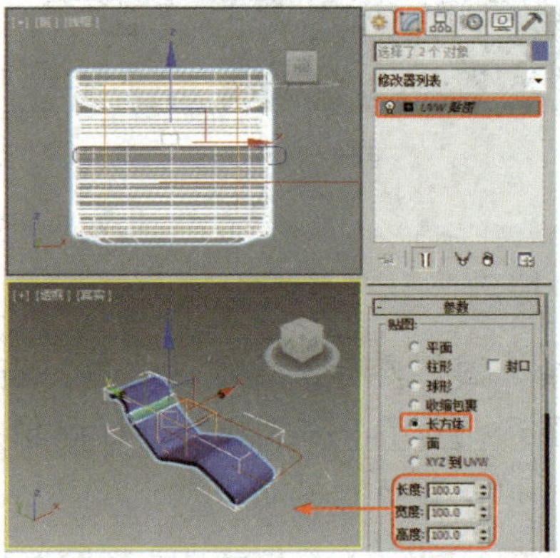

图4-139

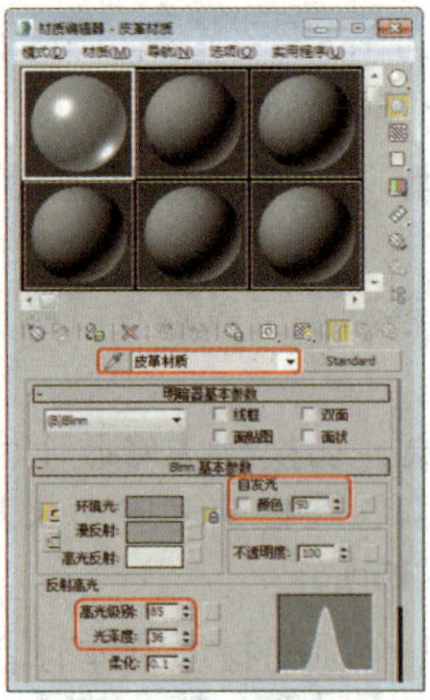

图4-140

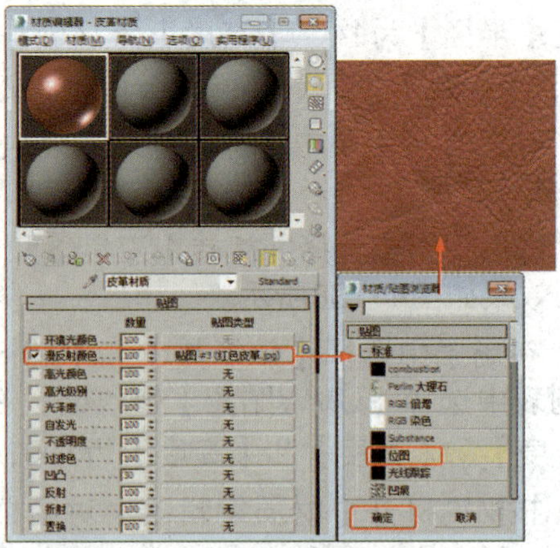

图4-141

Step 13 选择【创建】|【图形】|【样条线】|【线】工具，在【左】视图中创建样条线，将其命名为【支架001】，如图4-142所示。

Step 14 切换到【修改】命令面板，将当前选择集定义为【顶点】，在场景中调整样条线的形状，关闭当前选择集，然后在【渲染】卷展栏中勾选【在渲染中启用】和【在视口中启用】复选框，将【厚度】设置为6，如图4-143所示。

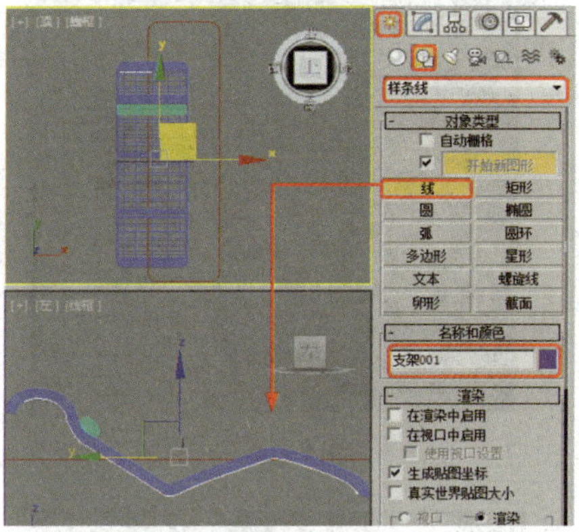

图4-142

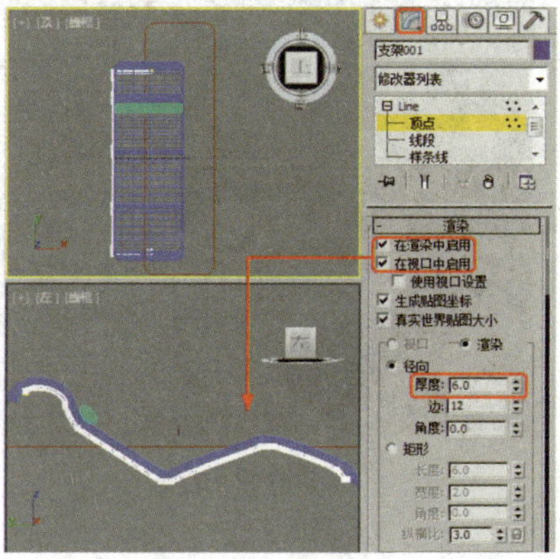

图4-143

Step 15 在【前】视图中选择【支架001】对象，在工具栏中单击【镜像】按钮，在弹出的对话框中将【镜像轴】定义为【X】，在【克隆当前选择】选项组中选中【实例】单选按钮，单击【确定】按钮，如图4-144所示。

Step 16 在场景中调整【支架001】和【支架002】的位置，效果如图4-145所示。

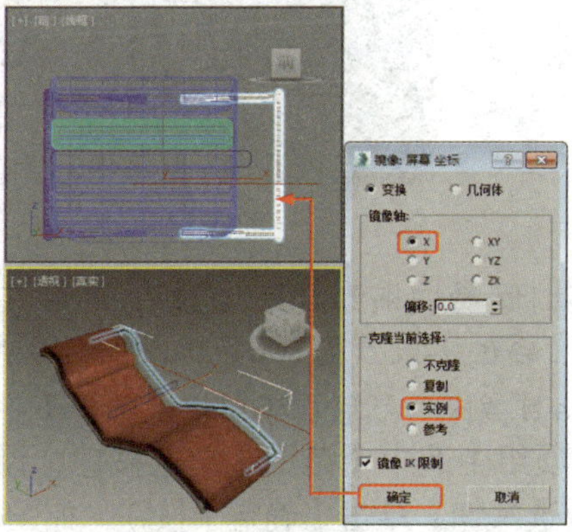

图4-144

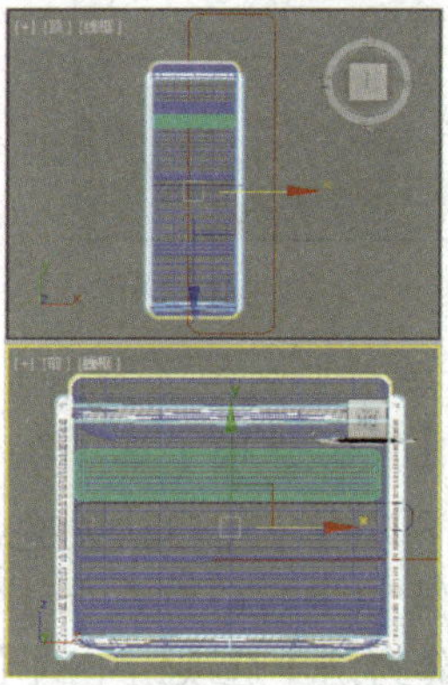

图4-145

Step 17 继续使用【线】工具在场景中创建样条线，切换到【修改】命令面板，命名该样条线为【支架横路径】，在【渲染】卷展栏中取消勾选【在渲染中启用】和【在视口中启用】复选框，并将当前选择集定义为【顶点】，在场景中调整样条线的形状，如图4-146所示。

Step 18 选择【创建】|【图形】|【样条线】|【线】工具，在【前】视图中创建样条线并命名为【躺椅横撑001】，切换到【修改】命令面板，在【渲染】卷展栏中勾选【在渲染中启用】和【在视口中启用】复选框，设置【厚度】为3，如图4-147所示。

Step 19 选择【躺椅横撑001】对象，切换到【运动】命令面板，在【指定控制器】卷展栏中选择【位置：位置XYZ】，单击【指定控制器】按钮，在弹出的对话框中选择【路径约束】选项，单击【确定】按钮，如图4-148所示。

Step 20 在【路径参数】卷展栏中单击【添加路径】按钮，在场景中拾取【支架横路径】对象，如图4-149所示。

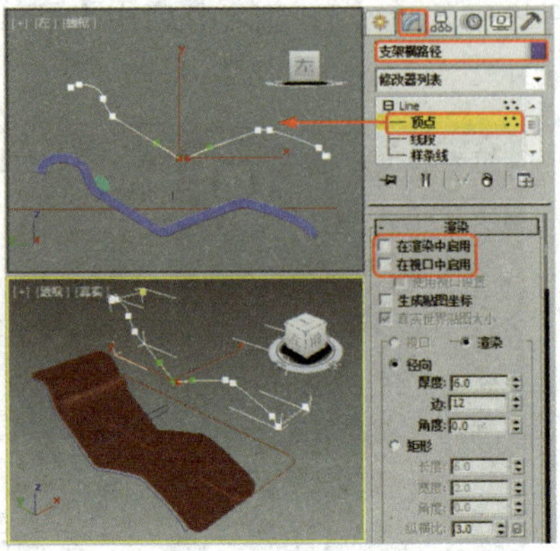

图4-146

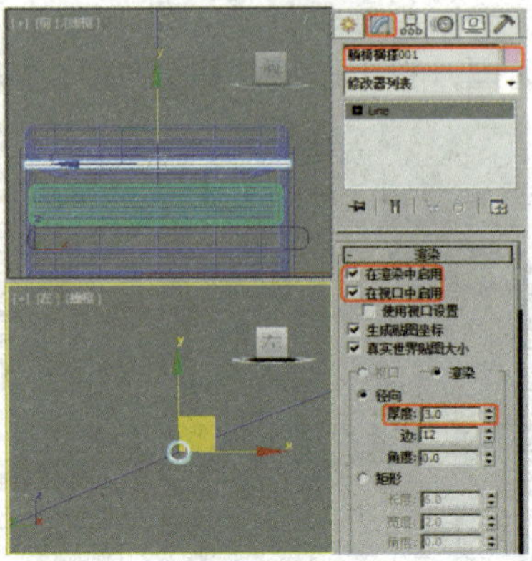

图4-147

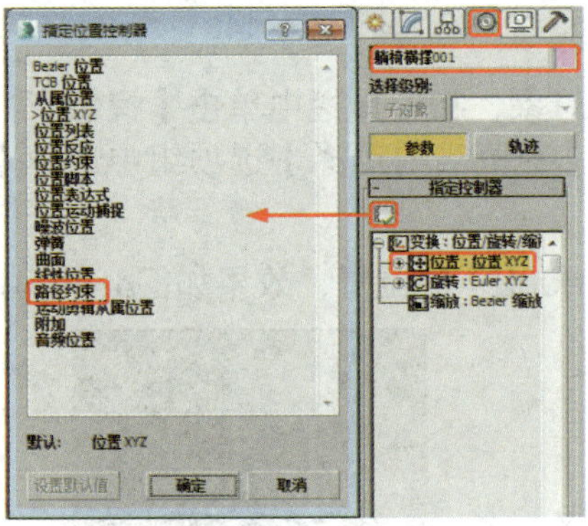

图4-148

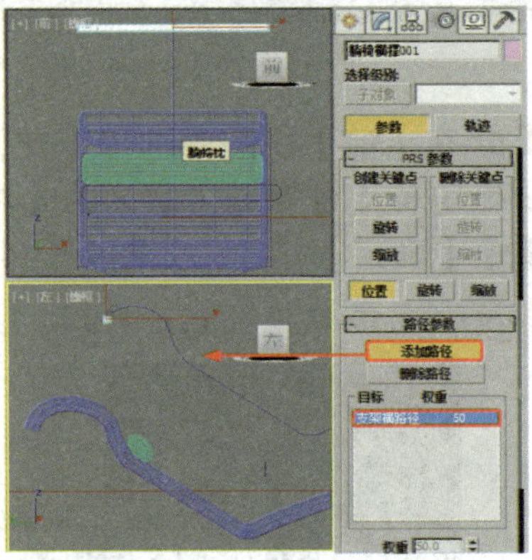

图4-149

Step 21 单击【自动关键点】按钮，将时间滑块拖动至第100帧，然后在【路径参数】卷展栏中，将【路径选项】选项组中的【%沿路径】设置为100，如图4-150所示。

Step 22 再次单击【自动关键点】按钮将其关闭。然后在菜单栏中选择【工具】|【快照】命令，弹出【快照】对话框，在【快照】选项组中选中【范围】单选按钮，设置【副本】为80，选中【克隆方法】选项组中的【实例】单选按钮，单击【确定】按钮，如图4-151所示。

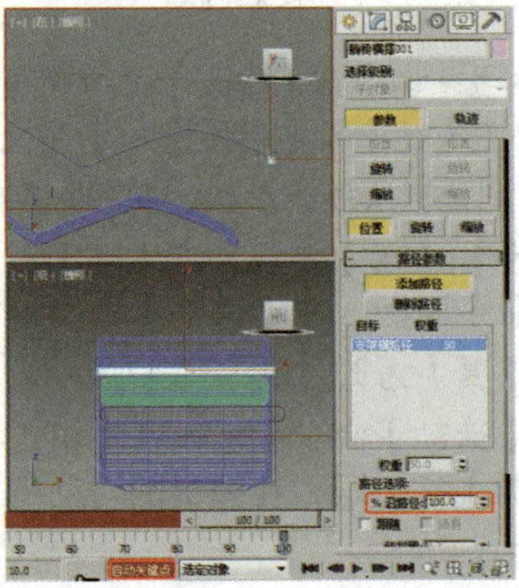

图4-150

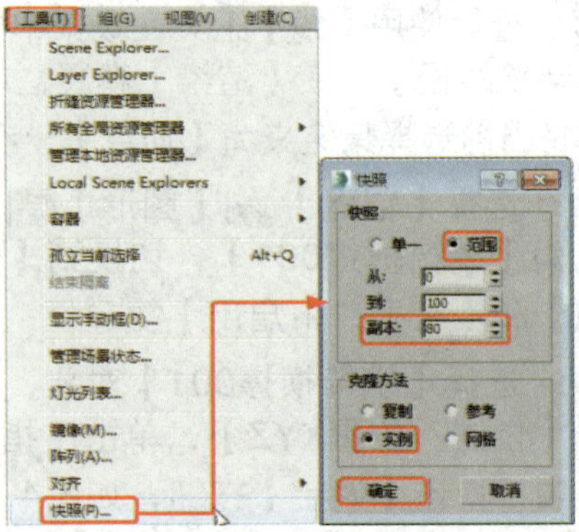

图4-151

Step 23 快照对象后的效果如图4-152所示。

Step 24 在场景中选择快照后的所有对象，在菜单栏中选择【组】|【组】命令，在弹出的对话框中设置【组名】为【躺椅横撑】，单击【确定】按钮，然后在场景中调整其位置，效果如图4-153所示。

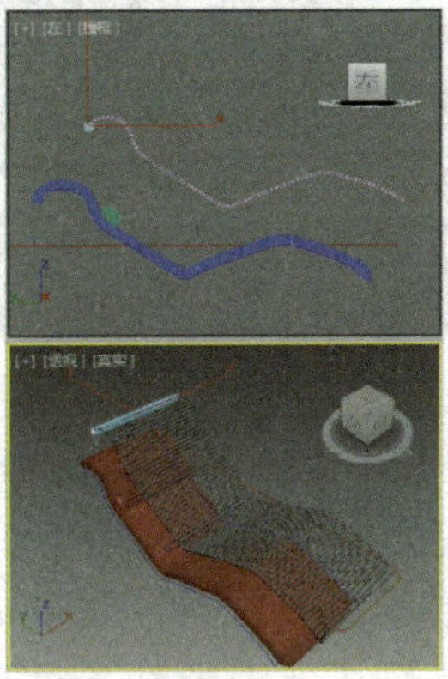

图4-152

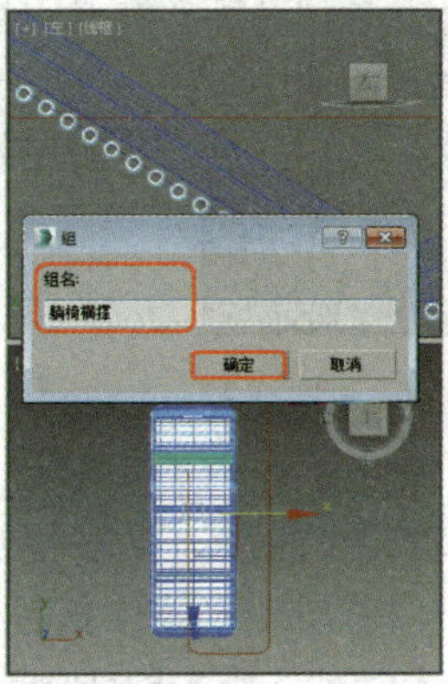

图4-153

Step 25 选择【创建】|【图形】|【样条线】|【线】工具，在【左】视图中创建样条线，并在场景中调整样条线的位置。切换到【修改】命令面板，命名样条线为【支架003】，在【渲染】卷展栏中勾选【在渲染中启用】和【在视口中启用】复选框，设置【厚度】为6，如图4-154所示。

Step 26 继续使用【线】工具在【左】视图中创建【支架004】，切换到【修改】命令面板，设置【厚度】为3，并在场景中调整其位置，效果如图4-155所示。

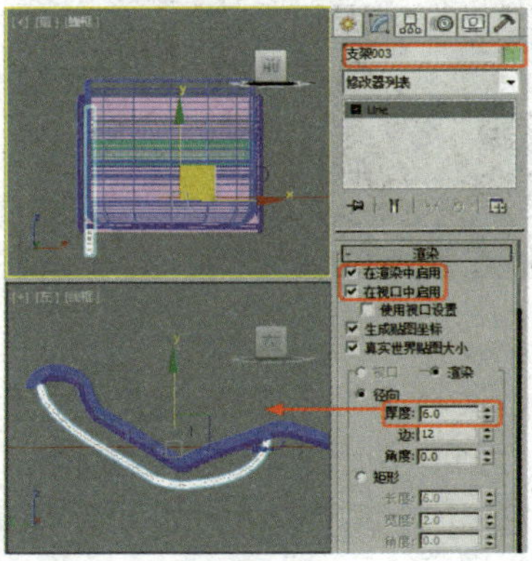

图4-154

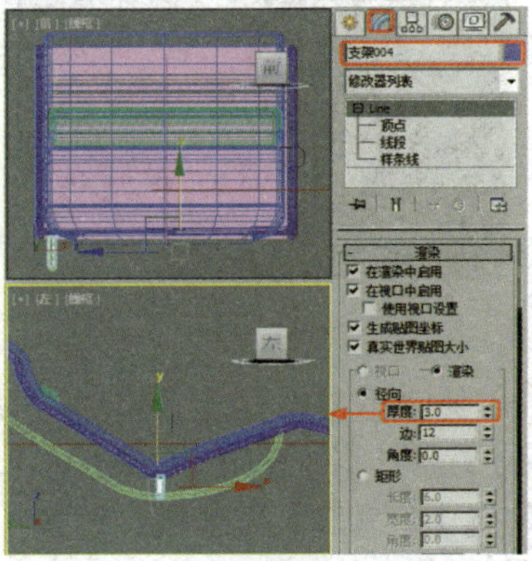

图4-155

Step 27 在场景中选择【支架003】和【支架004】对象，在【前】视图中使用【选择并移动】工具，按住Shift键沿X轴移动复制对象，在弹出的对话框中选中【实例】单选按钮，单击【确定】按钮，如图4-156所示。

Step 28 选择【创建】|【图形】|【样条线】|【线】工具，在【前】视图中创建【支架006】，切换到【修改】命令面板，将【厚度】设置为4，效果如图4-157所示。

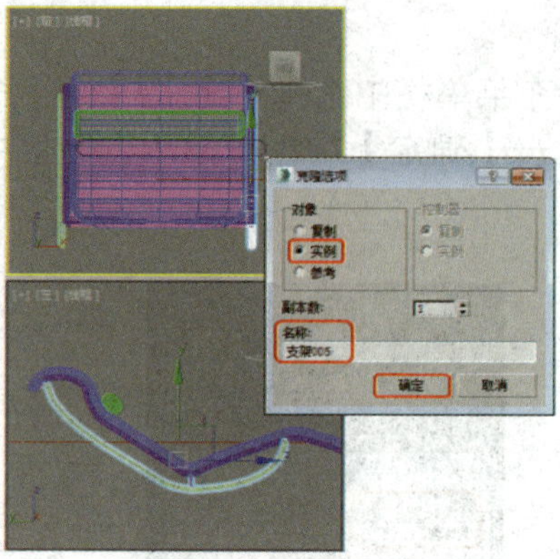

图4-156

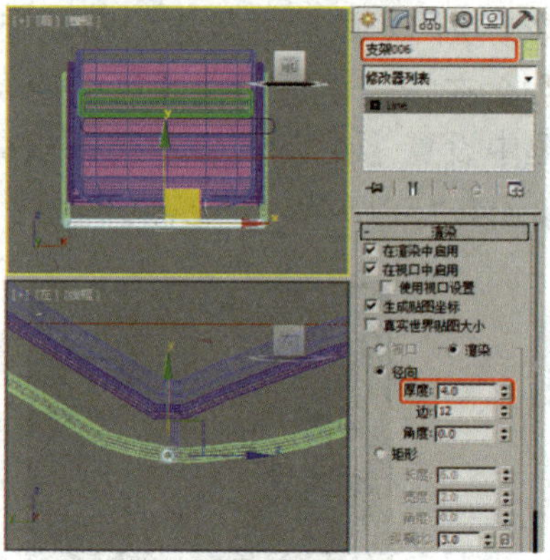

图4-157

Step 29 确认【支架006】对象处于选中状态，在【左】视图中使用【选择并移动】工具，按住Shift键沿X轴移动并复制对象，在弹出的对话框中选中【实例】单选按钮，将【副本数】设置为3，单击【确定】按钮，并在场景中调整其位置，效果如图4-158所示。

Step 30 选择【创建】|【图形】|【样条线】|【线】工具，在【左】视图中创建样条线，并将其命名为【椅子腿001】，切换到【修改】命令面板，在【渲染】卷展栏中取消勾选【在渲染中启用】和【在视口中启用】复选框。然后将当前选择集定义为【顶点】，在场景中调整样条线的形状，如图4-159所示。

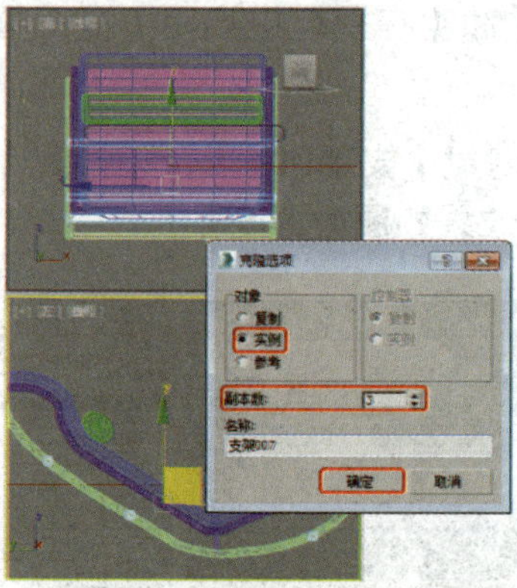

图4-158

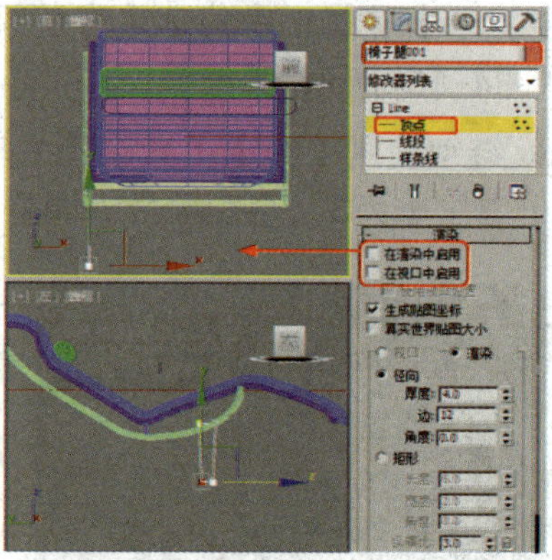

图4-159

Step 31 关闭当前选择集，在修改器下拉列表中选择【倒角】修改器，在【倒角值】卷展栏中设置【级别1】下的【高度】为1、【轮廓】为1；勾选【级别2】复选框，设置【高度】为3；勾选【级别3】复选框，设置【高度】为1、【轮廓】为-1，如图4-160所示。

Step 32 在场景中复制出其他3条椅子腿，并调整复制的椅子腿对象，如图4-161所示。

Step 33 选择【创建】|【几何体】|【扩展基本体】|【切角长方体】工具，在【顶】视图中创建切角长方体并命名为【腿横撑001】，切换到【修改】命令面板，在【参数】卷展栏中设置【长度】为8，【宽度】为180，【高度】为5，【圆角】为1，如图4-162所示。

Step 34 使用前面介绍的方法复制腿横撑对象，并在场景中调整其位置，如图4-163所示。

Step 35 在场景中选择除【躺椅垫】和【躺椅枕】以外的所有对象，在菜单栏中选择【组】|【组】命令，在弹出的对话框中设置【组名】为【躺椅支架】，单击【确定】按钮，

如图4-164所示。

Step 36 确定【躺椅支架】对象处于选中状态，按M键打开【材质编辑器】对话框，选择一个新的材质样本球，并将其命名为【金属材质】。在【明暗器基本参数】卷展栏中选择【金属】，在【贴图】卷展栏中，单击【反射】右侧的【无】按钮，在弹出的【材质/贴图浏览器】对话框中选择【位图】贴图，单击【确定】按钮，在弹出的对话框中打开随书附带光盘中的【Bxgmap1.jpg】文件，如图4-165所示。

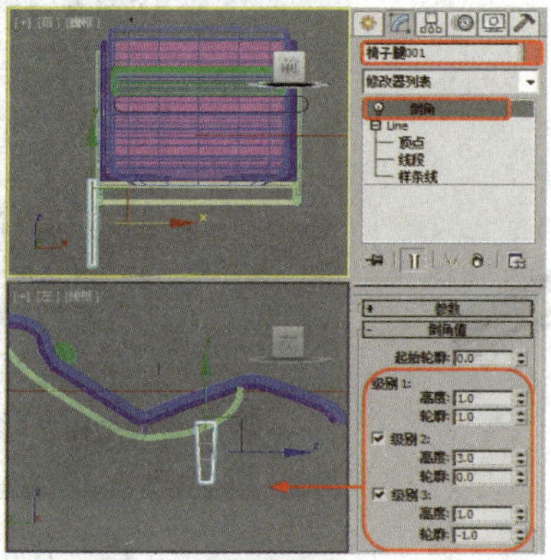

图4-160

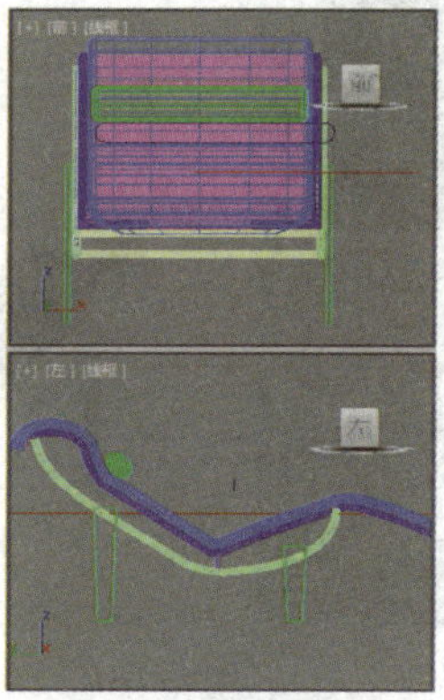

图4-161

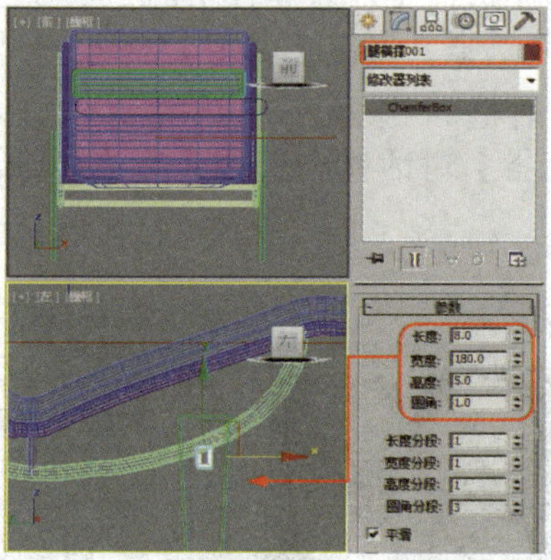

图4-162

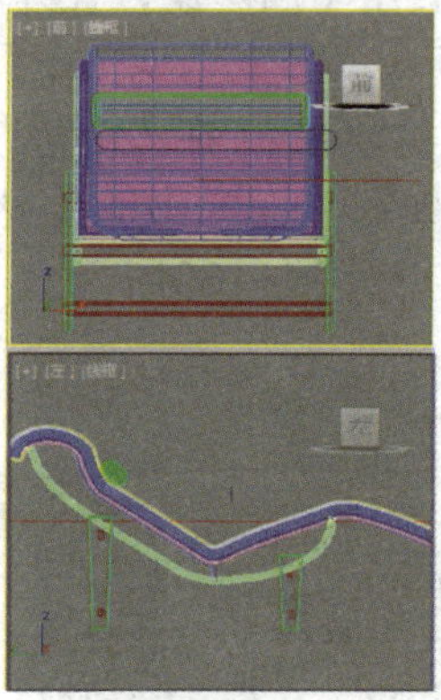

图4-163

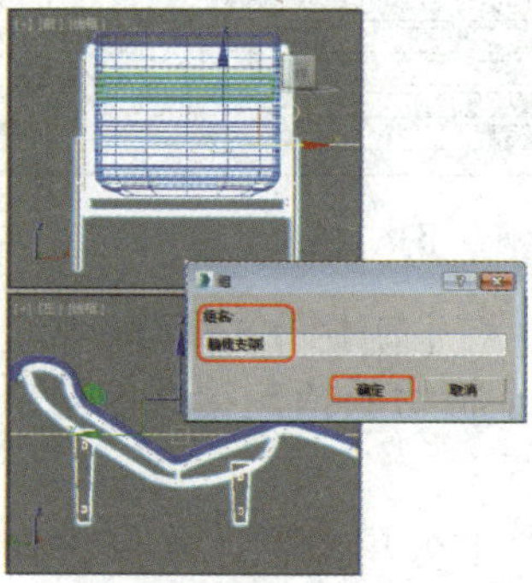

图4-164

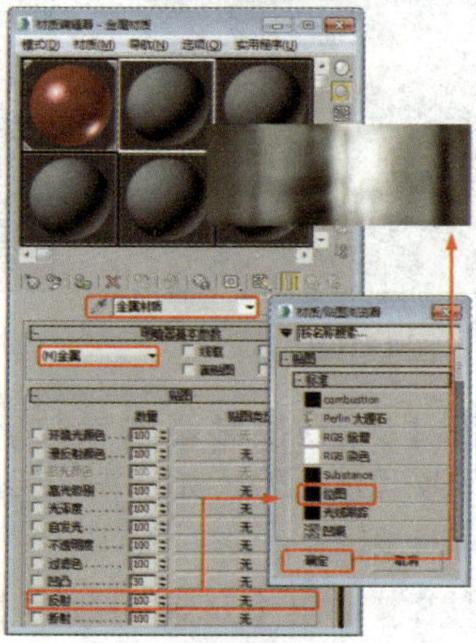

图4-165

Step 37 进入反射层级通道，在【坐标】卷展栏中的【贴图】下拉列表中选择【收缩包裹环境】，然后单击【转到父对象】按钮和【将材质指定给选定对象】按钮，将材质指定给【躺椅支架】对象，效果如图4-166所示。

Step 38 选择【创建】|【几何体】|【平面】工具，在【顶】视图中创建平面，切换到【修改】命令面板，将【长度】和【宽度】设置为500，如图4-167所示。

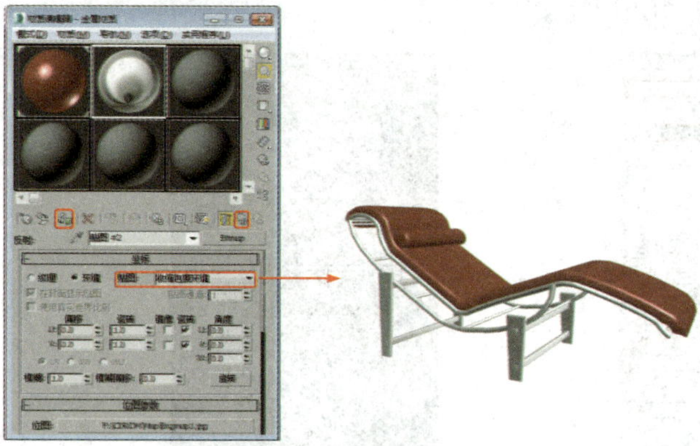

图4-166

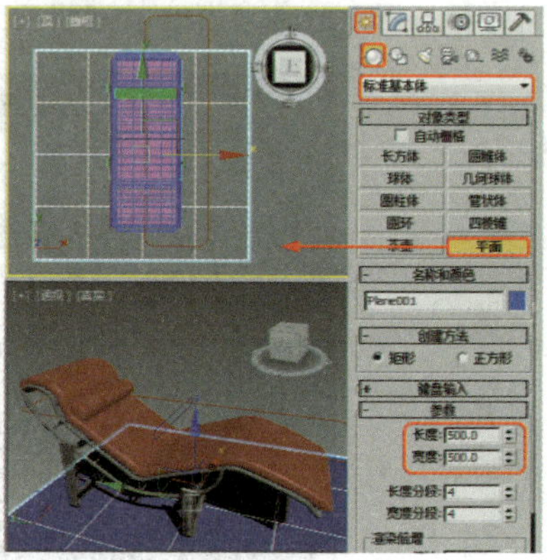

图4-167

Step 39 右击平面对象，在弹出的快捷菜单中选择【对象属性】命令，弹出【对象属性】对话框，在【显示属性】选项组中勾选【透明】复选框，单击【确定】按钮，如图4-168所示。

Step 40 按M键打开【材质编辑器】对话框，选择一个新的材质样本球，并单击【Standard】按钮，在弹出的【材质/贴图浏览器】对话框中选择【无光/投影】材质，单击【确定】按钮，如图4-169所示。

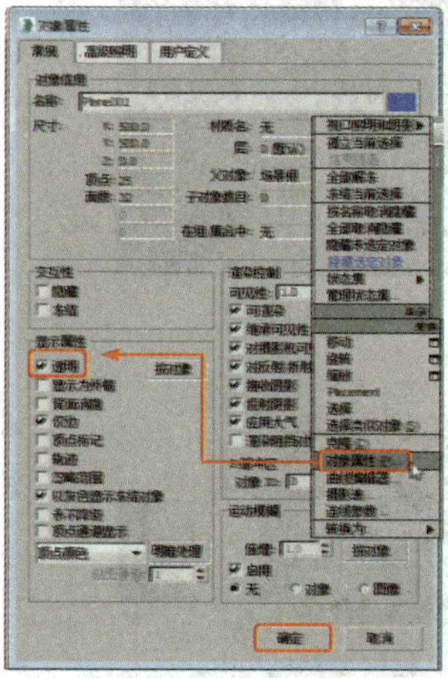

图4-168

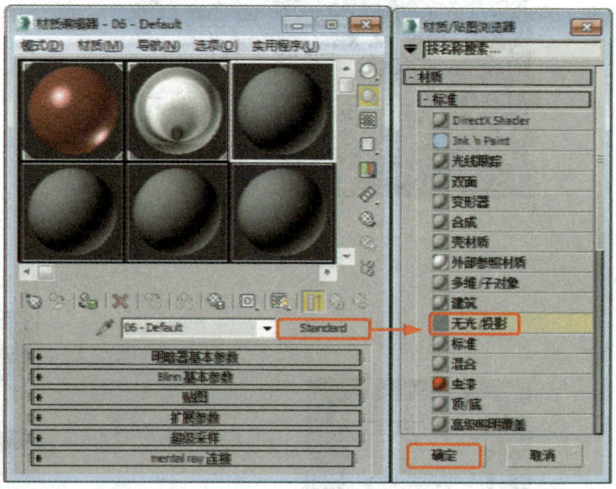

图4-169

Step 41 在【天光/投影基本参数】卷展栏中，将【阴影】选项组中【颜色】色块的RGB值设置为70、70、70，如图4-170所示。单击【将材质指定给选定对象】按钮，将材质指定给平面对象。

Step 42 按8键弹出【环境和效果】对话框，在【公用参数】卷展栏中单击【无】按钮，在弹出的【材质/贴图浏览器】对话框中双击【位图】贴图，在弹出的对话框中打开随书附带光盘中的【休闲躺椅背景.JPG】场景文件，如图4-171所示。

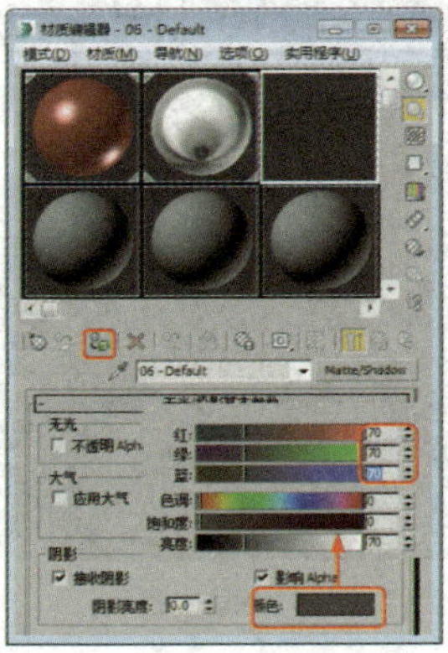

图4-170

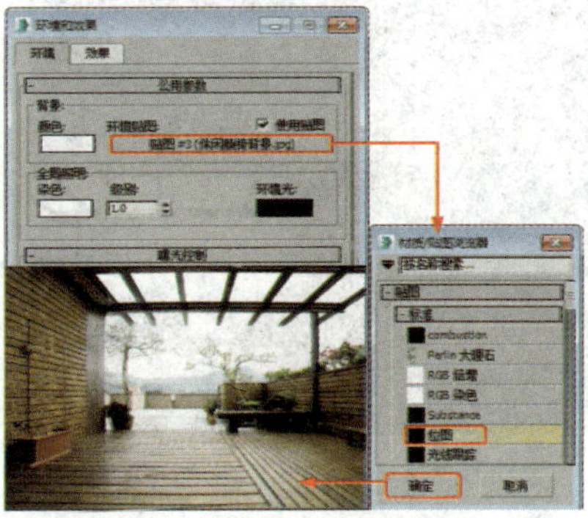

图4-171

Step 43 在【环境和效果】对话框中，将环境贴图按钮拖动至新的材质样本球上，在弹出的【实例（副本）贴图】对话框中选中【实例】单选按钮，单击【确定】按钮，然后在【坐标】卷展栏中，将贴图设置为【屏幕】，如图4-172所示。

Step 44 激活【透视】视图，在菜单栏中选择【视图】|【视口背景】|【环境背景】命令，即可在【透视】视图中显示环境背景，如图4-173所示。

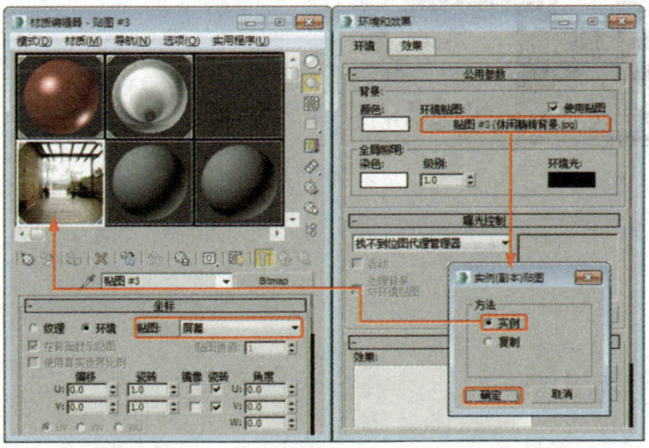

图4-172

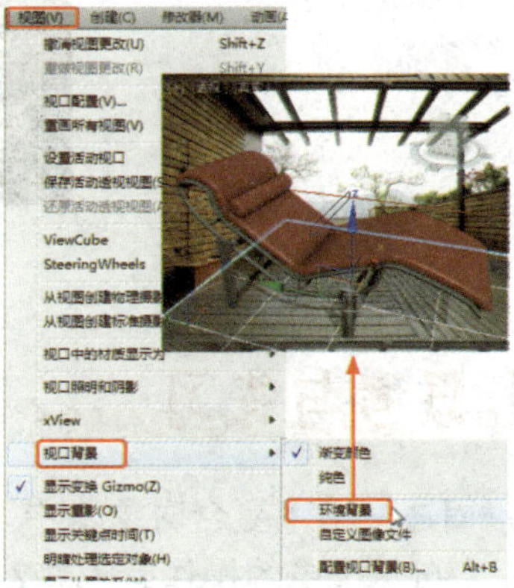

图4-173

Step 45 选择【创建】|【摄影机】|【目标】工具，在视图中创建摄影机，激活【透视】视图，按C键将其转换为【摄影机】视图，在【参数】卷展栏中将【镜头】设置为35，并在其他视图中调整摄影机位置，效果如图4-174所示。

Step 46 选择【创建】|【灯光】|【标准】|【泛光】工具，在【顶】视图中创建泛光灯，并在其他视图中调整灯光的位置，切换至【修改】命令面板，在【强度/颜色/衰减】卷展栏中将【倍增】设置为0.3，如图4-175所示。

Step 47 选择【创建】|【灯光】|【标准】|【天光】工具，在【顶】视图中创建天光，切换到【修改】命令面板，在【天光参数】卷展栏中勾选【投射阴影】复选框，如图4-176所示。

Step 48 至此，休闲躺椅就制作完成了，在【渲染设置】对话框中设置渲染参数，然后进行渲染即可。

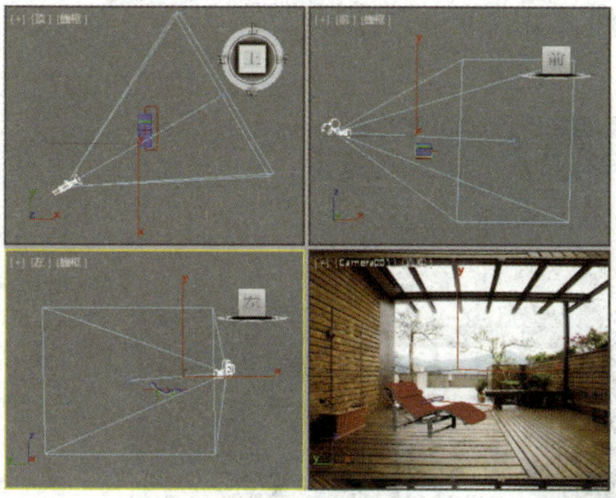

图4-174

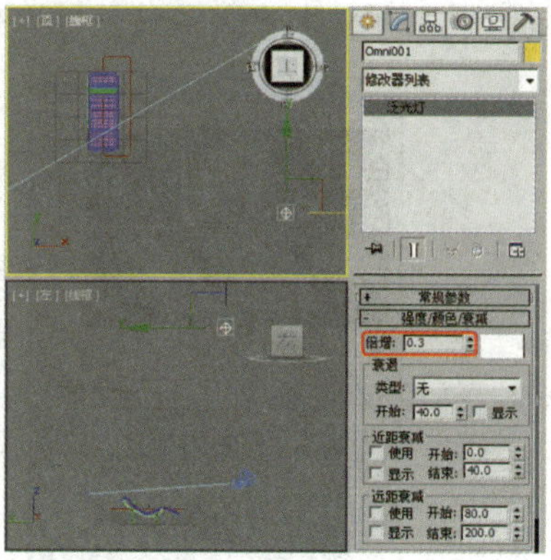

图4-175

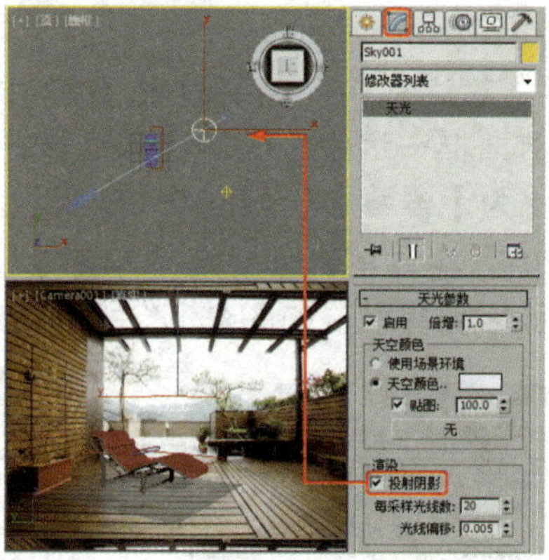

图4-176

4.11 思考与练习

1. 简述一下【复合对象】中【变形】的概念。
2. 【布尔】中的操作有哪些?
3. 简述一下【放样】的基本概念。

第5章 材质与贴图

本章导读：

基础知识	◈ 材质的概述 ◈ 认识材质编辑器
重点知识	◈ 认识材质/贴图浏览器 ◈ 标准材质的应用

材质是三维世界的一个重要概念，是对现实世界中各种材料视觉效果的模拟，这些视觉效果包括颜色、反射、折射、透明度、表面粗糙程度以及纹理等。在3ds Max中创建一个模型，其本身不具备任何表面特征，但通过材质自身的参数控制可以模拟现实世界中的种种视觉效果。本章将详细介绍材质编辑器、基本材质贴图的设置，希望通过对本章的学习使读者了解材质编辑器并掌握材质的制作。

5.1 材质概述

材质的制作是一个相对复杂的过程，3ds Max为材质制作提供了大量的参数与选项，在具体介绍这些参数之前，我们首先需要对材质的制作有一个全面的认识。材质主要用于描述对象如何反射和传播光线，材质中的贴图主要用于模拟对象质地、提供纹理图案、反射、折射等其他效果（贴图还可用于环境和灯光投影）。依靠各种类型的贴图，可以制作出千变万化的材质。对于材质的调节和指定，系统提供了材质编辑器和材质/贴图浏览器。材质编辑器用于创建、调节材质，并最终将其指定到场景中；材质/贴图浏览器用于检查材质和贴图。

5.2 材质编辑器与材质/贴图浏览器

材质编辑器与材质/贴图浏览器是材质设置中两个主要部分，材质编辑器提供创建和编辑材质及贴图的功能，而材质/贴图浏览器则用于选择材质、贴图。

5.2.1 材质编辑器

从整体上看，材质编辑器可以分为菜单栏、材质示例窗、工具按钮（又分为工具栏和工具列）和参数控制区4部分，如图5-1所示。

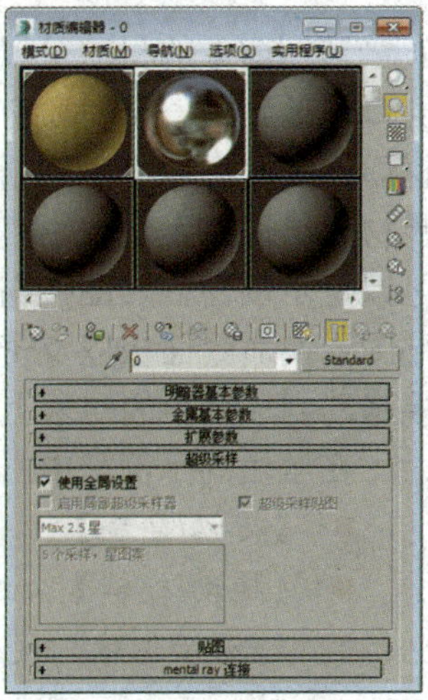

图5-1

1．菜单栏

菜单栏位于材质编辑器的顶端，包括【模式】、【材质】、

【导航】、【选项】和【实用程序】5个菜单。

- 【模式】：用于选择材质编辑器界面，分为精简和Slate两种。
- 【材质】：提供了最常用的材质编辑器工具，如【获取材质】、【从对象拾取】、【生成预览】、【更改材质/贴图类型】等。
- 【导航】：提供了导航材质层次的工具，共包含【转到父对象】、【前进到同级】和【后退到同级】3项命令。
- 【选项】：提供了一些附加的工具和显示命令。
- 【实用程序】：提供了贴图渲染和按材质选择对象命令。

2．材质示例窗

用来显示材质的调节效果，默认为6个示例球，当调节参数时，其效果会立刻反映到示例球上，用户可以根据示例球来判断材质的效果。示例窗中共有21个示例球，示例窗可以变小或变大。示例窗的内容不仅可以是球体，还可以是其他几何体，包括自定义的模型；示例窗的材质可以直接拖动到对象上进行指定。

在示例窗中，窗口都以黑色边框显示，如图5-2中左侧示例球所示。当前正在编辑的材质称为激活材质，它具有白色边框，如图5-2中右侧示例球所示。如果要对材质进行编辑，首先要在材质上单击，将其激活。

对于示例窗中的材质，有一种同步材质的概念，当一个材质指定给场景中的对象，它便成了同步材质。特征是四角有三角形标记，如图5-3所示。如果对同步材质进行编辑操作，场景中的对象也会随之发生变化，不需要再重新指定。图5-3右侧示例球表示使用该材质的对象在场景中未被选择。

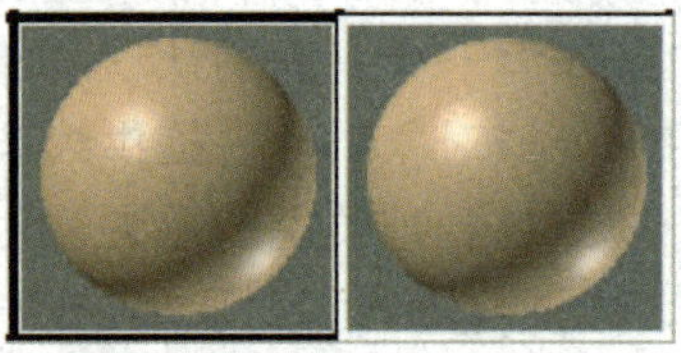
图5-2

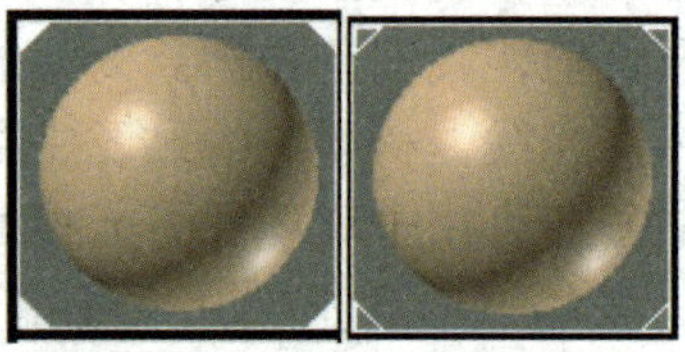
图5-3

示例窗中的材质可以方便地执行拖动操作，从而进行各种复制和指定活动。将一个材质窗口拖动到另一个材质窗口之上，释放鼠标左键，即可将其复制到新的示例窗中。对于同步材质，复制后会产生一个新的材质，它已不属于同步材质，因为同一种材质只允许有一个同步材质出现在示例窗中。材质和贴图的拖动是针对软件内部的全部操作而言的，拖动的对象可以是示例窗、贴图按钮或材质按钮等，它们分布在材质编辑器、灯光设置、环境编辑器、贴图置换命令面板以及资源管理器中，相互之间都可以进行拖动操作。作为材质，还可以直接拖动到场景中的对象上，进行快速指定。

在激活的示例窗中右击，可以弹出一个快捷菜单，如图5-4所示。

- 【拖动/复制】：这是默认的设置模式，支持示例窗中的拖动/复制操作。
- 【拖动/旋转】：这是一个非常有用的工具，选择该命令后，在示例窗中拖动，可以转动示例球，便于观察其他角度的材质效果。示例球内的旋转是在三维空间上进行的，而在示例球外旋转则是垂直于视平面方向进行的。在具备三键鼠标和NT以上级别操作系统的平台上，可以在【拖动/复制】模式下单击鼠标中键来执行旋转操作，不必进入菜单中选择。图5-5所示为旋转后的示例窗效果。

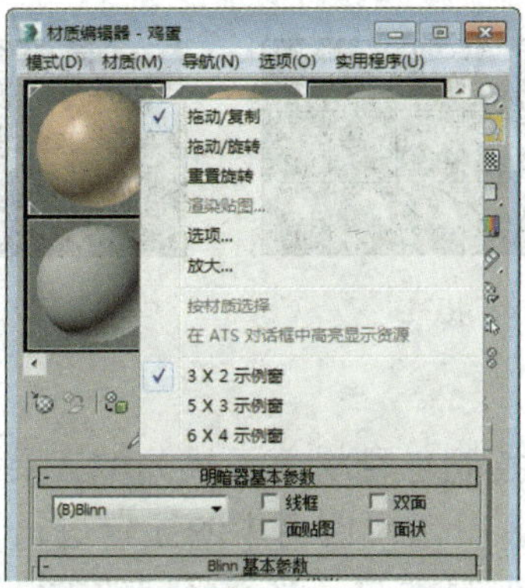

图5-4

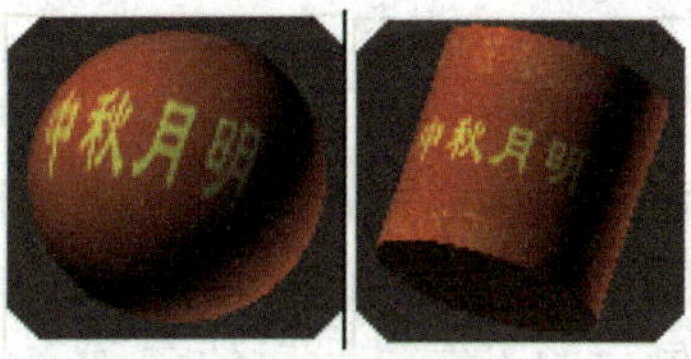

图5-5

- 【重置旋转】：恢复示例窗中默认的角度方位。
- 【渲染贴图】：只对当前贴图层级的贴图进行渲染。如果是材质层级，那么该命令不可用。当贴图渲染为静态或动态图像时，会弹出一个【渲染贴图】对话框，如图5-6所示。
- 【选项】：选择该命令将弹出如图5-7所示的【材质编辑器选项】对话框，主要用于控制有关编辑器自身的属性。

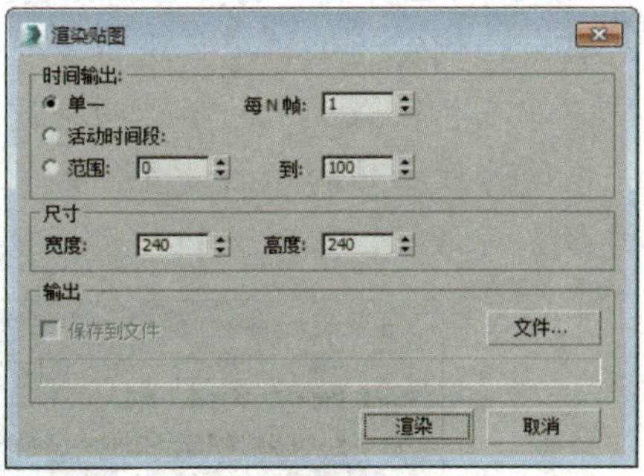

图5-6

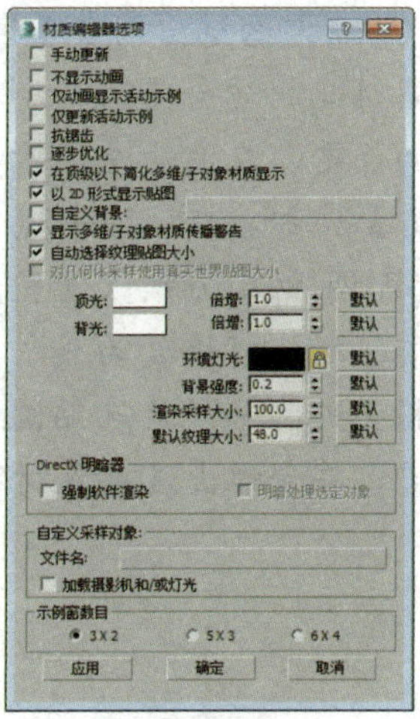

图5-7

- 【放大】：可以将当前材质以一个放大的示例窗显示，它独立于材质编辑器，以浮动框的形式存在，这有助于更清楚地观察材质效果，如图5-8所示。每一个材质只允许有一个放大窗口，最多可以同时打开24个放大窗口。通过拖动它的四个角可以任意放大尺寸。这个命令同样可以通过在示例窗上双击来执行。
- 3×2示例窗、5×3示例窗、6×4示例窗：用来设计示例窗的布局，材质示例窗中其实一共有24个小窗，当以6×4方式显示时，它们可以完全显示出来，只是比较小；如果以5×3或3×2方式显示，可以使用手形拖动窗口，显示出隐藏在内部的其他示例窗。示例窗的显示方式如图5-9所示。

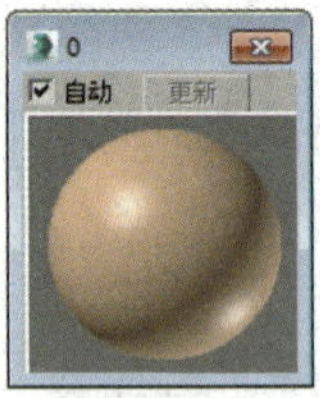

图5-8

图5-9

3. 材质工具按钮

围绕示例窗有横、竖两排工具按钮，它们用来控制各种材质，横向的工具按钮大多用于材质的指定、保存和层级跳跃。纵向的工具按钮大多针对示例窗中的显示进行设置。

在横向工具栏的下方是材质的名称，材质的起名很重要，对于多层级的材质，此处可以快速地进入其他层级的材质中；右侧是一个【类型】按钮，单击该按钮可以打开【材质/贴图浏览器】对话框。

工具栏如图5-10所示，工具栏中各按钮的功能如下。

- 【获取材质】：单击该按钮，打开【材质/贴图浏览器】对话框，可以进行材质和贴图的选择，也可以调出材质和贴图，从而进行编辑修改。
- 【将材质放入场景】：在编辑完材质之后将它重新应用到场景中的对象上。在场景中有对象的材质与当前编辑的材质同名或当前材质不属于同步材质时，即可应用该按钮。
- 【将材质指定给选定对象】：将当前激活的示例窗中的材质指定给当前选择的对象，同时此材质会变为一个同步材质。贴图材质被指定后，如果对象还未进行贴图坐标的指定，在最后渲染时也会自动进行坐标指定，如果打开【视口中显示明暗处理材质】按钮，在视图中观看贴图效果，同时也会自动进行坐标指定。
- 【重置贴图/材质为默认设置】：对当前示例窗的编辑项目进行重新设置，如果处在材质层级，将恢复为一种标准材质，即灰色轻微反光的不透明材质，全部贴图设置都将丢失；如果处在贴图层级，将恢复为最初始的贴图设置；如果当前材质为同步材质，将会弹出【重置材质/贴图参数】对话框，如图5-11所示。

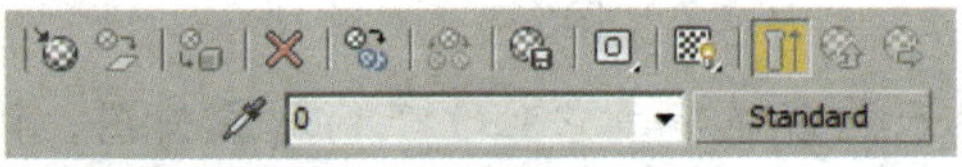

图5-10

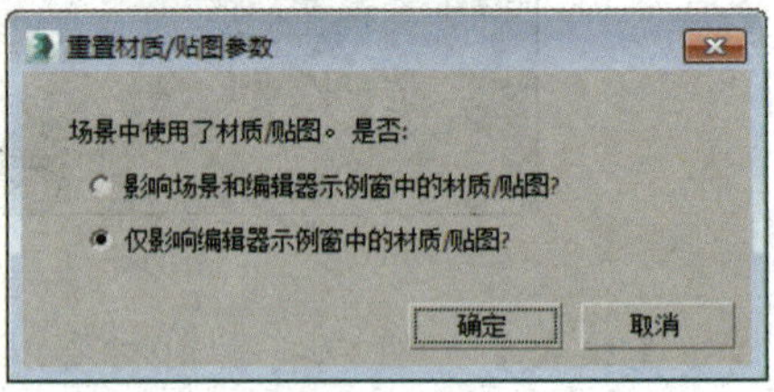

图5-11

- 【生成材质副本】：该按钮只针对同步材质起作用。单击该按钮，会将当前同步材质复制成一个相同参数的非同步材质，并且名称相同，以便在编辑时不影响场景中的对象。
- 【使唯一】：该按钮可以将贴图关联复制为一个独立的贴图，也可以将一个关联子材质转换为独立的子材质，并对子材质重新命名。通过单击【使唯一】按钮，可以避免在对多维子对象材质中的顶级材质进行修改时，影响到与其相关联的子材质，起到保护子材质的作用。

- 【放入库】：单击该按钮，会将当前材质保存到当前的材质库中，单击该按钮后会弹出【放置到库】对话框，在此可以设置材质的名称，如图5-12所示。

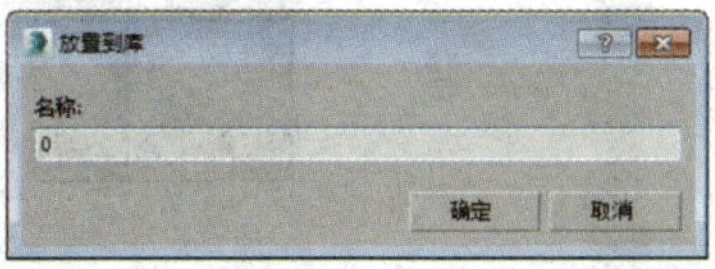

图5-12

- 【材质ID通道】：通过材质的特效通道可以在Video Post视频合成器和Effects特效编辑器中为材质指定特殊效果。
- 【视口中显示明暗处理材质】：在贴图材质的贴图层级中此按钮可用，单击该按钮，可以在场景中显示出材质的贴图效果，如果是同步材质，对贴图的各种设置调节也会同步影响场景中的对象，这样就可以很轻松地进行贴图材质的编辑工作。
- 【显示最终结果】：此按钮是针对多维材质或贴图材质等具有多个层级嵌套的材质作用的，在子级层级中单击选中该按钮，将会保持显示出最终材质的效果（也就是顶级材质的效果），取消选中该按钮会显示当前层级的效果。
- 【转到父对象】：向上移动一个材质层级，只在复合材质的子级层级有效。
- 【转到下一个同级项】：如果处在一个材质的子级材质中，并且还有其他子级材质，此按钮有效，可以快速移动到另一个同级材质中。
- 【从对象拾取材质】：单击此按钮后，可以从场景中某一对象上获取其所附的材质，此时鼠标指针会变为一个吸管，在有材质的对象上单击，即可将材质选择到当前示例窗中，并且变为同步材质，这是一种从场景中选择材质的好方法。
- 【材质名称下拉列表框】15 - Default：在编辑器工具行下方正中央，是当前材质的名称输入框，作用是显示并修改当前材质或贴图的名称，在同一个场景中，不允许有同名材质存在。
- 【类型】Standard：这是一个非常重要的按钮，默认情况下显示【Standard】，表示当前的材质类型是标准类型。通过它可以打开【材质/贴图浏览器】对话框，从中选择各种材质或贴图类型。如果当前处于材质层级，则只允许选择材质类型；如果处于贴图层级，则只允许选择贴图类型。选择后按钮会显示当前的材质或者贴图类型名称。

示例窗右侧纵向的工具按钮主要用于示例窗的显示设置，如图5-13所示。

- 【采样类型】：用于控制示例窗中样本的形态，包括球体、柱体、立方体。
- 【背光】：为示例窗中的样本增加一个背光效果，有助于金属材质的调节。
- 【背景】：为示例窗增加一个彩色方格背景，主要用于透明材质和不透明贴图效果的调节。在菜单栏中选择【选项】|【选项】命令，在打开的【材质编辑器选项】对话框中勾选【自定义背景】复选框，并单击其右侧的空白按钮，可以选择一个位图作为背景，如图5-14所示。显示背景的效果如图5-15所示。

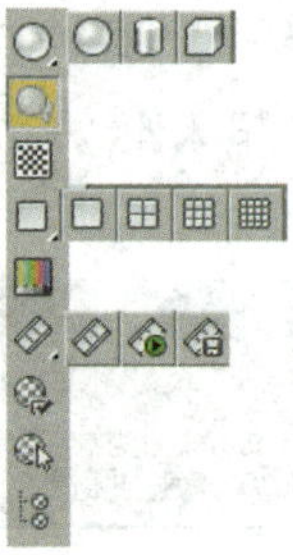

图5-13

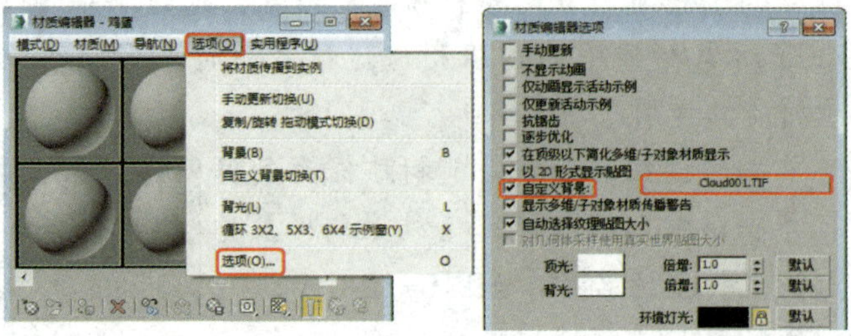

图5-14

图5-15

- 【采样UV平铺】：用来测试贴图重复的效果，只是改变示例窗中的显示，并不对实际的贴图产生影响，其中包括几个重复级别，如图5-16所示。
- 【视频颜色检查】：用于检查材质表面色彩是否超过视频限制，对于NTSC和PAL制视频，色彩饱和度有一定限制，如果超过这个限制，颜色转化后会变模糊，所以要尽量避免发生。不过单纯从材质避免还是不够的，因为最后渲染的效果还决定于场景中的灯光，通过渲染控制器中的视频颜色检查可以控制最后渲染图像是否超过限制。比较安全的做法是将材质色彩的饱和度降低到85%以下。
- 【生成预览】：用于制作材质动画的预视效果，对于进行了动画设置的材质，可以使用它来实时观看动态效果，单击该按钮会弹出【创建材质预览】对话框，如图5-17所示。该对话框中的各项功能如下。
  - 【预览范围】：设置动画的渲染区段。预览范围又分为【活动时间段】和【自定义范围】两种方式，选中【活动时间段】单选按钮可以将当前场景的活动时间段作为动画渲染的区段；选中【自定义范围】单选按钮，可以通过下面的文本框指定动画的区域，确定从第几帧到第几帧。
  - 【帧速率】：设置渲染和播放的速度。在【帧速率】选项组中包含【每N帧】和【播放FPS】微调框。【每N帧】微调框用于设置预视动画间隔几帧进行渲染；【播放FPS】微调框用于设置预视动画播放时的速率，N制为30帧/s，PAL制为25帧/s。
  - 【图像大小】：设置预视动画的渲染尺寸。在【输出百分比】微调框中可以通过输出百分比来调节动画的尺寸。
- 【选项】：单击该按钮即可打开【材质编辑器选项】对话框，与在菜单栏中选择【选项】|【选项】命令弹出的对话框相同。
- 【按材质选择】：这是一种通过当前材质选择对象的方法，可以将场景中全部附有该材质的对象一同选择（不包括隐藏和冻结的对象）。单击该按钮，打开【选择对象】对话框，全部附有该材质的对象名称都会高亮显示出来，单击【选择】按钮即可。
- 【材质/贴图导航器】：单击该按钮，会打开【材质/贴图导航器】对话框，如图5-18所示。这是一个可以通过材质、贴图层级或复合材质子材质关系快速导航的浮动对话框。在导航器中，当前所在的材质层级会高亮显示。如果在导航器中单击一个层级，材质编辑器也会直接跳到该层级，这样就可以快速地进入每一层级中进行编辑操作。用户还可以直接从导航器中将材质或贴图拖动至材质球或界面的按钮上。

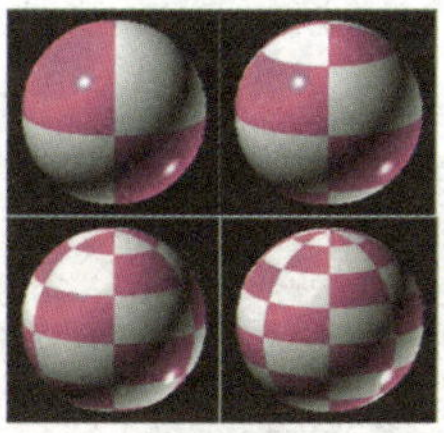

图5-16

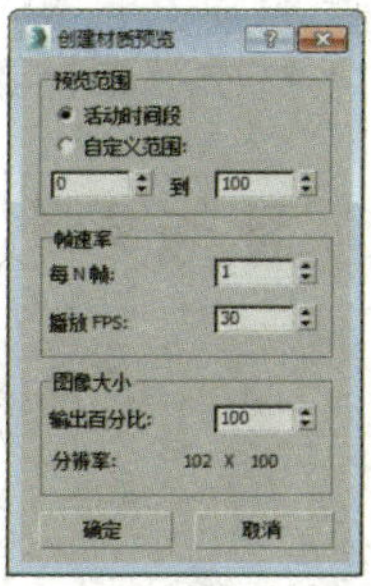

图5-17

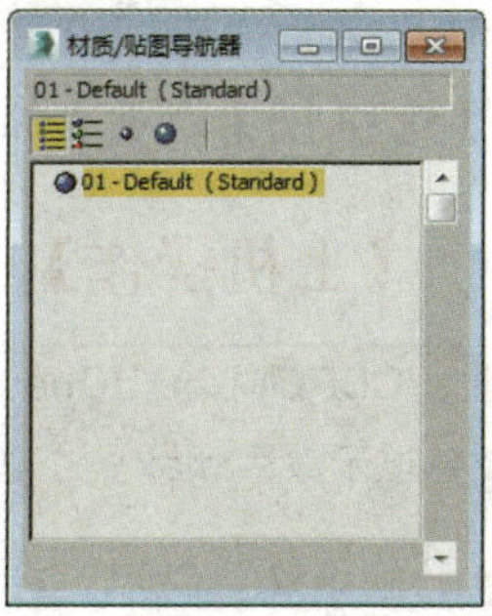

图5-18

4. 参数控制区

在材质编辑器下部是它的参数控制区，根据材质类型的不同以及贴图类型的不同，其内容也不同。一般的参数控制包括多个项目，分别放置在各自的控制面板上，通过伸缩条展开或收起，如果超出了材质编辑器的长度可以通过手形指针进行上下滑动，与命令面板中的用法相同。

5.2.2 【上机操作】——更改材质示例窗显示数目

场景：CDROM\场景\Cha05\上机操作——更改材质示例窗显示数目.max	完成场景：无
视频：视频教学\Cha05\更改材质示例窗显示数目.avi	效果：无

在3ds Max 2016中提供了3种材质示例窗数目的显示方式。默认情况下是以3×2的方式显示。

Step 1 启动3ds Max 2016，按Ctrl+O组合键，打开随书附带光盘中的CDROM\场景\Cha05\上机操作——更改材质示例窗显示数目.max，如图5-19所示。

Step 2 按M键打开【材质编辑器】对话框，在任意一个材质球上右击，在弹出的快捷菜单中选择【5×3示例窗】显示方式，在【材质编辑器】对话框中材质示例窗的显示效果如图5-20所示。

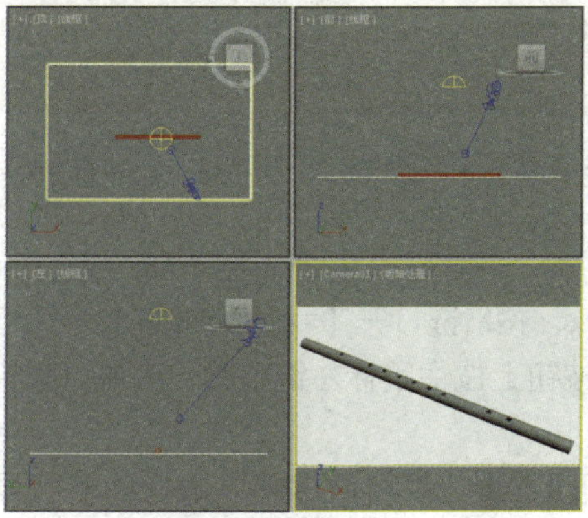

图5-19

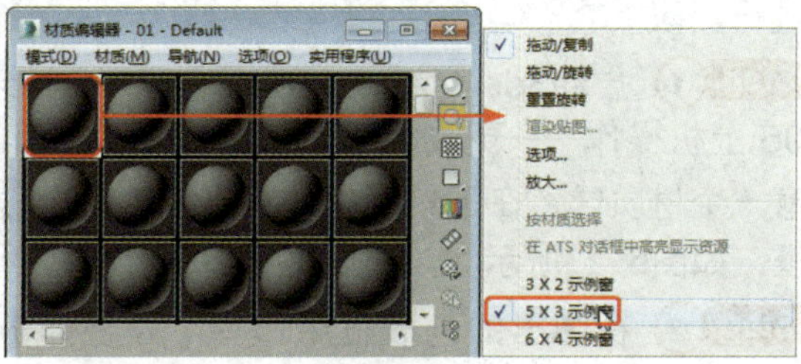

图5-20

除了上述方法可以设置材质示例窗显示数目外，还可以选择【材质编辑器】对话框菜单栏中的【选项】|【选项】命令，在打开的【材质编辑器选项】对话框中设置示例窗数目。

5.2.3 【上机操作】——显示材质球的背景

场景：CDROM\场景\Cha05\上机操作——更改材质示例窗显示数目.max	完成场景：无
视频：视频教学\Cha05\显示材质球的背景.avi	效果：无

启用材质球背景将在材质球背面显示多颜色的方格背景。使用该背景可便于观察材质球的透明度。

Step 1 启动3ds Max 2016，按Ctrl+O组合键，打开随书附带光盘中的CDROM\场景\Cha05\上机操作——更改材质示例窗显示数目.max，按M键打开【材质编辑器】对话框，未显示材质球背景的效果如图5-21所示。

Step 2 选择一个材质球，单击工具栏中的【背景】按钮，即可显示材质球的背景，效果如图5-22所示。

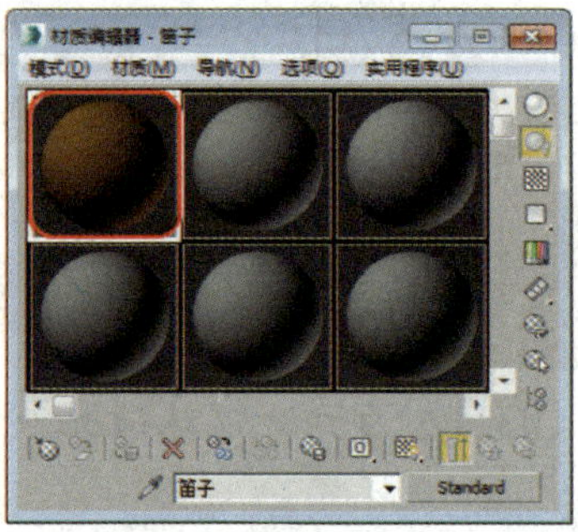

图5-21

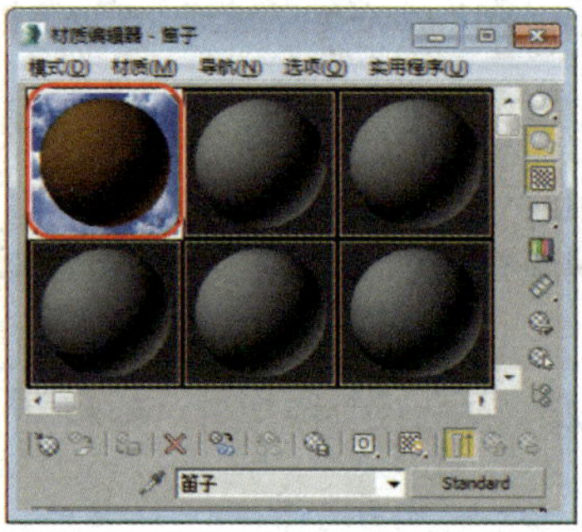

图5-22

5.2.4 【上机操作】——更改采样类型

场景：CDROM\场景\Cha05\上机操作——更改材质示例窗显示数目.max	完成场景：无
视频：视频教学\Cha05\更改采样类型.avi	效果：无

在【材质编辑器】对话框中默认采样类型的显示方式为球体，可以通过【采样类型】按钮进行更改。

Step 1 启动3ds Max 2016，按Ctrl+O组合键，打开随书附带光盘中的CDROM\场景\Cha05\上机操作——更改材质示例窗显示数目.max，按M键打开【材质编辑器】对话框，选择任意一个材质球，在工具栏中的【采样类型】按钮上按住鼠标左键不放，将弹出采样类型列表框，如图5-23所示。

Step 2 在弹出的列表框中选择【圆柱体】形状，原材质球将以圆柱体形状显示，如图5-24所示。

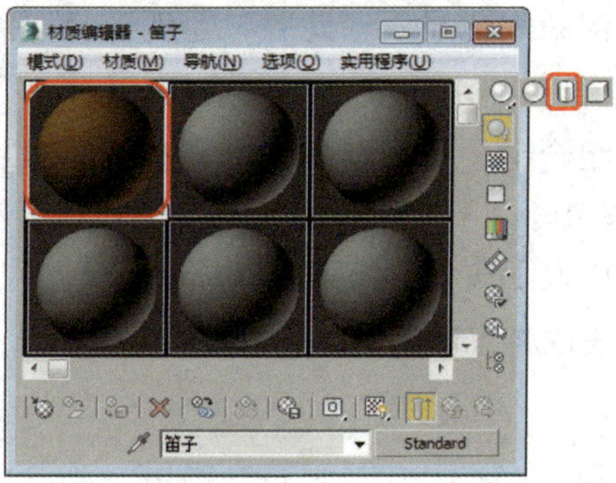

图5-23

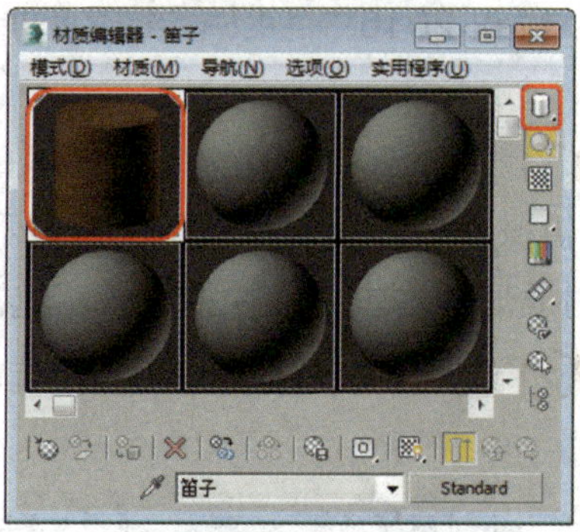

图5-24

5.2.5 【上机操作】——从对象拾取材质

场景：CDROM\场景\Cha05\上机操作——更改材质示例窗显示数目.max	完成场景：无
视频：视频教学\Cha05\从对象拾取材质.avi	效果：无

通过【从对象拾取材质】按钮可以在场景中的某个对象上获取其所附的材质。此时鼠标会变为吸管状态。

Step 1 启动3ds Max 2016，按Ctrl+O组合键，打开随书附带光盘中的CDROM\场景\Cha05\上机操作——更改材质示例窗显示数目.max，按M键打开【材质编辑器】对话框，选择一个没有材质的样本球，单击【从对象拾取材质】按钮，如图5-25所示。

Step 2 在对象上单击需要的材质，如将鼠标移至笛子上，如图5-26所示，当鼠标变为时，单击鼠标左键，则所选的材质将指定给选择的样本球，如图5-27所示。

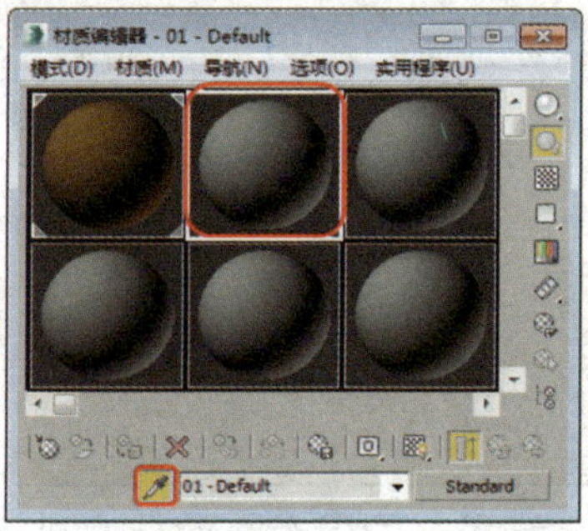

图5-25

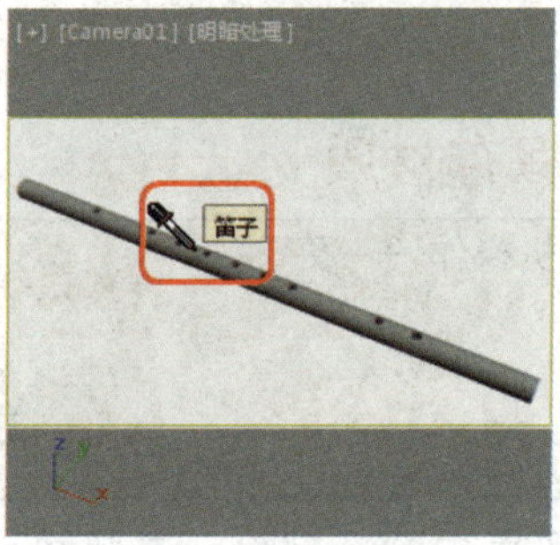

图5-26

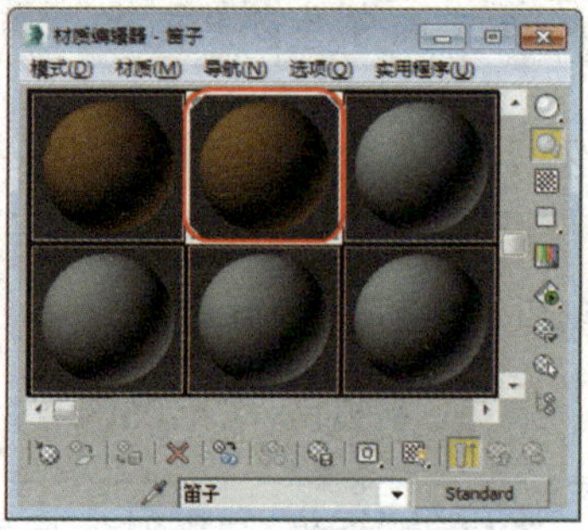

图5-27

5.2.6 【上机操作】——最大化查看材质

场景：CDROM\场景\Cha05\上机操作—更改材质示例窗显示数目.max	完成场景：无
视频：视频教学\Cha05\最大化查看材质.avi	效果：无

在3ds Max 2016中可以将当前活动示例窗最大化显示，此时，示例窗将以浮动窗口的方式显示。

Step 1 启动3ds Max 2016，按Ctrl+O组合键，打开随书附带光盘中的CDROM\场景\Cha05\上机操作——更改材质示例窗显示数目.max，按M键打开【材质编辑器】对话框，在任意一个材质球上右击，在快捷菜单中选择【放大】命令，如图5-28所示。

Step 2 选择【放大】命令后，所选的材质球将以浮动窗口的方式最大化显示，如图5-29所示。

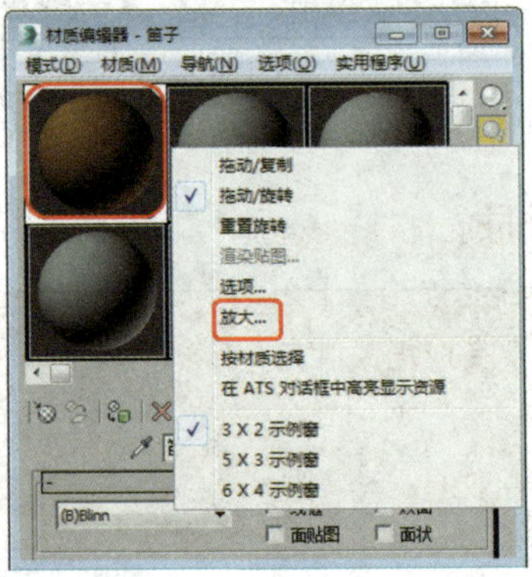

图5-28

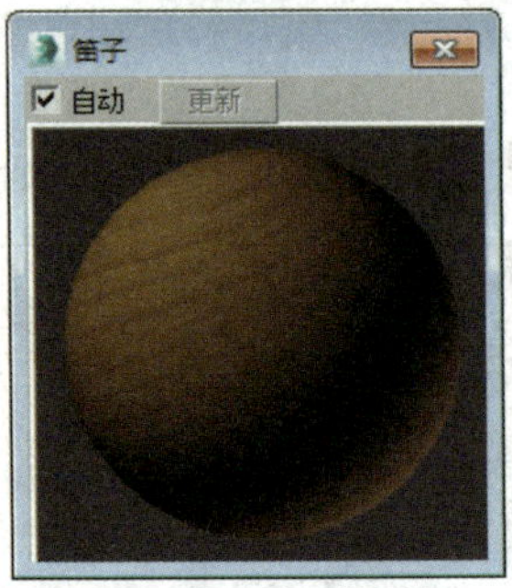

图5-29

提示：

最大化查看材质还有两种方法。

方法1：在当前活动示例窗上双击鼠标，即可将其最大化显示。

方法2：在【材质编辑器】对话框中的菜单栏上选择【材质】|【启动放大窗口】命令。

每一个材质只允许有一个放大窗口，最多可以同时打开24个放大窗口。通过拖动它的四个角可以任意放大尺寸。

5.2.7 【上机操作】——保存材质

场景：CDROM\场景\Cha05\上机操作——更改材质示例窗显示数目.max	完成场景：无
视频：视频教学\Cha05\保存材质.avi	效果：无

将材质指定给对象时，它是场景中的一部分，并且可以与场景一同保存，除此之外还可以将材质放入到库中来保存材质。

Step 1 启动3ds Max 2016，按Ctrl+O组合键，打开随书附带光盘中的CDROM\场景\Cha05\上机操作——更改材质示例窗显示数目.max，按M键打开【材质编辑器】对话框，选择一个带材质的样本球，单击工具栏中的【放入库】按钮，如图5-30所示。

Step 2 在弹出的【放置到库】对话框中可以对材质进行命名，如图5-31所示，单击【确定】按钮即可将材质保存到库中。

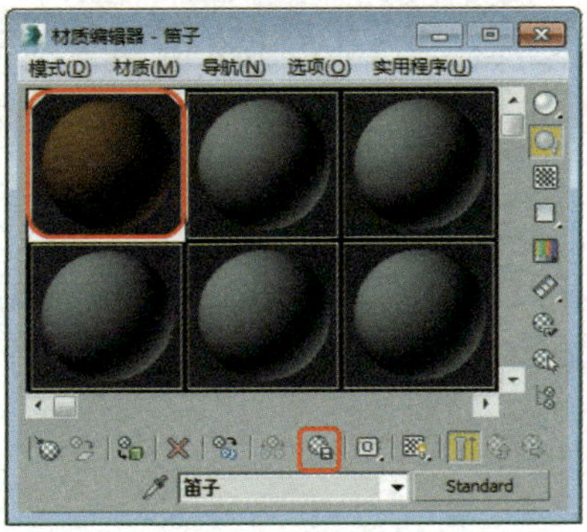

图5-30

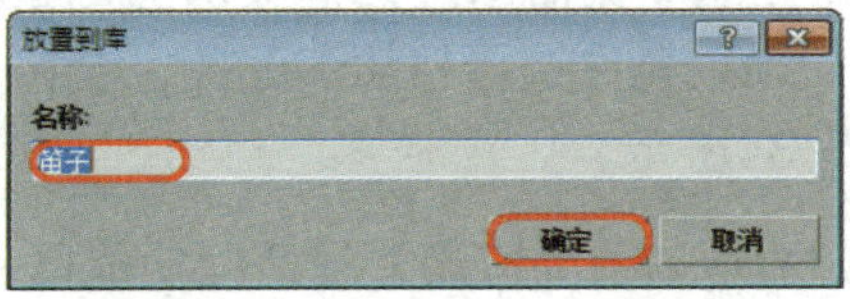

图5-31

5.2.8　【上机操作】——删除材质

场景：CDROM\场景\Cha05\上机操作——更改材质示例窗显示数目.max	完成场景：无
视频：视频教学\Cha05\删除材质.avi	效果：无

通过【重置贴图/材质为默认设置】按钮可以将当前示例窗中已设置材质的还原为默认状态，即灰色轻微反光的不透明材质，如果处在贴图层级，将恢复为最初的贴图设置。

Step 1 启动3ds Max 2016，按Ctrl+O组合键，打开随书附带光盘中的CDROM\场景\Cha05\上机操作——更改材质示例窗显示数目.max，按M键打开【材质编辑器】，选择一个带有材质的样本球，单击工具栏中的【重置贴图/材质为默认状态】按钮，如图5-32所示。

Step 2 当该材质已指定给场景中的某个对象时，将会弹出【重置材质/贴图参数】对话框，如图5-33所示，单击【确定】按钮，即可删除材质。

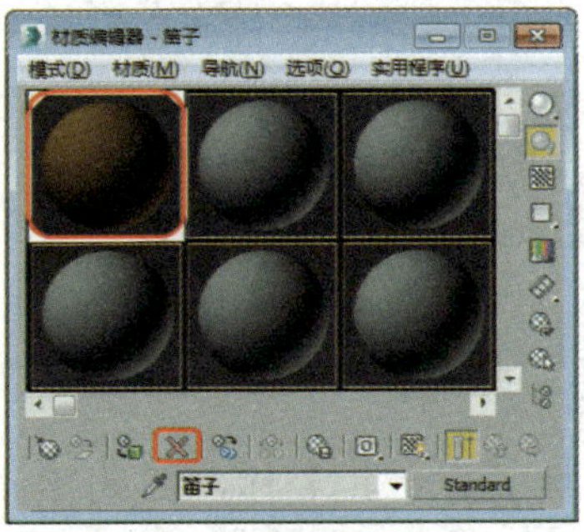

图5-32

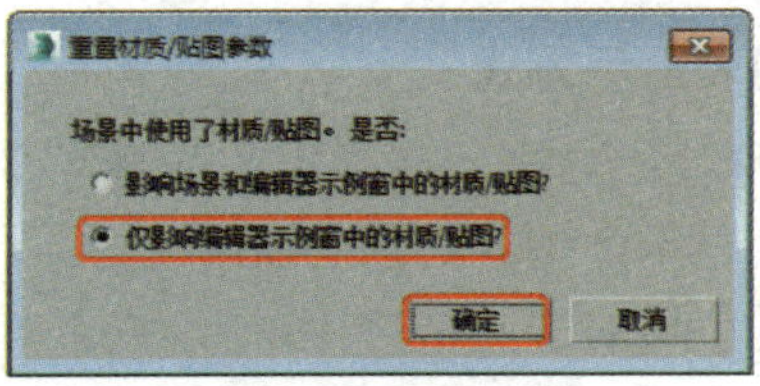

图5-33

提示：

在【重置材质/贴图参数】对话框中选择第1个单选按钮会影响示例窗及场景中所有使用该材质的对象，但仍保持为同步材质；选择第2个单选按钮将只影响示例窗中的材质，变为非同步材质。

【同步材质】是指将材质指定给场景中的对象，对示例窗中的材质进行编辑时，场景中跟着变化，【非同步材质】则不跟着变化。

5.2.9 材质/贴图浏览器

【材质/贴图浏览器】对话框提供全方位的材质和贴图浏览选择功能，它会根据当前的情况而变化，如果允许选择材质和贴图，会将两者都显示在列表框中，否则会仅显示材质或贴图，如图5-34所示。

1. 【材质/贴图浏览器】对话框功能区域

浏览并选择材质或贴图，双击选项后会直接调入当前活动的示例窗中，也可以通过拖动复制操作将它们拖动到允许复制的地方。

编辑材质库用于制作并扩充自己的材质库。

具备【材质/贴图导航】功能，与【材质/贴图导航器】相同。

- 【文字条】：在左上角有一个文本框，用于快速检索材质和贴图，例如在其中输入RGB，按Enter键，则以RGB开头的材质都会被选择。如图5-35所示
- 【名称栏】：文字条下方显示当前选择的材质或贴图的名称，子组内是其对应的类型。

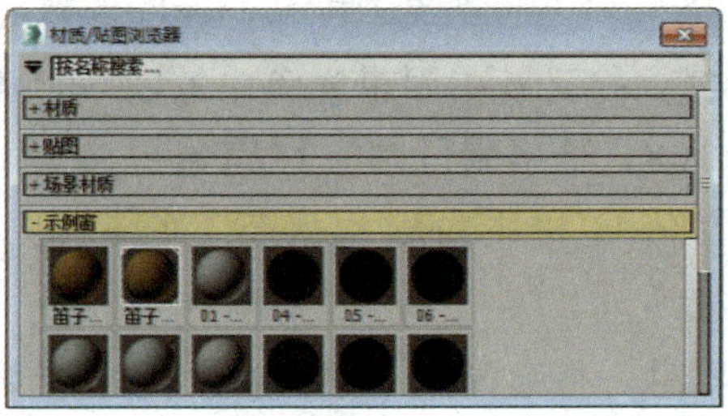

图5-34

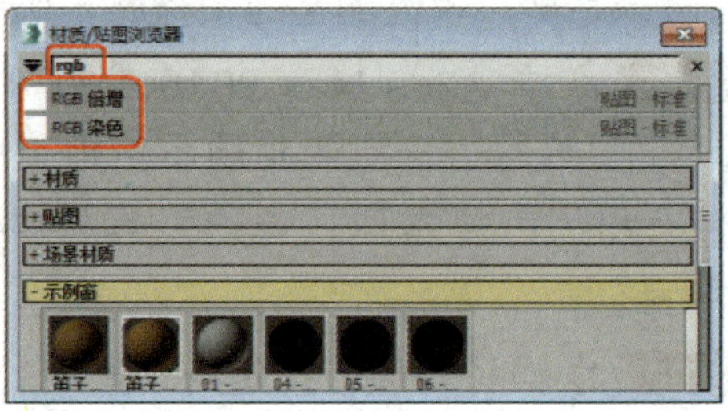

图5-35

- 【示例窗】：与材质编辑器中的示例窗相同。每当选择一个材质或贴图后，它都会显示出效果，不过仅能以球体样本显示，它也支持拖动复制操作。
- 【列表框】：中间最大的空白区域就是列表框，用于显示材质和贴图。

2. 列表显示方式

在名称栏上右击，在弹出的快捷菜单中选择【将组（和子组）显示为】方式，这里提供了5种列表显示类型，如图5-36所示。

- 【小图标】：以小图标方式显示，并在小图标下显示其名称，当鼠标停留于其上时，也会显示它的名称。
- 【中等图标】：以中等图标方式显示，并在中等图标下显示其名称，当鼠标停留于其上时，也会显示它的名称。
- 【大图标】：以大图标方式显示，并在大图标下显示其名称，当鼠标停留于其上时，也会显示它的名称。
- 【图标和文本】：在文字方式显示的基础上，增加了小的彩色图标，可以模糊地观察材质或贴图的效果。

- 【文本】：以文字方式显示，按首字母的顺序排列。

3. ▼按钮的应用

在【材质/贴图浏览器】对话框中的左上角有一个▼按钮，单击该按钮会弹出一个下拉菜单，如图5-37所示。下面对该菜单部分选项进行介绍。

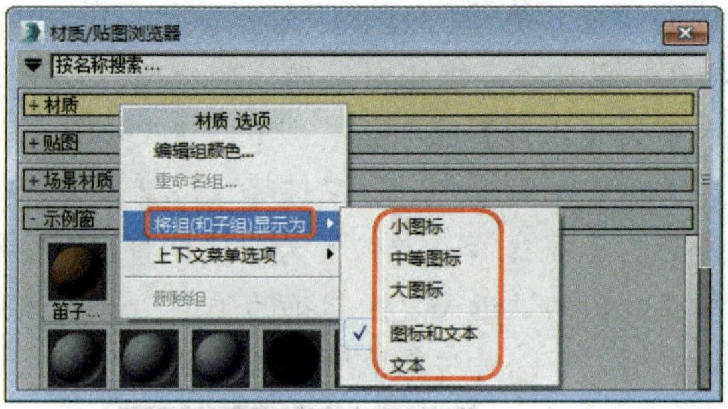

图5-36

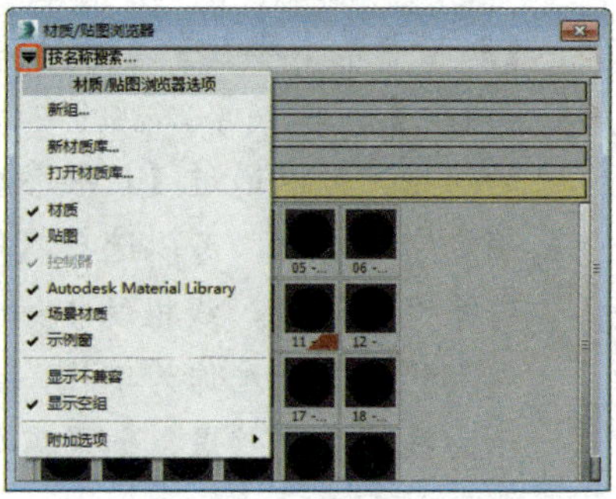

图5-37

- 【打开材质库】：从材质库中获取材质和贴图，允许调入.mat或.max格式的文件。.mat是专用材质库文件，.max是场景文件，它会将该场景中的全部材质调入。
- 【材质】：勾选该选项后，可在列表框中显示出材质组。
- 【贴图】：勾选该选项后，可在列表框中显示出贴图组。
- 【控制器】：显示可用于为材质设置动画的动画控制器。
- 【Autodesk Material Library】：勾选该选项后，可在列表框中显示Autodesk Material Library材质库。
- 【场景材质】：勾选该选项后，可在列表框中显示出场景材质组。
- 【示例窗】：勾选该选项后，可在列表框中显示出示例窗口。
- 【显示不兼容】：勾选该选项后，可在列表框中显示出与当前活动渲染器不兼容的条目。
- 【显示空组】：勾选该选项后，即使是空组也显示出来。

5.3 标准材质

标准材质是默认的通用材质，在现实生活中，对象的外观取决于它的反射光线，在3ds Max中，标准材质用来模拟对象表面的反射属性，在不使用贴图的情况下，标准材质为对象提供了单一均匀的表面颜色效果。

即使是【单一】颜色的表面，在光影、环境等影响下也会呈现出多种不同的反射结果。标准材质通过3种不同的颜色类型来模拟这种现象，它们是【环境光】、【漫反射】、【高光反射】，不同的明暗器类型中颜色类型会有所变化。【漫反射】是对象表面在最佳照明条件下表现出的颜色，即通常所描述的对象本色；在适度的室内照明情况下，【环境光】的颜色可以选用深一些的漫反射颜色，但对于室外或者强烈照明情况下的室内场景，【环境光】的颜色应当指定为主光源颜色的补色；【高光反射】的颜色不外乎与主光源一致或是高纯度、低饱和度的漫反射颜色。

标准材质的界面分为【明暗器基本参数】、【基本参数】、【扩展参数】、【超级采样】、【贴图】和【mental ray连接】卷展栏，通过单击顶部的项目条可以收起或展开对应的参数面板，鼠标指针呈手形时可以进行上下滑动，右侧还有一个细的滑块可以进行面板的上下滑动，具体用法和修改命令面板大致相同。

5.3.1 【明暗器基本参数】卷展栏

- 【明暗器基本参数】卷展栏共有8种不同的明暗器类型，如图5-38所示。
- 【线框】：以网格线框的方式来渲染对象，它只能表现出对象的线架结构，对于线框的粗细，可以通过【扩展参数】卷展栏中的【线框】选项组来调节，【大小】值用于确定它的粗细，可以选择【像素】和【单位】两种单位，如果选择【像素】为单位，对象无论远近，线框的粗细都将保持一致；如果选择【单位】为单位，将以3ds Max内部的基本单元作为单位，会根据对象离镜头的远近而发生粗细的变化。如图5-39所示为线框渲染效果，如果需要更优质的线框，可以对对象使用结构线框修改器。

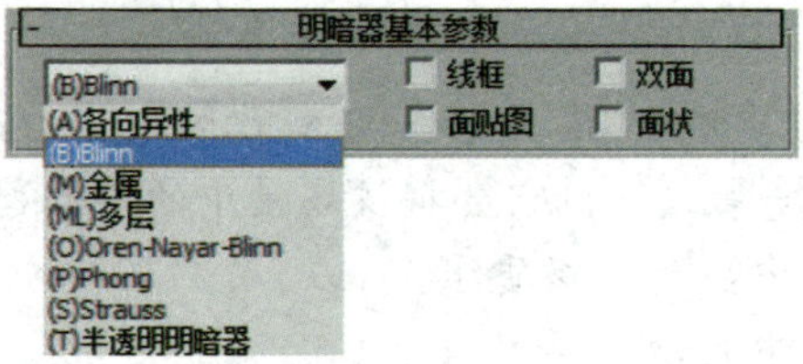

图5-38

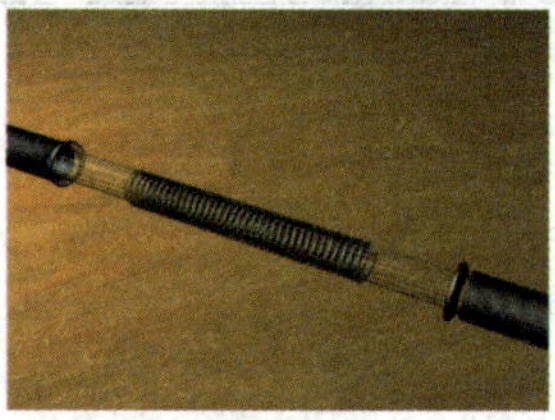

图5-39

- 【双面】：将对象法线相反的一面也进行渲染，通常计算机为了简化计算，只渲染对象法线为正方向的表面（即可视的外表面），这对大多数对象都适用，但有些敞开面的对象，其内壁看不到任何材质效果，这时就必须打开双面设置。如图5-40所示左图为未勾选【双面】复选框时的渲染效果；右图为勾选【双面】复选框时的渲染效果。使用双面材质会使渲染变慢。最好的方法是对必须使用双面材质的对象使用双面材质，而不要在最后渲染时再打开渲染设置框中的【强制双面】渲染属性。

图5-40

- 【面贴图】：将材质指定给造型的全部面，如果含有贴图的材质，在没有指定贴图坐标的情况下，贴图会均匀分布在对象的每一个表面上。
- 【面状】：将对象的每个表面以平面化进行渲染，不进行相邻面的组群平滑处理。

1. 各向异性

【各向异性】通过调节两个垂直正交方向上可见高光级别之间的差额，从而实现一种【重折光】的高光效果。这种渲染属性可以很好地表现毛发、玻璃和被擦拭过的金属等模型效果。它的基本参数大体上与Blinn相同，只在高光和漫反射部分有所不同，【各向异性基本参数】卷展栏如图5-41所示。

颜色控制用来设置材质表面不同区域的颜色，包括【环境光】、【漫反射】和【高光反射】，调节方法为单击区域右侧色块，打开颜色选择器，从中选择颜色，如图5-42所示。

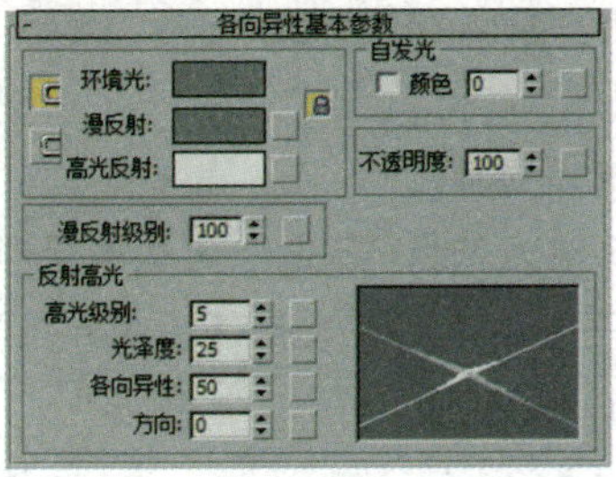

图5-41

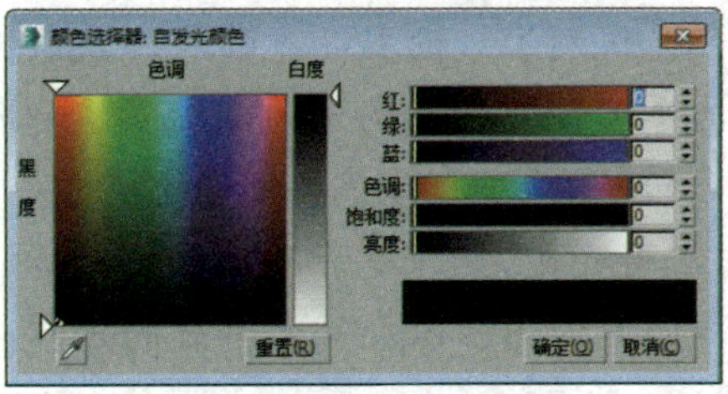

图5-42

这个颜色选择器属于浮动框性质，只要打开一次即可，如果选择另一个材质区域，它也会自动去影响新的区域色彩，在色彩调节的同时，示例窗中和场景中都会进行效果的即时更新显示。

在色块右侧有个小的空白按钮，单击它们可以直接进入该项目的贴图层级，为其指定相应的贴图，属于贴图设置的快捷操作，另外的4个与此相同。如果指定了贴图，小方块上会显示【M】字样，以后单击它可以快速进入该贴图层级。如果该项目贴图目前是关闭状态，则显示小写【m】。

左侧有两个锁定钮，用于锁定【环境光】、【漫反射】和【高光反射】3种材质中的两种（或3种全部锁定），锁定的目的是使被锁定的两个区域颜色保持一致，调节一个时另一个也会随之变化，如图5-43所示。

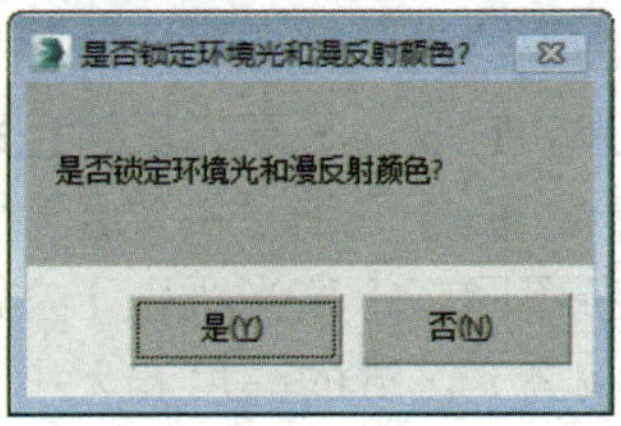

图5-43

- 【环境光】：控制对象表面阴影区的颜色。
- 【漫反射】：控制对象表面过渡区的颜色。
- 【高光反射】：控制对象表面高光区的颜色。

如图5-44所示为这3个标识区域分别指定对象表面的3个明暗高光区域。通常我们所说的对象的颜色是指漫反射，它提供对象最主要的色彩，使对象在日光或人工光的照明下可视，环境光一般由灯光的光色决定。否则会依赖于漫反射、高光反射，与漫反射相同，只是饱和度更强一些。

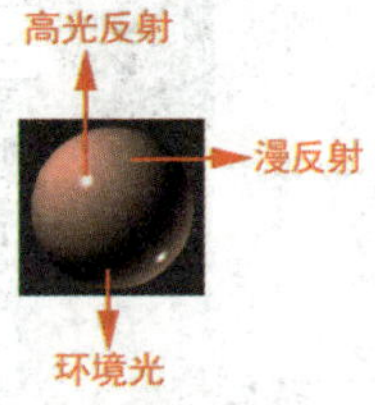

图5-44

- 【自发光】：使材质具备自身发光效果，常用于制作灯泡、太阳等光源对象。100%的发光度使阴影色失效，对象在场景中不受来自其他对象的投影影响，自身也不受灯光的影响，只表现出漫反射的纯色和一些反光，亮度值（HSV颜色值）保持与场景灯光一致。在3ds Max中，自发光颜色可以直接显示在视图中。

指定自发光有两种方式。一种是选中前面的复选框，使用带有颜色的自发光；另一种是取消选中复选框，使用可以调节数值的单一颜色的自发光，对数值的调节可以看作是对自发光颜色的灰度比例进行调节。

要在场景中表现可见的光源，通常是创建好一个几何对象，将它和光源放在一起，然后给这个对象指定自发光属性。

- 【不透明度】：设置材质的不透明度百分比值，默认值为100，即不透明材质。降低值使透明度增加，值为0时变为完全透明材质。对于透明材质，还可以调节它的透明衰减，这需要在扩展参数中进行调节。
- 【漫反射级别】：控制漫反射部分的亮度。增减该值可以在不影响高光部分的情况下增减漫反射部分的亮度，调节范围为0～400，默认值为100。

- 【高光级别】：设置高光强度，默认值为5。
- 【光泽度】：设置高光的范围。值越高，高光范围越小。
- 【各向异性】：控制高光部分的各向异性和形状。值为0时，高光形状呈椭圆形；值为100时，高光变形为极窄条状。反光曲线示意图中的一条曲线用来表示【各向异性】的变化。
- 【方向】：用来改变高光部分的方向，范围是0～9 999。

2. Blinn

Blinn高光点周围的光晕是旋转混合的，背光处的反光点形状为圆形，清晰可见，如增大柔化参数值，Blinn的反光点将保持尖锐的形态，从色调上来看，Blinn趋于冷色。【Blinn基本参数】卷展栏如图5-45所示。

使用【柔化】微调框可以对高光区的反光作柔化处理，使它变得模糊、柔和。如果材质反光度值很低，反光强度值很高，这种尖锐的反光往往在背光处产生锐利的界线，增加【柔化】值可以很好地进行修饰。

其余参数可参照【各向异性基本参数】卷展栏中的介绍。

3. 金属

这是一种比较特殊的明暗器类型，专用于金属材质的制作，可以提供金属所需的强烈反光。它取消了高光反射色彩的调节，反光点的色彩仅依据漫反射色彩和灯光的色彩。

由于取消了高光反射色彩的调节，所以在高光部分的高光度和光泽度设置也与Blinn有所不同。【高光级别】文本框仍控制高光区域的亮度，而【光泽度】文本框变化的同时将影响高光区域的亮度和大小，【金属基本参数】卷展栏如图5-46所示。

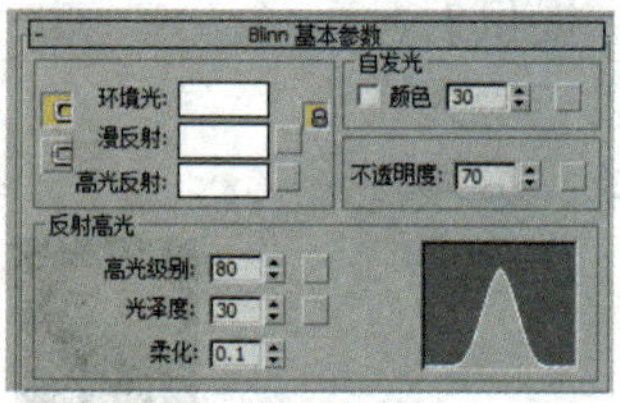

图5-45

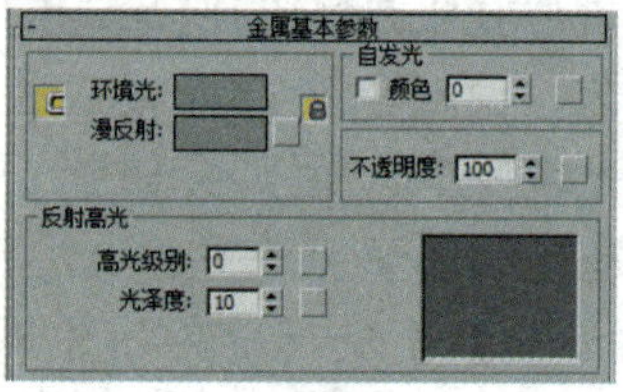

图5-46

4. 多层

【多层】明暗器与【各向异性】明暗器有相似之处，它的高光区域也属于【各向异性】类型，意味着从不同的角度产生不同的高光尺寸，当【各向异性】值为0时，它们根本是相同的，高光是圆形的，和Blinn、Phong相同；当【各向异性】值为100时，这种高光的各向异性达到最大程度的不同，在一个方向上高光非常尖锐，而另一个方向上光泽度可以单独控制。【多层基本参数】卷展栏如图5-47所示。

【粗糙度】用来设置由漫反射部分向阴影色部分进行调和的快慢。提升该值时，表面的不光滑部分随之增加，材质也显得更暗更平。值为0时，则与Blinn渲染属性没有什么差别，默认值为0。

5. Oren-Nayar-Blinn

Oren-Nayar-Blinn明暗器是Blinn的一个特殊变量形式。通过它附加的【漫反射级别】和【粗糙度】设置，可以实现物质材质的效果。这种明暗器类型常用来表现织物、陶制品等不光滑粗糙对象的表面，【Oren-Nayar-Blinn基本参数】卷展栏如图5-48所示。

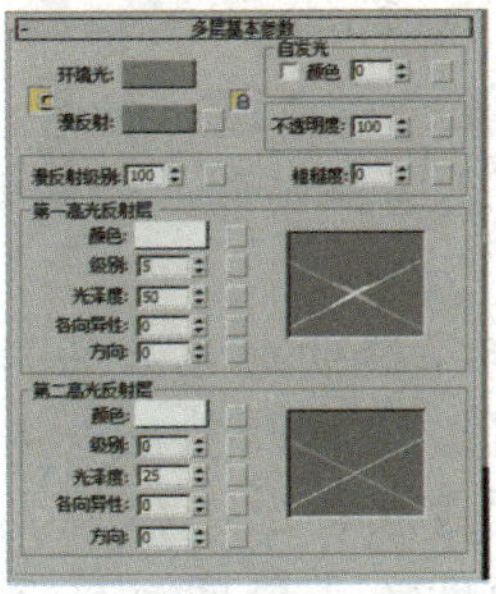

图5-47

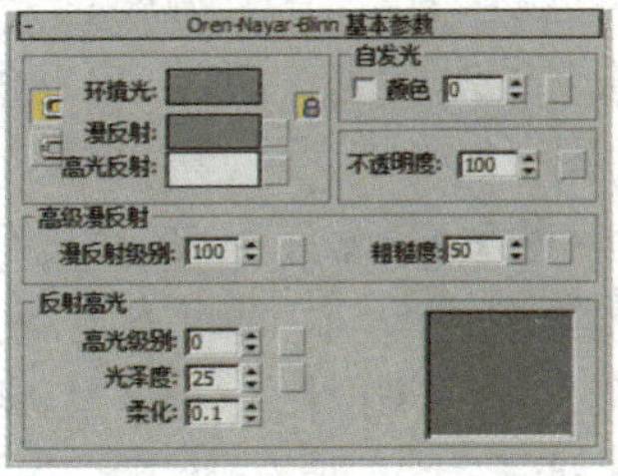

图5-48

6. Phong

Phong高光点周围的光晕是发散混合的，背光处Phong的反光点为梭形，影响周围的区域较大。如果增大【柔化】参数值，Phong的反光点趋向于均匀柔和的反光，从色调上看，Phong趋于暖色，将表现暖色柔和的材质，常用于塑性材质，可以精确地反映出凹凸、不透明、反光、高光和反射贴图效果。【Phong基本参数】卷展栏如图5-49所示。

7. Strauss

Strauss提供了一种金属感的表面效果，比【金属】明暗器更简洁，参数更简单。【Strauss基本参数】卷展栏如图5-50所示。

相同的基本参数请参照前面的介绍。

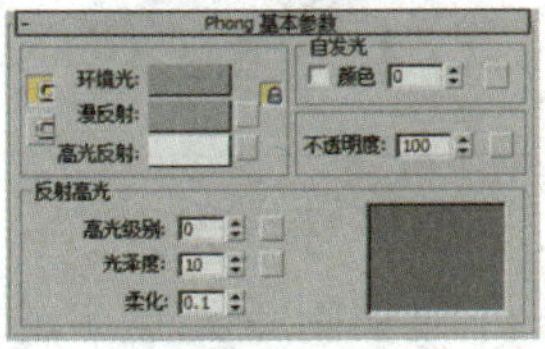

图5-49

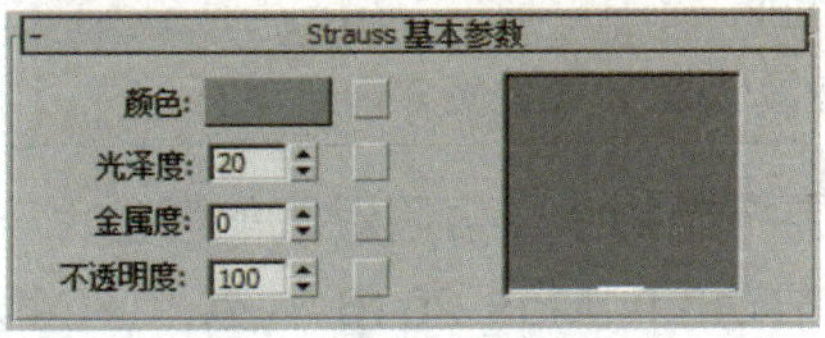

图5-50

- 【颜色】：设置材质的颜色。相当于其他明暗器中的漫反射颜色选项，而高光和阴影部分的颜色则由系统自动计算。
- 【金属度】：设置材质的金属表现程度。由于主要依靠高光表现金属程度，所以【金属度】需要配合【光泽度】才能更好地发挥效果。

8. 半透明明暗器

【半透明明暗器】与Blinn类似，最大的区别在于能够设置半透明的效果。光线可以穿透这些半透明效果的对象，并且在穿过对象内部时离散。通常【半透明明暗器】用来模拟很薄的对象，例如窗帘、电影银幕、霜或者毛玻璃等效果。如图5-51所示为半透明效果。【半透明基本参数】卷展栏如图5-52所示。

图5-51

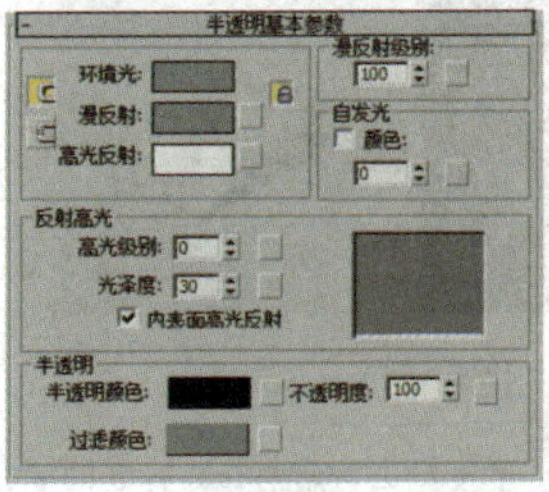

图5-52

相同的基本参数请参照前面的介绍。

- 【半透明颜色】：半透明颜色是离散光线穿过对象时所呈现的颜色。设置的颜色可以不同于过滤颜色，两者互为倍增关系。单击色块选择颜色，右侧的灰色方块用于指定贴图。
- 【过滤颜色】：设置穿透材质的光线的颜色。与半透明颜色互为倍增关系。单击色块选择颜色，右侧的灰色方块用于指定贴图。过滤颜色（或穿透色）是指透过透明或半透明对象（如玻璃）后的颜色。过滤颜色配合体积光可以模拟例如彩光穿过毛玻璃后的效果，也可以根据过滤颜色为半透明对象产生的光线跟踪阴影配色。
- 【不透明度】：用百分比表示材质的透明/不透明程度。当对象有一定厚度时，能够产生一些有趣的效果。

除了模拟很薄的对象之外，半透明明暗器还可以模拟实体对象次表面的离散，用于制作玉石、肥皂、蜡烛等半透明对象的材质效果。

5.3.2 【上机操作】——设置环境光

场景：CDROM\场景\Cha05\上机操作——设置环境光.max

完成场景：CDROM\场景\Cha05\上机操作——设置环境光OK.max

视频：视频教学\Cha05\设置环境光.avi

环境光主要控制物体表面阴影区的颜色，下面介绍如何设置环境光：

Step 1 启动3ds Max 2016，按Ctrl+O组合键，打开随书附带光盘中的CDROM\场景\Cha05\上机操作——设置环境光.max，如图5-53所示。

Step 2 打开素材后，按M键打开【材质编辑器】对话框，在弹出的对话框中选择第一个材质样本球，在【Blinn基本参数】卷展栏中单击【自发光】右侧的颜色框，弹出【颜色选择器：自发光颜色】对话框，将RGB值设置为253、139、187，单击【确定】按钮，如图5-54所示。

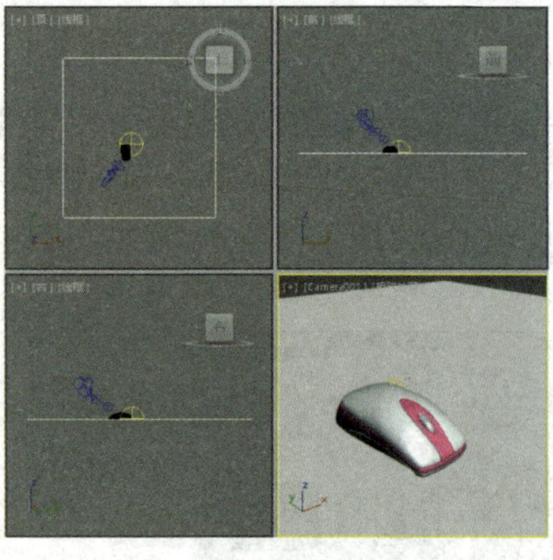

图5-53

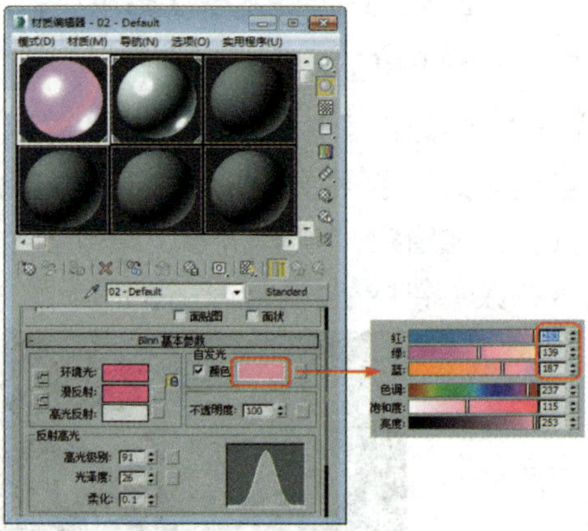

图5-54

Step 3 将【材质编辑器】对话框关闭，设置效果如图5-55所示。

Step 4 按键盘上的8键，弹出【环境和效果】对话框，在打开的对话框中选择【环境】选项卡，在【公用参数】卷展栏中的【全局照明】选项组中单击【环境光】下方的颜色框，在弹出的对话框中将RGB值设置为12、21、21，如图5-56所示，然后将【环境和效果】对话框关闭即可。

Step 5 激活透视图，按F9键进行快速渲染，渲染完成后的效果如图5-57所示。

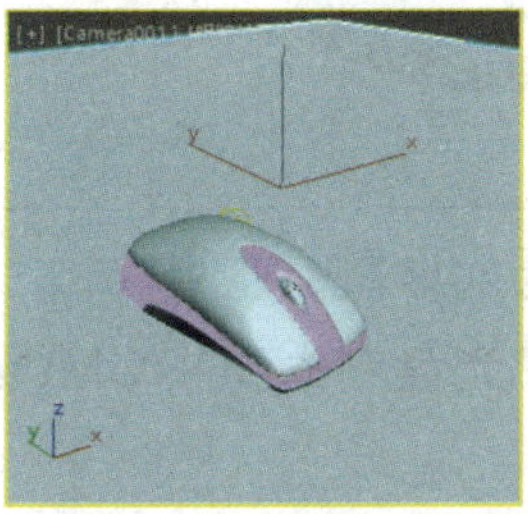

图5-55

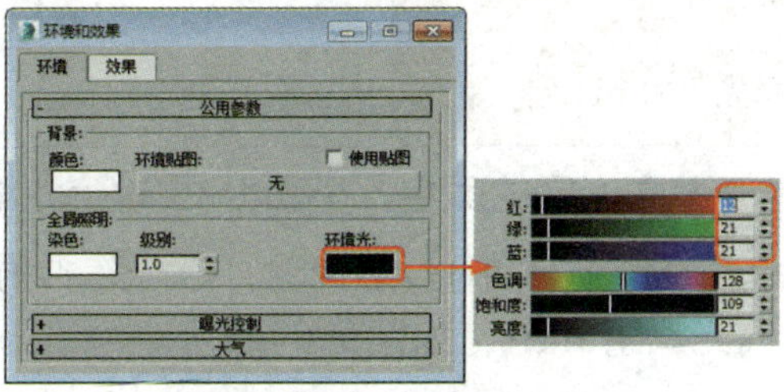

图5-56

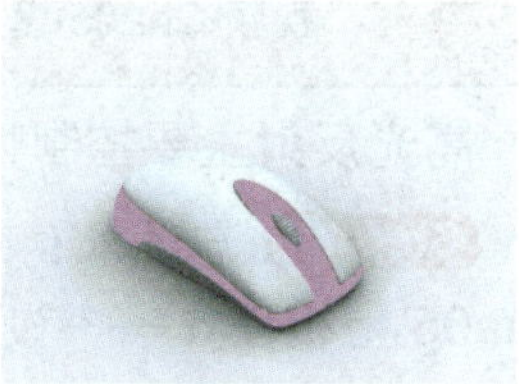

图5-57

5.3.3 【上机操作】——设置漫反射

场景：CDROM\场景\Cha05\上机操作——设置环境光.max

完成场景：CDROM\场景\Cha05\上机操作——设置漫反射OK.max

视频：视频教学\Cha05\设置漫反射.avi

漫反射主要控制物体表面过滤区的颜色，下面介绍如何设置漫反射：

Step 1 启动3ds Max 2016，按Ctrl+O组合键，打开随书附带光盘中的CDROM\场景\Cha05\上机操作——设置环境光.max，按M键打开【材质编辑器】对话框，并在弹出的对话框中选择第一个材质样本球，在【Blinn基本参数】卷展栏中单击【自发光】右侧的颜色框，弹出【颜色选择器：自发光颜色】对话框，在弹出的对话框中将RGB值设置为16、233、89，单击【确定】按钮，如图5-58所示。

Step 2 将【材质编辑器】对话框关闭，即可完成漫反射的设置，效果如图5-59所示。

Step 3 激活透视图，按F9键进行快速渲染，渲染完成后的效果如图5-60所示。

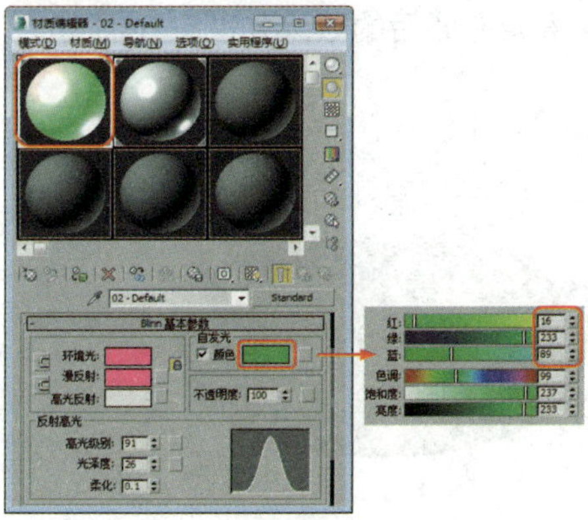

图5-58

图5-59

图5-60

5.3.4 【上机操作】——设置高光反射

场景：CDROM\场景\Cha05\上机操作——设置高光反射.max

完成场景：CDROM\场景\Cha05\上机操作——设置高光反射OK.max

视频：视频\Cha05\设置高光反射.avi

高光反射主要控制物体表面高光区的颜色，下面介绍如何设置高光反射：

Step 1 启动3ds Max 2016，按Ctrl+O组合键，打开随书附带光盘中的CDROM\场景\Cha05\上机操作——设置高光反射.max，如图5-61所示。

Step 2 按M键打开【材质编辑器】对话框，并在弹出的对话框中选择第一个材质样本球，在【Blinn基本参数】卷展栏中单击【高光反射】右侧的颜色框，弹出【颜色选择器：高光颜色】对话框，在弹出的对话框中将RGB值设置为0、102、255，单击【确定】按钮，如图5-62所示。

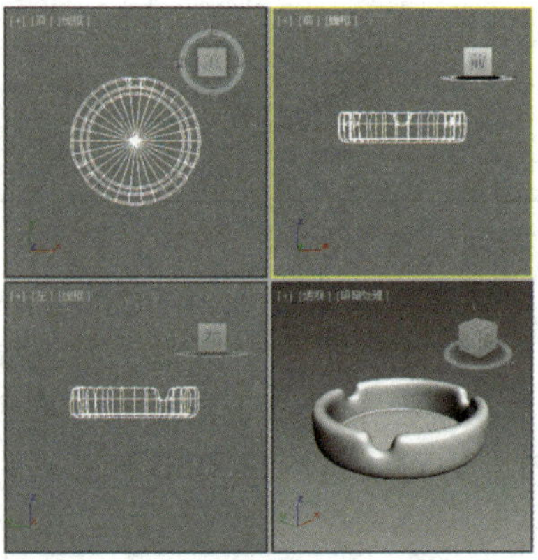

图5-61

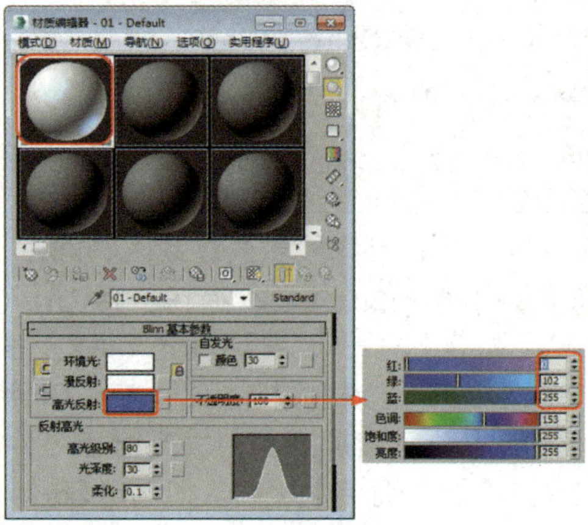

图5-62

Step 3 将【材质编辑器】对话框关闭，即可完成高光反射的设置，如图5-63所示。

Step 4 激活透视图，按F9键进行快速渲染，渲染完成后的效果如图5-64所示。

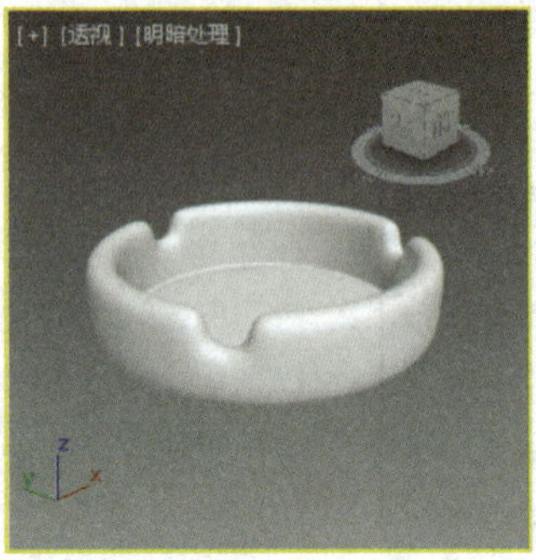

图5-63

图5-64

5.3.5 【上机操作】——设置材质的不透明度

场景：CDROM\场景\Cha05\上机操作——设置高光反射.max

完成场景：CDROM\场景\Cha05\上机操作——设置材质的不透明度OK.max

视频：视频教学\Cha05\设置材质的不透明度.avi

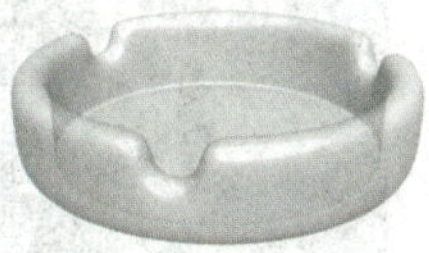

一般情况下，材质透明度的默认值为100，可以根据调整数值来设置材质的透明度，下面介绍如何设置材质的不透明度：

Step 1 启动3ds Max 2016，按Ctrl+O组合键，打开随书附带光盘中的CDROM\场景\Cha05\上机操作——设置高光反射.max，按M键打开【材质编辑器】对话框，并在弹出的对话框中选择第一个材质样本球，在【Blinn基本参数】卷展栏中的【不透明度】文本框中输入60，如图5-65所示。

Step 2 将【材质编辑器】对话框关闭，设置材质的不透明度效果如图5-66所示。

Step 3 激活透视图，按F9键进行快速渲染，渲染完成后的效果如图5-67所示。

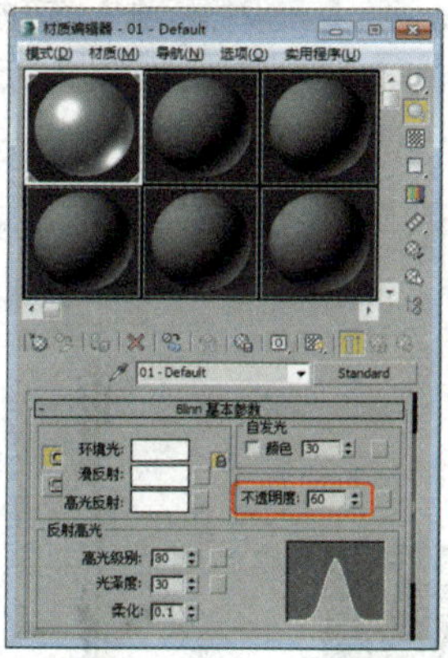

图5-65

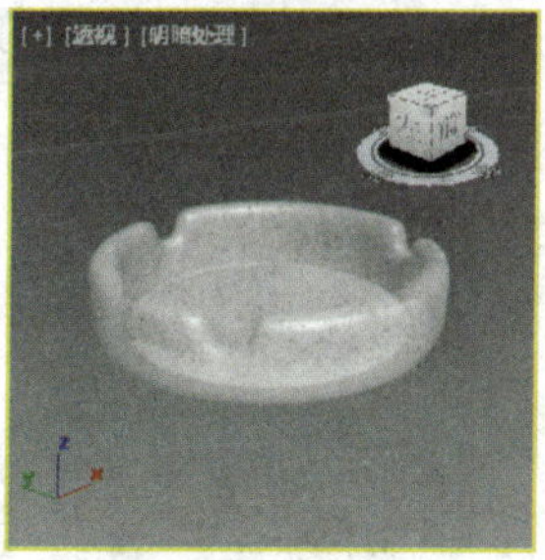

图5-66

图5-67

5.3.6 【上机操作】——编辑金属材质

场景：CDROM\场景\Cha05\上机操作——编辑金属材质.max

完成场景：CDROM\场景\Cha05\上机操作——编辑金属材质OK.max

视频：视频教学\Cha05\编辑金属材质.avi

本例介绍金属材质的制作，首先要确定金属的颜色，然后在【金属基本参数】卷展栏中设置【反射高光】相应参数。通过学习本例，读者可以掌握金属质感的制作、修改以及编辑操作，更好地利用材质编辑器。

Step 1 启动3ds Max 2016，按Ctrl+O组合键，打开随书附带光盘中的CDROM\场景\Cha05\上机操作——编辑金属材质.max，如图5-68所示。

Step 2 按M键，弹出【材质编辑器】对话框，选择一个材质样本球，在【明暗器基本参数】卷展栏中将明暗器类型设置为【（M）金属】，如图5-69所示。

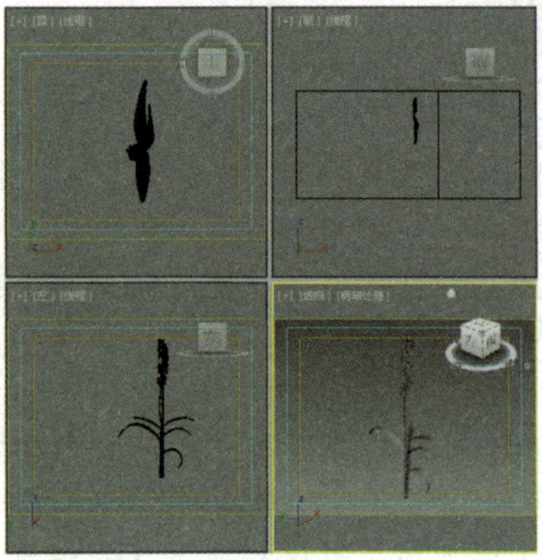

图5-68

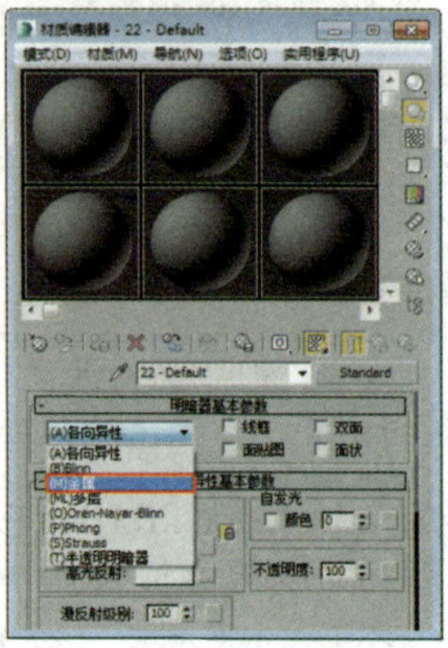

图5-69

Step 3 在【金属基本参数】卷展栏中单击【漫反射】右侧的【颜色】色块，弹出【颜色选择器：漫反射颜色】对话框，将RGB值设置为240、120和10，如图5-70所示。

Step 4 单击【确定】按钮，返回【金属基本参数】卷展栏，在【反射高光】选项组中设置【高光级别】为100、【光泽度】为70，将【自发光】区域下的【颜色】值设置为25，选择场景中的对象，单击【将材质指定给选定对象】按钮，赋予金属材质，如图5-71所示。

Step 5 激活透视图，按F9键进行快速渲染，渲染完成后的效果如图5-72所示。

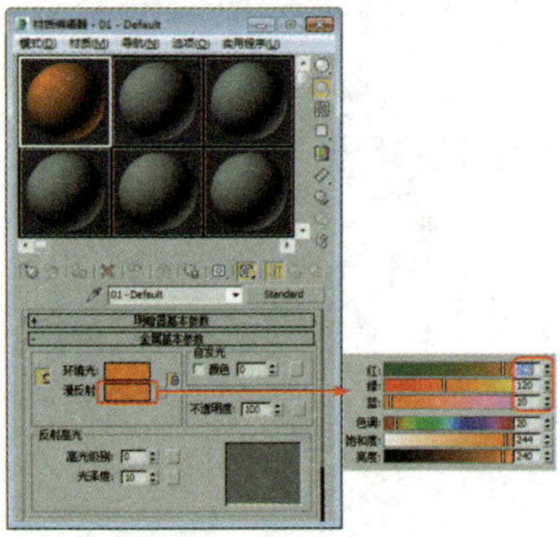

图5-70

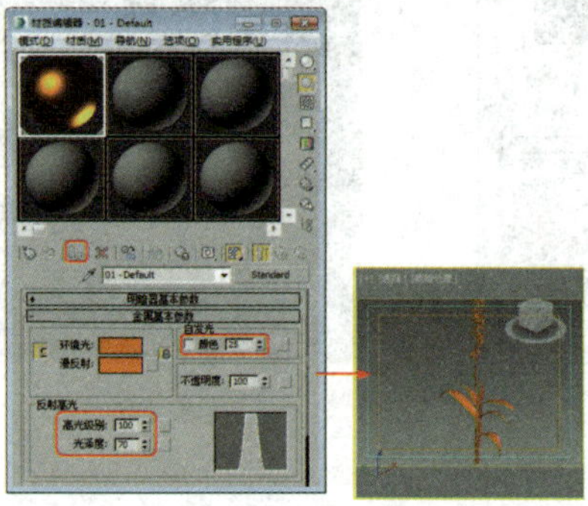

图5-71

图5-72

5.3.7 【基本参数】卷展栏

基本参数主要用于指定对象贴图，设置材质的颜色、反光度、透明度等基本属性。选择不同的明暗器类型，【基本参数】卷展栏中就会显示出相应的控制参数。

5.3.8 【扩展参数】卷展栏

标准材质所有Standard类型的扩展参数都相同，选项内容涉及透明度、反射以及线框模式，还有标准透明材质真实程度的折射率设置。【扩展参数】卷展栏如图5-73所示。

1. 【高级透明】选项组

该选项组控制透明材质的透明衰减设置。

- 【内】：由边缘向中心增加透明的程度，类似玻璃瓶的效果。

- 【外】：由中心向边缘增加透明的程度，类似云雾、烟雾的效果。
- 【数量】：指定衰减的程度。
- 【类型】：确定以哪种方式来产生透明效果。
- 【过滤】：计算经过透明对象背面颜色倍增的【过滤色】。单击色块改变过滤色；单击灰色方块用于指定贴图。

过滤或透射颜色是穿过例如玻璃等透明或半透明对象后的颜色，将过滤色与体积光配合使用可以产生光线穿过彩色玻璃的效果。过滤色的颜色能够影响透明对象所投射的【光线跟踪阴影】颜色。如图5-74所示，玻璃板的过滤色设置为红色，在左侧的投影也显示为红色。

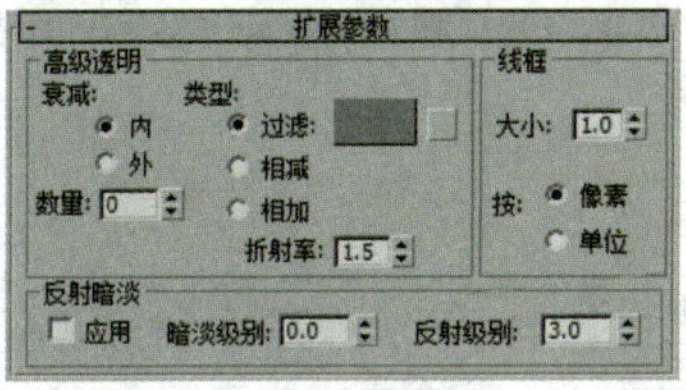

图5-73

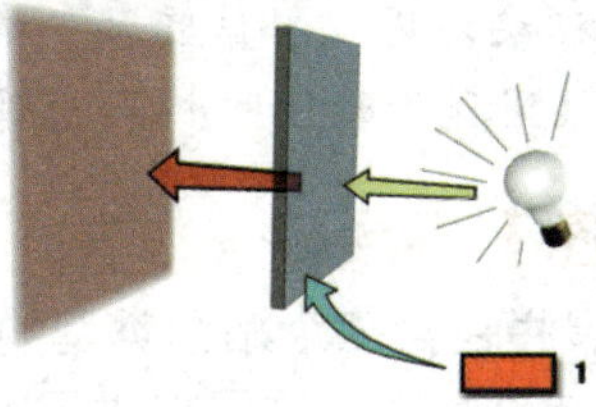

图5-74

- 【相减】：根据背景色做递减色彩的处理。
- 【相加】：根据背景色作递增色彩的处理，常用作发光体。
- 【折射率】：设置带有折射贴图的透明材质的折射率，用来控制材质折射被传播光线的程度。当设置为1（空气的折射率）时，看到的对象像在空气中（空气也有折射率，例如热空气对景象产生的气浪变形）一样不发生变形；当设置为1.5（玻璃折射率）时，看到的对象会产生很大的变形；当折射率小于1时，对象会沿着它的边界反射。

在真实的物理世界中，折射率是因为光线穿过透明材质和眼睛（或者摄影机）时速度不同而产生的，与对象的密度相关，折射率越高对象的密度也就越大。

表5-1中是常用的几种物质折射率。

表5-1　常见物质折射率列表

材　质	折　射　率
真空	1
空气	1.000 3
水	1.333
玻璃	1.5～1.7
钻石	2.419

只需记住这几种常用的折射率即可，在三维动画软件中，不必严格地使用物理原则，只要能体现出正常的视觉效果即可。

2. 【线框】选项组

在该选项组中可以设置线框的特性。在【大小】微调框中设置线框的粗细，有【像素】和【单位】两种单位可供选择，如果选中【像素】单选按钮，对象运动时与镜头距离的变化不会影响网格线的尺寸，否则会发生改变。

3．【反射暗淡】选项组

该选项组中的选项可使阴影中的反射贴图显得暗淡。

- 【应用】：启用以使用反射暗淡。禁用该复选框后，反射贴图材质就不会因为直接灯光的存在或不存在而受到影响。默认设置为禁用状态。
- 【暗淡级别】：阴影中的暗淡量。该值为0时，反射贴图在阴影中为全黑；该值为0.5时，反射贴图为半暗淡；该值为1时，反射贴图没有经过暗淡处理，材质看起来好像禁用【应用】一样。默认设置是0。
- 【反射级别】：影响不在阴影中的反射强度。【反射级别】值与反射明亮区域的照明级别相乘，用以补偿暗淡。在大多数情况下，默认值为3会使明亮区域的反射保持在与禁用反射暗淡时相同的级别上。

5.3.9 【贴图】卷展栏

【贴图】卷展栏包含每个贴图类型的按钮。单击按钮可以打开【材质/贴图浏览器】对话框，但现在只能选择贴图，这里提供了30多种贴图类型，都可以用在不同的贴图方式上。当选择一个贴图类型后，会自动进入其贴图设置层级中，以便进行相应的参数设置，单击【转到父对象】按钮可以返回到贴图方式设置层级，这时该按钮上会出现贴图类型的名称，左侧复选框被选中，表示当前该贴图方式处于活动状态；如果左侧复选框未被选中，会关闭该贴图方式的影响。

【数量】文本框决定该贴图影响材质的数量，使用完全强度的百分比表示。例如，处在100%的漫反射贴图是完全不透光的，会遮住基础材质；设置为50%时，它为半透明，将显示基础材质（漫反射，环境光和其他无贴图的材质颜色）。【贴图】卷展栏如图5-75所示。

下面对【贴图】卷展栏中常用的选项进行介绍。

1．环境光颜色

为对象的阴影区指定位图或程序贴图，默认它与【漫反射】贴图锁定，如果想对它进行单独贴图，应先在基本参数区中打开【漫反射】右侧的锁定按钮，解除它们之间的锁定。这种阴影色贴图一般不单独使用，默认与【漫反射】贴图联合使用，以表现最佳的贴图纹理。需要注意的是，只有在环境光值设置高于默认的黑色时，阴影色贴图才可见。可以通过选择【渲染】|【环境】命令打开【环境和效果】对话框调节环境光的级别，如图5-76所示。

图5-75

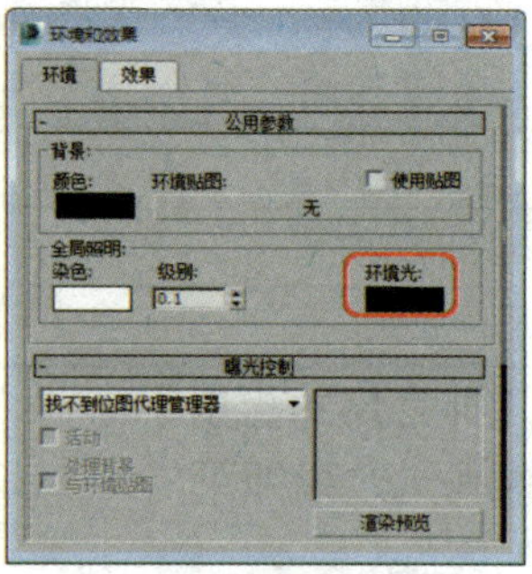

图5-76

2．漫反射颜色

主要用于表现材质的纹理效果，当值为100%时，会完全覆盖漫反射的颜色，这就好像在对象表面用油漆绘画一样，例如为墙壁指定砖墙的纹理图案，就可以产生砖墙的效果。制作中没有严格的要求非要将漫反射贴图与环境光贴图锁定在一起，通过对漫反射贴图和环境光贴图分别指定不同的贴图，可以制作出很多有趣的融合效果。但如果漫反射贴图用于模拟单一的表面，就需要将漫反射贴图和环境光贴图锁定在一起。

- 【漫反射级别】：该贴图参数只存在于【各向异性】、【多层】、【Oren-Nayar-Blinn】和【半透明明暗器】4种明暗器类型下，如图5-77所示。主要通过位图或程序贴图来控制漫反射的亮度。贴图中白色像素对漫反射没有影响，黑色像素则将漫反射亮度降为0，处于两者之间的颜色依此对漫反射亮度产生不同的影响。
- 【漫反射粗糙度】：该贴图参数只存在于【多层】和【Oren-Nayar-Blinn】两种明暗器类型下，如图5-78所示。主要通过位图或程序贴图来控制漫反射的粗糙程度。贴图中白色像素增加粗糙程度，黑色像素则将粗糙程度降为0，处于两者之间的颜色依此对漫反射粗糙程度产生不同的影响。

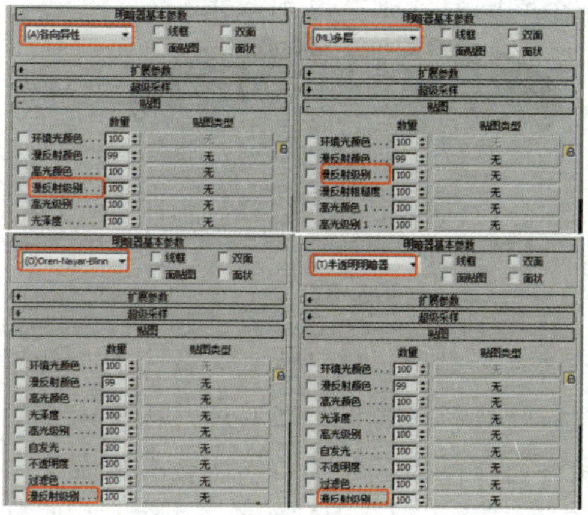

图5-77

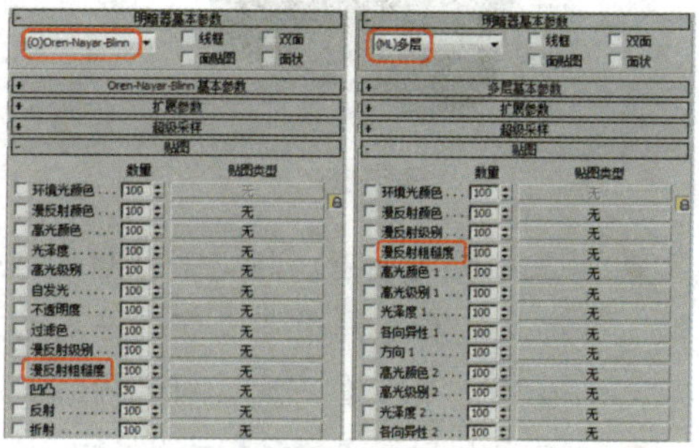

图5-78

3. 不透明度

用户可以选择位图文件生成部分透明的对象。贴图的浅色（较高的值）区域渲染为不透明，深色区域渲染为透明，之间的值渲染为半透明，如图5-79所示。

将不透明度贴图的【数量】设置为100，应用于所有贴图，透明区域将完全透明。将【数量】设置为0，等于禁用贴图。中间的【数量】值与【基本参数】卷展栏上的【不透明度】值混合，图的透明区域将变得更加不透明。

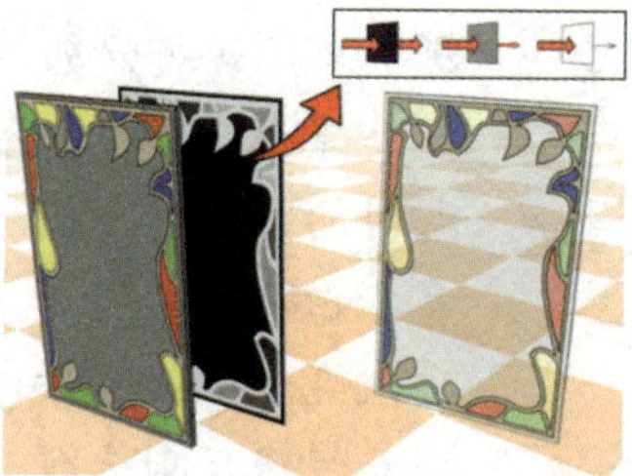

图5-79

反射高光应用于不透明度贴图的透明区域和不透明区域，用于创建玻璃效果。如果使透明区域看起来像孔洞，也可以设置高光度的贴图。

4. 凹凸

通过图像的明暗强度来影响材质表面的光滑程度，从而产生凹凸的表面效果，白色图像产生凸起，黑色图像产生凹陷，中间色产生过渡。这种模拟凹凸质感的优点使渲染速度很快，但这种凹凸材质的凹凸部分不会产生阴影投影，在对象边界上也看不到真正的凹凸，对于一般的砖墙、石板路面，它可以产生真实的效果，如图5-80所示。但是如果凹凸对象很清晰地靠近镜头，并且要表现出明显的投影效果，应该使用置换，利用图像的明暗度可以真实地改变对象造型，但需要花费大量的渲染时间。

提示：

在视图中不能预览凹凸贴图的效果，必须渲染场景才能看到凹凸效果。

凹凸贴图的强度值可以调节到999，但是过高的强度会带来不正确的渲染效果，如果发现渲染后高光处有锯齿或者闪烁，应使用【超级采样】进行渲染。

5. 反射

反射贴图是很重要的一种贴图方式，要想制作出光洁亮丽的质感，必须熟练掌握反射贴图的使用，效果如图5-81所示。在3ds Max中有3种不同的方式制作反射效果。

图5-80

图5-81

- 基础贴图反射：指定一张位图或程序贴图作为反射贴图，这种方式是最快的一种运算方式，但也是最不真实的一种方式。对于模拟金属材质来说，尤其是片头中闪亮的金属字，虽然看不清反射的内容，但只要亮度够高即可，它最大的优点是渲染速度快。
- 自动反射：自动反射方式根本不使用贴图，它的工作原理是由对象的中央向周围观察，并将看到的部分贴到表面上。具体方式有两种，即【反射/折射】贴图方式和【光线跟踪】贴图方式。【反射/折射】贴图方式并不像光线跟踪那样追踪反射光线，真实地计算反射效果，而是采用一种六面贴图方式模拟反射效果，在空间中产生6个不同方向的90°视图，再分别按不同的方向将6张视图投影在场景对象上，这是早期版本提供的功能。【光线跟踪】是模拟真实反射形成的贴图方式，计算结果最接近真实，也是最花费时间的一种方式，这是早在3ds Max R2版本时就已经引入的一种反射算法，效果真实，但渲染速度慢，目前一直在随版本更新进行速度优化和提升，不过比起其他第三方渲染器（例如Mental Ray、VRay）的光线跟踪，计算速度还是慢很多。
- 平面镜像反射：使用【平面镜】贴图类型作为反射贴图。这是一种专门模拟镜面反射效果的贴图类型，就像现实中的镜子一样，反射所面对的对象，属于早期版本提供的功能，因为在没有光线跟踪贴图和材质之前，【反射/折射】这种贴图方式没法对纯平面的模型进行反射计算，因此追加了【平面镜】贴图类型来弥补这个缺陷。

设置反射贴图时不用指定贴图坐标，因为它们锁定的是整个场景，而不是某个几何体。反射贴图不会随着对象的移动而变化，但如果视角发生了变化，贴图会像真实的反射情况那样发生变化。反射贴图在模拟真实环境的场景中的主要作用是为毫无反射的表面添加一点反射效果。贴图的强度值控制反射图像的清晰程度，值越高，反射也越强烈。默认的强度值与其他贴图设置一样为100%。不过对于大多数材质表面，降低强度值通常能获得更为真实的效果。例如一张光滑的桌子表面，首先要体现出的是它的木质纹理，其次才是反射效果。一般反射贴图都伴随着【漫反射】等纹理贴图使用，在【漫反射】贴图为100%的同时轻微加一些反射效果，可以制作出非常真实的场景。

在【基本参数】中增加光泽度和高光强度可以使反射效果更真实。此外，反射贴图还受【漫反射】、【环境光】颜色值的影响，颜色越深，镜面效果越明显，即便是贴图强度为100时，反射贴图仍然受到漫反射、阴影色和高光色的影响。

对于Phong和Blinn渲染方式的材质，【高光反射】的颜色强度直接影响反射的强度，值越高，反射也越强，值为0时反射会消失。对于【金属】渲染方式的材质，则是【漫反射】影响反射的颜色和强度，【漫反射】的颜色（包括漫反射贴图）能够倍增来自反射贴图的颜色，漫反射的颜色值（HSV模式）控制着反射贴图的强度，颜色值为255，反射贴图强度最大，颜色值为0，反射贴图不可见。

6．折射

折射贴图用于模拟空气和水等介质的折射效果，使对象表面产生对周围景物的映象。但与反射贴图不同的是，它所表现的是透过对象所看到的效果。折射贴图与反射贴图一样，锁定视角而不是对象，不需要指定贴图坐标，当对象移动或旋转时，折射贴图效果不会受到影响。具体的折射效果还受折射率的控制，在【扩展参数】面板中【折射率】控制材质折射透射光线的严重程度，值为1时代表真空（空气）的折射率，不产生折射效果；大于1时为凸起的折射效果，多用于表现玻璃；小于1时为凹陷的折射效果，对象沿其边界进行反射（如水底的气泡效果）。默认设置为1.5（标准的玻璃折射率）。不同参数的折射率效果如图5-82所示。

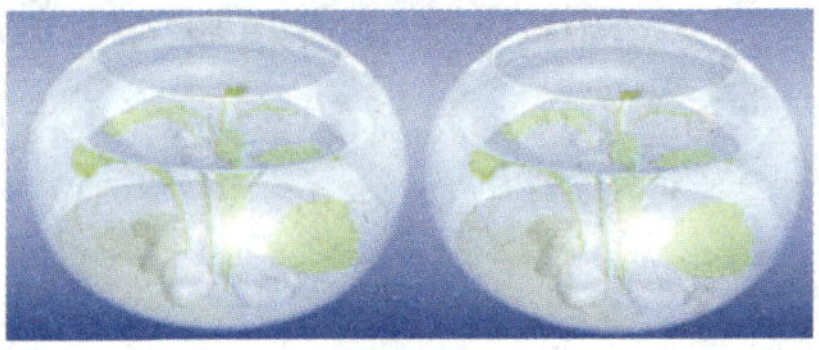
图5-82

常见的折射率如表5-2所示（假设摄影机在空气或真空中）。

表5-2 常见折射率

材 质	IOR值
真空	1（精确）
空气	1.000 3
水	1.333
玻璃	1.5～1.7
钻石	2.419

在现实世界中，折射率的结果取决于光线穿过透明对象时的速度，以及眼睛或摄影机所处的媒介，影响关系最密切的是对象的密度，对象密度越大，折射率越高。在3ds Max中，可以通过贴图对对象的折射率进行控制，而受贴图控制的折射率值总是在1（空气中的折射率）和设置的折射率值之间变化。例如，设置折射率的值为3，并且使用黑白噪波贴图控制折射率，则对象渲染时的折射率会在1～3之间进行设置，高于空气的密度；而相同条件下，设置折射率的值为0.5时，对象渲染时的折射率会在0.5～1之间进行设置，类似于水下拍摄

密度低于水的对象效果。

通常使用【反射/折射】贴图作为折射贴图，只能产生对场景或背景图像的折射表现，如果想反映对象之间的折射表现（如插在水杯中的吸管会发生弯折现象），应使用【光线跟踪】贴图方式或【薄壁折射】贴图方式。

【薄壁折射】贴图方式可以产生类似放大镜的折射效果。

5.4 复合材质

复合材质是指将两个或多个子材质组合在一起。复合材质类似于合成器贴图，但后者位于材质级别。将复合材质应用于对象可以生成复合效果。用户可以使用【材质/贴图浏览器】对话框来加载或创建复合材质。

使用过滤器控件，可以选择是否让浏览器列出贴图或材质，或两者都列出。

不同类型的材质生成不同的效果，具有不同的行为方式，或者具有组合了多种材质的方式。不同类型的复合材质介绍如下。

- 【混合材质】：可以在曲面的单个面上将两种材质进行混合。混合具有可设置动画的【混合量】参数，该参数可以用来绘制材质变形功能曲线，以控制随时间混合两个材质的方式。
- 【合成材质】：最多可以合成10种材质。按照在卷展栏中列出的顺序，从上到下叠加材质。使用相加不透明度、相减不透明度来组合材质，或使用数量值来混合材质。
- 【双面材质】：为对象内外表面分别指定两种不同的材质，一种为法线向外，另一种为法线向内。
- 【变形器材质】：与【变形】修改器相辅相成。可以用来创建人物脸颊变红的效果，或者使人物在抬起眼眉时前额褶皱。借助【变形器】修改器的通道微调器，可以以变形几何体相同的方式来混合材质。
- 【多维/子对象材质】：可用于将多个材质指定给同一对象。存储两个或多个子材质时，这些子材质可以通过使用【网格选择】修改器在子对象级别进行分配。还可以通过使用【材质】修改器将子材质指定给整个对象。
- 【虫漆材质】：通过叠加将两种材质混合。叠加材质中的颜色称为【虫漆】材质，被添加到基础材质的颜色中。【虫漆颜色混合】参数控制颜色混合的量。
- 【顶/底材质】：使用顶/底材质可以向对象的顶部和底部指定两个不同的材质。可以将两种材质混合在一起。

5.4.1 混合材质

混合材质是指在曲面的单个面上将两种材质进行混合。可通过设置【混合量】参数来控制材质的混合程度，该参数可以用来绘制材质变形功能曲线，以控制随时间混合两个材质的方式。

混合材质的创建步骤如下：

Step 1 激活材质编辑器中的某个示例窗。

Step 2 单击【Standard】按钮，在打开的【材质/贴图浏览器】对话框中选择【混合】选项，如图5-83所示。

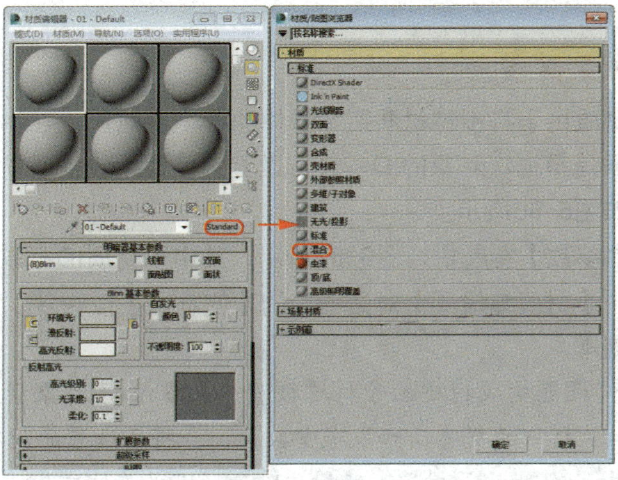

图5-83

Step 3 打开【替换材质】对话框，如图5-84所示。该对话框询问用户将示例窗中的材质丢弃还是保存为子材质，在该对话框中选择某一选项，然后单击【确定】按钮。

Step 4 进入【混合基本参数】卷展栏，如图5-85所示。可以在该卷展栏中设置参数。

- 【材质1/材质2】：设置两个用来混合的材质。使用复选框来启用和禁用材质。
- 【交互式】：在视图中以【平滑+高光】方式交互渲染时，用于选择哪一个材质显示在对象表面。

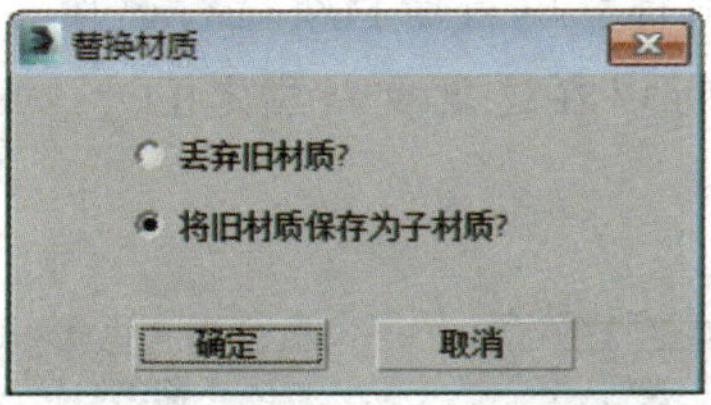

图5-84

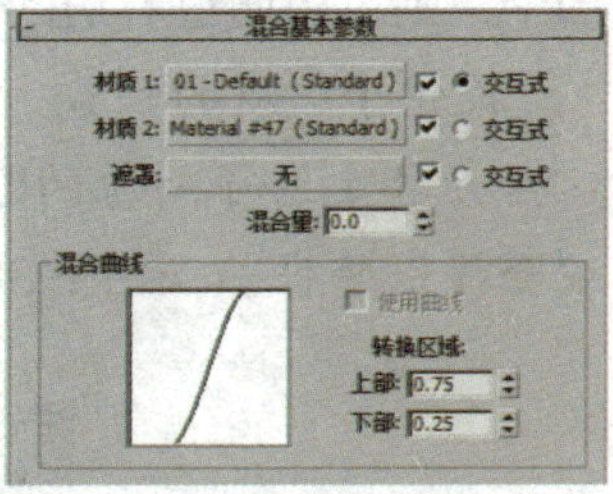

图5-85

- 【遮罩】：设置用作遮罩的贴图。两个材质之间的混合度取决于遮罩贴图的强度。遮罩的明亮（较白的）区域显示的主要为【材质1】，而遮罩和较暗（较黑的）区域则显示的主要为【材质2】。使用复选框来启用或禁用遮罩贴图。
- 【混合量】：确定混合的比例（百分比）。0表示只有【材质1】在曲面上可见；100表示只有【材质2】可见。如果已指定遮罩贴图，并且勾选了【遮罩】复选框，则不可用。
- 【混合曲线】选项组：混合曲线影响进行混合的两种颜色之间变换的渐变或尖锐程度。只有指定遮罩贴图后，才会影响混合。
- 【使用曲线】：确定【混合曲线】是否影响混合。只有指定并激活遮罩时，该复选框才可用。

- 【转换区域】：用来调整【上部】和【下部】的级别。如果这两个值相同，那么两个材质会在一个确定的边上接合。

5.4.2 多维/子对象材质

【多维/子对象】材质用于将多种材质赋予物体的各个次对象，在物体表面的不同位置显示不同的材质。该材质是根据次对象的ID号进行设置的，使用该材质前，首先要给物体的各个次对象分配ID号，如图5-86所示。

【多维/子对象基本参数】卷展栏如图5-87所示，其中子材质ID不取决于列表的顺序，可以输入新的ID值。单击【材质编辑器】对话框中的【使唯一】按钮，允许将一个实例子材质构建为一个唯一的副本。

- 【设置数量】：设置构成材质的子材质数量。在多维/子对象材质级别上，示例窗的示例对象显示子材质的拼凑，如果减少数目，会将已设置的材质移除。
- 【添加】：添加一个新的子材质。新材质默认的ID号在当前ID号的基础上递增。
- 【删除】：删除当前选择的子材质。可以通过撤销命令取消删除。
- 【ID】：单击该按钮将列表排序，其顺序开始于最低材质ID的子材质，结束于最高材质ID。
- 【名称】：按名称栏中指定的名称进行排序。
- 【子材质】：按子材质的名称进行排序。

子材质列表中每个子材质有一个单独的材质项。该卷展栏一次最多显示10个子材质；如果材质数超过10个，则可以通过右边的滚动栏滚动列表。列表中的每个子材质包含以下控件。

- 材质球：提供子材质的预览，单击材质球图标可以对子材质进行选择。
- ID号：显示指定给子材质的ID号，同时还可以在这里重新指定ID号。如果输入的ID号有重复，系统会提出警告，如图5-88所示。

图5-86

图5-87

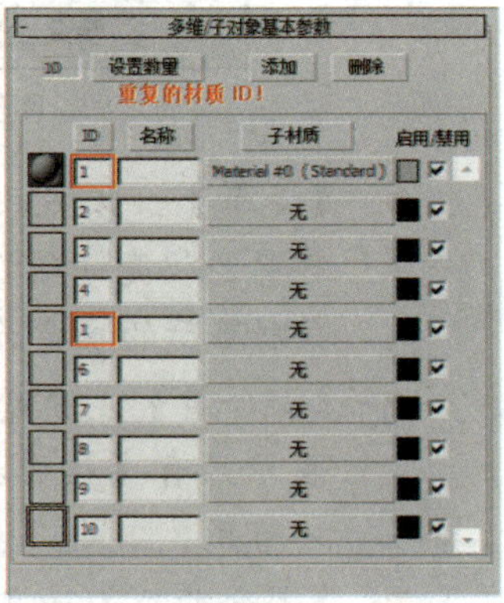

图5-88

- 名称框：可以在这里输入自定义的材质名称。

- 子材质按钮：该按钮用来选择不同的材质作为子级材质。右侧颜色按钮用来确定材质的颜色，它实际上是该子级材质的【漫反射】值。最右侧的复选框可以对单个子级材质进行启用和禁用的开关控制。

5.4.3 【上机操作】——创建多维/子材质

场景：CDROM\场景\Cha05\上机操作——创建多维/子材质.max

完成场景：CDROM\场景\Cha05\上机操作——创建多维/子材质OK.max

视频：视频教学\Cha05\创建多维/子材质.avi

创建多维/子材质是将多个材质组合为一种复合式材质，可以在一组不同的物体之间分配ID号，使一个物体享有不同的多维/子材质，下面介绍如何创建多维/子材质：

Step 1 启动3ds Max 2016，按Ctrl+O组合键，打开随书附带光盘中的CDROM\场景\Cha05\上机操作——创建多维/子材质.max，在视图中选择【路锥B01】对象，进入【修改】命令面板，将当前选择集定义为【元素】，如图5-89所示。

Step 2 在视图中选择如图5-90所示的元素，在【多边形：材质ID】卷展栏中的【设置ID】文本框中输入1，按Enter键确认。

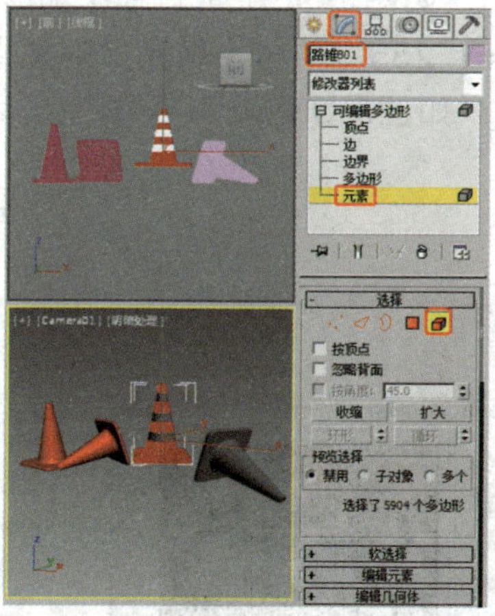

图5-89

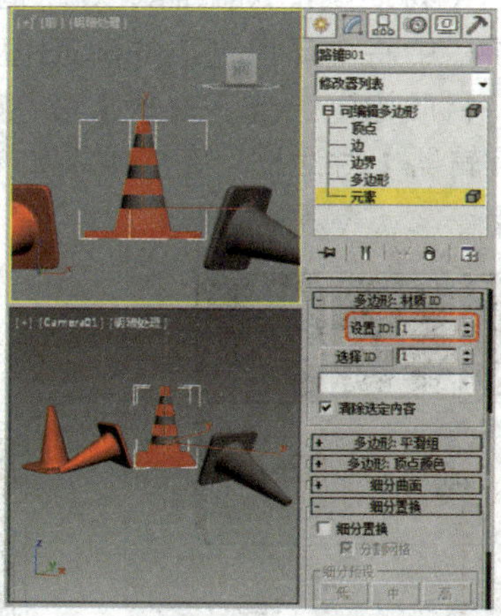

图5-90

Step 3 激活【前】视图，按Ctrl+I组合键进行反选，在【多边形：材质ID】卷展栏中的【设置ID】值自动变为2，如图5-91所示。关闭当前选择集，按M键打开【材质编辑器】对话框，并在弹出的对话框中选择一个新的材质球，在弹出的对话框中单击【Standard】按钮，在弹出的对话框中选择【多维/子对象】，单击【确定】按钮，弹出【替换材质】对话框，单击【确定】按钮，如图5-92所示。

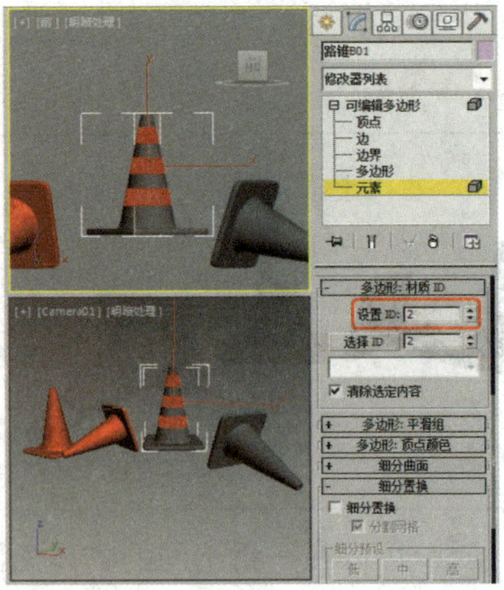

图5-91

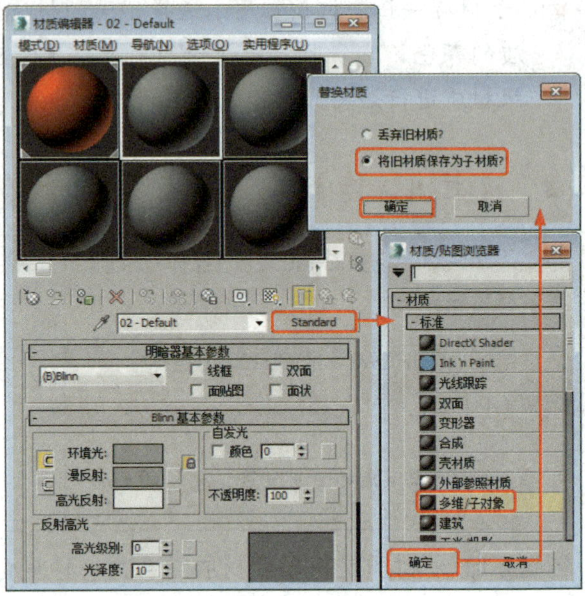

图5-92

Step 4 在【多维/子对象基本参数】卷展栏中单击【设置数量】按钮，在弹出的【设置材质数量】对话框中的【材质数量】文本框中输入2，如图5-93所示。

Step 5 单击【确定】按钮，按照ID的排列，单击1号材质后面的材质按钮，在【Blinn基本参数】卷展栏中将【环境光】的RGB值设置为255、0、0，如图5-94所示。

Step 6 单击【转到父对象】按钮，按照ID的排列，单击2号材质后面的材质按钮，在弹出的【材质贴图浏览器】对话框中双击【标准】，如图5-95所示。在【Blinn基本参数】卷展栏中将【环境光】的RGB值设置为255、255、255。单击【转到父对象】按钮，单击【将材质指定给选定对象】按钮为其指定材质，如图5-96所示。设置完成后，关闭【材质编辑器】对话框，完成效果如图5-97所示。

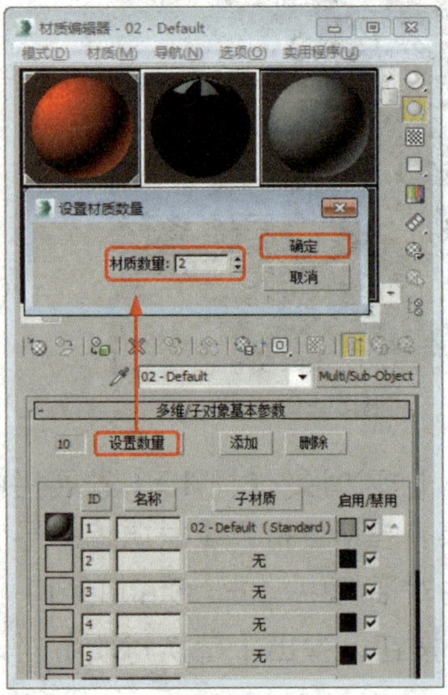

图5-93

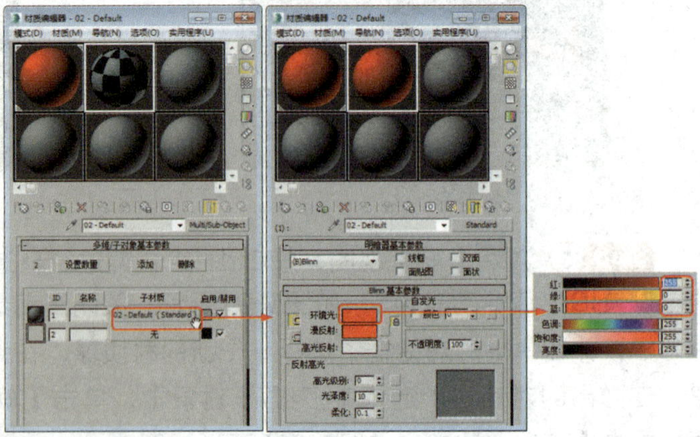

图5-94

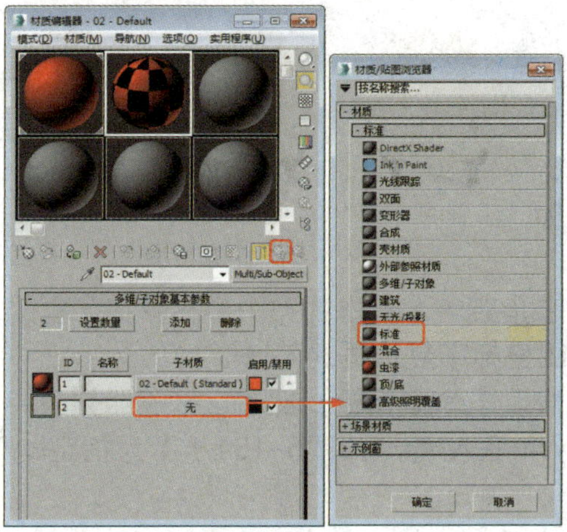

图5-95

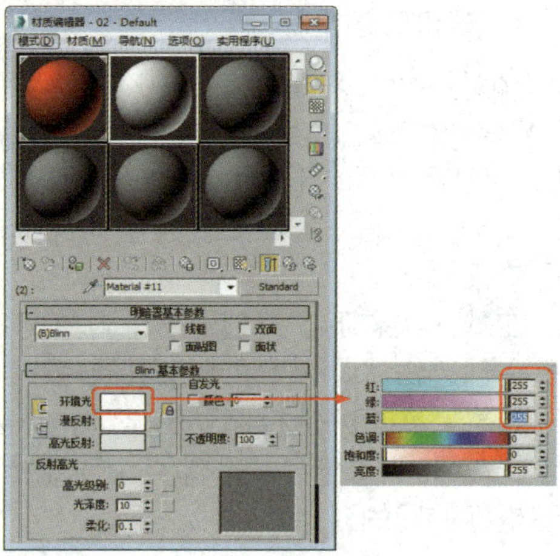

图5-96

Step 7 使用同样的方法，为其他的路锥设置材质，激活透视图，按F9键进行快速渲染，渲染完成后的效果如图5-98所示。

图5-97

图5-98

5.5 贴图的类型

在3ds Max中包括30多种贴图，它们可以根据使用方法、效果等分为2D贴图、3D贴图、合成器、颜色修改器、其他等6大类。在不同的贴图通道中使用不同的贴图类型，产生的效果也大不相同，下面介绍常用的贴图类型。在【贴图】卷展栏中，单击任何通道右侧的【无】按钮，都可以打开【材质/贴图浏览器】对话框，如图5-99所示。

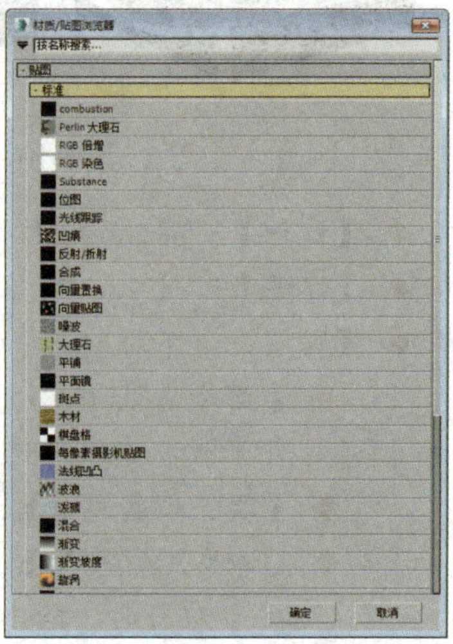

图5-99

5.5.1 贴图坐标

材质可以由用户组合不同的图像文件，这样可以使模型呈现各种所需纹理以及各种性质，而这种组合被称为贴图，贴图就是指材质如何被【包裹】或【涂】在几何体上。所有贴图材质的最终效果是由指定在表面上的贴图坐标决定。

1. 认识贴图坐标

3ds Max在对场景中的物体进行描述时使用的是XYZ坐标空间，但对于位图和贴图来说使用的却是UVW坐标空间。位图的UVW坐标是表示贴图的比例。图5-100是一张贴图使用不同坐标所表现的3种不同效果。

图5-100

在默认状态下，每创建一个对象，系统都会为它指定一个基本的贴图坐标，该坐标的指定是在创建物体时在【参数】卷展栏中对【生成贴图坐标】复选框的勾选。

如果需要更好地控制贴图坐标，可以切换至【修改】命令面板，然后在修改器列表中选择【UVW贴图】修改器，即可为对象指定一个UVW贴图坐标，如图5-101所示为指定UVW贴图坐标前后的对比效果。

2. 调整贴图坐标

贴图坐标既可以以参数化的形式应用，也可以在【UVW贴图】修改器中使用。参数化贴图可以是对象创建参数的一部分，或者是产生面的编辑修改器的一部分，并且通常在对象定义或编辑修改器中的【生成贴图坐标】复选框被选中时才有效。在经常使用的基本几何体、放样对象以及【挤出】、【车削】和【倒角】编辑修改器中有可能有参数化贴图。

大部分参数化贴图使用1×1的瓷砖平铺，因为用户无法调整参数化坐标，所以需要用材质编辑器中的【瓷砖】参数控制来调整。

当贴图是参数产生的时候，则只能通过指定在表面上的材质参数来调整瓷砖次数和方向，或者当选用UVW贴图编辑修改器来指定贴图时，用户可以独立控制贴图位置、方向和重复值等。然而，通过编辑修改器产生的贴图没有参数化产生贴图方便。

【坐标】卷展栏如图5-102所示，其各项参数的功能如下。

图5-101

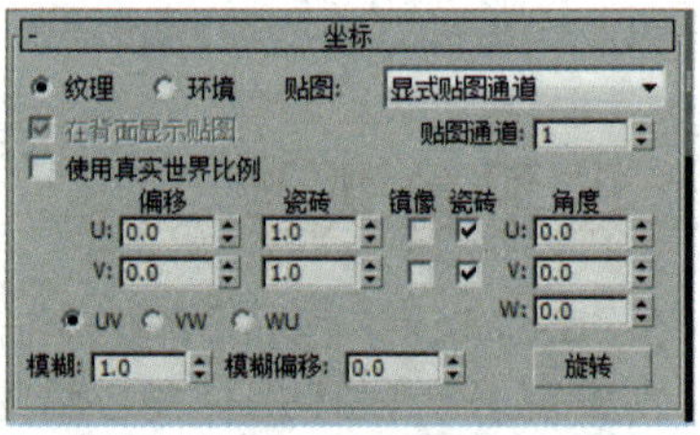

图5-102

- 【纹理】：将该贴图作为纹理贴图对表面应用。从【贴图】下拉列表中选择坐标类型。
- 【环境】：使用贴图作为环境贴图。从【贴图】下拉列表中选择坐标类型。
- 【贴图】：下拉列表中包含的选项因选择纹理贴图或环境贴图而不同。
    - 【显式贴图通道】：使用任意贴图通道。选择该选项后，【贴图通道】字段将处于活动状态，可选择1～99的任意通道。
    - 【顶点颜色通道】：使用指定的顶点颜色作为通道。
    - 【对象XYZ平面】：使用基于对象的本地坐标的平面贴图（不考虑轴点位置）。用于渲染时，除非启用【在背面显示贴图】复选框，否则平面贴图不会投影到对象背面。

- ◆【世界XYZ平面】：使用基于场景的世界坐标的平面贴图（不考虑对象边界框）。用于渲染时，除非启用【在背面显示贴图】复选框，否则平面贴图不会投影到对象背面。
- ◆【球形环境】、【柱形环境】或【收缩包裹环境】：将贴图投影到场景中与将其贴图投影到背景中的不可见对象一样。
- ◆【屏幕】：投影为场景中的平面背景。

- 【在背面显示贴图】：如果启用该复选框，平面贴图（对象XYZ平面，或使用【UVW贴图】修改器）穿透投影，以渲染在对象背面上。禁用时，平面贴图不会渲染在对象背面，默认设置为启用。
- 【偏移】：用于指定贴图在模型上的位置。
- 【瓷砖】：设置水平（U）和垂直（V）方向上贴图重复的次数，当然右侧【瓷砖】复选框勾选时才起作用，它可以将纹理连续不断地贴在物体表面。值为1时，贴图在表面贴一次；值为2时，贴图会在表面各个方向上重复贴两次，贴图尺寸会相应缩小一倍；值小于1时，贴图会进行放大。
- 【镜像】：设置贴图在物体表面进行镜像复制形成该方向上两个镜像的贴图效果。
- 【角度】：控制在相应的坐标方向上产生贴图的旋转效果，既可以输入数值，也可以按下【旋转】按钮进行实时调节观察。
- 【模糊】：用来影响图像的尖锐程度，低的值主要用于位图的抗锯齿处理。
- 【模糊偏移】：产生大幅度的模糊处理，常用于产生柔化和散焦效果。

3. UVW贴图

想要更好地控制贴图坐标，或者当前的物体不具备系统提供的坐标控制项时，就需要使用【UVW 贴图】修改器为物体指定贴图坐标。

提示：

如果一个物体已经具备了贴图坐标指定，在对它施加【UVW】贴图修改器之后，会覆盖以前的坐标指定。

【UVW 贴图】修改器的【参数】卷展栏如图5-103所示。

【UVW 贴图】修改器提供了许多将贴图坐标投影到对象表面的方法。最好的投影方法和技术依赖于对象的几何形状和位图的平铺特征。在【参数】卷展栏中包含有7种类型的贴图方式：【平面】、【柱形】、【球形】、【收缩包裹】、【长方体】、【面】和【XYZ到UVW】。

在【UVW 贴图】修改器的【参数】卷展栏中调节【长度】、【宽度】、【高度】参数值，即可对Gizmo（线框）物体进行缩放，当用户缩放Gizmo（线框）时，使用那些坐标的渲染位图也随之缩放，如图5-104所示。

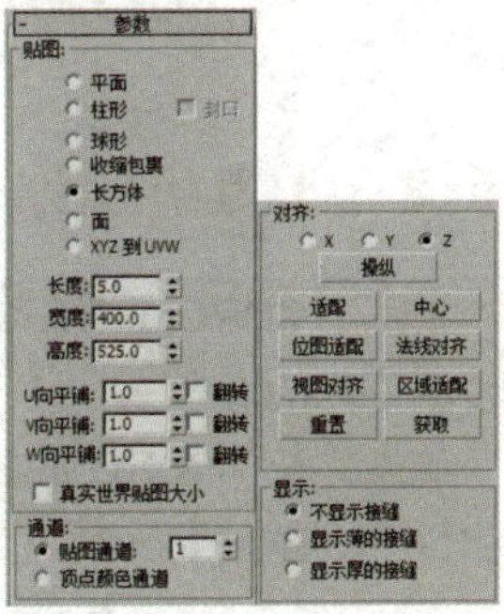

图5-103

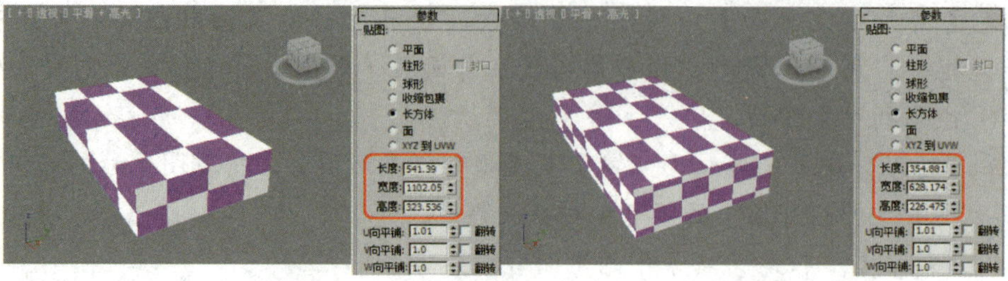

图5-104

Gizmo线框的位置、大小直接影响贴图在物体上的效果，在编辑修改器堆栈中用户还可以通过选择【UVW 贴图】的Gizmo选择集来对线框物体进行单独操作，比如旋转、移动和缩放等。

在制作中通常需要将所使用的贴图重复叠加，以达到预期的效果。当调节【U向平铺】参数，水平方向上的贴图出现重复效果，再调节【V向平铺】参数，垂直方向上的贴图出现重复效果，与材质编辑器中的【瓷砖】参数相同。

而另一种比较简单的方法是通过材质的【瓷砖】参数控制贴图的重复次数，该方法的使用原理同样也是缩放Gizmo（线框）。默认的【瓷砖】值为1，它使位图与平面Gizmo的范围相匹配。【瓷砖】为1意味着重复一次，如果增加【瓷砖】值到5，那么将在平面贴图Gizmo（线框）中重复5次。

5.5.2 位图贴图

位图贴图就是将位图图像文件作为贴图使用，它可以支持各种类型的图像和动画格式，包括AVI、BMP、CIN、JPG、TIF、TGA等。位图贴图的使用范围广泛，通常用在漫反射颜色贴图通道、凹凸贴图通道、反射贴图通道、折射贴图通道中。

选择位图后，进入相应的贴图通道面板，在【位图参数】卷展栏中包含3个不同的过滤方式：【四棱锥】、【总面积】、【无】，它们实行像素平均值来对图像进行抗锯齿操作，【位图参数】卷展栏如图5-105所示，设置后的效果如图5-106所示。

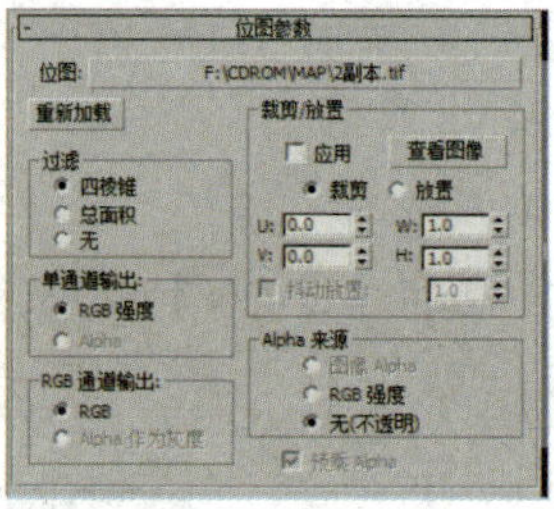

图5-105

图5-106

5.5.3 【上机操作】——使用位图贴图

场景：CDROM\场景\Cha05\上机操作——使用位图贴图.max

完成场景：CDROM\场景\Cha05\上机操作——使用位图贴图OK.max

视频：视频教学\Cha05\使用位图贴图.avi

位图贴图就是将位图图像文件作为贴图使用，它可以支持各种类型的图像和动画格式。位图贴图的使用很广泛，通常用在漫反射颜色贴图通道、凹凸贴图通道、反射贴图通道、折射贴图通道中。使用位图贴图具体操作步骤如下：

Step 1 启动3ds Max 2016，按Ctrl+O组合键，打开随书附带光盘中的CDROM\场景\Cha05\上机操作——使用位图贴图.max，如图5-107所示。

Step 2 按M键，在弹出的【材质编辑器】对话框中选择一个材质球，将其命名为【桌子】，在【贴图】卷展栏中单击【漫反射颜色】后面的【无】按钮，弹出【材质/贴图浏览器】对话框，在弹出的对话框中选择【标准】区域下的【位图】选项，单击【确定】按钮，如图5-108所示，弹出【选择位图图像文件】对话框，选择随书附带光盘中的CDROM\Map\MW132.jpg素材，单击【打开】按钮，为其添加贴图。

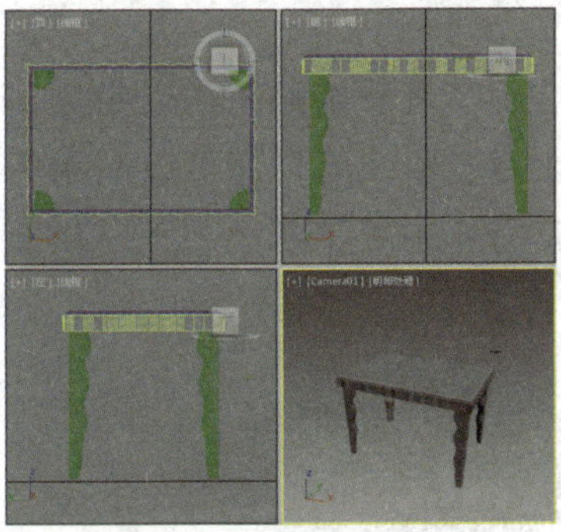

图5-107

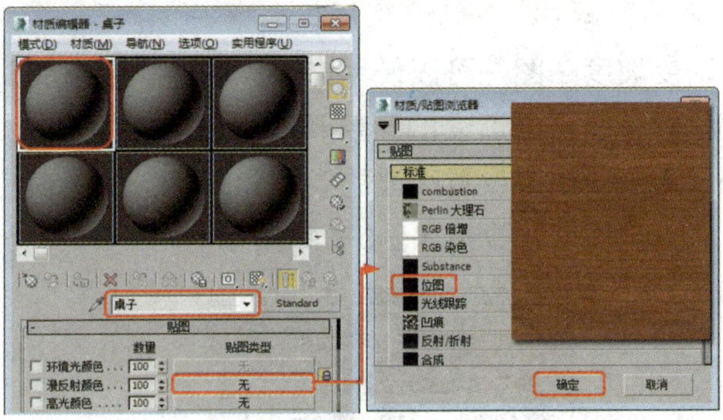

图5-108

Step 3 在【坐标】卷展栏中，取消勾选【使用真实世界比例】复选框，将【瓷砖】下的【U】、【V】都设为1.0，如图5-109所示。

Step 4 单击【转到父对象】按钮，在【Blinn基本参数】卷展栏中将【高光级别】和【光泽度】分别设为50、40，然后选择场景中的桌子对象，单击【将材质指定给选定对象】按钮，为桌子赋予贴图，再单击【视口中显示明暗处理材质】按钮，如图5-110所示。指定材质后的效果如图5-111所示。

Step 5 激活透视图，按F9键进行快速渲染，渲染完成后的效果如图5-112所示。

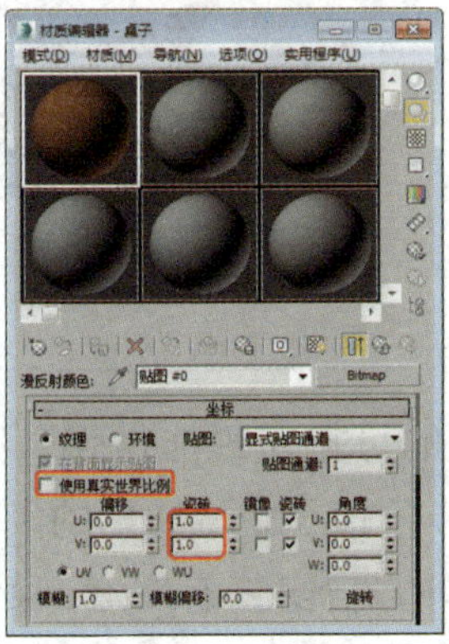

图5-109

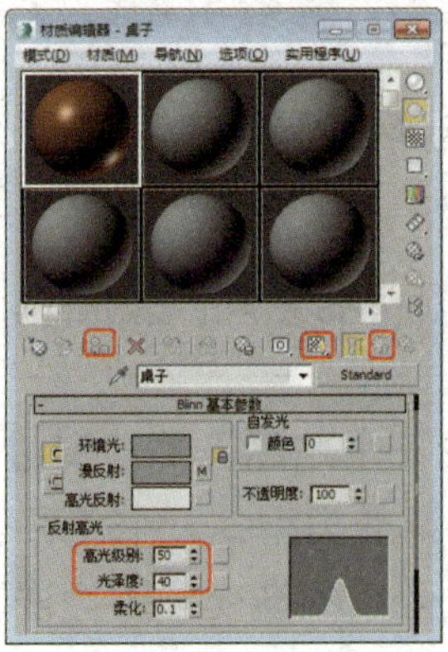

图5-110

图5-111

图5-112

5.5.4　渐变坡度贴图

渐变坡度贴图是可以使用许多颜色的高级渐变贴图，常用在漫反射贴图通道中。在它的卷展栏里可以设置渐变的颜色及每种颜色的位置，如图5-113所示，而且还可以利用下面的【噪波】选项组来设置噪波的类型和大小，使渐变色的过渡看起来并不那么规则，从而增加渐变的真实程度，效果如图5-114所示。

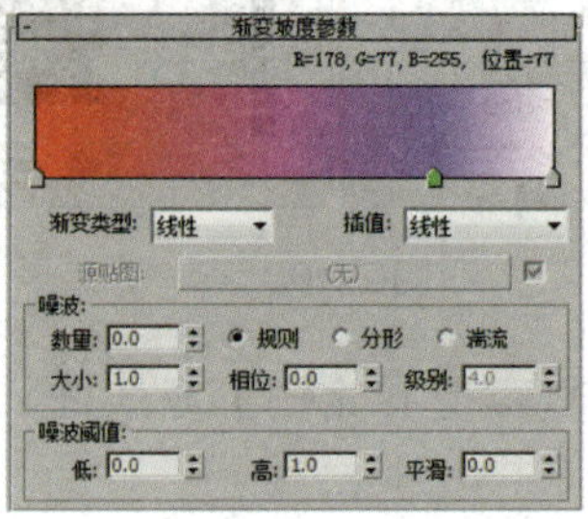

图5-113

图5-114

5.5.5　【上机操作】——使用渐变贴图

场景：CDROM\场景\Cha05\上机操作——使用渐变贴图.max

完成场景：CDROM\场景\Cha05\上机操作——使用渐变贴图OK.max

视频：视频教学\Cha05\使用渐变贴图.avi

产生三色（或三个贴图）的渐变过渡效果，它的可拓展性非常强，有【线性渐变】和【径向渐变】两种渐变类型，三个色彩可以随便调节，相互区域比例的大小也可以调节，通过贴图可以产生无限级的渐变和图像嵌套结果，另外，自身还有Noise噪波参数可以调节，用于控制相互区域之间融合时产生的杂乱效果。使用渐变贴图具体操作步骤如下：

Step 1 启动3ds Max 2016，按Ctrl+O组合键，打开随书附带光盘中的CDROM\场景\Cha05\上机操作——使用渐变贴图.max，如图5-115所示。按M键，弹出【材质编辑器】对话框，选择一个材质球，将其命名为【花瓣】，在【明暗器基本参数】卷展栏中勾选【双面】复选框，如图5-116所示。

Step 2 在【贴图】卷展栏中单击【漫反射颜色】后面的【无】按钮，在弹出的对话框中【标准】区域下选择【渐变】选项，并单击【确定】按钮，如图5-117所示。

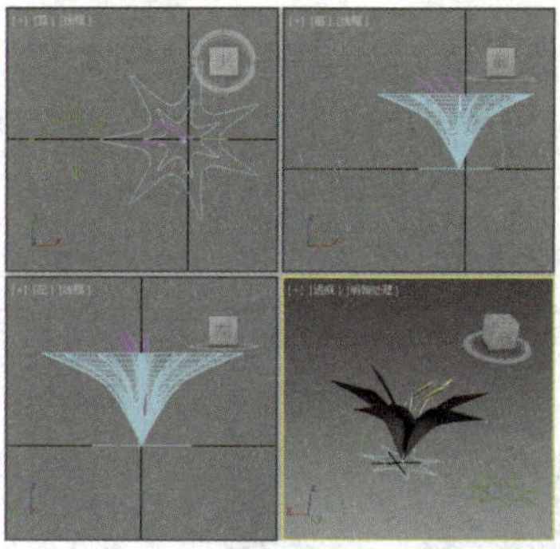

图5-115

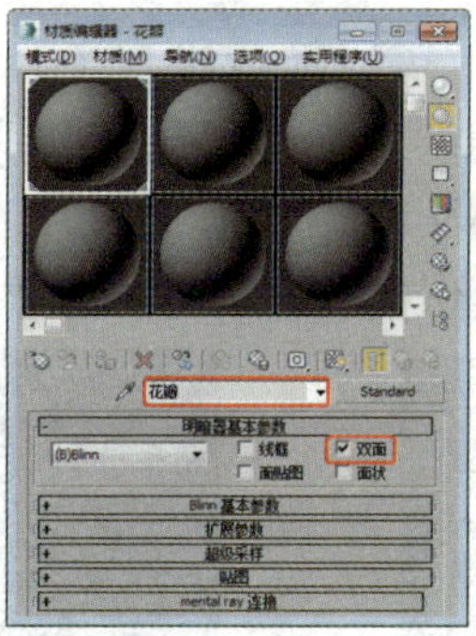

图5-116

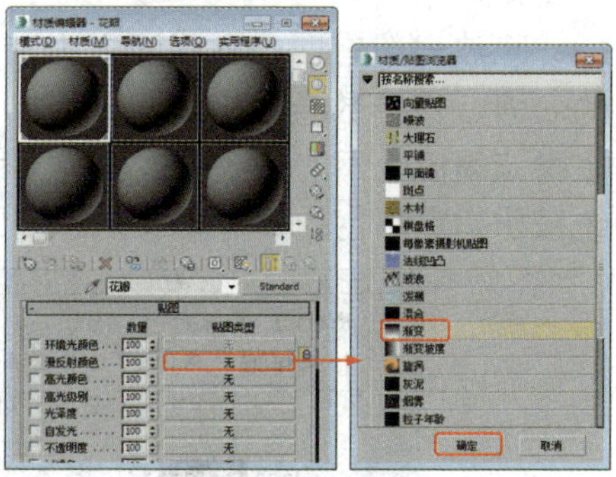

图5-117

Step 3 在【坐标】卷展栏中，取消勾选【使用真实世界比例】复选框，将【瓷砖】下的【U】、【V】都设为1.0，将【渐变参数】卷展栏展开，将【颜色#1】的RGB设置为255、35、35，将【颜色#2】的RGB设置为194、255、197，将【颜色#3】的RGB设置为255、255、255，单击【确定】按钮，如图5-118所示。

Step 4 单击【转到父对象】按钮，选择场景中所有的花瓣对象，单击【将材质指定给选定对象】按钮，为花瓣赋予渐变贴图，再单击【视口中显示明暗处理材质】按钮，在视图中就可以看到设置的渐变贴图，如图1-119所示。

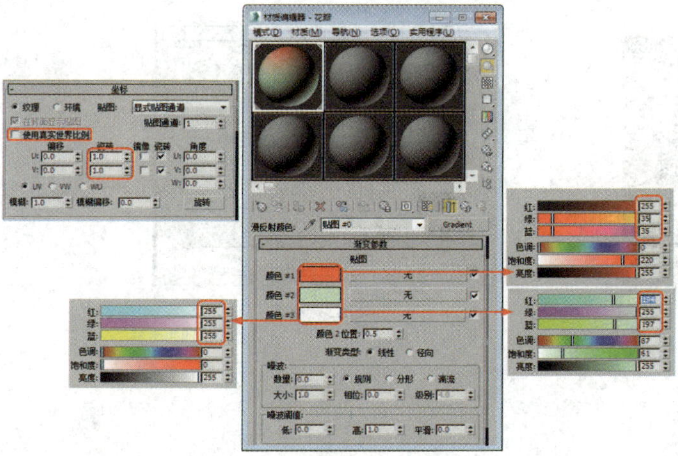

图5-118

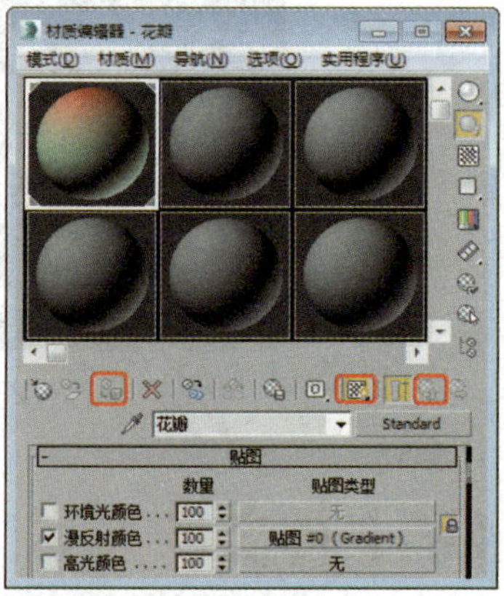

图5-119

Step 5 激活透视图，按F9键进行快速渲染，渲染完成后的效果如图5-120所示。

图5-120

5.5.6 噪波贴图

噪波一般在凹凸贴图通道中使用，可以通过设置【噪波参数】卷展栏制作出紊乱不平的表面，该参数卷展栏如图5-121所示。其中【噪波类型】可以定义3种噪波的类型，通过【噪波阈值】下的参数可以设置【大小】、【相位】等，下面的两个色块用来指定颜色，系统按照指定颜色的灰度值来决定凹凸起伏的程度，效果如图5-122所示。

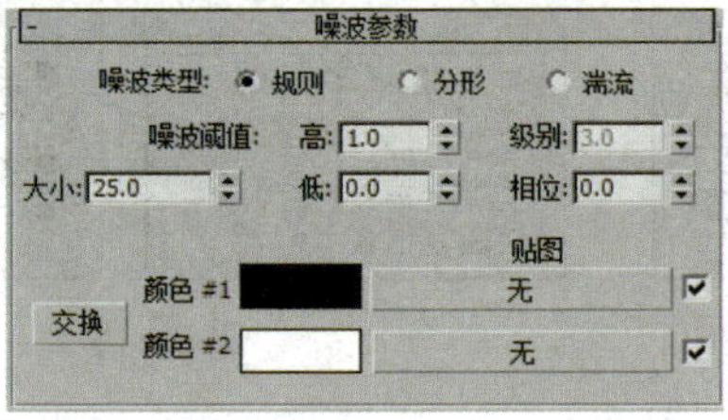

图5-121

图5-122

5.5.7 光线跟踪贴图

光线跟踪贴图主要被放置在反射或者折射贴图通道中，用于模拟物体对于周围环境的反射或折射，效果如图5-123所示。它的原理是：通过计算光线从光源处发射出来，经过反射，穿过玻璃，发生折射后再传播到摄影机处的途径，然后反推回去计算所得的反射或者折射结果。所以，它要比其他一些反射或者折射贴图来得更真实一些。

光线跟踪的参数如图5-124所示，一般情况下，可以不修改参数，采用默认参数即可。

图5-123

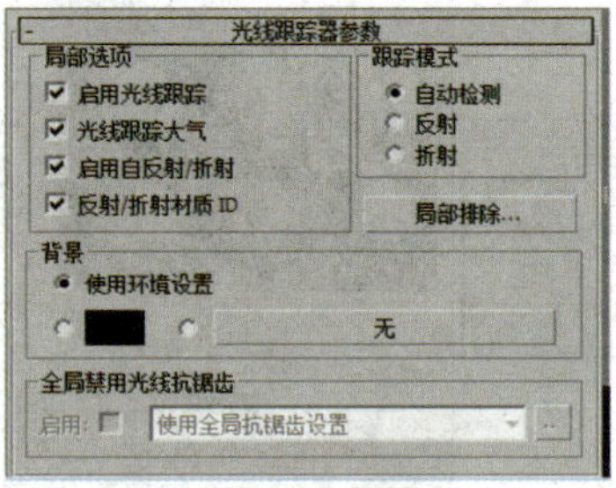

图5-124

5.6 上机实践

5.6.1 青铜材质

本例将介绍如何制作青铜材质，首先设置好【环境光】、【漫反射】和【高光反射】，然后进行贴图设置。具体操作步骤如下：

Step 1 启动3ds Max 2016，按Ctrl+O组合键，打开随书附带光盘中的CDROM\场景\Cha05\【上机实践】——青铜材质.max，如图5-125所示。

Step 2 在视图中选中【狮子】对象，按M键打开【材质编辑器】，选择一个新的材质样本球，并将其命名为【青铜】，在【Blinn基本参数】卷展栏中取消【环境光】和【漫反射】的锁定，将【环境光】的RGB值设为166、47、15，将【漫反射】的RGB值设为51、141、45，将【高光反射】的RGB值设为255、242、188，将【自发光】设置为14，在【反射高光】选项组将【高光级别】设为65，将【光泽度】设为25，如图5-126所示。

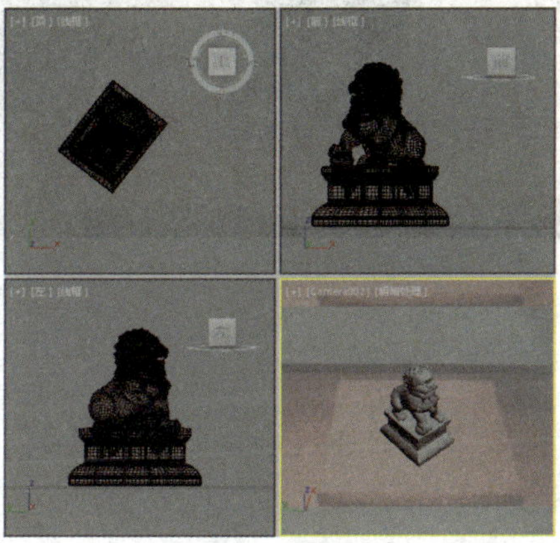

图5-125

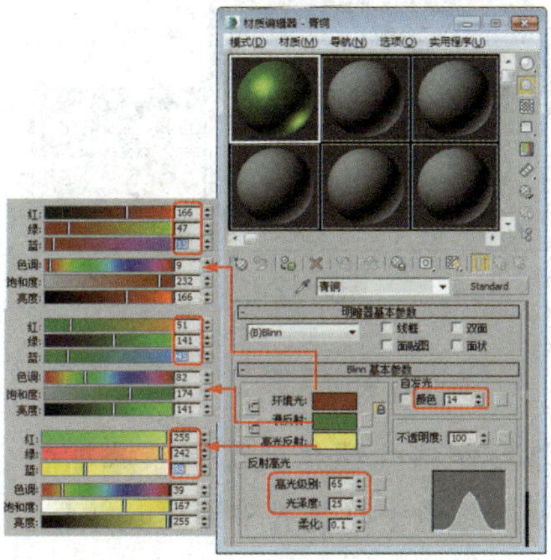

图5-126

Step 3 切换到【贴图】卷展栏，将【漫反射颜色】的数量设为75，单击其右侧的【无】按钮，弹出【材质/贴图浏览器】对话框，选择【位图】选项，如图5-127所示。

Step 4 单击【确定】按钮，弹出【选择位图图像文件】对话框，选择随书附带光盘中的CDROM\Map\MAP03.JPG素材文件，单击【打开】按钮，进入位图材质编辑器中，保持默认值，单击【转到父对象】按钮，如图5-128所示。

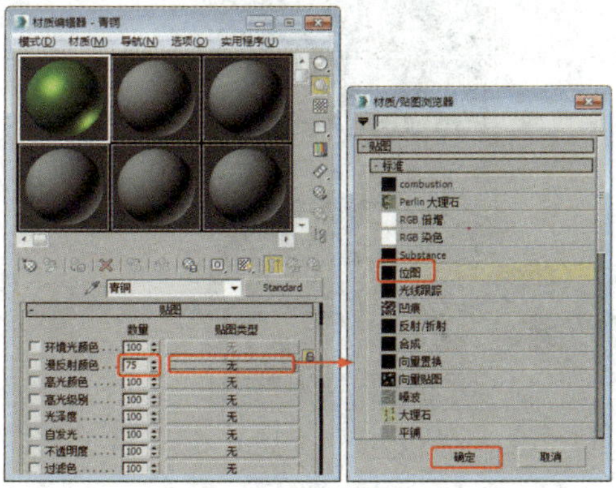

图5-127

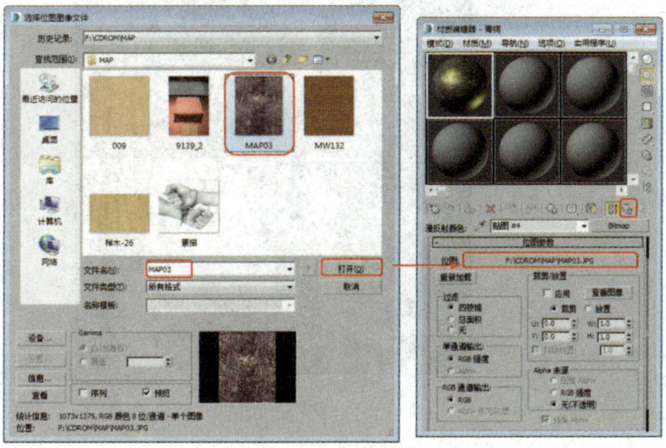

图5-128

Step 5 在【贴图】卷展栏中选择【漫反射颜色】右侧的材质按钮，按住鼠标将其拖动至【凹凸】右侧的材质按钮上，在弹出的对话框中选择【复制】单选按钮，单击【确定】按钮，单击【将材质指定给选定对象】按钮，如图5-129所示。

Step 6 激活透视图，按F9键进行快速渲染，渲染完成后的效果如图5-130所示。

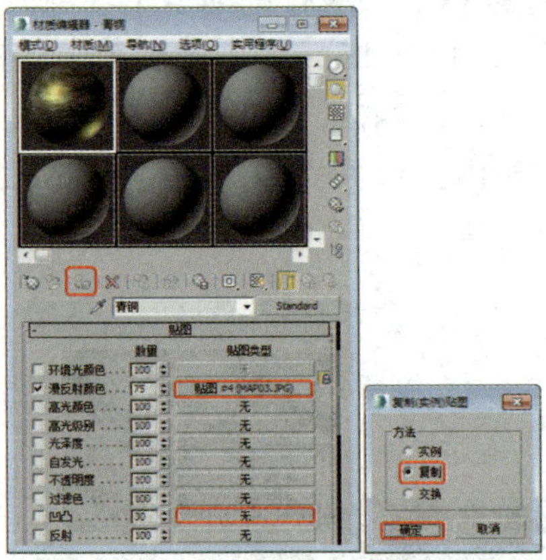

图5-129

图5-130

5.6.2 玻璃材质

本案例将介绍为装饰隔断添加装饰玻璃材质，该效果主要通过设置明暗器参数、添加【漫反射颜色】贴图等来设置其效果。具体操作步骤如下：

Step 1 启动3ds Max 2016，按Ctrl+O组合键，打开随书附带光盘中的CDROM\场景\Cha05\【上机实践】——玻璃材质.max，如图5-131所示。

Step 2 在场景文件中选择【Box001】长方体对象，按M键打开【材质编辑器】对话框，在该对话框中选择一个材质样本球，将其命名为【玻璃】，在【Blinn基本参数】卷展栏中，将【环境光】和【漫反射】的RGB值设置为180、219、255，将【不透明度】设置为70，将【高光级别】设置为125，【光泽度】设置为50，如图5-132所示。

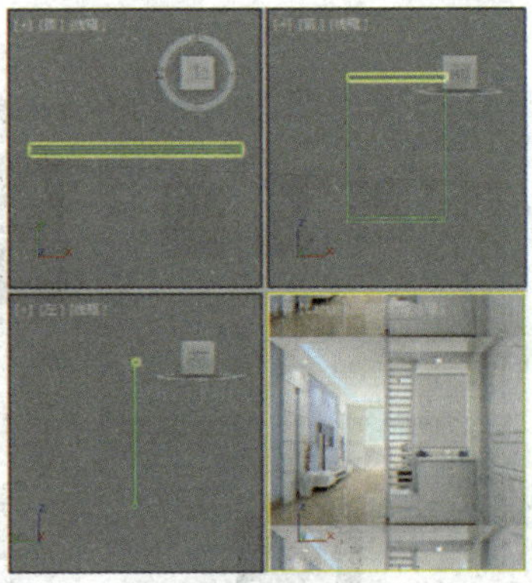

图5-131

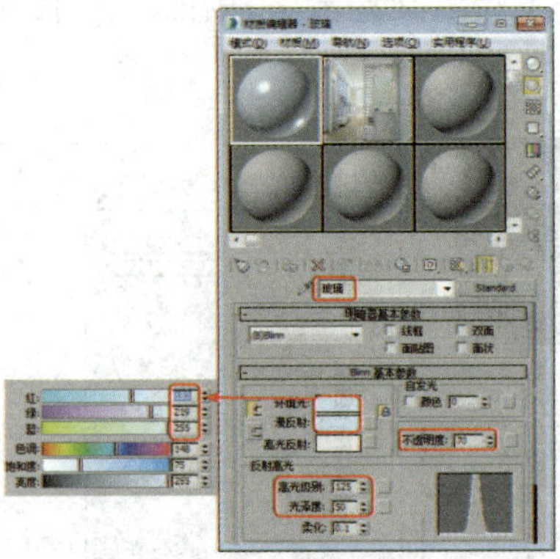

图5-132

Step 3 在【贴图】卷展栏中单击【漫反射颜色】右侧的【无】按钮，在弹出的对话框中选择【位图】选项，单击【确定】按钮，在弹出的对话框中选择随书附带光盘中的CDROM\Map\41.jpg文件，单击【打开】按钮，如图5-133所示。

Step 4 单击【转到父对象】按钮，单击【将材质指定给选定对象】按钮，将材质指定给场景中的长方体对象，再单击【视口中显示明暗处理材质】按钮，在视图中就可以看到设置的位图贴图，如图5-134所示。

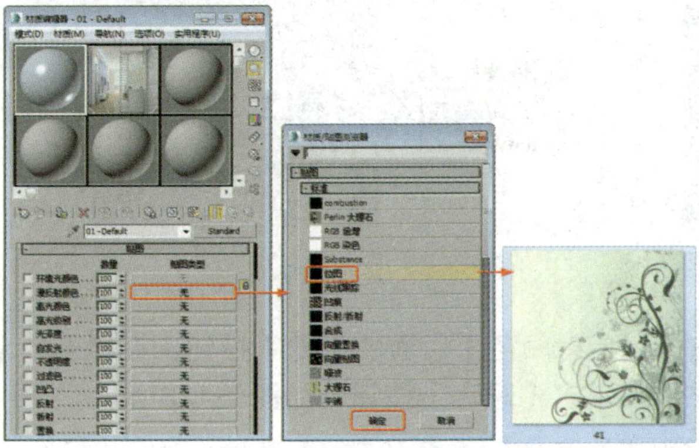

图5-133

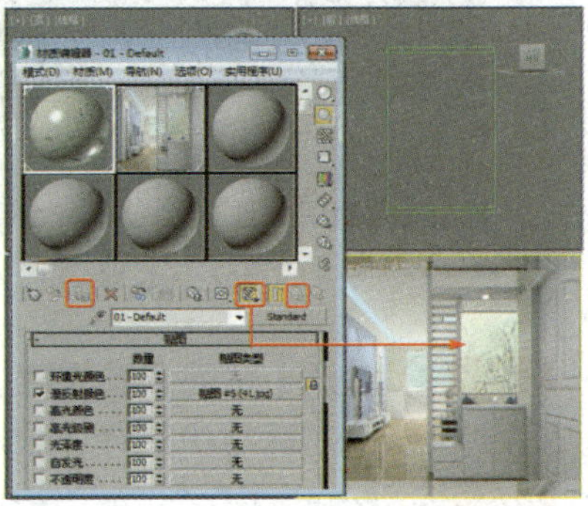

图5-134

Step 5 激活透视图，按F9键进行快速渲染，渲染完成后的效果如图5-135所示。

图5-135

5.6.3 瓷器质感

本例将介绍瓷器质感的制作，在日常生活中瓷制用品比比皆是，瓷器质感在效果图中也被广泛应用。具体操作步骤如下：

Step 1 启动3ds Max 2016，按Ctrl+O组合键，打开随书附带光盘中的CDROM\场景\Cha05\【上机实践】——瓷器质感.max，如图5-136所示。

Step 2 在场景中选择【茶杯贴图】对象，按M键打开【材质编辑器】对话框，选择一个新的材质样本球，将其命名为【茶杯贴图】，在【Blinn基本参数】卷展栏中，将【环境光】和【漫反射】的RGB值设置为255、255、255，将【自发光】设置为30，在【反射高光】选项组中将【高光级别】和【光泽度】分别设置为100、83，如图5-137所示。

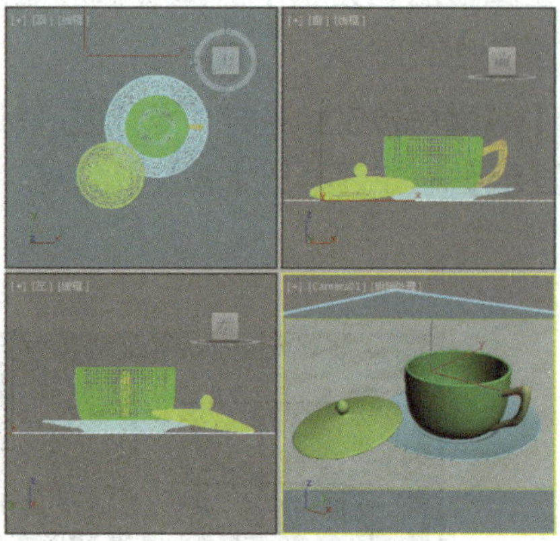

图5-136

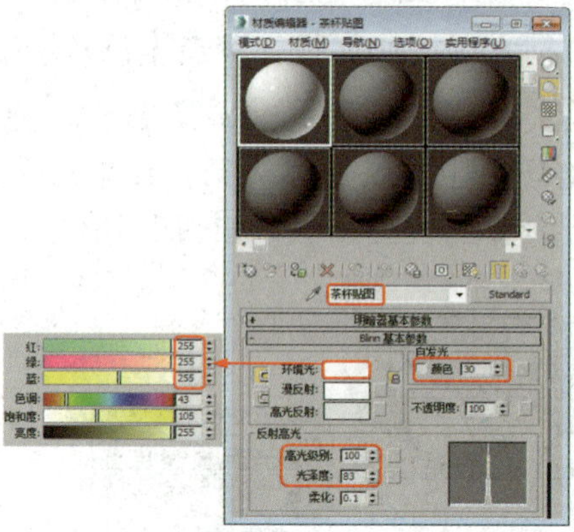

图5-137

Step 3 打开【贴图】卷展栏，单击【漫反射颜色】后面的【无】按钮，在弹出的【材质/贴图浏览器】对话框中选择【位图】贴图，单击【确定】按钮，如图5-138所示。

Step 4 在弹出的对话框中打开随书附带光盘中的【杯子.jpg】素材文件，在【坐标】卷展栏中使用默认参数设置，然后单击【转到父对象】按钮，如图5-139所示。

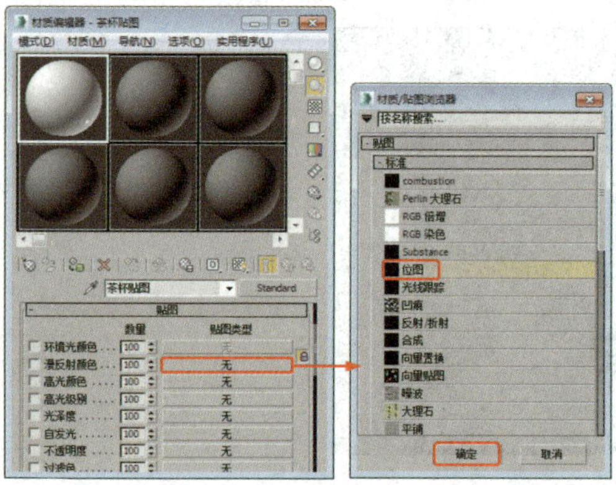

图5-138

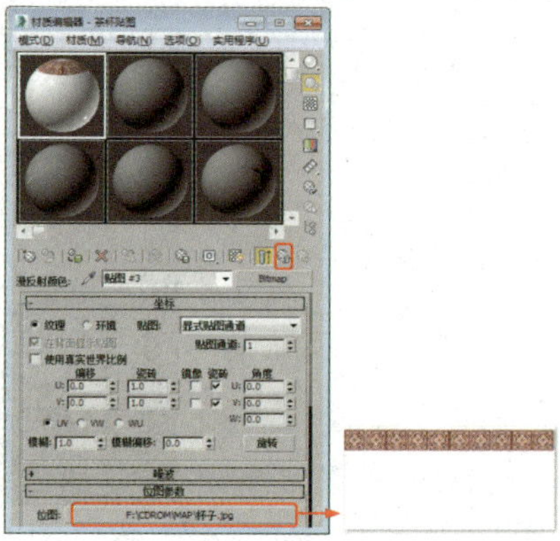

图5-139

Step 5 在【贴图】卷展栏中将【反射】后的【数量】设置为8，单击【无】按钮，在打开的【材质/贴图浏览器】对话框中选择【光线跟踪】贴图，单击【确定】按钮，如图5-140所示。在【光线跟踪器参数】卷展栏中使用默认设置，单击【转到父对象】按钮和【将材质指定给选定对象】按钮，将材质指定给【茶杯贴图】对象。再单击【视口中显示明暗处理材质】按钮，在视图中就可以看到设置的位图贴图。

Step 6 在场景中选择【茶杯】和【杯把】对象，然后在【材质编辑器】对话框中选择一个新的材质样本球，并将其命名为【白色瓷器】，在【Blinn基本参数】卷展栏中将【环境光】、【漫反射】和【高光反射】的RGB值都设置为255、255、255，将【自发光】设置为35，在【反射高光】选项组中将【高光级别】和【光泽度】分别设置为100、83，如图5-141所示。

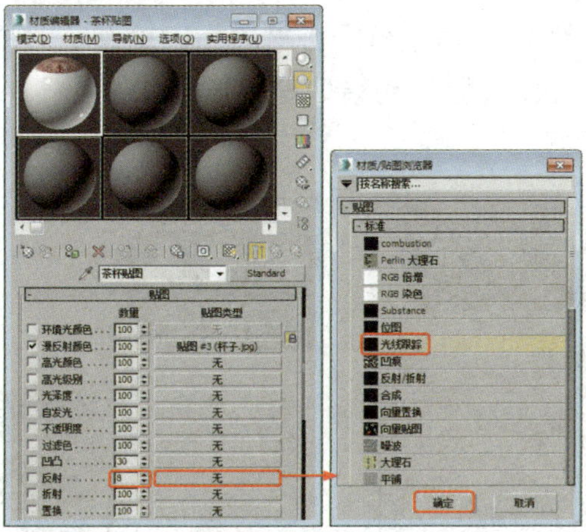

图5-140

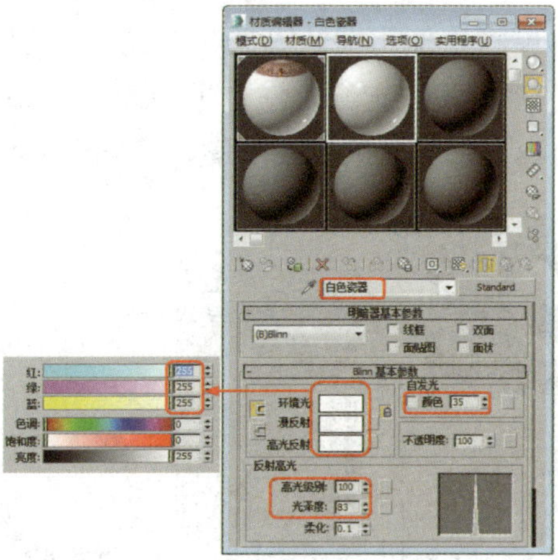

图5-141

Step 7 在【贴图】卷展栏中，将【反射】后的【数量】设置为8，并单击【无】按钮，在打开的【材质/贴图浏览器】对话框中双击【光线跟踪】贴图，在【光线跟踪器参数】卷展栏中使用默认设置，单击【转到父对象】按钮和【将材质指定给选定对象】按钮，将材质指定给【茶杯】和【杯把】对象，如图5-142所示。

Step 8 在场景中选择【托盘】对象，然后在【材质编辑器】对话框中选择一个新的材质样本球，并将其命名为【托盘】，在【Blinn基本参数】卷展栏中，将【自发光】设置为30，将【反射高光】组中的【高光级别】和【光泽度】分别设置为100、83，如图5-143所示。

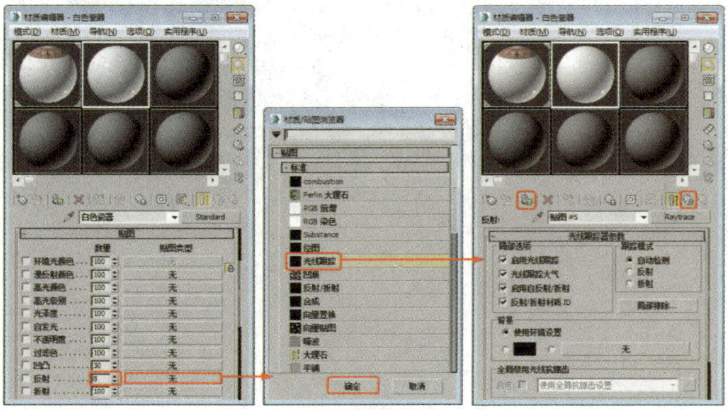

图5-142

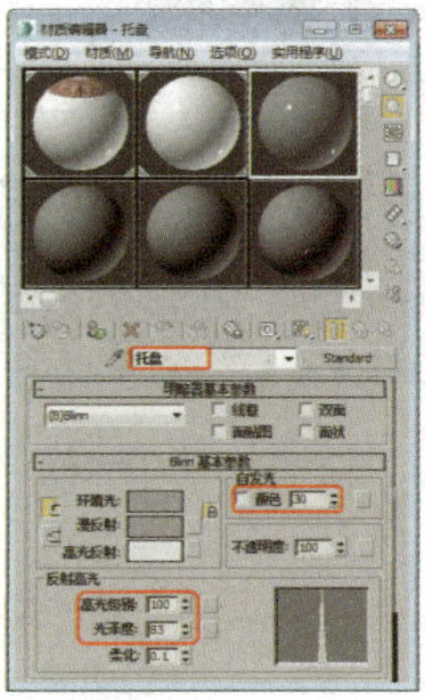

图5-143

Step 9 在【贴图】卷展栏中，单击【漫反射颜色】右侧的【无】按钮，在打开的【材质/贴图浏览器】对话框中选择【位图】贴图，单击【确定】按钮。在弹出的对话框中打开随书附带光盘中的【盘子1.jpg】素材文件，在【坐标】卷展栏中使用默认参数，并单击【转到父对象】按钮，如图5-144所示。

Step 10 在【贴图】卷展栏中，将【反射】后的【数量】设置为8，并单击【无】按钮，在打开的【材质/贴图浏览器】对话框中双击【光线跟踪】贴图，在【光线跟踪器参数】卷展栏中使用默认设置，单击【转到父对象】按钮和【将材质指定给选定对象】按钮，将材质指定给【托盘】对象，再单击【视口中显示明暗处理材质】按钮，在视图中就可以看到设置的位图贴图，如图5-145所示。

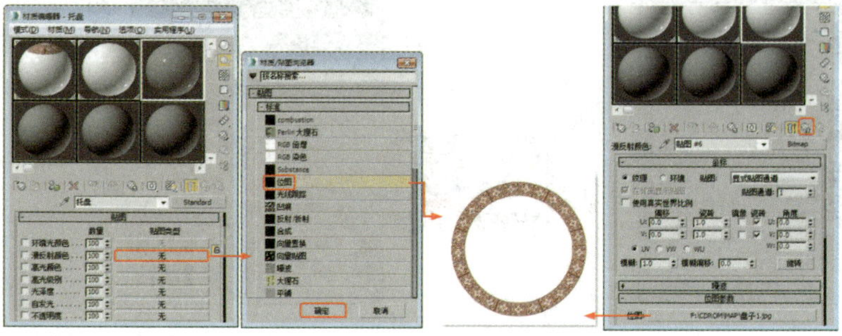

图5-144

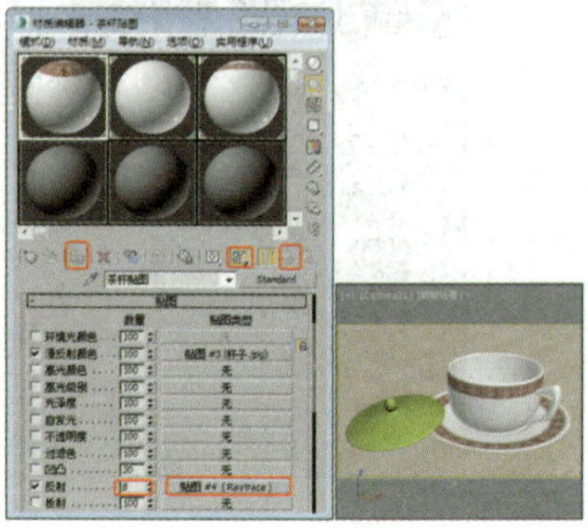

图5-145

Step 11 使用同样的方法，为【杯盖】对象设置材质，如图5-146所示。

Step 12 设置完成后，激活透视图，按F9键渲染场景，渲染后的效果如图5-147所示。

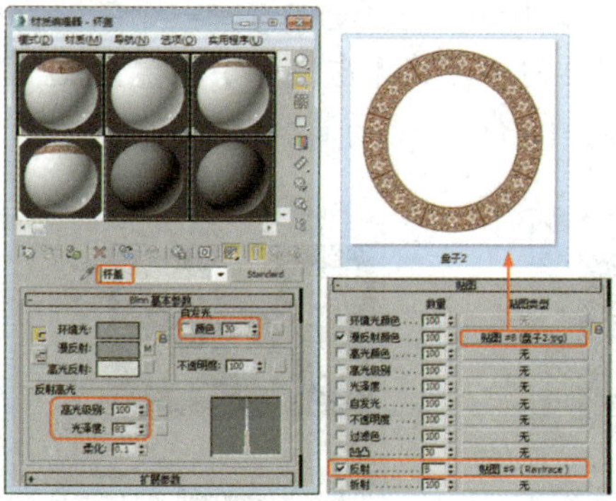

图5-146

图5-147

5.6.4 多维次物体材质

本例将介绍多维次物体材质的制作，首先设置模型的ID面，然后再通过多维/子对象材质来表现其效果。具体操作步骤如下：

Step 1 启动3ds Max 2016，按Ctrl+O组合键，打开随书附带光盘中的CDROM\场景\Cha05\【上机实践】——多维次物体材质.max，如图5-148所示。

Step 2 在场景中选择【礼盒】对象，切换到【修改】命令面板，在修改器下拉列表中选择【编辑多边形】修改器，将当前选择集定义为【多边形】，在视图中选择正面和背面，在【多边形：材质ID】卷展栏中的【设置ID】文本框中输入1，如图5-149所示。

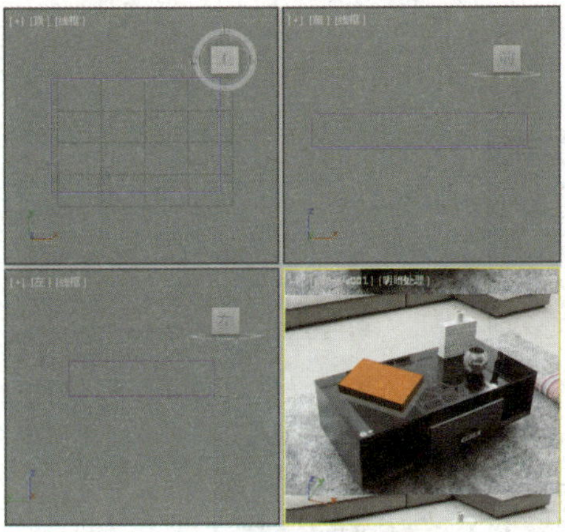

图5-148

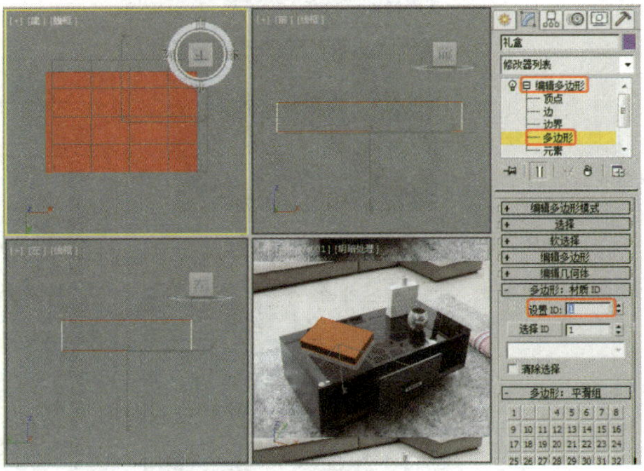

图5-149

Step 3 在视图中选择如图5-150所示的侧面，在【多边形：材质ID】卷展栏中的【设置ID】文本框中输入2，按Enter键确认。

Step 4 在视图中选择如图5-151所示的面，在【多边形：材质ID】卷展栏中的【设置ID】文本框中输入3，按Enter键确认。

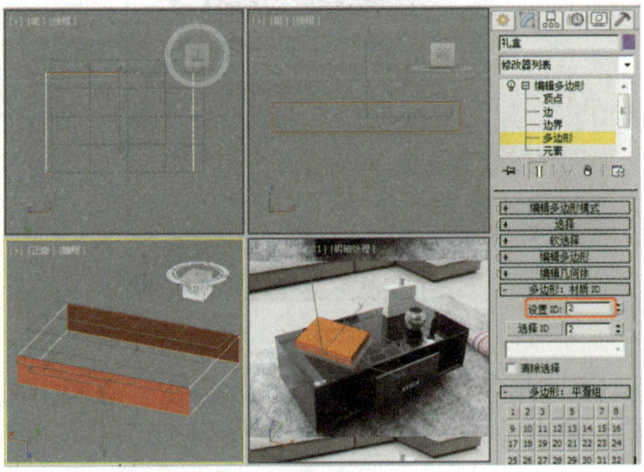

图5-150

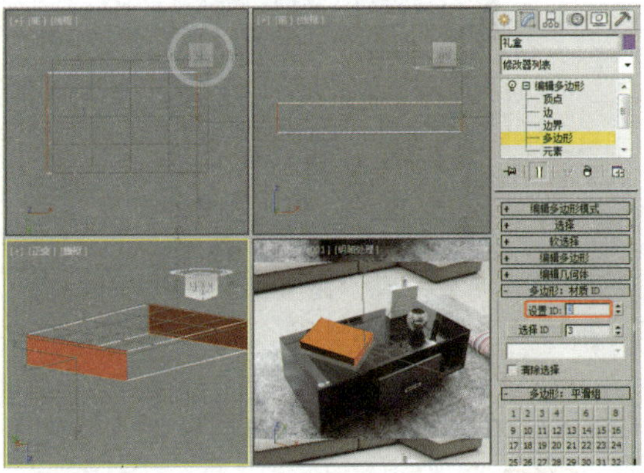

图5-151

Step 5 关闭当前选择集，按M键打开【材质编辑器】对话框，选择一个新的材质样本球，并单击【Standard】按钮，在弹出的【材质/贴图浏览器】对话框中选择【多维/子对象】材质，单击【确定】按钮，在弹出的【替换材质】对话框中选中【将旧材质保存为子材质】单选按钮，单击【确定】按钮，如图5-152所示。

Step 6 在【多维/子对象基本参数】卷展栏中单击【设置数量】按钮，在弹出的对话框中将【材质数量】设置为3，单击【确定】按钮，如图5-153所示。

Step 7 在【多维/子对象基本参数】卷展栏中单击ID1右侧的子材质按钮，在【Blinn基本参数】卷展栏中将【环境光】和【漫反射】的RGB值设置为255、187、80，将【自发光】设置为80，在【反射高光】选项组中将【高光级别】和【光泽度】分别设置为20、10，如图5-154所示。

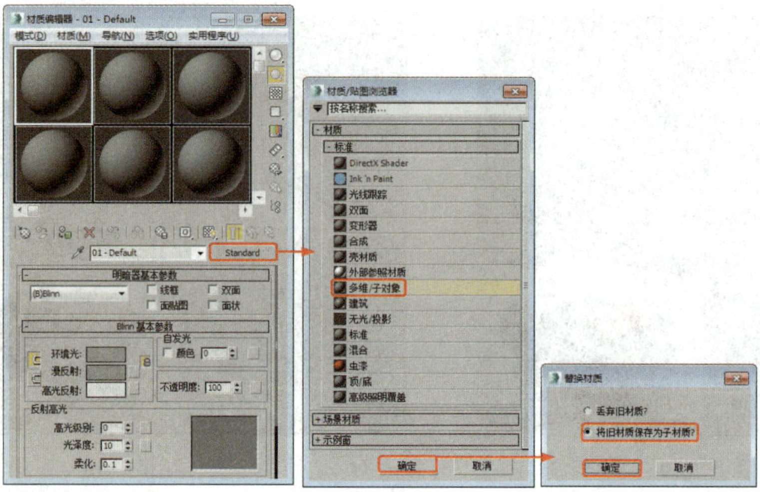

图5-152

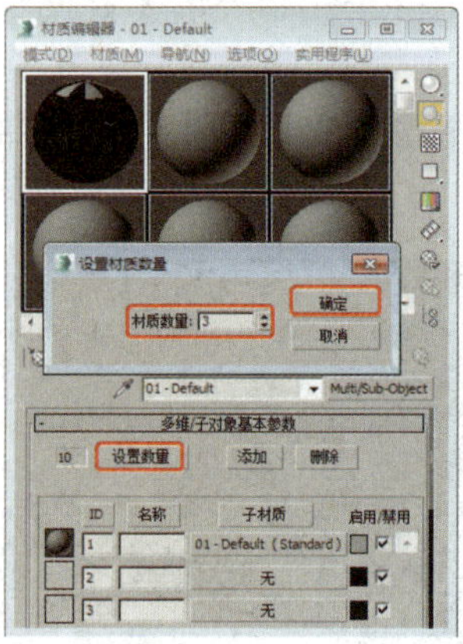

图5-153

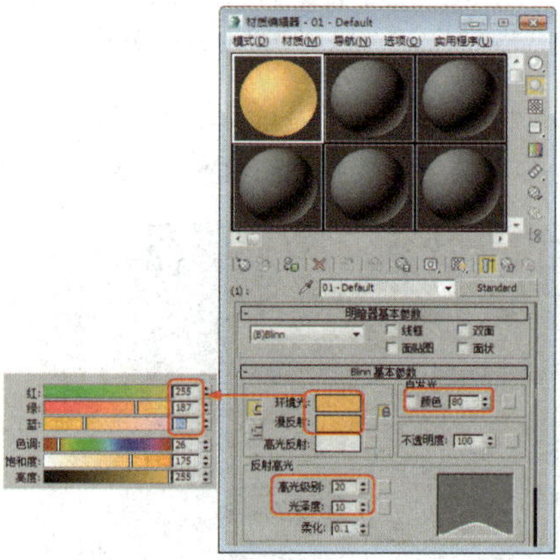

图5-154

Step 8 切换至【贴图】卷展栏，单击【漫反射颜色】右侧的【无】按钮，在弹出的【材质/贴图浏览器】对话框中选择【位图】贴图，单击【确定】按钮，如图5-155所示。

Step 9 在弹出的对话框中打开随书附带光盘中的【1副本.tif】文件，在【坐标】卷展栏中使用默认参数，如图5-156所示。

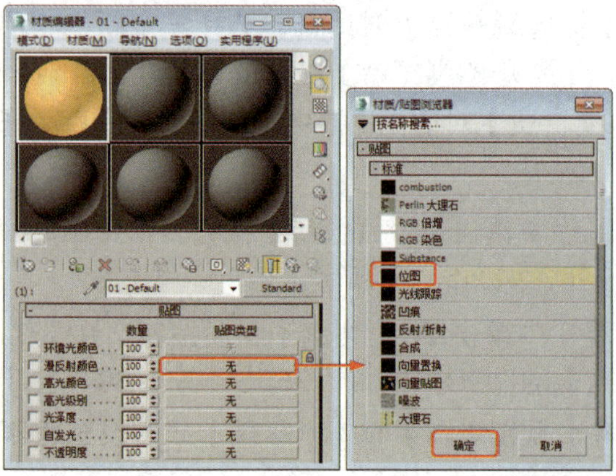

图5-155

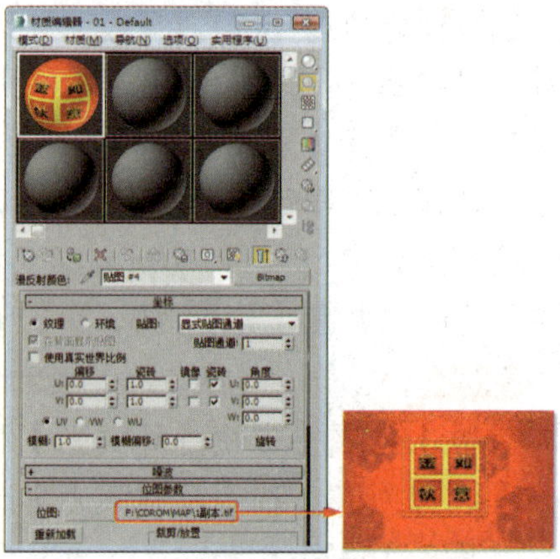

图5-156

Step 10 单击【转到父对象】按钮，在【贴图】卷展栏中将【漫反射颜色】右侧的材质按钮拖动到【凹凸】右侧的材质按钮上，在弹出的对话框中选中【复制】单选按钮，单击【确定】按钮，如图5-157所示。

Step 11 单击【将材质指定给选定对象】按钮和【视口中显示明暗处理材质】按钮，指定材质后的效果如图5-158所示。

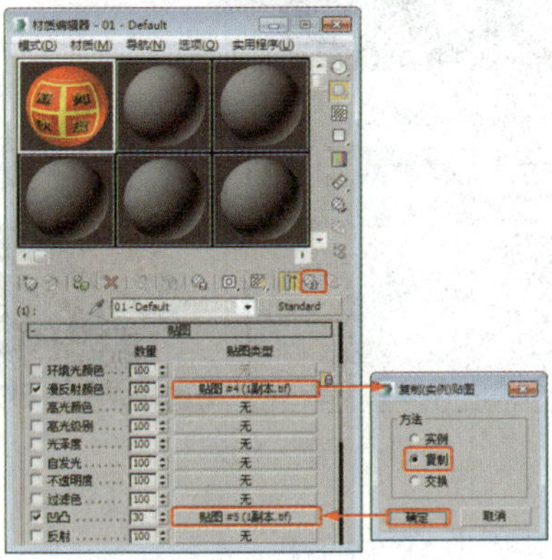

图5-157

图5-158

Step 12 单击【转到父对象】按钮，在【多维/子对象基本参数】卷展栏中单击ID2右侧的子材质按钮，在弹出的【材质/贴图浏览器】对话框中选择【标准】材质，单击【确定】按钮，如图5-159所示。

Step 13 在【Blinn基本参数】卷展栏中将【环境光】和【漫反射】的RGB值设置为255、186、0，将【自发光】设置为80，在【反射高光】选项组中将【高光级别】和【光泽度】分别设置为20、10，如图5-160所示。

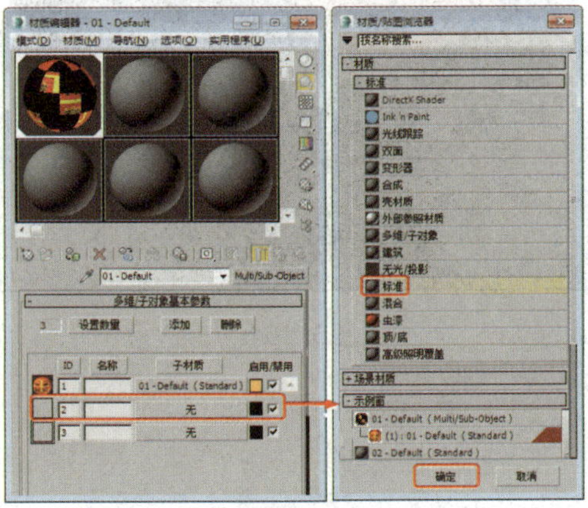

图5-159

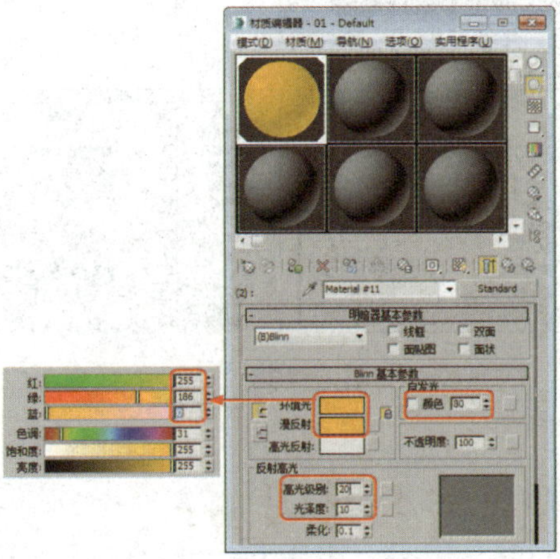

图5-160

Step 14 在【贴图】卷展栏中单击【漫反射颜色】右侧的【无】按钮，在弹出的对话框中双击【位图】贴图，在弹出的对话框中打开随书附带光盘中的【2副本.tif】文件，在【坐标】卷展栏中将【角度】下的W设置为180，如图5-161所示。

Step 15 单击【转到父对象】按钮，在【贴图】卷展栏中将【漫反射颜色】右侧的材质按钮拖动到【凹凸】右侧的材质按钮上，在弹出的对话框中选中【复制】单选按钮，并单击【确定】按钮，指定材质后的效果如图5-162所示。

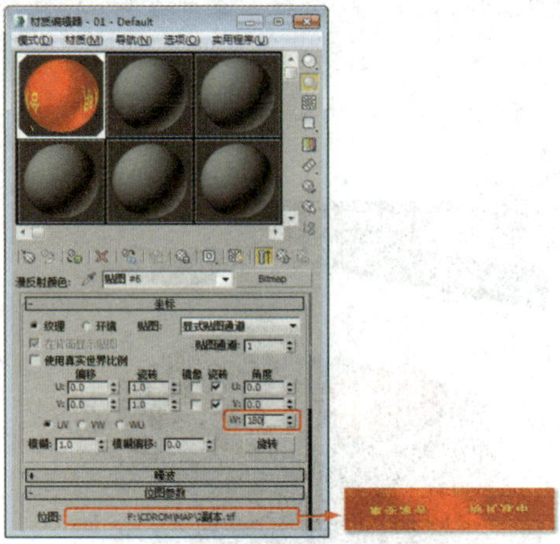

图5-161

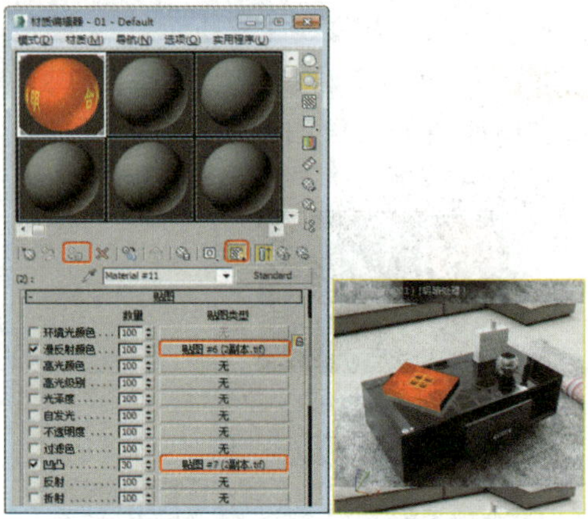

图5-162

Step 16 使用前面介绍的方法设置ID3的材质，如图5-163所示。

Step 17 设置材质后，激活【摄影机】视图，按F9键进行渲染，渲染后的效果如图5-164所示。

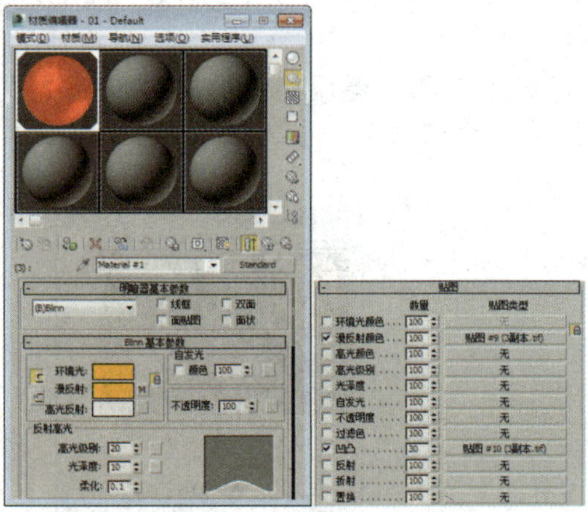

图5-163

图5-164

5.7 思考与练习

1. 简述材质中贴图的作用。
2. 简单介绍【环境光】和【漫反射】的概念。
3. 简述光线跟踪贴图的原理。

第6章 灯光与摄影机

本章导读：

基础知识	◈ 灯光基础知识 ◈ 摄影机概述
重点知识	◈ 灯光类型 ◈ 灯光的共同参数 ◈ 摄影机公共参数 ◈ 摄影机视图导航控制

本章将介绍灯光照明的基础知识、灯光类型、灯光的共同参数卷展栏以及摄影机的公共参数、摄影机视图导航控制等基础知识与使用方法。

6.1 照明的基础知识

在设置灯光时，首先应当明确场景要模拟的是自然照明效果还是人工照明效果，然后在场景中创建灯光效果。下面将对自然光、人造光、环境光、标准的照明方式以及阴影进行介绍。

6.1.1 自然光、人造光和环境光

1．自然光

自然光也就是阳光，它是来自单一光源的平行光线，照明方向和角度会随着时间、季节等因素的变化而改变。晴天时阳光的色彩为淡黄色（RGB=250、255、175）；而多云时偏蓝色；阴雨天时偏暗灰色，大气中的颗粒会将阳光呈现为橙色或褐色；日出或日落时的阳光发红或为橙色。天空越晴朗，物体产生的阴影越清晰，阳光照射中的立体效果越突出。

3ds Max中提供了多种模拟阳光的方式，标准灯光中的【平行光】，无论是目标平行光还是自由平行光，一盏就足以作为日照场景的光源。图6-1所示的效果就是模拟晴天时的阳光照射。将平行光源的颜色设置为白色，亮度降低，还可以用来模仿月光效果。

2．人造光

人造光，无论是室内还是室外效果，都会使用多盏灯光，如图6-2所示。人造光首先要明确场景中的主题，然后单独为一个主题设置一盏明亮的灯光，称为【主灯光】，将其置于主题的前方稍稍偏上。除了【主灯光】以外，还需要设置一盏或多盏灯光用来照亮背景和主题的侧面，称为【辅助灯光】，亮度要低于【主灯光】。这些【主灯光】和【辅助灯光】不但能够强调场景的主题，同时还加强了场景的立体效果。用户还可以为场景的次要主题添加照明灯光，舞台术语称为【附加灯】，亮度通常高于【辅助灯光】，低于【主灯光】。在

3ds Max 2016中，目标聚光灯通常是最好的【主灯光】，无论是聚光灯还是泛光灯，都适合作为【辅助灯光】，环境光则是另一种补充照明光源。

图6-1

图6-2

3. 环境光

环境光是照亮整个场景的常规光线。这种光具有均匀的强度，并且属于均质漫反射，它不具有可辨别的光源和方向。

默认情况下，场景中没有环境光，如果在带有默认环境光设置的模型上检查最黑色的阴影，无法辨别出曲面，因为它没有任何灯光照亮。场景中的阴影不会比环境光的颜色暗，这就是通常要将环境光设置为黑色（默认色）的原因，如图6-3所示。

设置默认环境光颜色的方法有以下两种：

- 选择【渲染】|【环境】命令，在打开的【环境和效果】对话框中可以设置环境光的颜色，如图6-4所示。
- 选择【自定义】|【首选项】命令，在打开的【首选项设置】对话框中切换到【渲染】选项卡，然后在【默认环境灯光颜色】选项组中的色块中设置环境光的颜色，如图6-5所示。

图6-3

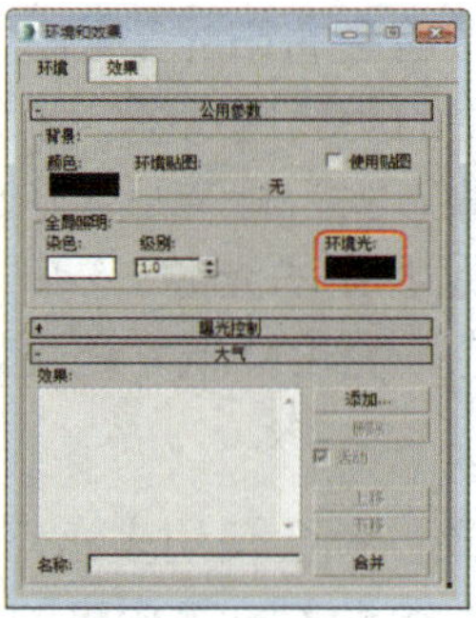

图6-4

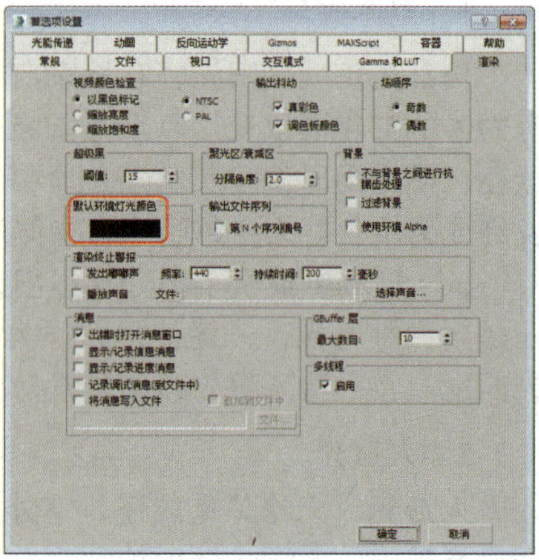

图6-5

6.1.2 标准的照明方法

在3ds Max中进行照明，一般使用标准的照明，也就是三光源照明方案和区域照明方案。所谓的标准照明就是在一个场景中使用一个主要的灯和两个次要的灯，主要的灯用来照亮场景，次要的灯用来照亮局部，这是一种传统的照明方法。

在场景中最好以聚光灯作为主光灯，一般使聚光灯与视平线之间的夹角为30°～45°，与摄影机的夹角为30°～45°，将其投向主物体，一般光照强度较大，能把主物体从背景中充分地凸现出来，通常将其设置为投射阴影。

场景中，在主灯的反方向创建的灯光称为背光。这个照明灯光在设置时可以在当前对象的上方（高于当前场景对象），并且此光源的光照强度要等于或者小于主光。背光的主要作用是在制作中使对象从背景中脱离出来，从而使得物体显示其轮廓，并且展现场景的深度。

辅光的主要用来控制场景中最亮的区域和最暗区域间的对比度。应当注意的是，设置较亮的辅光将产生平均的照明效果，而设置较暗的辅光则增加场景效果的对比度，使场景产生不稳定的感觉。一般情况下，辅光源放置的位置要靠近摄影机，这样以便产生平面光和柔和的照射效果。另外，也可以使用泛光灯作为辅光源应用于场景中，而泛光灯在系统中设置的基本目的就是作为一个辅光而存在的。在场景中远距离设置大量的不同颜色和低亮度的泛光灯是非常常见的，这些泛光灯混合在模型中将弥补主光灯照射不到的区域。

图6-6所示的场景显示的就是标准照明方式，渲染后的效果如图6-7所示。

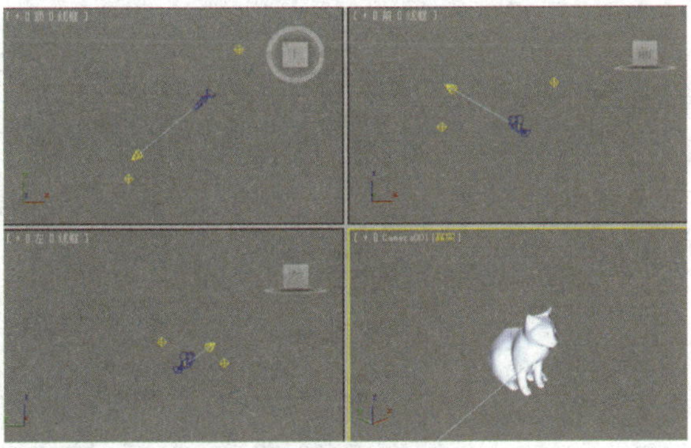

图6-6

图6-7

有时一个大的场景不能有效地使用三光源照明，那么就要使用其他的方法来进行照明。当一个大区域分为几个小区域时，可以使用区域照明，这样每个小区域都会单独地被照明。可以根据重要性或相似性来选择区域，当一个区域被选择之后，可以使用基本三光源照明方法。但是，有些区域照明并不能产生合适的气氛，这时就需要使用一个自由照明方案。

6.1.3 阴影

阴影是对象后面灯光变暗的区域。3ds Max支持几种类型的阴影，包括区域阴影、阴影贴图和光线跟踪阴影等。

区域阴影基于投射光的区域创建阴影，不需要太多的内存，但是支持透明对象。阴影贴图实际上是位图，由渲染器产生并与完成的场景组合产生图像。这些贴图可以有不同的分辨率，但是较高的分辨率则要求有更多的内存。阴影贴图通常能够创建出更真实、更柔和的阴影，但是不支持透明度。

3ds Max按照每个光线照射场景的路径来计算光线跟踪阴影。该过程会耗费大量的处理周期，但是能产生非常精确且边缘清晰的阴影。使用光线跟踪可以为对象创建出阴影贴图所无法创建的阴影，例如透明的玻璃。阴影类型下拉列表中还包括了一个高级光线跟踪阴影选项。另外，还有一个选项是Ray阴影。

图6-8所示是使用了不同阴影类型渲染的图像，左起第一个图没有设置阴影，然后依次为区域阴影、阴影贴图和光线跟踪阴影。

图6-8

6.2 Max默认光源

在Max中提供了默认光源。用户可以通过在菜单栏中选择【视图】|【视口配置】命令，在弹出的对话框中选择【视觉样式和外观】选项卡，在【照明和阴影】选项组中根据需要设置默认光源和场景灯光，如图6-9所示。

该选项组中部分选项的功能如下。

- 【场景灯光（默认值）】：使用场景中的灯光对象照亮视口。
- 【默认灯光】：使用默认灯光照亮视口。如果场景中没有灯光，则将自动使用默认照明，即使选择“场景灯光”也是如此。
  - 【1盏灯】：在自然照明损失很小的情况下提供重画速度提高20%的过肩视角光源。
  - 【2盏灯】：该选项可以提供更自然的照明，但是会降低视口性能。
- 自动显示选定的灯光：启用此选项之后，选定的灯光将自动在着色视口中显示。默认设置为禁用状态。只有在【启用硬件明暗处理】处于启用状态的情况下，此选项才可用。

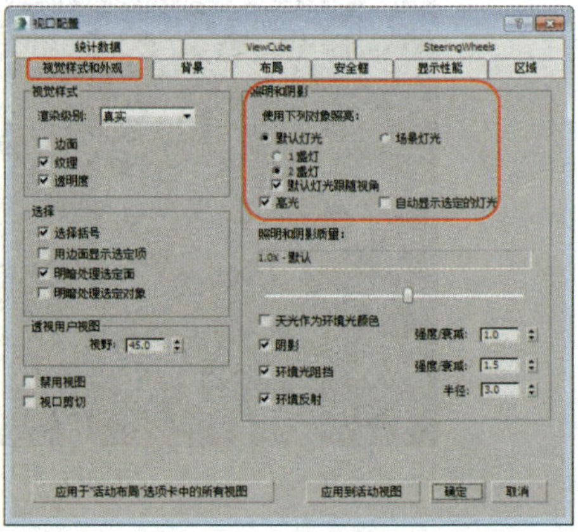

图6-9

6.3 灯光类型

在3ds Max中包括多种不同的灯光，不同灯光主要的差别是光线在场景中的表现。

6.3.1 聚光灯

聚光灯包括目标聚光灯、自由聚光灯和mr区域聚光灯3种，下面对这3种灯光进行详细介绍。

1. 目标聚光灯

目标聚光灯产生锥形的照射区域，在照射区以外的物体不受灯光影响。创建目标聚光灯后，有投射点和目标点可以调节，它是一个有方向的光源，是可以独立移动的目标点投射光，可以产生优质静态仿真效果。它有矩形和圆形两种投影区域，矩形适合制作电影投影图像以及窗户投影等；圆形适合制作路灯、车灯、台灯、舞台跟踪灯等灯光照射，如果作为体积光源，它能产生一个锥形的光柱，如图6-10所示。

图6-10

2. 自由聚光灯

自由聚光灯产生锥形照射区域，它是一种受限制的目标聚光灯，因为只能控制它的整个图标，而无法在视图中分别对发射点和目标点进行调节。它的优点是不会在视图中改变投射范围，特别适合用作一些动画的灯光，例如摇晃的船桅灯、晃动的手电筒、舞台上的投射灯等。

3. mr区域聚光灯

mr区域聚光灯在使用Mental Ray渲染器进行渲染时，可以从矩形或圆形区域发射光线，产生柔和的照明和阴影。在使用3ds Max默认扫描线渲染器时，其效果等同于标准的聚光灯。

6.3.2 【上机操作】——创建目标聚光灯

场景：CDROM\场景\Cha06\001.max

完成场景：CDROM\场景\Cha06\001OK.max

视频：视频教学\Cha06\创建目标聚光灯.avi

聚光灯像闪光灯一样投影聚焦的光束，创建目标聚光灯的具体操作步骤如下：

Step 1 单击按钮，在弹出的下拉列表中选择【打开】命令，打开随书附带光盘中的CDROM\场景\Cha06\001.max，如图6-11所示。

Step 2 选择【创建】|【灯光】|【标准】|【目标聚光灯】工具，在【顶】视图中单击并拖动鼠标，拖动至适当位置处松开鼠标，即可创建目标聚光灯，如图6-12所示。

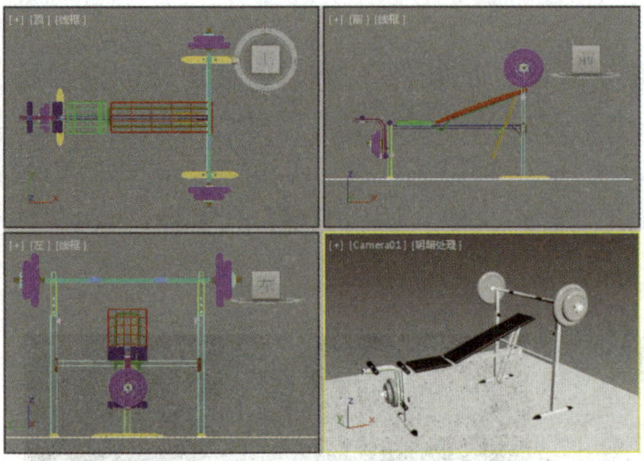

图6-11

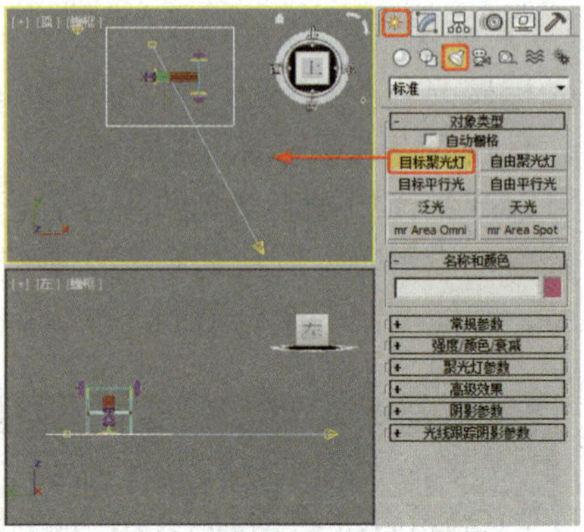

图6-12

Step 3 切换到【修改】命令面板，在【常规参数】卷展栏中勾选【阴影】区域中的【启用】复选框，将阴影模式定义为【光线跟踪阴影】。在【聚光灯参数】卷展栏中将【聚光区/光束】和【衰减区/区域】设置为86和88，在【阴影参数】卷展栏中将【对象阴影】区域中的【颜色】设置为58、58、58，如图6-13所示。

Step 4 在工具栏中单击【选择并移动】按钮，在其他视图中调整目标聚光灯的位置，如图6-14所示。

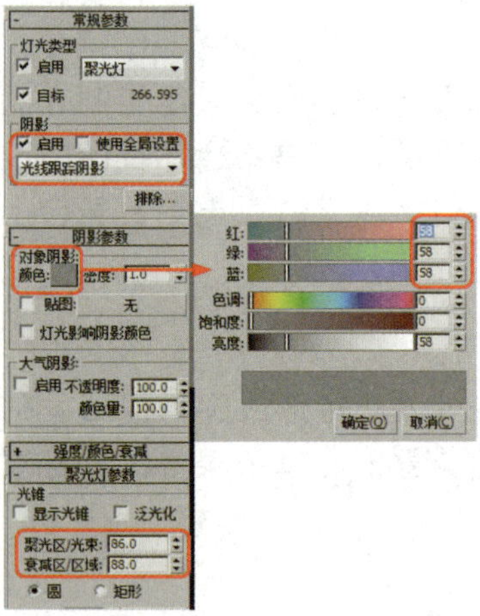

图6-13

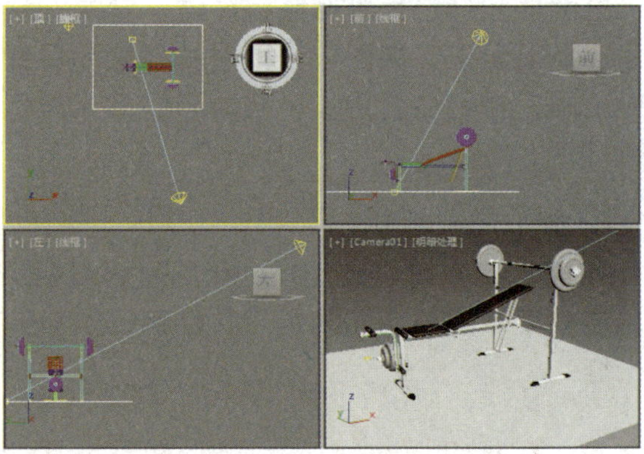

图6-14

6.3.3 泛光灯

泛光灯包括泛光灯和mr Arae Omni两种类型，下面分别对它们进行介绍。

1. 泛光灯

泛光灯向四周发散光线，标准的泛光灯用来照亮场景，它的优点是易于建立和调节，不用考虑是否有对象在范围外而不被照射；缺点就是不能创建太多，否则显得无层次感。泛光灯用于将【辅助照明】添加到场景中，或模拟点光源。

泛光灯可以投射阴影和投影，单个投射阴影的泛光灯等同于6盏聚光灯的效果，从中心指向外侧。另外泛光灯常用来模拟灯泡、台灯等光源对象。如图6-15所示，在场景中创建了一盏泛光灯，它可以产生明暗关系的对比。

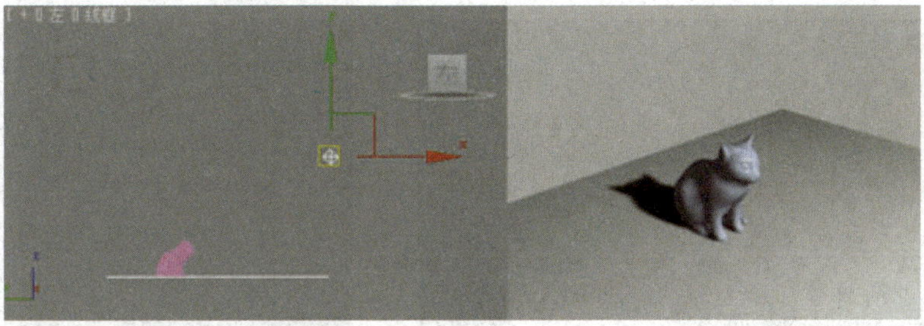

图6-15

2. mr Arae Omni

当使用Mental Ray渲染器渲染场景时，区域泛光灯从球体或圆柱体体积发射光线，而不是从点源发射光线。使用默认的扫描线渲染器，区域泛光灯像其他标准的泛光灯一样发射光线。

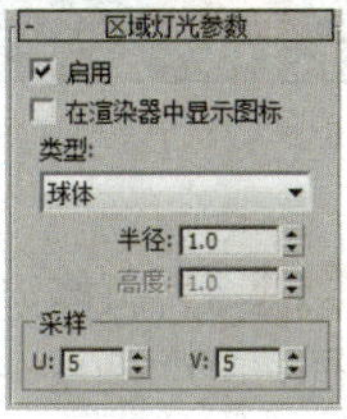

图6-16

【区域灯光参数】卷展栏如图6-16所示。

- 【启用】：用于开关区域泛光灯。
- 【在渲染器中显示图标】：选中该复选框，当使用Mental Ray渲染器进行渲染时，区域泛光灯将按照其形状和尺寸设置在渲染图片中并显示为白色。
- 【类型】：可以在下拉列表中选择区域泛光灯的形状，可以是【球体】或者【圆柱体】形状。
- 【半径】：设置球体或圆柱体的半径。
- 【高度】：仅当区域灯光类型为【圆柱体】时可用，设置圆柱体的高。
- 【采样】：设置区域泛光灯的采样质量，可以分别设置U和V的采样数，越高的值，照明和阴影效果越真实细腻，当然渲染时间也会增加。对于球形灯光，U值表示沿半径方向的采样值，V值表示沿角度的采样值；对于圆柱形灯光，U值表示沿高度的采样值，V值表示沿角度的采样值。

6.3.4 【上机操作】——创建泛光灯

场景：CDROM\场景\Cha06\002.max	
完成场景：CDROM\场景\Cha06\002OK.max	
视频：视频教学\Cha06\创建泛光灯.avi	

创建泛光灯的操作步骤如下：

Step 1 单击按钮，在弹出的下拉列表中选择【打开】命令，打开随书附带光盘中的CDROM\场景\Cha06\002.max，如图6-17所示。

Step 2 选择【创建】|【灯光】|【标准】|【泛光】工具，在【顶】视图中单击即可创建泛光灯，如图6-18所示。

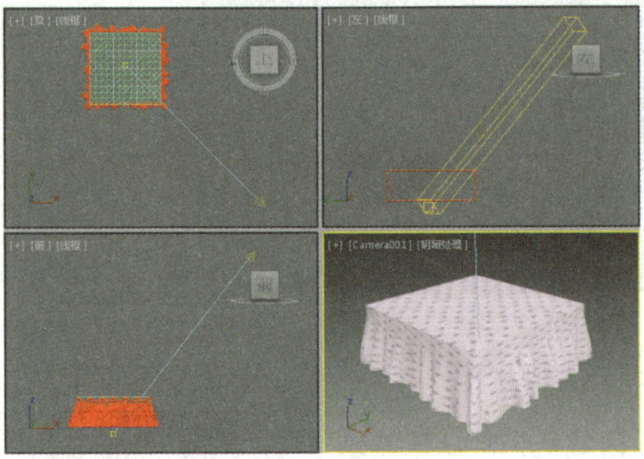

图6-17

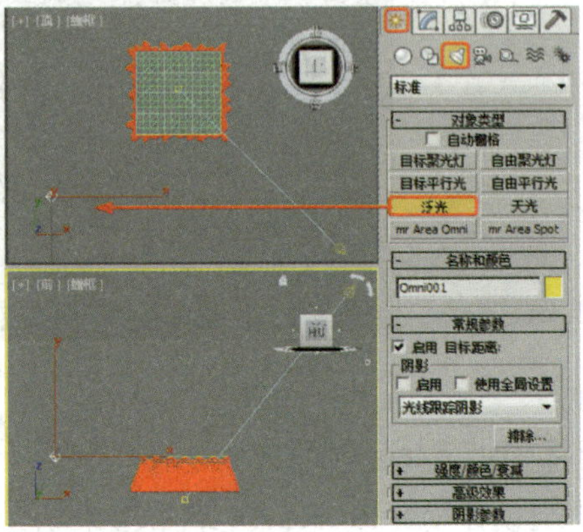

图6-18

Step 3 切换到【修改】命令面板，在【强度/颜色/衰减】卷展栏中将【倍增】设置为1，如图6-19所示。

Step 4 使用同样的方法，再次创建一个泛光灯，然后在其他视图中调整两个泛光灯的位置，如图6-20所示。

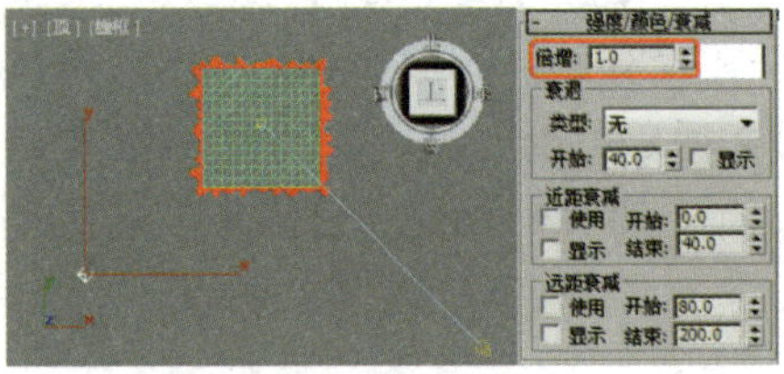

图6-19

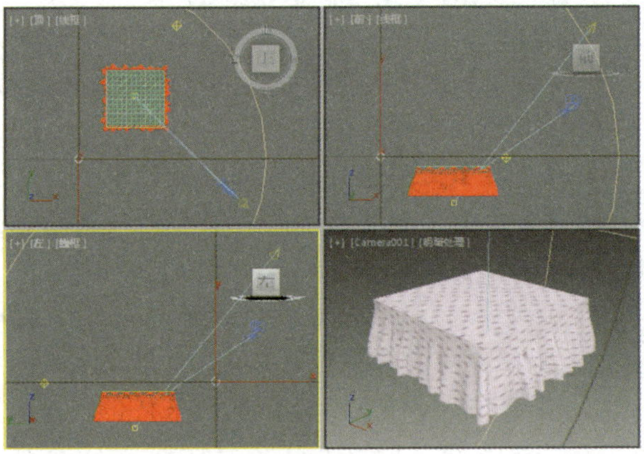

图6-20

6.3.5 平行光

平行光包括目标平行光和自由平行光两种。

1. 目标平行光

目标平行光产生单方向的平行照射区域，它与目标聚光灯的区别是照射区域呈圆柱形或矩形，而不是锥形。平行光主要用于模拟阳光的照射，对于户外场景尤为适用。如果作为体积光源，可以产生一个光柱，常用来模拟探照灯、激光光束等特殊效果。与目标聚光灯一样，可以在运动面板中改变注视目标，如图6-21所示。

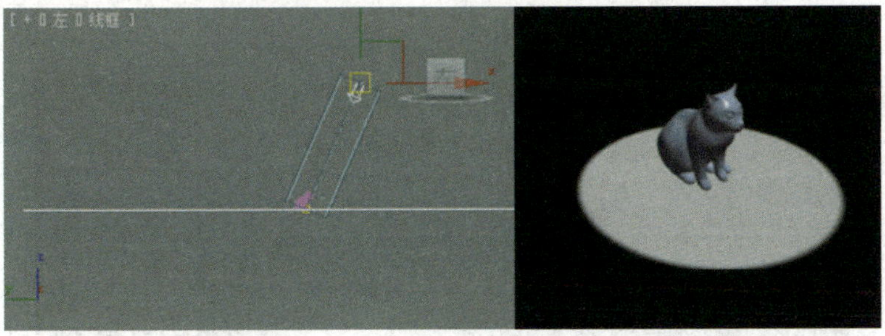

图6-21

提示：

只有当平行光处于场景几何体边界盒之外，且指向下方的时候，才支持【光能传递】计算。

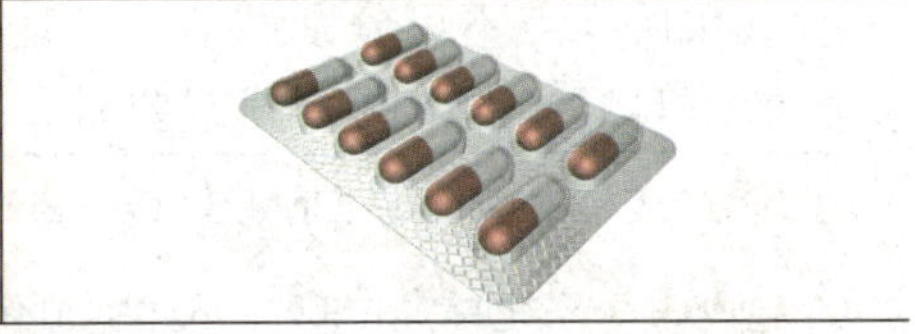

场景：CDROM\场景\Cha06\003.max

完成场景：CDROM\场景\Cha06\003OK.max

视频：视频教学\Cha06\目标平行光.avi

由于平行光线是平行的，所以平行光线呈圆形或矩形棱柱，而不是圆锥体。创建目标平行光的操作步骤如下：

Step 1 单击按钮，在弹出的下拉列表中选择【打开】命令，打开随书附带光盘中的CDROM\场景\Cha06\003.max，如图6-22所示。

Step 2 选择【创建】|【灯光】|【标准】|【目标平行光】工具，在【顶】视图中单击鼠标，拖动至适当位置处松开鼠标即可创建目标平行光，如图6-23所示。

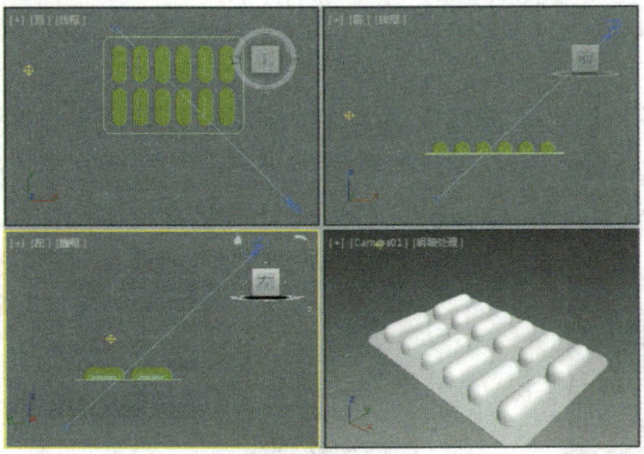

图6-22

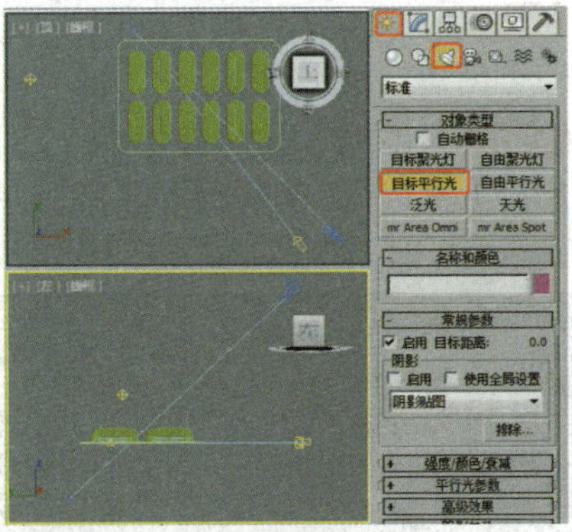

图6-23

Step 3 切换到【修改】命令面板，在【常规参数】卷展栏中勾选【阴影】选项组中的【启用】复选框，将阴影模式定义为【光线跟踪阴影】。在【强度/颜色/衰减】卷展栏中将【倍增】设置为0.6，在【平行光参数】卷展栏中将【聚光区/光束】和【衰减区/区域】设置为90和270，使用工具栏中的【选择并移动】按钮，在其他视图中调整目标平行光的位置，如图6-24所示。

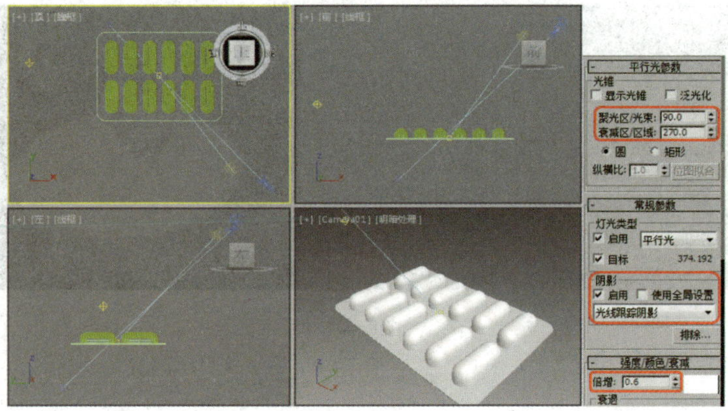

图6-24

2. 自由平行光

自由平行光产生平行的照射区域。它其实是一种受限制的目标平行光，在视图中，它的投射点和目标点不可分别调节，只能进行整体移动或旋转，这样可以保证照射范围不发生改变。如果对灯光的范围有固定要求，尤其是在灯光的动画中，这是一个非常好的选择。

场景：CDROM\场景\Cha06\004.max

完成场景：CDROM\场景\Cha06\004OK.max

视频：视频教学\Cha06\自由平行光.avi

【自由平行光】没有目标对象，可以通过移动和旋转方法将其指向任何方向。创建【自由平行光】的操作步骤如下：

Step 1 单击按钮，在弹出的下拉列表中选择【打开】命令，打开随书附带光盘中的CDROM\场景\Cha06\004.max，如图6-25所示。

Step 2 选择【创建】|【灯光】|【标准】|【自由平行光】工具，在【左】视图中单击即可创建自由平行光。

Step 3 切换到【修改】命令面板，打开【常规参数】卷展栏，勾选【阴影】选项组中的【启用】复选框，将阴影模式定义为【阴影贴图】。在【强度/颜色/衰减】卷展栏中将【倍增】设置为1.0，将【对象阴影】区域中的【颜色】设置为55、34、0，如图6-26所示。

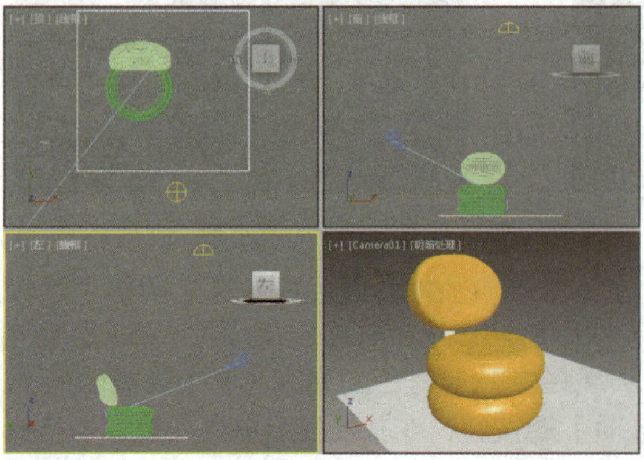

图6-25

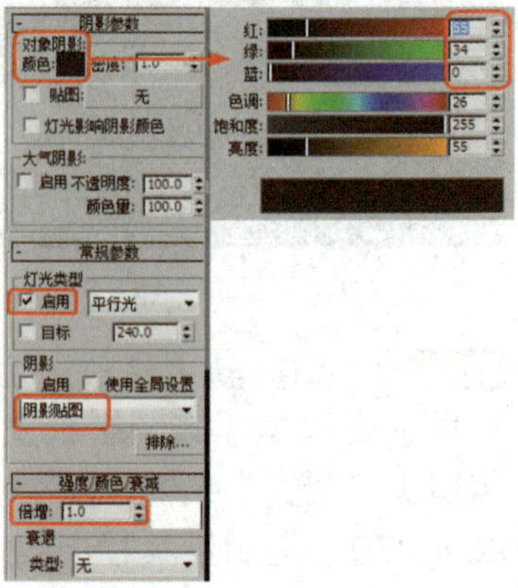

图6-26

Step 4 使用工具栏中的【选择并移动】按钮和【选择并旋转】按钮，在其他视图中调整自由平行光的位置，如图6-27所示。

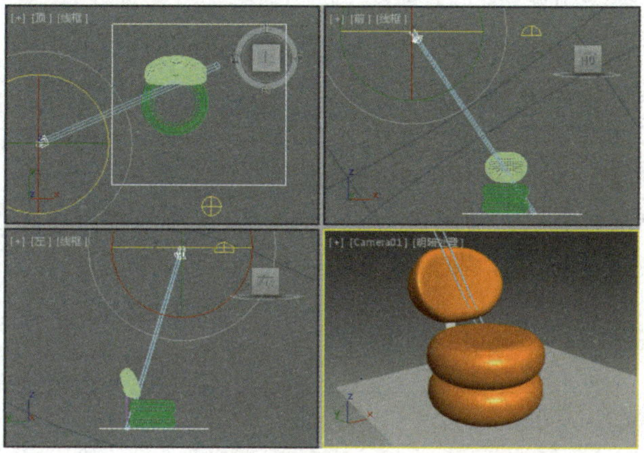

图6-27

6.3.6 天光

天光能够模拟日光照射效果。在3ds Max中有多种模拟日光照射效果的方法，但如果配合【照明追踪】渲染方式的话，天光往往能产生最生动的效果，如图6-28所示。关于与【照明追踪】渲染方式有关的使用技巧，将在渲染一章中详细介绍，这里只是简单介绍天光的参数，如图6-29所示。

图6-28

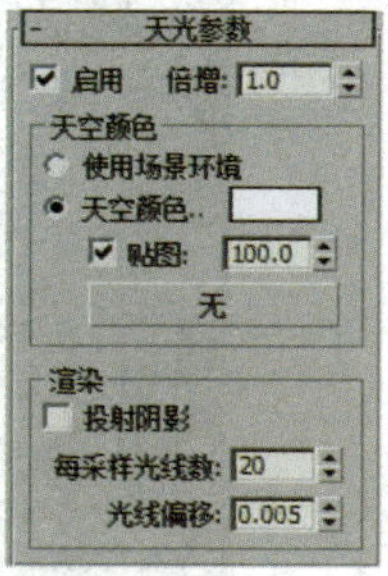

图6-29

- 【启用】：用于开关天光对象。
- 【倍增】：指定正数或负数来增减灯光的能量，例如输入2，表示灯光亮度增强两倍。使用这个参数提高场景亮度时，有可能会引起颜色过亮，还可能产生视频输出中不可用的颜色，所以除非是制作特定案例或特殊效果，否则选择1。

【天空颜色】选项组：天空被模拟成一个圆屋顶的样子覆盖在场景上，如图6-30所示。用户可以在这里指定天空的颜色或贴图。

- 【使用场景环境】：使用【环境和效果】对话框设置颜色为灯光颜色，只在【照明追踪】方式下才有效。
- 【天空颜色】：单击右侧的色块显示颜色选择器，从中调节天空的色彩。

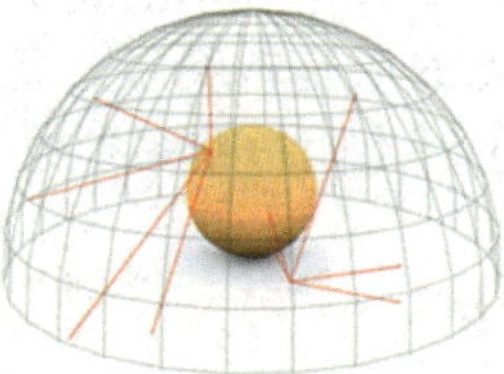

图6-30

- 【贴图】：通过指定贴图影响天空颜色。左侧的复选框用于设置是否使用贴图，下方的空白按钮用于指定贴图，右侧的文本框用于控制贴图的使用程度（低于100%时，贴图会与天空颜色进行混合）。

【渲染】选项组：用来定义天光的渲染属性，只有在使用默认扫描线渲染器，并且不使用高级照明渲染引擎时，该组参数才有效。

- 【投影阴影】：选中该复选框使用天光可以投射阴影。
- 【每采样光线数】：设置在场景中每个采样点上天光的光线数。较高的值使天光效果比较细腻，并有利于减少动画画面的闪烁，但较高的值会增加渲染时间。
- 【光线偏移】：定义对象上某一点的投影与该点的最短距离。

6.3.7 【上机操作】——创建天光

场景：CDROM\场景\Cha06\005.max	
完成场景：CDROM\场景\Cha06\005OK.max	
视频：视频教学\Cha06\创建天光.avi	

天光能够模拟日光照射效果，创建天光的操作步骤如下：

Step 1 打开随书附带光盘中的CDROM\场景\Cha06\005.max，选择【创建】|【灯光】|【标准】|【天光】工具，在【前】视图中单击即可创建天光。

Step 2 切换到【修改】命令面板，在【天光参数】卷展栏中将【倍增】设置为1.0，如图6-31所示。

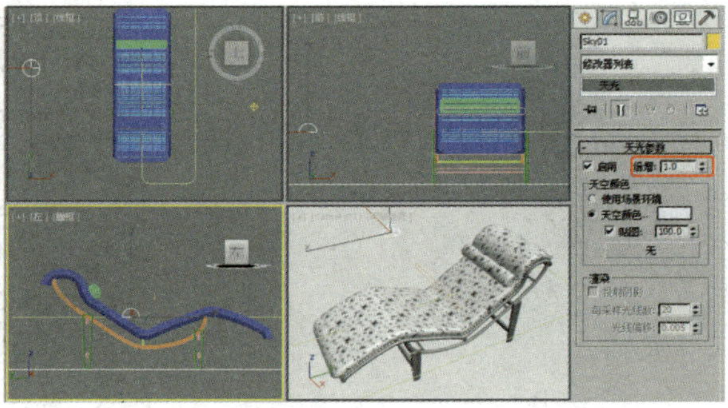

图6-31

6.4 灯光的共同参数卷展栏

在3ds Max中除了天光之外，所有不同的灯光对象都共享一套控制参数，它们控制着灯光的最基本特征，包括【常规参数】、【强度/颜色/衰减】、【高级效果】、【阴影参数】、【阴影贴图参数】和【大气和效果】等卷展栏。

6.4.1 【常规参数】卷展栏

【常规参数】卷展栏主要控制对灯光的开启与关闭、排除或包含以及阴影方式。在【修改】命令面板中，【常规参数】卷展栏还可以用于控制灯光目标物体，改变灯光类型，如图6-32所示。

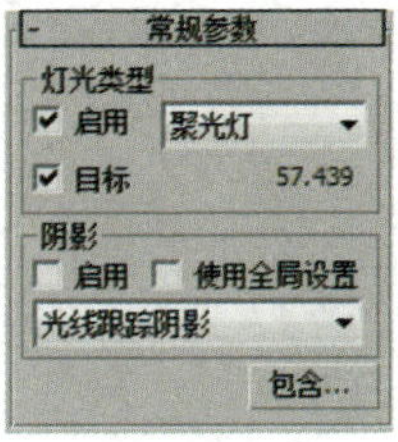

图6-32

【灯光类型】选项组中各选项命令如下。

- 【启用】：用来启用和禁用灯光。当【启用】复选框处于选中状态时，使用灯光着色和渲染以照亮场景。当【启用】复选框处于未选中状态时，进行着色或渲染时不使用该灯光。默认设置为选中。
- 聚光灯：对当前灯光的类型进行改变，可以在聚光灯、平行灯和泛光灯之间进行转换。
- 【目标】：选中该复选框，灯光将成为目标。灯光与其目标之间的距离显示在复选框的右侧。对于自由灯光，可以设置该值。对于目标灯光，可以通过取消选中该复选框或移动灯光或灯光的目标对象对其进行更改。

【阴影】选项组中各选项命令如下。

- 【启用】：开启或关闭场景中的阴影使用。
- 【使用全局设置】：选中该复选框，将会把下面的阴影参数应用到场景中全部投影灯上。
- 光线跟踪阴影：决定当前灯光使用哪种阴影方式进行渲染，其中包括高级光线跟踪、阴影贴图、区域阴影、光线跟踪阴影、Mental Ray阴影贴图和VRay阴影6种。
- 【包含】：单击该按钮，在打开的【排除/包含】对话框中设置场景中的对象不受当前灯光的影响，如图6-33所示。

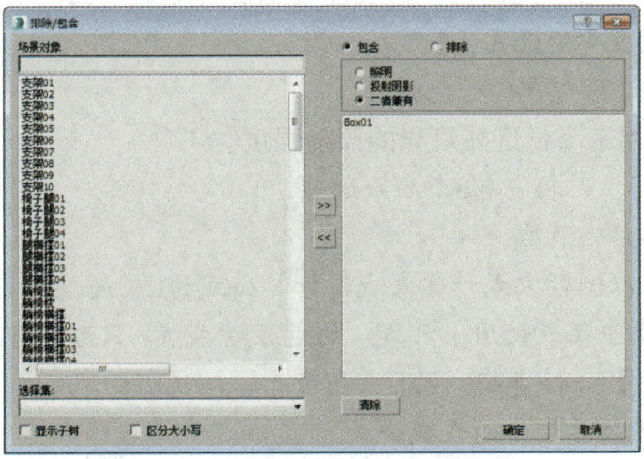

图6-33

在【排除/包含】对话框中，【场景对象】列表框中的所有对象都受当前灯光的影响，如果想不受当前灯光的影响，可以在【场景对象】列表框中选择一个对象，单击>>按钮，将其排除灯光的影响。如图6-34所示，在该场景中有1盏目标聚光灯和3盏泛光灯，其中中间的图为未排除目标聚光灯的影响效果，右图为被排除了目标聚光灯的影响效果。

如果要设置个别物体不产生或不接受阴影，可以右击选择物体，在弹出的快捷菜单中选择【对象属性】命令，在弹出的【对象属性】对话框中取消选中【接收阴影】或【投影阴影】复选框，如图6-35所示。

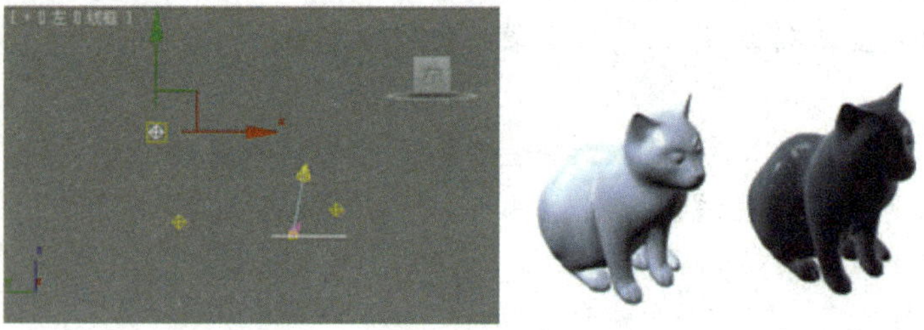

图6-34

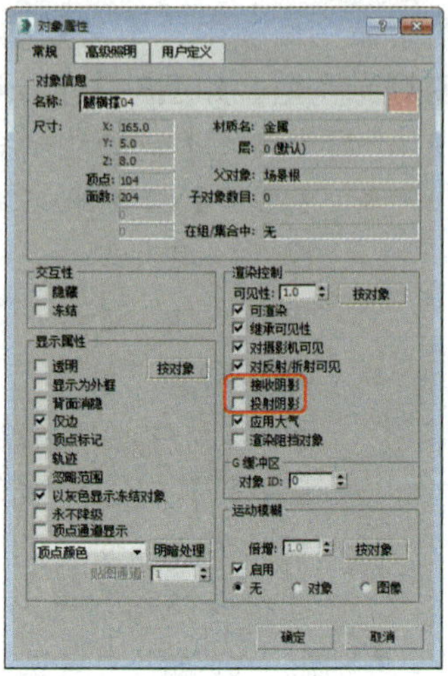

图6-35

6.4.2 【强度/颜色/衰减】卷展栏

【强度/颜色/衰减】卷展栏是标准的附加参数卷展栏，如图6-36所示。它主要对灯光的颜色、强度以及灯光的衰减进行设置。

- 【倍增】：对灯光的照射强度进行控制，标准值为1，如果设置为2，则照射强度会增加一倍。如果设置为负值，将会产生吸收光的效果。通过这个选项增加场景的亮度可能会造成场景曝光，还会产生视频无法接受的颜色，所以除非是特殊效果或特殊情况，否则应尽量设置为1。
- 颜色块：用于设置灯光的颜色。

【衰退】选项组：用来降低远处灯光的照射强度。

- 【类型】：在下拉列表中有3个衰减选项。
  - 【无】：不产生衰减。
  - 【倒数】：以倒数方式计算衰减，计算公式为L（亮度）=RO/R，RO为使用灯光衰减的光源半径或使用了衰减时的近距结束值，R为照射距离。
  - 【平方反比】：计算公式为L（亮度）=（RO/R）^{2}，这是真实世界中的灯光衰减，也是光度学灯光的衰减公式。
- 【开始】：该微调框定义了灯光不发生衰减的范围。
- 【显示】：显示灯光进行衰减的范围。

【近距衰减】选项组：用来设置灯光从开始衰减到衰减程度最强的区域。

- 【使用】：决定被选择的灯光是否使用它被指定的衰减范围。
- 【开始】：设置灯光开始衰减的位置。
- 【显示】：如果选中该复选框，在灯光的周围会出现表示灯光衰减开始和结束的圆圈，如图6-37所示。
- 【结束】：设置灯光衰减结束的地方，也就是灯光停止照明的距离。在开始衰减和结束衰减之间灯光按线性衰减。

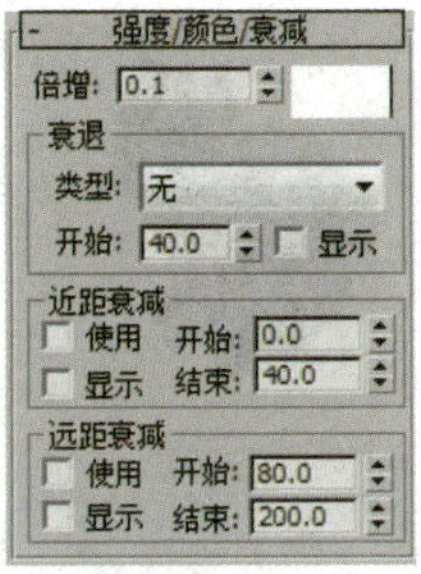

图6-36

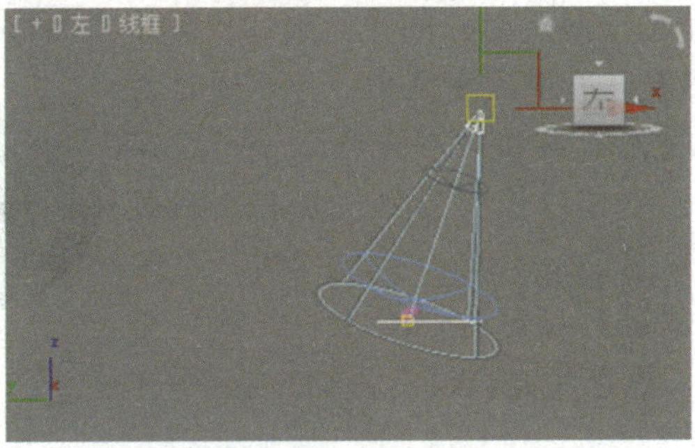

图6-37

【远距衰减】选项组：用来设置灯光从衰减开始到完全消失的区域。

- 【使用】：决定灯光是否使用被指定的衰减范围。
- 【开始】：该微调框定义了灯光不发生衰减的范围，只有在比开始照明更远的照射范围，灯光才开始发生衰减。
- 【显示】：选中该复选框会出现表示灯光衰减开始和结束的圆圈。
- 【结束】：设置灯光衰减结束的地方，也就是灯光停止照明的距离。

6.4.3 【高级效果】卷展栏

【高级效果】卷展栏提供了灯光影响曲面方式的控件，也包括很多微调和投影灯的设置，如图6-38所示。

可以通过选择要投射灯光的贴图，使灯光对象成为一个投影。投射的贴图可以是静止的图像或动画，如图6-39所示。

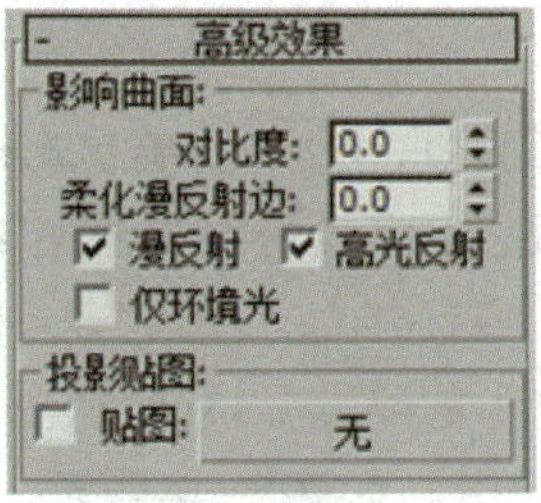

图6-38

图6-39

- 【对比度】：光源照射在物体上，会在物体的表面形成高光区、过渡区、阴影区和反光区。
- 【柔化漫反射边】：柔化过渡区与阴影表面之间的边缘，避免产生清晰的明暗分界。
- 【漫反射】：漫反射区就是从对象表面的亮部到暗部的过渡区域。默认状态下，此复选框处于选中状态。这样光线才会对物体表面的漫反射产生影响。如果复选框没有被选中，则灯光不会影响漫反射区域。
- 【高光反射】：也就是高光区，是光源在对象表面上产生的光点。此复选框用来控制灯光是否影响对象的高光区域。默认状态下，此复选框为选中状态。如果取消选中该复选框，灯光将不影响对象的高光区域。
- 【仅环境光】：选中该复选框，照射对象将反射环境光的颜色。默认状态下，该复选框为非选中状态。

图6-40所示是漫反射、高光反射和仅环境光3种渲染效果。

- 【贴图】：选中该复选框，可以通过右侧的【无】按钮为灯光指定一个投影图形，它可以像投影机一样将图形投影到照射的对象表面。当使用一个黑白位图进行投影时，黑色将光线完全挡住，白色对光线没有影响。

图6-40

6.4.4 【阴影参数】卷展栏

【阴影参数】卷展栏中的参数用于控制阴影的颜色、浓度以及是否使用贴图来代替颜色作为阴影，如图6-41所示。

【对象阴影】选项组：用于控制对象的阴影效果。

- 【颜色】：用于设置阴影的颜色。
- 【密度】：设置较大的数值产生一个粗糙、有明显的锯齿状边缘的阴影；相反，阴影的边缘会变得比较平滑。图6-42所示为不同的密度值所产生的阴影效果。

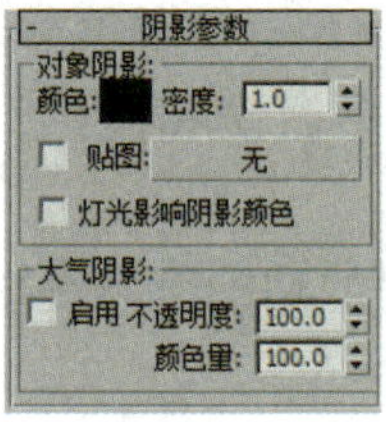

图6-41

图6-42

- 【贴图】：选中该复选框可以对对象的阴影投射图像，但不影响阴影以外的区域。在处理透明对象的阴影时，可以将透明对象的贴图作为投射图像投射到阴影中，以创建更多的细节，使阴影更真实。
- 【灯光影响阴影颜色】：选中该复选框，将混合灯光和阴影的颜色，如图6-43所示。

【大气阴影】选项组：用于控制允许大气效果投射阴影，如图6-44所示。

- 【启用不透明度】：调节大气阴影的不透明度的百分比数值。
- 【颜色量】：调整大气的颜色和阴影混合的百分比数值。

图6-43

图6-44

6.4.5 【阴影贴图参数】卷展栏

【阴影贴图参数】卷展栏主要是对阴影的大小、采样范围、贴图偏移等选项进行控制，如图6-45所示。

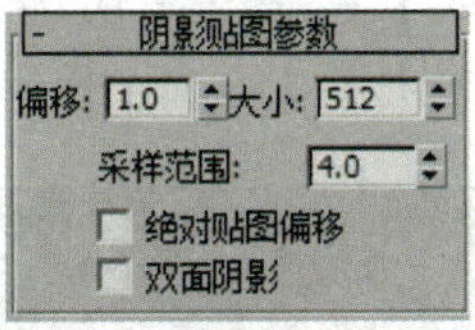

图6-45

- 【偏移】：该微调框通常用来确定阴影贴图与投射对象之间的精确性。偏移值越高，阴影与对象离得就越远；偏移值越低，阴影与对象靠得越近，如图6-46所示。
- 【大小】：用来确定阴影贴图的大小，如果阴影面积较大，应提高此值，否则阴影将会像素化，边缘将会有锯齿。如图6-47所示，左图为【大小】设置为50的效果；设定一个较高的数值，可以优化阴影的质量，右图为【大小】设置为782的效果。

图6-46

图6-47

- 【采样范围】：设置阴影中边缘区域的模糊程度，值越高，阴影边界越模糊。采样范围的原理就是在阴影边界周围的几个像素中取样，进行模糊处理，以便产生模糊的边界。因此阴影边界的质量是由阴影贴图偏移、大小和采样范围共同决定的。
- 【绝对贴图偏移】：选中该复选框，阴影贴图的偏移未标准化，但是该偏移在固定比例上以Max为单位表示。在设置动画时，无法更改该值。
- 【双面阴影】：选中该复选框，计算阴影时背面将不被忽略。从内部看到的对象不由外部的灯光照亮，这样将花费更多渲染时间。取消选中该复选框后，将忽略背面，渲染速度更快，但外部灯光将照亮对象的内部。默认设置为启用。

6.4.6 【上机操作】——使用灯光阴影

场景：CDROM\场景\Cha06\006.max

完成场景：CDROM\场景\Cha06\006OK.max

视频：视频教学\Cha06\使用灯光阴影.avi

通过使用灯光阴影，可以使模型更加形象逼真。使用灯光阴影的操作步骤如下：

Step 1 单击按钮，在弹出的下拉列表中选择【打开】命令，打开随书附带光盘中的CDROM\场景\Cha06\006.max，如图6-48所示。

Step 2 在场景中选择目标聚光灯对象，切换到【修改】命令面板，在【常规参数】卷展栏中勾选【阴影】选项组中的【启用】复选框，并将阴影模式定义为【光线跟踪阴影】，如图6-49所示。

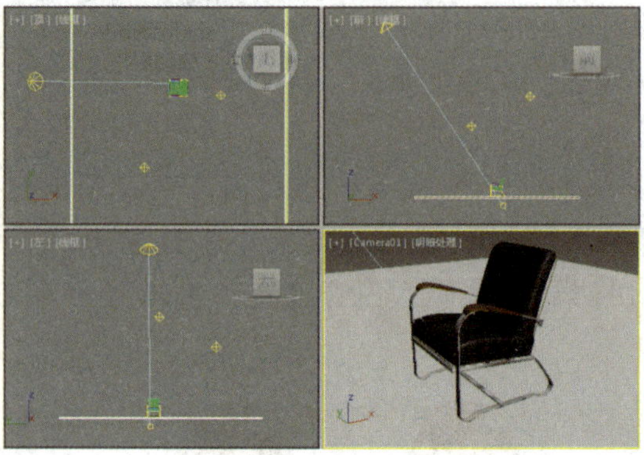

图6-48

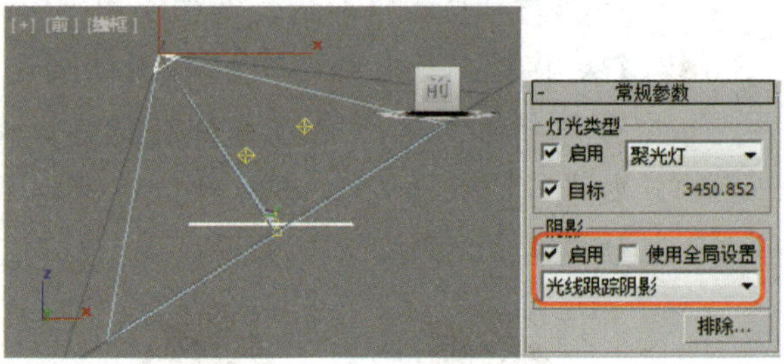

图6-49

6.4.7 【上机操作】——设置灯光强度

场景：CDROM\场景\Cha06\007.max

完成场景：CDROM\场景\Cha06\007OK.max

视频：视频教学\Cha06\设置灯光强度.avi

灯光的强度是在【强度/颜色/衰减】卷展栏中的【倍增】文本框中进行设置的，标准值为1。设置灯光强度的操作步骤如下：

Step 1 单击按钮，在弹出的下拉列表中选择【打开】命令，打开随书附带光盘中的CDROM\场景\Cha06\007.max，如图6-50所示。

Step 2 在场景中选择【Omni01】对象，切换到【修改】命令面板，在【强度/颜色/衰减】卷展栏中将【倍增】设置为0.5，如图6-51所示。

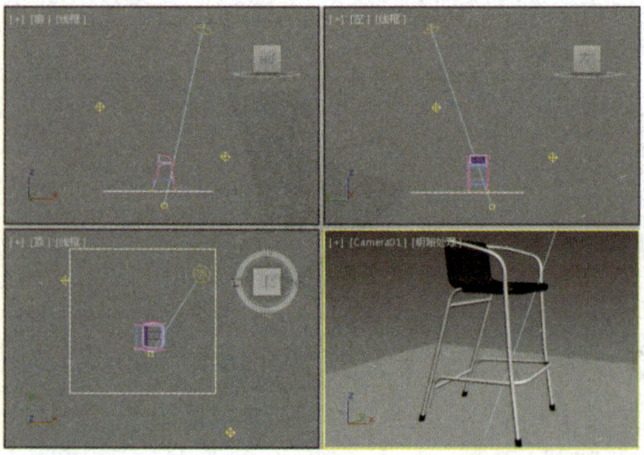

图6-50

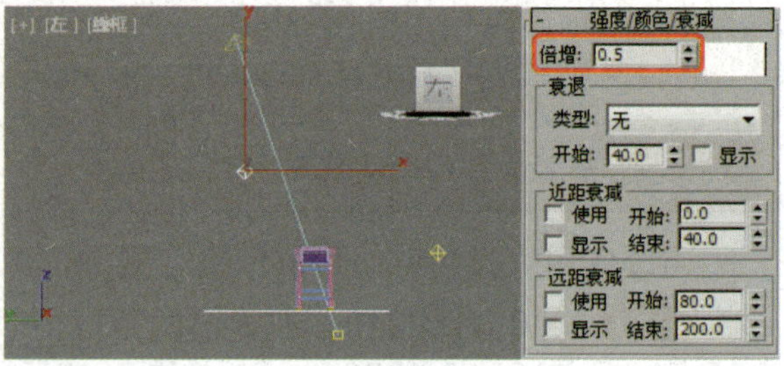

图6-51

6.4.8 【上机操作】——设置灯光颜色

场景：CDROM\场景\Cha06\008.max

完成场景：CDROM\场景\Cha06\008OK.max

视频：视频教学\Cha06\设置灯光颜色.max

用户可以根据自己的需要，为灯光设置不同的颜色，设置灯光颜色的操作步骤如下：

Step 1 单击按钮，在弹出的下拉列表中选择【打开】命令，打开随书附带光盘中的CDROM\场景\Cha06\008.max，如图6-52所示。

Step 2 在场景中选择【Omni01】对象，切换到【修改】命令面板，在【强度/颜色/衰减】卷展栏中单击【倍增】右侧的色块，在弹出的【颜色选择器】面板中将灯光颜色的RGB值设置为183、199、203，单击【确定】按钮，如图6-53所示。

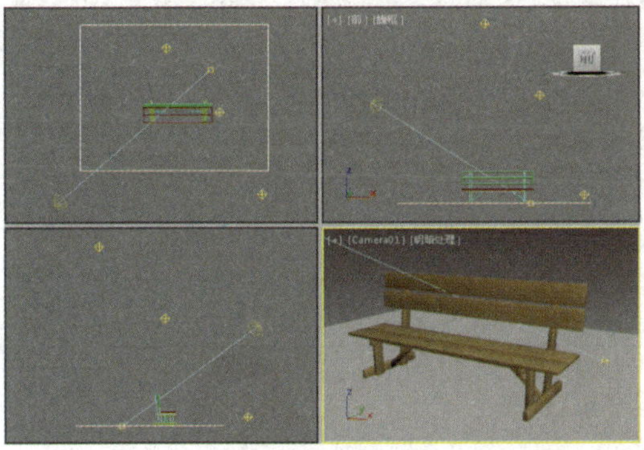

图6-52

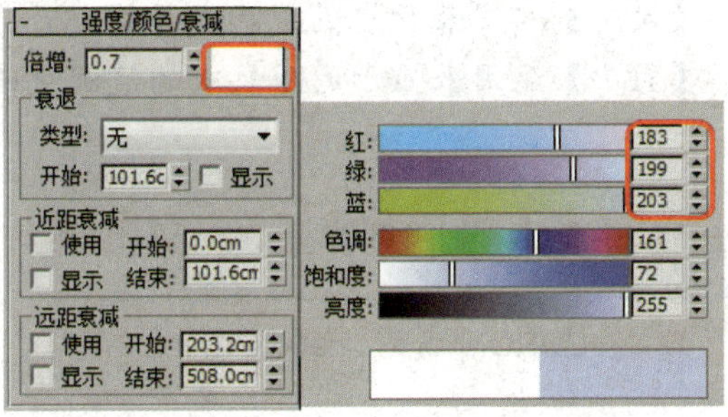

图6-53

6.4.9 【上机操作】——使用近距衰减

场景：CDROM\场景\Cha06\009.max

完成场景：CDROM\场景\Cha06\009OK.max

视频：视频教学\Cha06\使用近距衰减.avi

使用【近距衰减】时，灯光亮度在光源到指定起点之间保持为0，在起点到指定终点之间不断增强，在终点以外保持为颜色和倍增控制所指定的值。使用近距衰减的操作步骤如下：

Step 1 单击按钮，在弹出的下拉列表中选择【打开】命令，打开随书附带光盘中的CDROM\场景\Cha06\009.max，如图6-54所示。

Step 2 在场景中选择【Spot01】对象，切换到【修改】命令面板，打开【强度/颜色/衰减】卷展栏，在【近距衰减】选项组中勾选【使用】和【显示】复选框，在【开始】文本框中输入1 000，在【结束】文本框中输入12 000，如图6-55所示。

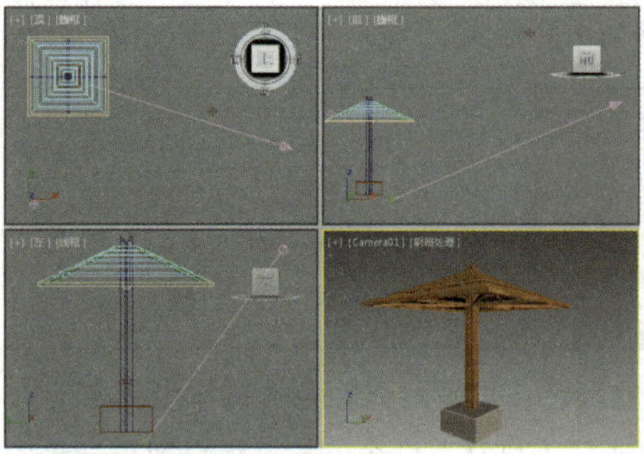

图6-54

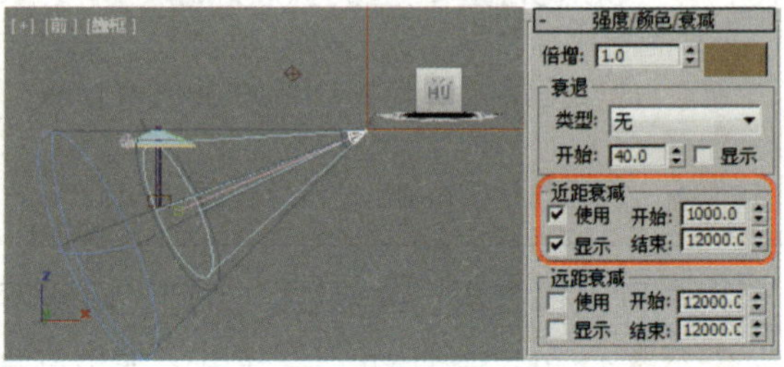

图6-55

提示：

【近距衰减】选项组中各选项功能介绍如下。

【开始】：设置灯光开始淡入的位置。

【结束】：设置灯光达到最大值的位置。

【使用】：用来开启近距衰减开关。

【显示】：用来显示近距衰减的范围线框。

6.4.10 【上机操作】——使用远距衰减

场景：CDROM\场景\Cha06\010.max	
完成场景：CDROM\场景\Cha06\010OK.max	
视频：视频教学\Cha06\使用远距衰减.avi	

设置远距衰减范围有助于大大缩短渲染时间。使用远距衰减时，在光源与起点之间保持颜色和倍增控制所控制的灯光亮度，在起点到终点之间，灯光亮度一直将为0。使用远距衰减的具体操作步骤如下：

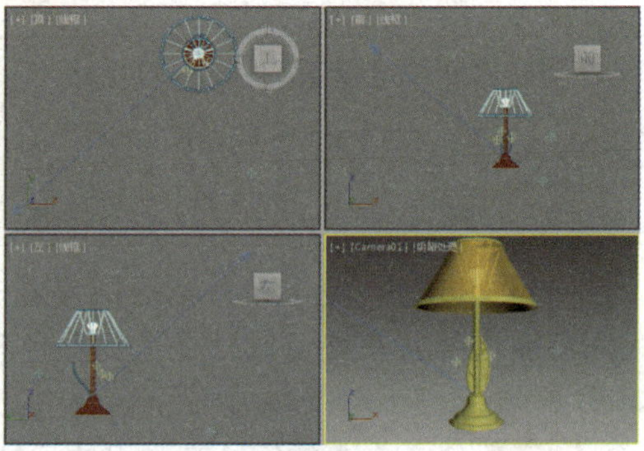

图6-56

Step 1 单击按钮，在弹出的下拉列表中选择【打开】命令，打开随书附带光盘中的CDROM\场景\Cha06\010.max，如图6-56所示。

Step 2 在场景中选择【Spot01】对象，切换到【修改】命令面板，打开【强度/颜色/衰减】卷展栏，在【远距衰减】选项组中勾选【使用】和【显示】复选框，在【开始】文本框中输入1 000，在【结束】文本框中输1 500，如图6-57所示。

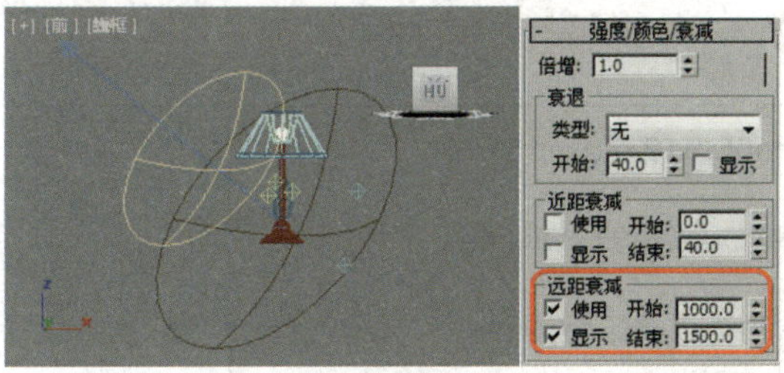

图6-57

提示：

在【远距衰减】选项组中各选项功能介绍如下。

【开始】：设置灯光开始淡出的位置。

【结束】：设置灯光为0的位置。

【使用】：用来开启远距衰减开关。

【显示】：用来显示远距衰减的范围线框。

6.4.11 【上机操作】——调整聚光区/光束

场景：CDROM\场景\Cha06\011.max.	
完成场景：CDROM\场景\Cha06\011OK.max	
视频：视频教学\Cha06\调整聚光区/光束.avi	

调整聚光区/光束是指调整灯光的锥形区，以角度进行衡量，默认值为43.0标准聚光灯在聚光区内的强度保持不变。具体操作步骤如下：

Step 1 单击按钮，在弹出的下拉列表中选择【打开】命令，打开随书附带光盘中的CDROM\场景\Cha06\011.max，如图6-58所示。

Step 2 在场景中选择【Spot01】对象，切换到【修改】命令面板，在【聚光灯参数】卷展栏中的【聚光区/光束】文本框中输入2.0，如图6-59所示。

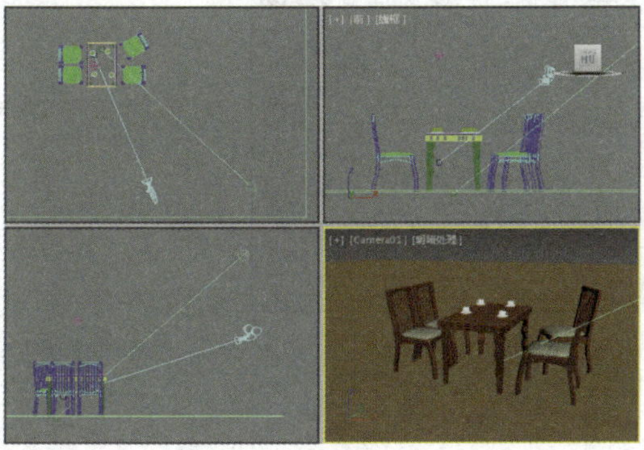

图6-58

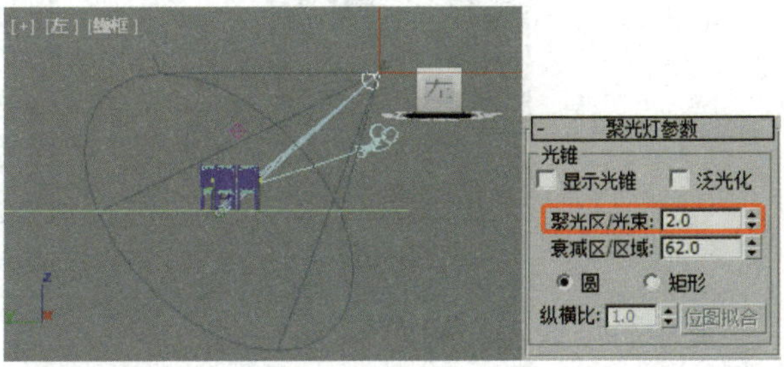

图6-59

6.4.12 【上机操作】——调整衰减区/区域

场景：CDROM\场景\Cha06\012.max

完成场景：CDROM\场景\Cha06\012OK.max

视频：视频教学\Cha06\调整衰减区/区域.avi

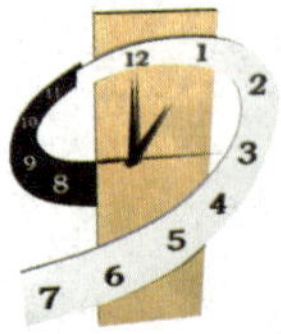

调整衰减区/区域是指调整灯光衰减区的角度。调节灯光的衰减区域，以角度进行衡量。此范围外物体将不受任何光线的影响，聚光区与此范围之间，光线由强向弱进行衰减变化。具体操作步骤如下：

Step 1 单击按钮，在弹出的下拉列表中选择【打开】命令，打开随书附带光盘中的CDROM\场景\Cha06\012.max，如图6-60所示。

Step 2 在场景中选择【Spot01】对象，切换到【修改】命令面板，在【聚光灯参数】卷展栏中的【衰减区/区域】文本框中输入80，如图6-61所示。

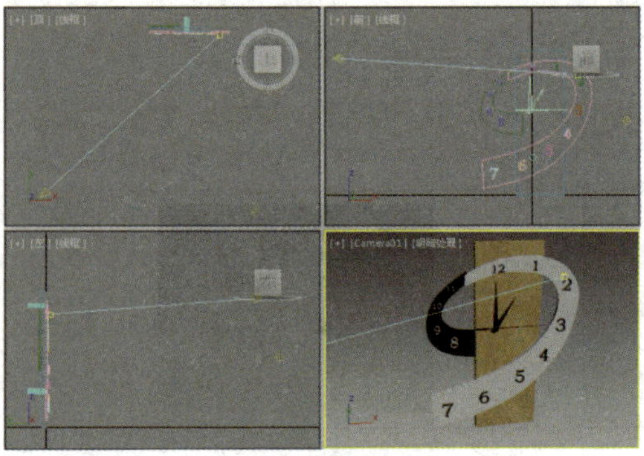

图6-60

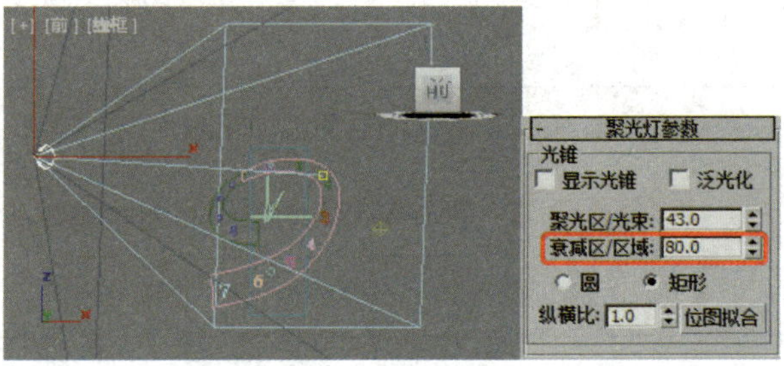

图6-61

6.4.13 【大气和效果】卷展栏

【大气和效果】卷展栏用于指定、删除和设置与灯光有关的大气及渲染特效参数，如图6-62所示。单击【添加】按钮，弹出【添加大气或效果】对话框，如图6-63所示，用于为灯光添加大气和效果。

图6-62

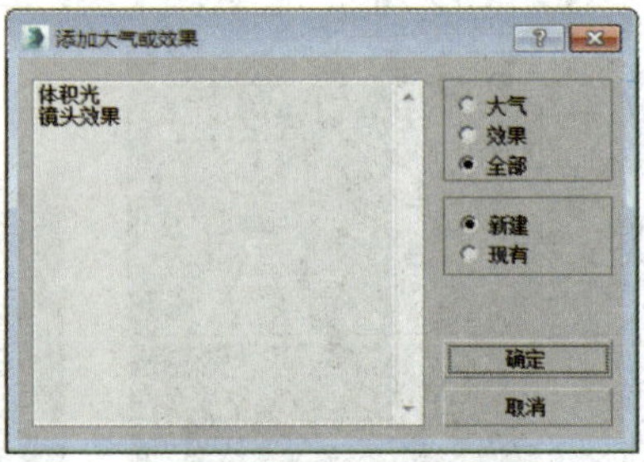

图6-63

其中各项内容介绍如下。

- 【大气】：设置列表中只显示大气相关内容。

- 【效果】：设置列表中只显示渲染特效。
- 【全部】：设置列表中可以同时显示大气和渲染效果。
- 【新建】：设置列表中只显示新建的大气或渲染效果。
- 【现有】：设置列表中只显示已经指定给灯光的大气或渲染效果。

单击【删除】按钮可以删除列表中选中的大气或渲染效果。列表中会显示当前灯光所指定的所有大气和渲染效果。

单击【设置】按钮可以对列表中选中的大气或渲染效果进行设置。

6.5 摄影机概述

摄影机好比人的眼睛，创建场景对象、布置灯光、调整材质所创作的效果图都要通过这双眼睛来观察，如图6-64所示。通过对摄影机的调整可以决定视图中对象的位置和尺寸，影响到场景对象的数量及创建方法。光线是画面视觉信息与视觉造型的基础，没有光便无法体现物体的形状、质感和颜色。

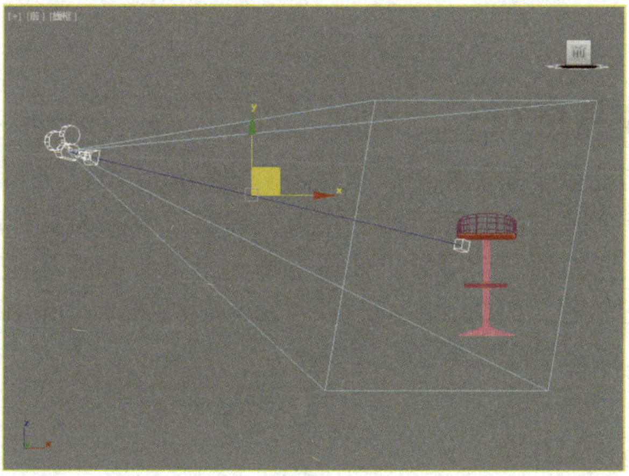

图6-64

6.5.1　认识摄影机

在【创建】命令面板中单击【摄影机】按钮，可以看到【物理】摄影机、【目标】摄影机和【自由】摄影机3种类型，如图6-65所示。在使用过程中，它们各自都存在优缺点。

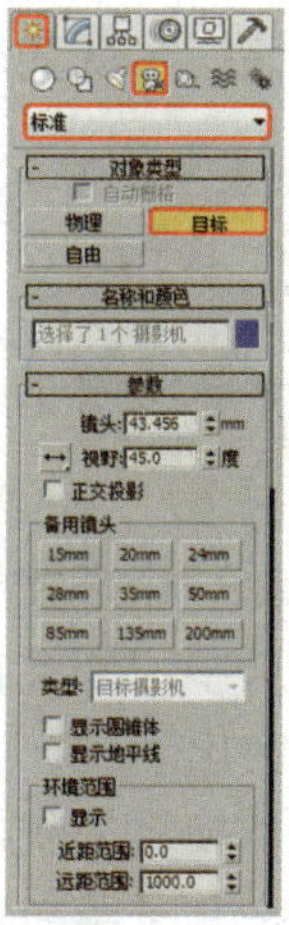

图6-65

创建目标摄影机如同创建几何体一样，当我们进入摄影机命令面板选择了【目标】摄影机后，在【顶】视图中要放置摄影机的位置上拖动至目标所在的位置，释放鼠标左键即可。

自由摄影机的创建更简单，只要在摄影机命令面板中选择【自由】工具，然后在任意视图中单击就可以完成。

目标摄影机包含两个对象：摄影机和摄影机目标。摄影机表示观察点，目标指的是用户的视点。用户可以独立地变换摄影机和它的目标，但摄影机被限制为一直对着目标。对于一般的摄像工作，目标摄影机是用户理想的选择。摄影机和摄影机目标的可变换功能对设置和移动摄影机视野具有最大的灵活性。

自由摄影机只包括摄影机这个对象。由于自由摄影机没有目标，它将沿自己的局部坐标系Z轴负方向的任意一段距离定义为它们的视点。因为自由摄影机没有对准的目标，所以比目标摄影机更难于设置和瞄准；自由摄影机在方向上不分上下，这正是自由摄影机的优点所在。自由摄影机不像目标摄影机那样因为要维持向上矢量，而受旋转约束因素的限制。自由摄影机最适于复杂的动画，在这些动画中自由摄影机被用来飞越有许多侧向摆动和垂直定向的场景。因为自由摄影机没有目标，它更容易沿着一条路径设置动画。

3ds Max 2016中的摄影机与现实中的相机没有什么区别，其调节参数就是通过模仿真实的相机来设置的，如图6-66所示。

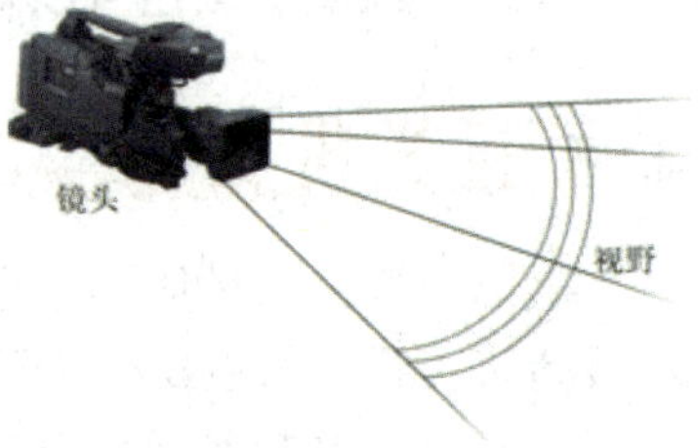

图6-66

6.5.2 摄影机对象的命名

当我们在视图中创建多个摄影机时，系统会以Camera001、Camera002等名称自动为摄影机命名。在制作一个大型场景时，如一个大型建筑效果图或复杂动画的表现时，随着场景变得越来越复杂，要记住哪一个摄影机聚焦于哪一个镜头也变得越来越困难，这时按照其表现的角度或方位进行命名，如Camera正视、Camera左视、Camera鸟瞰等，在进行视图切换的过程中会减少失误，从而提高工作效率。

6.5.3 摄影机视图的切换

摄影机视图就是被选中的摄影机视图。在一个场景中创造若干个摄影机，激活任意一个视图，按下键盘上的C键，从弹出的【选择摄影机】对话框中选择摄影机，如图6-67所示，这样该视图就变成当前摄影机视图。

提示：

如果场景中只有一个摄影机，那么这个摄影机将自动被选中，不会出现【选择摄影机】对话框。

在一个多摄影机场景中，如果其中的一个摄影机被选中，那么按下C键，该摄影机会自动被选中，不会出现【选择摄影机】对话框；如果没有选择的摄影机，【选择摄影机】对话框将会出现。

切换摄影机视图也可以在某个视图标签上右击，在弹出的快捷菜单中选择【摄影机】选项，在其子菜单中选择摄影机，如图6-68所示。

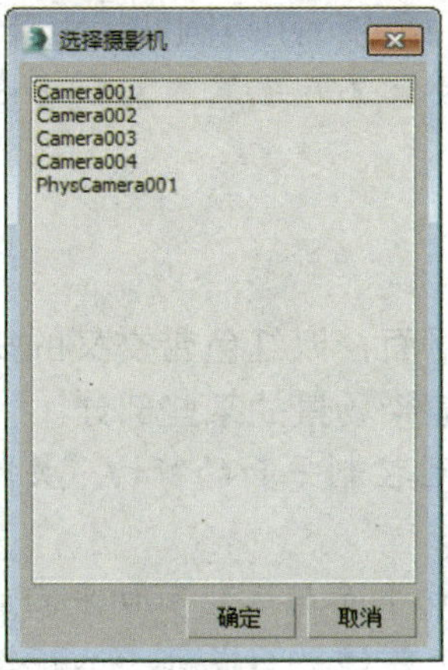

图6-67

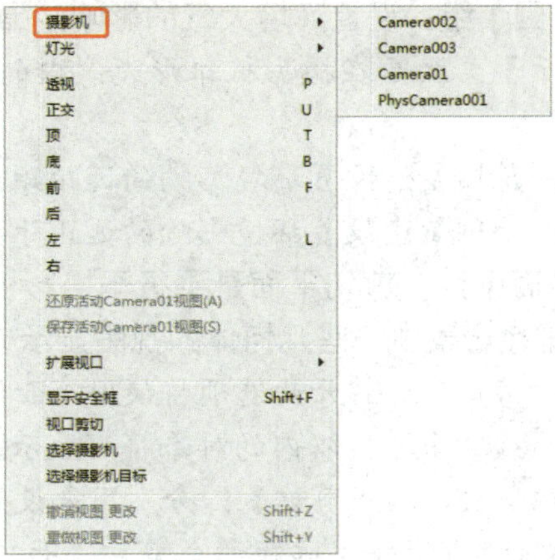

图6-68

6.6 摄影机公共参数

两种摄影机的参数绝大部分是相同的，在这里进行统一的介绍。摄影机的【参数】卷展栏、【景深参数】卷展栏以及【运动模糊参数】卷展栏。

6.6.1 【参数】卷展栏

下面介绍【参数】卷展栏中各选项的功能。

- 【镜头】：设置摄影机的焦距长度，48mm为标准人眼的焦距，短焦造成鱼眼镜头的夸张效果，长焦用来观测较远的景色，保证对象不变形。

如果在渲染对话框中改变了【光圈宽度】值的话，同样也改变了【镜头】的值，这样做虽然不会给摄影机中的图像带来任何变化，但实际上已经改变了焦距和视角之间的关系，也改变了摄影机锥形框的纵横比。

- 【视野】：设置摄影机的视角。依据选择的视角方向调节该方向上的弧度大小。
- 水平（默认设置）↔：水平应用视野。这是设置和测量FOV的标准方法。
- 垂直↕：垂直应用视野。
- 对角线⤢：在对角线上应用视野，从视口的一角到另一角。
- 【正交投影】：勾选此项目，摄影机视图就好像【用户】视图一样。关闭此项目．摄影机视图好像【透视图】一样。当【正交投影】起作用时，所有视图工具都不受影响，只有透视按钮的功能会有所不同。透视工具依然可以移动摄影机并改变摄影机焦距，但不直接表现在视图中。
- 【备用镜头】：提供了15mm、20mm、24mm、28mm、35mm、50mm、85mm、135mm、200mm等9种常用镜头供快速选择，这些预设值设置摄影机的焦距。
- 【类型】：用于改变摄影机的类型。
- 【显示圆锥体】：在视图中显示表示摄影范围的锥形框。除摄影机视图外，锥形框能够显示在其他任何视图中。
- 【显示地平线】：是否在摄影机视图中显示地平线。

【环境范围】组：设置环境大气的影响范围，通过下面的近距范围和远距范围确定。

- 【显示】：显示在摄影机锥形光线内的矩形以显示【近距范围】和【远距范围】的设置。
- 【近距范围】：设置环境影响的近距距离。
- 【远距范围】：设置环境影响的远距距离。

【剪切平面】组：剪切平面是平行于摄影机镜头的平面，以红色带交叉的矩形表示。剪切平面可以排除场景中一些几何体的视图显示或控制只渲染场景的某些部分。

- 【手动剪切】：打开此选项将使用下面的数值自己控制平面的剪切。关闭此选项，接近摄影机3个单位以内的对象将不显示。
- 【近距剪切，远距剪切】：分别用来设置近距剪切平面与远距剪切平面的距离。每个摄影机都有近距、远距两个剪切平面，近于近距剪切平面或远于远距剪切平面的对象摄影机都不显示。勾选【手动剪切】时，近距平面可以接近摄影机到0.1单位。需要注意的是，远距平面设置过高可能会产生错误。

【多过程效果】组：用于给摄影机指定景深或运动模糊效果。它的模糊效果是通过对同一帧图像的多次渲染计算并重叠结果产生的，因此会增加渲染时间。景深和运动模糊效果是相互排斥的，由于它们都依赖于多渲染途径，所以不能对同一个摄影机对象同时指定两种效果。当场景同时需要两种效果时，应当为摄影机设置多过程景深（使用这里的摄影机参数），再将它与对象运动模糊相结合。

- 【启用】：勾选该复选框后，用于效果的预览或渲染；取消勾选该复选框后，不渲染该效果。
- 【预览】：单击后，能够在激活的摄影机视图预览景深或运动模糊效果。
- 【渲染每过程效果】：当场景中使用了【渲染效果】时，勾选该项，【多过程效果】每次渲染计算时都进行【渲染效果】的处理，速度慢但效果真实，不会出问题；取消勾选后，只对【多过程效果】计算完成后的图像进行【渲染效果】处理，这样有利于提高渲染速度。
- 【目标距离】：对于自由摄影机来说，这个选项为其设置了一个不可见的目标点，使其可以围绕这个目标点进行运动。对于目标摄影机来说，这个选项用于设置摄影机与目标点之间的距离。

6.6.2 【景深参数】卷展栏

【景深参数】卷展栏只有在【多过程效果】选项组中将效果类型设置为【景深】时才可显示该卷展栏，下面介绍【景深参数】卷展栏中各选项的功能。

下面介绍【焦点深度】选项组中各选项功能。

- 【使用目标距离】：勾选该复选框，以投影机目标距离作为摄影机进行偏移的位置，取消勾选该复选框，以【焦点深度】的值进行投影机偏移。
- 【焦点深度】：当【使用目标距离】处于禁用状态时，设置距离偏移摄影机的深度。范围为0～100，其中0为摄影机的位置，100是极限距离。默认设置为100。

下面介绍【采样】选项组中各选项功能。

- 【显示过程】：勾选该复选框后，渲染帧窗口显示多个渲染通道。取消勾选该复选框后，该帧窗口只显示最终结果。该控件对于在摄影机视口中预览景深无效，默认设置为启用。

- 【使用初始位置】：勾选该复选框后，在摄影机的初始位置渲染第一个过程；取消勾选该复选框后，第一个渲染过程像随后的过程一样进行偏移，默认为勾选。
- 【过程总数】：用于生成效果的过程数。增加此值可以增加效果的精确性，但会增加渲染时间。默认设置为12。
- 【采样半径】：通过移动场景生成模糊的半径。增加该值将增加整体模糊效果。减小该值将减少模糊。默认设置为1。
- 【采样偏移】：设置模糊靠近或远离【采样半径】的权重值。增加该值，将增加景深模糊的数量级，提供更均匀的效果。减少该值，将减少数量级，提供更随机的效果。偏移的范围为0～1，默认设置为0.5。

下面介绍【过程混合】选项组中各选项功能。

- 【规格化权重】：使用随机权重混合的过程可以避免出现如条纹这些人工效果。当勾选【规格化权重】复选框后，将权重规格化，会获得较平滑的结果。当取消勾选复选框后，效果会变得清晰一些，但通常颗粒状效果更明显。默认设置为启用。
- 【抖动强度】：控制应用于渲染通道的抖动程度。增加此值会增加抖动量，并且生成颗粒状效果，尤其在对象的边缘上。默认值为0.4。
- 【平铺大小】：设置抖动时图案的大小。该值是一个百分比，0是最小的平铺，100是最大的平铺。默认设置为32。

下面介绍【扫描线渲染器参数】选项组中各选项功能。

- 【禁用过滤】：勾选该复选框后，禁用过滤过程。默认设置为禁用状态。
- 【禁用抗锯齿】：勾选该复选框后，禁用抗锯齿。默认设置为禁用状态。

6.6.3 【运动模糊参数】卷展栏

【运动模糊参数】卷展栏只有在【多过程效果】选项组中将效果类型设置为【运动模糊】时才可显示该卷展栏，下面介绍【运动模糊参数】卷展栏中各个选项的功能。

下面介绍【采样】选项组中各选项功能。

- 【显示过程】：启用此选项后，渲染帧窗口显示多个渲染通道。禁用此选项后，该帧窗口只显示最终结果。该控件对在摄影机视口中预览运动模糊没有任何影响。默认设置为启用。
- 【过程总数】：该选项用于生成效果的过程数。增加此值可以增加效果的精确性，但却以渲染时间为代价。默认设置为12。
- 【持续时间（帧）】：用于设置在动画中将应用运动模糊效果的帧数。默认设置为1.0。
- 【偏移】：该选项用于更改模糊，以便其显示为在当前帧前后从帧中导出更多内容。范围为0.01～0.99。默认设置为0.5。

下面介绍【过程混合】选项组中各选项功能。

- 【规格化权重】：使用随机权重混合的过程可以避免出现诸如条纹这些人工效果。当启用【规格化权重】后，将权重规格化，会获得较平滑的结果。当禁用此选项后，效果会变得清晰一些，但通常颗粒状效果更明显。默认设置为启用。

- 【抖动强度】：控制应用于渲染通道的抖动程度。增加此值会增加抖动量，并且生成颗粒状效果，尤其在对象的边缘上。默认值为0.4。
- 【平铺大小】：设置抖动时图案的大小。此值是一个百分比，0是最小的平铺，100是最大的平铺。默认设置为32。

下面介绍【扫描线渲染器参数】选项组中各选项功能。

- 【禁用过滤】：启用此选项后，禁用过滤过程。默认设置为禁用状态。
- 【禁用抗锯齿】：启用此选项后，禁用抗锯齿。默认设置为禁用状态。

6.7 摄影机视图导航控制

图6-69

对于摄影机视图，系统在视图控制区提供了专门的导航工具，用来控制摄影机视图的各种属性，如图6-69所示。使用摄影机导航控制可以提供许多控制功能和灵活性。

摄影机导航工具的功能说明如下所述。

- 推拉摄影机：沿视线移动摄影机的出发点，保持出发点与目标点之间连线的方向不变，使出发点在此线上滑动，这种方式不改变目标点的位置，只改变出发点的位置。
- 推拉目标：沿视线移动摄影机的目标点，保持出发点与目标点之间连线的方向不变，使目标点在此线上滑动，这种方式不会改变摄影机视图中的影像效果，但有可能使摄影机反向。
- 推拉摄影机+目标：沿视线同时移动摄影机的目标点与出发点，这种方式产生的效果与【推拉摄影机】方式相同，只是保证了摄影机本身形态不发生改变。
- 透视：以推拉出发点的方式来改变摄影机的【视野】镜头值，配合Ctrl键可以增加变化的幅度。
- 视野：固定摄影机的目标点与出发点，通过改变视野取景的大小来改变FOV镜头值，这是一种调节镜头效果的好方法，起到的效果其实与Perspective（透视）+Dolly Camera（推拉摄影机）相同。
- 侧滚摄影机：沿着垂直于视平面的方向旋转摄影机的角度。
- 平移摄影机：在平行于视平面的方向上同时平移摄影机的目标点与出发点，配合Ctrl键可以加速平移变化，配合Shift键可以锁定在垂直或水平方向上平移。
- 穿行：使用穿行导航，可通过按下包括箭头方向键在内的一组快捷键，在视图中移动，正如在众多视频游戏中的3D世界中导航一样。
- 环游摄影机：固定摄影机的目标点，使出发点转着它进行旋转观测，配合Shift键可以锁定在单方向上的旋转。
- 摇移摄影机：固定摄影机的出发点，使目标点进行旋转观测，配合Shift键可以锁定在单方向上的旋转。

6.7.1 【上机操作】——创建目标摄影机

场景：CDROM\场景\Cha06\013.max

完成场景：CDROM\场景\Cha06\013OK.max

视频：视频教学\Cha06\创建目标摄影机.avi

目标摄影机用于查看目标对象周围的区域。它有摄影机、目标点两部分，可以很容易地单独进行控制调整，创建目标摄影机的操作步骤如下：

Step 1 单击按钮，在弹出的下拉列表中选择【打开】命令，打开随书附带光盘中的CDROM\场景\Cha06\013.max，如图6-70所示。

Step 2 选择【创建】|【摄影机】|【目标】摄影机工具，在【顶】视图中单击并拖动鼠标，拖动至适当位置处松开鼠标，即可创建目标摄影机，如图6-71所示。

Step 3 切换到【修改】命令面板，在【参数】卷展栏中将【镜头】设置为20，如图6-72所示。

Step 4 激活【透视】图，按C键将其转换为摄影机视图。在工具栏中单击【选择并移动】按钮，在其他视图中调整目标摄影机的位置，如图6-73所示。

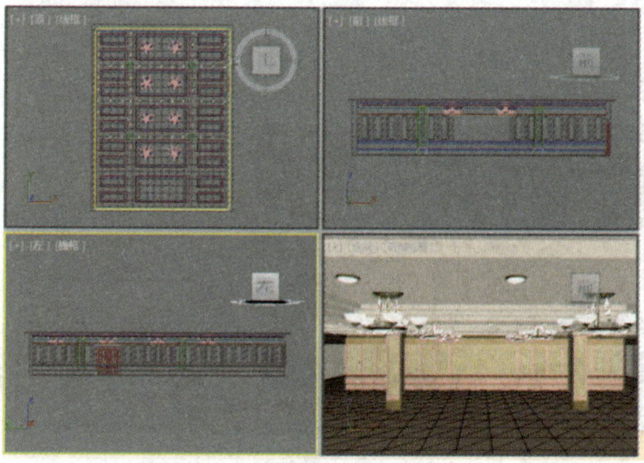

图6-70

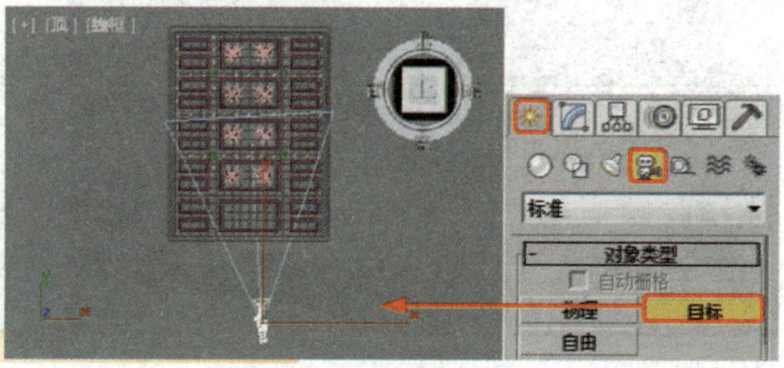

图6-71

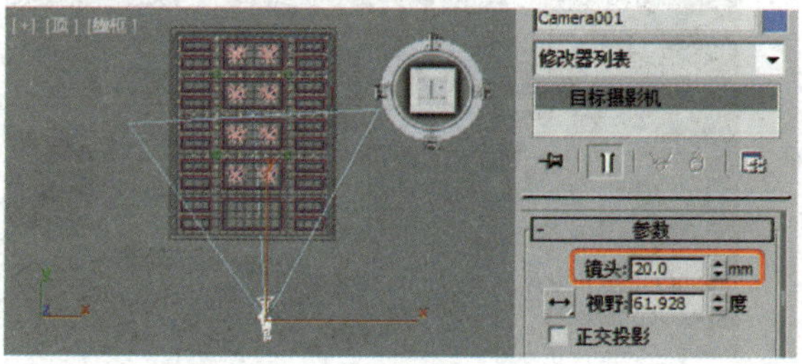

图6-72

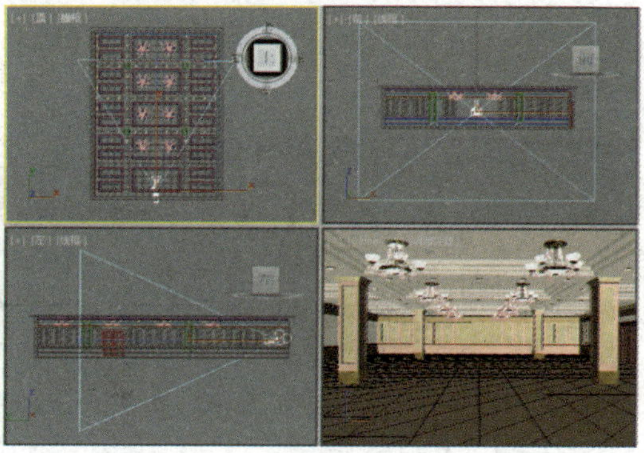

图6-73

6.7.2 【上机操作】——创建自由摄影机

场景：CDROM\场景\Cha06\014.max

完成场景：CDROM\场景\Cha06\014OK.max

视频：视频教学\Cha06\创建自由摄影机.avi

自由摄影机用于查看注视摄影机方向的区域，它没有目标点。创建自由摄影机的操作步骤如下：

Step 1 单击按钮，在弹出的下拉列表中选择【打开】命令，打开随书附带光盘中的CDROM\场景\Cha06\014.max，如图6-74所示。

Step 2 选择【创建】|【摄影机】|【自由】摄影机工具，在【前】视图中单击即可创建自由摄影机，如图6-75所示。

Step 3 切换到【修改】命令面板，在【参数】卷展栏中将【镜头】设置为25，如图6-76所示。

Step 4 激活透视图，按C键将其转换为摄影机视图。在工具栏中单击【选择并移动】按钮，在其他视图中调整摄影机的位置，如图6-77所示。

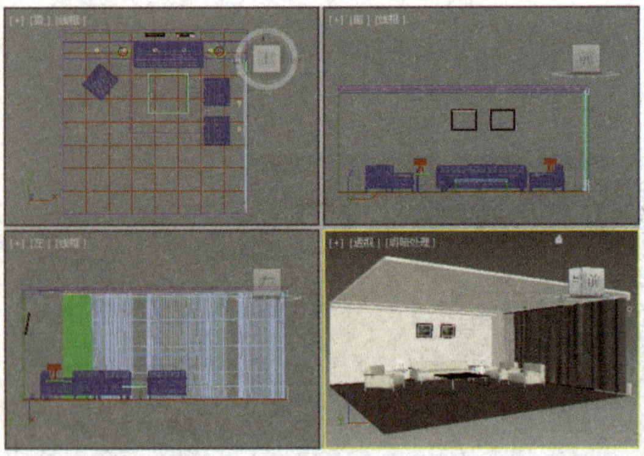

图6-74

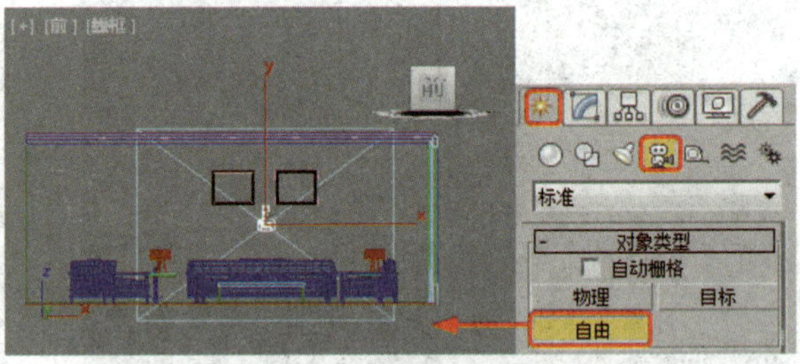

图6-75

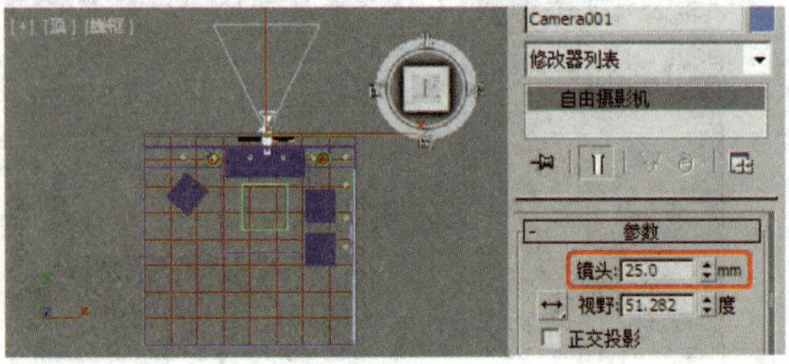

图6-76

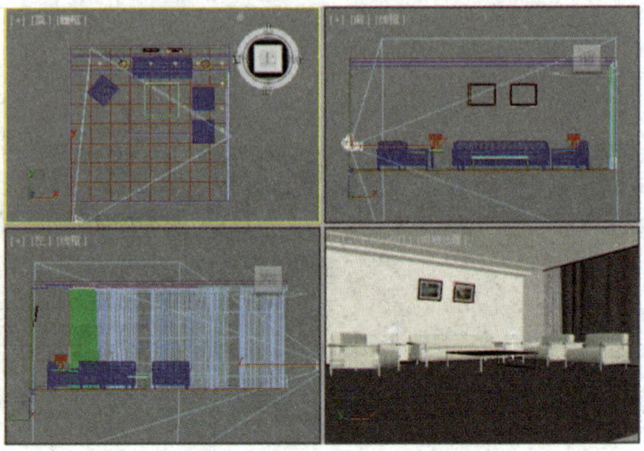

图6-77

6.8 上机实践

6.8.1 室内日光灯的模拟

本例主要是为一套简单的室内效果图场景进行日光效果的模拟。具体操作步骤如下：

Step 1 按Ctrl+O组合键，打开随书附带光盘中的CDROM\场景\Cha06\室内日光灯的模拟.max，如图6-78所示。

Step 2 选择【创建】|【灯光】|【标准】|【目标聚光灯】工具，在【顶】视图中创建一盏目标聚光灯，在【常规参数】卷展栏中勾选【阴影】选项组中的【启用】复选框，将阴影模式定义为【光线跟踪阴影】，在【强度/颜色/衰减】卷展栏中将【倍增】设置为0.7，并将其右侧色块的RGB值设置为201、201、201，在【聚光灯参数】卷展栏中将【聚光区/光束】和【衰减区/区域】分别设置为0.5、62.4，并在场景中调整灯光的位置，如图6-79所示。

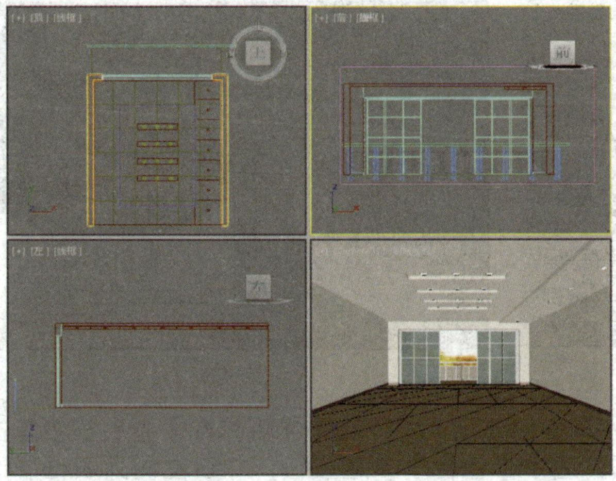

图6-78

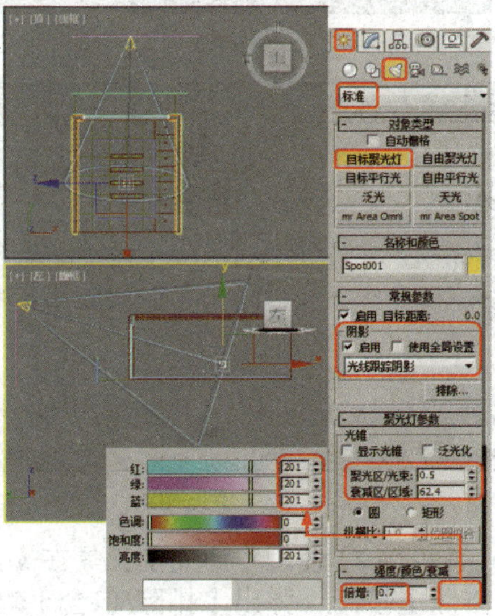

图6-79

Step 3 使用【目标聚光灯】工具在【顶】视图中创建一盏目标聚光灯，在【强度/颜色/衰减】卷展栏中将【倍增】设置为0.5，并将其右侧色块的RGB值设置为211、211、211，在【聚光灯参数】卷展栏中将【聚光区/光束】和【衰减区/区域】分别设置为0.5、31，并选中【矩形】单选按钮，然后在场景中调整灯光的位置，如图6-80所示。

Step 4 继续在【顶】视图中创建目标聚光灯，在【强度/颜色/衰减】卷展栏中将【倍增】设置为0.4，在【聚光灯参数】卷展栏中将【聚光区/光束】和【衰减区/区域】分别设置为0.5、24.7，然后在场景中调整灯光的位置，如图6-81所示。

Step 5 选择【创建】|【灯光】|【标准】|【泛光】工具，在【顶】视图中创建泛光灯，切换到【修改】命令面板，在【常规参数】卷展栏中单击【排除】按钮，弹出【排除/包含】对话框，在左侧列表框中选择【背景】、【推拉门左玻璃】、【推拉门左玻璃01】和【阳台护栏玻璃】，单击>>按钮，即可排除选择对象的照射，然后单击【确定】按钮，如图6-82所示。

Step 6 然后在场景中调整泛光灯的位置，效果如图6-83所示。

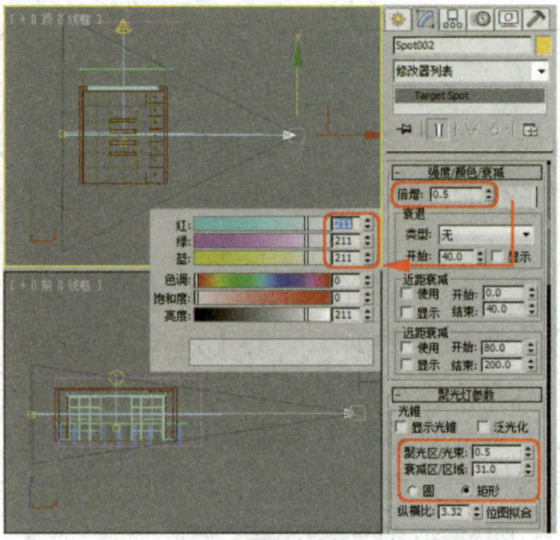

图6-80

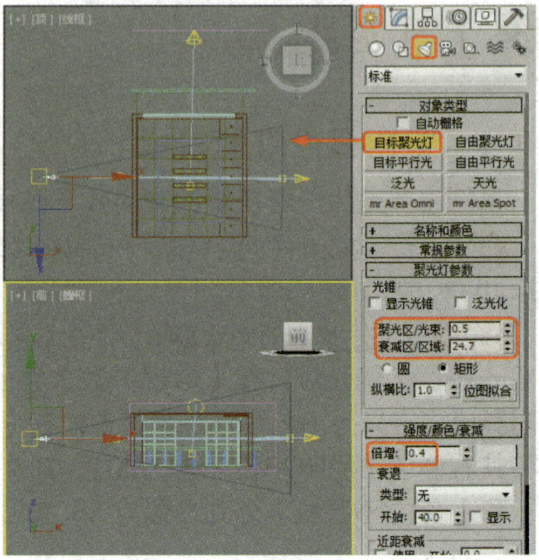

图6-81

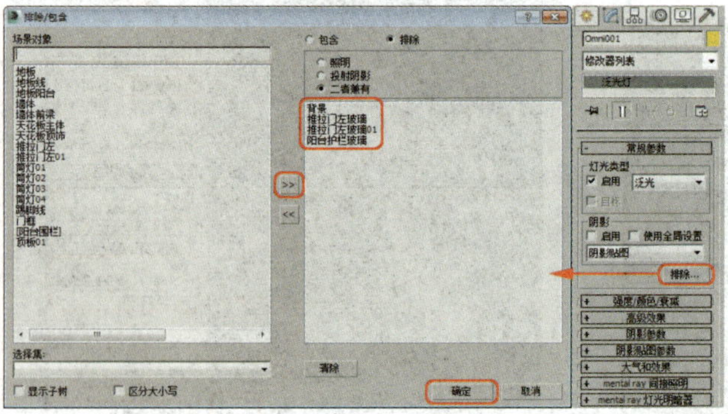

图6-82

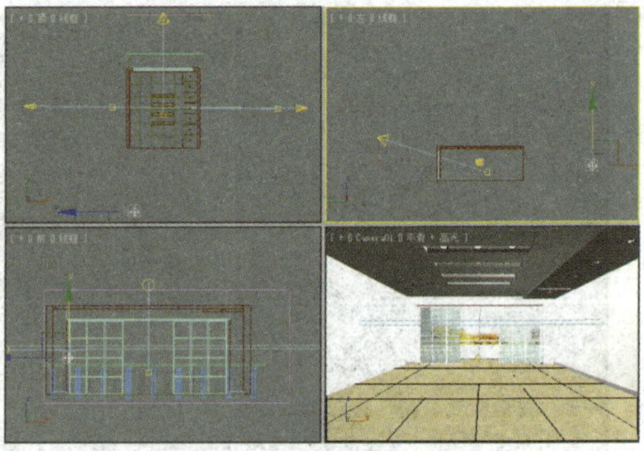

图6-83

Step 7 使用【泛光】工具在【顶】视图中创建泛光灯，在【常规参数】卷展栏中单击【排除】按钮，弹出【排除/包含】对话框，选中【包含】单选按钮，并在左侧列表框中选择【地板】、【地板线】、【地板阳台】、【推拉门左】和【推拉门左01】，单击>>按钮，则灯光只照射选择的对象，然后单击【确定】按钮，如图6-84所示。

Step 8 在【强度/颜色/衰减】卷展栏中将【倍增】设置为0.7，并将其右侧色块的RGB值设置为255、255、255，然后在场景中调整灯光的位置，如图6-85所示。

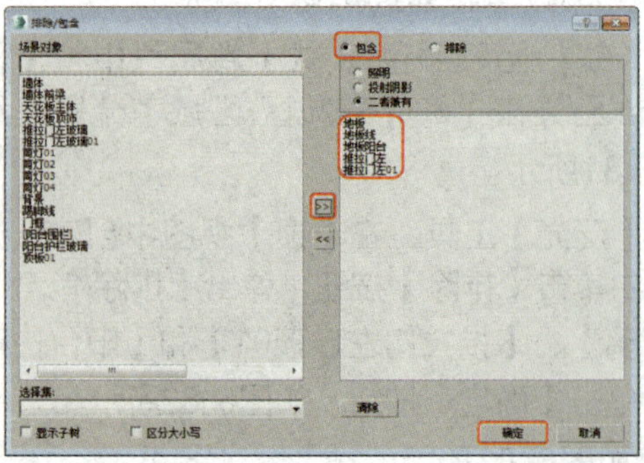

图6-84

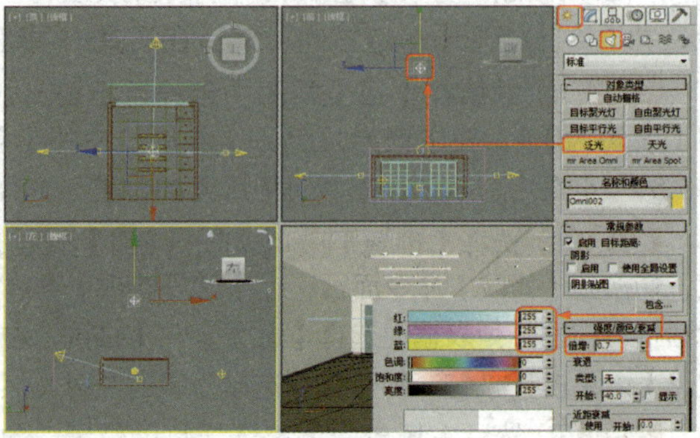

图6-85

Step 9 使用【泛光】工具在【顶】视图中创建泛光灯，在【常规参数】卷展栏中单击【排除】按钮，弹出【排除/包含】对话框，选中【排除】单选按钮，在左侧列表框中选择【背景】、【推拉门左玻璃】和【推拉门左玻璃01】，单击>>按钮，即可排除选择对象的照射，然后单击【确定】按钮，如图6-86所示。

Step 10 在【强度/颜色/衰减】卷展栏中将【倍增】右侧色块的RGB值设置为254、247、238，然后在场景中调整灯光的位置，如图6-87所示。

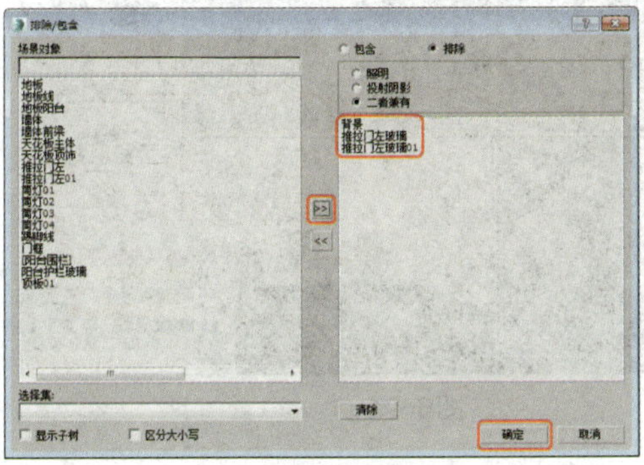

图6-86

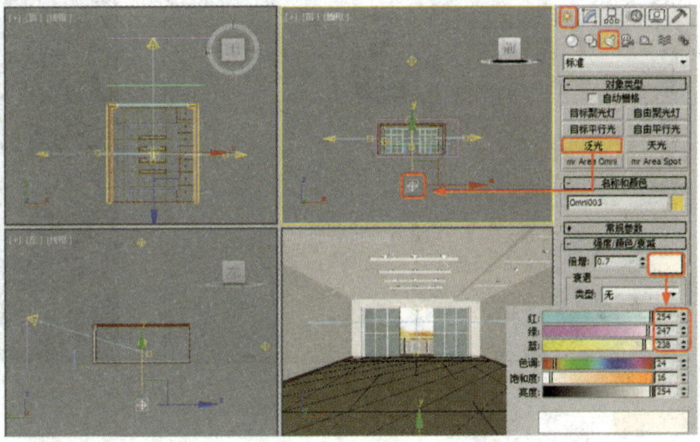

图6-87

Step 11 使用【泛光】工具在【顶】视图中创建泛光灯，切换到【修改】命令面板，在【常规参数】卷展栏中单击【排除】按钮，弹出【排除/包含】对话框，在左侧列表框中选择【背景】、【推拉门左玻璃】、【推拉门左玻璃01】、【阳台护栏玻璃】和【[阳台围栏]】，单击>>按钮，即可排除选择对象的照射，然后单击【确定】按钮，如图6-88所示。

Step 12 在【强度/颜色/衰减】卷展栏中将【倍增】设置为0.2，并将其右侧色块的RGB值设置为211、211、211，然后在场景中调整灯光的位置，如图6-89所示。

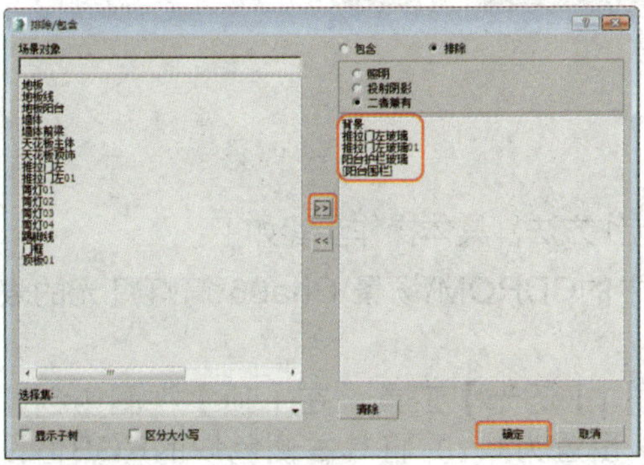

图6-88

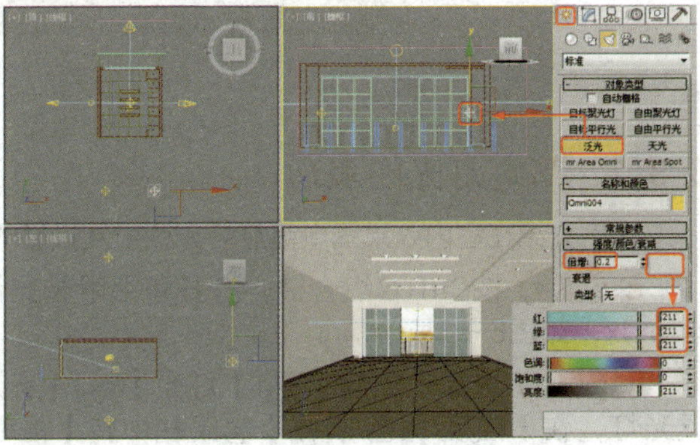

图6-89

Step 13 继续使用【泛光】工具在【顶】视图中创建泛光灯，在【常规参数】卷展栏中单击【排除】按钮，弹出【排除/包含】对话框，选中【包含】单选按钮，并在左侧列表框中选择【推拉门左玻璃】和【推拉门左玻璃01】，单击>>按钮，则灯光只照射选择的对象，然后单击【确定】按钮，如图6-90所示。

Step 14 在【强度/颜色/衰减】卷展栏中将【倍增】设置为0.7，然后在场景中调整灯光的位置，如图6-91所示。

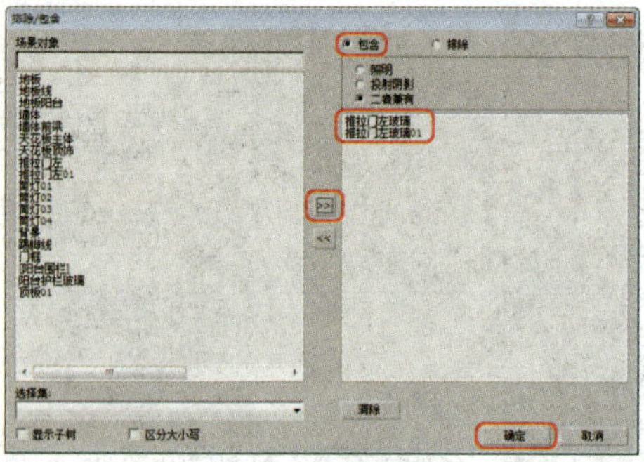

图6-90

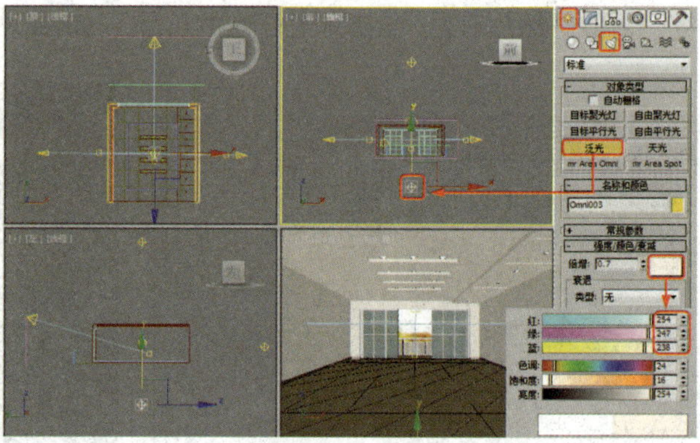

图6-91

Step 15 至此，室内日光灯效果制作完成了，对【摄影机】视图进行渲染，渲染完成后的效果如图6-92所示。然后将完成后的场景文件和效果进行保存。

图6-92

6.8.2 筒灯灯光的表现

本例介绍在室内效果图中筒灯灯光照射及投影的制作方法，具体操作步骤如下：

Step 1 按Ctrl+O组合键，打开随书附带光盘中的CDROM\场景\Cha06\筒灯灯光的表现.max，如图6-93所示。

Step 2 选择【创建】|【灯光】|【标准】|【泛光】工具，在【顶】视图中创建泛光灯，在【强度/颜色/衰减】卷展栏中将【倍增】设置为1，并将其右侧色块的RGB值设置为170、170、170，在【衰退】选项组中勾选【显示】复选框，在【远距衰减】选项组中勾选【使用】和【显示】复选框，将【开始】和【结束】分别设置为40、500，在【高级效果】卷展栏中将【柔化漫反射边】设置为50，然后在场景中调整泛光灯的位置，如图6-94所示。

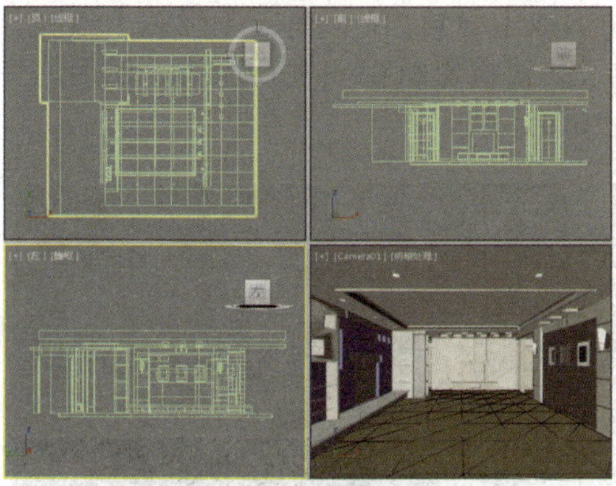

图6-93

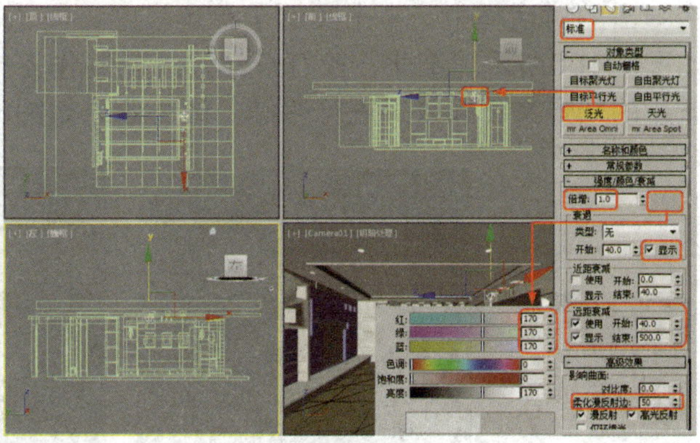

图6-94

Step 3 选择【创建】|【灯光】|【标准】|【目标聚光灯】工具，在【顶】视图中创建一盏目标聚光灯，切换到【修改】命令面板，在【常规参数】卷展栏中勾选【阴影】选项组中的【启用】复选框，将阴影模式定义为【阴影贴图】，在【强度/颜色/衰减】卷展栏中将【倍增】右侧色块的RGB值设置为100、100、100，在【衰退】选项组中将【开始】设置为1 016，并勾选【显示】复选框，在【远距衰减】选项组中勾选【使用】和【显示】复选框，将【开始】和【结束】分别设置为40、76 200，在【聚光灯参数】卷展栏中将【聚光区/光束】和【衰减区/区域】分别设置为0.5和75，在【高级效果】卷展栏中将【柔化漫反射边】设置为50，在【阴影贴图参数】卷展栏中将【大小】设置为800，将【采样范围】设置为15，如图6-95所示。

Step 4 在场景中调整目标聚光灯的位置，如图6-96所示。

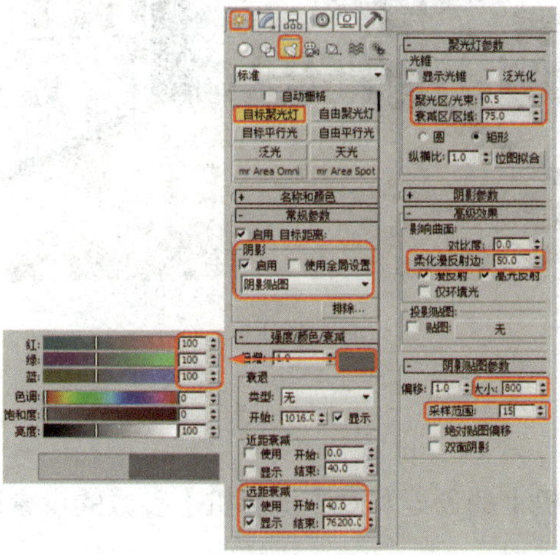

图6-95

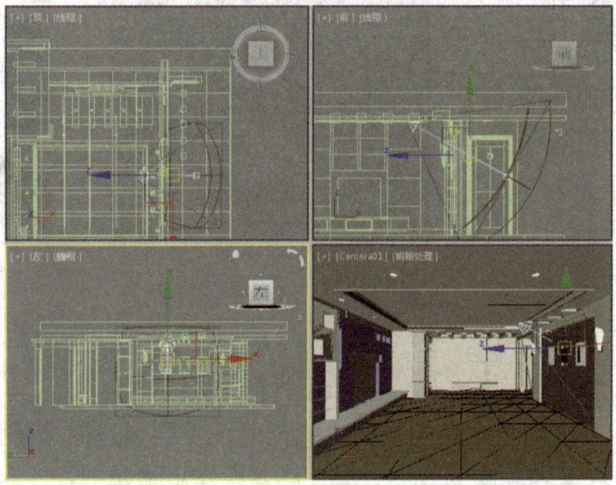

图6-96

Step 5 在场景中选择创建的泛光灯和目标聚光灯，在【顶】视图中配合Shift键将其向下移动复制，在弹出的对话框中选中【实例】单选按钮，将【副本数】设置为2，单击【确定】按钮，如图6-97所示。

Step 6 继续使用【目标聚光灯】工具在【顶】视图中创建目标聚光灯，并在场景中调整灯光的位置，如图6-98所示。

Step 7 选择新创建的目标聚光灯，在【顶】视图中配合Shift键将其向下移动复制，在弹出的对话框中选中【实例】单选按钮，将【副本数】设置为2，单击【确定】按钮，如图6-100所示。至此，筒灯灯光效果就制作完成了，对摄影机视图进行渲染，然后将完成后的场景文件和效果进行存储。最终效果如图6-100所示。

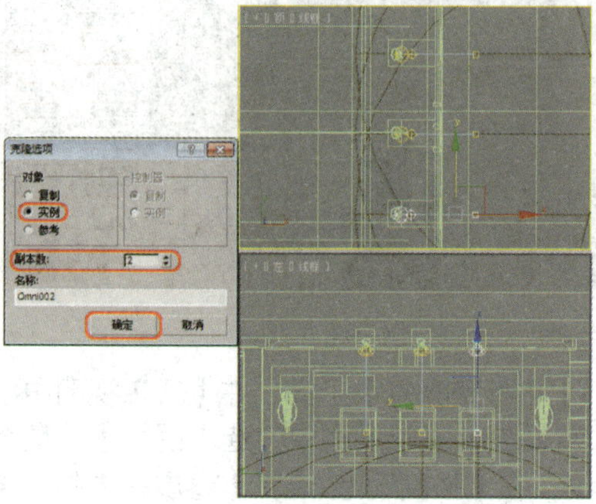

图6-97

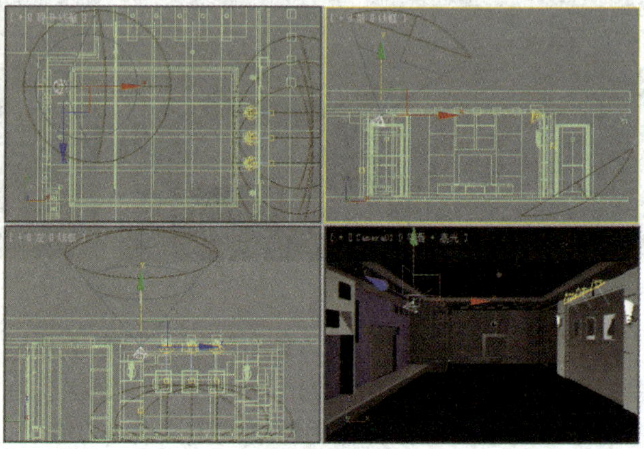

图6-98

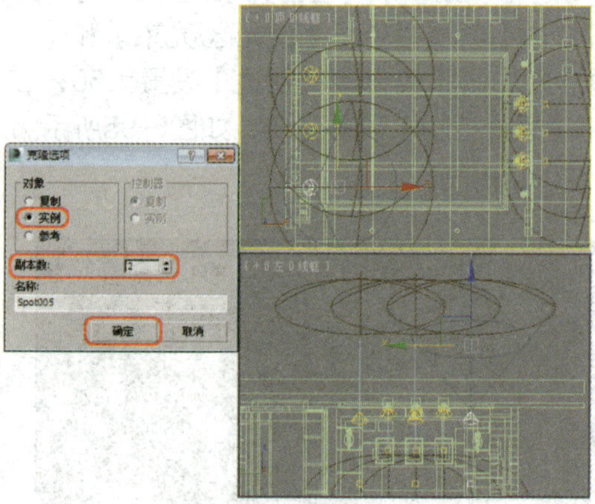

图6-99

图6-100

6.8.3 室内摄影机

本例介绍室内摄影机的创建，主要通过对【摄影机】的创建和对【摄影机】参数的设置来表现室内装修的整体效果，具体操作步骤如下：

Step 1 运行3ds max软件后打开随书附带光盘中的CDROM\场景\Cha06\室内摄影机.max文件，如图6-101所示。

Step 2 选择【创建】|【摄影机】|【目标】工具，在【顶】视图中创建摄影机，在场景中调整摄影机的位置，并将【透视】视图转换为【摄影机】视图，如图6-102所示。

Step 3 激活【摄影机】视图，按Shift+F组合键添加安全框，如图6-103所示。

Step 4 选择摄影机，单击【修改】按钮，进入【修改】命令面板，在【参数】卷展栏中将【镜头】参数设置为20.373，并在场景中调整摄影机的位置，如图6-104所示。

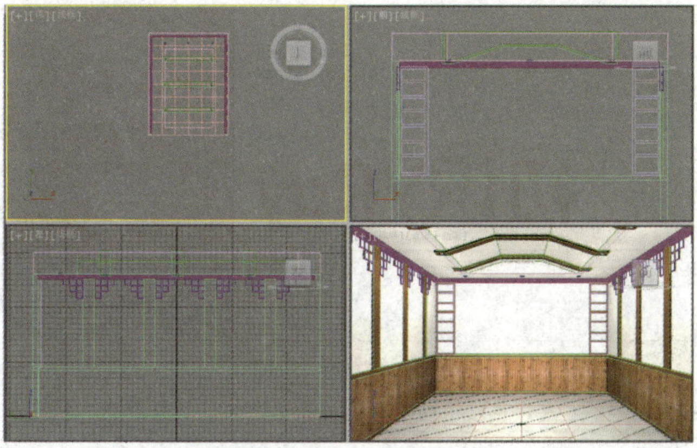

图6-101

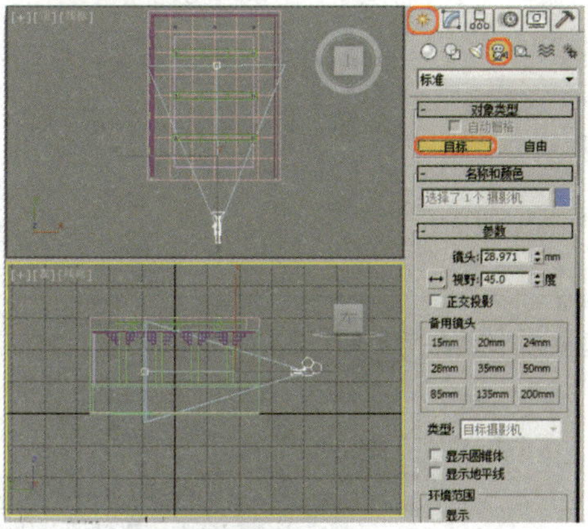

图6-102

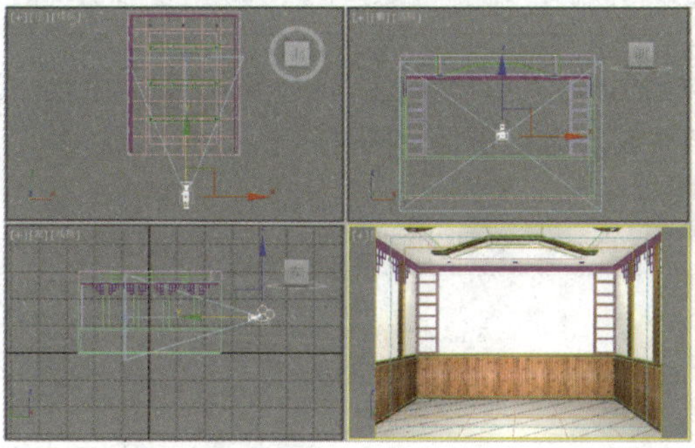

图6-103

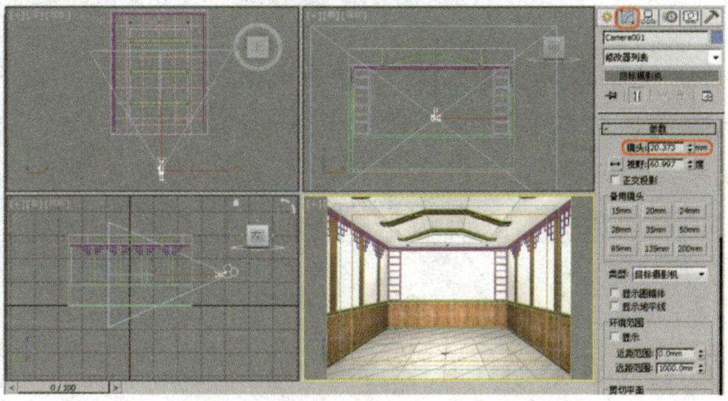

图6-104

Step 5 至此室外摄影机添加完成了，激活【摄影机】视图，按F9键进行渲染，并将完成后的场景文件和效果进行保存。最终效果如图6-105所示。

图6-105

6.9 思考与练习

1. 如何更有效地为摄影机命名？
2. 如何布置标准的照明方式？
3. 哪种灯光可以用来模拟日光照射效果？

第7章 初识VRay

本章导读：

基础知识	◈ VRay渲染器 ◈ VRay渲染器安装
重点知识	◈ VRay渲染器的相关术语 ◈ VRay渲染器在3ds Max中的基本应用

VRay是目前业界最受欢迎的渲染引擎，是由Chaos Group和ASGVIS公司出品，中国由曼恒公司负责推广的一款高质量渲染软件。基于VRay内核开发的VRay for 3ds Max渲染器，能够渲染出高质量的图片和动画效果。本章将着重介绍VRay渲染器的一些基本知识，使读者对其有初步的了解。

7.1 VRay渲染器

VRay渲染器（VRay Rendering System）主要作为3ds Max的外挂插件而存在。它针对3ds Max具有良好的兼容性与协作渲染能力，拥有【光线跟踪】和【全局照明】渲染功能，用来代替3ds Max 原有的【默认扫描线渲染器】，VRay还包括其他增强性能的特性，渲染出的高品质图片效果如图7-1所示。VRay有两种类型的安装版本，一种是基本安装版本；另一种是高级安装版本。基本安装版本价格较低，具备最基本的特征，主要使用对象是学生和业余爱好者；高级安装版本则增加了一些附加功能，主要面向专业人士。

图7-1

基本安装版本包括以下功能：

- 真正的光影追踪反射和折射。
- 平滑的反射和折射。
- 半透明材质用于创建石蜡、大理石、磨砂玻璃。

- 面积阴影（软阴影），包括方形和球形发射器。
- 间接照明（也称全局光照明或全局光照），使用几种不同的算法，包括直接计算（强制性的）和辐射帖图。
- 采用准门特卡罗算法的运动模糊。
- 摄像机景深效果。
- 抗锯齿，包括固定的、简单的2级和自适应算法。
- 散焦功能。
- G缓冲（包括RGBA、材质/物体ID号、z缓冲及速率等）。

高级安装版本除了包含基本安装版本的所有功能外，还包括以下附加的功能：

- 基于抗锯齿的G缓冲。
- 光子贴图。
- 可再次使用的发光贴图（支持保存及导入），针对摄像机游历动画的增量采样。
- 可再次使用的焦散和全局光子贴图（支持保存及导入）。
- 具有解析采样功能的运动模糊。
- 支持真实的HDRI帖图，支持包括具有正确纹理坐标控制的*.hdr和*.rad格式的图像，直接映射图像，不需要进行裁剪，也不会产生失真。
- 具有正确物理照明的自带面积光。
- 具有更高物理精度和快速计算的自带材质。
- 基于TCP/IP通信协议，可使用工作室所有电脑进行分布式渲染，也可以通过互联网连接。
- 支持不同的摄像机镜头类型，如鱼眼、球形、圆柱形以及立方体形摄像机等。
- 置换贴图，包括快速的2D位图算法和真实的3D置换贴图。

7.2 VRay渲染器的安装与设置

本节将介绍VRay渲染器的安装以及基本设置方法，以便于读者更好地学习和使用。

7.2.1 【上机操作】——VRay渲染器的安装

场景：无	完成场景：无
视频：视频教学\Cha07\VRay渲染器的安装.avi	效果：无

VRay渲染器的安装步骤非常简单，只需要按照提示一步一步选择即可。本例以VRay Adv 3.00.08 for 3dsMax版本为例介绍VRay渲染器的安装步骤。

Step 1 双击运行VRay插件的应用程序，打开如图7-2所示的安装界面，单击【继续】按钮。

Step 2 在打开的窗口中勾选【我同意“许可协议”中的条款】复选框，单击【我同意】按钮，如图7-3所示。

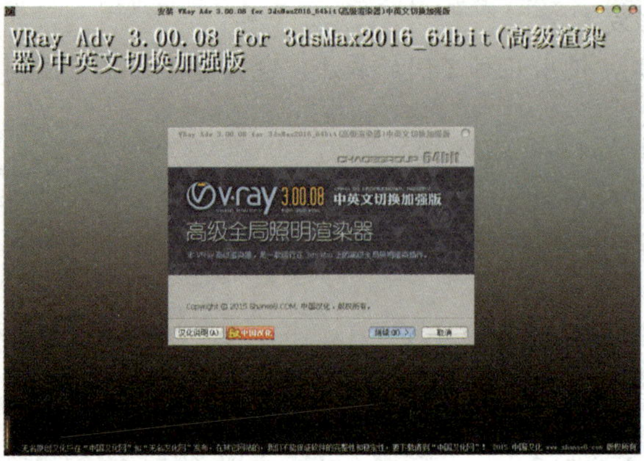

图7-2

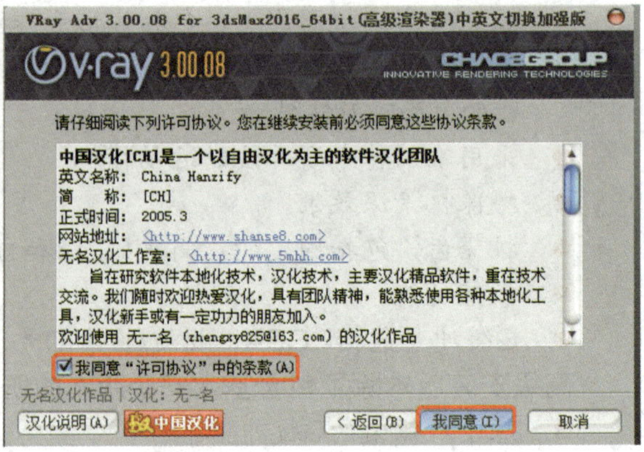

图7-3

Step 3 在打开的窗口中选择插件的安装路径，插件会自动查找3ds Max 2016软件的安装路径，单击【继续】按钮即可，如图7-4所示。

Step 4 在打开的窗口中，选择是否创建快捷方式，单击【继续】按钮即可，如图7-5所示。

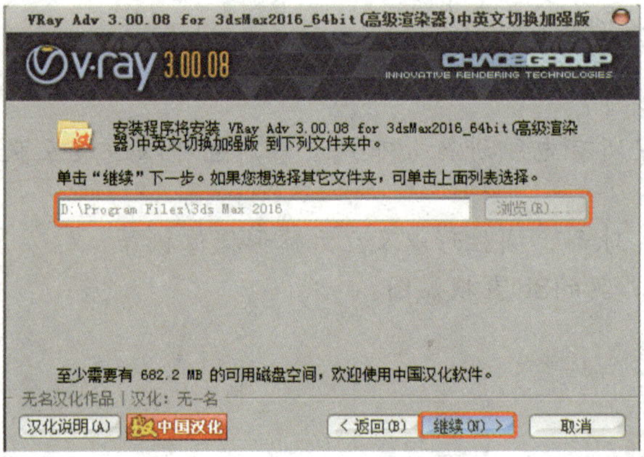

图7-4

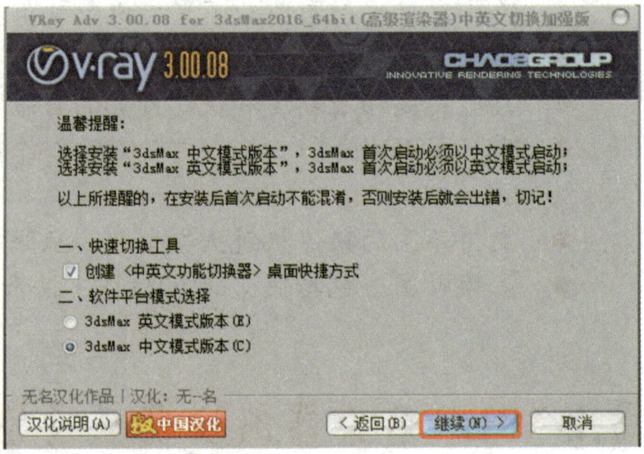

图7-5

Step 5 在打开的窗口中，单击【安装】按钮，如图7-6所示。

Step 6 弹出安装进度界面，如图7-7所示，等待进度条完成即可。

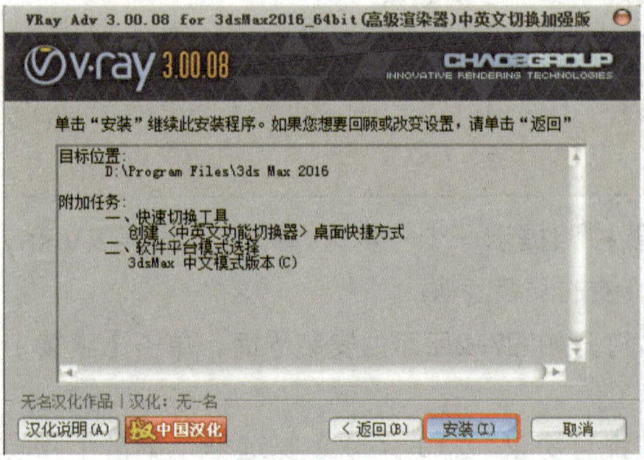

图7-6

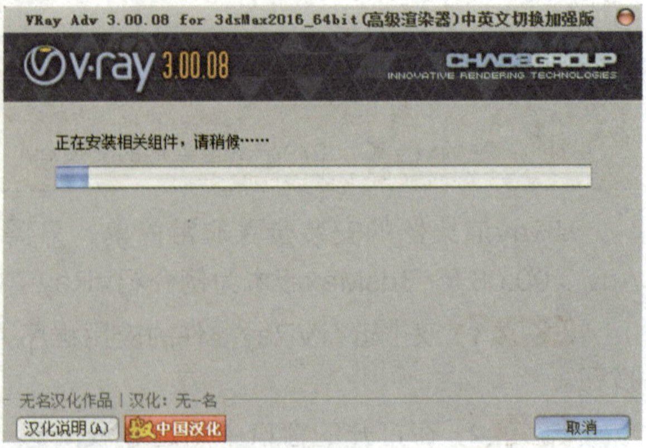

图7-7

Step 7 安装进度完成后在弹出的对话框中单击【继续】按钮即可，如图7-8所示。

Step 8 在打开的窗口中单击【继续】按钮，如图7-9所示。

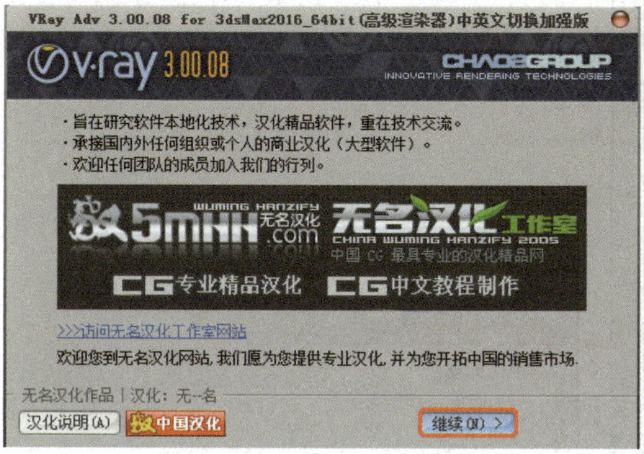

图7-8

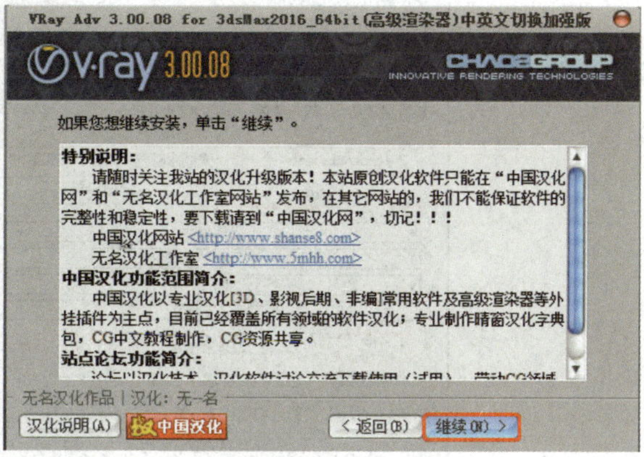

图7-9

Step 9 在打开的窗口中单击【完成】按钮完成安装，如图7-10所示。

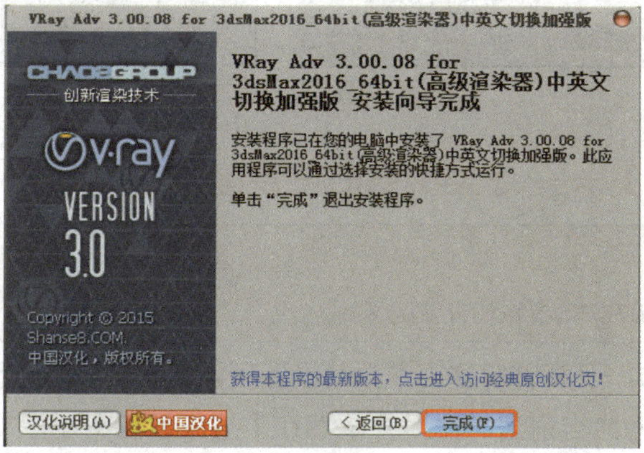

图7-10

7.2.2 【上机操作】——指定VRay为当前渲染器

场景：无	完成场景：无
视频：视频教学\Cha07\指定VRay为当前渲染器.avi	效果：无

3ds Max 原有的渲染器为【默认扫描线渲染器】，若要使用VRay渲染场景，需要对渲染器进行更改。具体操作步骤如下：

Step 1 启动3ds Max，按F10键，弹出【渲染设置：默认扫描线渲染器】对话框。在【公用】选项卡中，展开【指定渲染器】卷展栏，单击【产品级】右面的按钮...，弹出【选择渲染器】对话框，选择【V-Ray Adv 3.00.08】渲染器，单击【确定】按钮，如图7-11所示，即可将VRay渲染器指定为当前激活使用的渲染器。

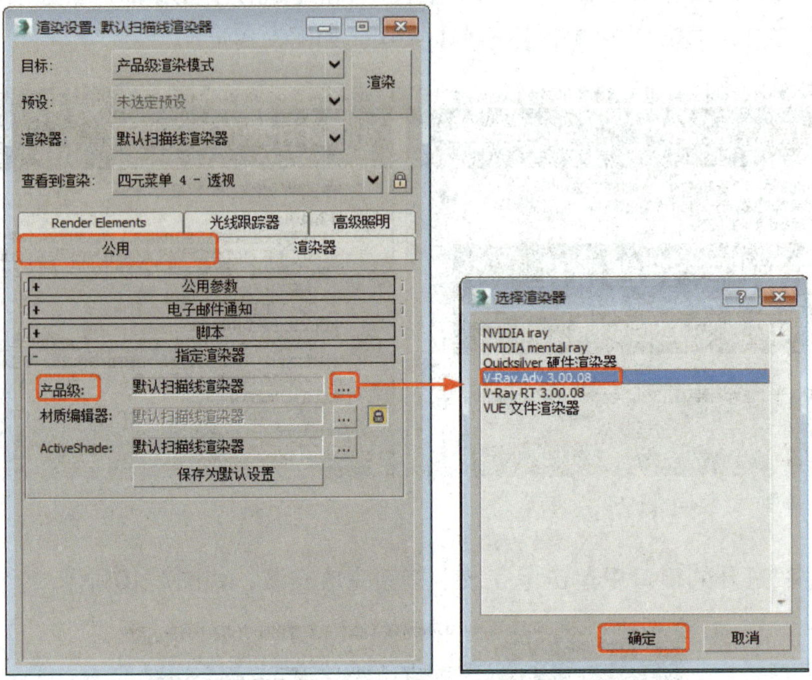

图7-11

7.2.3 【上机操作】——渲染参数的设置区域

场景：无	完成场景：无
视频：视频教学\Cha07\渲染参数的设置区域.avi	效果：无

继续上一步的操作，下面讲解渲染参数的设置区域。具体操作步骤如下：

Step 1 指定VRay为当前渲染器后，依然在【渲染设置】对话框中进行设置。

Step 2 切换至【V-Ray】选项卡，这里包括了VRay渲染器许可服务、产品信息以及渲染参数设置的10个卷展栏，如图7-12所示。

Step 3 根据用户选择的图像采样器以及间接照明类型的不同，显示的渲染参数界面会有所不同。

7.2.4 【上机操作】——VRay渲染元素的设置

场景：无	完成场景：无
视频：视频教学\Cha07\VRay渲染元素的设置.avi	效果：无

下面讲解VRay渲染元素的设置。具体操作步骤如下：

Step 1 在【渲染设置】对话框中，切换到【Render Elements（渲染元素）】选项卡。

Step 2 在【渲染元素】卷展栏中，勾选【激活元素】复选框，单击【添加】按钮，弹出【渲染元素】对话框，其列表框中列出了41种可用的VRay渲染元素，选择需要的选项，单击【确定】按钮完成设置，如图7-13所示 。

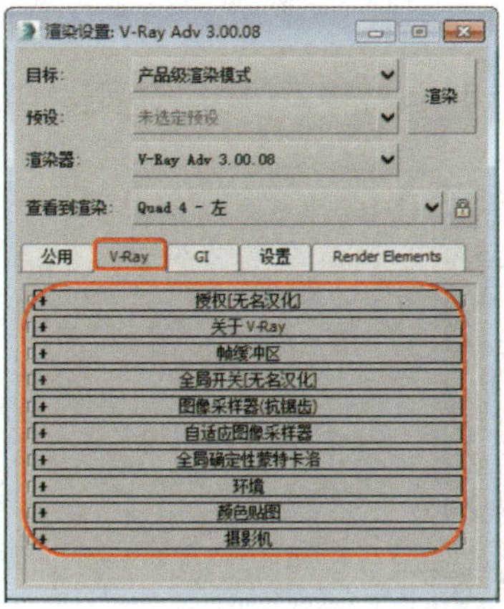

图7-12

图7-13

7.2.5 【上机操作】——VRay材质的调用

场景：无	完成场景：无
视频：视频教学\Cha07\VRay材质的调用.avi	效果：无

下面讲解VRay材质的调用。具体操作步骤如下：

Step 1 启动3ds Max，按M键，弹出【材质编辑器】对话框。

Step 2 在【材质编辑器】对话框中单击【Standard】按钮，弹出【材质/贴图浏览器】对话框，选择【材质】选项中的【V-Ray】卷展栏，并在【V-Ray】卷展栏选择需要的VRay材质，然后单击【确定】按钮，如图7-14所示。

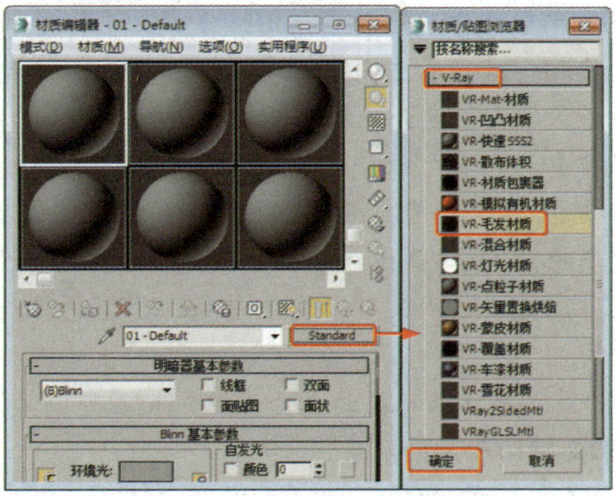

图7-14

7.2.6 【上机操作】——VRay贴图的调用

场景：无	完成场景：无
视频：视频教学\Cha07\VRay贴图的调用.avi	效果：无

继续上一步的操作，下面讲解VRay贴图的调用。具体操作步骤如下：

Step 1 在【材质编辑器】中单击任意一个贴图指定按钮。

Step 2 在弹出的【材质/贴图浏览器】对话框中，选择需要的VRay贴图，然后单击【确定】按钮即可，如图7-15所示。

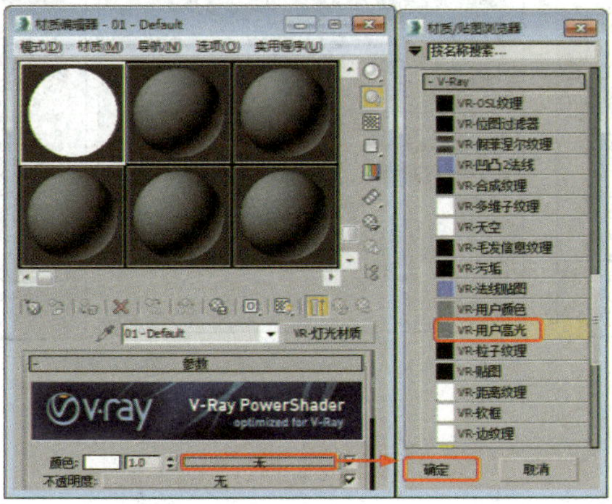

图7-15

7.3 VRay渲染器的相关术语

如果想要掌握VRay渲染器的使用方法，首先要了解VRay渲染器相关术语，下面对VRay相关术语进行介绍。

- 【解析采样】：VRay渲染器计算运动模糊的方法之一。与其他耗时的采样方法不一样，解析采样可以完全模糊移动的三角形。在某一个给定的时间段，解析采样会考虑所有与给定光线相交的所有三角形。不过，正是由于其完美性，在具有快速运动的高数量多边形场景中其速度会特别慢。
- 【抗锯齿/图像采样】：一种可以使具有高对比度边缘和精细细节的物体和材质产生平滑图像的特殊技术。VRay通过在需要时获得额外的样本来得到抗锯齿效果。为了确定是否需要更多的样本，VRay会比较相邻图像样本之间的颜色（或者其他参数）差异，这种比较可以通过使用几种方法来完成，VRay支持固定比率、简单的2级和自适应抗锯齿方法。
- 【面积光】：一种描述非点状光源的术语，这种光源可以产生面积阴影。VRay通过使用VRayLight来支持面积光的渲染。
- 【面积阴影/软阴影】：一种被模糊的阴影（或者说是具有模糊边缘的阴影），它是由非点状光源产生的。VRay可以通过使用VRay阴影或面积光产生面积阴影效果。
- 【双向反射分布功能】：表现某个表面的反射属性最常规方法之一是使用双向反射分布功能，它是一种定义表面的光谱和立体反射特性的函数。VRay支持3种双向反射分布功能类型：Phong、Blinn和Ward。
- 【二元空间划分树】：一种为了加速光线和三角形的相交运算而重组场景几何体的特殊数据结构。目前VRay提供了两种类型的BSP树，一种是静态BSP树，用于无运动模糊的场景使用；另一种是运动模糊的BSP树。

- 【渲染块】：当前帧的一块矩形区域，在渲染过程中是相互独立的。将一帧图像划分成若干渲染块可以优化资源利用（CPU、内存等），它也被用于分布式渲染中。
- 【焦散】：焦散描述的是被不透明物体折射的光线撞击漫反射表面产生的效果。
- 【景深】：在场景中某个特殊的点，图像显得很清晰，而在这个点之外图像则显得很模糊，其模糊程度取决于摄像机的快门参数和距摄像机的距离。这和真实世界摄像机的工作原理类似，因此这种效果对获得照片级渲染图像尤其有帮助。
- 【分布式渲染】：一种利用所有可用计算机资源的技术（使用机器中的所有CPU或者局域网中的所有机器等）。分布式渲染将当前工作帧划分为若干渲染区域，并使局域网中所有已经连接的机器都优先计算渲染效果。整体的分布式渲染能确保VRay在渲染单帧的时候使用大多数的设备，但是对于渲染动画序列来说，使用3ds Max标准的网络渲染可能会更有效。
- 【G缓冲】：这个术语描述的是在图像渲染过程中产生的各种数据集合，这些数据包括Z值、材质ID号、物体ID号和非限制颜色等。这些数据对于渲染图像的后期处理非常有用。
- 【高动态范围图像】：包含高动态范围颜色值的图像，即颜色值的范围超过0～1或者0～255。这种类型的图像通常被用作环境贴图来照亮场景。
- 【间接光照明】：在真实的世界中，当光线粒子撞击物体表面的时候，会在各个方向上产生具有不同密度的多重反射光线，这些光线在它们传输的方向上也可能会撞击其他物体，从而产生更多的反射光线。这个过程将多次重复，直到光线被完全吸收。因此，也被称作全局光照明。
- 【发光贴图】：VRay中的间接光照明通常是通过计算GI样本来获得的，发光贴图是一种特殊的缓存，在发光贴图中VRay保存了预先计算的GI样本。在渲染处理过程中，当VRay需要某个特殊的GI样本时，它会通过对最靠近的存储在发光贴图中预先计算的GI样本进行插值计算来获得。预先计算完成后，发光贴图可以被保存为文件，以便在以后渲染需要时进行调用。这个特征对渲染摄像机游历动画特别有用。另外，VRayLight的样本也可以被存储在发光贴图中。
- 【低精度计算】：在某些情况下，VRay不需要计算某条光线对渲染最终图像贡献的绝对精度，此时，VRay将使用速度较快、精度较低的方法来计算，并将使用较少的样本，这可能会导致细微的噪波效果，同时也减少了渲染花费的时间。当VRay切换到低精度计算模式的时候，用户可以通过改变降级深度值的方法来控制优化程度。

7.4 VRay渲染器在3ds Max中的基本应用

除了对3ds Max基本功能的支持外，VRay渲染器还具有自己独特的功能以及参数控制， 除VRay渲染参数设置、VRay材质和贴图外还包括VRay灯光和阴影、VRay物体以及VRay渲染元素等。下面简要介绍在3ds Max中访问和设置这些独特功能和参数的具体方法。

7.4.1 【上机操作】——VRay灯光的使用

场景：无	完成场景：无
视频：视频教学\Cha07\VRay灯光的使用.avi	效果：无

下面讲解VRay灯光的使用。具体操作步骤如下：

Step 1 单击【创建】|【灯光】按钮。

Step 2 在下拉列表中选择【VRay】类型，即可进入VRay灯光的创建面板，如图7-16所示。

7.4.2 【上机操作】——VRay阴影的使用

场景：无	完成场景：无
视频：视频教学\Cha07\VRay阴影的使用.avi	效果：无

下面讲解VRay阴影的使用。具体操作步骤如下：

Step 1 在场景中任意选择VRay渲染器支持的灯光。

Step 2 进入其修改器面板，展开【常规参数】卷展栏，【阴影】选项组中的【启用】复选框默认为选中状态，激活阴影的使用。

Step 3 在阴影类型下拉列表中选择【VRay阴影】类型即可完成阴影的使用，如图7-17所示。

7.4.3 【上机操作】——VRay物体的创建

场景：无	完成场景：无
视频：视频教学\Cha07\VRay物体的创建.avi	效果：无

下面讲解VRay物体的创建。具体操作步骤如下：

Step 1 单击【创建】|【几何体】按钮。

Step 2 在下拉列表中选择VRay类型，即可进入VRay物体的创建面板，如图7-18所示。

图7-16

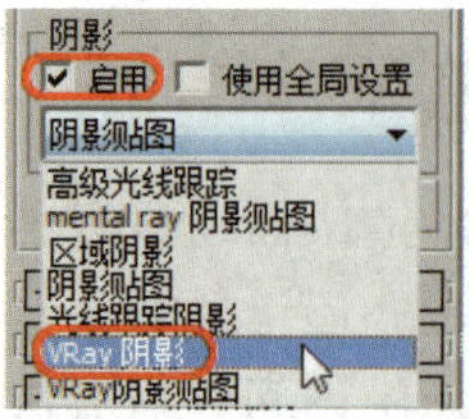

图7-17

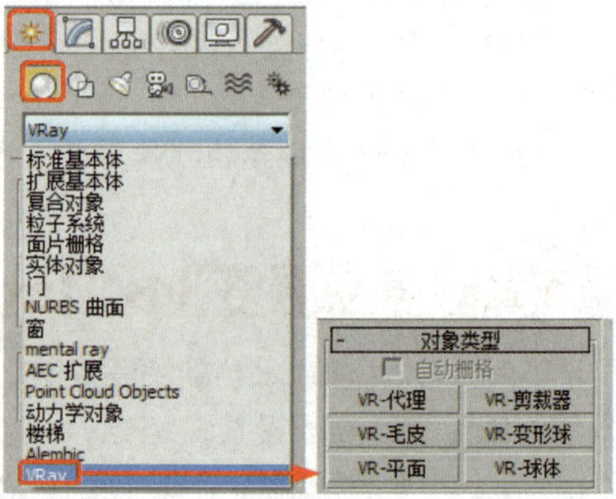

图7-18

7.4.4 【上机操作】——VRay置换修改器的使用

场景：无	完成场景：无
视频：视频教学\Cha07\VRay置换修改器的使用.avi	效果：无

下面讲解VRay置换修改器的使用。具体操作步骤如下：

Step 1 选择场景中存在的几何体，然后切换至【修改】命令面板。

Step 2 在【修改器列表】中选择【VR.置换模式】修改器。此时该置换修改器就可以使用了，如图7-19所示。

7.4.5 【上机操作】——VRay大气效果的使用

场景：无	完成场景：无
视频：视频教学\Cha07\VRay大气效果的使用.avi	效果：无

下面讲解VRay大气效果的使用。具体操作步骤如下：

Step 1 在主键盘区按8键，弹出【环境和效果】对话框。

Step 2 在【环境】选项卡中展开【大气】卷展栏。

Step 3 单击【添加】按钮，弹出的【添加大气效果】对话框，选择需要的VRay大气效果，单击【确定】按钮即可完成使用，如图7-20所示。

图7-19

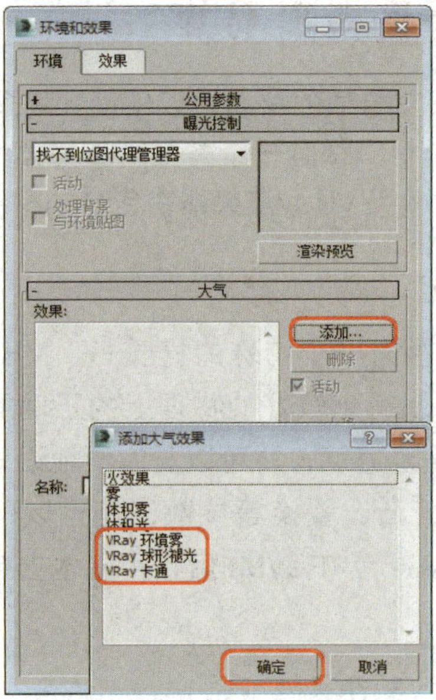

图7-20

7.5 思考与练习

1. 如何安装VRay渲染器?
2. 如何使用VRay材质?
3. 如何使用VRay灯光?

第8章 VRay渲染器的材质与贴图

本章导读：

重点知识

◈ VRay渲染器的材质

◈ VRay渲染器的贴图

材质是三维世界的一个重要概念，是对现实世界中各种材料视觉效果的模拟，这些视觉效果包含颜色、感光特性、反射、折射、透明度、表面粗糙程度以及纹理等。贴图不仅可以用于模拟物体的质地、提供纹理图案等效果，还可以用于环境和灯光投影。本章主要讲解VRay材质编辑器、基本材质贴图的设置，希望通过对本章的学习能让读者学会使用编辑器，了解材质制作的流程，充分认识材质与贴图的联系以及重要性，为后面章节的学习奠定基础！

8.1 VRay渲染器的材质

通过为对象设置合适的材质可以使设计场景更逼真、美观，一个室内场景中包含许多种不同的材质，每个材质都有一个类型，不同类型的材质有不同的用途。下面介绍VRay渲染器中包含的材质类型。

8.1.1 VRayMtl

VRay渲染器拥有一个特殊的材质—— VRayMtl。在VRay中使用它可以得到较好的物理上的正确照明（能源分布）、较快的渲染速度，并可以更方便地设置反射、折射、反射模糊、凹凸、置换等参数，还可以使用纹理贴图。将当前材质设置为VRayMtl后，【基本参数】卷展栏如图8-1所示。

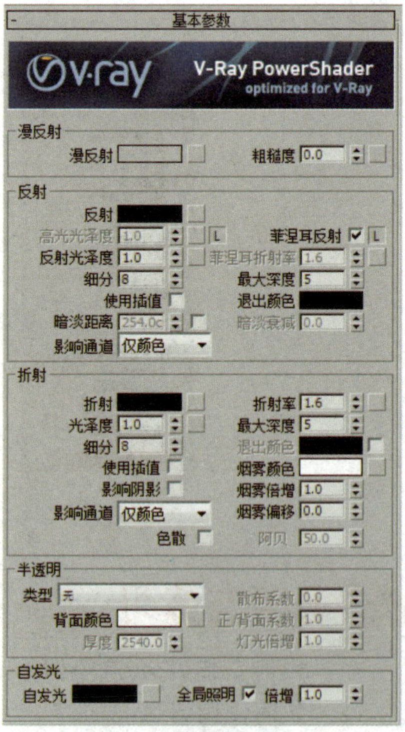

图8-1

1. 【基本参数】卷展栏

【基本参数】卷展栏中包括漫反射、反射和折射等选项。下面介绍【漫反射】选项组中各选项功能。

- 【漫反射】：主要设置材质的表面颜色和纹理贴图。通过单击右侧的色块，可以调整它自身的颜色。单击色块右侧的小按钮，可以选择不同的贴图类型。与标准材质的使用方法相同。

- 【粗糙度】：使用该参数可以模拟粗糙表面。

提示：

实际的漫反射颜色也受影响于反射/折射颜色。

下面介绍【自发光】选项组中各项功能。

- 【自发光】：主要来设置材质的自发光颜色，通过单击右侧的色块，可以调整它自身的颜色。单击色块右侧的小按钮，可以选择不同的贴图类型。

下面介绍【反射】选项组中各项功能。

- 【反射】：材质的反射效果是靠颜色来控制的，颜色越白反射越强，颜色越黑反射越弱。而这里选择的颜色则是反射出来的颜色，和反射的强度是分开来计算的。单击右侧的按钮，可以使用贴图的灰度来控制反射的强弱。颜色分为色度和灰度，灰度是控制反射的强弱，色度是控制反射出什么颜色。用颜色来控制反射的效果如图8-2所示。

图8-2

- 【菲涅耳反射】：勾选此复选框，反射的强度将取决于物体表面的入射角，自然界中有一些材质（如玻璃）的反射就是这种方式。不过要注意的是，这个效果还受材质的折射率影响。
- 【菲涅耳折射率】：此参数在勾选【菲涅耳反射】复选框及【菲涅耳反射】选项后面的L（锁定）按钮弹起的时候才能被激活，此时可以单独设置菲涅耳折射率。
- 【高光光泽度】：此参数用于控制VRay材质的高光状态。默认情况下，L（锁定）形按钮是被按下的，即【高光光泽度】处于非激活状态。调整高光光泽度参数的效果如图8-3所示。

图8-3

- L按钮（Lock锁定按钮）：弹起的时候，【高光光泽度】选项被激活，此时高光的效果由这个选项控制，而不再受模糊反射的控制。
- 【反射光泽度】：这个参数用于设置反射的锐利效果。值为1意味着是一种完美的镜面反射效果，随着取值的减小，反射效果会越来越模糊。
- 【细分】：此参数用于控制平滑反射的品质。较小的取值将会加快渲染速度，同时也会导致更多的噪波，较大值则反之。
- 【使用插值】：VRay能够使用一种类似于发光贴图的缓存方案来加快模糊反射的计

算速度。勾选这个选项表示使用缓存的方案。

- 【最大深度】：此参数定义反射能完成的最大次数。当场景中具有大量的反射/折射表面的时候，这个参数要设置的足够大才会产生真实的效果。
- 【退出颜色】：当光线在场景中的反射达到最大深度定义的反射次数后就会停止反射，此时这个颜色将被返回，并且不再追踪远处的光线。

下面介绍【折射】选项组中各选项功能。

- 【折射】：材质的折射效果是靠颜色来控制的，颜色越白物体越透明，进入物体内部产生折射的光线也就越多；颜色越黑物体越不透明，进入物体内部产生折射的光线也就越少；单击右侧的按钮，可以通过贴图的灰度来控制折射的效果。
- 【光泽度】：该参数用于设置折射的锐利效果。值为1意味着是一种完美的镜面折射效果，随着取值的减小，折射效果会越来越模糊。平滑反射的品质由下面的细分参数来控制。
- 【细分】：控制折射模糊的品质，较高的值可以得到比较光滑的效果，但是渲染的速度就会慢；较低的值模糊区域将有杂点，但是渲染速度会快一些。
- 【使用插值】：如果勾选该选项，VRay能够使用一种类似发光贴图的缓存方式来加速模糊反射的计算速度。
- 【影响阴影】：该选项将导致物体投射透明阴影，透明阴影的颜色取决于折射颜色和雾颜色。这个效果仅在使用VRay灯光和阴影类型的时候有效。
- 【折射率】：此参数设置物体的折射率。
- 【最大深度】：用来控制折射的最大次数。折射次数越多，折射就越彻底，当然渲染时间也越慢。通常保持默认值比较合适。
- 【退出颜色】：当物体的折射次数达到最大次数时就会停止计算折射，这是由于折射次数不够造成的折射区域的颜色用退出色来代替。
- 【烟雾颜色】：当光线穿透材质的时候，它会变稀薄，这个选项可以让用户模拟厚的物体比薄物体透明度低的效果。注意，雾颜色的效果取决于物体的绝对尺寸。
- 【烟雾倍增】：定义雾效的强度，不推荐取值超过1的设置。
- 【烟雾偏移】：雾的偏移，较低的数值会使雾向相机的方向偏移。

下面介绍【半透明】选项组中各选项功能。

- 【类型】：磁表面散射的类型有3种，包括【硬（蜡）模型】、【软（水）模型】和【混合模型】。
- 【背面颜色】：用来控制次表面散射的颜色。
- 【厚度】：这个参数用于限定光线在表面下被追踪的深度，在用户不想或不需要追踪完全的散射效果的时候，可以设置这个参数来达到目的。
- 【散布系数】：定义在物体内部散射的数量。0意味着光线会在任何方向上被散射，值为1.0则意味着在此表面散射的过程中光线不能改变散射方向。
- 【正/背面系数】：控制光线散射的方向。0意味着光线只能向前散射（在物体内部远离表面），0.5则意味着光线向前或向后是相等的，1则意味着光线只能向后散射（朝向表面，远离物体）。

- 【灯光倍增】：定义半透明效果的倍增。

2. 【双向反射分布函数】卷展栏

【双向反射分布函数】是控制物体表面的反射特性的常用方法，用于定义物体表面的光谱和空间反射特性的功能，如图8-4所示。

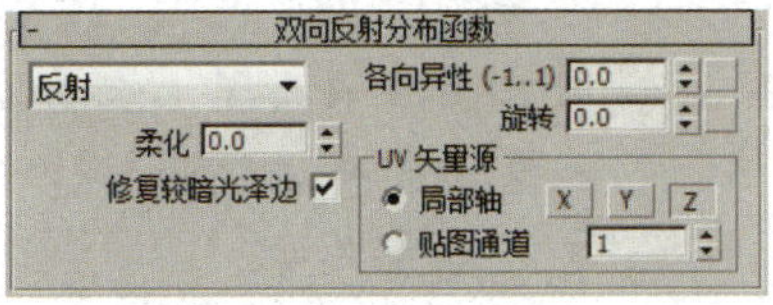

图8-4

VRay支持3种BRDF类型：多面、反射和沃德。

- 【各向异性】：设置高光的各向异性特性。
- 【旋转】：设置高光的旋转角度。
- 【UV矢量源】选项组：此参数可以设置为物体自身的X/Y/Z轴，也可以通过贴图通道来设置。
- 【局部轴】：选择物体自身的X/Y/Z轴作为方向向量来源。
- 【贴图通道】：选择已经存在的贴图通道作为方向向量来源。

3. 【选项】卷展栏

【选项】卷展栏用于设置VRay材质的一般选项，如图8-5所示。

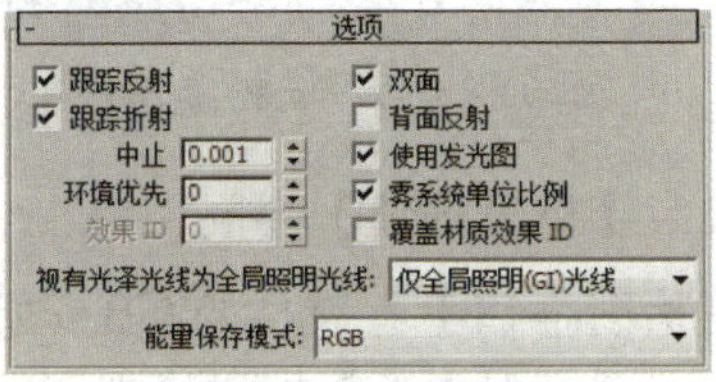

图8-5

- 【跟踪反射】：控制光线是否跟踪反射。
- 【跟踪折射】：控制光线是否跟踪折射。
- 【中止】：用于定义反射/折射追踪的最小极限值。当反射/折射对一幅图像的最终效果的影响很小时，将不会进行光线的追踪。
- 【双面】：控制VRay是否设定几何体的面都是双面。
- 【背面反射】：该选项强制VRay始终追踪光线（甚至包括光照面的背面）。
- 【使用发光图】：使用发光贴图计算。
- 【视有光泽光线为全局照明光线】：定义处理平滑光线的方式。系统提供了3种选择。
  - 【仅全局照明（GI）光线】：仅在场景中存在GI时将平滑光线作为普通的GI光线来处理。
  - 【从不】：将平滑光线作为直接照明的光线处理，不作为GI光线。
  - 【始终】：无论如何都将它作为GI光线来处理。
- 【能量保存模式】：定义能量保存的模式，系统提供了两种选择，【RGB】和【单色】。

4. 【贴图】卷展栏

除了使用数值控制相关参数外，还可以通过贴图来进行更复杂的参数控制。其参数含义与3ds Max标准的贴图含义相同。

5. 【反射插值】卷展栏

这里设置的参数只有在【基本参数】卷展栏中选中【使用反射插值】选项后才发挥作用。它的所有参数都与发光图的参数含义类似，【反射插值】卷展栏如图8-6所示。

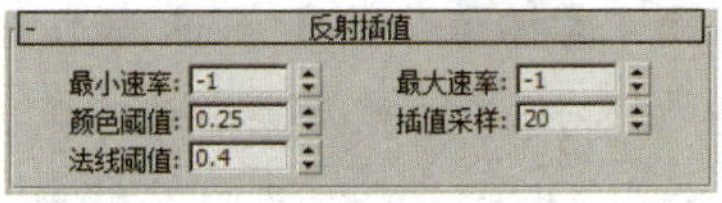

图8-6

- 【最小速率】：这个参数确定原始全局照明通道的分辨率。0意味着使用与最终渲染图像相同的分辨率，这将使得发光图类似于直接计算全局照明的方法，-1意味着使用最终渲染图像一半的分辨率。通常需要设置它为负值，以便快速地计算大而平坦的区域的全局照明，这个参数类似于（尽管不完全一样）自适应细分图像采样器的最小比率参数。
- 【最大速率】：这个参数确定全局照明通道的最终分辨率，类似于（尽管不完全一样）自适应细分图像采样器的最大比率参数。
- 【颜色阈值】：这个参数确定发光图算法对间接光照明变化的敏感程度。较大的值意味着较小的敏感性，较小的值将使发光图对照明的变化更加敏感（因而可以得到更高品质的渲染图像）。
- 【法线阈值】：这个参数确定发光图算法对表面法线变化以及细小表面细节的敏感程度。较大的值意味着较小的敏感性，较小的值将使发光图对表面曲率以及细小细节更加敏感。
- 【插值采样】：此参数定义被用于反射插值计算的全局照明采样的数量。较大的值会趋向于模糊全局照明的细节，使最终的效果很光滑；较小的取值会产生更光滑的细节，但是如果使用较低的半球光线细分值也可能会产生黑斑。

6.【折射插值】卷展栏

【折射插值】卷展栏如图8-7所示。

- 【最小速率】：该参数确定原始全局照明通道的分辨率。0意味着使用与最终渲染图像相同的分辨率，这将使得发光图类似于直接计算全局照明的方法，-1意味着使用最终渲染图像一半的分辨率。通常需要设置它为负值，以便快速计算大而平坦的区域的全局照明，这个参数类似于（尽管不完全一样）自适应细分图像采样器的最小比率参数。

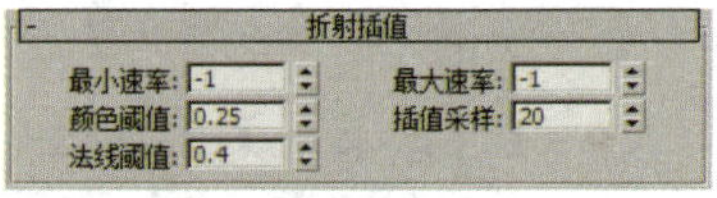

图8-7

- 【最大速率】：该参数确定全局照明通道的最终分辨率，类似于（尽管不完全一样）自适应细分图像采样器的最大比率参数。
- 【颜色阈值】：该参数确定发光图算法对间接光照明变化的敏感程度。较大的值意味着较小的敏感性，较小的值将使发光图对照明的变化更加敏感（因而可以得到更高品质的渲染图像）。
- 【法线阈值】：该参数确定发光图算法对表面法线变化以及细小表面细节的敏感程度。较大的值意味着较小的敏感性，较小的值将使发光图对表面曲率以及细小细节更加敏感。
- 【插值采样】：此参数定义被用于折射插值计算的全局照明采样的数量。较大的值会趋向于模糊全局照明的细节，即使最终的效果很光滑；较小的取值会产生更光滑的细节，但是如果使用较低的半球光线细分值也可能会产生黑斑。

8.1.2 VR灯光材质

VR灯光材质是VRay渲染器提供的一种特殊材质，当这种材质被指定给物体时一般用于产生自发光效果，其渲染速度要快于3ds Max提供的标准自发光材质。在使用VR灯光材质的时候最好使用纹理贴图来作为自发光的光源。

VR灯光材质的【参数】卷展栏如图8-8所示。

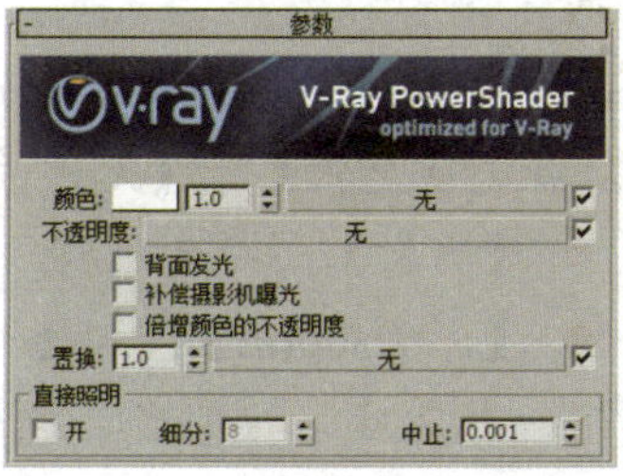

图8-8

- 【颜色】：设置材质自发光的颜色，默认设置是纯白色。
- 【倍增】：设置自发光的倍增值，默认值为1。
- 【不透明度】：该参数可以让贴图进行发光。
- 纹理贴图：指定贴图来作为自发光的颜色。
- 【开】：决定是否计算场景中的直接照明。

8.1.3 VR材质包裹器

VR材质包裹器能被用于指定每个材质的额外表面参数，【VR材质包裹器参数】卷展栏如图8-9所示。

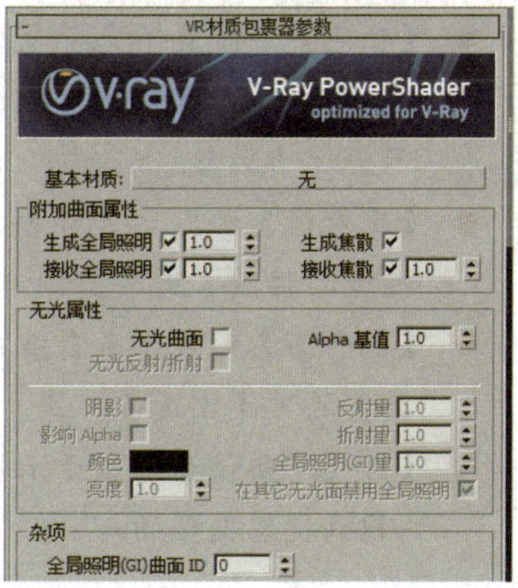

图8-9

- 【基本材质】：定义包裹中将要使用的基本材质，当然用户必须选择的是VRay渲染器支持的材质类型。

【附加曲面属性】选项组：这里的参数主要控制赋有包裹材质物体的接受、生成全局照明属性以及接受、生成焦散属性。

- 【生成全局照明】：定义使用此材质的物体产生GI的强度，它是局部参数。
- 【接收全局照明】：定义使用此材质的物体接收GI的强度，它也是局部参数。
- 【生成焦散】：如果材质无法产生焦散，则取消勾选此选项。
- 【接收焦散】：如果材质无法接收焦散，则取消勾选此选项。
- 【焦散倍增】：【接收焦散】复选框右侧的微调框为焦散倍增，用于确定材质中焦散的影响。

下面介绍【无光属性】选项组各选项功能。

- 【无光曲面】：勾选此项，在进行直接观察的时候，将显示背景而不会显示基本材质，这使材质看上去类似3dx Max标准的不光滑材质。不过，对于全局照明、焦散和反射特效来说，基本材质虽然无法直接观察到，但是仍然在使用中。
- 【Alpha基值】：确定渲染图像中物体在Alpha通道中的外观。值为1.0意味着Alpha

通道将来源于基本材质的透明度；值为0，意味着物体完全不显示Alpha通道，在其后面显示物体自身的Alpha；值为-1则意味着基本材质的透明度将从物体Alpha通道中显示其后面物体影响值为-1的效果。

提示：

此选项是独立于【无光曲面】选项。

- 【阴影】：勾选此项，可以让阴影在【无光曲面】上显示。
- 【影响Alpha】：勾选此项，将使阴影影响【无光曲面】的Alpha基值。在理想的阴影区域，将形成白色的Alpha通道；而没有完全遮蔽的区域，则形成黑色的Alpha通道。

提示：

全局照明阴影（来自天光）也能计算，然而在光子贴图或灯光贴图作为初级渲染引擎使用的时候，是不支持【无光曲面】的全局照明阴影的，在作为次级渲染引擎的时候，则可以放心使用。

- 【颜色】：设置不光滑表面阴影的可选色彩。
- 【亮度】：设置不光滑表面阴影的亮度。值为0意味着阴影完全不可见，值为1将显示全部的阴影。
- 【反射值】：显示来自基本材质的反射程度。此参数仅在基本材质设置为VRay材质类型的时候才正常工作。
- 【折射值】：显示来自基本材质的折射程度。此参数仅在基本材质设置为VRay材质类型的时候才正常工作。
- 【全局照明值】：显示来自基本材质的全局照明数量。此参数仅在基本材质设置为VRay材质类型的。

8.1.4 VRay2SidedMtl

VRay2SidedMtl是VRay渲染器提供的一种特殊材质，此材质允许在物体背面接受灯光照明，类似于众所周知的背光。此种材质用来模拟类似纸张、纤细的窗帘以及树叶等物体。【VR双面材质】的【参数】卷展栏如图8-10所示。

图8-10

- 【正面材质】：设置物体前面的材质。通过后面的材质选择按钮可选择VRay渲染器支持的所有材质类型。
- 【背面材质】：勾选该项后可以激活此参数，用于定义物体后面的材质。通过后面的材质选择按钮可选择VRay渲染器支持的所有材质类型。
- 【半透明】：设置材质的半透明度，其实质是控制前后两种材质重叠混合的程度。

其后面的【无】按钮是用贴图来控制材质的半透明度。

提示：

为得到最好的效果，【强制单面子材质】复选框最好不要勾选。

8.1.5 VR覆盖材质

VR覆盖材质可以让用户更广泛地去控制场景的色彩融合、反射、折射等，它主要包括5个材质，分别是【基本材质】、【全局照明（GI）材质】、【反射材质】、【折射材质】和【阴影材质】。【VR覆盖材质】的【参数】卷展栏如图8-11所示。

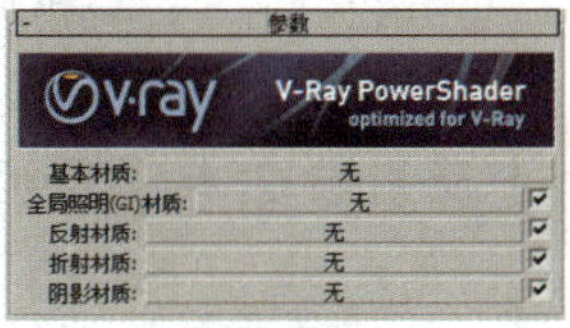

图8-11

- 【基本材质】：是物体的基本材质。
- 【全局照明（GI）材质】：是物体的全局照明材质。当使用这个参数的时候，灯光的反弹将依照这个材质的灰度来控制，而不是基本材质。
- 【反射材质】：是物体的反射材质，在反射里看到物体的材质。
- 【折射材质】：是物体的折射材质，在折射里看到物体的材质。
- 【阴影材质】：是物体的阴影材质。

8.1.6 VR混合材质

VR混合材质可以让多个材质以层的方式混合来模拟真实物理中的复杂材质。VR混合材质和3ds Max的覆盖材质的效果类似，但是，其渲染速度比3ds Max快很多，【VR混合材质】的【参数】卷展栏如图8-12所示。

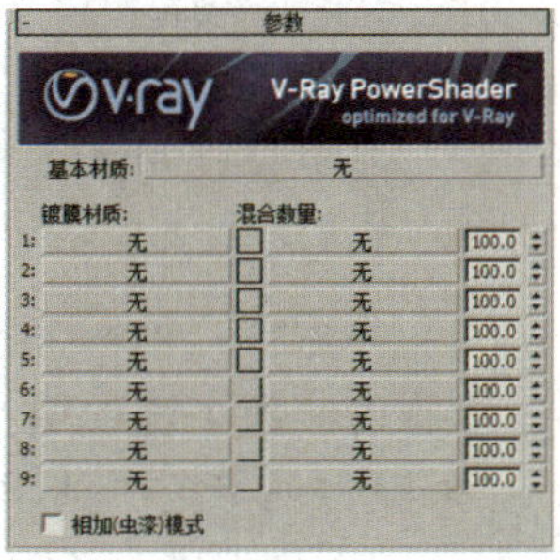

图8-12

- 【基本材质】：是最基层的材质。
- 【镀膜材质】：是基层材质上面的材质。
- 【混合数量】：是表示表面材质混合多少到基层材质上。如果颜色是白色，那么这个表面材质将全部混合上去，而下面的混合材质将不起作用；如果颜色是黑色，那么这个表面材质自身就没什么效果。这个混合数量也可以由后面的贴图通道来代替。
- 【相加（虫漆）模式】：一般不勾选该选项，如果勾选了，VR混合材质将和3ds Max中的【虫漆】材质效果类似。

8.2 VRay渲染器的贴图

贴图是物体材质表面的纹理，利用贴图可以创建反射、折射、凹凸等多种效果。通过贴图可以增加模型的质感，完善模型的造型，使创建的三维场景更接近现实。

8.2.1 VR贴图

VRay贴图的主要作用就是在3ds Max标准材质或第三方材质中增加反射/折射，其用法类似于3ds Max中光影跟踪类型的贴图，VRay渲染器是不支持这种贴图类型的，需要使用的时候应该以VR贴图代替。【VRay贴图】的【参数】卷展栏如图8-13所示。

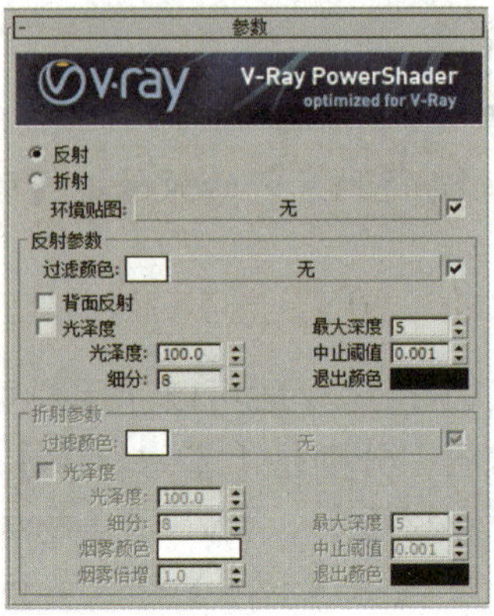

图8-13

- 【反射】：选择它表示【VRay贴图】作为反射贴图使用，下面相应的参数控制组也被激活。
- 【折射】：选择它表示【VRay贴图】作为折射贴图使用，下面相应的参数控制组也被激活。
- 【环境贴图】：供用户选择环境贴图。

【反射参数】选项组：在使用反射类型的时候被激活。

- 【过滤颜色】：用与定义反射的倍增值，白色表示完全反射，黑色表示没有反射。
- 【背面反射】：强制VRay在物体的两面都反射。
- 【光泽度】：勾选该复选框表示使用平滑反射效果（即反射模糊效果）。
- 【光泽度】：此参数设置材质的光泽度，值为0，意味着产生一种非常模糊的反射效果，较高的值将使反射显得更为锐利。
- 【细分】：定义场景内用于评估材质中反射模糊的光线数量。
- 【最大深度】：定义反射完成的最多次数。
- 【中止阈值】：一般情况下，对最终渲染图像影响较小的反射是不会被追踪的，这个参数就是用来定义这个极限值的。
- 【退出颜色】：定义在场景中光线反射达到最大深度的设定值以后，会以什么颜色被返回来，此时并不会停止跟踪光线，只是光线不再反射。

【折射参数】选项组：在使用折射类型的时候被激活。

- 【过滤颜色】：用于定义折射的倍增值，白色表示完全折射，黑色表示没有折射。
- 【光泽度】：勾选该复选框表示使用平滑折射效果（即折射模糊效果）。
- 【光泽度】：此参数设置材质的光泽度，值为0，意味着产生一种非常模糊的折射效果，较高的值将使折射显得更为锐利。
- 【细分】：定义场景内用于评估材质中折射模糊的光线数量。
- 【烟雾颜色】：VRay允许用户用雾来填满折射物体，这里设置雾的颜色。
- 【烟雾倍增】：设置雾颜色的倍增值，取值越小，物体越透明。
- 【最大深度】：定义折射完成的最多次数。
- 【中止阈值】：一般情况下，对最终渲染图像影响较小的折射是不会被追踪的，这个参数就是用来定义这个极限值的。
- 【退出颜色】：定义在场景内光线折射达到最大深度的设定值以后，会以什么颜色被返回来，此时并不会停止跟踪光线，只是光线不再折射。

提示：

折射率是由材质控制的，不是由【VR_贴图】控制的。对于3ds Max标准参数来说，折射率在材质扩展参数卷展栏中设置。

8.2.2 VRayHDRI

该贴图主要用于导入高动态范围图像（HDRI）来作为环境贴图，支持大多数标准环境的贴图类型，其【参数】卷展栏如图8-14所示。

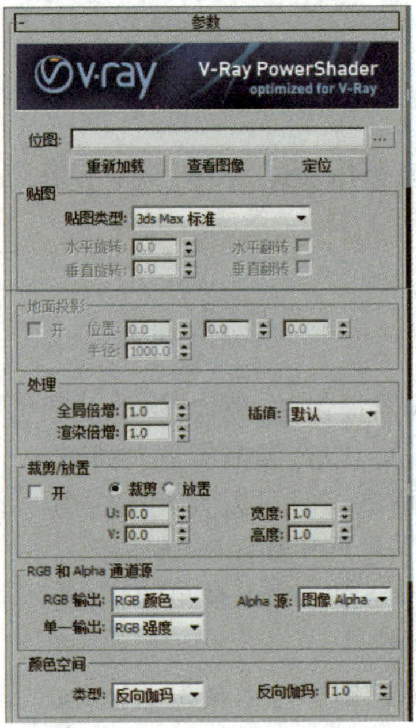

图8-14

- 【位图】：显示使用的HDRI贴图的寻找路径。目前仅支持.hdr和.pic格式的文件，其他格式的贴图文件虽然可以调用，但不能起到照明的作用。
- 【浏览】：指定HDRI贴图的路径。

【贴图类型】：选择环境贴图的类型。有5种类型可供选择，包括【角度】、【立方】、【球形】、【球状镜像】和【3ds Max标准】。

- 【水平旋转】：设定环境贴图水平方向旋转的角度。
- 【水平翻转】：在水平方向反向设定环境贴图。
- 【垂直旋转】：设定环境贴图垂直方向旋转的角度。
- 【垂直翻转】：在垂直方向反向设定环境贴图。

8.2.3 VRay边纹理

该贴图非常简单，其效果类似于3ds Max的线框材质。它和3ds Max的线框材质不同的是它是一种贴图，因此用户可以创建一些相当有趣的效果，【VRay边纹理参数】卷展栏如图8-15所示。

- 【颜色】：用于设置边的颜色。
- 【隐藏边】：勾选此项，将渲染物体的所有边，否则仅渲染可见边。

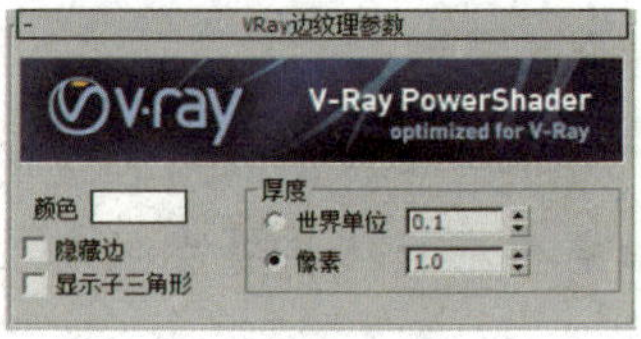

图8-15

【厚度】选项组：定义边线的厚度，使用世界单位或像素来定义。

- 【世界单位】：以世界单位定义边的厚度。
- 【像素】：以像素单位定义边的厚度。

提示：

对于使用VRay置换的置换物体来说，VR_线框贴图显示的是原始表面的边，而不是完成置换后形成的最终边。

8.2.4 VRay合成纹理

VRay合成纹理是VRay渲染器提供的一种特殊的贴图类型，其主要作用是透过逻辑运算的方式对两幅贴图进行合成处理，以得到需要的特殊效果。此贴图用于移动物体的动画渲染时可以大大节约渲染时间，【VRay合成纹理参数】卷展栏如图8-16所示。

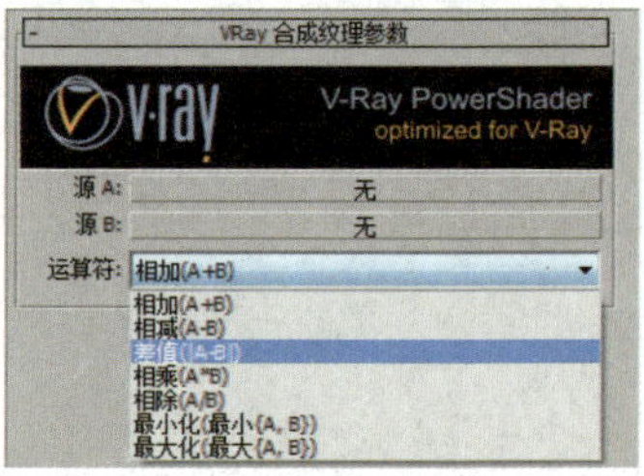

图8-16

- 【源A】：设置第一种源贴图，可以使用VRay渲染器支持的所有贴图类型。
- 【源B】：设置第二种源贴图，可以使用VRay渲染器支持的所有贴图类型。
- 【运算符】：设置指定的两种源贴图进行复合的方式，系统一共提供了7种方法。
  - 【相加（A+B）】：将两个贴图在每一个像素点进行相加混合，形成新的复合贴图。
  - 【相减（A-B）】：将两个贴图在每一个像素点进行相减混合，形成新的复合贴图。
  - 【差值（|A-B|）】：将两个贴图在每一个像素点进行相减，然后取其值的绝对值进行混合，形成新的复合贴图。
  - 【相乘（A*B）】：将两个贴图在每一个像素点进行相乘混合，形成新的复合贴图。
  - 【相除（A/B）】：将两个贴图在每一个像素点进行相除混合，形成新的复合贴图。
  - 【最小化（最小{A, B}）】：取两个贴图中每像素点的最小值来组成新的复合贴图。
  - 【最大化（最大{A, B}）】：取两个贴图中每像素点的最大值来组成新的复合贴图。

8.2.5 VRay污垢

VRay污垢贴图是一种用于模拟各种表面效果的纹理贴图类型，例如，使用它可以很逼真地表现物体裂缝周围的污垢或者产生环境遮挡通道等。【VRay污垢参数】卷展栏如图8-17所示。

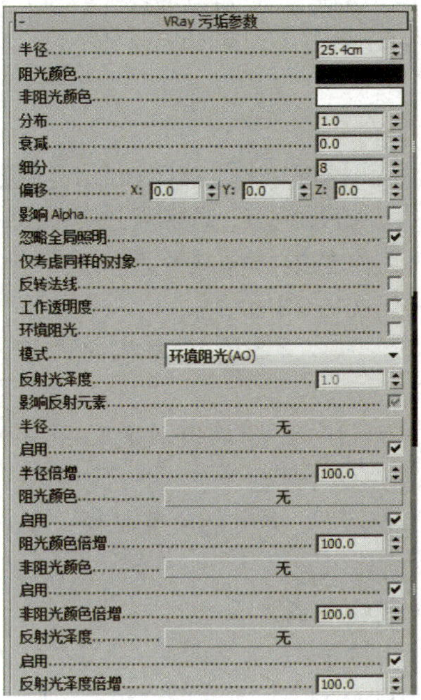

图8-17

- 【半径】：设置脏化效果半径。
- 【阻光颜色】：污垢区域的颜色。
- 【非阻光颜色】：非污垢区域的颜色。
- 【分布】：用于描述污垢效果的分布状况，0表示均匀分布。
- 【衰减】：用于表现污垢的衰减效果。
- 【细分】：设置每个像素使用的样本数量，值越大，效果越平滑，渲染时间也越长。
- 【偏移（X、Y、Z）】：设置污垢效果在X、Y、Z轴向上的偏移距离。
- 【影响Alpha】：当勾选该项时，会影响通道效果。
- 【忽略全局照明】：此项默认是勾选的，该选项决定是否让污垢效果参加全局照明计算。
- 【仅考虑同样的对象】：勾选此项，污垢效果仅对场景中同样的对象起作用。
- 【反转法线】：可以沿法线反转污垢效果。

8.2.6 VRay天空

VRay天空贴图是VRay渲染器提供的一种专用贴图类型，与VRay太阳光联合使用，可以真实地再现地球的太阳光和天空环境。根据规则，太阳光和天空环境的外观变化取决于VRay太阳光的方向。【VRay天空参数】卷展栏如图8-18所示。

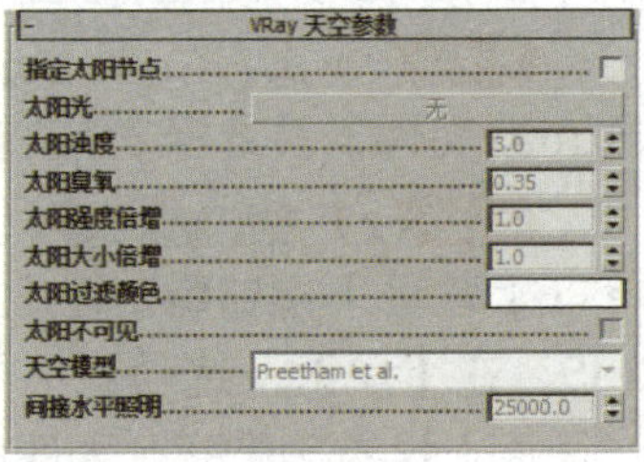

图8-18

- 【指定太阳节点】：勾选此项，可激活天空贴图。
- 【太阳光】：用于指定太阳节点的类型。
- 【阳光浊度】：设置太阳的浑浊度，即悬浮在大气中的固体和液体微粒对日光的吸收及散射程度。
- 【阳光臭氧】：描述大气层中臭氧层对太阳光的影响，取值范围为0～1.0。

- 【太阳强度倍增】：设置日光强度的倍增系数。
- 【太阳大小倍增】：设置场景中目光源的尺寸倍增系数。

8.2.7 VRay位图过滤器

VRay位图过滤器对于使用外部程序（例如ZBrush）创建的置换贴图是非常有用的，对于贴图的精确放置是非常重要的。VR位图过滤器通过对位图像素进行内插值计算产生一个光滑的贴图，但是却不会应用任何附加的模糊或平滑。这对于3ds Max默认的纹理贴图来说是不可能的。其【参数】卷展栏如图8-19所示。

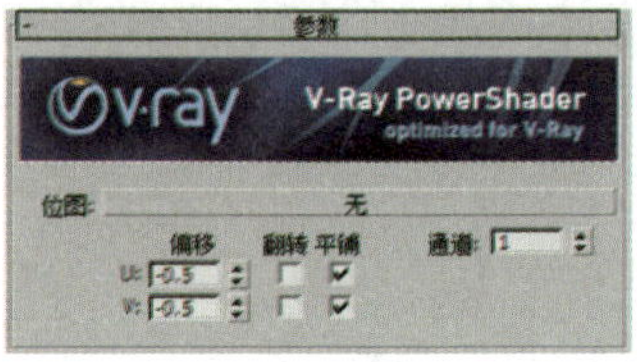

图8-19

- 【位图】：指定位图文件，可以是3ds Max支持的任何文件格式。
- 【U向偏移】：允许用户沿U向更精确地放置位图，其值以位图像素为单位。
- 【V向偏移】：允许用户沿V向更精确地放置位图，其值以位图像素为单位。
- 【翻转U向】：水平方向翻转位图。
- 【翻转V向】：垂直方向翻转位图。
- 【通道】：设置从哪一个UV坐标获得贴图通道。

8.2.8 VRay颜色

VRay颜色贴图可以用来设置任何颜色，【VRay颜色参数】卷展栏如图8-20所示。

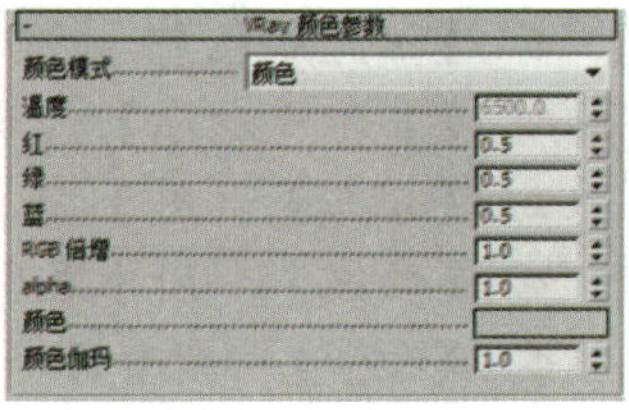

图8-20

- 【红】：红色通道的数值。
- 【绿】：绿色通道的数值。
- 【蓝】：蓝色通道的数值。
- 【RGB倍增】：控制红、绿、蓝通道的倍增。
- 【alpha】：这个是阿尔法通道的数值。
- 【颜色】：显示当前的颜色。

8.3 上机实践

8.3.1 玻璃材质

玻璃材质广泛应用于室内外门窗玻璃或器皿，本例将介绍玻璃材质的基本调试方法。

Step 1 运行3ds Max 2016，打开随书附带光盘中的CDROM\场景\Cha08\玻璃材质.max文件，并选择2个玻璃瓶体对象，如图8-21所示。

Step 2 按M键打开材质编辑器，选择一个新的材质样本球，将其命名为【玻璃】，单击【背景】按钮，在【基本参数】卷展栏中将【漫反射】的RGB值设置为230、249、255，在【反射】选项组中单击【高光光泽度】右侧的L按钮，将其值设置为0.8，将【反射光泽度】设置为0.98，如图8-22所示。

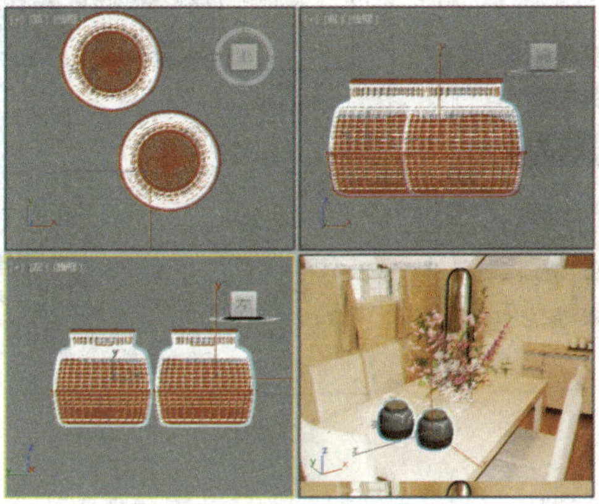

图8-21

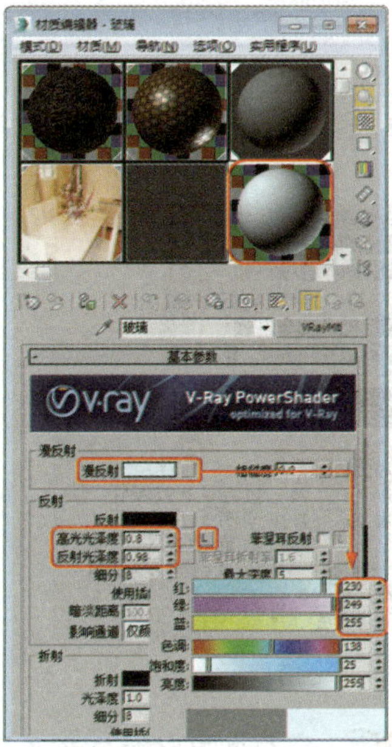

图8-22

Step 3 单击【反射】右侧的空白按钮，在打开的【材质/贴图浏览器】对话框中选择【衰减】选项，如图8-23所示。

Step 4 单击【确定】按钮，进入【反射】层级面板，在【衰减参数】卷展栏中将两个色块的RGB值分别设置为25、25、25和220、220、220，如图8-24所示。

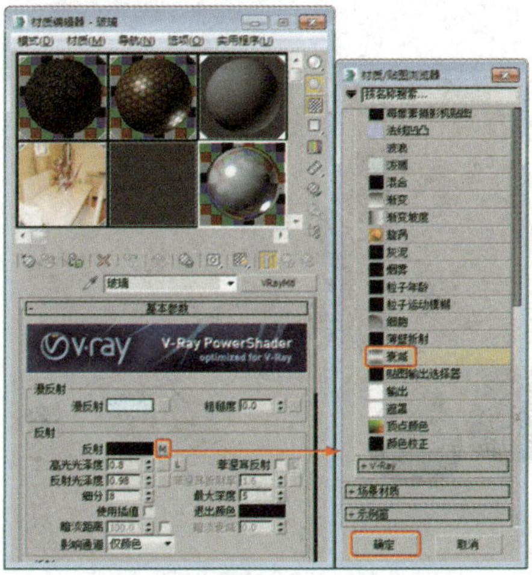

图8-23

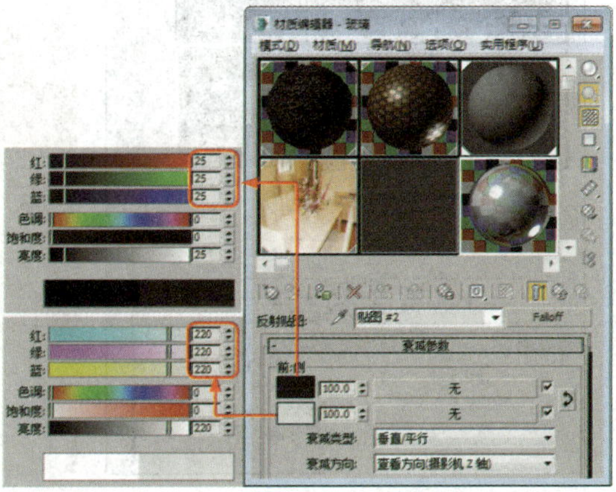

图8-24

Step 5 单击【转到父对象】按钮，返回到父级面板，将【反射】的RGB值设置为50、50、50，如图8-25所示。

Step 6 在【折射】选项组中，将【折射】颜色的RGB值设置为240、240、240，【折射率】设置为1.57，将【光泽度】设置为0.98，勾选【影响阴影】复选框，将【烟雾颜色】的RGB值设置为188、238、255，将【烟雾倍增】设置为0.3，如图8-26所示。

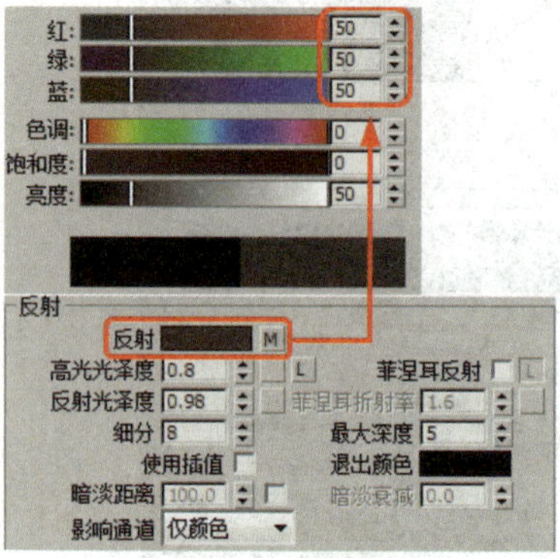

图8-25

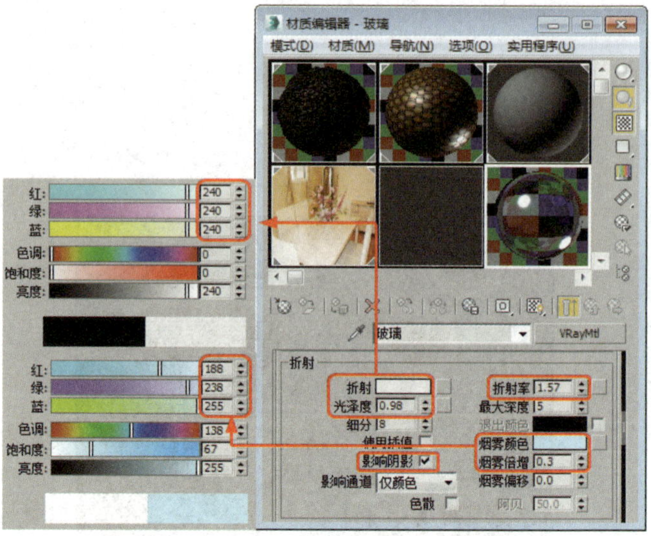

图8-26

Step 7 在【双向反射分布函数】卷展栏中，将【各向异性】设置为0.85，单击【将材质指定给选定对象】按钮，将材质赋予场景中选择的对象，如图8-27所示。

Step 8 激活【摄影机】视图，按F9键进行渲染，最后将场景文件保存，效果如图3-28所示。

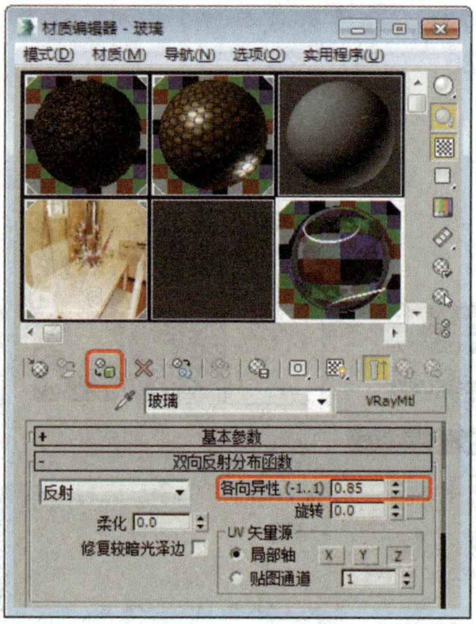

图8-27

图8-28

8.3.2 礼盒材质

本例介绍礼盒材质的表现方法，完成效果如图8-29所示。

Step 1 运行3ds Max 2016，打开随书附带光盘中的CDROM\场景\Cha08\礼盒材质.max文件，如图8-29所示。

图8-29

Step 2 按M键打开材质编辑器，选择一个新的材质样本球，确定其为标准材质，将其命名为【丝带】。在【基本参数】卷展栏中，将【漫反射】颜色的RGB值设置为255、150、0；在【反射】选项组中将【反射】颜色的RGB值设置为50、50、50，将【反射光泽度】设置为0.8，将【细分】设置为16，如图8-30所示。

Step 3 选中场景中的丝带对象，将设置好的丝带材质指定给选定对象，如图8-31所示。

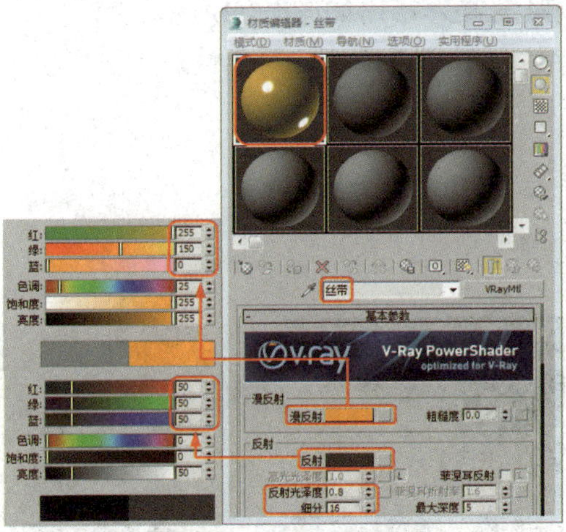

图8-30

图8-31

Step 4 在材质编辑器中，选中一个新的材质样本球，将其命名为【礼盒01】，在【基本参数】卷展栏中，将【自发光】选项组中的【倍增】设置为20；在【反射】选项组中，将【反射光泽度】设置为0.7，【细分】设置为16，如图8-32所示。

Step 5 在【贴图】卷展栏中，单击【漫反射】贴图通道右侧的【无】按钮，在弹出的【材质/贴图浏览器】对话框中选择【位图】选项，在打开的【选择位图图像文件】对话框中选择随书附带光盘中的CDROM\Map\8696066-2.jpg文件，如图8-33所示。

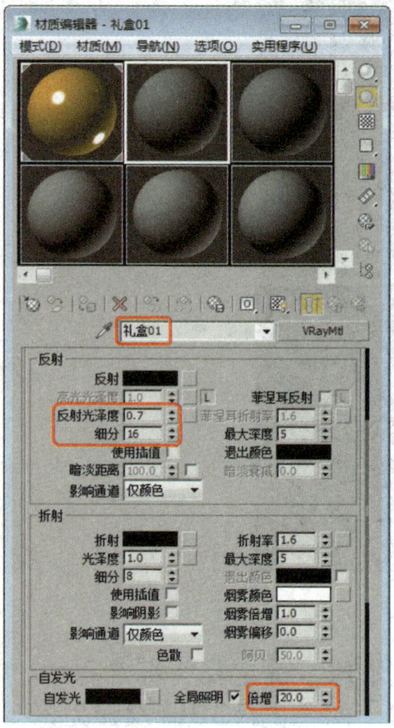

图8-32

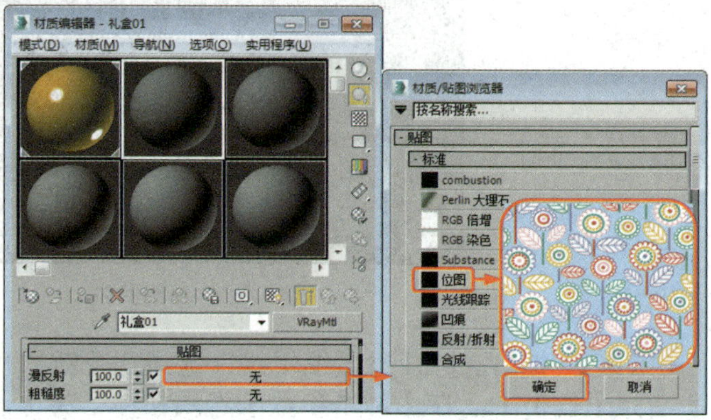

图8-33

Step 6 单击【转到父对象】按钮，返回到父级面板，在【贴图】卷展栏中将【漫反射】贴图通道右侧的贴图拖动到【反射】贴图通道上，在弹出的对话框中选择【复制】单选按钮，单击【确定】按钮，然后将【反射】的数量设置为15，如图8-34所示。

Step 7 在场景中选中一个礼盒，将设置好的材质指定给选定对象，对【摄影机】视图进行渲染，查看效果如图8-35所示。

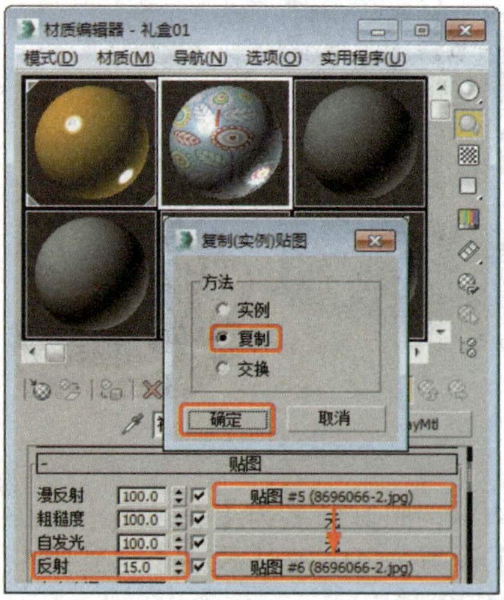

图8-34

图8-35

Step 8 在材质编辑器中，将设置完成的【礼盒01】材质拖到一个新的材质样本球上，将其重命名为【礼盒02】，然后在【贴图】卷展栏中，将【漫反射】和【反射】的贴图更改为随书附带光盘中的CDROM\Map\13838810681192.jpg文件，如图8-36所示。

Step 9 在场景中选择没有材质的礼盒对象，将设置好的材质指定给选定对象。激活【摄影机】视图，按F9键进行渲染，最后将场景文件保存。最终效果如图8-37所示。

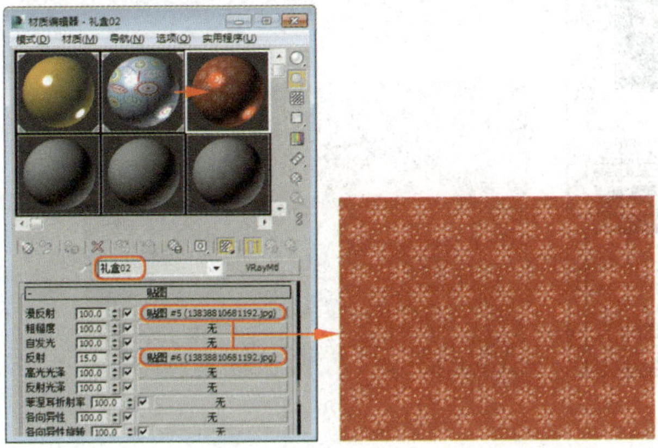

图8-36

图8-37

8.3.3　不锈钢材质

不锈钢是指耐空气、蒸汽、水等弱腐蚀介质或具有不锈性的钢种，本例将介绍不锈钢材质的表现方法。具体操作步骤如下：

Step 1 按Ctrl+O组合键，在弹出的对话框中打开随书附带光盘中的CDROM\场景\Cha08\不锈钢材质.max文件，如图8-38所示。

Step 2 在场景中选择【椅子支架】对象，按M键打开材质编辑器，选择一个新的材质样本球，将其命名为【不锈钢】，单击【Standard】按钮，在弹出的【材质/贴图浏览器】对话框中选择【VRayMtl】材质，单击【确定】按钮，如图8-39所示。

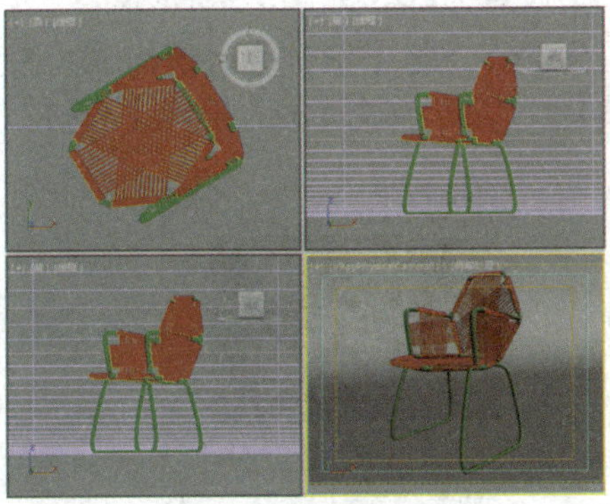

图8-38

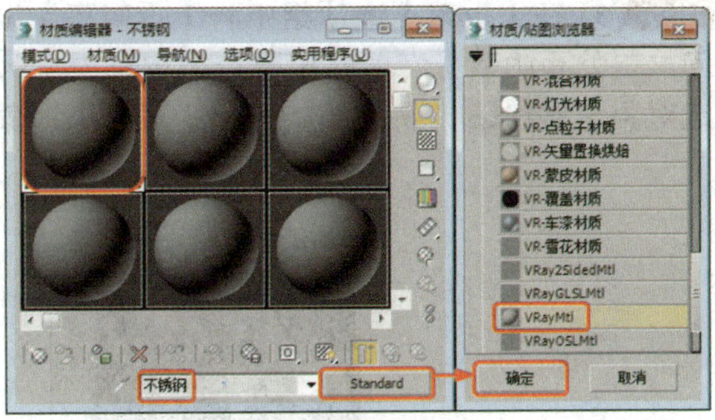

图8-39

Step 3 在【基本参数】卷展栏中，将【漫反射】颜色的RGB值设置为118、118、118，在【反射】选项组中，将【反射】颜色的RGB值设置为165、162、133，单击【高光光泽度】右侧的L按钮，然后将【高光光泽度】设置为0.85，将【反射光泽度】设置为0.8，将【细分】设置为20，如图8-40所示。然后单击【将材质指定给选定对象】按钮，并按F9键对摄影机视图进行渲染，渲染完成后将场景文件保存即可，最终效果如图8-41所示。

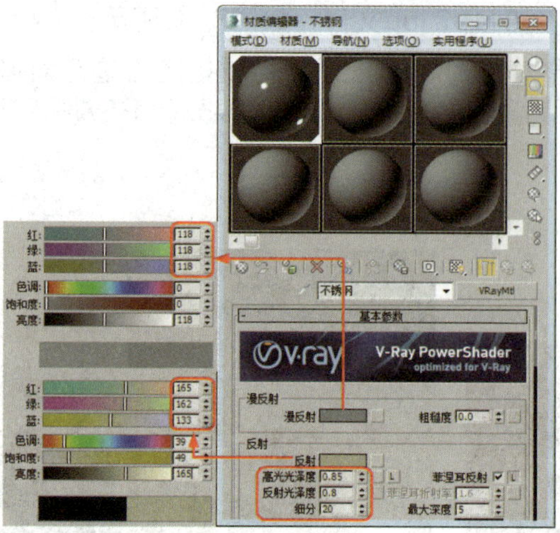

图8-40

图8-41

8.3.4 戒指材质

本例将介绍戒指材质的表现方法。具体操作步骤如下：

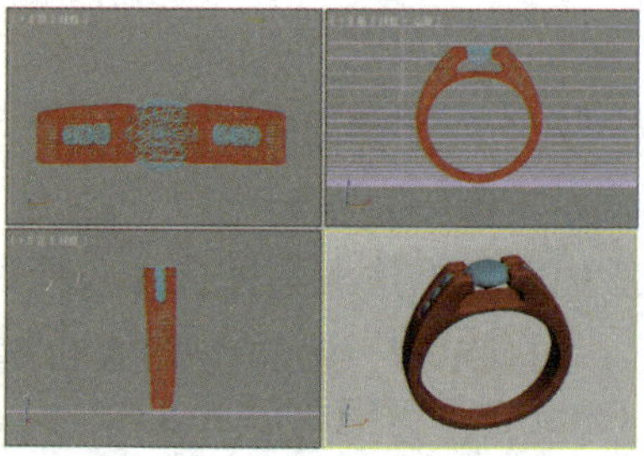

图8-42

Step 1 按Ctrl+O组合键，在弹出的对话框中打开随书附带光盘中的CDROM\场景\ Cha08\戒指材质.max文件，如图8-42所示。

Step 2 在场景中选择【戒指】对象，按M键打开材质编辑器，选择一个新的材质样本球，将其命名为【金】，然后单击【Standard】按钮，在弹出的【材质/贴图浏览器】对话框中选择【VRayMtl】材质，单击【确定】按钮，在【基本参数】卷展栏中，将【漫反射】颜色的RGB值设置为0、0、0，在【反射】选项组中，将【反射】颜色的RGB值设置为234、197、117，将【反射光泽度】设置为0.978，将【细分】设置为20，如图8-43所示。

Step 3 在【折射】选项组中将【折射率】设置为0.47，将【细分】设置为50，然后在【双向反射分布函数】卷展栏中将类型设置为【沃德】，如图8-44所示。单击【将材质指定给选定对象】按钮，将材质指定给【戒指】对象。

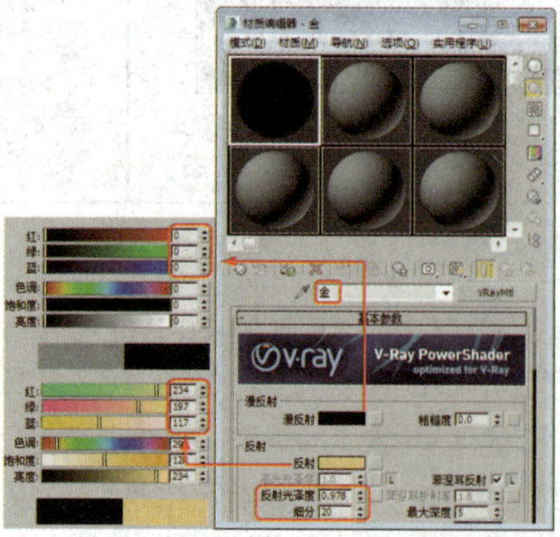

图8-43

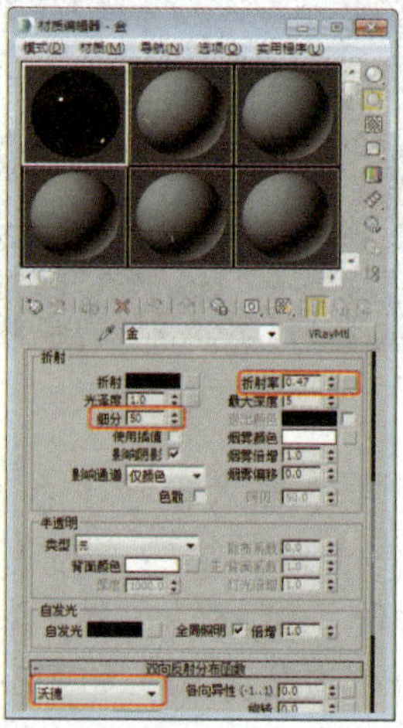

图8-44

Step 4 在场景中选择【钻石】对象，在材质编辑器中选择一个新的材质样本球，将其命名为【钻石】，然后单击【Standard】按钮，在弹出的【材质/贴图浏览器】对话框中选择【VR混合材质】，单击【确定】按钮，在弹出的【替换材质】对话框中选中【丢弃旧材质】单选按钮，单击【确定】按钮，如图8-45所示。

Step 5 在【参数】卷展栏中，单击1右侧的【镀膜材质】按钮，在弹出的【材质/贴图浏览器】对话框中选择【VRayMtl】材质，单击【确定】按钮，如图8-46所示。

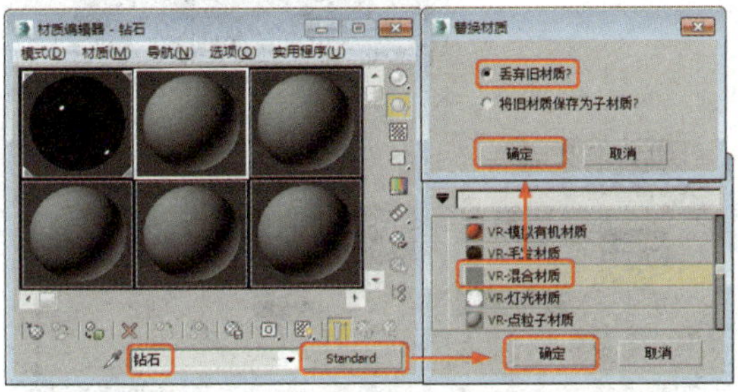

图8-45

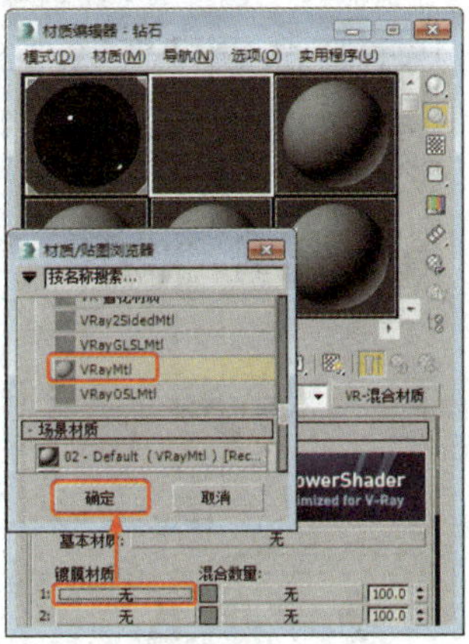

图8-46

Step 6 在【基本参数】卷展栏中，将【漫反射】颜色的RGB值设置为0、0、0，在【反射】选项组中，将【反射】的RGB值设置为255、255、255，勾选【菲涅耳反射】复选框，将【最大深度】设置为6，如图8-47所示。

Step 7 在【折射】选项组中，将【折射】的RGB值设置为255、255、255，将【折射率】设置为2.417，将【最大深度】设置为6，如图8-48所示。

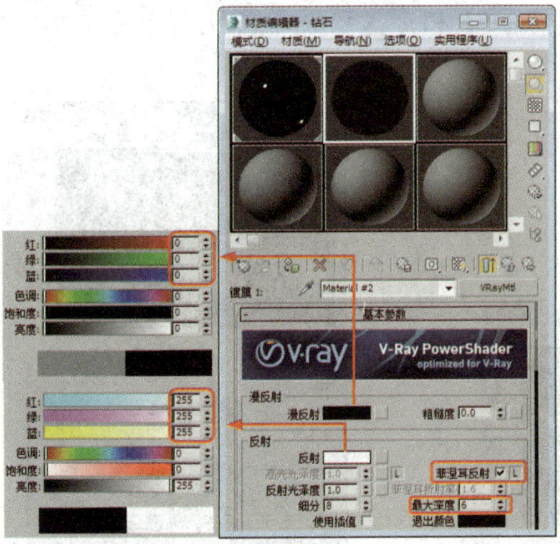

图8-47

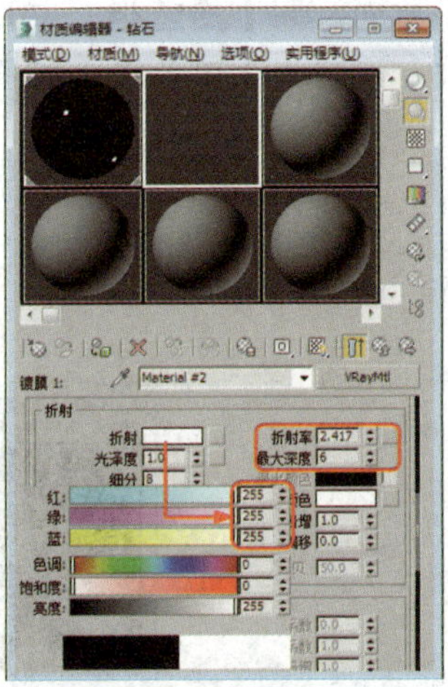

图8-48

Step 8 在【双向反射分布函数】卷展栏中将类型设置为【多面】，在【选项】卷展栏中勾选【背面反射】复选框，并取消勾选【双面】和【雾系统单位比例】复选框，将【能量保存模式】设置为【单色】，如图8-49所示。

Step 9 单击【转到父对象】按钮，然后单击2右侧的【镀膜材质】按钮，在弹出的【材质/贴图浏览器】对话框中选择【VRayMtl】材质，单击【确定】按钮，在【基本参数】卷展栏中，将【漫反射】颜色的RGB值设置为0、0、0，在【反射】选项组中，将【反射】的RGB值设置为255、255、255，勾选【使用插值】和【菲涅耳反射】复选框，将【最大深度】设置为6，如图8-50所示。

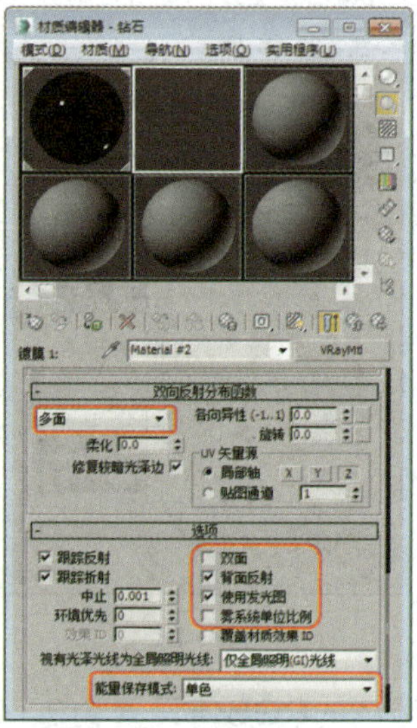

图8-49

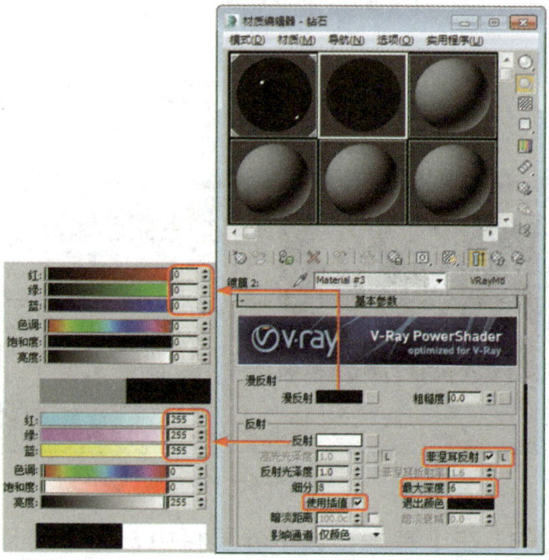

图8-50

Step 10 在【折射】选项组中，将【折射】的RGB值设置为255、255、255，将【折射率】设置为2.447，将【最大深度】设置为6，如图8-51所示。

Step 11 在【双向反射分布函数】卷展栏中将类型设置为【多面】，在【选项】卷展栏中勾选【背面反射】复选框，并取消勾选【双面】和【雾系统单位比例】复选框，将【能量保存模式】设置为【单色】，如图8-52所示。

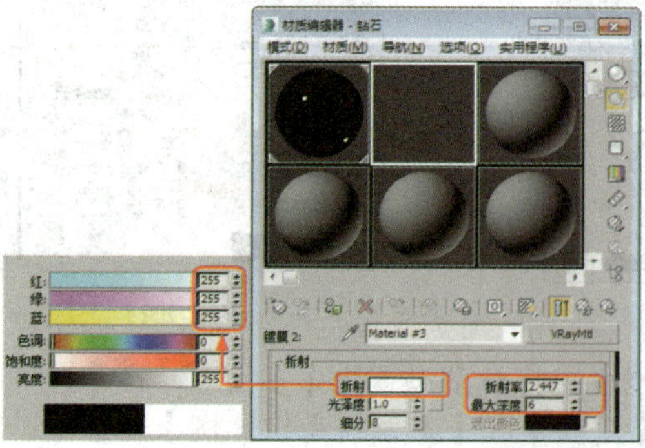

图8-51

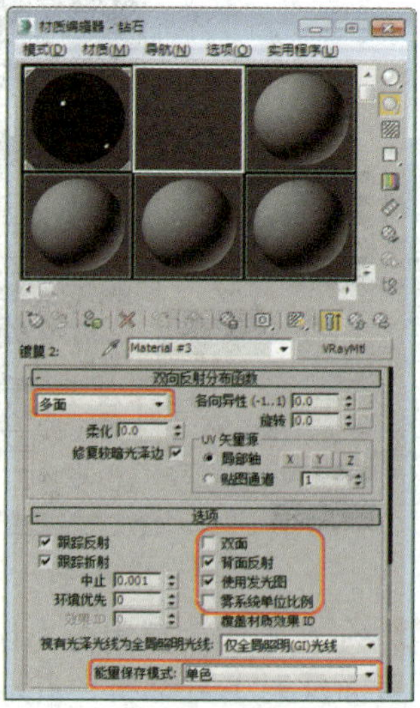

图8-52

Step 12 单击【转到父对象】按钮，然后单击3右侧的【镀膜材质】按钮，在弹出的【材质/贴图浏览器】对话框中选择【VRayMtl】材质，单击【确定】按钮，在【基本参数】卷展栏中，将【漫反射】颜色的RGB值设置为0、0、0，在【反射】选项组中，将【反射】的RGB值设置为255、255、255，勾选【使用插值】和【菲涅耳反射】复选框，将【最大深度】设置为6，如图8-53所示。

Step 13 在【折射】选项组中，将【折射】的RGB值设置为255、255、255，将【折射率】设置为2.477，将【最大深度】设置为6，如图8-54所示。

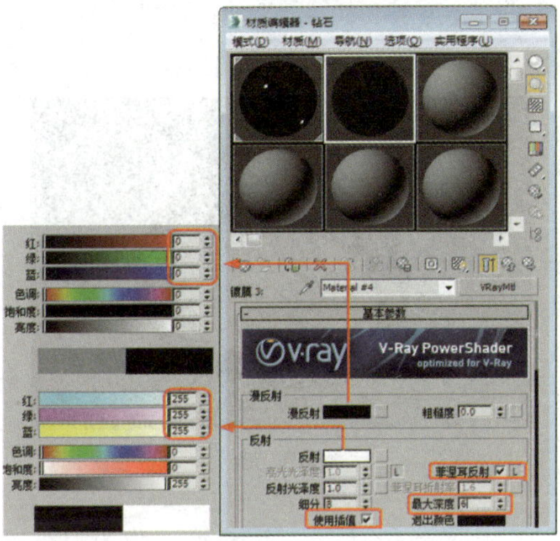

图8-53

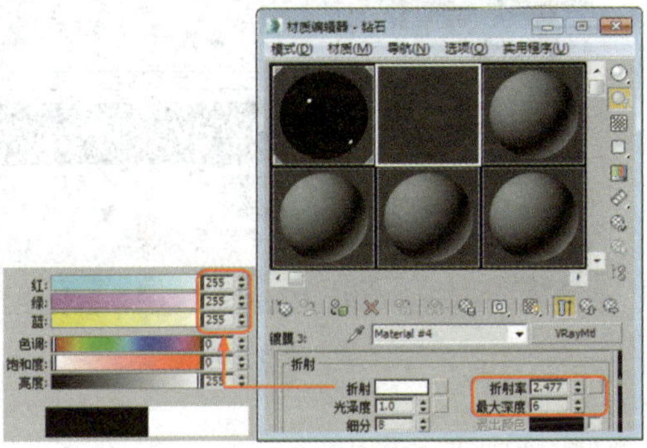

图8-54

Step 14 在【双向反射分布函数】卷展栏中将类型设置为【多面】，在【选项】卷展栏中勾选【背面反射】复选框，并取消勾选【双面】和【雾系统单位比例】复选框，将【能量保存模式】设置为【单色】，如图8-55所示。

Step 15 单击【转到父对象】按钮，在【参数】卷展栏中单击镀膜材质1右侧的色块，在弹出的【颜色选择器】对话框中将颜色设置为255、0、0，如图8-56所示。

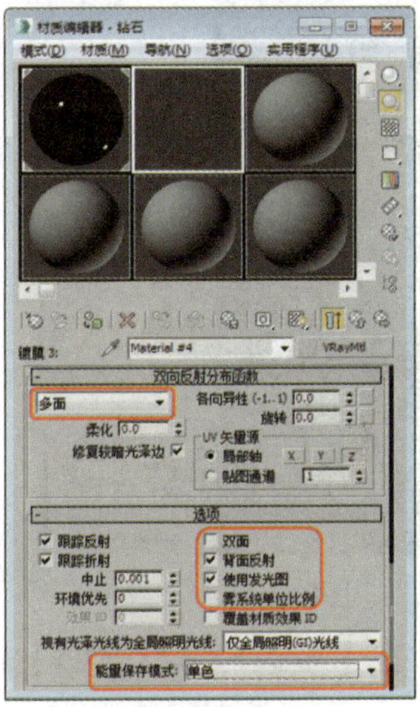

图8-55

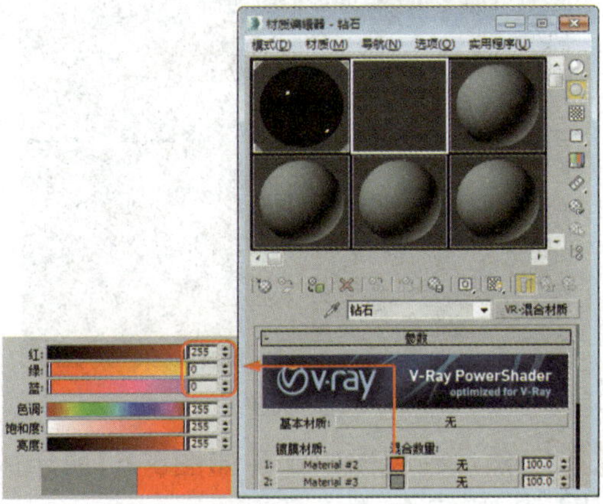

图8-56

Step 16 使用同样的方法，将镀膜材质2的颜色设置为0、255、0，将镀膜材质3的颜色设置为0、0、255，如图8-57所示。然后单击【将材质指定给选定对象】按钮，将材质指定给【钻石】对象，按F9键对摄影机视图进行渲染，渲染完成后将场景文件保存即可。最终效果如图8-58所示。

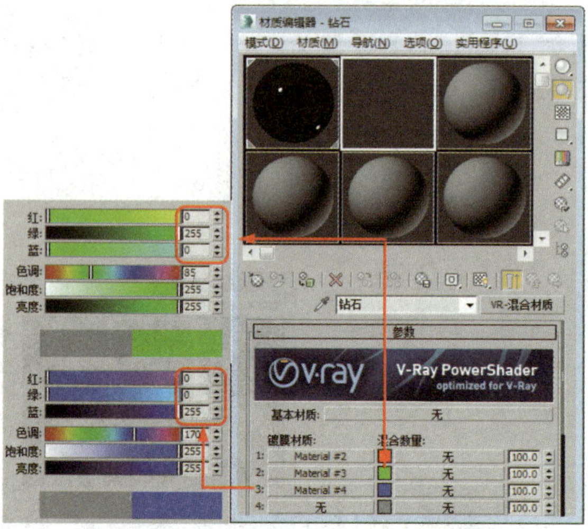

图8-57

图8-58

8.3.5 皮革材质

本例介绍皮革材质的表现方法。具体操作步骤如下：

Step 1 按Ctrl+O组合键，在弹出的对话框中打开随书附带光盘中的CDROM\场景\Cha08\皮革材质.max文件，如图8-59所示。

Step 2 在场景中选择【鞋底01】对象，按Alt+Q组合键孤立当前选择对象，然后切换到【修改】命令面板，将当前选择集定义为【多边形】，在视图中选择如图8-60所示的多边形，并在【多边形：材质ID】卷展栏中将【设置ID】设置为1。

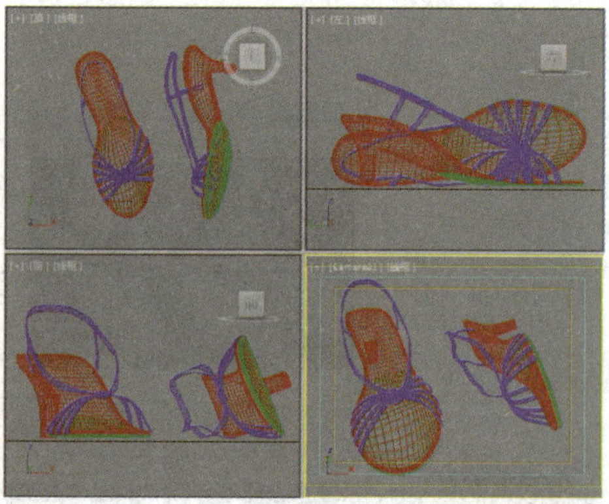

图8-59

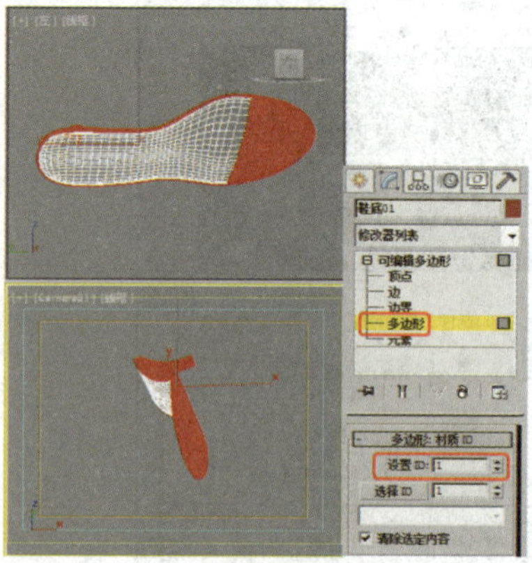

图8-60

Step 3 然后在视图中选择如图8-61所示的多边形，在【多边形：材质ID】卷展栏中将【设置ID】设置为2。

Step 4 在视图中选择如图8-62所示的多边形，在【多边形：材质ID】卷展栏中将【设置ID】设置为3。

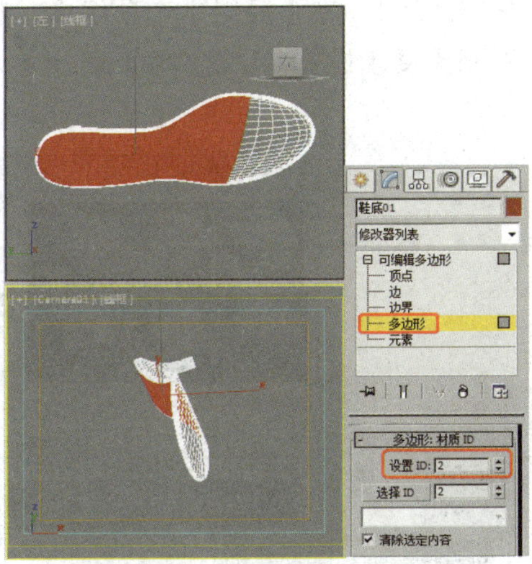

图8-61

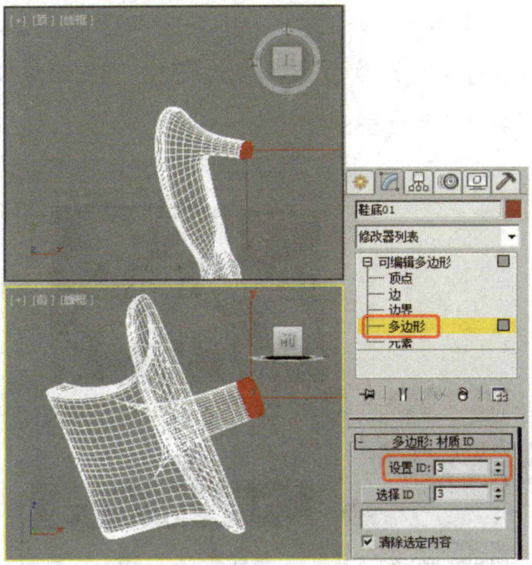

图8-62

Step 5 关闭当前选择集，按M键打开材质编辑器，选择一个新的材质样本球，将其命名为【鞋底01】，然后单击【Standard】按钮，在弹出的【材质/贴图浏览器】对话框中选择【多维/子对象】材质，单击【确定】按钮，在弹出的【替换材质】对话框中选中【将旧材质保存为子材质】单选按钮，单击【确定】按钮，如图8-63所示。

Step 6 在【多维/子对象基本参数】卷展栏中单击【设置数量】按钮，在弹出的【设置材质数量】对话框中将【材质数量】设置为3，单击【确定】按钮，如图8-64所示。

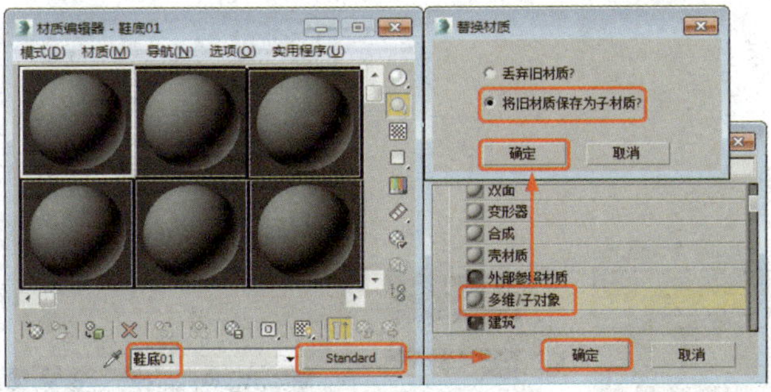

图8-63

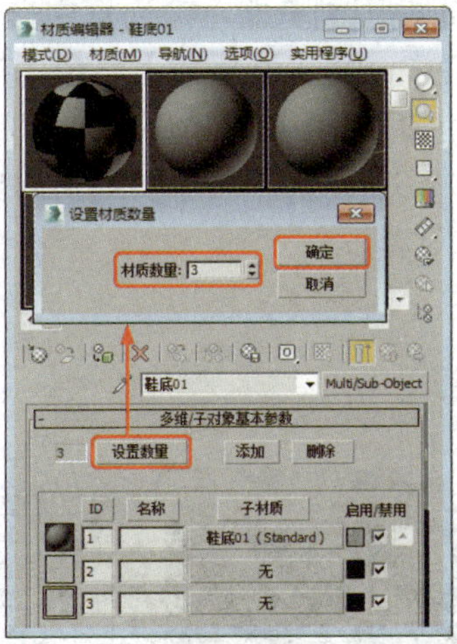

图8-64

Step 7 单击ID1右侧的子材质按钮，然后单击【Standard】按钮，在弹出的【材质/贴图浏览器】对话框中选择【VRayMtl】材质，单击【确定】按钮，并在【基本参数】卷展栏中，将【漫反射】颜色的RGB值设置为180、2、2，在【反射】选项组中，将【反射】颜色的RGB值设置为35、35、35，将【反射光泽度】设置为0.6，将【细分】设置为18，如图8-65所示。

Step 8 单击【转到父对象】按钮，然后单击ID2右侧的子材质按钮，在弹出的【材质/贴图浏览器】对话框中选择【VRayMtl】材质，单击【确定】按钮，在【基本参数】卷展栏中，将【漫反射】颜色的RGB值设置为247、235、211，在【反射】选项组中，将【反射】颜色的RGB值设置为35、35、35，将【反射光泽度】设置为0.6，将【细分】设置为18，如图8-66所示。

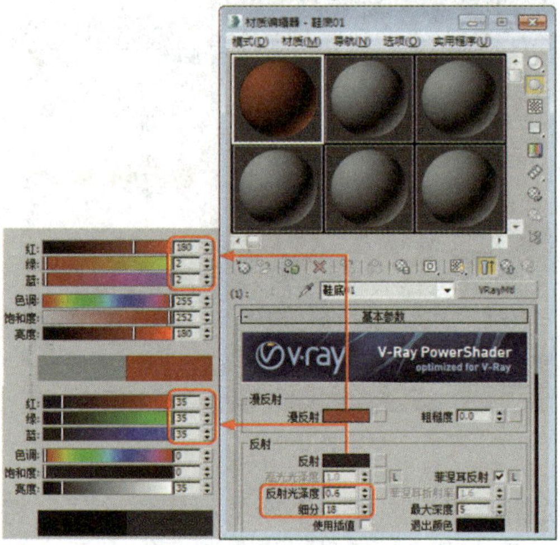

图8-65

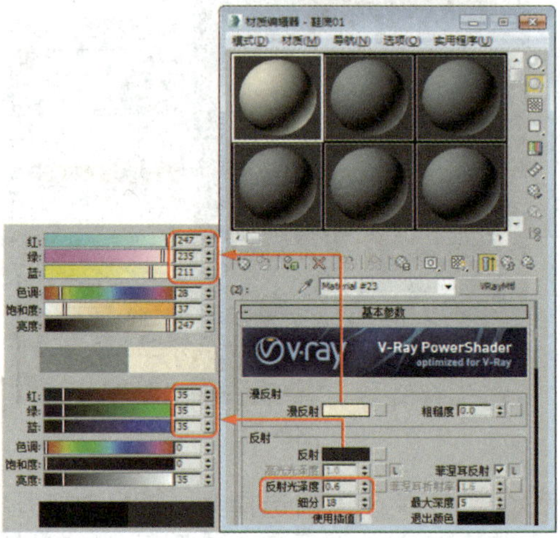

图8-66

Step 9 在【贴图】卷展栏中将【凹凸】右侧的数量设置为30，并单击【无】按钮，在弹出的【材质/贴图浏览器】对话框中选择【位图】贴图，单击【确定】按钮，然后在弹出的对话框中选择随书附带光盘中的贴图文件【09101.jpg】，如图8-67所示。

Step 10 单击两次【转到父对象】按钮，然后单击ID3右侧的子材质按钮，在弹出的【材质/贴图浏览器】对话框中选择【VRayMtl】材质，单击【确定】按钮，在【基本参数】卷展栏中，将【漫反射】颜色的RGB值设置为5、5、5，在【反射】选项组中，将【反射】颜色的RGB值设置为30、30、30，将【反射光泽度】设置为0.65，将【细分】设置为16，如图8-68所示。单击【转到父对象】按钮和【将材质指定给选定对象】按钮。

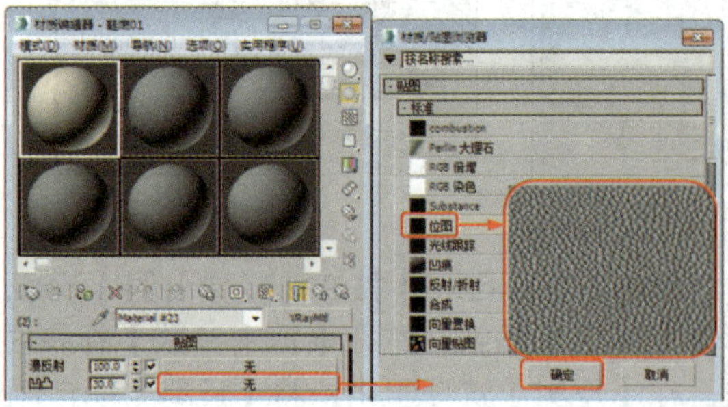

图8-67

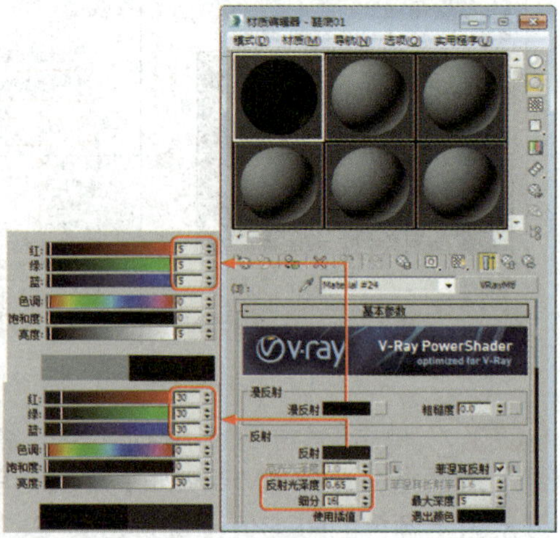

图8-68

Step 11 在视图中右击，在弹出的快捷菜单中选择【结束隔离】命令，然后在场景中选择【鞋底02】对象，在材质编辑器中选择一个新的材质样本球，将其命名为【鞋底02】，然后单击【Standard】按钮，在弹出的【材质/贴图浏览器】对话框中选择【VRayMtl】材质，单击【确定】按钮，在【基本参数】卷展栏中，将【漫反射】颜色的RGB值设置为5、5、5，在【反射】选项组中，将【反射】颜色的RGB值设置为30、30、30，将【反射光泽度】设置为0.65，将【细分】设置为16，如图8-69所示。然后单击【将材质指定给选定对象】按钮，将材质指定给【鞋底02】对象。

Step 12 在场景中选择【鞋面】对象，在材质编辑器中选择一个新的材质样本球，将其命名为【鞋面】，然后单击【Standard】按钮，在弹出的【材质/贴图浏览器】对话框中选择【VRayMtl】材质，单击【确定】按钮，如图8-70所示。

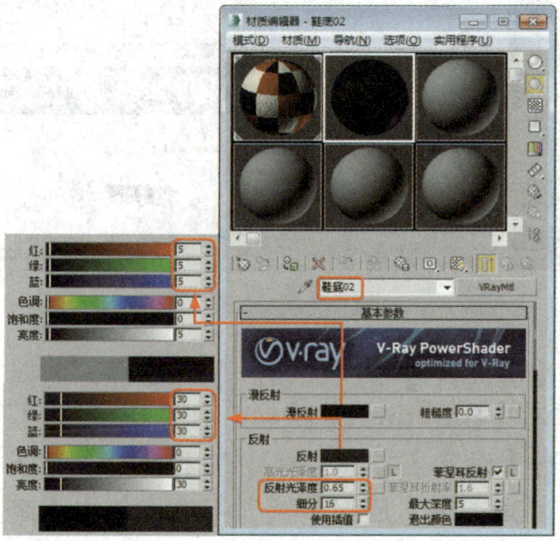

图8-69

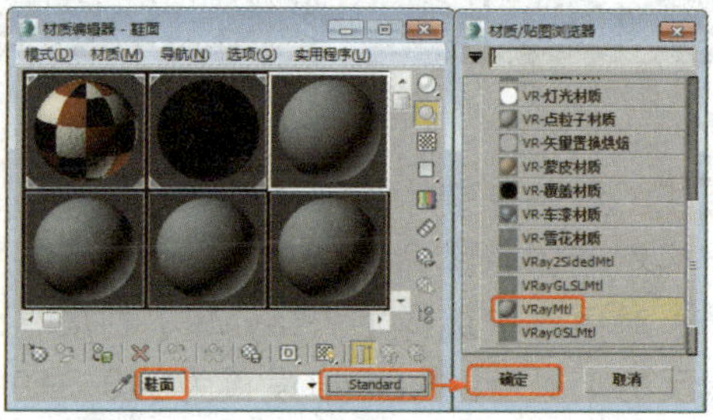

图8-70

Step 13 在【基本参数】卷展栏中，将【漫反射】颜色的RGB值设置为180、2、2，在【反射】选项组中，将【反射】颜色的RGB值设置为35、35、35，将【反射光泽度】设置为0.6，将【细分】设置为18，如图8-71所示。使用同样的方法，为另一只鞋设置材质，然后激活【摄影机】视图，按F9键进行渲染，最后将场景文件保存。最终效果如图8-72所示。

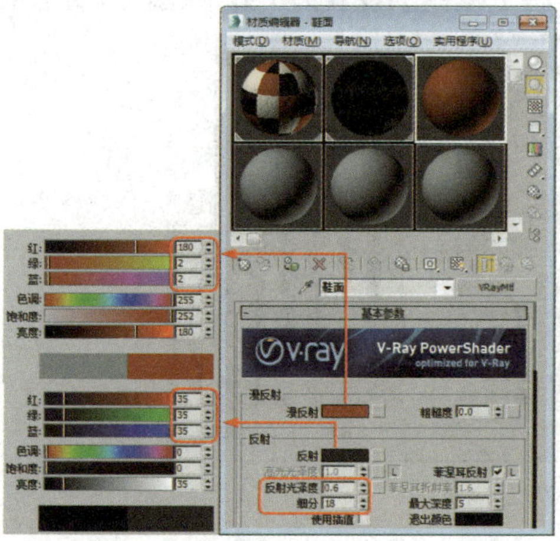

图8-71

图8-72

8.3.6 手提袋材质

本例介绍手提袋材质的表现方法。具体操作步骤如下：

Step 1 按Ctrl+O组合键，在弹出的对话框中打开随书附带光盘中的CDROM\场景\Cha08\手提袋材质.max文件，如图8-73所示。

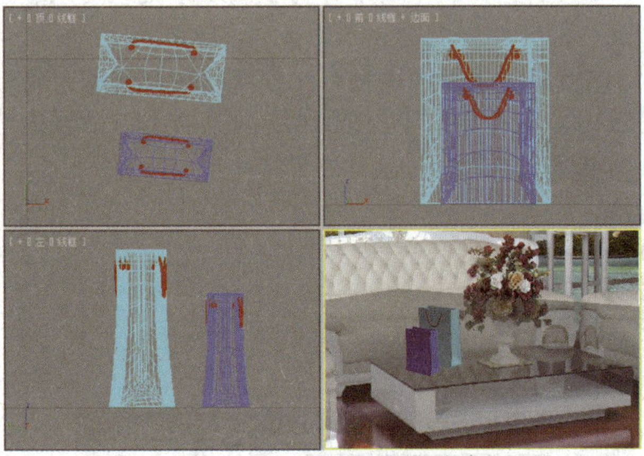

图8-73

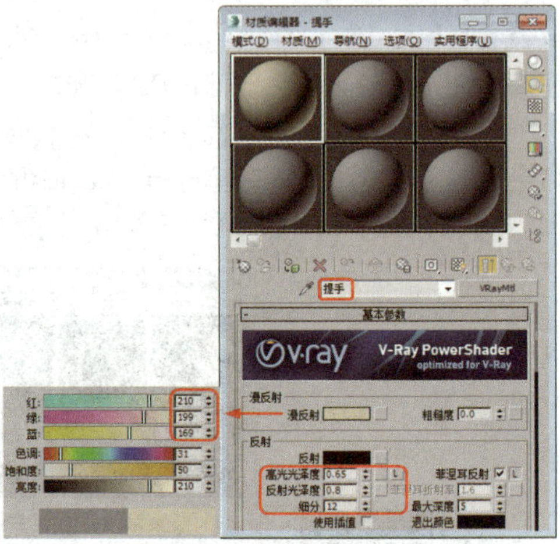

图8-74

Step 2 在场景中选择【提手】对象，按M键打开【材质编辑器】对话框，选择一个新的材质样本球，将其命名为【提手】，然后单击【Standard】按钮，在弹出的【材质/贴图浏览器】对话框中选择【VRayMtl】材质，单击【确定】按钮，在【基本参数】卷展栏中，将【漫反射】颜色的RGB值设置为210、199、169，在【反射】选项组中，单击【高光光泽度】右侧的L按钮，然后将【高光光泽度】设置为0.65，将【反射光泽度】设置为0.8，将【细分】设置为12，如图8-74所示。

Step 3 在【贴图】卷展栏中将【漫反射】右侧的数量设置为70，并单击【无】按钮，在弹出的【材质/贴图浏览器】对话框中选择【位图】贴图，单击【确定】按钮，在弹出的对话框中打开随书附带光盘中的贴图文件【09801.jpg】，然后在【坐标】卷展栏中将【瓷砖】下的U设置为15，将【角度】下的W设置为88，将【模糊】设置为0.5，如图8-75所示。

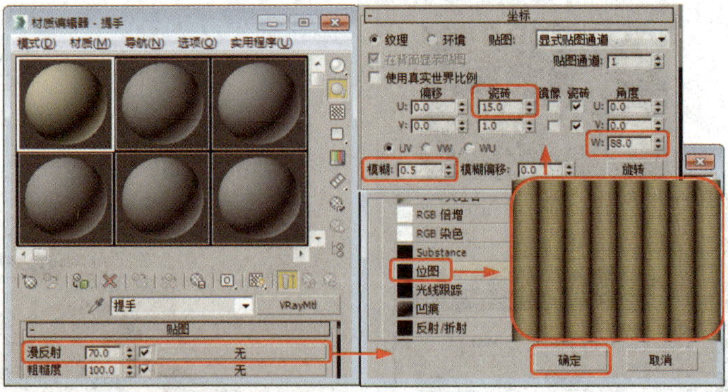

图8-75

Step 4 单击【转到父对象】按钮，在【贴图】卷展栏中单击【凹凸】右侧的【无】按钮，在弹出的【材质/贴图浏览器】对话框中选择【位图】贴图，单击【确定】按钮，在弹出的对话框中打开随书附带光盘中的贴图文件【09801_bump.jpg】，然后在【坐标】卷展栏中将【瓷砖】下的U设置为15，将【角度】下的W设置为90，将【模糊】设置为0.5，如图8-76所示。单击【转到父对象】按钮和【将材质指定给选定对象】按钮，将材质指定给【提手】对象。

Step 5 在场景中选择【大手提袋】对象，切换到【修改】命令面板，将当前选择集定义为【多边形】，在视图中选择大手提袋外面的多边形，然后在【多边形：材质ID】卷展栏中将【设置ID】设置为1，如图8-77所示。

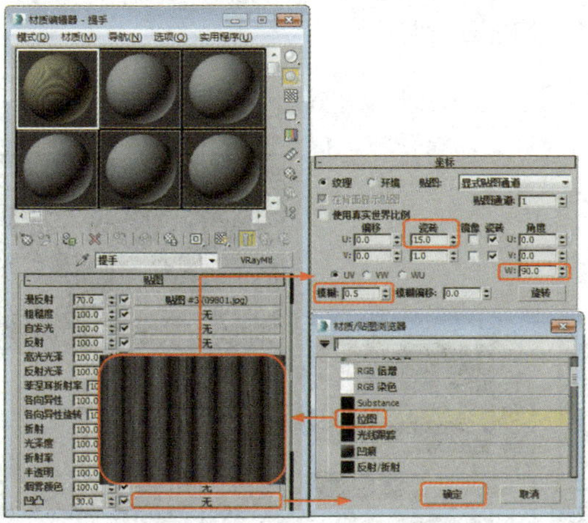
图8-76

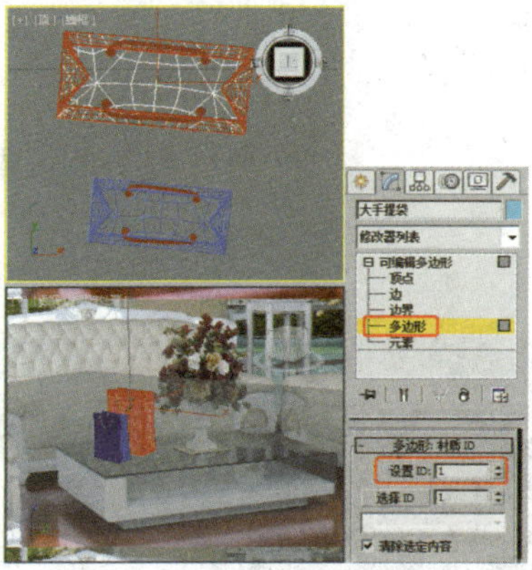
图8-77

Step 6 在菜单栏中选择【编辑】|【反选】命令，反选多边形，然后在【多边形：材质ID】卷展栏中将【设置ID】设置为2，如图8-78所示。

Step 7 关闭当前选择集，在材质编辑器中选择一个新的材质样本球，将其命名为【大手提袋】，然后单击【Standard】按钮，在弹出的【材质/贴图浏览器】对话框中选择【多维/子对象】材质，单击【确定】按钮，在弹出的【替换材质】对话框中单击【确定】按钮，然后在【多维/子对象基本参数】卷展栏中单击【设置数量】按钮，在弹出的【设置材质数量】对话框中将【材质数量】设置为2，单击【确定】按钮，如图8-79所示。

图8-78

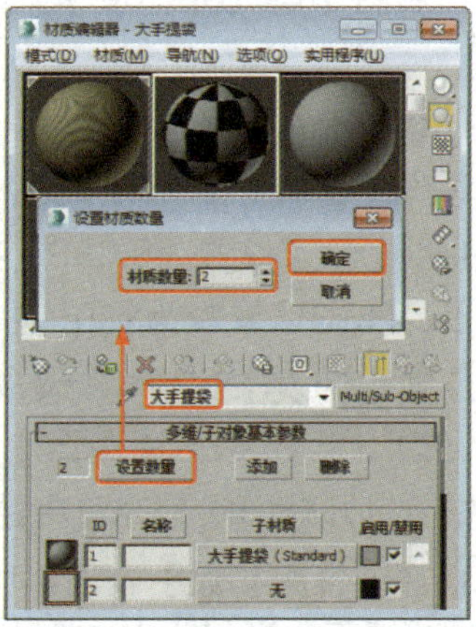
图8-79

Step 8 单击ID1右侧的子材质按钮，然后单击【Standard】按钮，在弹出的【材质/贴图浏览器】对话框中选择【VR混合材质】，单击【确定】按钮，在弹出的【替换材质】对话框中选中【丢弃旧材质】单选按钮，单击【确定】按钮，如图8-80所示。

Step 9 在【参数】卷展栏中单击【基本材质】右侧的【无】按钮，在弹出的【材质/贴图浏览器】对话框中选择【VRayMtl】材质，单击【确定】按钮，并在【基本参数】卷展栏中，将【漫反射】颜色的RGB值设置为35、28、18，在【反射】选项组中，将【反射】颜色的RGB值设置为15、15、15，单击【高光光泽度】右侧的按钮，然后将【高光光泽度】设置为0.6，将【反射光泽度】设置为0.7，如图8-81所示。

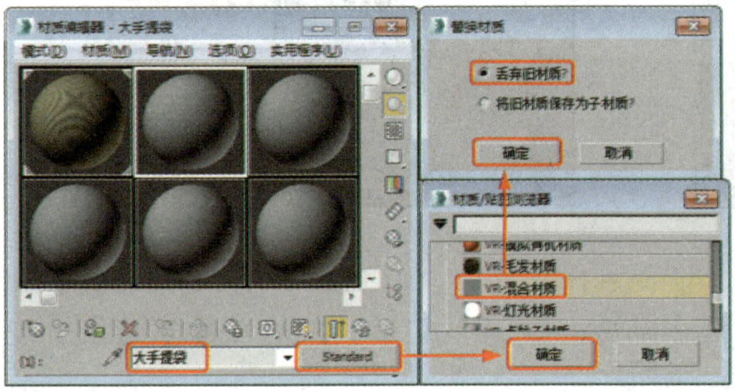

图8-80

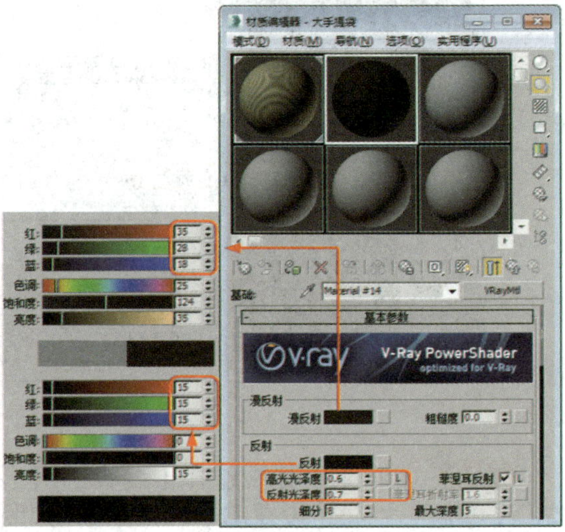

图8-81

Step 10 单击【转到父对象】按钮，在【参数】卷展栏中单击第一个镀膜材质按钮，在弹出的【材质/贴图浏览器】对话框中选择【VRayMtl】材质，单击【确定】按钮，并在【基本参数】卷展栏中，将【漫反射】颜色的RGB值设置为131、83、7，在【反射】选项组中，将【反射】颜色的RGB值设置为55、55、55，单击【高光光泽度】右侧的按钮，然后将【高光光泽度】设置为0.5，将【反射光泽度】设置为0.65，如图8-82所示。

Step 11 在【贴图】卷展栏中单击【反射】右侧的【无】按钮，在弹出的【材质/贴图浏览器】对话框中选择【噪波】贴图，单击【打开】按钮，然后在【坐标】卷展栏中，将【瓷砖】下的X、Y、Z设置为0.039，在【噪波参数】卷展栏中，将【大小】设置为635.0，将【颜色#2】的RGB值设置为180、180、180，如图8-83所示。

Step 12 单击两次【转到父对象】按钮，然后在【参数】卷展栏中单击混合数量贴图按钮，在弹出的【材质/贴图浏览器】对话框中选择【位图】贴图，单击【确定】按钮，在弹出的对话框中打开随书附带光盘中的贴图文件【09802.jpg】，如图8-84所示。

Step 13 在【位图参数】卷展栏中勾选【应用】复选框，并单击右侧的【查看图像】按钮，在弹出的对话框中通过调整控制柄来指定裁剪区域，如图8-85所示。

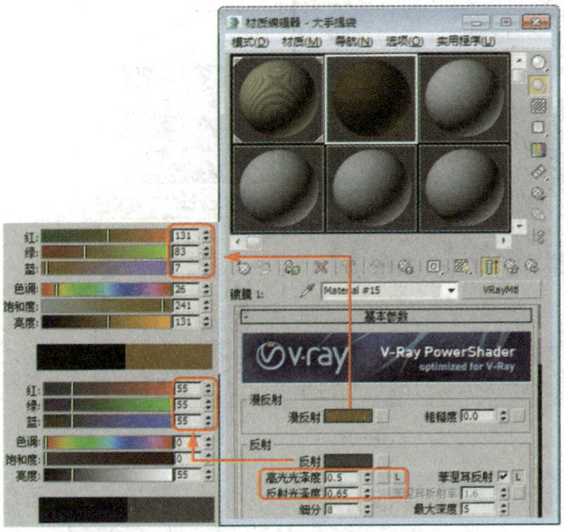

图8-82

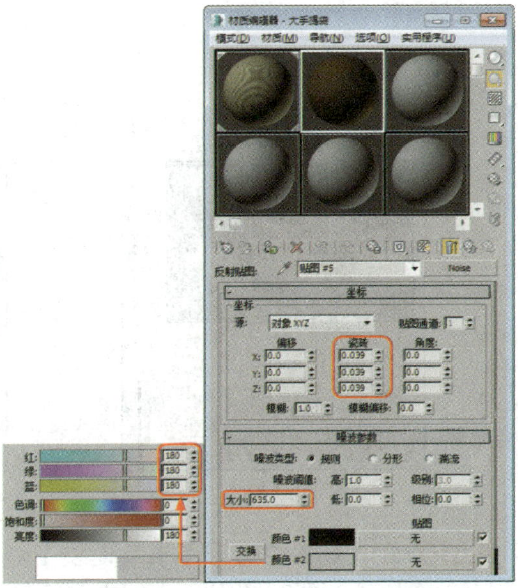

图8-83

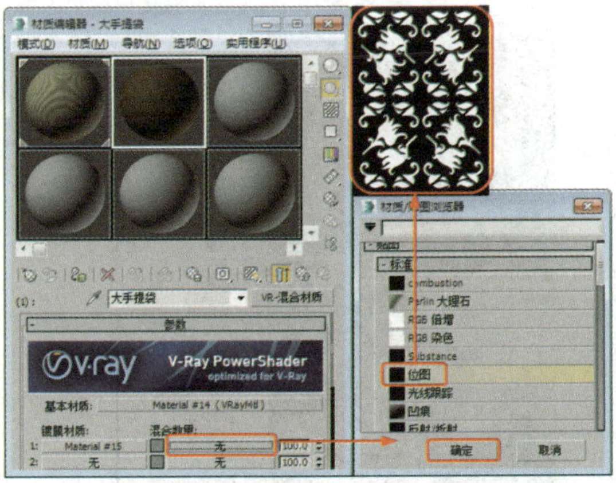

图8-84

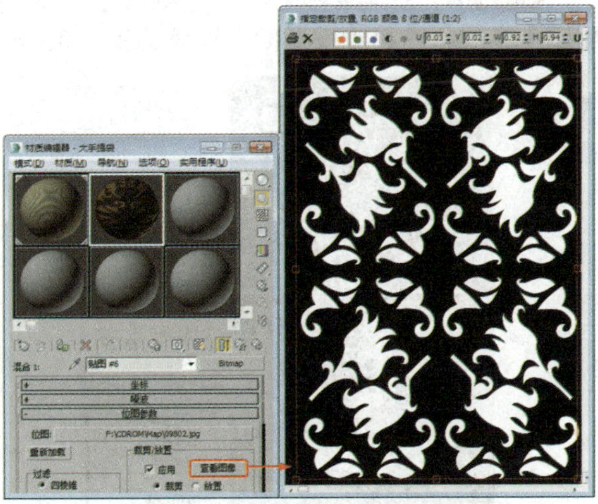

图8-85

Step 14 单击两次【转到父对象】按钮，然后单击ID2右侧的子材质按钮，在弹出的【材质/贴图浏览器】对话框中选择【VRayMtl】材质，单击【确定】按钮，在【基本参数】卷展栏中的【反射】选项组中，单击【高光光泽度】右侧的L按钮，然后将【高光光泽度】设置为0.6，将【反射光泽度】设置为0.8，如图8-86所示。

Step 15 在【贴图】卷展栏中单击【漫反射】右侧的【无】按钮，在弹出的【材质/贴图浏览器】对话框中选择【位图】贴图，单击【确定】按钮，再在弹出的对话框中选择随书附带光盘中的贴图文件【09803.jpg】，在【坐标】卷展栏中将【角度】下的W设置为90，将【模糊】设置为0.5，如图8-87所示。然后单击两次【转到父对象】按钮，并单击【将材质指定给选定对象】按钮，将材质指定给【大手提袋】对象。

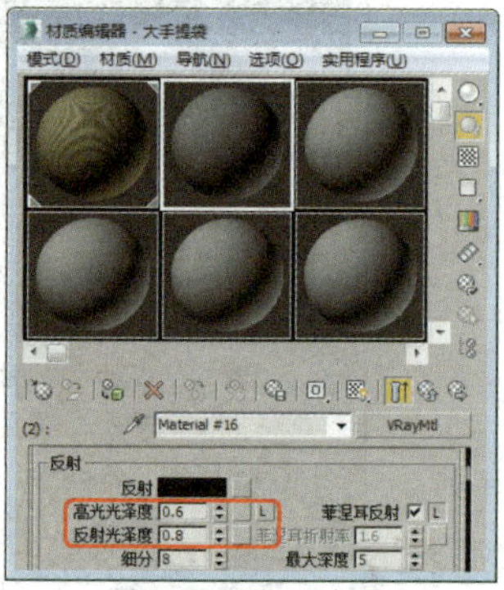

图8-86

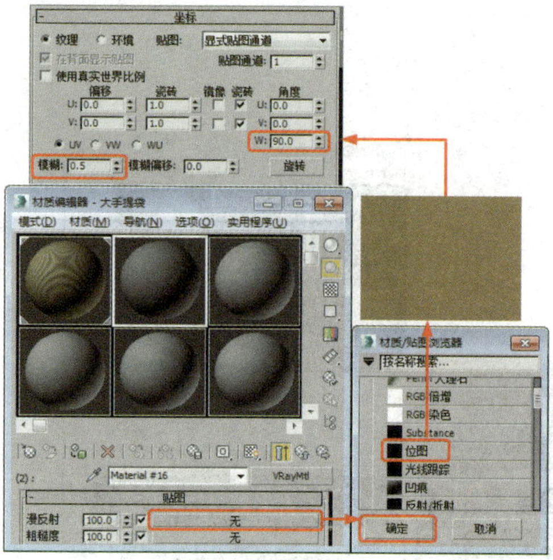

图8-87

Step 16 在场景中选择【小手提袋】对象，切换到【修改】命令面板，将当前选择集定义为【多边形】，在视图中选择小手提袋外面的多边形，然后在【多边形：材质ID】卷展栏中将【设置ID】设置为1，如图8-88所示。

Step 17 在菜单栏中选择【编辑】|【反选】命令，反选多边形，然后在【多边形：材质ID】卷展栏中将【设置ID】设置为2，如图8-89所示。

图8-88

图8-89

Step 18 关闭当前选择集，在材质编辑器中选择一个新的材质样本球，将其命名为【小手提袋】，然后单击【Standard】按钮，在弹出的【材质/贴图浏览器】对话框中选择【多维/子对象】材质，单击【确定】按钮，在弹出的【替换材质】对话框中单击【确定】按钮，然后在【多维/子对象基本参数】卷展栏中单击【设置数量】按钮，在弹出的【设置材质数量】对话框中将【材质数量】设置为2，单击【确定】按钮，如图8-90所示。

Step 19 单击ID1右侧的子材质按钮，在弹出的【材质/贴图浏览器】对话框中选择【VR混合材质】，单击【确定】按钮，然后在【参数】卷展栏中单击【基本材质】右侧的【无】按钮，在弹出的【材质/贴图浏览器】对话框中选择【VRayMtl】材质，单击【确定】按钮，并在【基本参数】卷展栏中，将【漫反射】颜色的RGB值设置为152、136、87，在【反射】选项组中，将

【反射】颜色的RGB值设置为5、5、5，单击【高光光泽度】右侧的按钮，然后将【高光光泽度】设置为0.6，将【反射光泽度】设置为0.85，将【细分】设置为14，如图8-91所示。

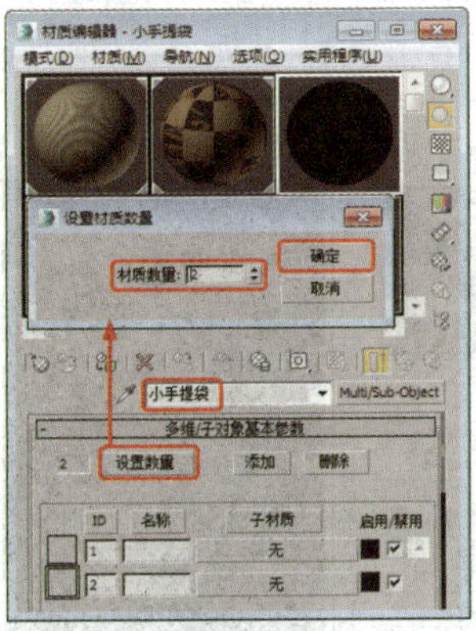
图8-90

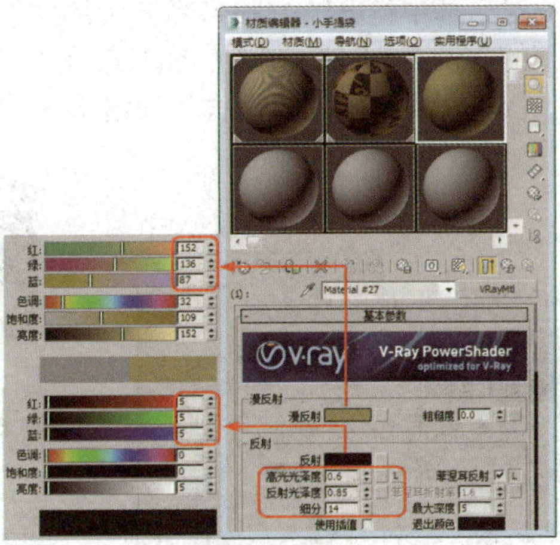
图8-91

Step 20 在【贴图】卷展栏中单击【漫反射】右侧的【无】按钮，在弹出的【材质/贴图浏览器】对话框中选择【位图】贴图，单击【确定】按钮，再在弹出的对话框中打开随书附带光盘中的贴图文件【09803.jpg】，在【坐标】卷展栏中将【角度】下的W设置为90，将【模糊】设置为0.5，如图8-92所示。

Step 21 单击两次【转到父对象】按钮，在【参数】卷展栏中单击第一个镀膜材质按钮，在弹出的【材质/贴图浏览器】对话框中选择【VRayMtl】材质，单击【确定】按钮，并在【基本参数】卷展栏中，将【漫反射】颜色的RGB值设置为131、83、7，在【反射】选项组中，将【反射】颜色的RGB值设置为45、45、45，单击【高光光泽度】右侧的按钮，然后将【高光光泽度】设置为0.5，将【反射光泽度】设置为0.65，如图8-93所示。

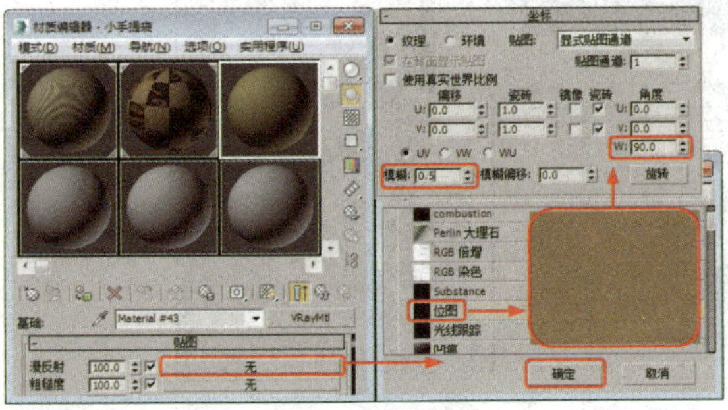
图8-92

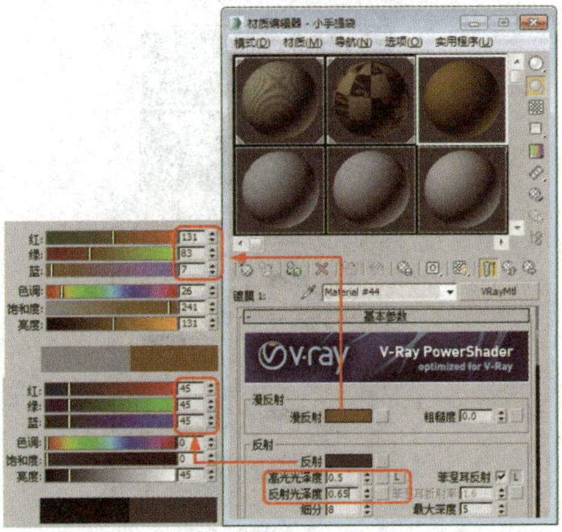
图8-93

Step 22 在【贴图】卷展栏中单击【反射】右侧的【无】按钮，在弹出的【材质/贴图浏览器】对话框中选择【噪波】贴图，单击【打开】按钮，然后在【坐标】卷展栏中，将【瓷砖】下的X、Y、Z设置为0.039，在【噪波参数】卷展栏中，将【大小】设置为0.02，将【颜色#2】的RGB值设置为158、158、158，如图8-94所示。

Step 23 单击两次【转到父对象】按钮，然后在【参数】卷展栏中单击第一个混合数量贴图按钮，在弹出的【材质/贴图浏览器】对话框中选择【位图】贴图，单击【确定】按钮，在弹出的对话框中打开随书附带光盘中的贴图文件【09804.jpg】，在【坐标】卷展栏中将【角度】下的W设置为90，在【位图参数】卷展栏中勾选【应用】复选框，并单击右侧的【查看图像】按钮，在弹出的对话框中通过调整控制柄来指定裁剪区域，如图8-95所示。

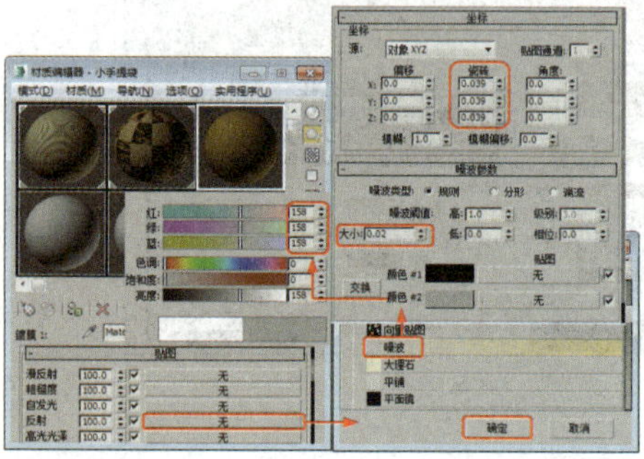

图8-94

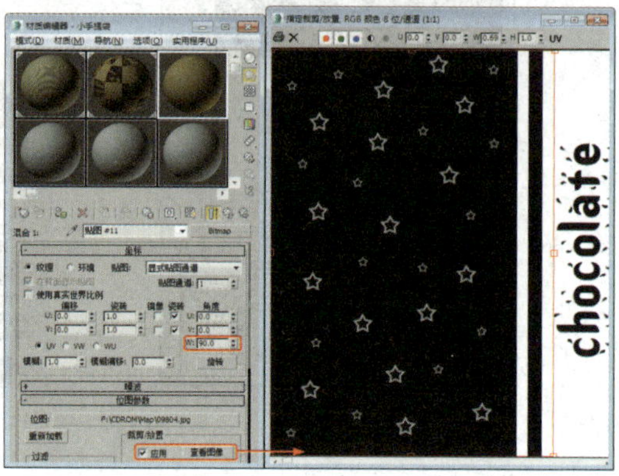

图8-95

Step 24 单击两次【转到父对象】按钮，然后单击ID2右侧的子材质按钮，在弹出的【材质/贴图浏览器】对话框中选择【VRayMtl】材质，单击【确定】按钮，在【基本参数】卷展栏中的【反射】选项组中，单击【高光光泽度】右侧的L按钮，然后将【高光光泽度】设置为0.6，将【反射光泽度】设置为0.8，在【折射】选项组中勾选【影响阴影】复选框，如图8-96所示。

Step 25 在【贴图】卷展栏中单击【漫反射】右侧的【无】按钮，在弹出的【材质/贴图浏览器】对话框中选择【位图】贴图，单击【确定】按钮，在弹出的对话框中选择随书附带光盘中的贴图文件【09803.jpg】，如图8-97所示。

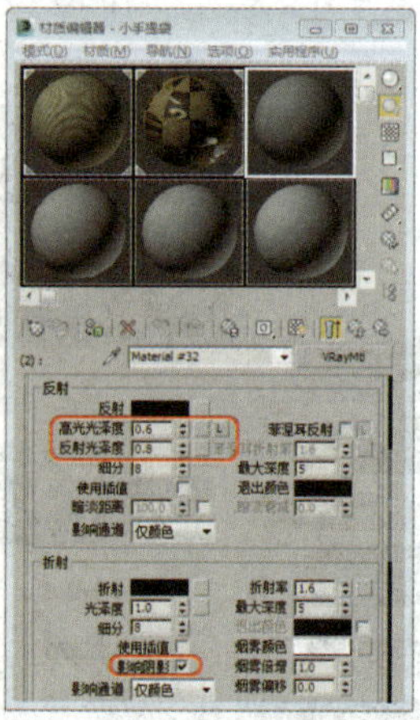

图8-96

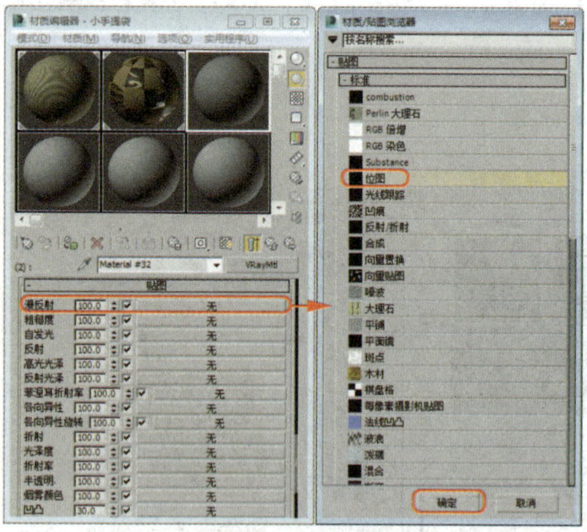

图8-97

Step 26 在【坐标】卷展栏中将【角度】下的W设置为90，将【模糊】设置为0.5，如图8-99所示。然后单击两次【转到父对象】按钮，并单击【将材质指定给选定对象】按钮，将材质指定给【小手提袋】对象。最后激活【摄影机】视图，按F9键进行渲染，并将场景文件保存。最终效果如图8-99所示。

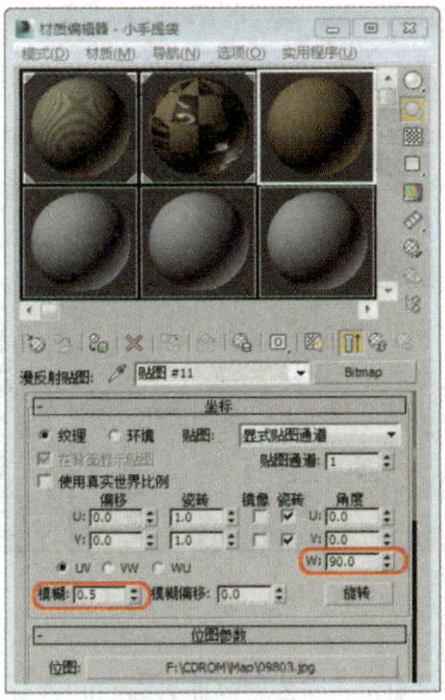

图8-98

图8-99

8.3.7 藤条置物箱材质

本例介绍藤条置物箱材质的表现方法。具体操作步骤如下：

Step 1 运行3ds Max 2016，打开随书附带光盘中的CDROM\场景\Cha08\藤条置物箱材质.max文件，如图8-100所示。

Step 2 选择【置物箱】，并切换至【修改】命令面板，将当前选择集定义为【多边形】，在【左】视图中框选多边形，然后在【多边形：材质ID】卷展栏中，将【设置ID】设置为2，如图8-101所示。

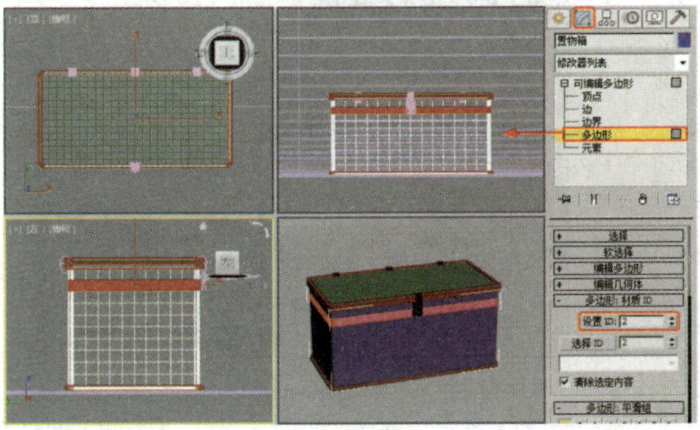

图8-100

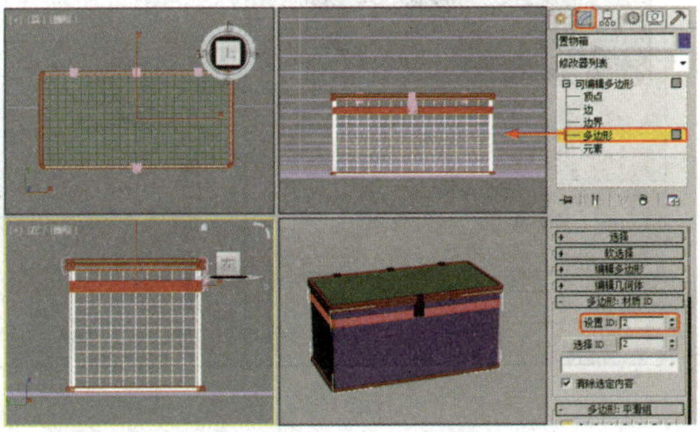

图8-101

Step 3 按Ctrl+I组合键对多边形进行反选，在【多边形：材质ID】卷展栏中，将【设置ID】设置为1，如图8-102所示。

Step 4 退出当前选择集，按M键打开材质编辑器。选择一个新的材质样本球，将其命名为【置物箱】，单击右侧的【Standard】按钮，在弹出的【材质/贴图浏览器】中，选择【标准】|【多维/子对象】，单击【确定】按钮。在弹出的提示对话框中选择【丢弃旧材质】单选按钮，单击【确定】按钮。在【多维/子对象基本参数】卷展栏中，将材质数量设置为2，如图8-103所示。

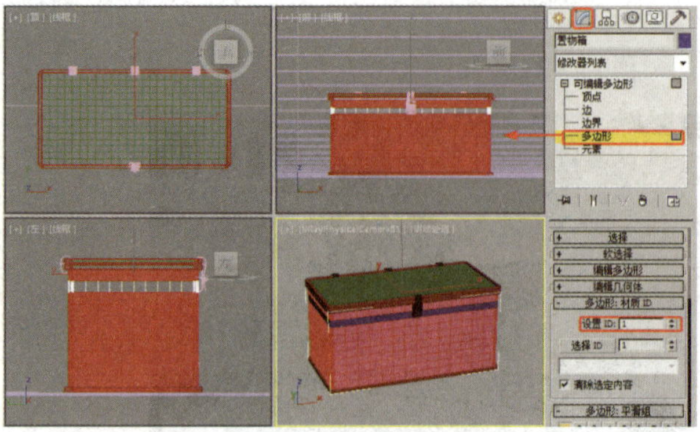

图8-102

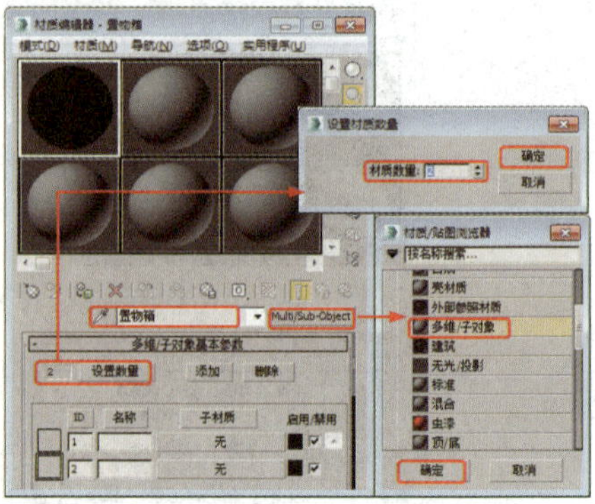

图8-103

Step 5 单击【ID1】右侧的【无】按钮，在弹出的【材质/贴图浏览器】中，选择【V-Ray】|【VRayMtl】，单击【确定】按钮，如图8-104所示。

Step 6 在【基本参数】卷展栏中将【漫反射】的RGB值设置为179、154、116，在【反射】组中，将【反射】的RGB值设置为10、10、10，单击【高光光泽度】右侧的 L 按钮，将其值设置为0.65，将【反射光泽度】设置为0.8，将【细分】设置为12，如图8-105所示。

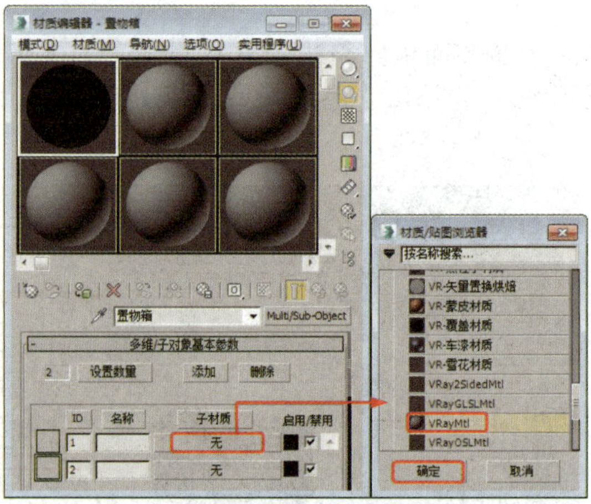

图8-104

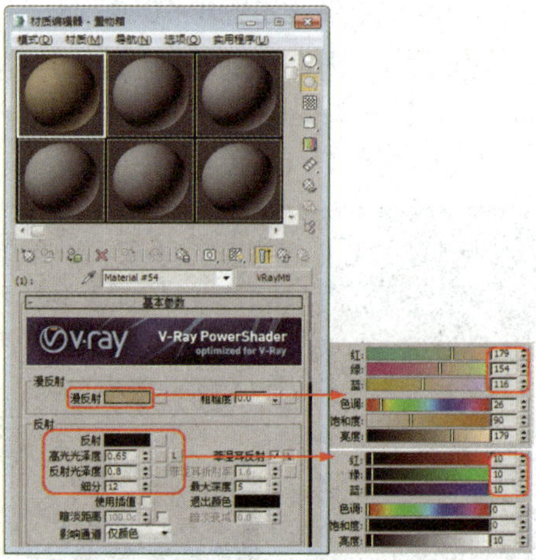

图8-105

Step 7 在【贴图】卷展栏中，单击【漫反射】贴图通道右侧的【无】按钮，在弹出的【材质/贴图浏览器】对话框中选择【位图】选项，在打开的【选择位图图像文件】对话框中选择随书附带光盘中的CDROM\Map\08304.jpg文件。在【坐标】卷展栏中，将【瓷砖】下的U、V设置为23.8、20，将【模糊】设置为0.5。在【位图参数】卷展栏中，将【过滤】选择为【总面积】，如图8-106所示。

Step 8 单击【转到父对象】按钮，返回到父级面板。在【贴图】卷展栏中，将【漫反射】中的贴图分别拖入到【反射】、【反射光泽】、【凹凸】和【置换】贴图通道上，在弹出的对话框中选择【实例】单选按钮并单击【确定】按钮。将【反射】的数量设置为10，将【置换】的数量设置为12，如图8-107所示。

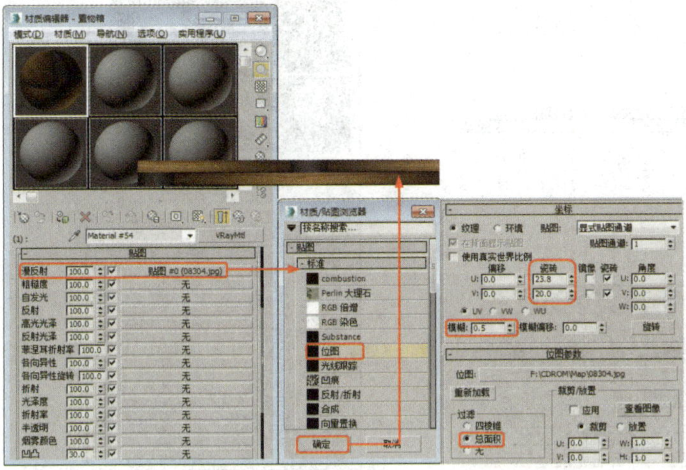

图8-106

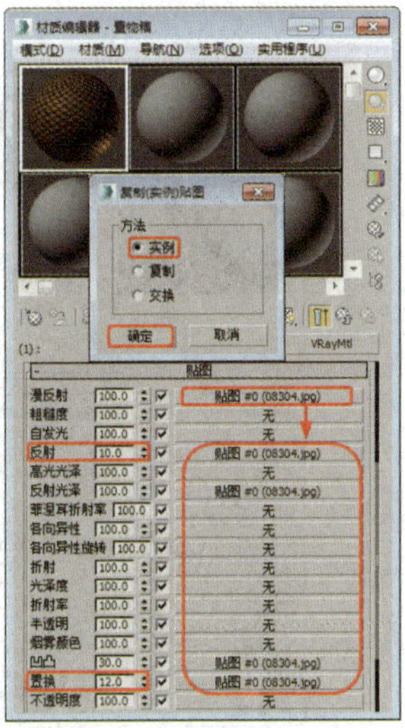

图8-107

Step 9 单击【转到父对象】按钮，返回到父级面板。将ID1的子材质拖入到ID2子材质上，在弹出的对话框中选择【复制】单选按钮并单击【确定】按钮，如图8-108所示。

Step 10 单击ID2右侧的子材质按钮，进入子材质参数面板。在【贴图】卷展栏中，将【漫反射】的贴图更改为随书附带光盘中的CDROM\Map\08305.jpg文件，然后单击【转到父对象】按钮，返回到父级面板，将其他贴图清除，如图8-109所示。

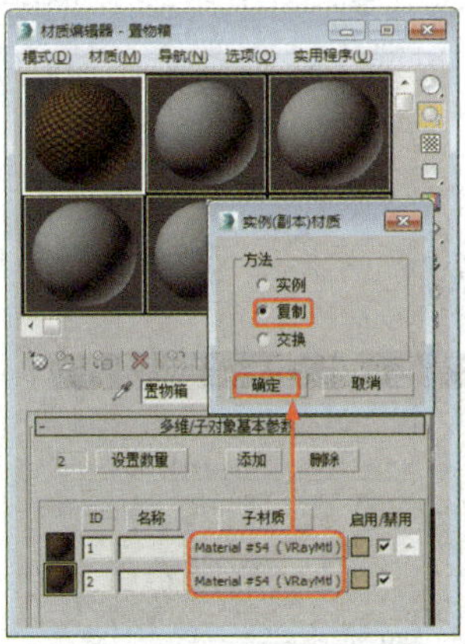

图8-108

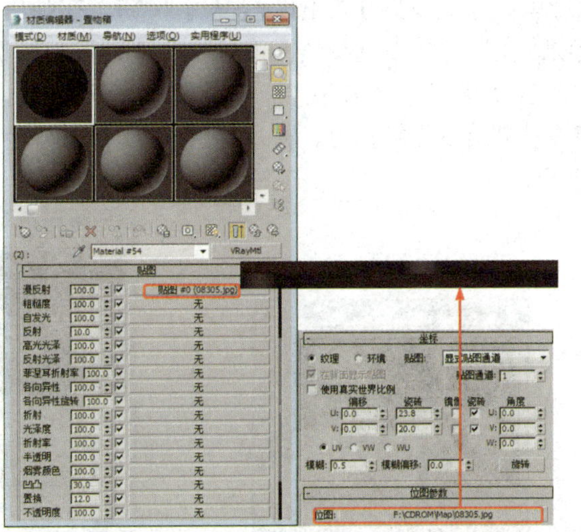

图8-109

Step 11 在【贴图】卷展栏中，将【漫反射】中的贴图分别拖入到【反射】、【反射光泽】、【凹凸】和【置换】贴图通道上，在弹出的对话框中选择【复制】单选按钮并单击【确定】按钮。然后将【反射】贴图更改为随书附带光盘中的CDROM\Map\08304(1).jpg文件，如图8-110所示。

Step 12 单击【转到父对象】按钮，返回到父级面板，使用相同的方法，将【反射光泽】和【置换】贴图都更改为随书附带光盘中的CDROM\Map\08304(1).jpg文件，如图8-111所示。

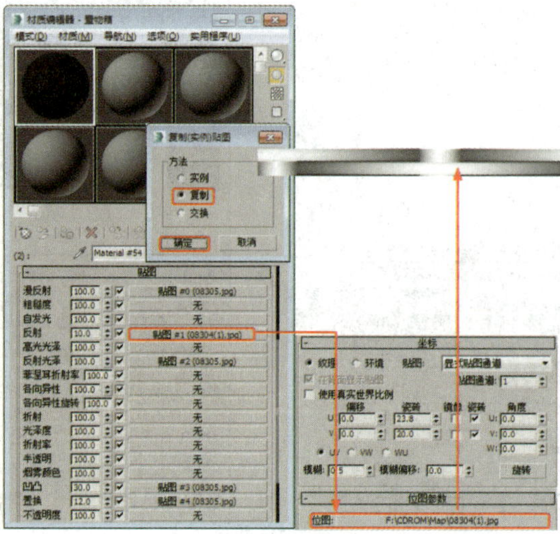

图8-110

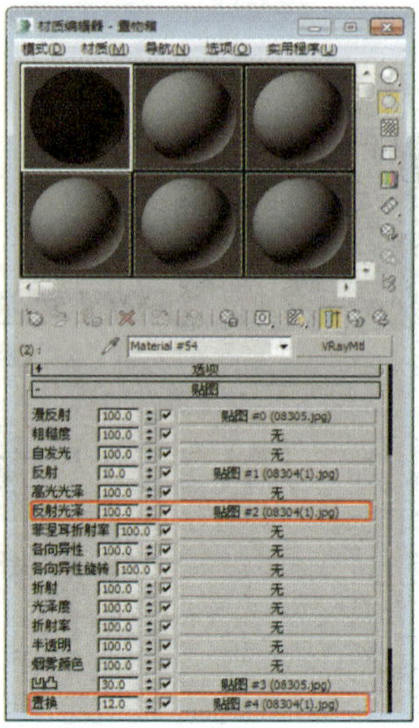

图8-111

Step 13 在场景中选中【置物箱】对象，将设置好的材质指定给选定对象。在材质编辑器中，单击【转到父对象】按钮，返回到父级面板，将ID2的子材质拖入到一个新的材质样本球上，在弹出的对话框中选择【复制】单击按钮并单击【确定】按钮，如图8-112所示。

Step 14 将新的材质样本球重名为【置物箱深色边】，在【贴图】卷展栏中将所有贴图清除，然后单击【漫反射】右侧的【无】按钮，在弹出的【材质/贴图浏览器】对话框中选择【位图】选项，在打开的【选择位图图像文件】对话框中选择随书附带光盘中的CDROM\Map\08501.jpg文件。在【坐标】卷展栏中，将【瓷砖】下的U、V设置为60、6，将【角度】下的W设置为90，将【模糊】设置为0.3。在【位图参数】卷展栏中，将【过滤】选择为【总面积】，如图8-113所示。

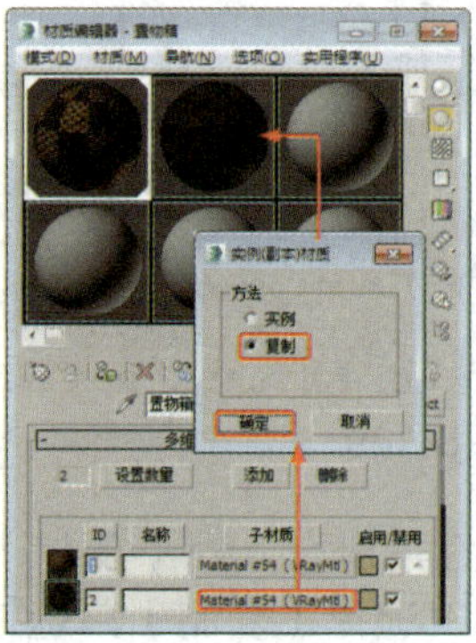

图8-112

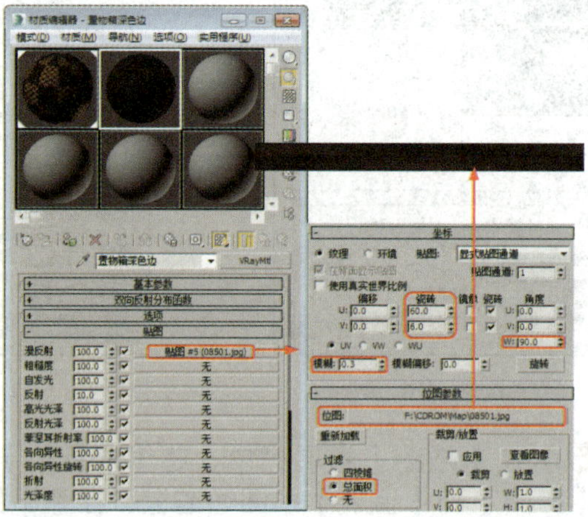

图8-113

Step 15 单击【转到父对象】按钮，返回到父级面板，在【贴图】卷展栏中，将【漫反射】中的贴图分别拖入到【凹凸】贴图通道上，在弹出的对话框中选择【复制】单选按钮并单击【确定】按钮，如图8-114所示。

Step 16 继续将【漫反射】中的贴图分别拖入到【反射】贴图通道上，在弹出的对话框中选择【复制】单选按钮并单击【确定】按钮。单击【反射】右侧的材质按钮，在【坐标】卷展栏中，将【模糊】更改为0.1，在【位图参数】卷展栏中，将【位图】更改为随书附带光盘中的CDROM\Map\08501(1).jpg文件，如图8-115所示。

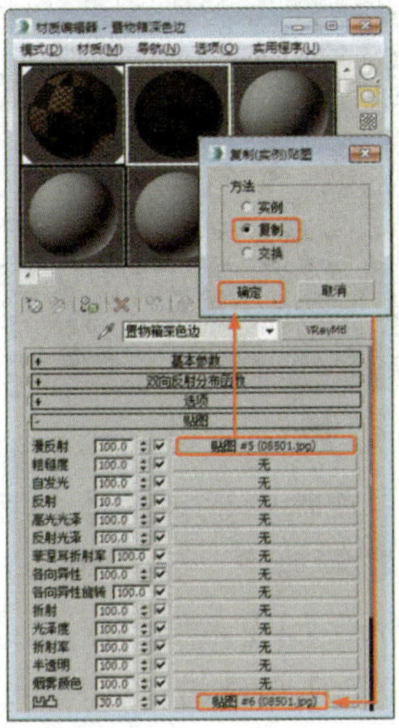

图8-114

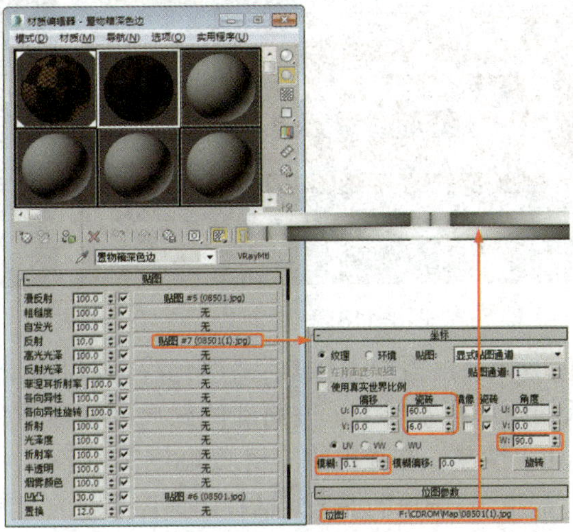

图8-115

Step 17 单击【转到父对象】按钮，返回到父级面板，在【贴图】卷展栏中，将【反射】中的贴图分别拖入到【反射光泽】和【置换】贴图通道上，在弹出的对话框中选择【复制】单选按钮并单击【确定】按钮，将【置换】的数量设置为2，如图8-116所示。

Step 18 在场景中选中【置物箱深色边】对象，将设置好的材质指定给选定对象。在将【顶】视图最大化显示，选中【置物箱盖】并在【修改】命令面板中将当前选择集定义为【多边形】，在【多边形：材质ID】卷展栏中，将【选择ID】设置为3，然后单击【选择ID】按钮，查看材质ID为3的多边形，如图8-117所示。

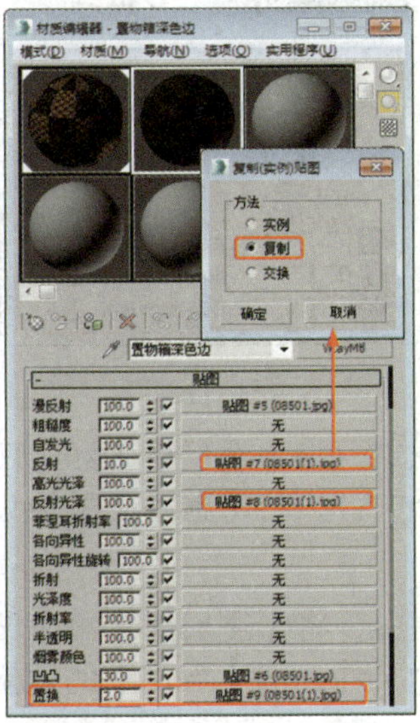

图8-116

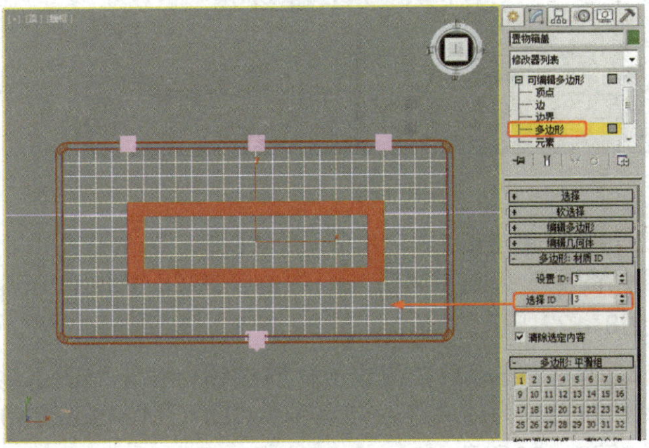

图8-117

Step 19 使用相同的方法查看材质ID为1和2的多边形，如图8-118和图8-119所示。

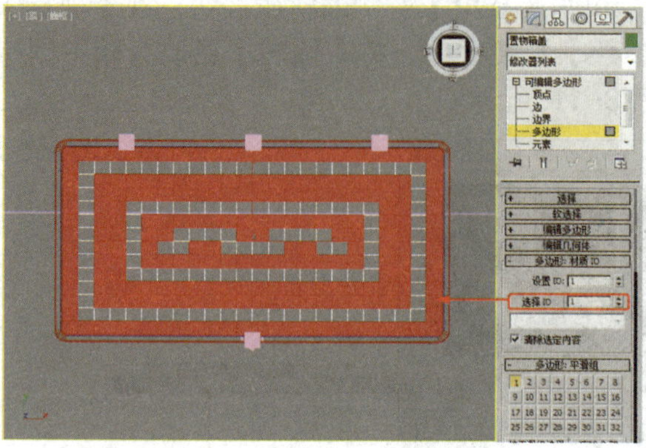

图8-118

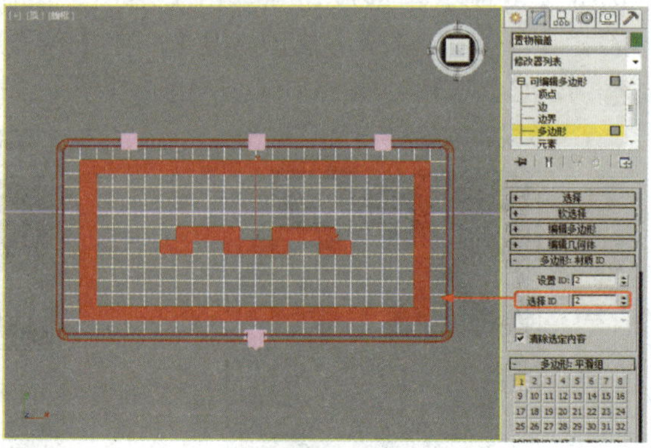

图8-119

Step 20 退出当前选择集，按M键打开材质编辑器。将【置物箱深色边】材质球拖动到一个新的材质样本球上，并将新的材质样本球重命名为【置物箱盖】，然后单击其右侧的【VRayMtl】按钮，在弹出的【材质/贴图浏览器】中，选择【标准】|【多维/子对象】，单击【确定】按钮。在弹出的提示对话框中选择【将旧材质保存为子材质】单选按钮，然后单击【确定】按钮。在【多维/子对象基本参数】卷展栏中，将材质数量设置为3，如图8-120所示。

Step 21 将ID1右侧的子材质分别拖到ID2和ID3的子材质上，在弹出的对话框中选择【复制】单选按钮并单击【确定】按钮，如图8-121所示。

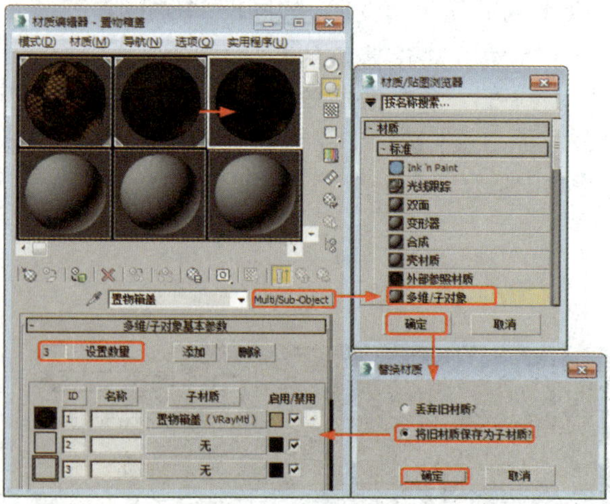

图8-120

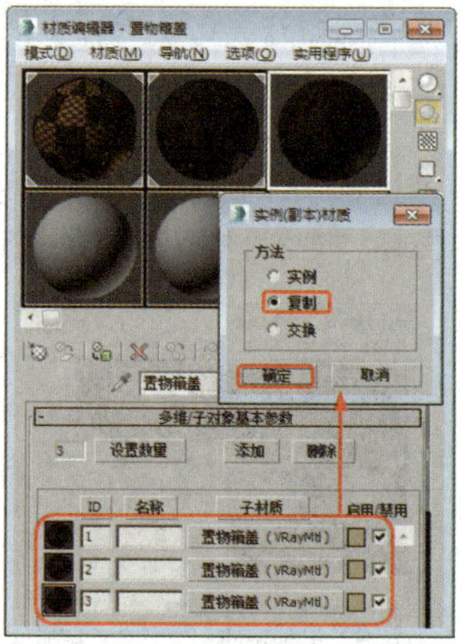

图8-121

Step 22 单击ID1右侧的子材质按钮，在【贴图】卷展栏中，将【漫反射】和【凹凸】的位图贴图更改为随书附带光盘中的CDROM\Map\08502.jpg文件，将【置换】数量设置为8，如图8-122所示。

Step 23 单击ID2右侧的子材质按钮，在【贴图】卷展栏中，将【漫反射】和【凹凸】的位图贴图更改为随书附带光盘中的CDROM\Map\08503.jpg文件，将【置换】的数量设置为8，如图8-123所示。

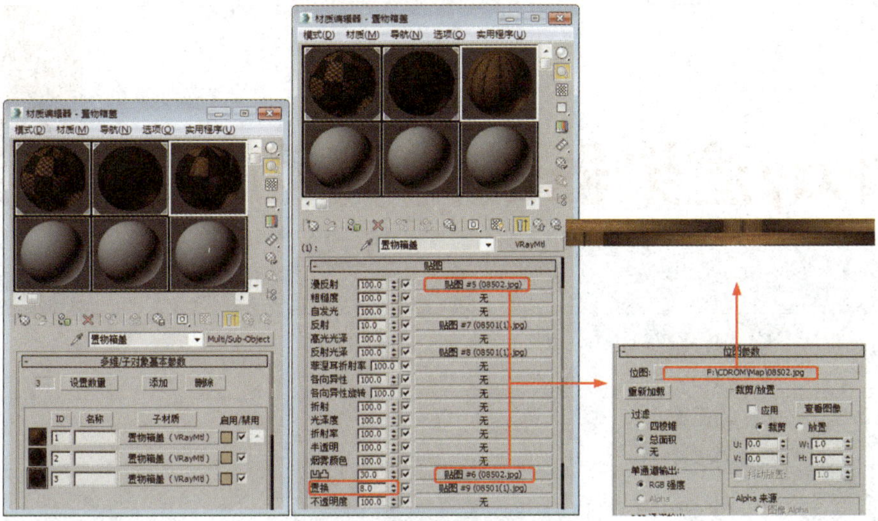

图8-122

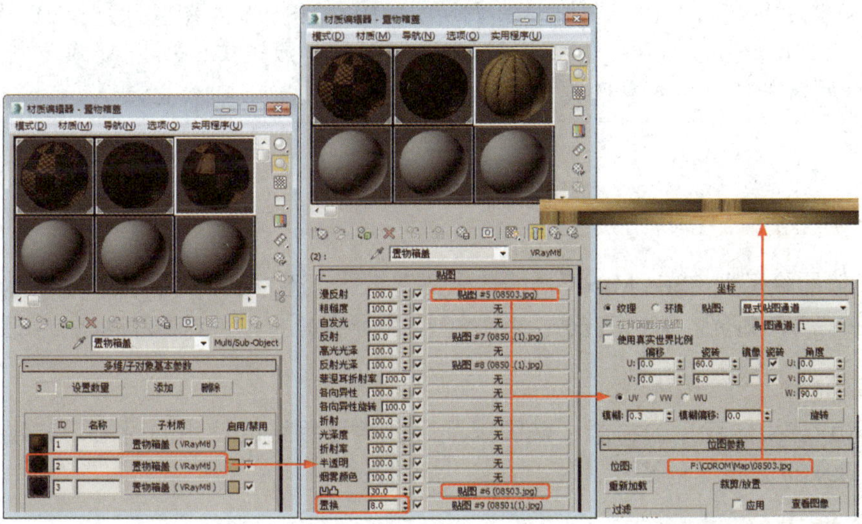

图8-123

Step 24 在场景中选中【置物箱盖】对象，将设置好的材质指定给选定对象。激活【摄影机】视图，按F9键进行渲染，最后将场景文件保存。最终效果如图8-124所示。

图8-124

8.4 思考与练习

1. VR覆盖材质可以让用户更广泛地去控制场景的色彩融合、反射、折射等，它主要包括5个材质，分别是什么？

2. VR_双面材质的主要作用是什么？

3. VR位图过滤器的作用是什么？

第9章

VRay渲染器的灯光和阴影

本章导读：

基础知识	◈ VRay 的使用方法 ◈ VRay 的功能概述
重点知识	◈ VR-太阳 ◈ VR-天空 ◈ VR-阴影 ◈ 通过实例进行学习

VRay灯光主要包含4种类型，即VR-灯光、VRay IES、VR-环境灯光和VR-太阳。其中VR-灯光和VR-太阳在实际工作中经常用到。VR-天空属于VRay贴图材质的一种。VR-阴影则能更好地表现模型对象的投影效果。

9.1 VR-灯光

VRay渲染器除了支持3ds Max标准的灯光类型之外，还为用户提供了一种VRay渲染器专用的灯光类型——VR-灯光。VR-灯光分为4种类型，即平面、穹顶、球体和网格，如图9-1所示。

9.1.1 功能概述

在与VRay渲染器专用的材质、贴图以及阴影类型相结合使用的时候，其效果显然要优于使用3ds Max的标准灯光类型。

9.1.2 参数详解

图9-2所示为将VR-灯光的【类型】设置为【平面】时的【参数】卷展栏。

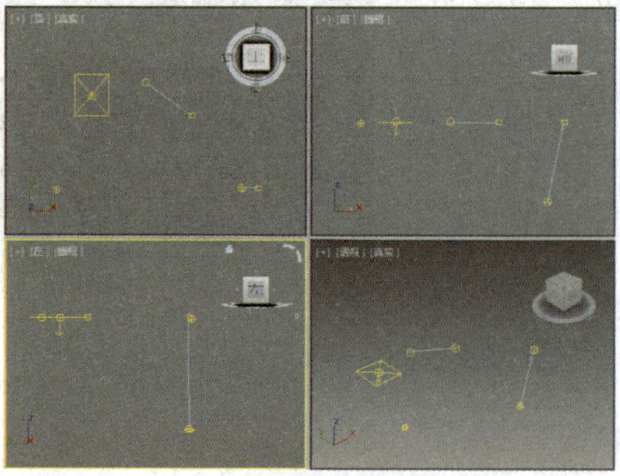

图9-1

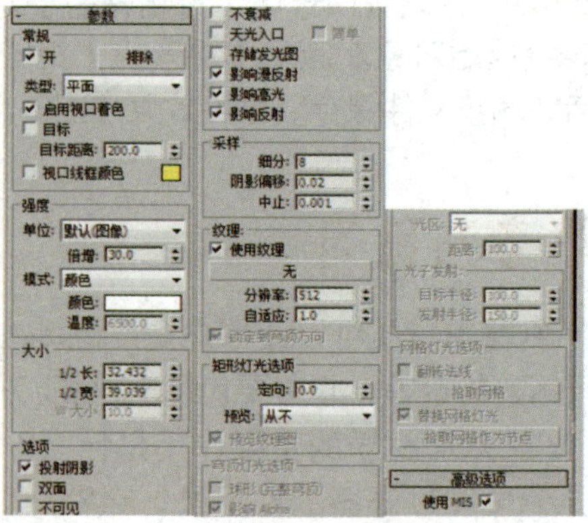

图9-2

1. 【常规】选项组

- 【开】：控制VRay灯光的使用与否。
- 【排除】：设置从灯光照明或投射阴影中被排除的物体。
- 【类型】：VRay提供了4种灯光类型供用户选择。
  - 【平面】：将VRay灯光设置成长方形形状。
  - 【球体】：将VRay灯光设置成球状。
  - 【穹顶】：将VRay灯光设置成穹顶状，类似于3ds Max的天光物体，光线来自于位于光源Z轴的半球状顶。
  - 【网格】：将VRay灯光设置成网格状。

2. 【强度】选项组

- 【单位】：灯光的强度单位，有5种单位。
  - 【默认（图像）】：VRay默认单位，依靠灯光的颜色和亮度控制灯光的强弱，若忽略曝光类型的因素，灯光色彩将是物体表面受光的最终色彩。
  - 【发光率（lm）】：当选择这个单位时，灯光的亮度将和灯光的大小无关（100W的亮度相当于1 500lm）。
  - 【亮度（$lm/m^2/sr$）】：当选择这个单位时，灯光的亮度和它的大小有关。
  - 【辐射率（W）】：当选择这个单位时，灯光的亮度和灯光的大小无关。此处的瓦特和物理上的瓦特不同，这里的100W大约等于物理上的2～3瓦特。
  - 【辐射量（$W/m^2/sr$）】：选择这个单位时，灯光的亮度和它的大小有关。
- 【倍增】：调整灯光的亮度。【单位】为【默认（图像）】时，将【倍增】分别设置为5和7时的效果如图9-3和9-4所示。

图9-3

图9-4

- 【模式】：设置灯光的颜色模式，有两种模式。
  - 【颜色】：可以设置灯光的颜色。将【颜色】的RGB值设置为159、200、224时的效果如图9-5所示。
  - 【温度】：以温度模式设置灯光的颜色。

3. 【大小】选项组

- 【U大小】：设置光源U向的尺寸。
- 【V大小】：设置光源V向的尺寸。
- 【W大小】：设置光源W向的尺寸。

4. 【选项】选项组

- 【投射明影】：控制是否产生光照阴影。
- 【双面】：用来控制灯光的双面都产生照明效果，当灯光类型为平面时才有效，其他灯光类型无效。
- 【不可见】：用来控制渲染后是否显示灯光，在设置灯光的时候一般勾选该选项。若不勾选该选项将显示灯光，如图9-6所示。
- 【忽略灯光法线】：光源在任何方向上发射的光线都是均匀的，如果将这个选项取消，光线将依照光源的法线向外照射。
- 【不衰减】：在真实自然界中，所有的光线都是有衰减的，如果将这个选项取消，VRay灯光将不计算灯光的衰减效果，如图9-7所示。

图9-5

图9-6

图9-7

- 【天光入口】：如果勾选了该选项，前面设置的很多参数都将被忽略，将被VRay的天光参数代替。这时的VRay灯就变成了GI灯，失去了直接照明。
- 【存储发光图】：如果使用发光贴图来计算间接照明，勾选该选项后，发光贴图会存储灯光的照明效果，有利于快速渲染场景。当渲染完光子的时候，可以把VRay灯关闭或者删除，它对最后的渲染效果没有影响，因为它的光照信息已经保存在发光贴图里。
- 【影响漫反射】：该选项决定灯光是否影响物体材质属性的漫反射。
- 【影响高光反射】：该选项决定灯光是否影响物体材质属性的高光。
- 【影响反射】：该选项将使灯光对物体的反射区进行光照，物体可以将灯光进行反射。

5. 【采样】选项组

- 【细分】：设置在计算灯光效果时使用的样本数量，较高的取值将产生平滑的效果，但会耗费更多的渲染时间。
- 【阴影偏移】：设置产生阴影偏移效果的距离，一般保持默认即可。
- 【中止】：设置采样的最小阈值，小于这个值采样将结束。

6. 【纹理】选项组

此选项组在光源类型为穹顶状时被激活，用于设置穹顶光源的纹理贴图。

- 【使用纹理】：勾选此选项，可使用纹理贴图作为穹顶光源的颜色。
- 【无】：单击此贴图按钮，可选择VRay支持的所有纹理贴图。
- 【分辨率】：设置使用的纹理贴图分辨率。
- 【自适应】：设置该数值后，系统将根据数值自动调整纹理贴图的分辨率。

9.2 VR-太阳

VR-太阳是VRay渲染器提供的另一种专用灯光类型，它与VR-灯光一起联合使用，可以真实地再现地球的太阳光和天空环境。

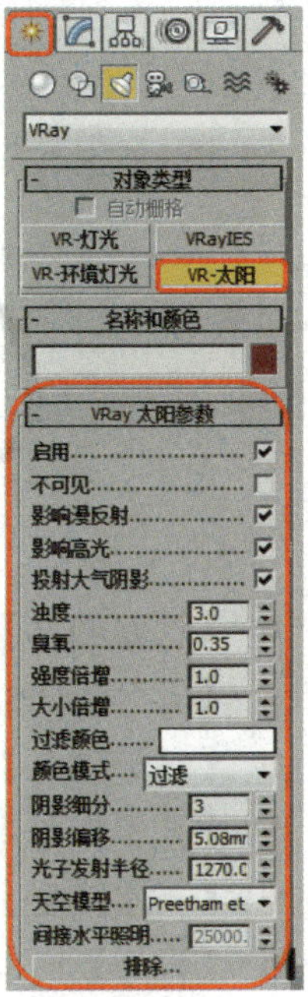

图9-8

9.2.1 功能概述

太阳光和天空环境的外观变化取决于VRay太阳光的方向，图9-8所示为【VRay太阳参数】卷展栏。

9.2.2 参数详解

下面对VR-太阳的参数进行介绍。

- 【启用】：打开或关闭阳光。
- 【不可见】：选择此选项后，在渲染的图像中将不会出现太阳的形状。
- 【影响漫反射】：该选项决定灯光是否影响物体材质属性的漫反射。
- 【影响高光】：该选项决定灯光是否影响物体材质属性的高光。
- 【投射大气阴影】：可以投射大气的阴影，以得到更加真实的太阳光效果。
- 【浊度】：该参数就是空气的浑浊度，能影响太阳和天空的颜色。如果小的数值，表示是晴朗干净的空气，天空的颜色比较蓝；如果大的数值，表示是阴天有灰尘的空气，天空的颜色呈橘黄色。设置不同数值的效果如图9-9和图9-10所示。

图9-9

图9-10

- 【臭氧】：该参数是指空气中氧的含量。如果是小的数值，阳光比较黄；如果是大的数值，阳光比较蓝。
- 【强度倍增】：该参数是指阳光的亮度。默认值为1，场景会出现很亮曝光的效果。一般情况下使用标准摄影机的话，亮度设置为0.01～0.005。如果使用VR摄影机的话，亮度默认就可以了。
- 【大小倍增】：该参数是指阳光亮度的大小。数值越大，阴影的边缘越模糊；数值越小，边缘越清晰。设置不同数值的效果如图9-11和图9-12所示。

图9-11

图9-12

- 【过滤颜色】：自定义太阳光的颜色。
- 【阴影细分】：该参数用来调整阴影的质量，数值越大，阴影质量越好，没有杂点。
- 【阴影偏移】：该参数用来控制阴影与物体之间的距离。
- 【光子发射半径】：该参数和发光贴图有关。
- 【天空模型】：选择天空的模型，可以设置为晴天或阴天。
- 【排除】：与标准灯光一样，用来排除物体的照明。

提示：

在场景中添加【VR-太阳】后，将弹出提示对话框，如图9-13所示，此处单击【是】按钮即可。

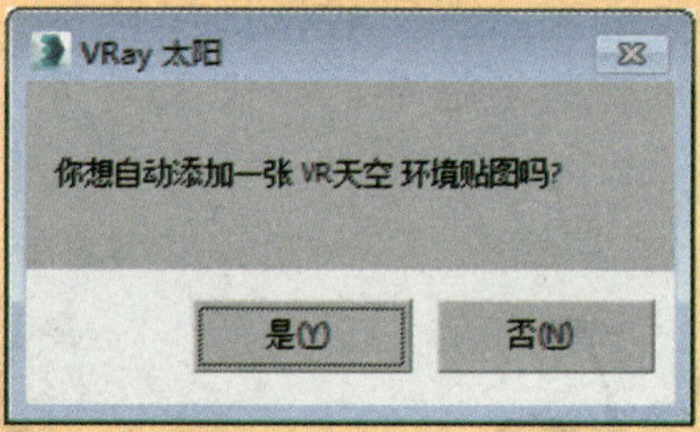

图9-13

9.3 VR-天空

VR-天空用于模拟天光效果。由于VRay没有真正意义上的天光引擎，所以只能用环境光来代替。

9.3.1 功能概述

VR-天空是VRay灯光系统中非常重要的照明系统，是贴图材质中的一种。若要编辑【VR-天空】，按8键，弹出【环境和效果】对话框，在【环境和效果】对话框中，将【环境贴图】设置为【VR-天空】，然后将环境贴图拖入材质编辑器中进行编辑，如图9-14和图9-15所示。

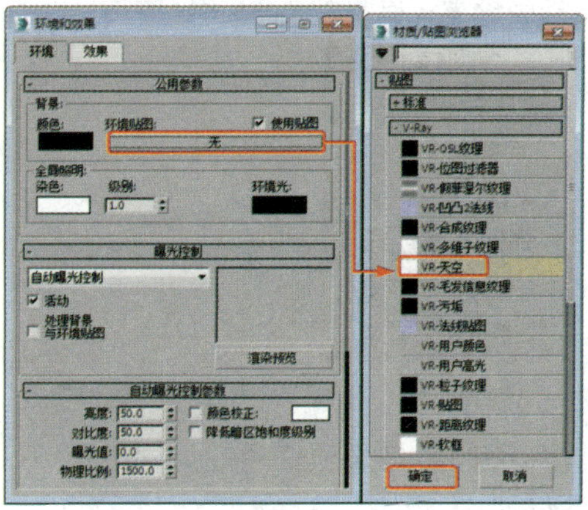

图9-14

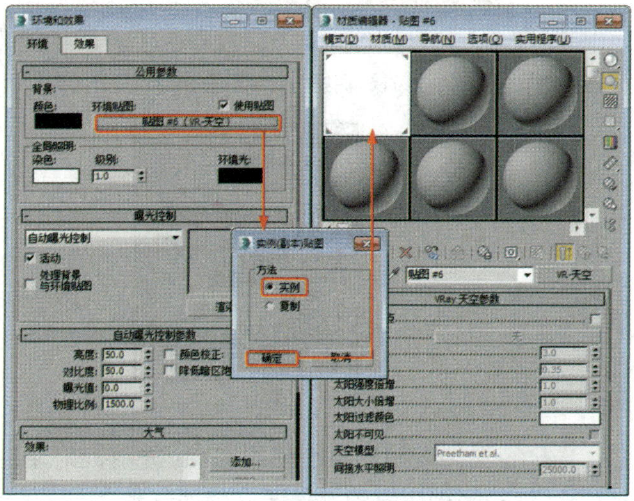

图9-15

9.3.2 参数详解

- 【指定太阳节点】：勾选此选项，用户可以为场景选择不同的灯光，VRay太阳将不再控制VRay天空的效果，通过设置下面的参数来改变天光的效果。若不选择此选项，VRay天空的参数将由场景中的VRay太阳的参数自动匹配。
- 【太阳光】：单击【无】按钮可以选择太阳灯光。
- 【太阳浊度】：该参数就是空气的浑浊度，能影响太阳和天空的颜色。如果小的数值，表示是晴朗干净的空气，天空的颜色比较蓝；如果大的数值，表示是阴天有灰尘的空气，天空的颜色呈橘黄色。
- 【太阳臭氧】：该参数是指空气中氧的含量。如果是小的数值，阳光比较黄；如果是大的数值，阳光比较蓝。
- 【太阳强度倍增】：该参数是指阳光的亮度。默认值为1，场景会出现很亮曝光的效果。一般情况下使用标准摄影机的话，亮度设置为0.01～0.005。如果使用VR摄影机的话，亮度默认就可以了。
- 【太阳大小倍增】：该参数是指阳光亮度的大小。数值越大，阴影的边缘越模糊；数值越小，边缘越清晰。
- 【太阳过滤颜色】：自定义太阳光的颜色。
- 【太阳不可见】：选择此选项后，在渲染的图像中将不会出现太阳的形状。
- 【天空模型】：选择天空的模型，可以设置为晴天或阴天。

9.4 VR-阴影

在大多数情况下，标准的3ds Max光影追踪阴影无法在VRay中正常工作，此时必须使用VR-阴影，才能得到更好的效果。除了支持模糊阴影外，也可以正确表现来自VRay置换物体或者透明物体的阴影。

9.4.1 功能概述

在灯光（如目标灯光）【常规参数】卷展栏的【阴影】选项组中勾选【启用】复选框，将阴影类型设置为【VR-阴影】，如图9-16所示。【VRay阴影参数】卷展栏如图9-17所示。

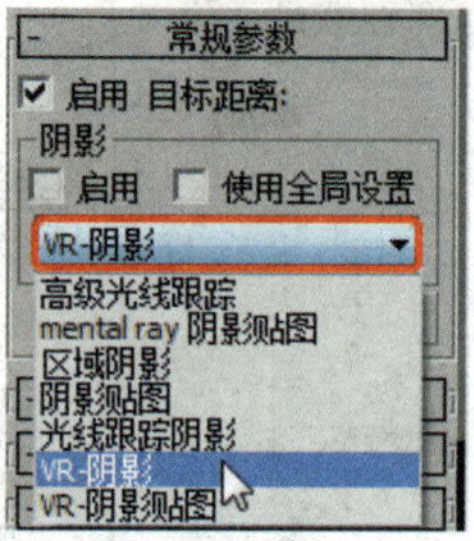

图9-16

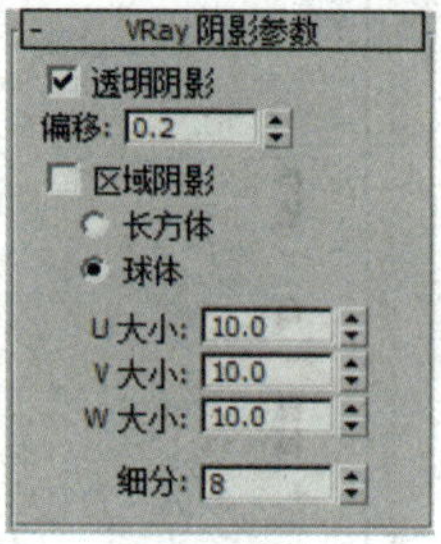

图9-17

VRay支持面阴影，在使用VRay透明折射贴图时，VR-阴影是必须使用的。同时用VR-阴影产生的模糊阴影的计算速度要比其他类型的阴影速度快。

9.4.2 参数详解

- 【透明阴影】：该选项用于确定场景中透明物体投射的阴影。当物体的阴影是由一个透明物体产生时，该选项十分有用。当打开该选项时，VRay会忽略MAX的物体阴影参数。
- 【偏移】：该参数用来控制物体底部与阴影偏移距离，一般保持默认即可。
- 【区域阴影】：打开或关闭面阴影。
- 【长方体】：计算阴影时，假定光线是由一个盒体发出的。
- 【球体】：计算阴影时，假定光线是由一个球体发出的。
- 【U大小】：当VRay计算面积阴影的时候，它表示VRay获得的光源的U向尺寸（如果光源为球状，则相应的表示球的半径）。
- 【V大小】：当VRay计算面积阴影的时候，它表示VRay获得的光源的V向尺寸（如果光源为球状，则没有效果）。
- 【W大小】：当VRay计算面积阴影的时候，它表示VRay获得的光源的W向尺寸（如果光源为球状，则没有效果）。
- 【细分】：设置在某个特定点计算面积阴影效果时使用的样本数量，较高的取值将产生平滑的效果，但是会耗费更多的渲染时间。

9.5 上机实践

9.5.1 制作VRay平面灯光效果

VRay灯光的运用分为四种常见的类型：平面、穹顶、球体、网格体。本例将为大家介绍平面灯光的运用。

Step 1 按Ctrl+O组合键，在打开的对话框中选择随书附带光盘中的CDROM\

Scenes\Cha09\使用VRay平面灯光.max，如图9-18所示。

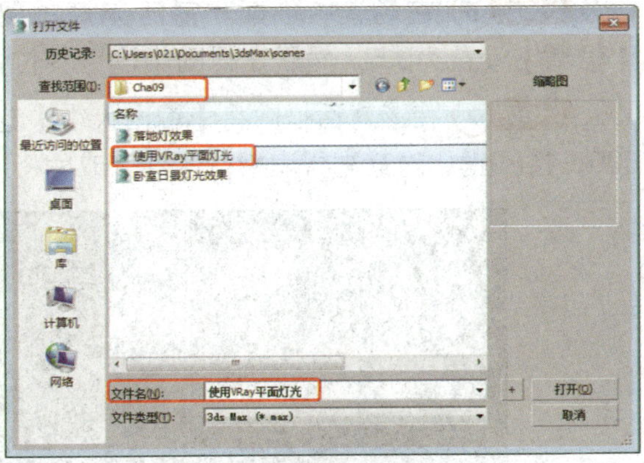

图9-18

Step 2 选择【创建】|【灯光】|【VRay】|【VR-灯光】工具，在【顶】视图中创建VR-灯光，然后在其他视图中调整VR-灯光的位置，如图9-19所示。

Step 3 将场景中的【摄影机】进行隐藏，选择创建的【VR-灯光】，进入【修改】命令面板，在【参数】卷展栏中将【常规参数】选项组中将【类型】设置为【平面】，在【强度】选项组中将【倍增】设置为8，在【大小】选项组中将【1/2长】、【1/2宽】设置为755、717，如图9-20所示。

Step 4 在【采样】选项组中将【细分】设置为45，选择【创建】|【灯光】|【标准】|【泛光】工具，在【顶】视图中创建泛光灯，然后在【视图】中调整其位置，如图9-21所示。

Step 5 在【修改】命令面板中，展开【强度/颜色/衰减】卷展栏，将【倍增】设置为0.5，如图9-22所示。

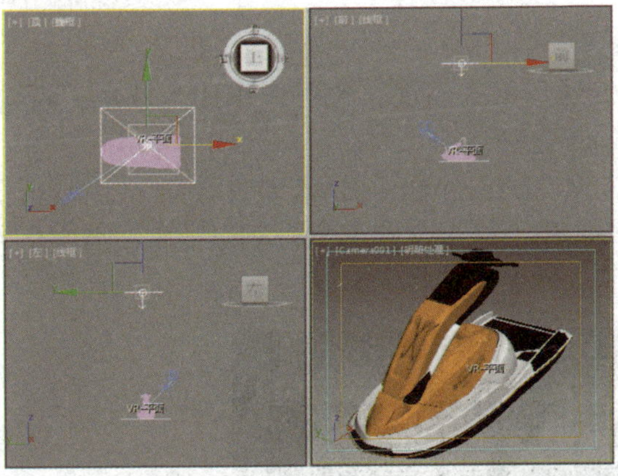
图9-19

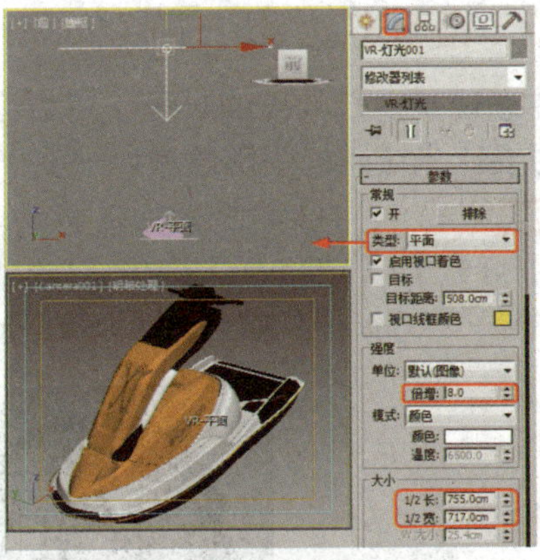
图9-20

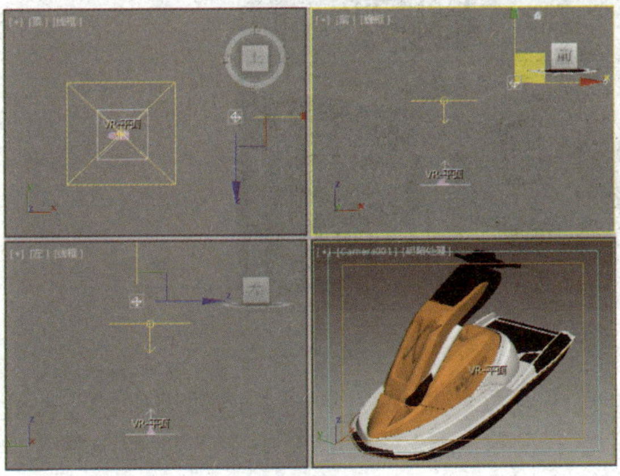
图9-21

图9-22

Step 6 在场景中创建一盏泛光灯，调整其位置，在【强度/颜色/衰减】卷展栏中将【倍增】设置为0.5，然后在视图中调整其位置，效果如图9-23所示。

Step 7 在该对话框中将【输出大小】选项组中的【宽度】、【高度】分别设置为800、600，按F9键，对其进行渲染，渲染完成后将场景文件进行保存即可，效果如图9-24所示。

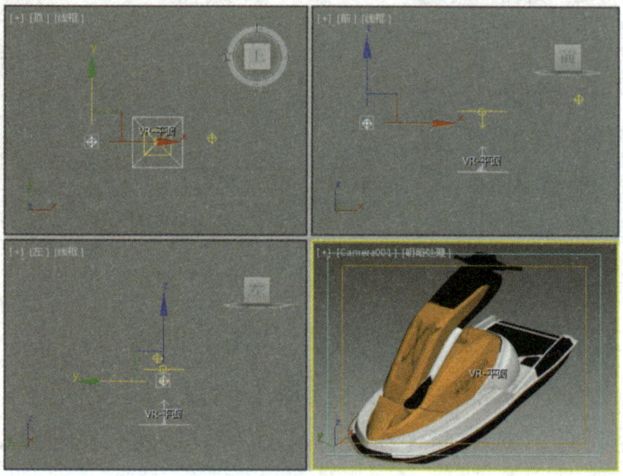

图9-23

图9-24

9.5.2 落地灯效果

在表现落地灯效果的时候，可以采用VR球形灯来表现，也可以采用光域网。VR球形灯的阴影要比光域网的阴影质量好一些。

Step 1 打开随书附带光盘中的CDROM\Scenes\Cha09\落地灯效果.max，选择【创建】|【灯光】|【VRay】|【VR-灯光】工具，在【顶】视图中创建VR-灯光，然后在其他视图中调整VR-灯光的位置，如图9-25所示。

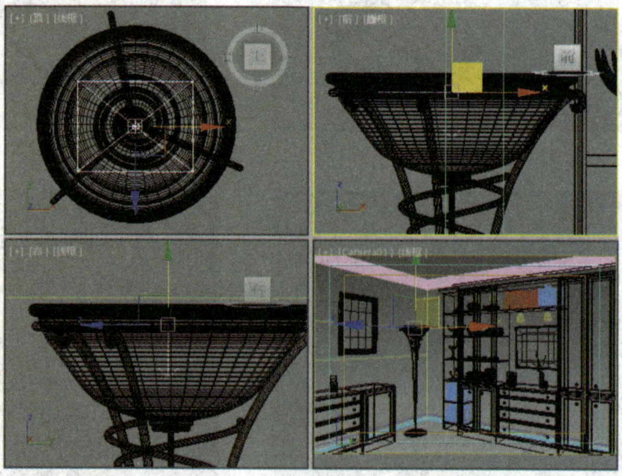

图9-25

Step 2 选择刚才创建的灯光，在【参数】卷展栏中将【常规】选项组中的【类型】设置为【球体】，在【强度】选项组中将【倍增】设置为55，在【大小】选项组中将【半径】设置为6，如图9-26所示。

Step 3 在场景中创建一盏VR球形灯，调整其位置，如图9-27所示。

Step 4 进入【修改】命令面板，在该面板中将【强度】选项组中的【倍增】设置为1.25，将【大小】选项组中的【半径】设置为16，在【选项】选项组中勾选【不可见】复选框，如图9-28所示。

Step 5 设置完成后，激活【摄影机】视图，按F9键快速渲染一次，渲染完成后将场景另存为即可，效果如图9-29所示。

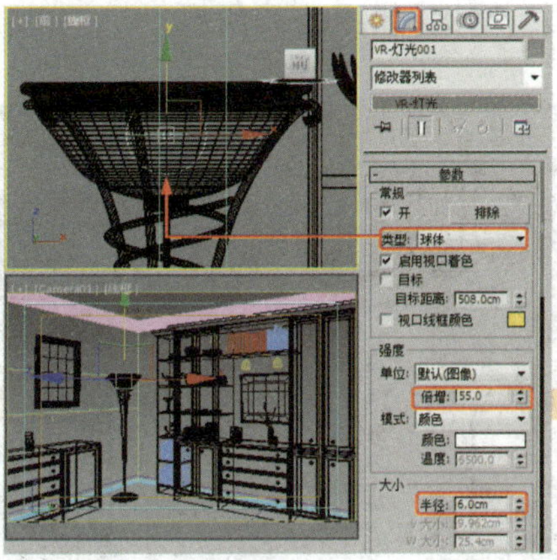

图9-26

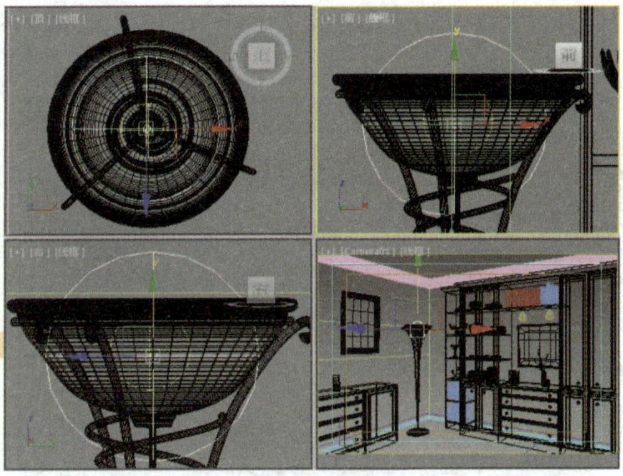

图9-27

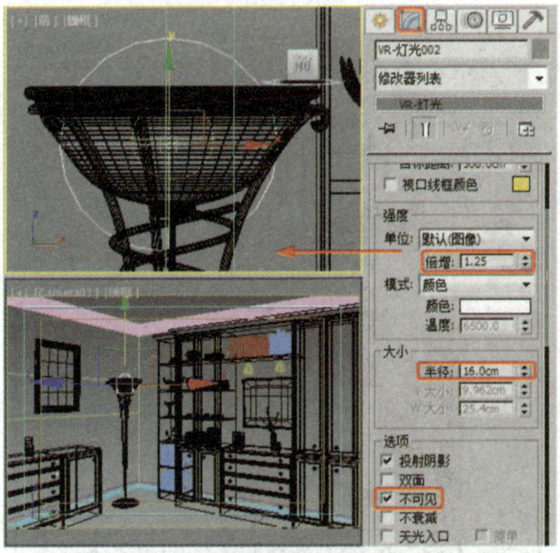

图9-28

图9-29

9.5.3 卧室日景灯光效果

很多设计师将设计的效果表现为白天的日光效果。日景灯光效果的设置比较简单，本例将介绍如何制作卧室日景灯光效果。

Step 1 按Ctrl+O组合键，在弹出的对话框中选择随书附带光盘中的CDROM\场景\Cha09\卧室日景灯光效果.max，如图9-30所示。

Step 2 选择【创建】|【灯光】|【VRay】|【VR-灯光】工具，在【前】视图中创建灯

光，在工具栏中单击【选择并旋转】按钮，然后在【角度捕捉切换】按钮上右击，在弹出的对话框中选择【选项】选项卡，将【角度】设置为180，如图9-31所示。

Step 3 单击【角度捕捉切换】按钮，选择刚刚创建的灯光，激活【前】视图，沿X轴旋转180°，然后在视图中调整其位置，如图9-32所示。

Step 4 确定灯光处于选择状态，进入【修改】命令面板，将【参数】卷展栏中的【常规】选项组中的【类型】设置为【平面】，将【强度】选项组中的【倍增】设置为2，将【大小】选项组中的【1/2长】、【1/2宽】设置为440、219，如图9-33所示。

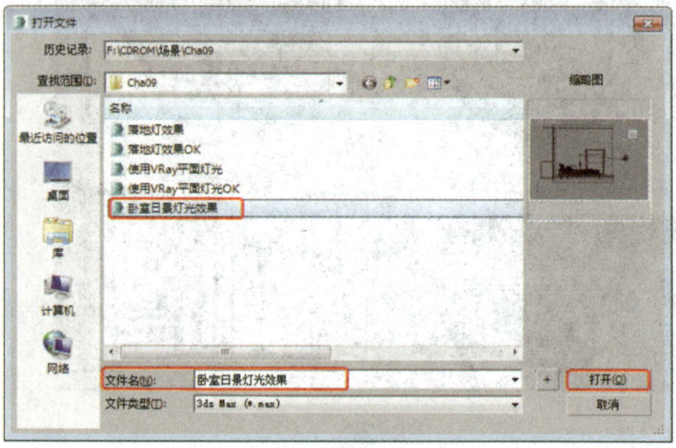

图9-30

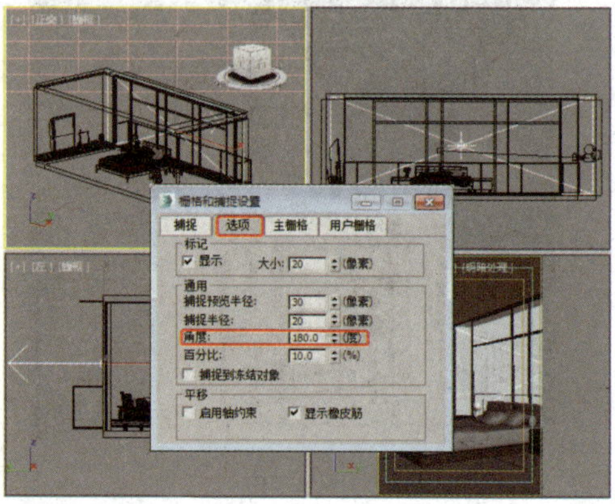

图9-31

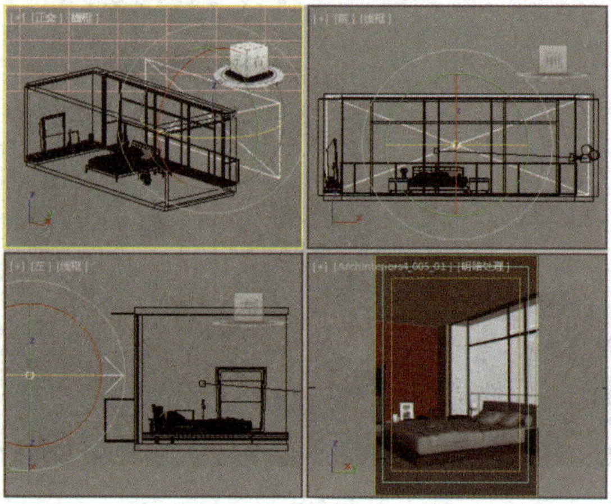

图9-32

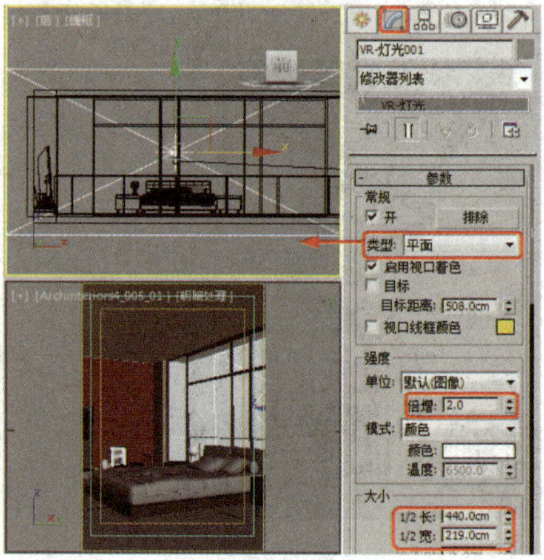

图9-33

Step 5 在【选项】选项组中勾选【不可见】复选框。选择【创建】|【灯光】|【VRay】|【VR-灯光】工具，在【左】视图中创建一盏灯光，然后使用【选择并移动】工具调整其位置，将【角度捕捉切换】关闭，然后使用【选择并旋转】工具对其进行旋转，效果如图9-34所示。

Step 6 进入【修改】命令面板，在【强度】选项组中将【倍增】设置为6，将【颜色】RGB设置为210、227、243，在【大小】选项组中将【1/2长】、【1/2宽】设置为43、44，如图9-35所示。

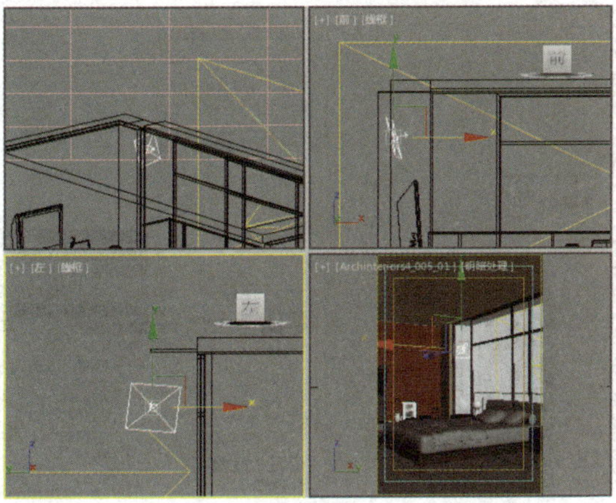

图9-34

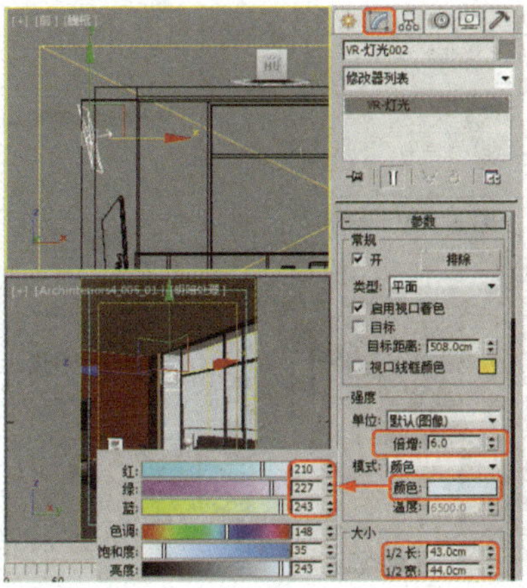

图9-35

Step 7 在【选项】选项组中勾选【不可见】复选框。使用同样的方法再创建一盏VRay平面灯光，并对其进行相应的设置，如图9-36所示。

Step 8 选择【创建】|【灯光】|【标准】|【目标平行光】，在【正交】视图中创建目标平行光，然后使用【选择并移动】工具调整灯的位置，完成后的效果如图9-37所示。

Step 9 选择刚才创建的灯光，进入【修改】命令面板，在【常规参数】卷展栏中勾选【阴影】选项组中的【启用】复选框，将阴影类型设置为【VR-阴影】。展开【强度/颜色/衰减】卷展栏，将【倍增】设置为3，将【灯光颜色】RGB设置为223、204、199，如图9-38所示。

Step 10 展开【平行光参数】卷展栏，将【聚光区/光束】、【衰减区/区域】设置为516、577。展开【阴影参数】卷展栏，将【对象阴影】选项组中的【颜色】RGB设置为18、18、15，将【密度】设置为0.9，勾选【大气阴影】选项组中的【启用】复选框。展开【阴影参数】卷展栏，勾选【区域阴影】复选框，选择【长方体】单选按钮，将【U大小】、【V大小】、【W大小】设置为100、1 001、100，将【细分】设置为9，如图9-39所示。

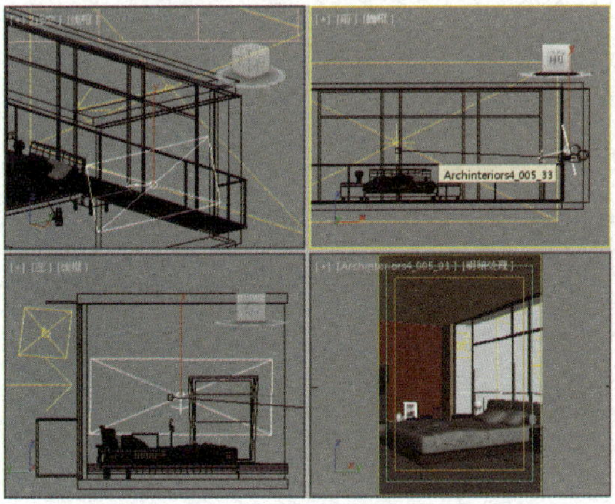

图9-36

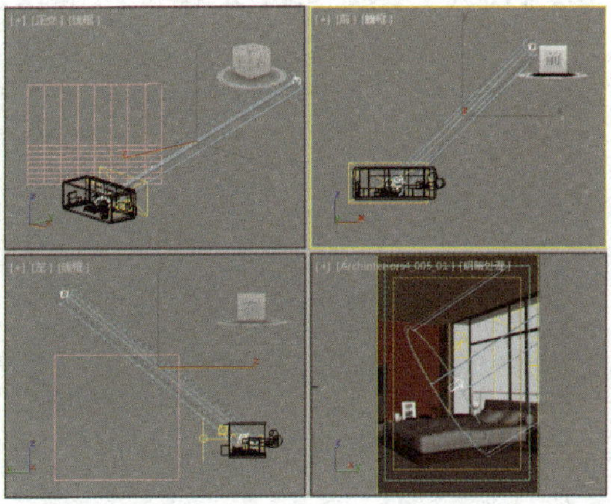

图9-37

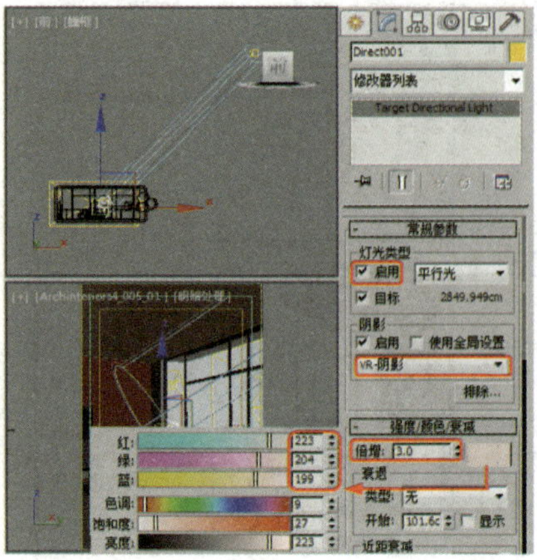

图9-38

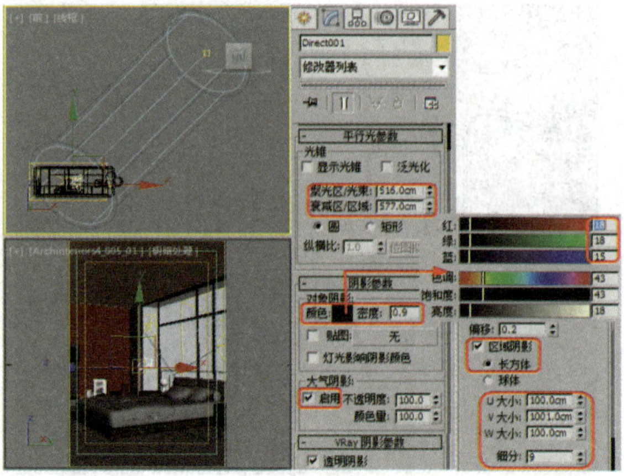

图9-39

Step 11 渲染完成后效果如图9-40所示。

图9-40

9.6 思考与练习

1. VRay灯光共有几种，分别是什么?
2. VR-天空参数中的【太阳浊度】作用是什么?

第10章 客餐厅日景灯光综合表现

本章导读：

重点知识

- ◈ 客厅、餐厅的建模
- ◈ 设置材质
- ◈ 设置客餐厅灯光的制作

本章主要介绍3ds Max应用范围以及Max中的工作界面、文件的操作、对象的选择以及如何复制、阵列对象等内容。通过对本章的学习，相信读者会对3ds Max的基本操作有一个简单的了解。

10.1 精通开放空间：客餐厅日景灯光综合表现

本例主要介绍现代家居客餐厅日景灯光综合表现，包括客餐厅模型的制作，电视墙、沙发、餐桌、电视柜等物体材质的制作以及日景灯光效果的表现方法。完成后的效果如图10-1所示。

图10-1　客餐厅日景灯光综合表现

10.2 系统参数的设置

在制作效果图之前，首先要对系统参数进行设置。

Step 1 在菜单栏中选择【自定义】|【单位设置】命令，在弹出的【单位设置】对话框中将【显示单位比例】设置为【公制】，并将其单位设置为【毫米】，在【单位设置】对话框中单击【系统单位设置】按钮，在弹出的【系统单位设置】对话框中，将【系统单位比例】设置为【1单位=1毫米】，如图10-2所示。

Step 2 单击两次【确定】按钮，右击工具栏中的【捕捉开关】按钮，在弹出的【栅格和捕捉设置】对话框中勾选【捕捉】选项卡的【顶点】、【端点】和【中点】复选框，然后选择【选项】选项卡，勾选【捕捉到冻结对象】和【启用轴约束】复选框，如图10-3所示。

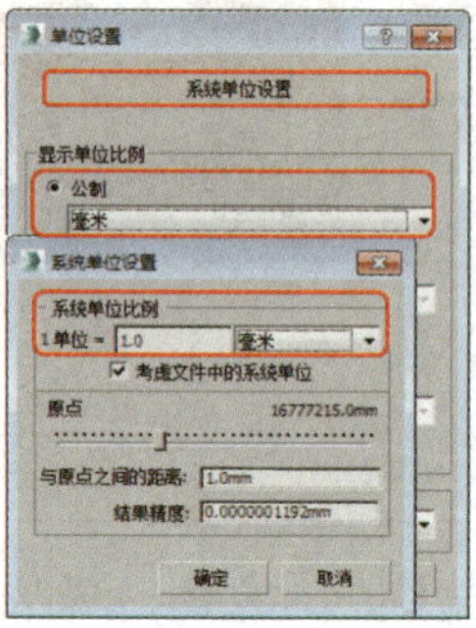

图10-2

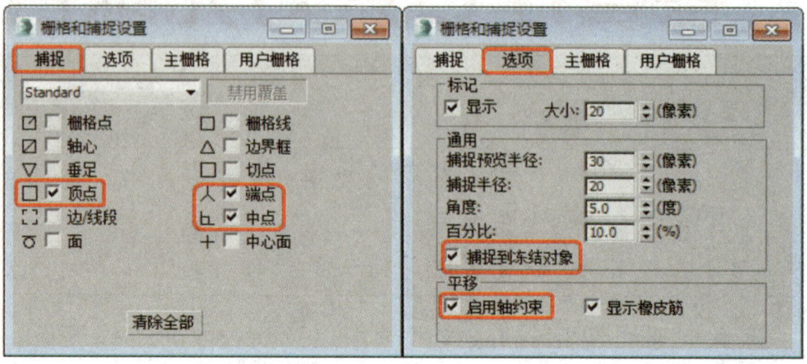

图10-3

10.3 客厅、餐厅的建模

本节主要介绍客厅、餐厅整体模型的创建及墙面和地面材质的绘制。

Step 1 启动3ds Max软件，按G键将各个视口的【栅格】取消显示，单击【应用程序】按钮，在弹出的下拉列表中选择【导入】|【导入】命令，在弹出的对话框中选择随书附带光盘中的CDROM\Scenes\Cha10\客餐厅素材.dwg文件，单击【打开】按钮，在弹出的对话框中保持默认设置，单击【确定】按钮，导入后的效果如图10-4所示。

Step 2 激活【顶】视图，按Alt+W组合键，将【顶】视图最大化，将【捕捉开关】更改为2.5维模式，如图10-5所示。

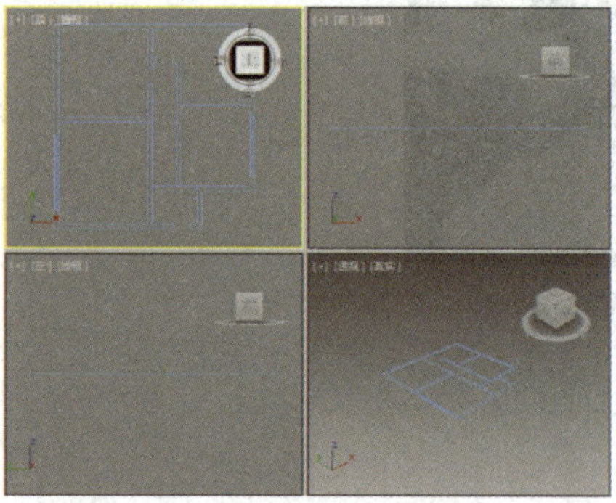

图10-4

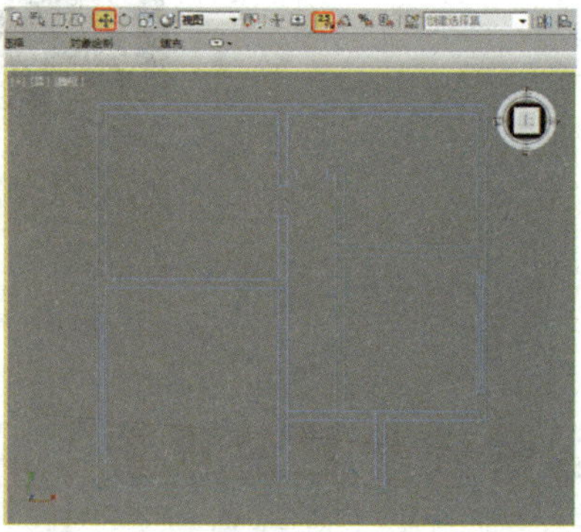

图10-5

Step 3 选择【创建】|【图形】|【样条线】|【线】命令，在视图中根据导入图形的边绘制一条闭合线，在弹出的【样条线】对话框中单击【是】按钮，如图10-6所示。

Step 4 进入【修改】面板，为绘制的线添加【挤出】修改器，将【参数】卷展栏中的【数量】设置为2700，如图10-7所示。

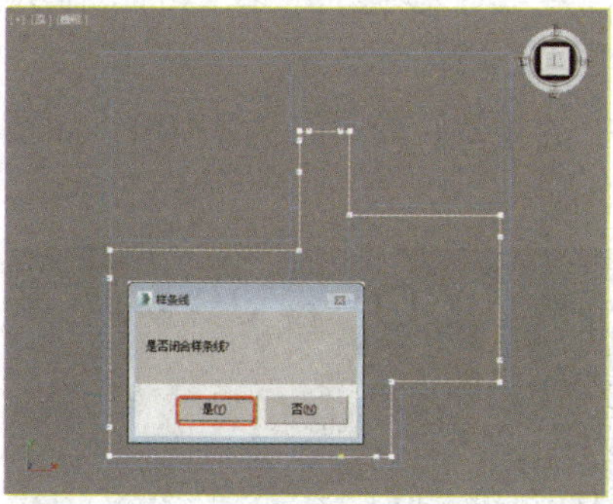

图10-6

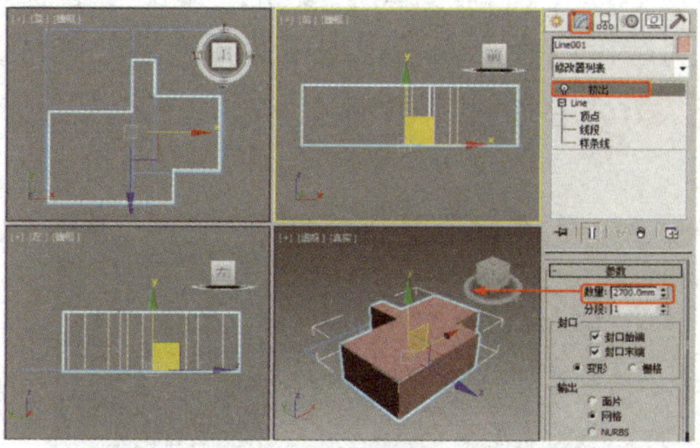

图10-7

Step 5 为其添加【法线】和【编辑多边形】修改器，按Alt+W组合键，切换场景视图，如图10-8所示。

Step 6 激活【透视图】，按F3键，将场景中的图形【线框】显示，并按Alt+W组合键，将视口最大化显示，如图10-9所示。

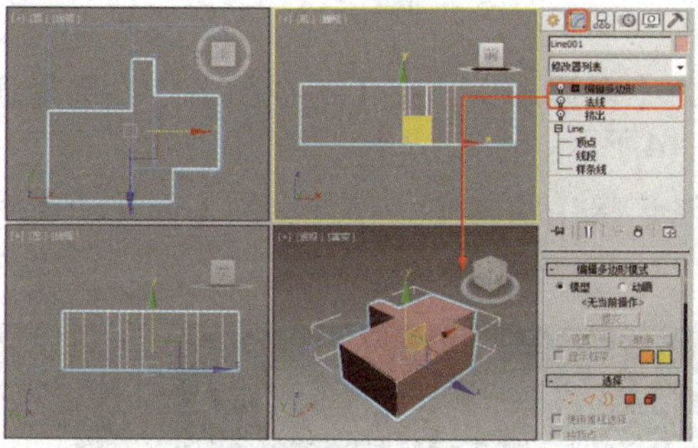

图10-8

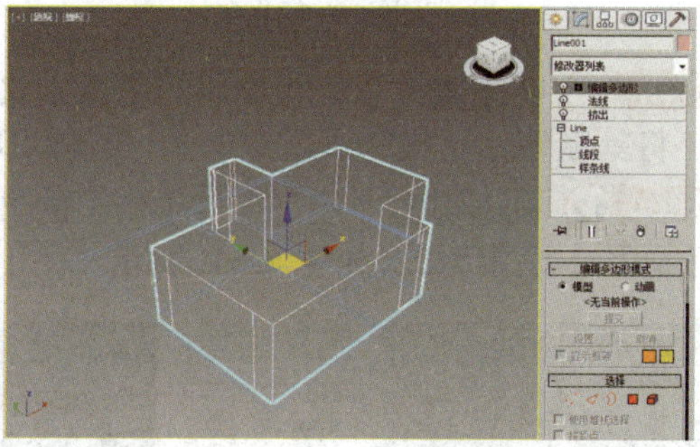

图10-9

Step 7 确认绘制的图形处于选中状态，在【修改】面板中将当前集定义为【边】，使用【选择并移动】工具，在场景中选择【门】的两条边并右击，在弹出的下拉列中选择【连接】左侧的按钮，会弹出【连接边】对话框，将【分段】设置为1，确定，如图10-10所示。

Step 8 使用同样方法，将另外两个【门】也进行连接，如图10-11所示。

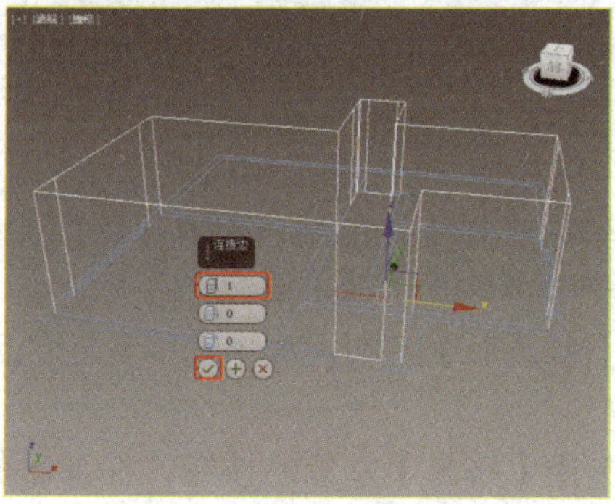

图10-10

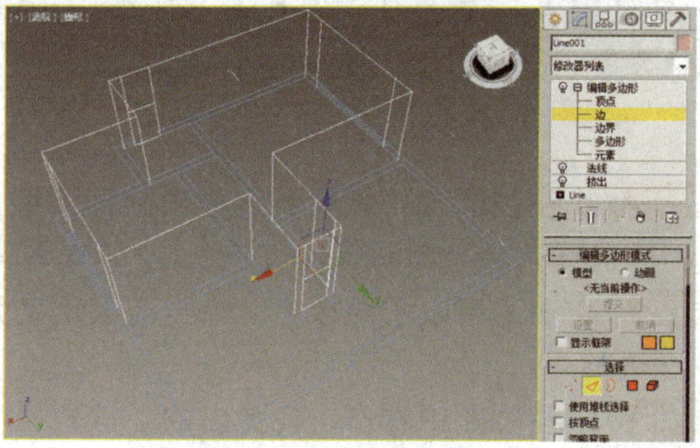

图10-11

Step 9 按Alt+W组合键，将当前视口进行切换，并将【前视图】设置为最大视口，在工具栏中单击【窗口/交叉】按钮，并长按【使用轴点中心】按钮，在弹出的下拉列表中选择【使用选择中心】，在视图中选择连接处的线，如图10-12所示。

Step 10 在视图下方有X、Y、Z三个轴，将其中的【Z】轴设置为2 100，如图10-13所示。

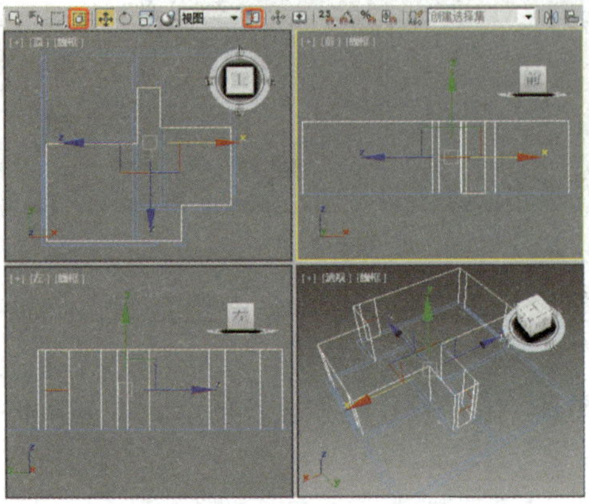

图10-12

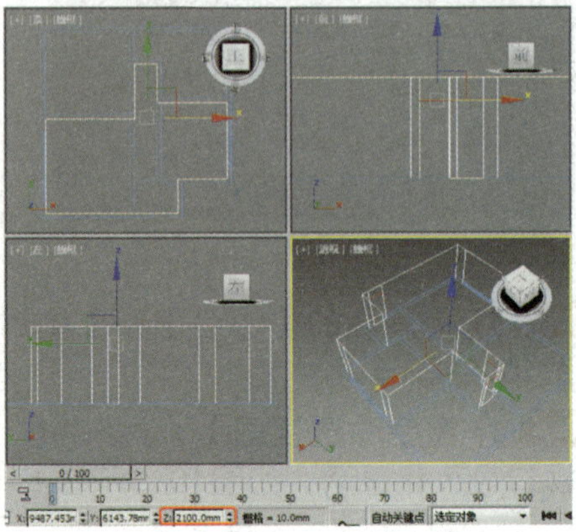

图10-13

Step 11 在【修改】面板中将当前集定义为【多边形】，在【透视图】中，选择连接处的面，将其删除，这样门洞就做好了，如图10-14所示。

Step 12 在透视图中使用连接【门】的方法连接【窗户】，在弹出的【连接边】对话框中将【分段】设置为2，如图10-15所示。

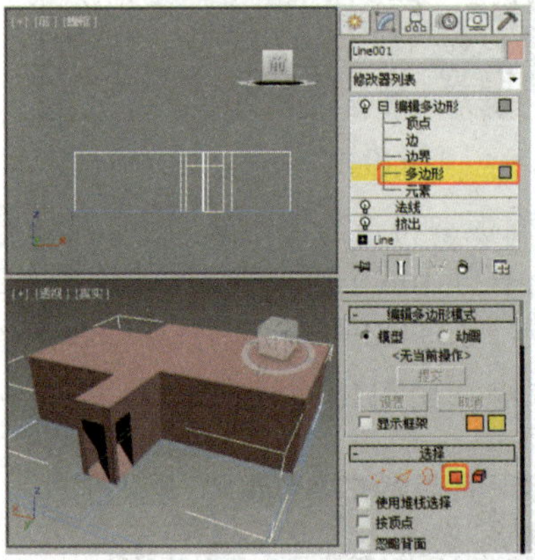

图10-14

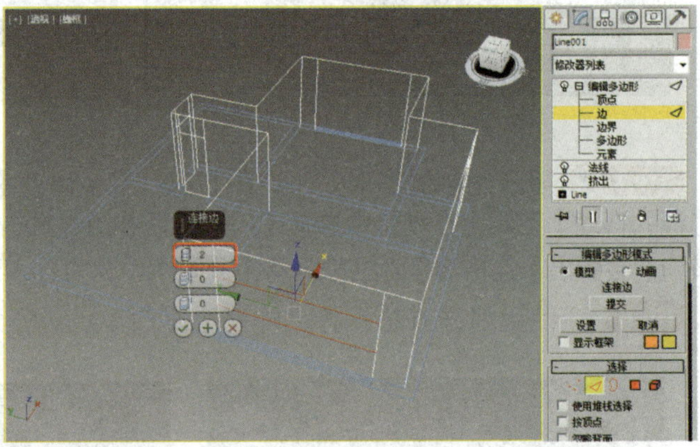

图10-15

Step 13 在视图中可以看到连接出的两条线，单独选择上侧的线，将其【Z】轴设置为2 500，再单独选择下侧的线，将其【Z】轴设置为5，如图10-16所示。

Step 14 在【修改】面板中，将当前集定义为【多边形】，在视图中选择绘制的面，如图10-17所示。

Step 15 在视图中右击，在弹出的下拉列表中选择【挤出】左侧的按钮，在弹出的对话框中将【挤出高度】设置为-120，如图10-18所示。

Step 16 进入【修改】面板，在【编辑几何体】卷展栏中单击【分离】按钮，如图10-19所示。

Step 17 在【修改】面板中将当前集关闭，然后选择分离出的面，按Alt+Q组合键将选择的面孤立，如图10-20所示。

Step 18 将当前集定义为【边】，在视图中选择上下两条边并右击，在弹出的下拉列表中单击【连接】左侧的按钮，在弹出的【连接边】对话框中将【分段】设置为5，如图10-21所示。

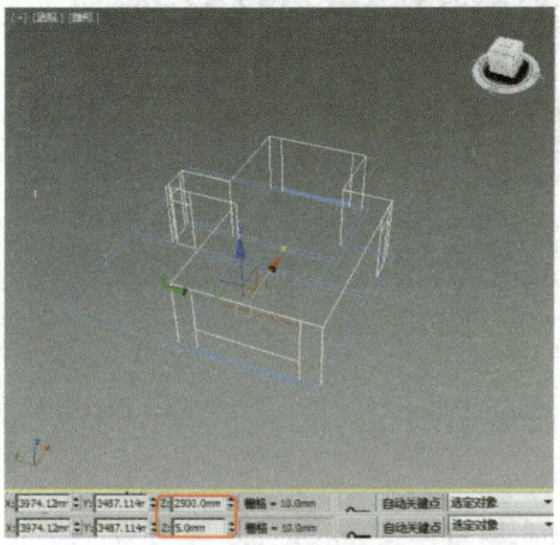

图10-16

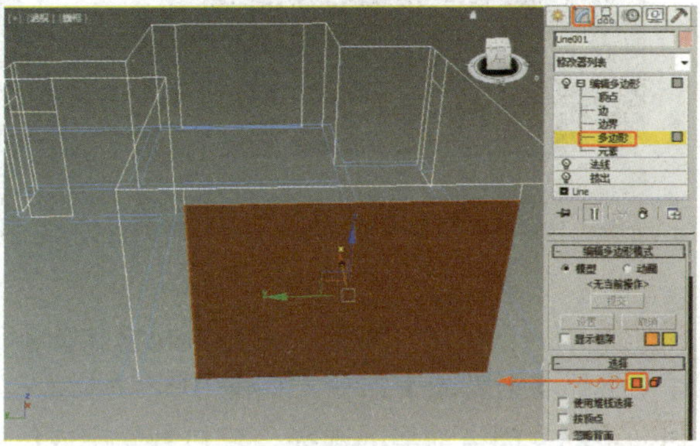

图10-17

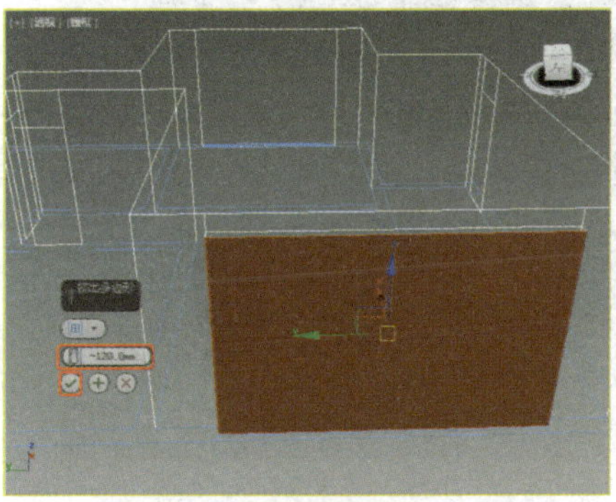

图10-18　设置【挤出】

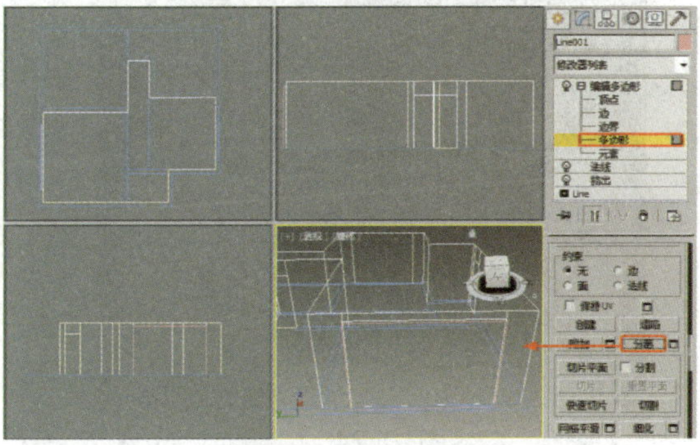

图10-19　分离面

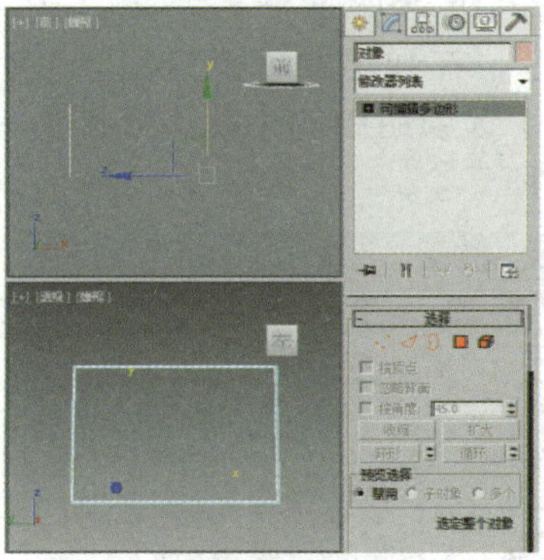

图10-20

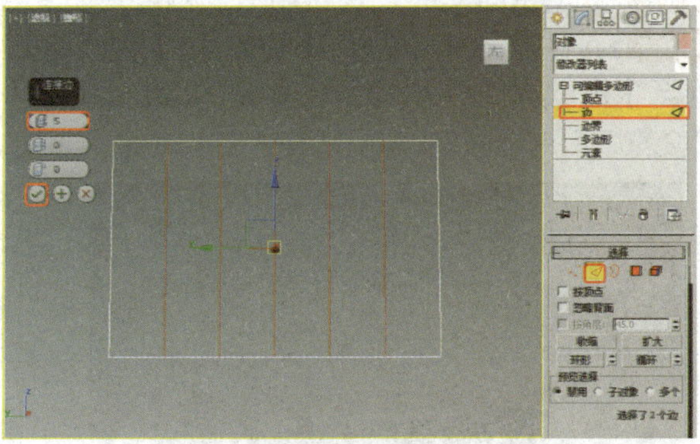

图10-21

Step 19 将当前集定义为【多边形】并右击，在弹出的下拉列表中选择【插入】左侧的按钮，在弹出的【插入多边形】对话框中将【插入类型】设置为【按多边形】，将【插入量】设置为50，如图10-22所示。

Step 20 再次右击，在弹出的下拉列表中选择【挤出】左侧的按钮，在弹出的【挤出多边形】对话框中，将【挤出高度】设置为-60，如图10-23所示。

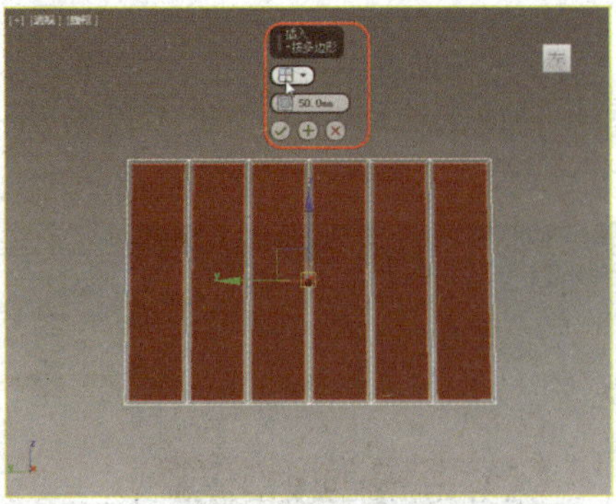

图10-22

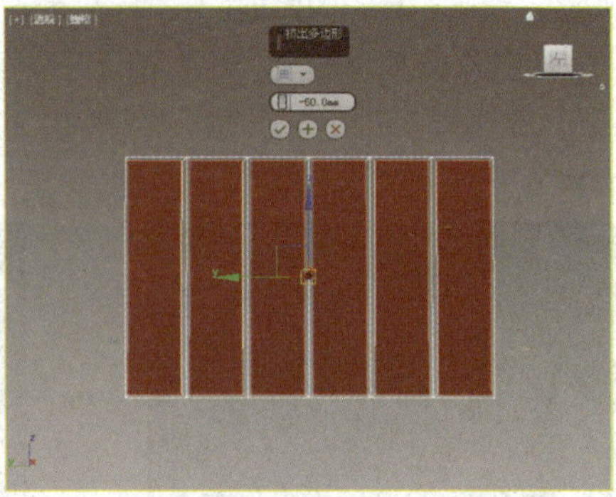

图10-23

Step 21 确认挤出完成后，按Delete键将面删除，并在视图中右击，在弹出的快捷菜单中选择【全部取消隐藏】命令，如图10-24所示。

Step 22 关闭当前集的选择，窗户制作完成后的效果如图10-25所示。

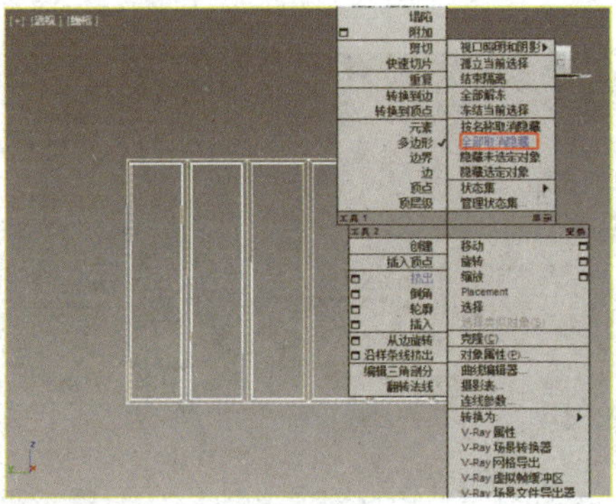

图10-24

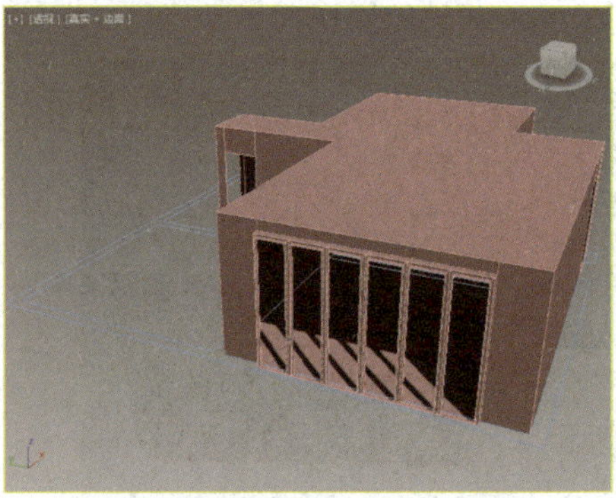

图10-25

Step 23 使用同样的方法绘制另一侧窗户，其效果如图10-26所示。

Step 24 在菜单栏中选择【视图】|【视口配置】命令，在弹出的【视口配置】对话框中切换至【视觉样式和外观】选项卡，选中【照亮和阴影】选项组中的【默认灯光】单选按钮和【2盏灯】单选按钮，单击【确定】按钮，如图10-27所示。

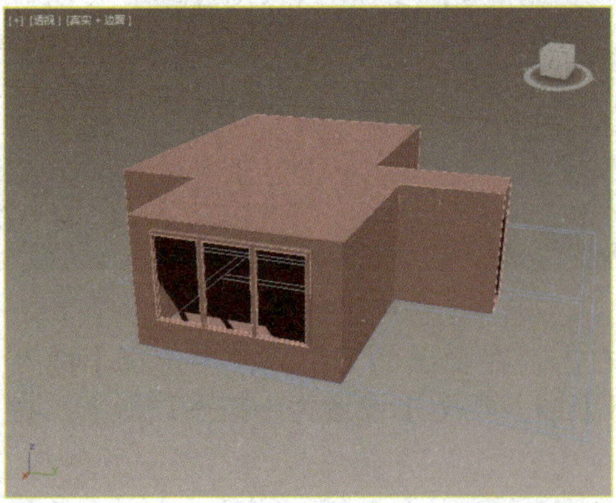

图10-26

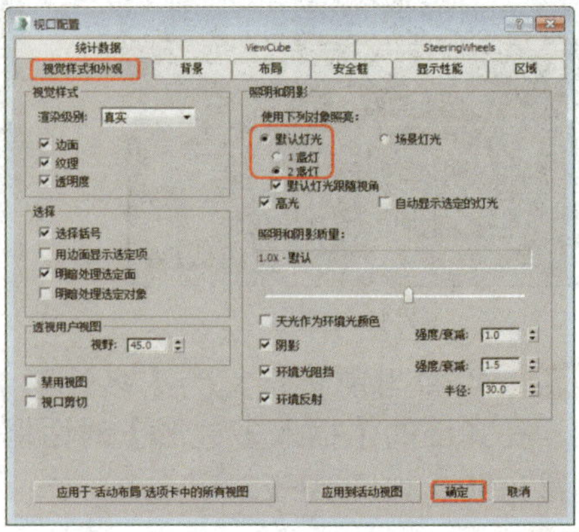

图10-27

Step 25 激活【顶】视图，选择【创建】|【图形】|【样条线】|【矩形】工具，根据导入图形在视图中绘制一个长度为5 200、宽度为240的矩形，如图10-28所示。

Step 26 确认绘制的矩形处于选中状态，在【修改】面板中为其添加【挤出】修改器，在【参数】卷展栏中将【数量】设置为240，如图10-29所示。

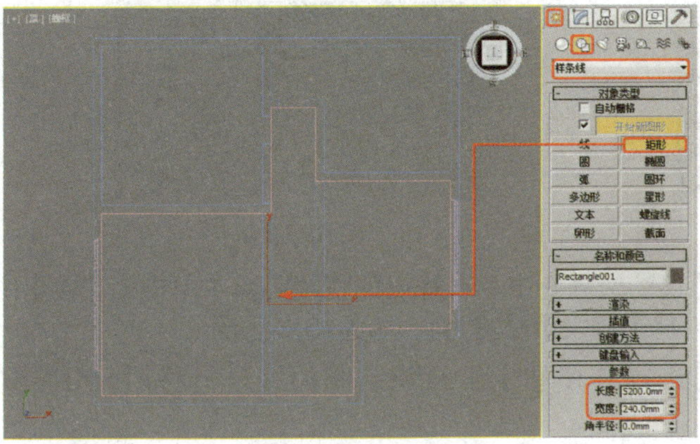

图10-28

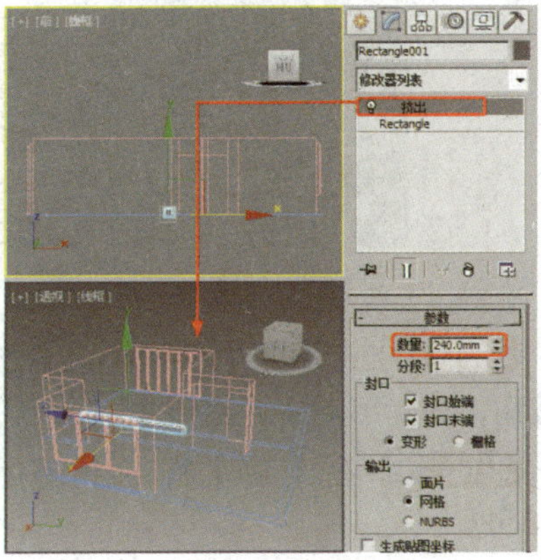

图10-29

Step 27 在【前视图】或【左视图】中，使用【选择并移动】工具，将绘制的图形向上移动，直至适当位置，如图10-30所示。

Step 28 在场景中根据不同的空间，将其空间功能区进行细分，然后选择【创建】|【图形】|【样条线】|【矩形】工具，在【顶视图】中绘制一个长度为730、宽度为4 550的矩形，如图10-31所示。

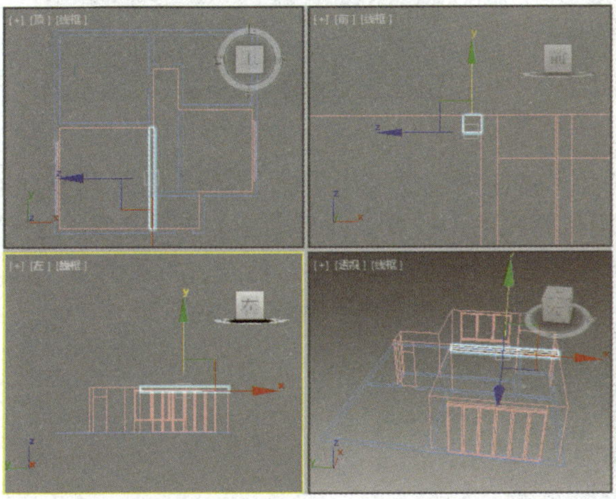

图10-30

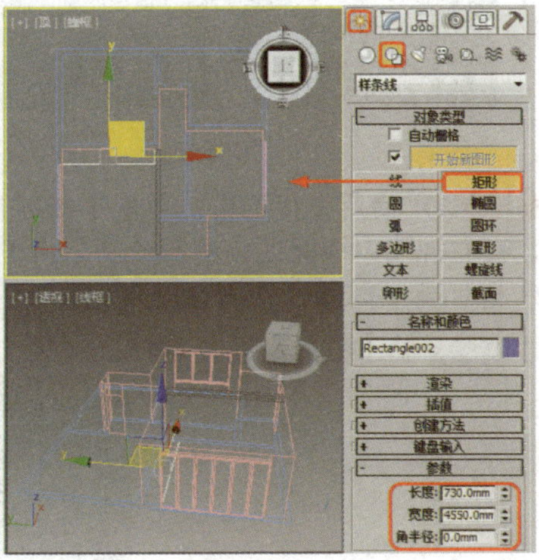

图10-31

Step 29 在【修改】面板中为绘制的矩形添加【挤出】修改器，在【参数】卷展栏中将数量设置为150，如图10-32所示。

Step 30 按Alt+Q组合键，将绘制的矩形孤立，并为其添加【编辑多边形】修改器，将当前选择集定义为【边】，如图10-33所示。

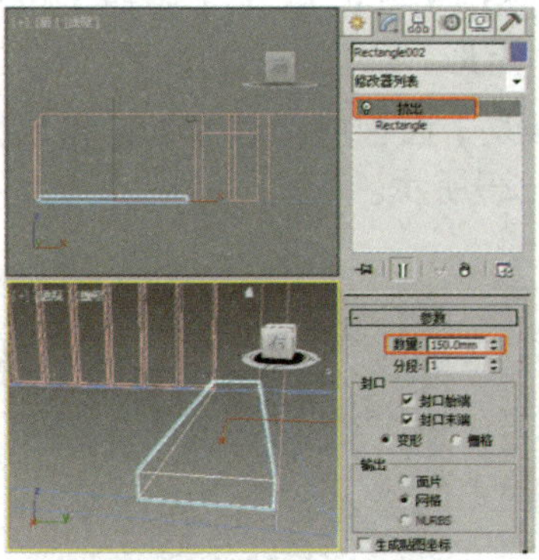

图10-32

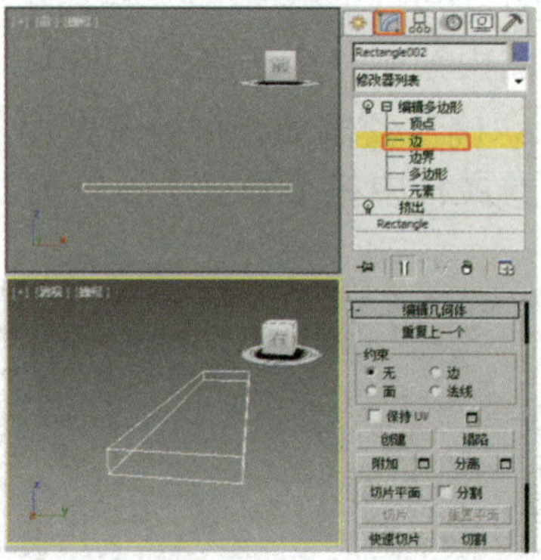

图10-33

Step 31 在【左】视图中，框选下侧的边并右击，在弹出的快捷菜单中单击【连接】左侧的按钮，在弹出的【连接边】对话框中，将【分段】设置为4，如图10-34所示。

Step 32 在【顶】视图中使用【选择并移动】工具将绘制的线进行移动，效果如图10-35所示。

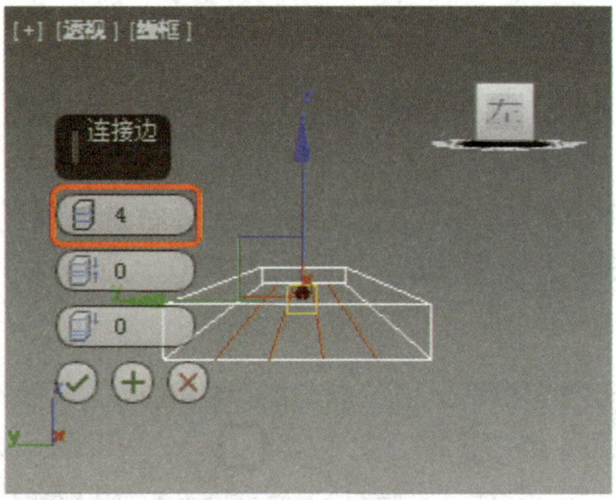

图10-34

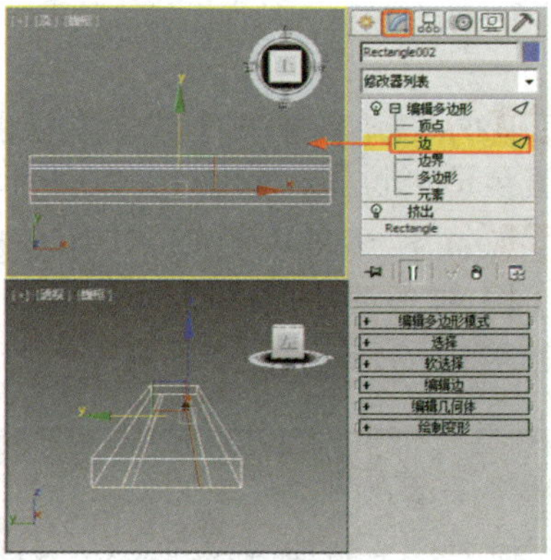

图10-35

Step 33 使用直线工具，单击【捕捉开关】按钮，选择【创建】|【图形】|【线】工具，在左视图中捕捉顶点进行绘制，将当前集定义为【顶点】，在【左】视图中选择连接出的内侧线将其向上移动，然后单独选择顶点，将其进行移动，直至适当位置，然后为其添加【挤出】修改器，将【数量】设置为4 550，将上一步创建的图形删除，如图10-36所示。

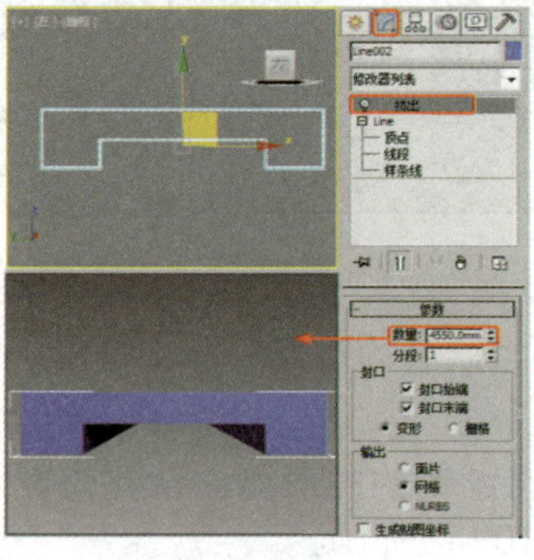

图10-36

Step 34 在视图中右击，在弹出的快捷菜单中选择【全部取消隐藏】命令，如图10-37所示。

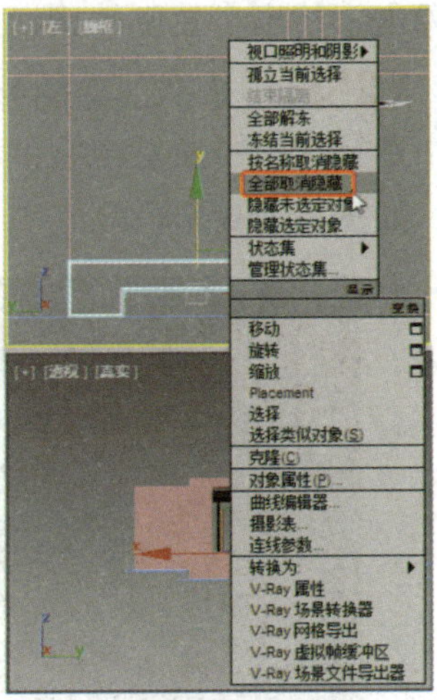

图10-37

Step 35 使用【选择并移动】工具，在【左视图】或【前视图】将图形向上移动，直至适当位置，如图10-38所示。

Step 36 在【顶】视图中选择绘制的图形，按住Shift键，将其移动到另一侧，在弹出的对话框中选择【实例】单选按钮，如图10-39所示。

Step 37 使用同样方法绘制餐厅空间的吊顶造型，效果如图10-40所示。

Step 38 制作墙体上的装饰区，显示【透视】图线框，在走廊处选择上下两条边右击，在弹出的快捷菜单中单击【连接】左侧的按钮，在弹出的【连接边】对话框中将【分段】设置为2，如图10-41所示。

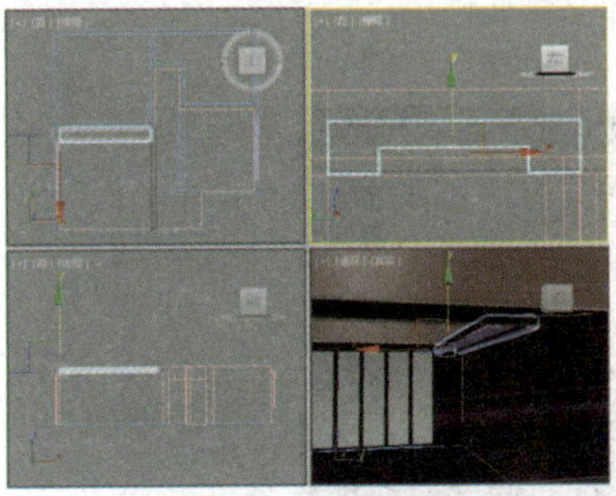

图10-38

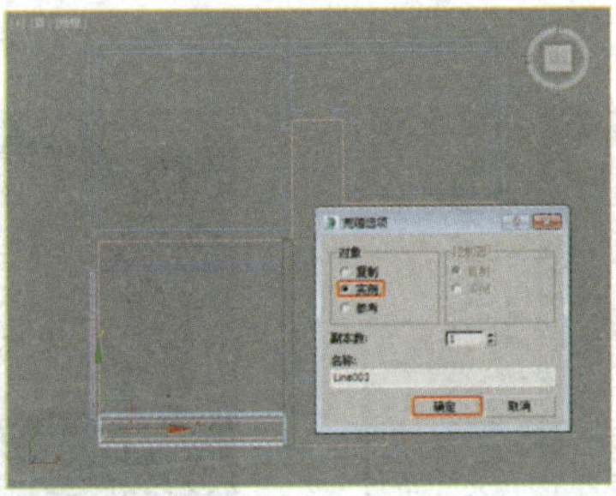

图10-39

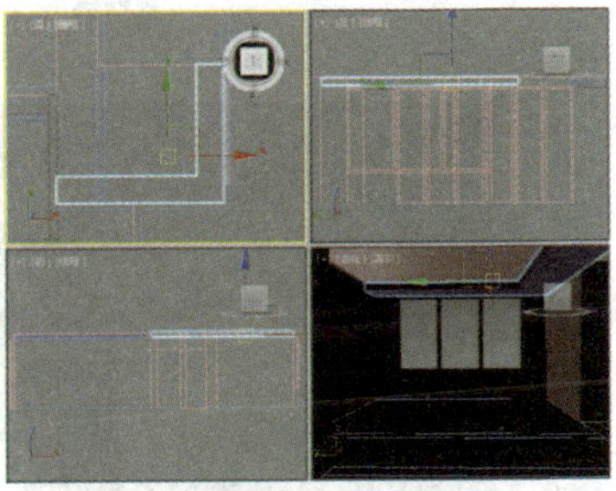

图10-40

Step 39 使用【选择并移动】工具，将连接处的两条线进行移动，效果如图10-42所示。

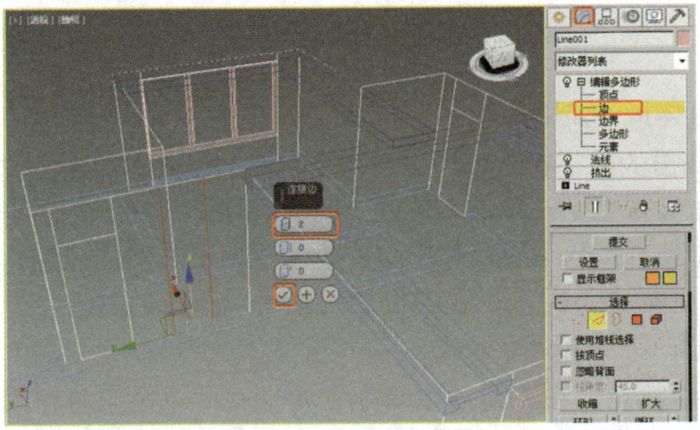

图10-41

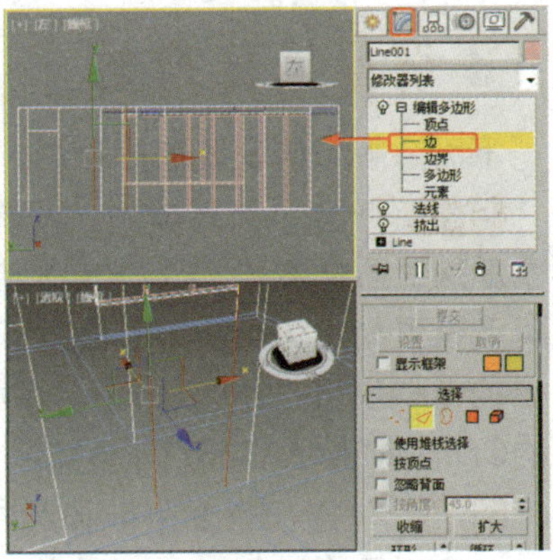

图10-42

Step 40 选择连接的两条线并右击，在弹出的快捷菜单中单击【连接】左侧的按钮，在弹出的对话框中将【分段】设置为2，效果如图10-43所示。

Step 41 分别选择绘制的线将其向上和向下移动，完成后效果如图10-44所示。

Step 42 将当前集定义为【多边形】，选择绘制完成后的面并右击，在弹出的快捷菜单中单击【挤出】左侧的按钮，将其设置为-240，效果如图10-45所示。

Step 43 选择创建的整体模型，在【修改】面板中将当前集定义为【多边形】，在视图中选择客厅中放置电视的墙体，在【编辑几何体】卷展栏中单击【分离】按钮，将墙体分离，如图10-46所示。

图10-43

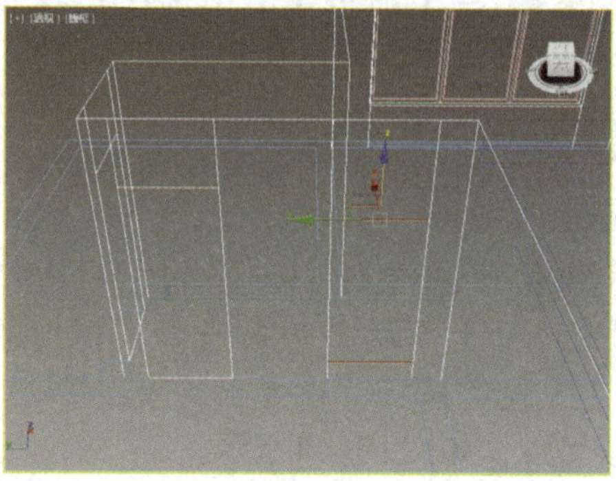

图10-44

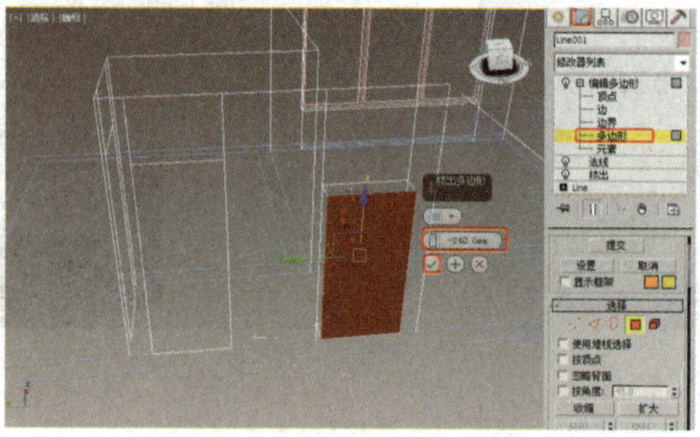

图10-45

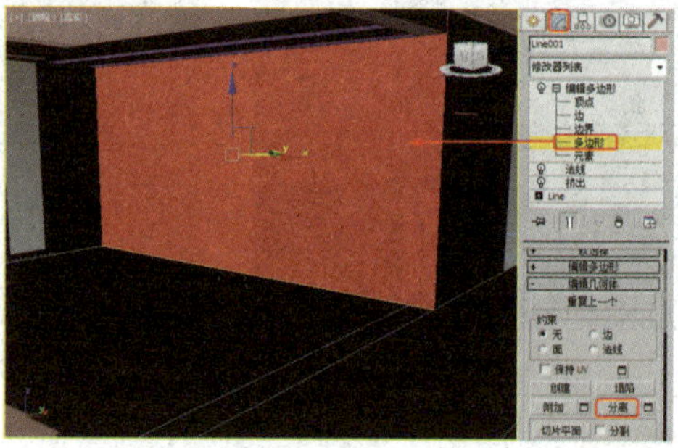

图10-46

10.4 设置墙体材质

下面讲解如何设置墙体材质，其具体操作步骤如下：

Step 1 将当前集关闭，选择分离出的面，在工具栏中单击【材质编辑器】按钮，选择一个新的材质样本球，并将其命名为【影视墙】，单击右侧的【Standard】按钮，然后将材质类型设置为【VRayMtl】材质，在【基本参数】卷展栏中单击【漫反射】右侧的按钮，在弹出的【材质/贴图浏览器】对话框中选择【位图】，在弹出的对话框中选择随书附带光盘中的CDROM\Map\58875.jpg文件，如图10-47所示。

Step 2 确认分离出的面处于选中状态，在【材质编辑器】对话框中单击【将材质指定给选定对象】按钮，并在【修改】面板中为选中的面添加【UVW贴图】修改器，在【参数】卷展栏中将【贴图】设置为【长方体】，【长度】设置为0.1，【宽度】和【高度】都设置为800，其效果如图10-48所示。

Step 3 确认创建模型整体处于选中状态，将当前集定义为【多边形】，在视图中选择走廊及餐厅附近的墙体，在【编辑几何体】卷展栏中，单击【分离】按钮，将选中的面整体分离出来，如图10-49所示。

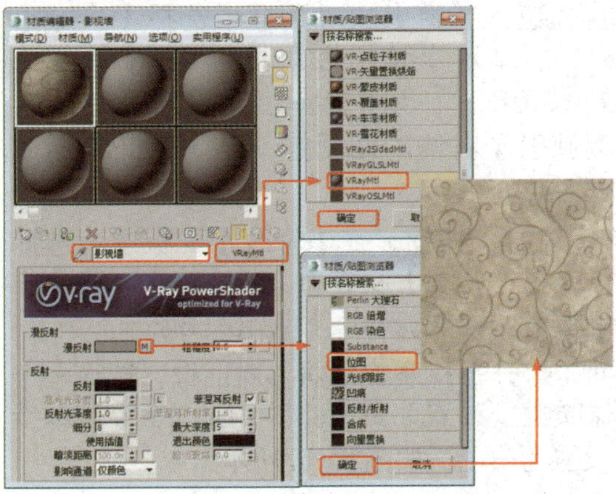

图10-47

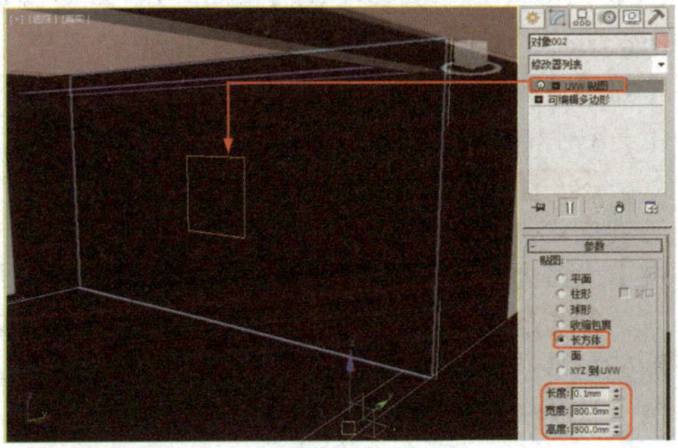

图10-48

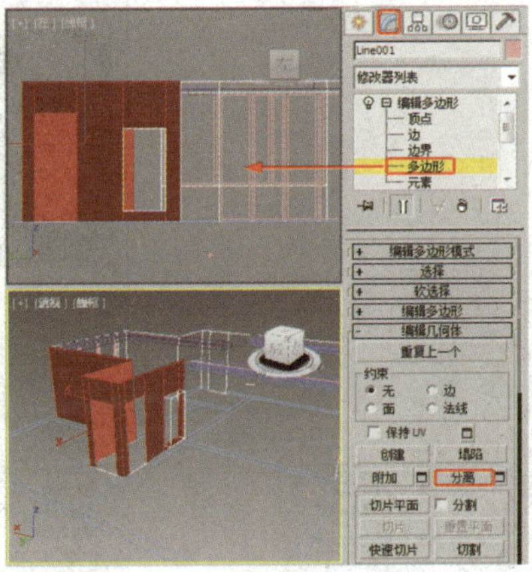

图10-49

Step 4 将当前集关闭，在视图中选择刚刚分离出来的面，在工具栏中单击【材质编辑器】按钮，选择一个新的材质样本球，将其命名为【走廊墙体】，然后将材质类型设置为VRayMtl材质，在【基本参数】卷展栏中单击【漫反射】右侧的按钮，在弹出的【材质/贴图浏览器】对话框中选择【位图】，在弹出的对话框中选择随书附带光盘中的CDROM\Map\现代壁纸.jpg文件，如图10-50所示。

Step 5 在【贴图】卷展栏中将【漫反射】的材质拖动至【凹凸】材质贴图上，在弹出的对话框中选择【实例】单选按钮，效果如图10-51所示。

Step 6 设置完成后，单击【将材质指定给选定对象】按钮，将材质指定给分离出的面，并在【修改】面板中为面添加【UVW贴图】，将【参数】卷展栏中的【贴图】设置为【长方体】，将【长度】、【宽度】和【高度】都设置为800，效果如图10-52所示。

Step 7 选择整体模型，在【修改】面板中将当前集定义为【多边形】，选择地面，在【编辑几何体】卷展栏中单击【分离】按钮，将地面与模型分离，如图10-53所示。

Step 8 将当前集关闭，并选择分离出的地面，在工具栏中选择【材质编辑器】，选择一个新的材质样本球，并将其命名为【地板】，然后将材质类型设置为VRayMtl材质，在【基本参数】卷展栏中单击【漫反射】右侧的按钮，在弹出的【材质/贴图浏览器】对话框中选择【位图】，在弹出的对话框中选择随书附带光盘中的CDROM\Map\地板.jpg文件，在弹出的子集中将【坐标】卷展栏中的【角度】下的【W】设置为90，如图10-54所示。

Step 9 返回到父对象，单击【反射】右侧的按钮，在弹出的对话框中选择【衰减】贴图，进入到子对象，将【侧】的颜色块设置为215、229、255，将【衰减类型】设置为Fresnel，返回到父对象，将【高光光泽度】设置为0.88，【反射光泽度】设置为0.75，【细分】设置为20，并在【贴图】卷展栏中将【漫反射】右侧的贴图拖动至【凹凸】通道上，在弹出的对话框中选择【实例】单选按钮，如图10-55所示。

Step 10 设置完成后，单击【将材质指定给选定对象】按钮，在【修改】面板中为选择的地面添加【UVW贴图】修改器。在【参数】卷展栏中将【贴图】设置为【长方体】，将【长度】设置为2 000，【宽度】设置为2 000，【高度】设置为1，完成后效果如图10-56所示。

Step 11 在视图中选择所有没有材质的图形及面，打开【材质编辑器】对话框，选择一个新的材质样本球，并将其命名为【墙面】，然后将材质类型设置为VRayMtl材质，在【基本参数】卷展栏中单击【漫反射】右侧颜色块，将其颜色设置为白色，如图10-57所示。

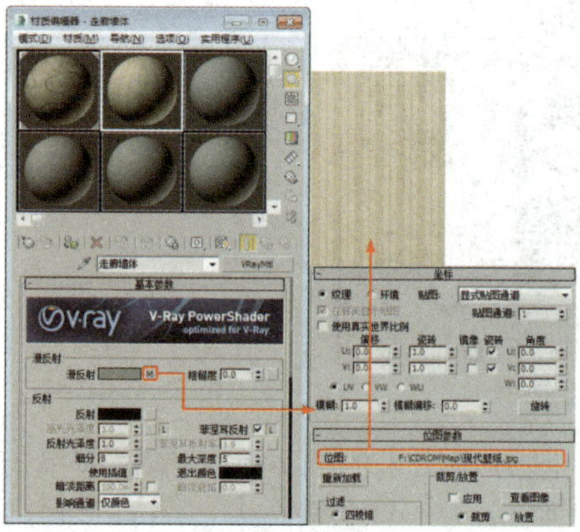

图10-50

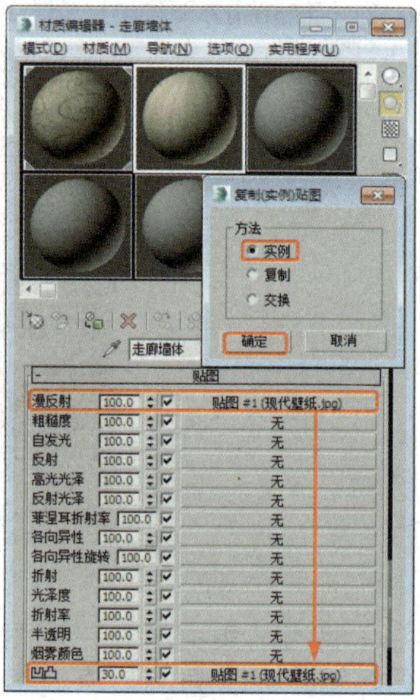

图10-51

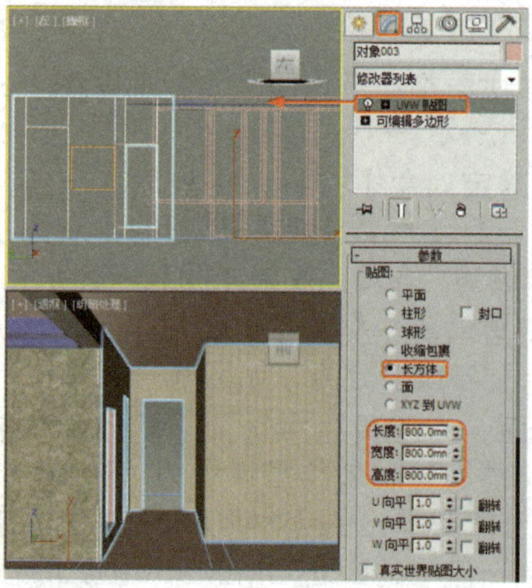

图10-52

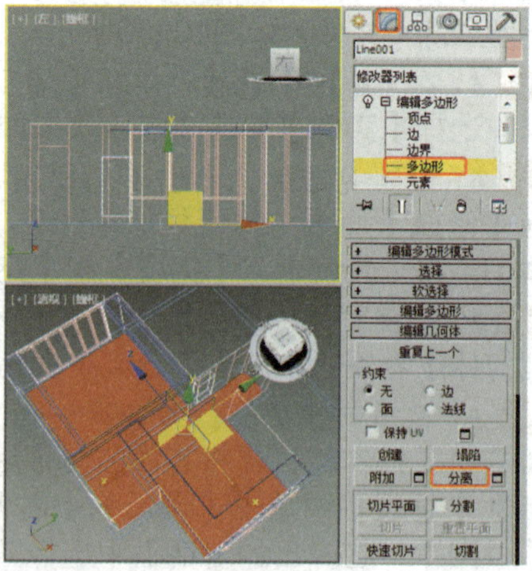

图10-53

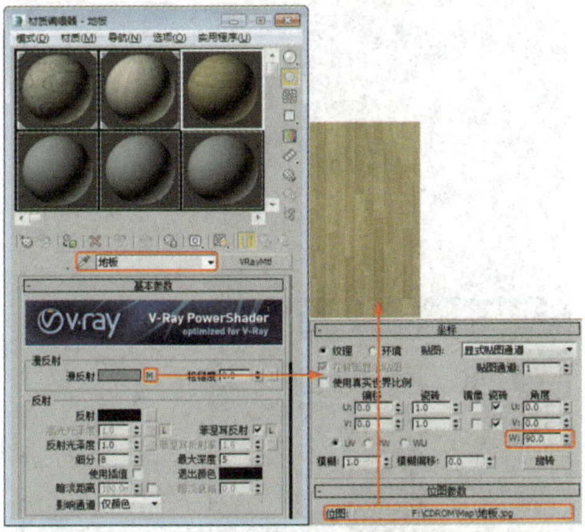

图10-54

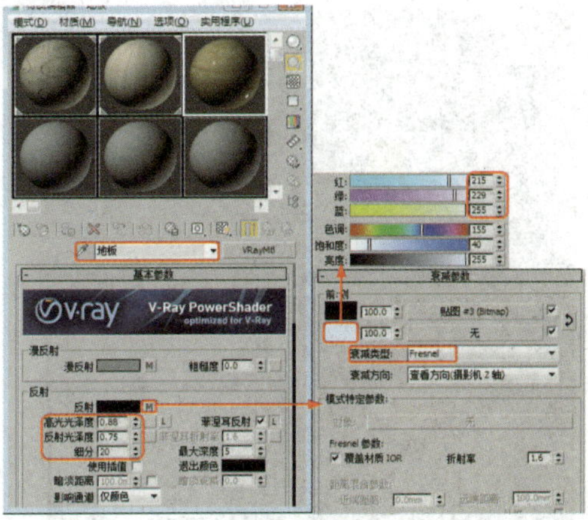

图10-55

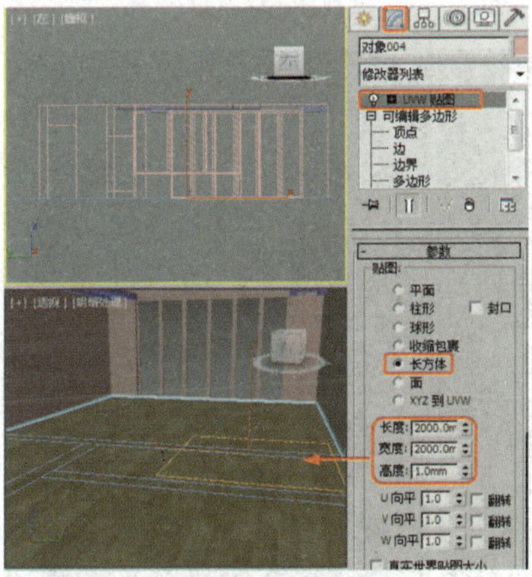

图10-56

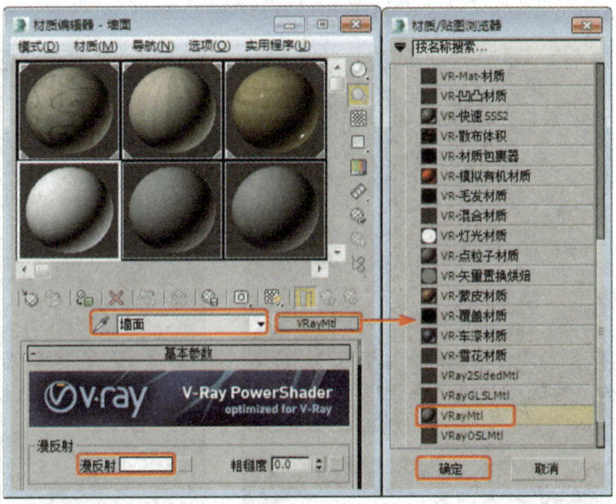

图10-57

Step 12 单击【将材质指定给选定对象】按钮，然后将对话框关闭。在【透视图】中选择客厅中绘制的吊顶造型，按Alt+Q组合键将其孤立，在【修改】面板中添加【编辑多边形】修改器，将当前集定义为【多边形】，在视图中选择图形的凹槽处，如图10-58所示。

Step 13 选择完成后，在【编辑几何体】卷展栏中单击【分离】按钮，将面分离出来，并关闭当前集，然后选择分离出的面，打开【材质编辑器】对话框，将【地板】材质指定给选定的面，然后在【修改】面板中为选定面添加【UVW贴图】修改器，将【贴图】设置为【长方体】，将【长度】和【宽度】设置为2 000，【高度】设置为0，如图10-59所示。

Step 14 使用同样方法，将客厅吊顶的另一个造型进行设置，如图10-60所示。

Step 15 设置完成后，单击【应用程序】按钮，在弹出的下拉列表中选择【导入】|【合并】命令，在弹出的对话框中选择随书附带光盘中的CDROM\场景\Cha10\家具.max，单击【打开】按钮，在弹出的对话框中选择所有对象，单击【确定】按钮，然后调整家具的位置，效果如图10-61所示。

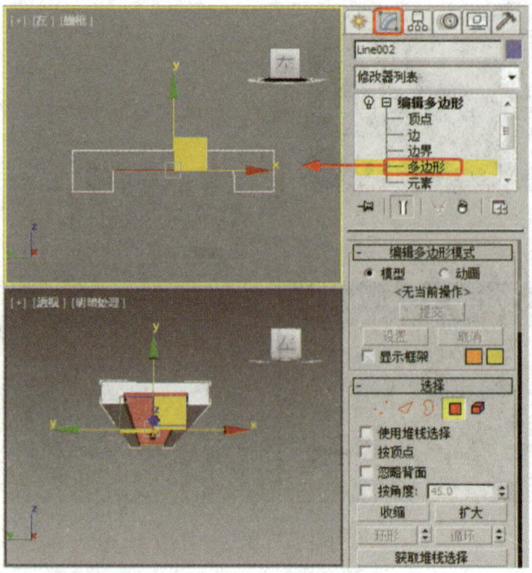

图10-58

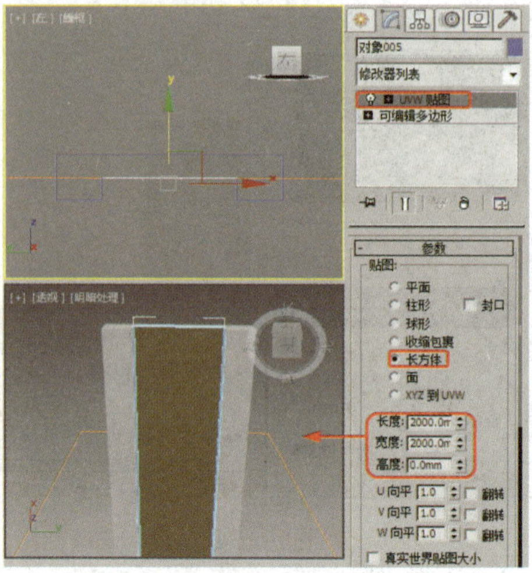

图10-59

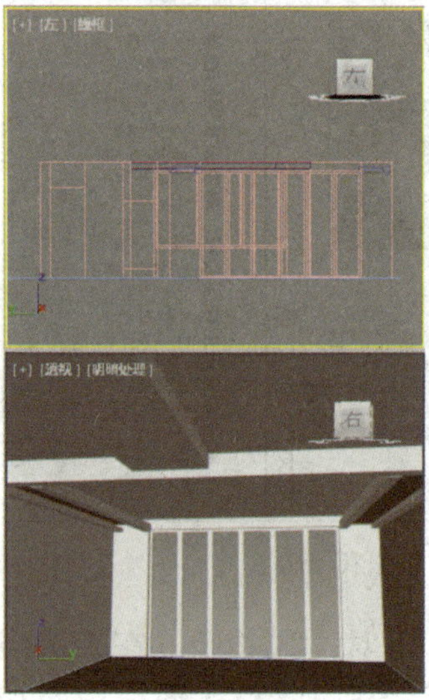

图10-60

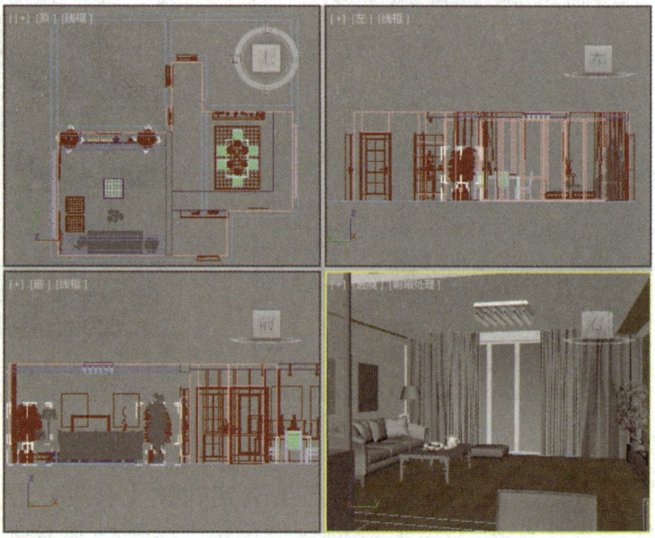

图10-61

10.5 家具模型材质的制作

在客餐厅中家具种类繁多，本节主要介绍沙发材质、电视柜材质、窗帘材质、餐桌材质、鞋柜材质和壁柜材质等的制作。

10.5.1 沙发材质制作

Step 1 选中场景中的沙发模型，在菜单栏中选择【组】|【打开】命令，将沙发组打开，如图10-62所示。

Step 2 打开【材质编辑器】对话框，选择一个新的材质样本球，并将其命名为【沙发】，然后将材质类型设置为【混合】材质，在弹出的对话框中选择【将旧材质保存为子材质】单选按钮，单击【确定】按钮。在【混合基本参数】卷展栏中单击【材质1】右侧按钮，进入子对象，将子对象的材质类型设置为VRayMtl材质，将【漫反射】颜色设置为白色，再单击【漫反射】右侧的按钮，在弹出的对话框中选择【衰减】，如图10-63所示。

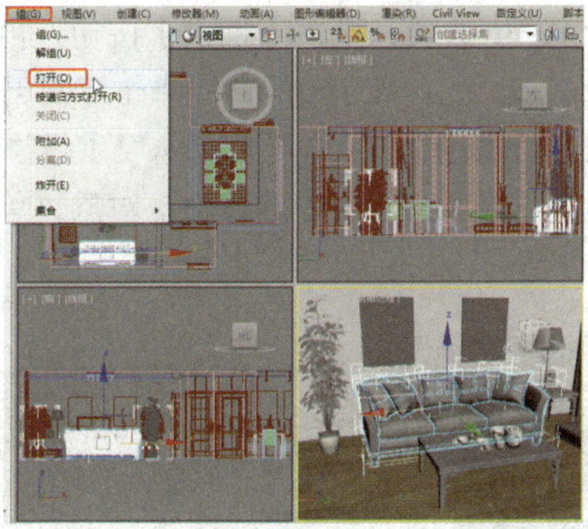

图10-62

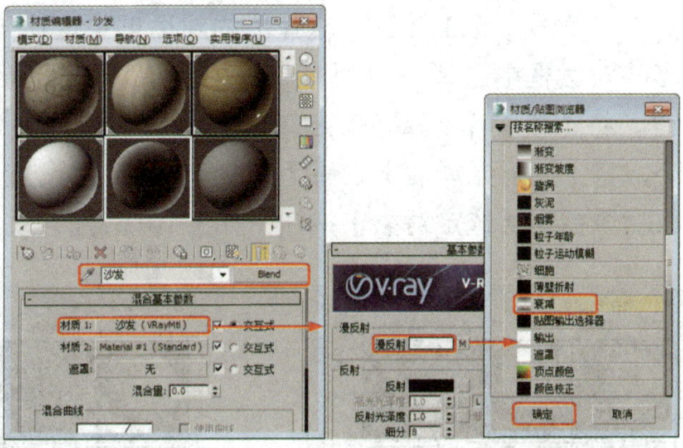

图10-63

Step 3 单击两次【转到父对象】按钮，返回到父对象，将【材质2】右侧的材质进行清除，然后单击【材质2】右侧的【无】，在弹出的对话框中选择VRayMtl材质，将【漫反射】的颜色设置为白色，单击右侧的按钮，在弹出的对话框中选择【衰减】，将【前】颜色RGB设置为55、48、35，将【侧】颜色RGB设置为103、100、96，返回到父级层级，将【高光光泽度】设置为0.7，将【反射光泽度】设置为0.9，将【细分】设置为15，如图10-64所示。

Step 4 再次单击【转到父对象】按钮，单击【遮罩】右侧的【无】按钮，在弹出的对话框中选择【位图】贴图，在弹出的对话框中选择随书附带光盘中的CDROM\Map\ferro_color222.jpg文件，单击【打开】按钮，返回到父级层级，然后选择沙发，将材质指定给选定对象，如图10-65所示。

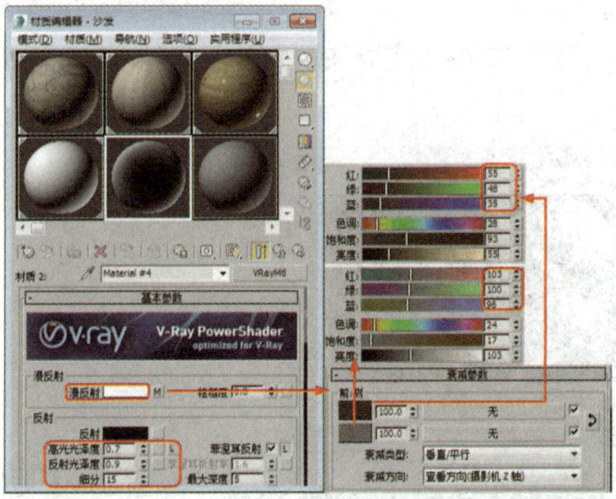

图10-64

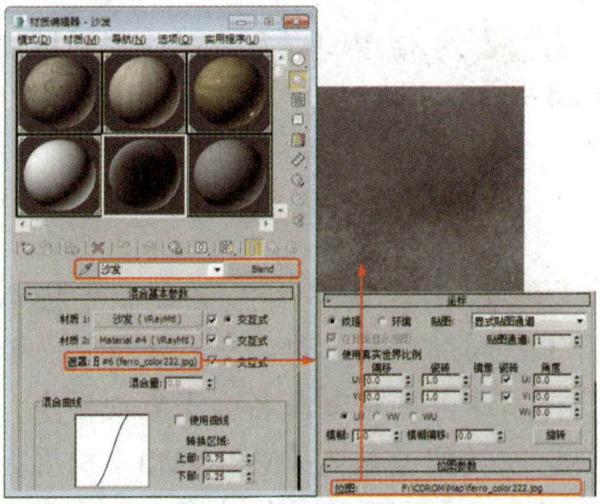

图10-65

Step 5 在场景中选择沙发底座，选择一个新的材质样本球，并将其命名为【底座】，然后将材质类型设置为【VRayMtl】材质，将【漫反射】设置为黑色，将【反射】RGB设置为40、40、40，将【高光光泽度】设置为0.85，【反射光泽度】设置为0.97，【细分】设置为15，单击【将材质指定给选定对象】按钮，如图10-66所示。

Step 6 选择一个新的材质样本球，并将其命名为【坐墩】，然后将材质类型设置为【VRayMtl】材质，在【基本参数】卷展栏中单击【漫反射】右侧的按钮，在弹出的对话框中选择【衰减】贴图，【衰减】子对象中将【侧】的颜色值设置为150、143、136，单击【前】右侧的【无】按钮，在弹出的对话框中选择【位图】选项，单击【确定】按钮，再在弹出的对话框中选择随书附带光盘中的CDROM\Map\2alpaca-12.jpg文件，单击【打开】按钮。将【模糊】设置为0.5，单击两次【转到父对象】按钮。将【高光光泽度】设置为0.35，将【反射光泽度】设置为1，将【细分】设置为8。然后在场景中选择坐墩对象，单击【将材质指定给选定对象】按钮，如图10-67所示。

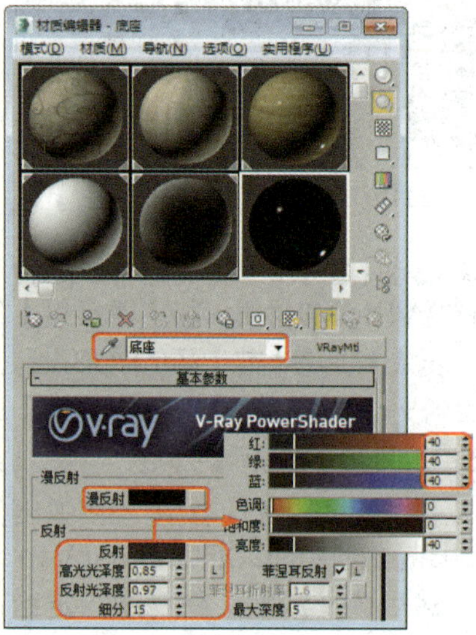

图10-66

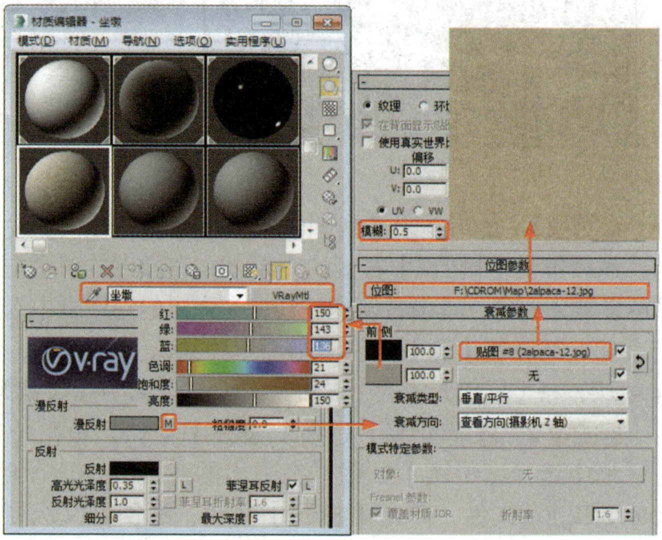

图10-67

Step 7 使用同样方法对沙发抱枕材质进行设置，并将设置好的材质指定给抱枕，如图10-68所示。

10.5.2 电视柜材质制作

Step 1 在场景中选择电视柜模型，打开【材质编辑器】对话框，选择一个新的材质样本球，并将其命名为【电视柜】，然后将材质类型设置为【VRayMtl】材质，在【基本参数】卷展栏中将【漫反射】的颜色设置为白色，将【反射】的颜色设置为20、20、20，将【反射光泽度】设置为0.95，设置完单击【将材质指定给选定对象】按钮，如图10-69所示。

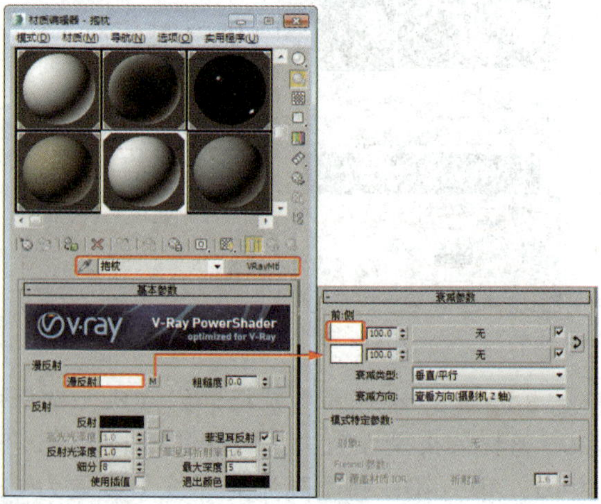

图10-68

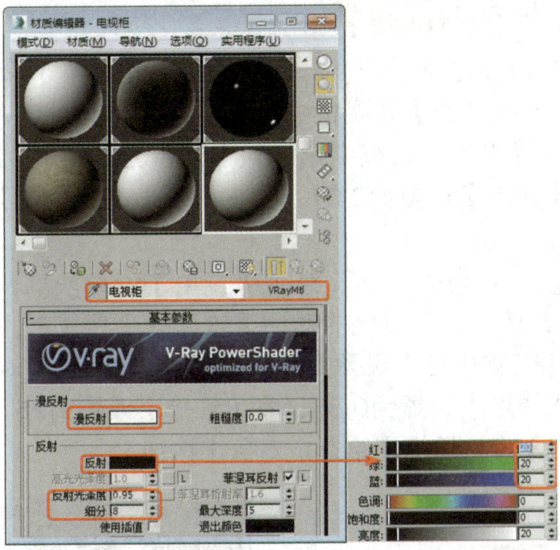

图10-69

Step 2 选择电视柜，在菜单栏中选择【组】|【打开】命令，选择电视柜上的把手，打开【材质编辑器】对话框，选择一个新的材质样本球，并将其命名为【把手】，然后将材质类型设置为【VRayMtl】材质，在【基本参数】卷展栏中将【漫反射】设置为51、28、7，将【反射】设置为135、95、57，将【高光光泽度】设置为0.8，将【最大深度】设置为3，将【退出颜色】设置为176、124、74，单击【将材质指定给选定对象】按钮，如图10-70所示。

Step 3 选择一个新的材质样本球，并将其命名为【装饰画01】，然后将材质类型设置为【VRayMtl】材质，在【基本参数】卷展栏中，单击【漫反射】右侧的按钮，在弹出的对话框中单击【位图】贴图，在弹出的对话框中选择随书附带光盘中的CDROM\Map\63739223.jpg文件，单击【打开】按钮，将【模糊】设置为0.01，单击【转到父对象】按钮，在场景中选择装饰画，然后单击【将材质指定给选定对象】按钮，如图10-71所示。

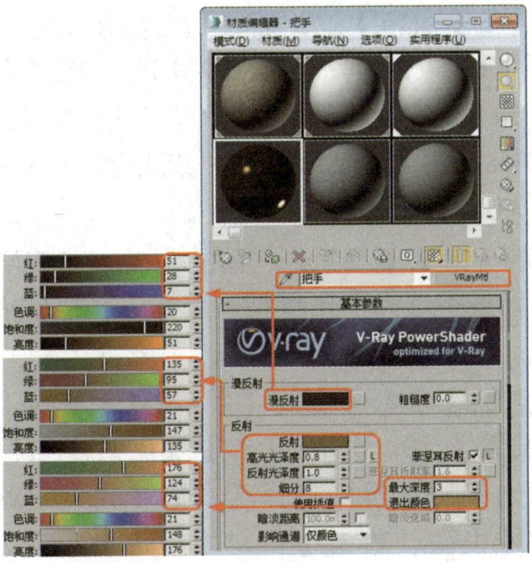

图10-70

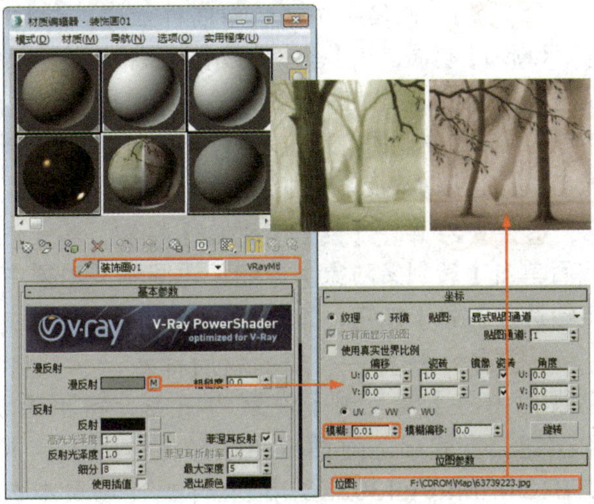

图10-71

10.5.3 鞋柜材质及壁柜材质设置

Step 1 选择一个新的材质样本球，并将其命名为【家具】，然后将材质类型设置为【VRayMtl】材质，在【基本参数】卷展栏中单击【漫反射】右侧的按钮，在弹出的对话框中选择【位图】贴图，在弹出的对话框中选择随书附带光盘中的CDROM\Map\地板.jpg，单击【打开】按钮，将【模糊】设置为0.01，将【角度】下的【W】设置为90，如图10-72所示。

Step 2 单击【转到父对象】按钮，单击【反射】右侧的颜色块，将其设置为128、128、128，再单击右侧的按钮，在弹出的对话框中选择【衰减】，将【侧】的颜色设置为215、229、225，并将【衰减类型】设置为【Fresnel】，返回父对象，将【高光光泽度】设置为0.75，将【反射光泽度】设置为0.85，将【细分】设置为25，如图10-73所示，在场景中选择鞋柜对象，单击【将材质指定给选定对象】按钮。

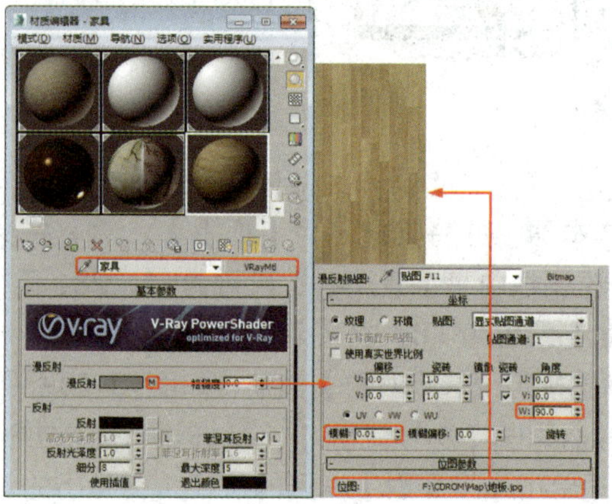

图10-72

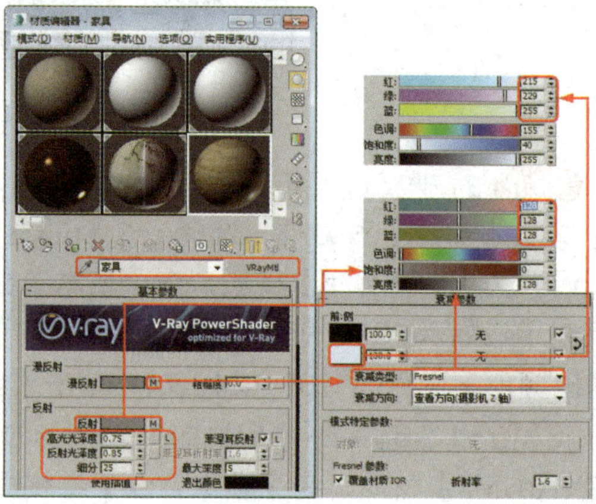

图10-73

10.5.4 窗帘材质的设置

Step 1 选择一个新的材质样本球，并将其命名为【窗帘】，然后将材质类型设置为【VRayMtl】材质，在【基本参数】卷展栏中将【反射】下的【高光光泽度】设置为0.35，单击【漫反射】右侧的按钮，在弹出的对话框中选择【衰减】，单击【确定】按钮，在【衰减参数】卷展栏中单击【前】右侧的【无】，在弹出的对话框中选择【位图】，再在弹出的对话框中选择随书附带光盘中的CDROM\Map\布纹-09.jpg文件，将【模糊】设置为0.5，如图10-74所示。

Step 2 单击【转到父对象】按钮，将【侧】的颜色块设置为150、143、136，设置完成后单击【转到父对象】按钮，返回到父对象中，在场景中选择窗帘模型，单击【将材质指定给选定对象】按钮，如图10-75所示。

Step 3 选择一个新的材质样本球，并将其命名为【窗纱】，在【Blinn基本参数】卷展栏中将【漫反射】设置为白色，将不透明度设置为50，然后单击【漫反射】右侧的按钮，在弹出的对话框中选择【位图】，再在弹出的对话框中选择随书附带光盘中的CDROM\Map\cl00223.jpg文件，在场景中选择窗纱模型，单击【将材质指定给选定对象】按钮，如图10-76所示。

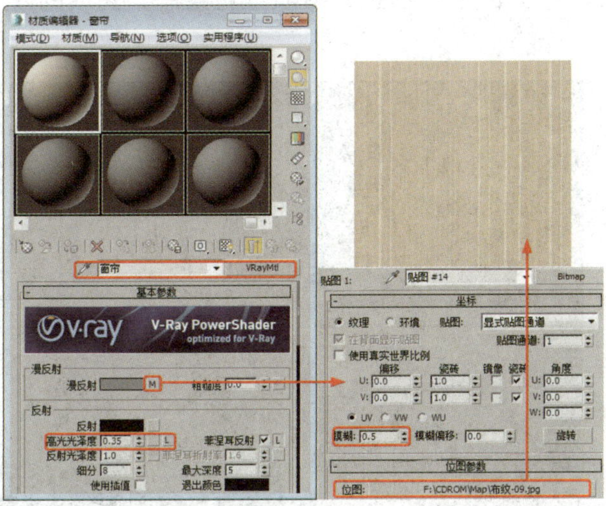

图10-74

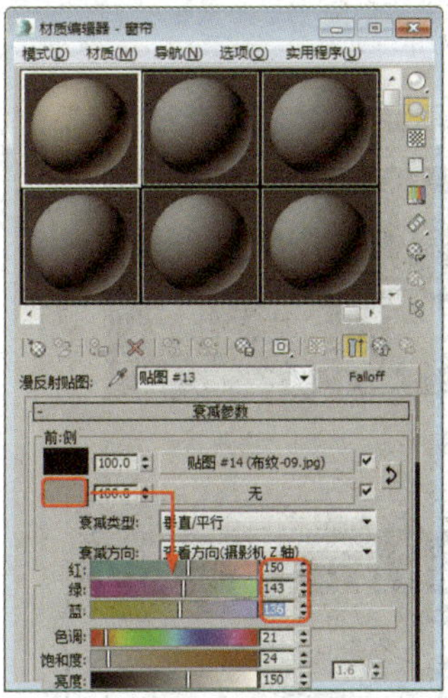

图10-75

10.5.5 餐桌椅材质制作

Step 1 选择餐桌椅，在菜单栏中选择【组】|【打开】命令，选择一个新的材质样本球，并将其命名为【餐桌椅木纹】，然后将材质类型设置为【VRayMtl】材质，在【基本参数】卷展栏中将【高光光泽度】设置为0.8，单击【漫反射】颜色块右侧的按钮，在弹出的对话框中选择【位图】贴图，在弹出的【选择位图图像文件】对话框中选择随书附带光盘中的CDROM\Map\011.jpg文件。如图10-77所示，在场景中选择餐桌椅框架，单击【将材质指定给选定对象】按钮。

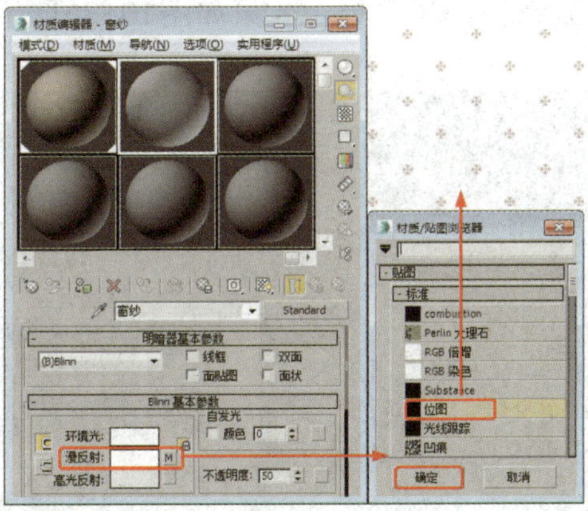

图10-76

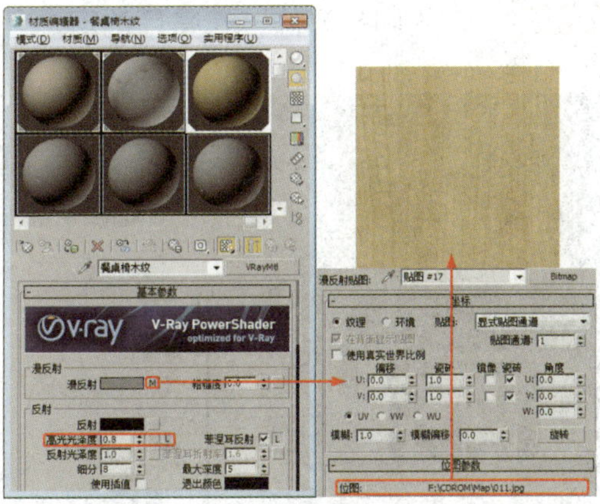

图10-77

Step 2 再次选择一个新的材质样本球，并将其命名为【桌椅面】，然后将材质类型设置为【VRayMtl】材质，将【基本参数】卷展栏中的【漫反射】颜色设置为白色，在场景中选择桌面和椅子面，在【材质编辑器】中单击【将材质指定给选定对象】按钮，如图10-78所示。

Step 3 在场景中使用同样的方法将其他家具模型的材质进行绘制，完成的效果如图10-79所示。

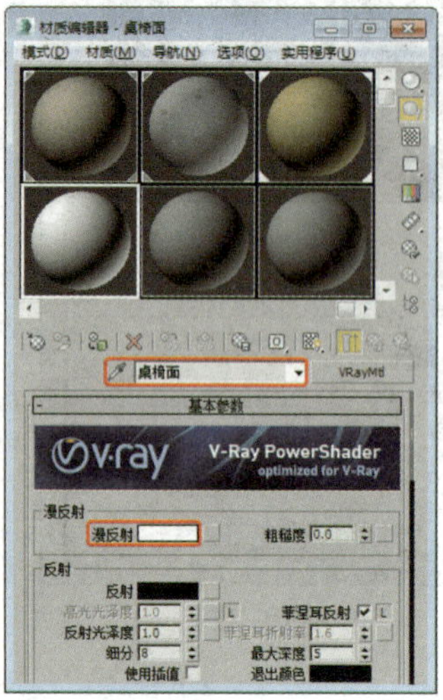

图10-78

图10-79

10.6 客餐厅灯光的制作

本节主要介绍客餐厅灯光材质的制作。具体操作步骤如下：

Step 1 所有材质制作完成后，选择【创建】|【灯光】|【VRay】|【VR灯光】命令，在【左】视图中，在客厅窗户外创建一个向室内照射的VR灯光，在【修改】面板中将【参数】卷展栏中的【倍增】设置为8，将【颜色】设置为192、214、246，勾选【选项】下的【不可见】复选框，如图10-80所示。

Step 2 使用同样方法，在餐厅的窗户外面创建一个VR灯光，效果如图10-81所示。

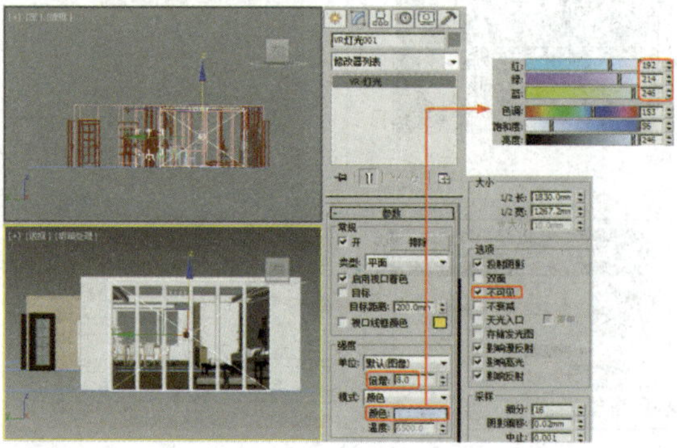

图10-80

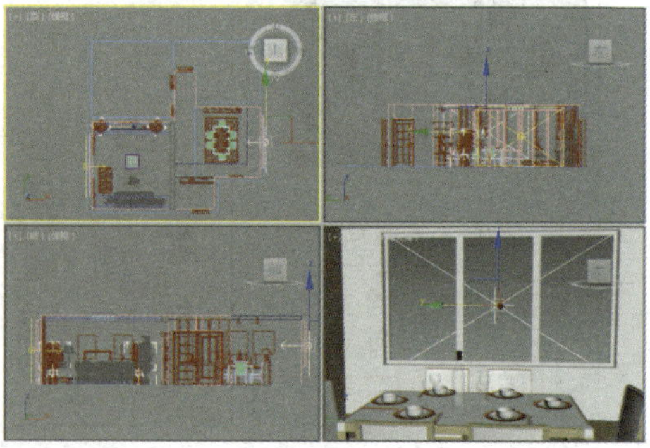

图10-81

Step 3 激活【顶】视图，选择【应用程序】①【导入】|【合并】命令，在弹出的对话框中选择随书附带光盘中的CDROM\场景\Cha10\射灯模型.max文件，将文件导入至场景中，并将其移动到适当位置，如图10-82所示。

Step 4 选择导入的射灯模型，按住Shift键进行拖动，在弹出的对话框中选择【实例】

单选按钮，如图10-83所示。

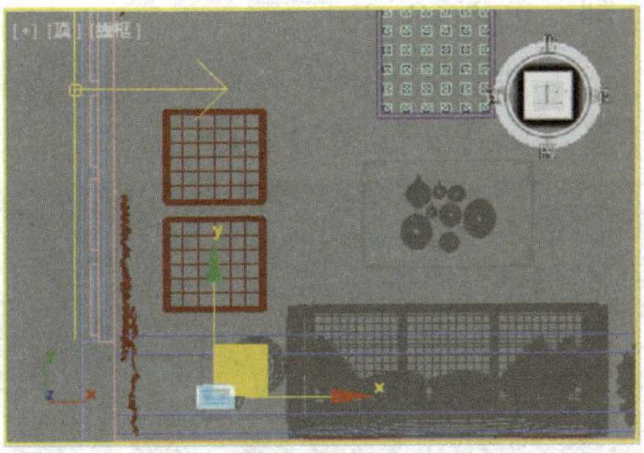

图10-82

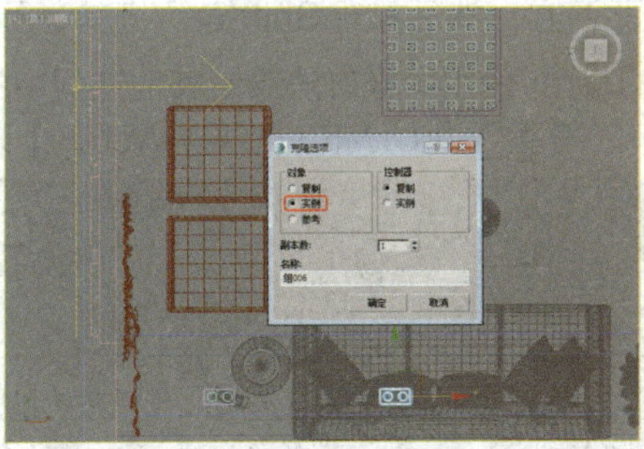

图10-83

Step 5 使用同样方法，复制多个射灯实例，如图10-84所示。

Step 6 绘制客厅和餐厅中靠墙的射灯，激活【左】视图，选择【创建】|【灯光】|【光度学】|【目标灯光】工具，在【左】视图中绘制一个灯光，如图10-85所示。

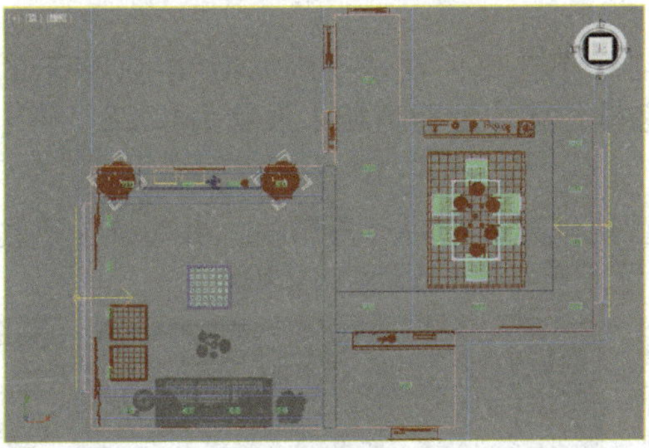

图10-84

图10-85

Step 7 选择【修改】面板，在【常规参数】卷展栏中勾选【阴影】下的【启用】复选框，并将阴影设置为【VR-阴影】，将【灯光分布】设置为【光度学Web】，单击【分布】下的【选择光度学文件】按钮，在弹出的对话框中选择随书附带光盘中的CDROM\Map\16.ies文件，如图10-86所示。

Step 8 在【强度/颜色/衰减】卷展栏中将【过滤颜色】设置为244、227、158，将【强度】设置为1 000，如图10-87所示。

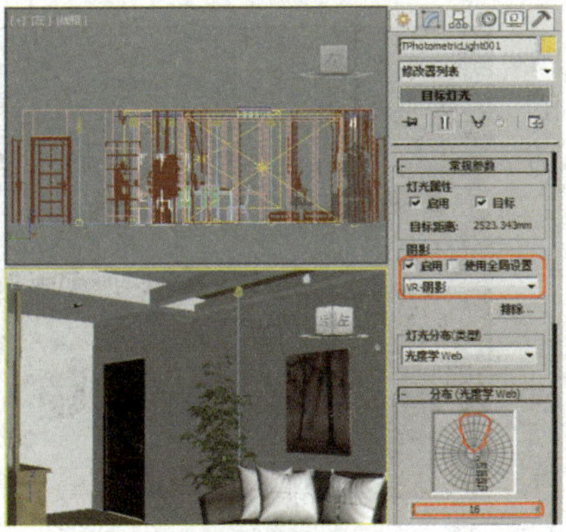

图10-86

图10-87

Step 9 设置完成后，在【顶】视图中选择【目标灯光】及目标点，将其移动到带射灯模型的正下方，然后按住Shift键，将其进行多次复制，如图10-88所示。

Step 10 使用同样方法绘制其他空间中的射灯，且将走廊射灯的【分布（光度学Web）】设置为6.ies，将壁灯的【分布（光度学Web）】设置为【多光.ies】，如图10-89所示。

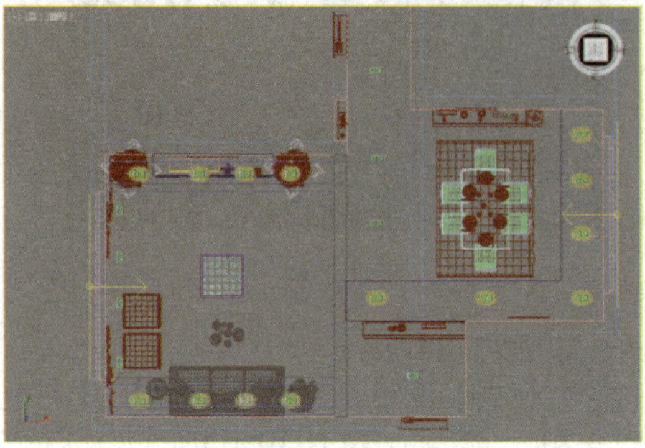

图10-88

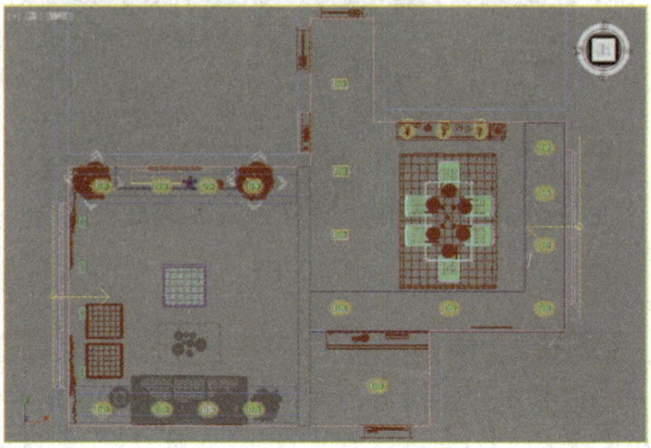

图10-89

Step 11 选择【创建】|【摄影机】|【目标】工具，在场景中如图10-90所示的位置创建一个客厅摄影机，并勾选【手动剪切】复选框，将【近距剪切】设置为1 628，将【远距剪切】设置为13 555。

Step 12 在场景中如图10-91所示的位置处创建一个餐厅摄影机，并勾选【手动剪切】复选框，将【近距剪切】设置为2 200，将【远距剪切】设置为15 240。

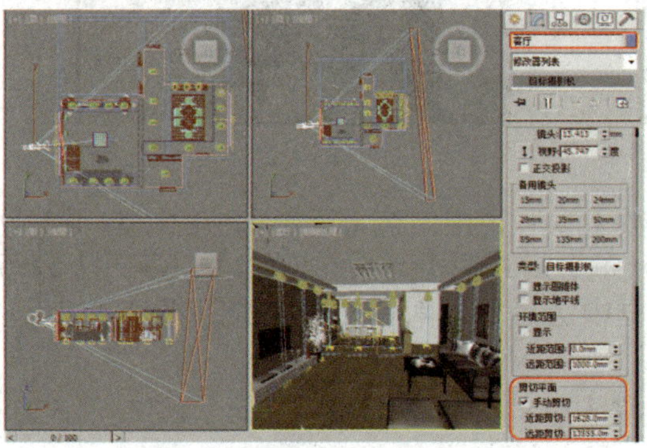

图10-90

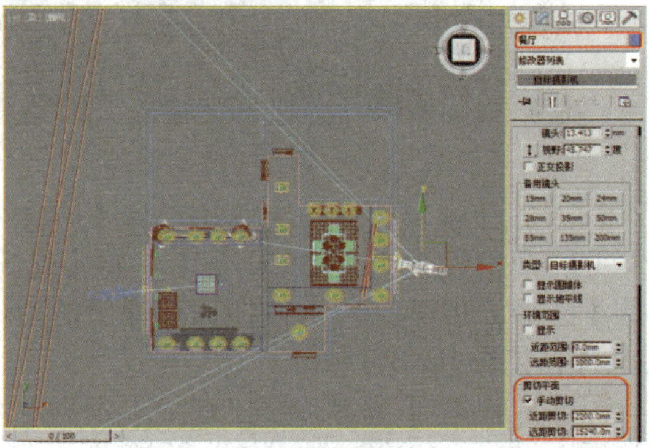

图10-91

Step 13 选择【应用程序】①【导入】|【合并】命令，在弹出的对话框中选择随书附带光盘中的CDROM\场景\Cha10\外景.max文件，并将其调整到适当位置，如图10-92所示。

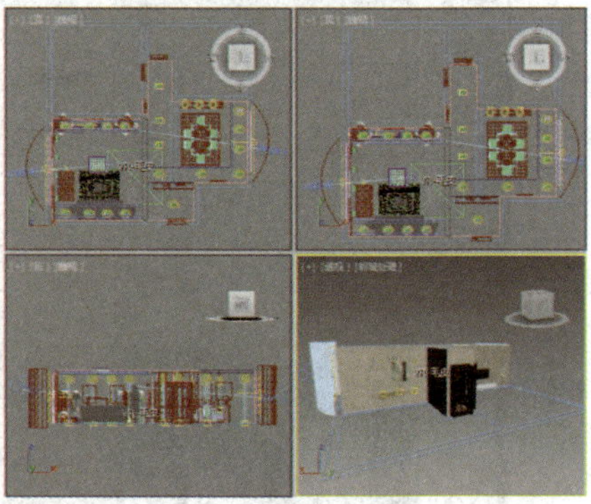

图10-92

10.7 VRay渲染设置

下面讲解如何对VRay渲染设置，其具体操作步骤如下：

Step 1 在工具栏中选择【渲染设置】，在【公用】选项卡中将【输出大小】下的【宽度】设置为800，【高度】设置为600，如图10-93所示。

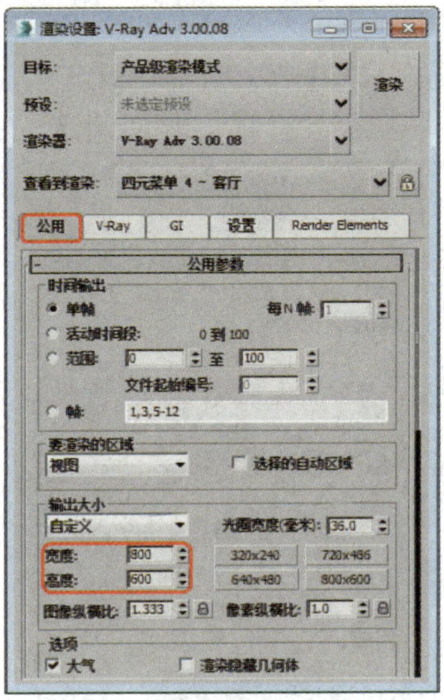

图10-93

Step 2 打开【V-Ray】选项卡，在【图像采样器（抗锯齿）】卷展栏中将【类型】设置为【固定】，将【图像过滤器】设置为【区域】，在【颜色贴图】卷展栏中，将【类型】设置为【指数】，如图10-94所示。

Step 3 打开【GI】选项卡，在【全局照明（无名汉化）】卷展栏中勾选【启用全局照明】复选框，并将【二次引擎】设置为【灯光缓存】，将【放光图】卷展栏中的【当前预设】设置为【中】，如图10-95所示。

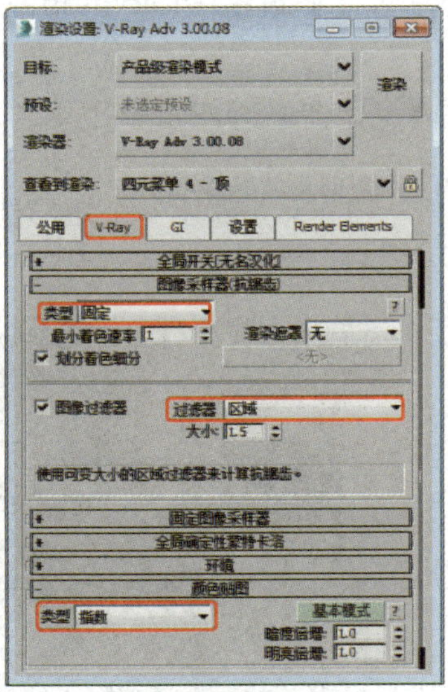

图10-94

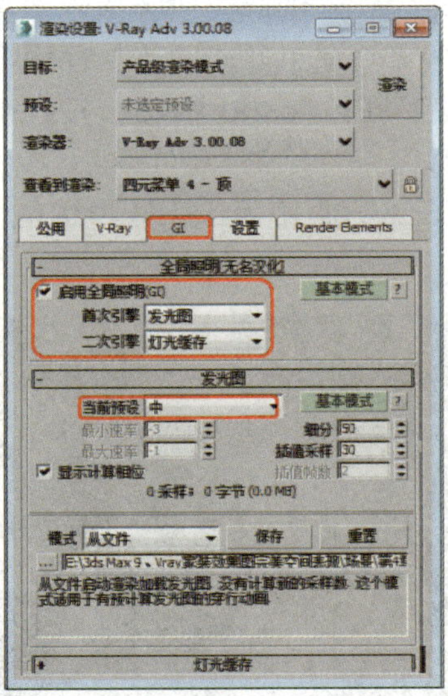

图10-95

Step 4 在【灯光缓存】卷展栏中，设置右侧的模式为【高级模式】，将计算参数下的【细分】设置为200，并勾选【存储直接光】、【显示计算相位】和【使用摄影机路径】复选框，如图10-96所示。

Step 5 在【发光图】卷展栏中，单击模式右侧的保存按钮，将其保存至合适位置，将名称设置为【餐厅】，使用同样的方法，在下方设置灯光缓存的保存位置，如图10-97所示。

Step 6 打开【设置】选项卡，在【系统】卷展栏下，单击右侧的【基本模式】按钮，切换至【高级模式】，将【显示消息日志窗口】取消勾选，如图10-98所示。

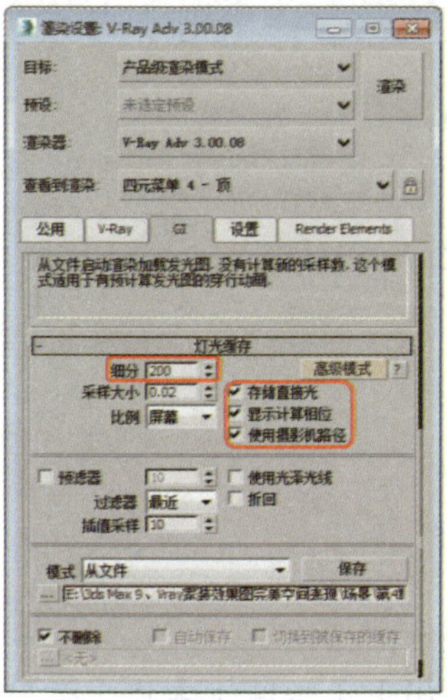

图10-96

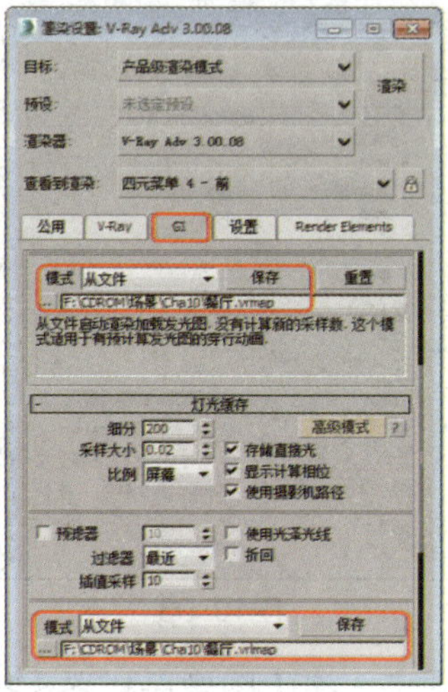

图10-97

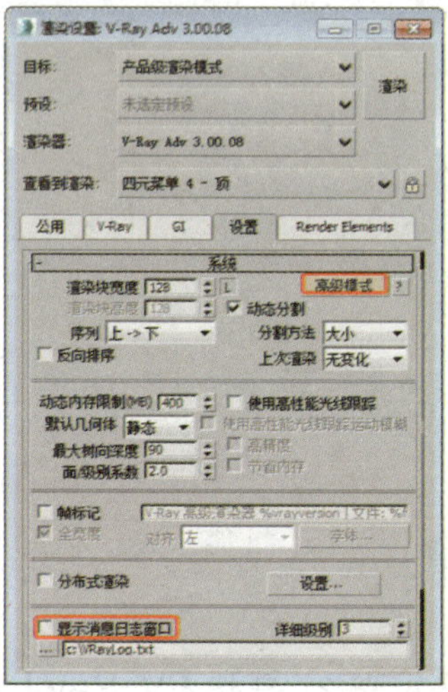

图10-98

Step 7 设置完成后，激活【透视图】并按C键，在弹出的【选择摄影机】对话框中选择【客厅】，并确定，激活【摄影机】视图，在工具栏中单击【渲染产品】按钮，将场景进行渲染。

10.8 后期处理

在Max中渲染效果图时，难免会发生错误，用户可以通过在Photoshop中对渲染的效果进行调整，下面进行简单介绍，其具体操作步骤如下：

Step 1 启动Photoshop CC，按Ctrl+O组合键，在弹出的对话框中选择素材文件，单击【打开】按钮，打开的素材文件如图10-99所示。

Step 2 在工具箱中单击【矩形选框工具】，在图像上创建一个矩形选区，如图10-100所示。

图10-99

图10-100

Step 3 按住Ctrl+Alt组合键拖动矩形选区，使其对图像进行修补，如图10-101所示。

Step 4 使用同样的方法对另一侧的茶几腿进行修补，修补后的效果如图10-102所示。

图10-101

图10-102

Step 5 按Ctrl+D组合键取消选区，在菜单栏中选择【图像】|【调整】|【曲线】命令，如图10-103所示。

Step 6 在弹出的对话框中添加一个点，将其【输出】、【输入】分别设置为112、106，如图10-104所示。

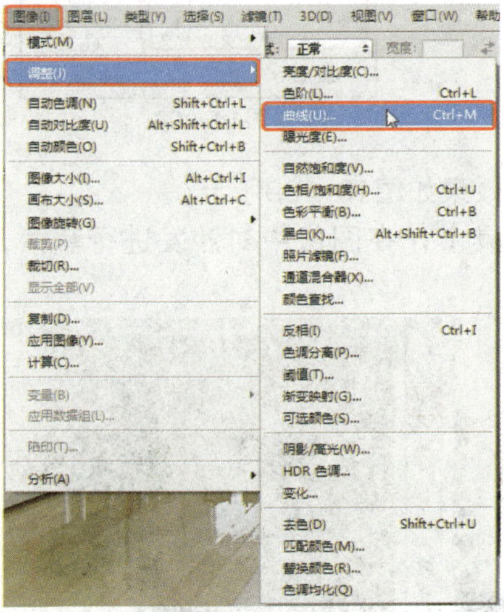

图10-103

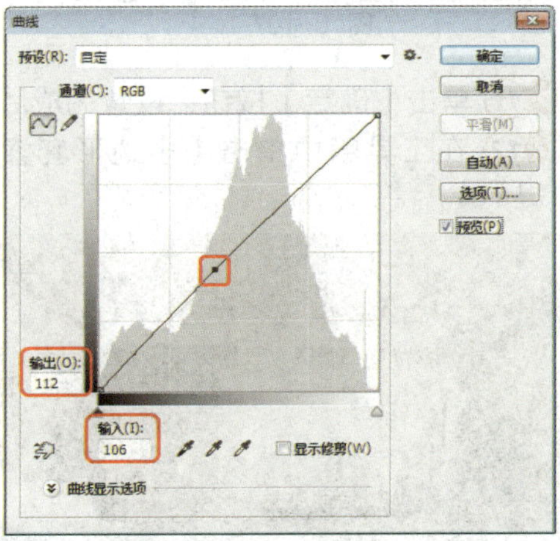

图10-104

Step 7 设置完成后，再次在该对话框中单击鼠标添加一个曲线点，将其【输出】、【输入】分别设置为201、167，如图10-105所示。

Step 8 设置完成，单击【确定】按钮，即可调整该图像文件，效果如图10-106所示。

Step 9 再在菜单栏中选择【图像】|【调整】|【亮度/对比度】命令，如图10-107所示。

Step 10 在弹出的对话框中将【亮度】设置为18，将【对比度】设置为7，如图10-108所示。

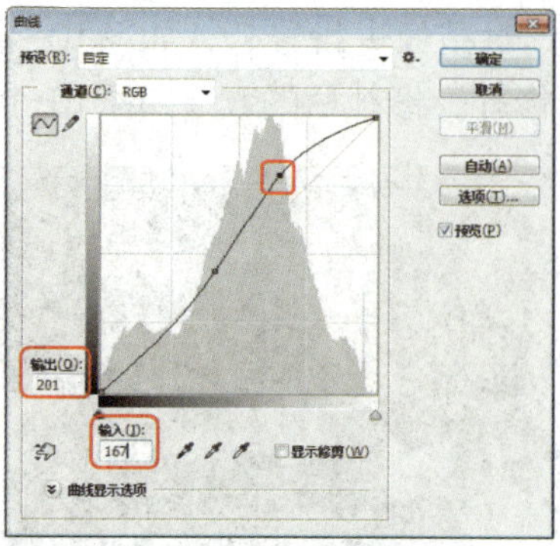

图10-105

图10-106

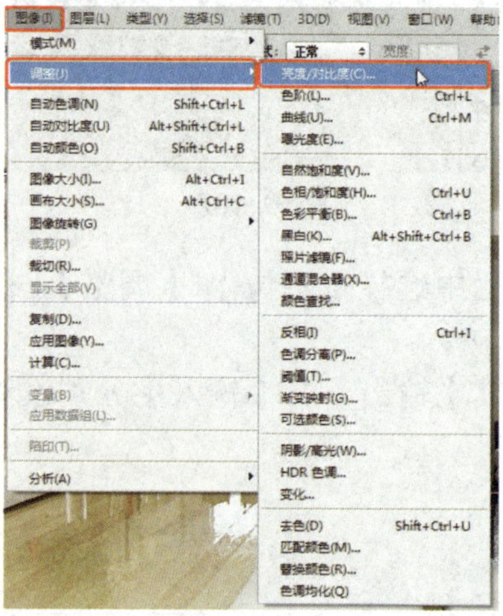

图10-107

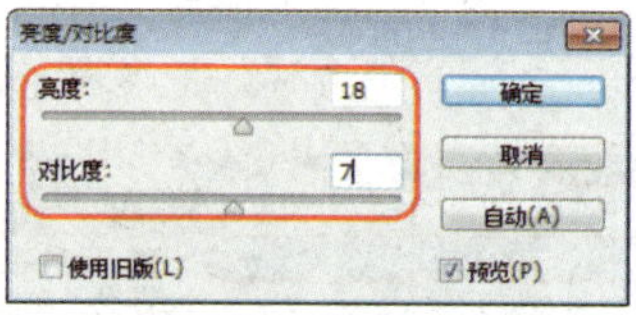

图10-108

Step 11 单击【确定】按钮，设置完成后的效果如图10-109所示。

Step 12 在工具箱中单击【多边形套索工具】，在图像中对沙发进行套索，效果如图10-110所示。

图10-109

图10-110

Step 13 按Ctrl+M组合键，在弹出的对话框中添加一个曲线点，将【输出】、【输入】分别设置为182、76，如图10-111所示。

Step 14 在该对话框中添加一个曲线点，将【输出】、【输入】分别设置为181、165，如图10-112所示。

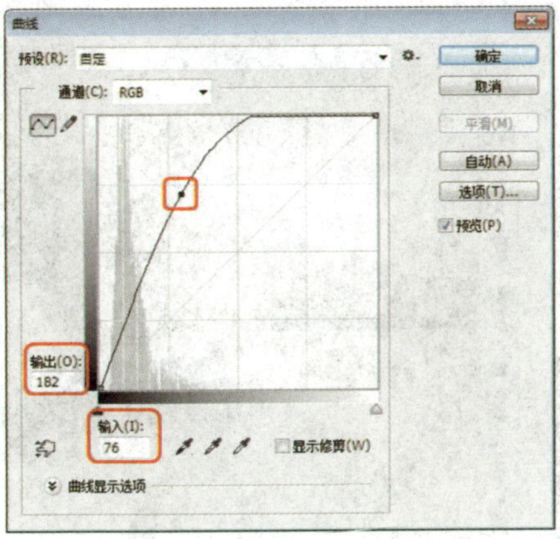

图10-111

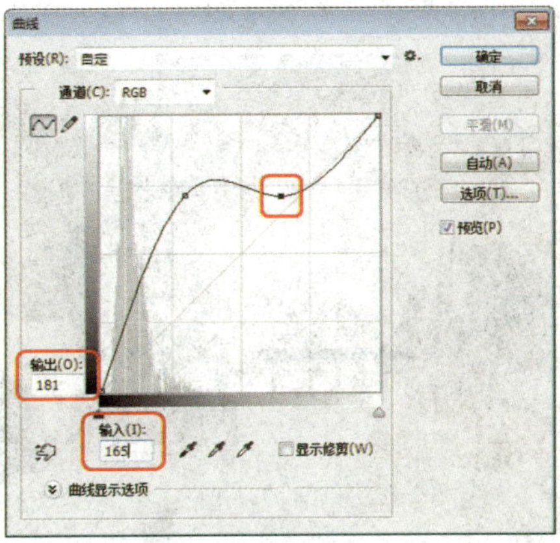

图10-112

Step 15 在该对话框中将【通道】设置为【蓝】，添加一个曲线点，将其【输出】、【输入】分别设置为144、169，如图10-113所示。

Step 16 在该对话框中添加一个曲线点，将【输出】、【输入】分别设置为175、219，如图10-114所示。

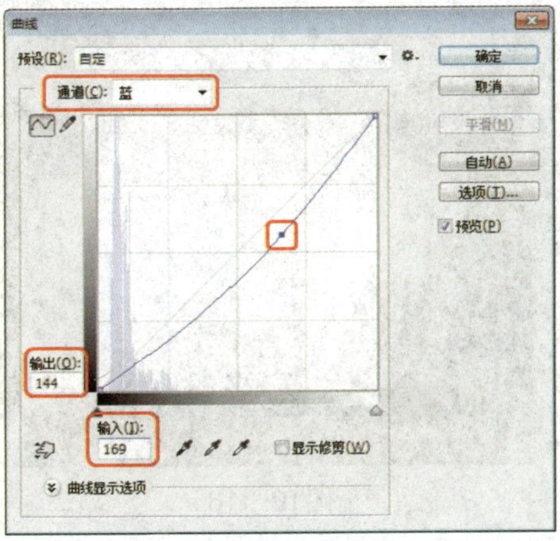

图10-113

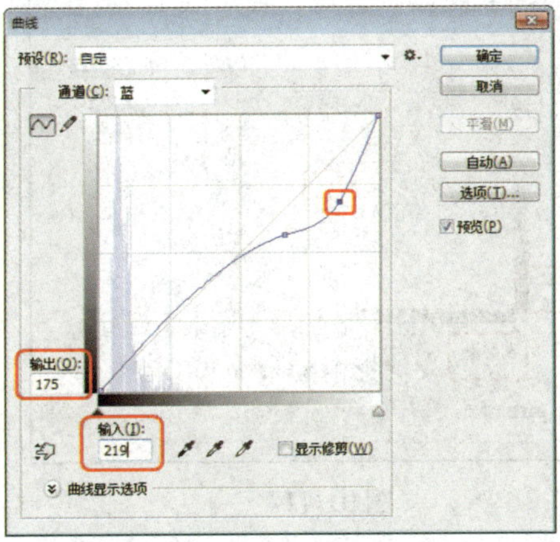

图10-114

Step 17 设置完成后，单击【确定】按钮，按Ctrl+D组合键取消选区，设置后的效果如图10-115所示。

Step 18 继续使用【多边形套索工具】对沙发进行选取，如图10-116所示。

Step 19 按Ctrl+M组合键，在弹出的对话框中添加一个曲线点，将其【输出】、【输入】分别设置为108、166，如图10-117所示。

Step 20 设置完成后，单击【确定】按钮，按Ctrl+D组合键取消选取，再在图像上对窗户进行选取，如图10-118所示。

Step 21 在菜单栏中选择【图像】|【调整】|【亮度/对比度】命令，在弹出的对话框中将【亮度】、【对比度】分别设置为-53、-7，如图10-119所示。

Step 22 设置完成后，单击【确定】按钮，按Ctrl+D组合键取消选取，设置完成后的效果如图10-120所示。

图10-115

图10-116

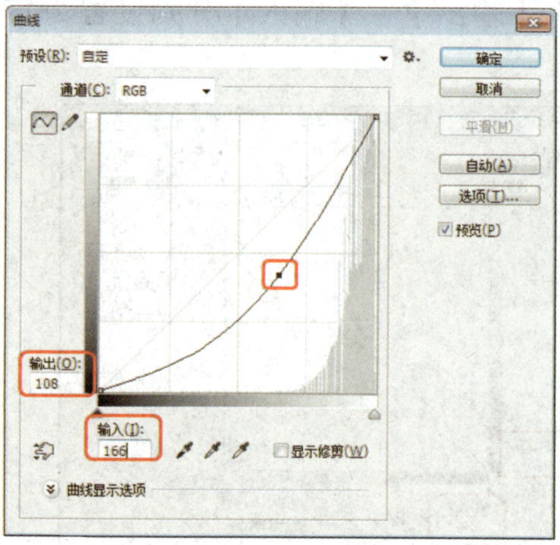

图10-117

图10-118

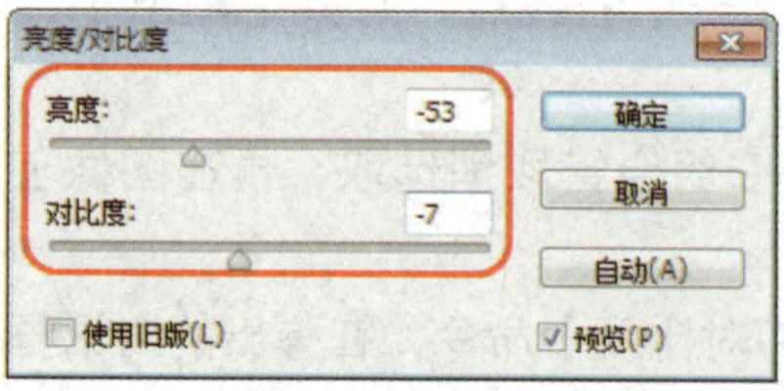

图10-119

图10-120

Step 23 在工具箱中单击【矩形选框工具】，在图像上对如图10-121所示的区域进行选取。

Step 24 按住Ctrl+Alt组合键向右移动选区，对图像进行修补，修补后的效果如图10-122所示，按Ctrl+D组合键取消选取，并对完成后的效果进行保存即可。

图10-121

图10-122

第11章 清晨卧室综合表现

本章导读：

重点知识

- ◈ 灯光的设置
- ◈ 材质的设置
- ◈ VRay渲染的设置

本章将通过实例来讲解清晨卧室综合表现，根据建筑物的使用性质、所处环境和相应标准，运用物质技术手段，创造功能合理、舒适优美、满足人们物质和精神生活需要的室内环境。这一空间环境具有使用价值，满足相应的功能要求。

11.1 精通半封闭空间：清晨卧室综合表现

清晨卧室的综合表现主要有墙体、地板、地毯、毛毯和镜面等物体材质的制作以及VR灯光效果的表现。完成后的效果如图11-1所示。

图11-1

11.1.1 材质设置

下面详细介绍材质的设置，主要包括墙体、地板、地毯、毛毯和镜面材质。

1．制作墙体材质

Step 1 按Ctrl+O组合键，在弹出的对话框中打开随书附带光盘中的CDROM\场景\Cha11\清晨卧室.max，如图11-2所示。

Step 2 按M键打开材质编辑器，选择一个新的材质样本球，将其命名为【墙体】，然后单击【Standard】按钮，在弹出的【材质/贴图浏览器】对话框中选择【VRayMtl】材质，单击【确定】按钮。将【漫反射】的RGB值设置为255、255、255，如图11-3所示。

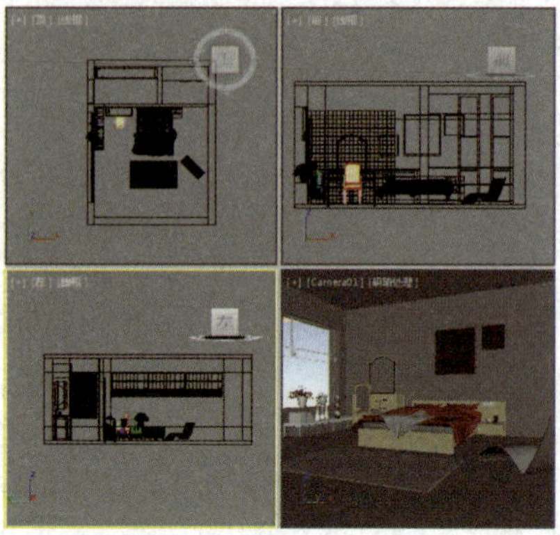

图11-2

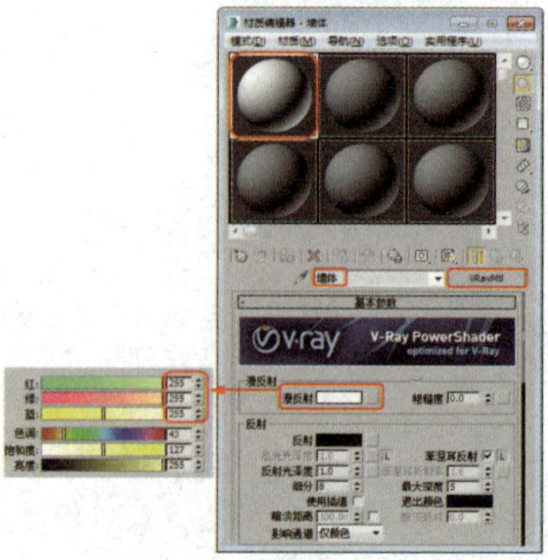

图11-3

Step 3 按H键打开【从场景选择】对话框，选择【窗户】、【墙面001】、【墙面002】和【墙面003】，单击【确定】按钮，如图11-4所示。在材质编辑器中，单击【将材质指定给选定对象】按钮，将设置好的【墙体】材质指定给选定对象。然后单击【视口中显示明暗材质】按钮，指定材质将在视图中显现。

Step 4 选择一个新的材质样本球，将其命名为【天花板】，将其设置为【VRayMtl】材质，在【基本参数】卷展栏中将【漫反射】的RGB值设置为240、240、240，如图11-5所示。在场景中选择【天花板】对象，将设置好的材质指定给选定对象。

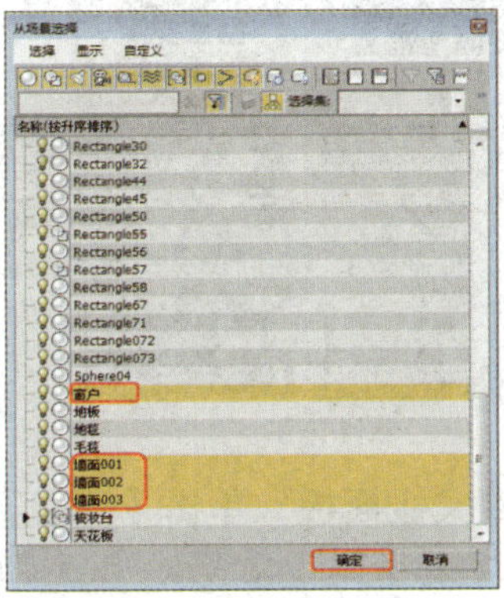

图11-4

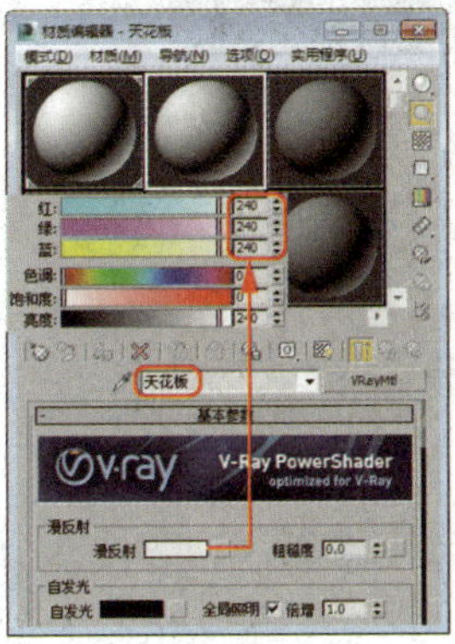

图11-5

2．制作地板材质

Step 1 选择一个新的材质样本球，将其重命名为【地板】，将其材质设置为【VRayMtl】材质，在【基本参数】卷展栏的【反射】选项组中，单击【高光光泽度】右侧的按钮，将其值设置为0.7，将【反射光泽度】设置为0.85，【细分】设置为11，如图11-6所示。

Step 2 在【贴图】卷展栏中，单击【漫反射】右侧的【无】按钮，在弹出的【材质/贴图浏览器】对话框中选择【位图】选项，在打开的【选择位图图像文件】对话框中选择随书附带光盘中的CDROM\Map\WCJz1.jpg文件，在【坐标】卷展栏中将【模糊】设置为0.01，如图11-7所示。

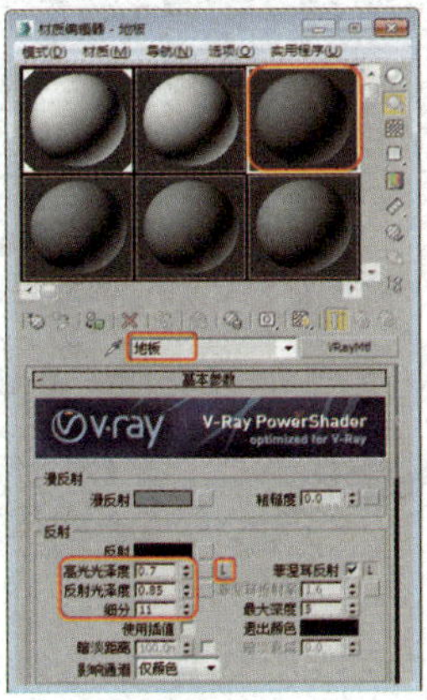

图11-6

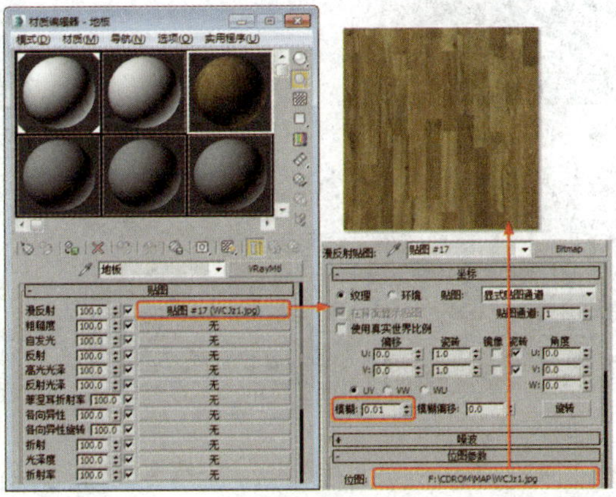

图11-7

Step 3 单击【转到父对象】按钮，返回到父级面板，将【凹凸】的数量设置为10，然后将【漫反射】右侧的贴图拖入到【凹凸】贴图通道中，在弹出的对话框中选择【复制】单选按钮并单击【确定】按钮，如图11-8所示。

Step 4 在【贴图】卷展栏中，单击【反射】右侧的【无】按钮，在弹出的【材质/贴图浏览器】对话框中选择【衰减】选项，在【衰减】参数卷展栏中，将第一个颜色的RGB值设置为0、0、10，第二个颜色的RGB值设置为80、88、100，将【衰减类型】定义为【Fresnel】，如图11-9所示。

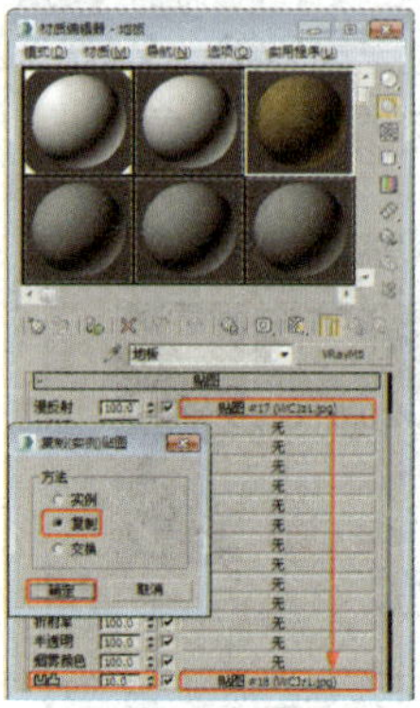
图11-8

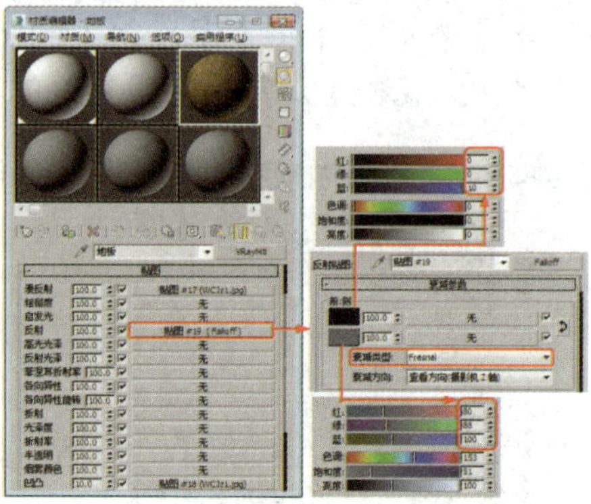
图11-9

Step 5 单击【转到父对象】按钮，返回到父级面板，单击【环境】右侧的【无】按钮，在弹出的【材质/贴图浏览器】对话框中选择【输出】选项，在【输出参数】卷展栏中，将【输出量】设置为3，如图11-10所示。在场景中选择【地板】对象，将设置好的材质指定给选定对象。

3. 制作地毯材质

Step 1 为了方便操作，将【地毯】对象孤立显示。确认选中【地毯】对象，然后选择【创建】|【几何体】|【VRay】|【VR毛皮】工具，为【地毯】对象添加VR毛皮。在【参数】卷展栏中，将【长度】设置为50.0mm，【厚度】设置为1.75mm，【重力】设置为0.0mm，在【几何体细节】选项组中，将【结数】设置为5，取消勾选【平面法线】；在【变化】选项组中，将【方向参量】设置为2.0，在【分布】选项组中，将【每个面】设置为10，如图11-11所示。

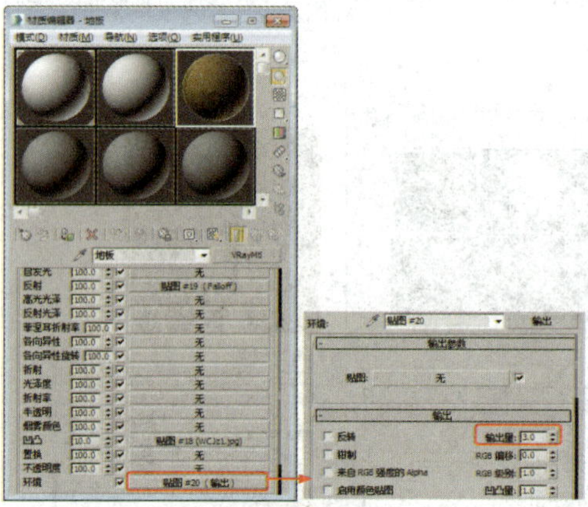
图11-10

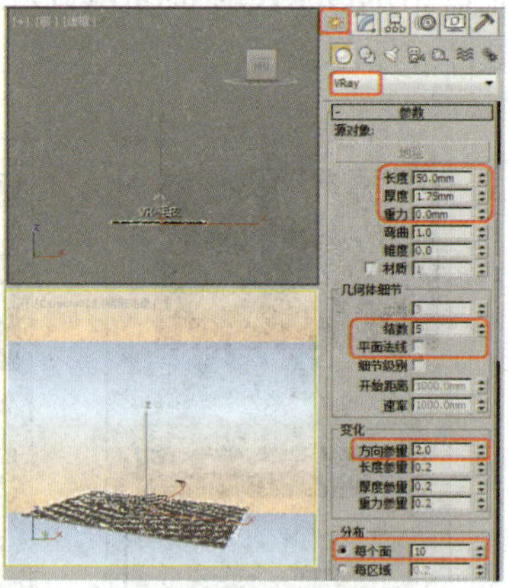
图11-11

Step 2 按M键打开材质编辑器，选择一个新的材质样本球，将其重命名为【地毯】。在【明暗器基本参数】卷展栏中，将其类型设置为【（O）Oren-Nayar-Blinn】并勾选【双面】。在【Oren-Nayar-Blinn基本参数】卷展栏中，将【环境光】和【漫反射】的RGB值设置为250、250、250，然后勾选【自发光】选项组中的【颜色】复选框；在【反射高光】选项组中，将【高光级别】设置为30，【光泽度】设置为10，如图11-12所示。

Step 3 在【贴图】卷展栏中，单击【漫反射】右侧的【无】按钮，在弹出的【材质/贴图浏览器】对话框中选择【位图】选项，在打开的【选择位图图像文件】对话框中选择随书附带光盘中的CDROM\Map\布料063.jpg文件，在【坐标】卷展栏中，将【模糊】设置为0.1。单击【转到父对象】按钮，返回到父级面板，将【凹凸】的数量设置为60，然后将【漫反射】右侧的贴图拖入到【凹凸】贴图通道中，在弹出的对话框中选择【实例】单选按钮并单击【确定】按钮，如图11-13所示。

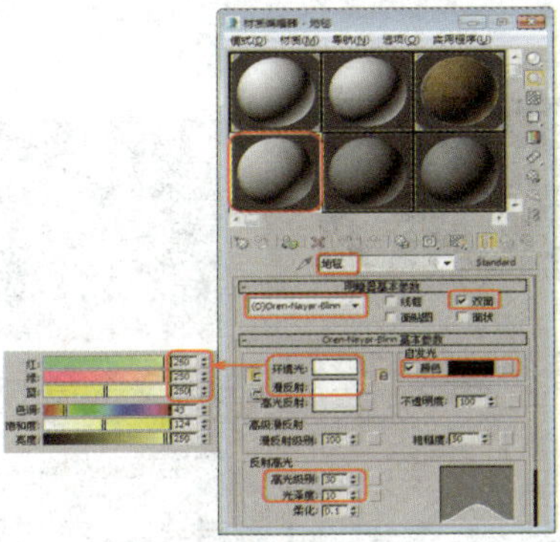
图11-12

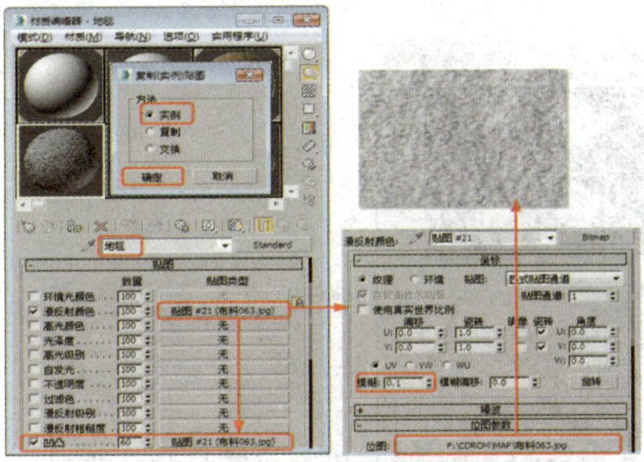
图11-13

Step 4 在【贴图】卷展栏中，单击【自发光】右侧的【无】按钮，在弹出的【材质/贴图浏览器】对话框中选择【遮罩】。在【遮罩参数】卷展栏中，单击【贴图】右侧的【无】按钮，在弹出的【材质/贴图浏览器】对话框中选择【衰减】；在【衰减参数】卷展栏中，将第二个颜色的RGB值设置为200、200、200，将【衰减类型】定义为【Fresnel】。单击【转到父对象】按钮，返回到父级面板。单击【遮罩】右侧的【无】按钮，在弹出的【材质/贴图浏览器】对话框中选择【衰减】；在【衰减参数】卷展栏中，将第二个颜色的RGB值设置为200、200、200，将【衰减类型】定义为【阴影/灯光】，如图11-14所示。在场景中选择【地毯】和【VR毛皮001】对象，将设置好的材质指定给选定对象。

4. 制作毛毯材质

Step 1 在材质编辑器中，将【地毯】材质球拖入到一个新的材质样本球上，将其重命名为【毛毯】，然后将【环境光】和【漫反射】的RGB值更改为216、216、216，如图11-15所示。

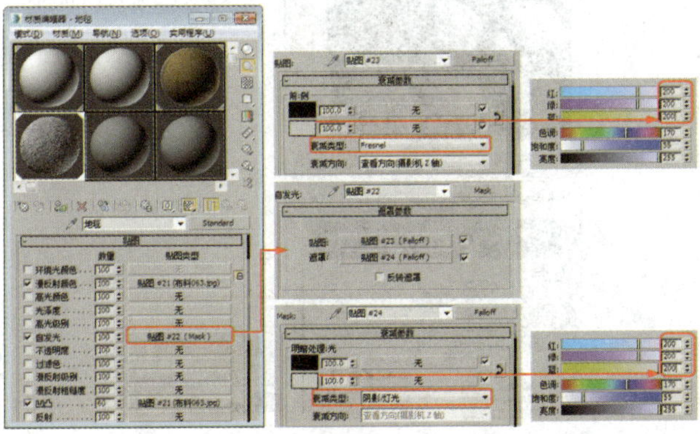
图11-14

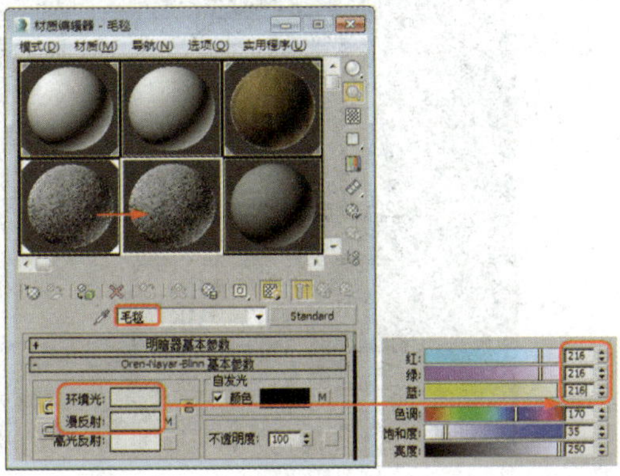
图11-15

Step 2 在【贴图】卷展栏中，单击【漫反射颜色】右侧的贴图按钮，在【坐标】卷展栏中，将【模糊】设置为0.01，将贴图更改为随书附带光盘中的CDROM\Map\carp25M1.jpg文件，如图11-16所示。

Step 3 单击【转到父对象】按钮，返回到父级面板。将【凹凸】右侧的贴图清除，然后单击【无】按钮，在弹出的【材质/贴图浏览器】对话框中选择【位图】选项，在打开的【选择位图图像文件】对话框中选择随书附带光盘中的CDROM\Map\carp25Mb.jpg文件，在【坐标】卷展栏中，将【模糊】设置为0.5，如图11-17所示。

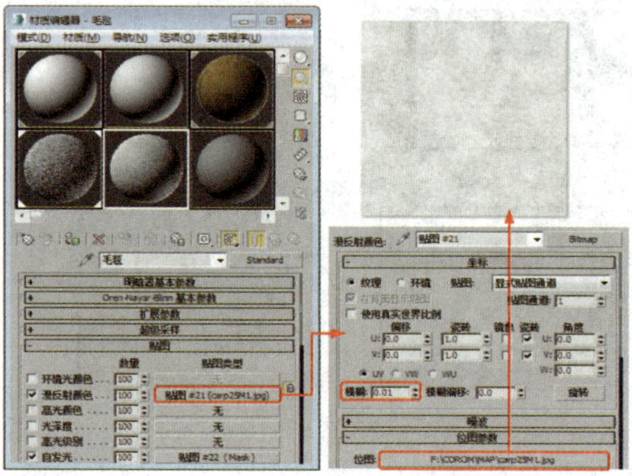

图11-16

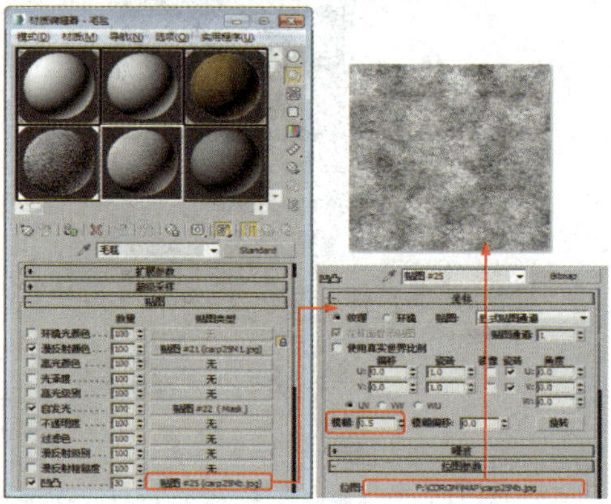

图11-17

Step 4 在场景中取消孤立显示，在场景中选择【毛毯】对象，将设置好的【毛毯】材质指定给选定对象。

5. 制作镜面材质

Step 1 为了方便操作，将【梳妆台】对象孤立显示。确认选中【梳妆台】对象，在菜单栏中选择【组】|【打开】命令，然后选择【梳妆镜】对象，如图11-18所示。

Step 2 按M键打开材质编辑器，选择一个新的材质样本球，将其重命名为【梳妆镜】，将其材质设置为【VRayMtl】材质，然后单击【背景】按钮，在【基本参数】卷展栏的【反射】组中，将【反射】的RGB值设置为255、255、255，如图11-19所示。单击【将材质指定给选定对象】按钮，将设置好的【梳妆镜】材质指定给选定对象。

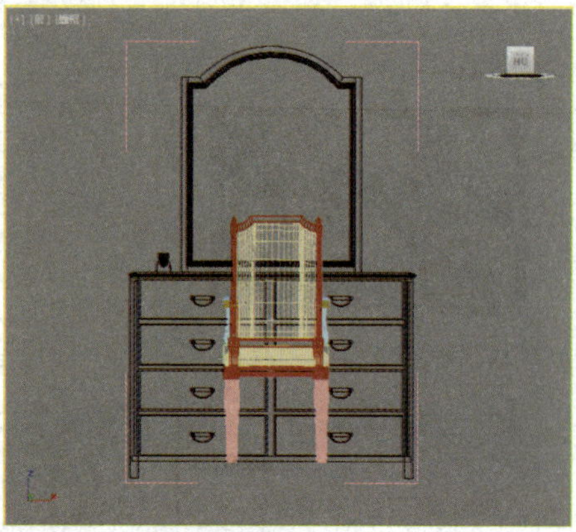

图11-18

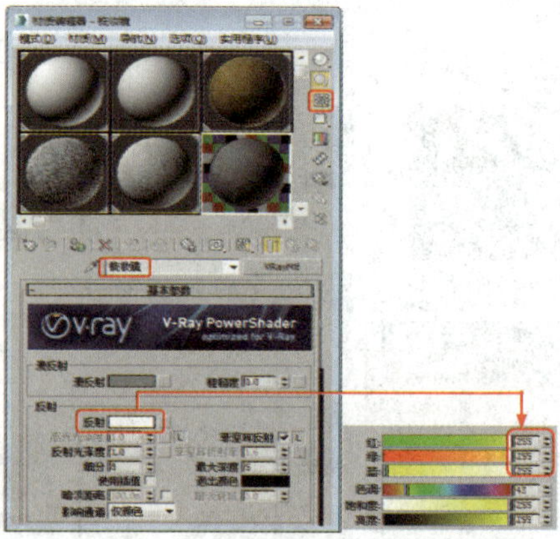

图11-19

Step 3 在菜单栏中选择【组】|【关闭】命令，并取消孤立显示。

11.1.2　灯光设置

本节主要介绍灯光的设置，其中，创建VR灯光作为主光源。具体操作步骤如下：

Step 1 为了方便操作，将除【窗户】、【墙面001】、【墙面002】和【墙面003】对象以外的其他对象隐藏显示。选择【创建】|【灯光】|【VRay】|【VR-灯光】工具，在【左】视图创建一盏VR灯光，在【参数】卷展栏中将【倍增】值设置为10，将颜色设置为130、168、214；在【大小】选项组中，将【1/2长】和【1/2宽】都设置为3 000mm；在【选项】选项组中，选中【不可见】复选框；在【采样】选项组中，将【细分】设置为20，然后调整其位置，如图11-20所示。

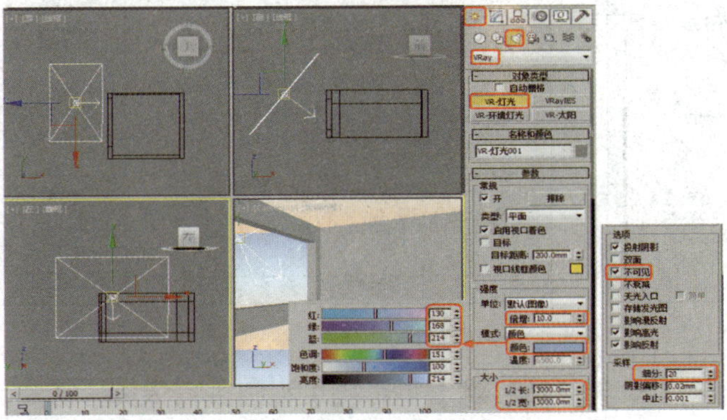

图11-20

Step 2 选择【创建】|【灯光】|【VR】|【VR-灯光】工具，在【左】视图创建一盏VR灯光，在【参数】卷展栏中，将【类型】设置为【球体】，将【倍增】值设置为11 500，将颜色设置为255、114、0；在【大小】选项组中，将【半径】设置为1 000mm，然后调整其位置，如图11-21所示。

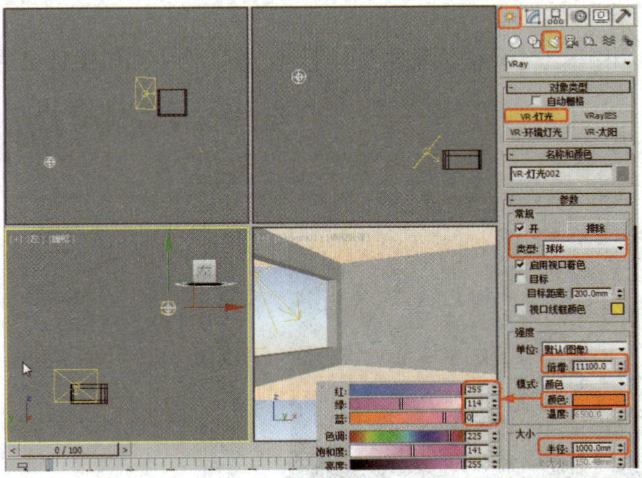

图11-21

11.1.3　渲染参数设置

Step 1 按F10键打开【渲染设置】对话框，在【公用】选项卡中，设置输出大小为

1 280×720，如图11-22所示。

Step 2 切换至【GI】选项卡，在【发光图】卷展栏中，将【当前预置】设置为【中】，如图11-23所示。

Step 3 在【灯光缓存】卷展栏中，将【细分】设置为1 000，如图11-24所示。

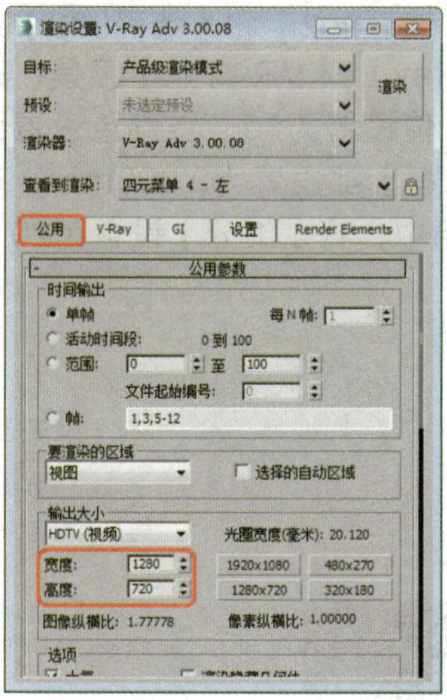

图11-22

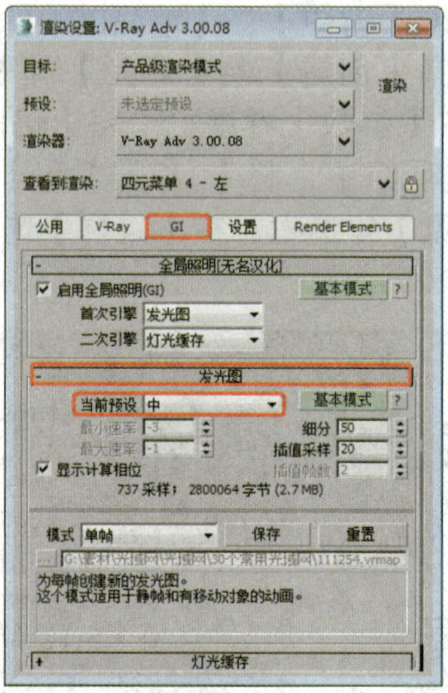

图11-23

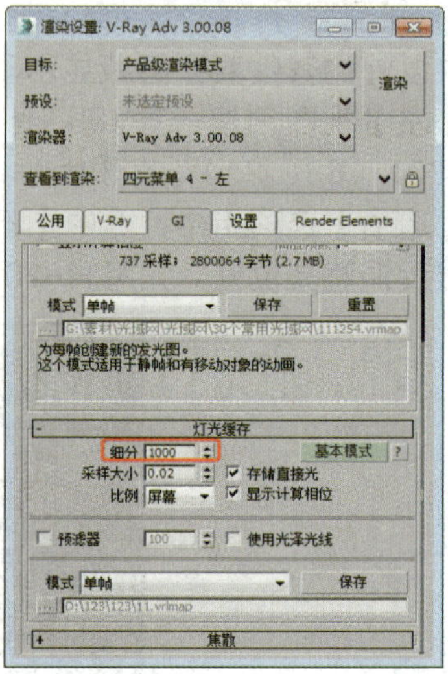

图11-24

Step 4 显示隐藏的对象，然后对【摄影机】视图进行渲染，并将场景文件进行保存。

11.2 后期处理

下面介绍如何对渲染完成后的效果进行处理，其具体操作步骤如下：

Step 1 启动Photoshop CC，按Ctrl+O组合键，在弹出的对话框中选择素材文件，将其打开，效果如图11-25所示。

Step 2 在工具箱中单击【多边形套索工具】，在图像中对如图11-26所示的区域进行选取。

图11-25

图11-26

Step 3 选择完成后，按Ctrl+Shift+I组合键，将选区进行反选，如图11-27所示。

Step 4 按Ctrl+M组合键，在弹出的对话框中添加一个曲线点，将其【输出】、【输入】分别设置为142、102，如图11-28所示。

图11-27

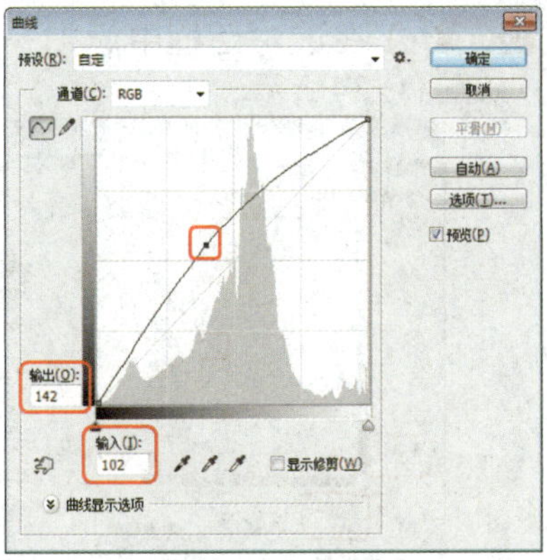

图11-28

Step 5 设置完成后，单击【确定】按钮，即可完成曲线调整，效果如图11-29所示。

Step 6 在菜单栏中选择【图像】|【调整】|【亮度/对比度】命令，在弹出的对话框中将【亮度】、【对比度】分别设置为-6、78，如图11-30所示。

图11-29

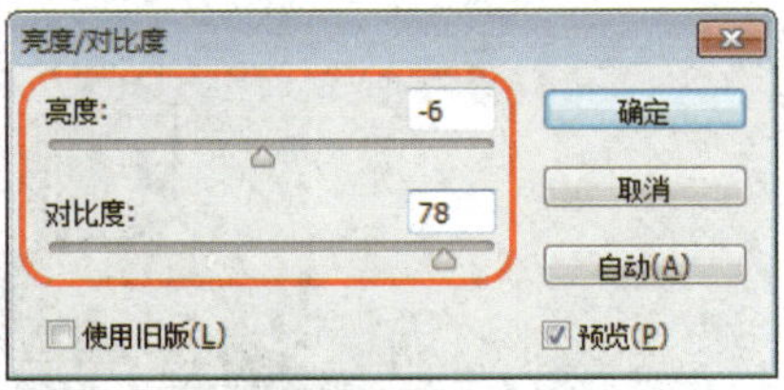

图11-30

Step 7 设置完成后，单击【确定】按钮，调整亮度/对比度后的效果如图11-31所示。

Step 8 按Ctrl+D组合键取消选取，在工具箱中单击【多边形套索工具】，在工具属性栏中单击【添加到选区】按钮，在图像上创建多个选区，如图11-32所示。

图11-31

图11-32

Step 9 按Ctrl+M组合键，在弹出的对话框中添加一个曲线点，将【输出】、【输入】分别设置为129、143，如图11-33所示。

Step 10 在该对话框中添加一个曲线点，将其【输出】、【输入】分别设置为162、159，如图11-34所示。

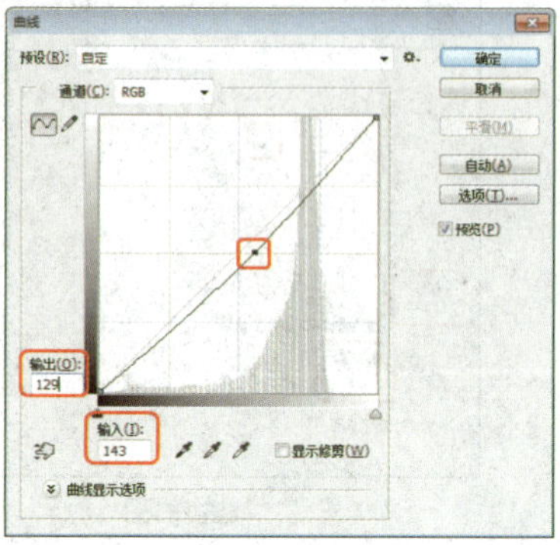

图11-33

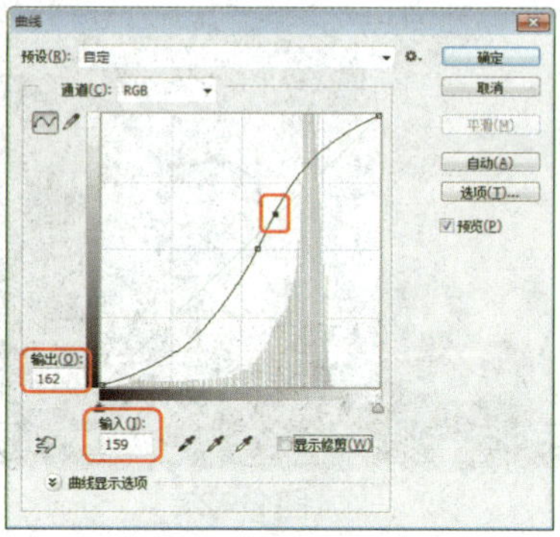

图11-34

Step 11 设置完成后，单击【确定】按钮，调整后的效果如图11-35所示。

Step 12 按Ctrl+D组合键取消选取，使用【多边形套索工具】在图像上进行选取，如图11-36所示。

图11-35

图11-36

Step 13 在工具属性栏中单击【从选区减去】按钮，将图11-37所示的区域从选区中减去。

Step 14 在菜单栏中选择【图像】|【调整】|【亮度/对比度】命令，在弹出的对话框中将【亮度】设置为3，将【对比度】设置为100，如图11-38所示。

图11-37

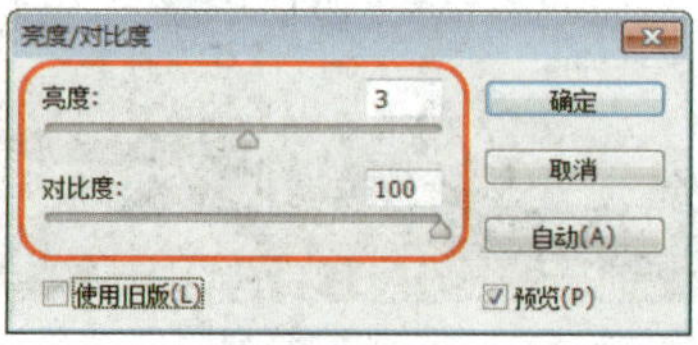

图11-38

Step 15 设置完成后，单击【确定】按钮，按Ctrl+D组合键取消选区，效果如图11-39所示。

Step 16 在工具箱中单击【磁性套索工具】，使用该工具对图像进行选取，如图11-40所示。

图11-39

图11-40

Step 17 按Ctrl+M组合键，在弹出的对话框中添加一个曲线点，将其【输出】、【输入】分别设置为135、112，如图11-41所示。

Step 18 再在该对话框中添加一个曲线点，将其【输出】、【输入】分别设置为177、135，如图11-42所示。

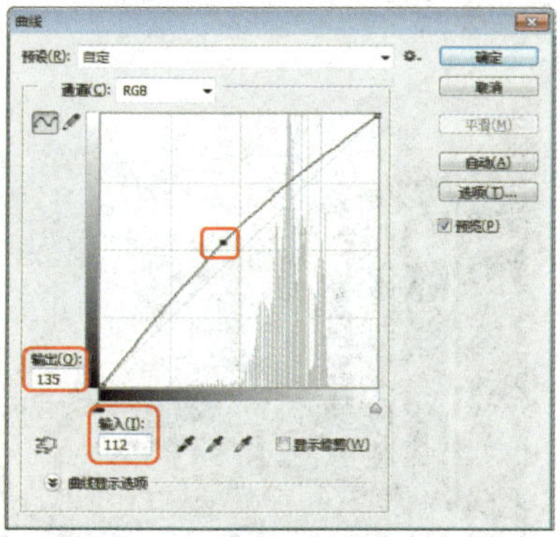

图11-41

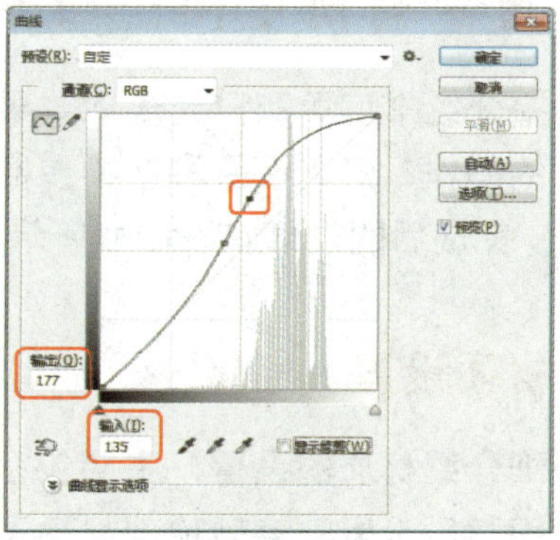

图11-42

Step 19 设置完成后，单击【确定】按钮，按Ctrl+D组合键取消选取，效果如图11-43所示。

Step 20 在工具箱中单击【裁剪工具】，对打开的图像文件进行裁剪，最终效果如图11-44所示。

图11-43

图11-44

第12章 书房柔和日光表现

本章导读：

重点知识

- 材质的制作
- 灯光的制作
- 设置渲染参数

本章将通过实例来讲解书房柔和日光表现根据建筑物的使用性质、所处环境和相应标准，创造功能合理、舒适优美、满足人们物质和精神生活需要的室内环境。这一空间环境具有使用价值，满足相应的功能要求。

12.1 精通半封闭空间：书房柔和日光表现

本例主要介绍书房柔和日光表现效果，其中主要对材质的制作、灯光设置和渲染参数设置进行详细介绍，完成后的效果如图12-1所示。

图12-1

12.1.1 材质设置

下面详细介绍材质的设置，主要包括墙体材质设置、地面材质设置、磨砂玻璃材质设置以及木质书橱材质设置等。

1. 制作墙体材质

Step 1 按Ctrl+O组合键，在弹出的对话框中打开随书附带光盘中的CDROM\场景\Cha12\项目指导—书房柔和日光表现.max，如图12-2所示。

Step 2 在场景中选择【墙体框架】对象，按M键打开【材质编辑器】对话框，选择一个新的材质样本球，将其命名为【墙体框架】，单击【Standard】按钮，在弹出的【材质/贴图浏览器】对话框中选择【VRayMtl】材质，单击【确定】按钮，在【基本参数】卷展栏中将【漫反射】的RGB值设置为245、245、245，在【选项】卷展栏中取消勾选【雾系统单位比例】复选框，如图12-3所示，将设置完成后的材质指定给选定对象即可。

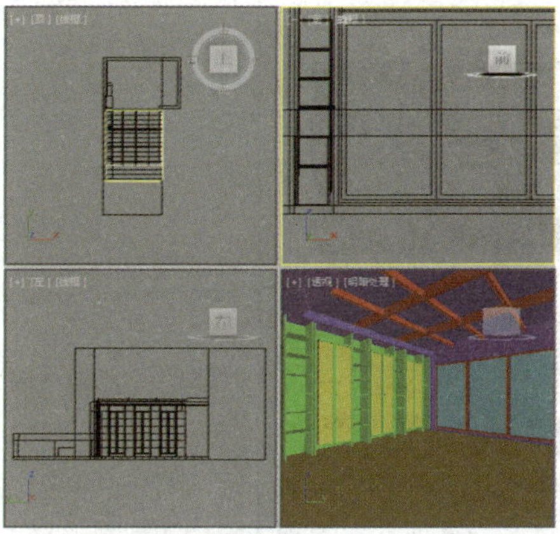

图12-2

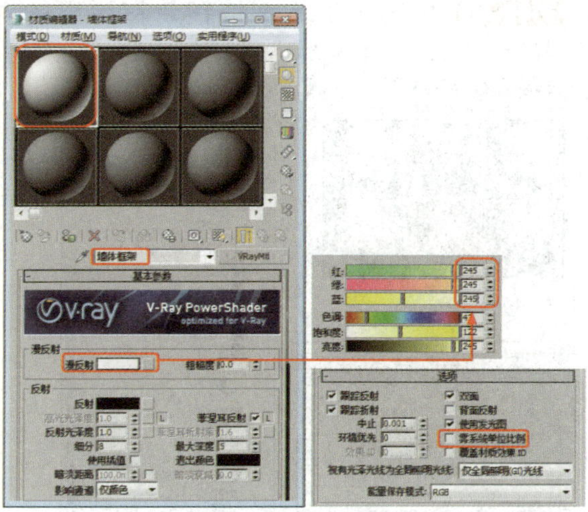

图12-3

2．制作地面材质

Step 1 在场景中选择【地面】对象，切换至【修改】命令面板，在修改器下拉列表中选择【UVW贴图】修改器，将当前选择集定义为【Gizmo】，在【前】视图中沿Y轴向上进行调整，如图12-4所示。

Step 2 关闭当前选择集，在材质编辑器中选择一个材质样本球，将其命名为【地面】，然后单击【Standard】按钮，在弹出的【材质/贴图浏览器】对话框中双击【VRayMtl】材质，在【基本参数】卷展栏中将【漫反射】的RGB值设置为67、67、67，在【反射】选项组中将【反射光泽度】、【细分】分别设置为0.9、20，如图12-5所示。

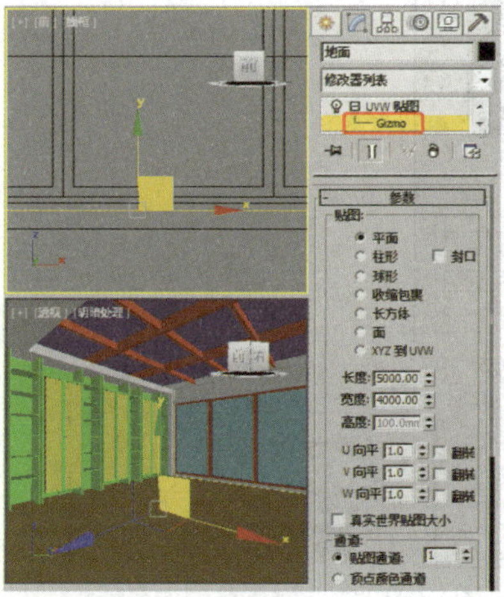

图12-4

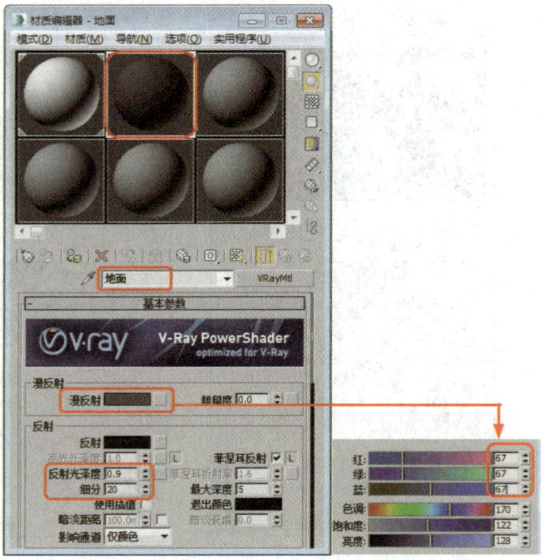

图12-5

Step 3 在【选项】卷展栏中取消勾选【雾系统单位比例】复选框，在【贴图】卷展栏中单击【漫反射】后面的【无】按钮，在弹出的对话框中选择【位图】选项，如图12-6所示。

Step 4 单击【确定】按钮，在弹出的对话框中打开随书附带光盘中的CDROM\MaP\4(1).JPG，在【坐标】卷展栏中将【瓷砖】下的U、V设置为2，如图12-7所示。

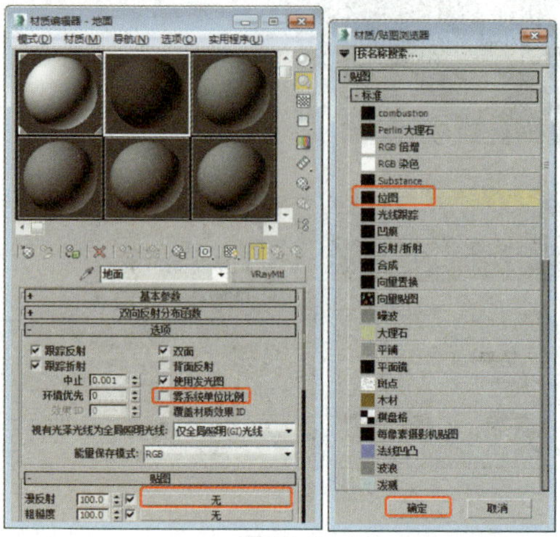

图12-6

图12-7

Step 5 单击【转到父对象】按钮，将【漫反射】右侧的材质按钮按住并拖动至【凹凸】右侧的材质按钮上，在弹出的对话框中选中【实例】单选按钮，单击【确定】按钮，将【凹凸】的【数量】设置为10，如图12-8所示。

Step 6 在【贴图】卷展栏中单击【反射】右侧的【无】按钮，在弹出的对话框中选择【平面镜】选项，选择完成后，单击【确定】按钮，在【平面镜参数】卷展栏中勾选【应用于带ID的面】复选框，单击【转到父对象】按钮，在【贴图】卷展栏中将【反射】右侧的【数量】设置为10，如图12-9所示。

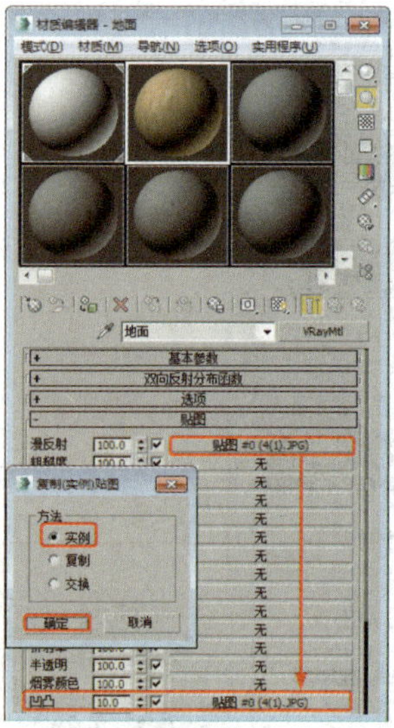

图12-8

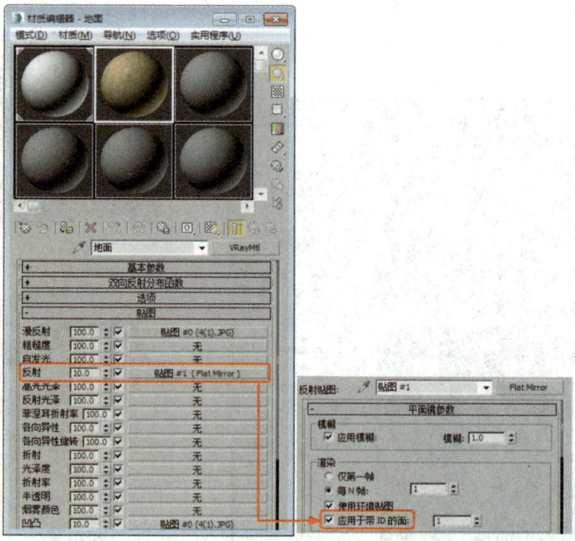

图12-9

Step 7 设置完成后，将材质指定给选定对象，指定材质后的效果如图12-10所示。

3．制作门框和房顶支架材质

Step 1 在场景中选择【门框和房顶支架】对象，如图12-11所示。

图12-10

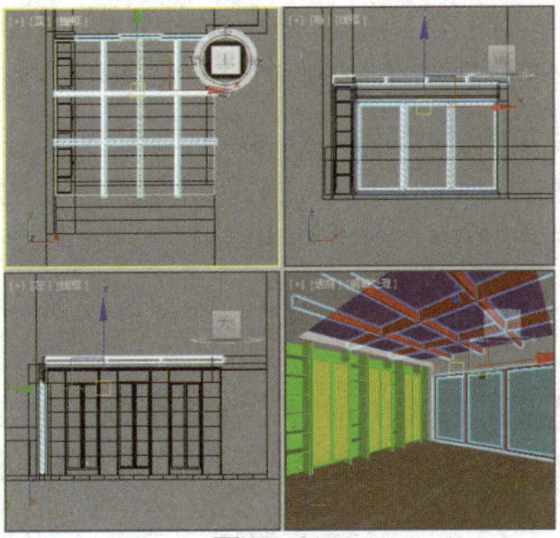

图12-11

Step 2 在材质编辑器中选择一个新的材质样本球，将其命名为【门框和房顶支架】，单击【Standard】按钮，在弹出的【材质/贴图浏览器】对话框中选择【VRayMtl】材质，单击【确定】按钮，在【基本参数】卷展栏中将【漫反射】的RGB值设置为200、200、200，在【反射】选项组中将【反射】的RGB值设置为55、55、55，将【反射光泽度】和【细分】分别设置为0.87、18，如图12-12所示。

Step 3 在【双向反射分布函数】卷展栏中将双向反射类型设置为【沃德】，在【选项】卷展栏中取消勾选【雾系统单位比例】复选框，如图12-13所示，设置完成后，将材质指定给选定对象。

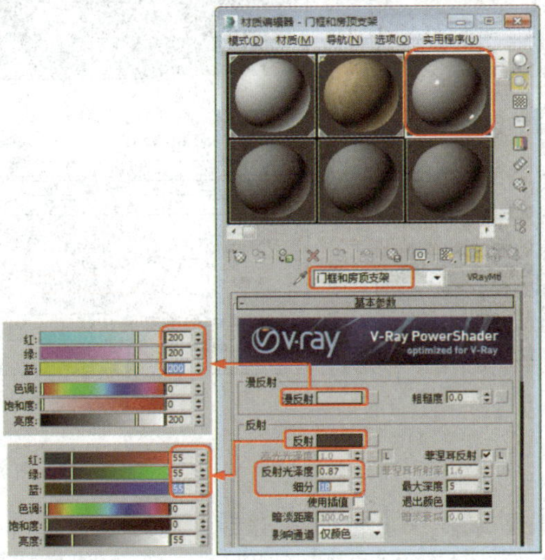

图12-12

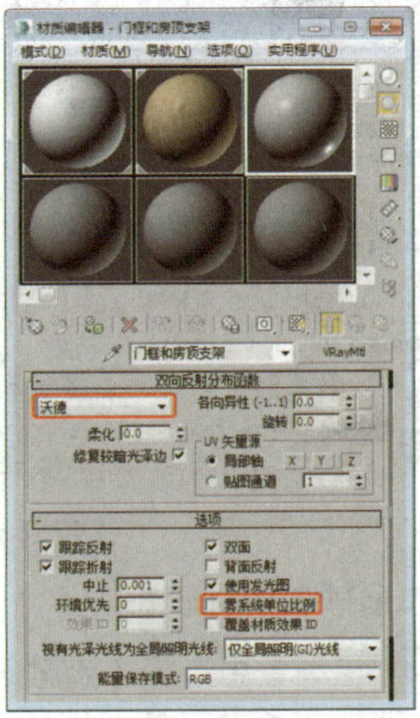

图12-13

4. 制作推拉门玻璃材质

Step 1 使用【选择并移动】工具在场景中选择【推拉门玻璃】对象，如图12-14所示。

Step 2 在材质编辑器中选择一个新的材质样本球，将其命名为【推拉门玻璃】，单击【Standard】按钮，在弹出的【材质/贴图浏览器】对话框中选择【VRayMtl】材质，单击【确定】按钮，在【基本参数】卷展栏中将【反射光泽度】和【细分】分别设置为0.98、

3，在【折射】选项组中将【折射】的RGB值设置为245、245、245，勾选【影响阴影】复选框，将【影响通道】设置为【颜色+Alpha】，将【折射率】、【烟雾倍增】分别设置为1.3、0.005，将【烟雾颜色】的RGB值设置为248、252、253，在【自发光】选项组中将【自发光】的RGB值设置为20、20、20，并为其添加背景颜色，如图12-15所示。

Step 3 设置完成后，在【选项】卷展栏中取消勾选【雾系统单位比例】复选框，如图12-16所示，设置完成后，将设置完成后的材质指定给选定对象即可。

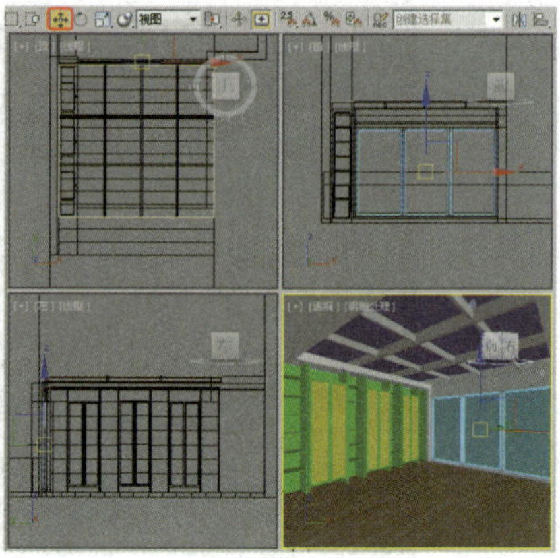

图12-14

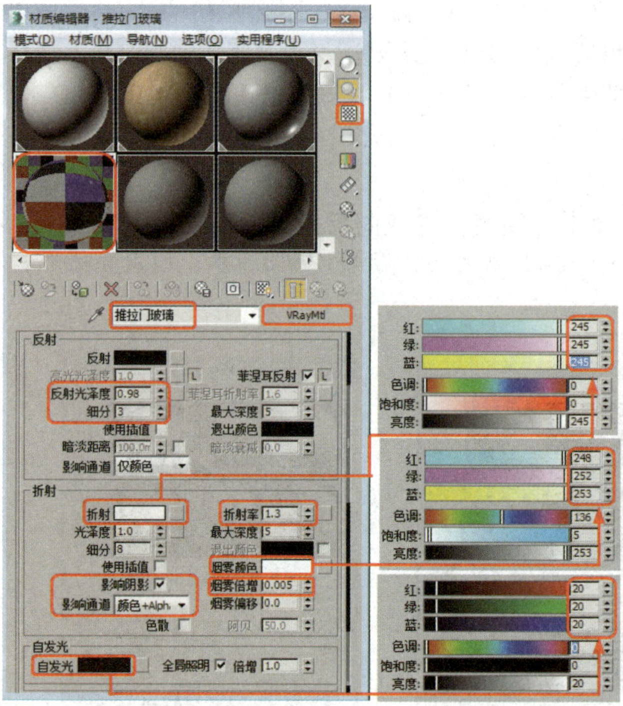

图12-15

图12-16

5. 制作磨砂玻璃材质

Step 1 在场景中选择【磨砂玻璃】对象，在【材质编辑器】对话框中选择一个新的材质样本球，将其命名为【磨砂玻璃】，单击【Standard】按钮，在弹出的【材质/贴图浏览器】对话框中选择【VRayMtl】材质，单击【确定】按钮，在【反射】选项组中将【反射】的RGB值设置为25、25、25，单击【高光光泽度】右侧的L按钮，将【高光光泽度】设置为0.7，在【折射】选项组中将【折射】的RGB值设置为200、200、200，将【光泽度】、【细分】、【折射率】、【烟雾倍增】分别设置为0.75、12、1.3、0.01，将【烟雾颜色】的RGB值设置为253、253、253，如图12-17所示。

Step 2 设置完成后，在【选项】卷展栏中取消勾选【跟踪反射】和【雾系统单位比例】复选框，并为其添加背景颜色，如图12-18所示，设置完成后，将设置完成后的材质指定给选定对象。

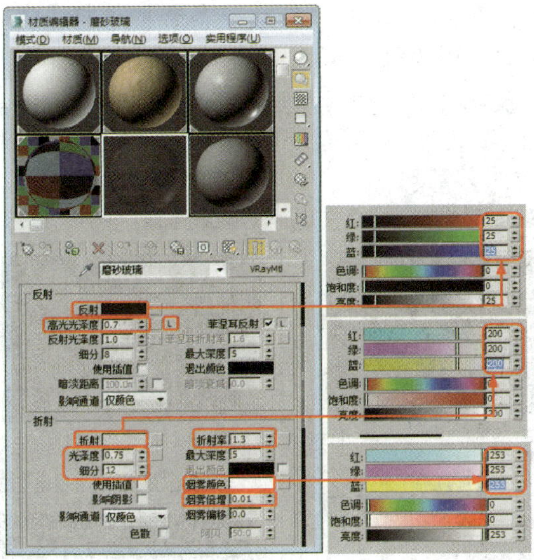

图12-17

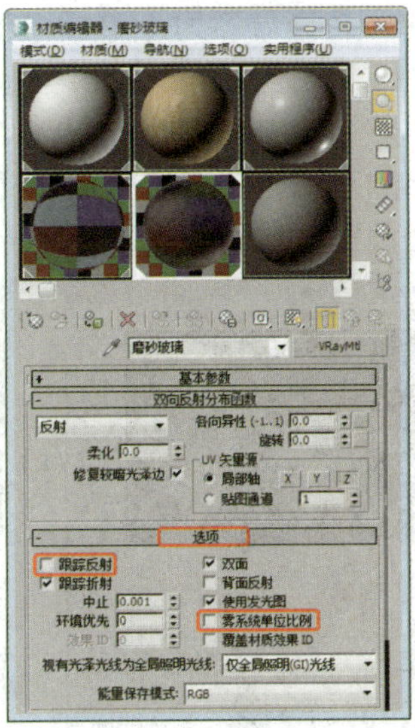

图12-18

6．制作木质书橱材质

Step 1 在场景中选择【书橱】对象，在材质编辑器中选择一个新的材质样本球，将其命名为【书橱】，单击【Standard】按钮，在弹出的【材质/贴图浏览器】对话框中选择【VRayMtl】材质，单击【确定】按钮，在【基本参数】卷展栏中将【漫反射】的RGB值设置为200、200、200，在【反射】选项组中将【反射】的RGB值设置为5、5、5，单击【高光光泽度】右侧的按钮，将【高光光泽度】、【反射光泽度】分别设置为0.85、0.95，如图12-19所示。

Step 2 在【选项】卷展栏中取消勾选【雾系统单位比例】复选框，在【反射插值】和【折射插值】卷展栏中将【最小速率】和【最大速率】分别设置为-3、0，如图12-20所示，设置完成后，将设置完成后的材质指定给选定对象。

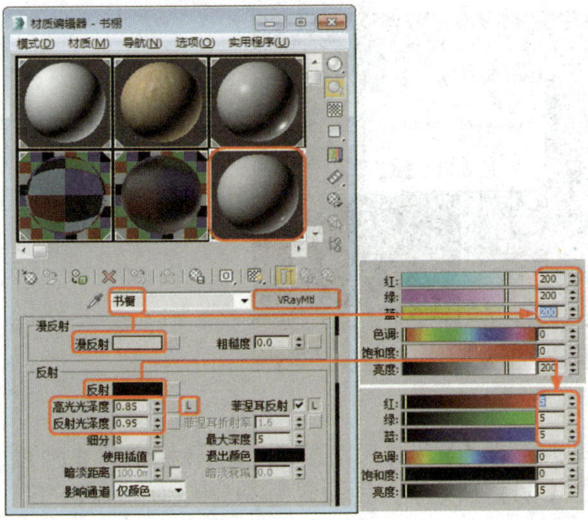

图12-19

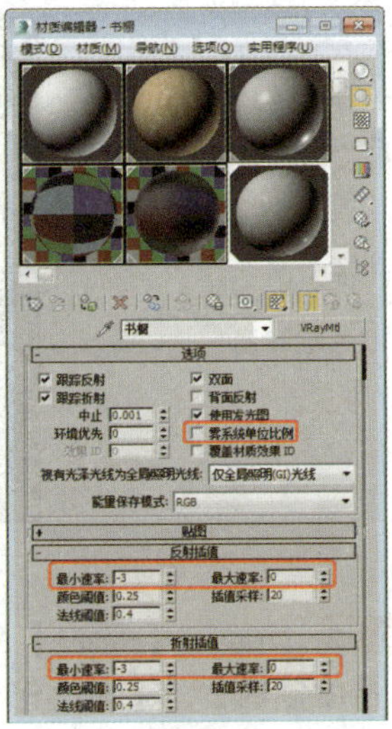

图12-20

7. 制作书橱玻璃材质

Step 1 在场景中选择【书橱-玻璃】对象，在【材质编辑器】对话框中选择一个新的材质样本球，将其命名为【书橱-玻璃】，在【Blinn基本参数】卷展栏中将【不透明度】设置为2，将【高光级别】和【光泽度】分别设置为80、43，如图12-21所示。

Step 2 在【贴图】卷展栏中将【反射】右侧的数量设置为5，单击右侧的【无】按钮，在弹出的对话框中双击【VR贴图】选项，使用其默认参数即可，如图12-22所示，设置完成后，将设置完成后的材质指定给选定对象即可。

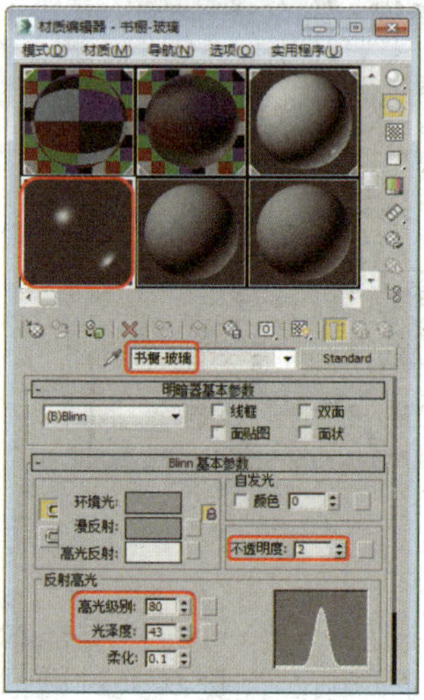

图12-21

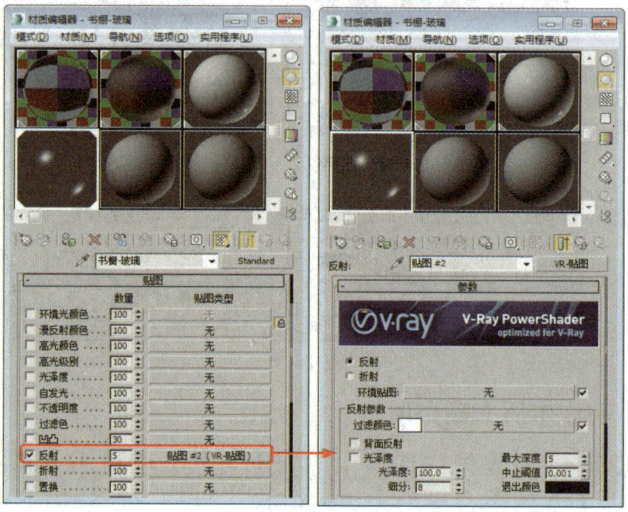

图12-22

12.1.2 灯光设置

本节将介绍如何使用VR太阳模拟现实中的太阳光，其具体操作步骤如下：

Step 1 选择【创建】|【灯光】|【VRay】|【VR-太阳】工具，在【左】视图中创建VR太阳，在弹出的对话框中单击【是】按钮，选中该太阳光，在视图中调整该对象的位置，如图12-23所示。

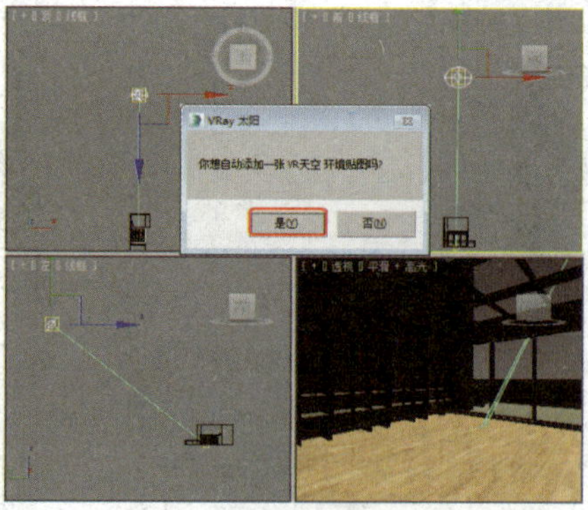

图12-23

Step 2 切换到【修改】命令面板，在【VRay太阳参数】卷展栏中将【浊度】、【臭氧】、【强度倍增】、【大小倍增】、【阴影细分】分别设置为20、0、0.1、2、16，单击【排除】按钮，在弹出的对话框中将【磨砂玻璃】排除，单击【确定】按钮，如图12-24所示。

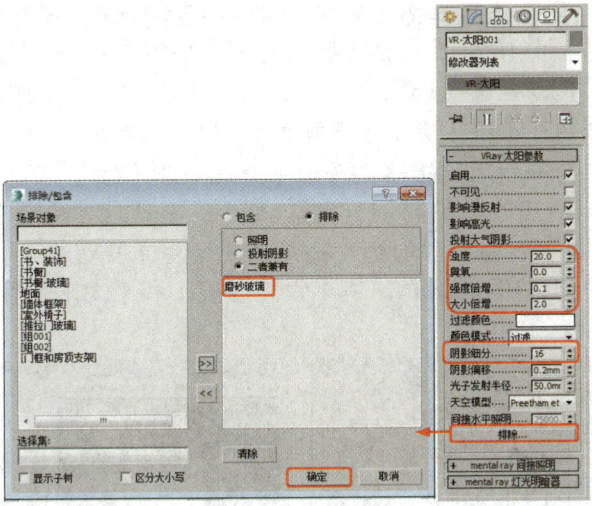

图12-24

12.1.3　渲染参数设置

设置材质和灯光后，下面再来设置最终渲染参数，具体操作步骤如下：

Step 1 在工具栏中单击【渲染设置】按钮，弹出【渲染设置】对话框，选择【V-Ray】选项卡，在【帧缓冲区】卷展栏中勾选【启用内置帧缓冲区】复选框，在【图像采样器（抗锯齿）】卷展栏中将【过滤器】选项组中的过滤器类型设置为【Mitchell-Netravali】，在【全局确定性蒙特卡】卷展栏中将【噪波阈值】和【最小采样】分别设置为0.005、15，如图12-25所示。

Step 2 在【全局开关[无名汉化]】卷展栏中开启【高级模式】。将【默认灯光】设置为【关】，在【颜色贴图】卷展栏中将【类型】设置为【指数】，将【暗度倍增】设置为4.8，如图12-26所示。

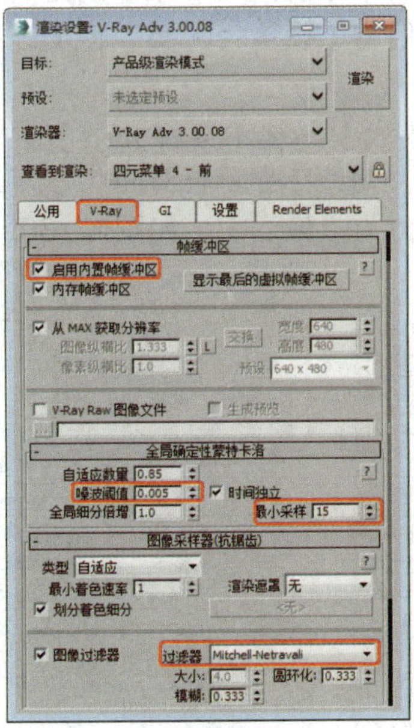

图12-25

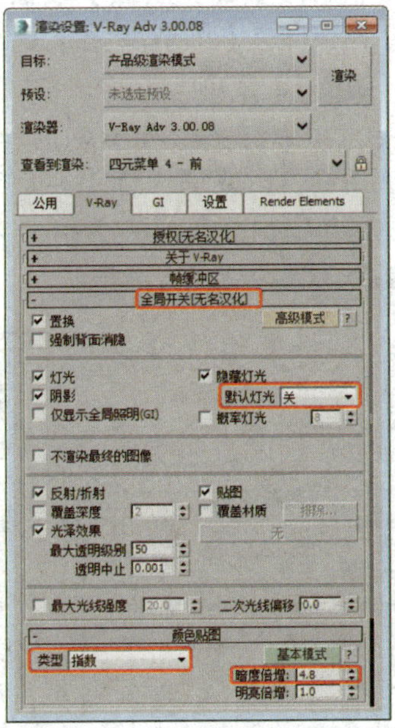

图12-26

Step 3 在【自适应图像采样器】卷展栏中将【最小细分】和【最大细分】分别设置为2、5，在【环境】卷展栏中勾选【全局照明（GI）环境】。按8键，在弹出的对话框中将【环境贴图】中的材质拖动至【全局照明（GI）环境】右侧的材质按钮上，在弹出的对话框中选择【实例】单选按钮并单击【确定】按钮，如图12-27所示。

Step 4 按M键，打开材质编辑器，选中【全局照明（GI）环境】右侧的材质，按住鼠标将其拖动至材质编辑器中的新的材质样本球上，在弹出的对话框中选择【实例】单选按钮，在【VRay天空参数】卷展栏中勾选【指定太阳节点】复选框，单击【太阳光】右侧的【无】按钮，在视图中选中VR太阳光，将【太阳浊度】和【太阳强度倍增】分别设置为2、0.035，如图12-28所示。

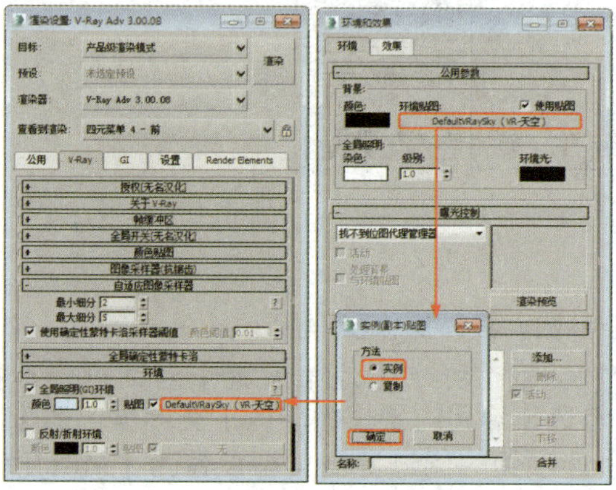
图12-27

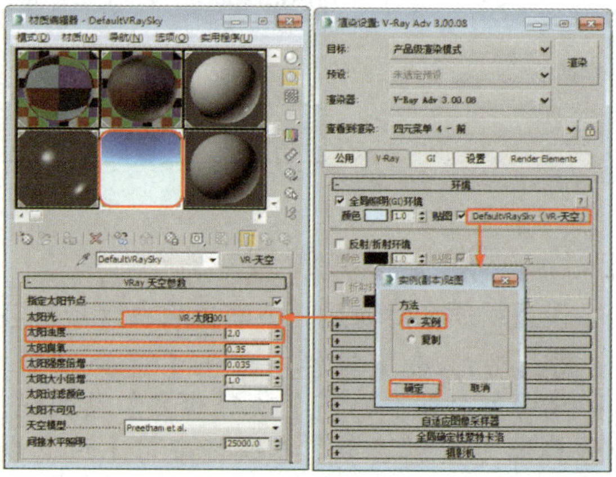
图12-28

Step 5 在【渲染设置】对话框中选择【GI】选项卡，开启【高级模式】。在【全局照明[无名汉化]】卷展栏中勾选【启用全局照明】和【折射全局照明（GI）焦散】复选框，将【二次引擎】设置为【灯光缓存】，将【饱和度】设置为0.7，在【发光图】卷展栏中开启【专家模式】。将【当前预置】设置为【自定义】，将【颜色阈值】和【间距阈值】分别设置为0.2、0.3，勾选【细节增强】复选框，将【细分倍增】设置为0.25，将【计算采样数】设置为15，如图12-29所示。

Step 6 在【灯光缓存】卷展栏中开启【专家模式】。将【采样大小】、【反弹】分别设置为0.008、1，取消勾选【存储直接光】复选框，勾选【显示计算相位】复选框，勾选【预滤器】复选框，将其设置为40，将【过滤器】设置为【最近】，如图12-30所示。

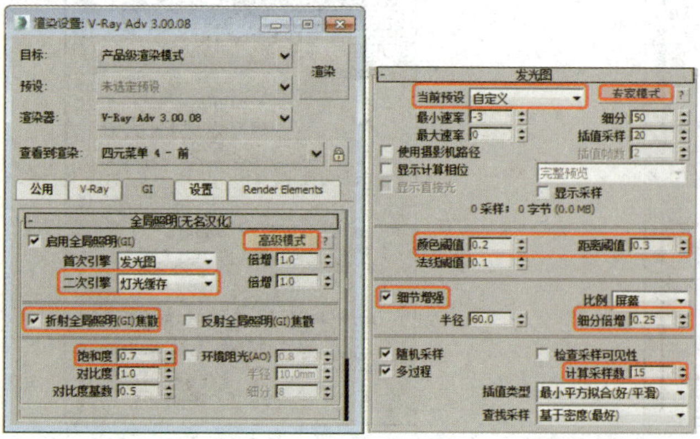
图12-29

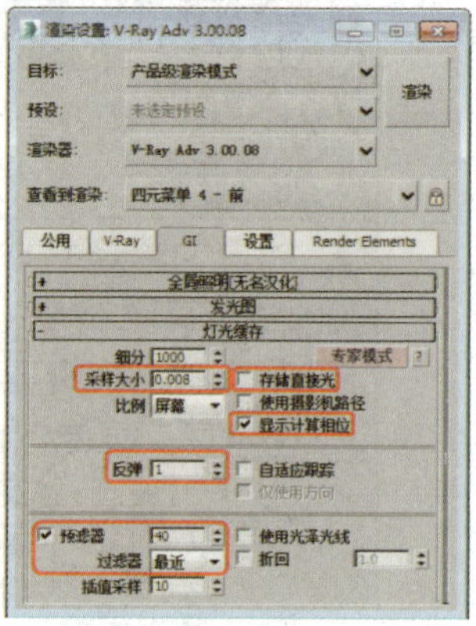
图12-30

Step 7 选择【设置】选项卡，在【系统】卷展栏中开启【高级模式】。勾选【反向排序】复选框，将【序列】设置为【上→下】，将【动态内存限制】、【最大树向深度】、【面/级别系数】分别设置为400、60、2，将【默认几何体】设置为【静态】，如图12-31所示。

Step 8 设置完成后，将该对话框关闭，在视图中右击，在弹出的快捷菜单中选择【全部取消隐藏】命令，如图12-32所示，执行该操作后，即可将全部对象取消隐藏，对完成后的场景进行保存并渲染即可。

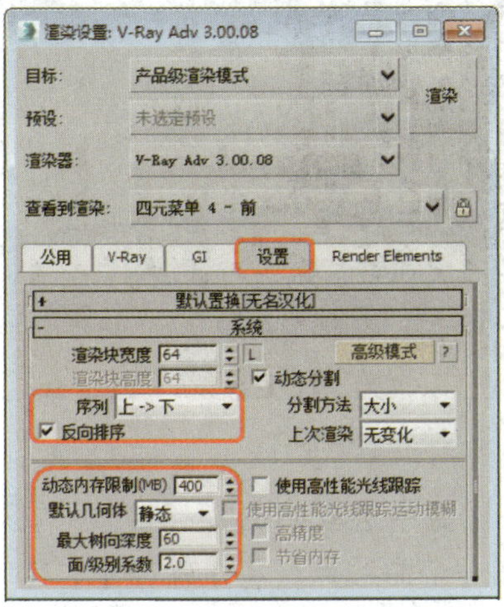

图12-31

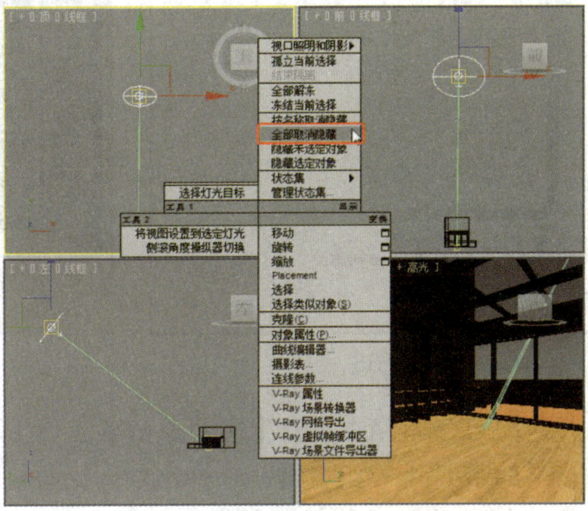

图12-32

12.2 后期处理

下面介绍如何对渲染后的效果图进行后期处理，其具体操作步骤如下：

Step 1 启动Photoshop CC，按Ctrl+O组合键，在弹出的对话框中选择素材文件，单击【打开】按钮，效果如图12-33所示。

Step 2 按Ctrl+M组合键，在弹出的对话框中添加一个曲线点，将【输出】、【输入】分别设置为122、84，如图12-34所示。

图12-33

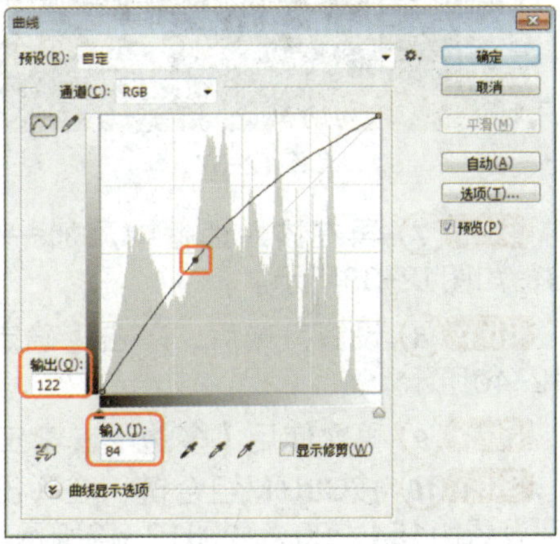

图12-34

Step 3 在该对话框中添加一个曲线点，将【输出】、【输入】分别设置为198、148，如图12-35所示。

Step 4 设置完成后，单击【确定】按钮，调整后的效果如图12-36所示。

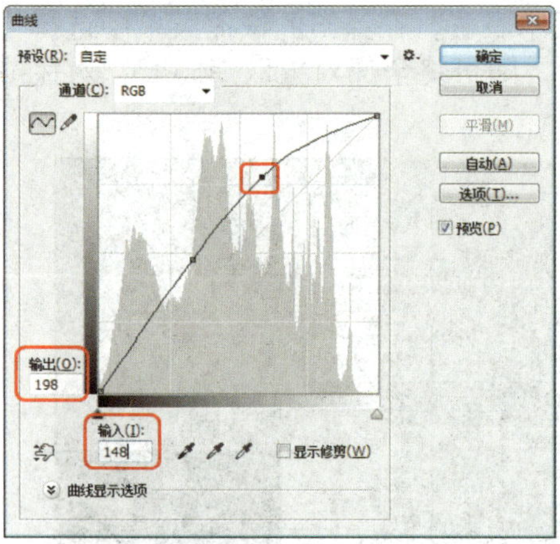

图12-35

图12-36

Step 5 在工具箱中单击【多边形套索工具】，在图像中选取如图12-37所示的区域。

Step 6 按Ctrl+M组合键，在弹出的对话框中添加一个曲线点，将【输出】、【输入】分别设置为134、95，如图12-38所示。

图12-37

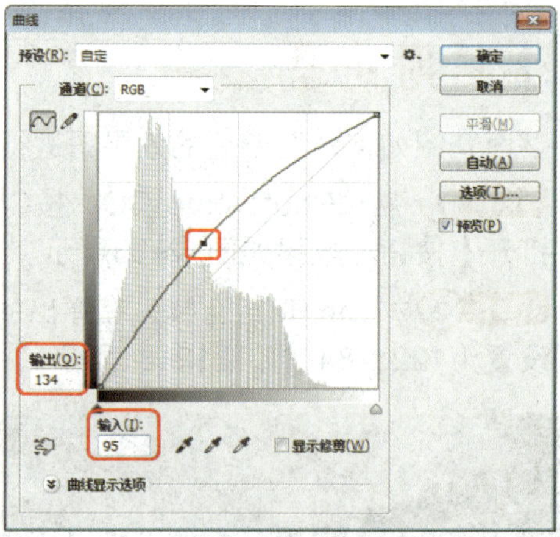

图12-38

Step 7 再在该对话框中添加一个曲线点，将【输出】、【输入】分别设置为182、143，如图12-39所示。

Step 8 设置完成后，单击【确定】按钮，按Ctrl+D组合键取消选取，调整后的效果如图12-40所示。

Step 9 再次使用【多边形套索工具】在图像上进行选取，如图12-41所示。

Step 10 按Ctrl+M组合键，在弹出的对话框中添加一个曲线点，将【输出】、【输入】分别设置为154、90，如图12-42所示。

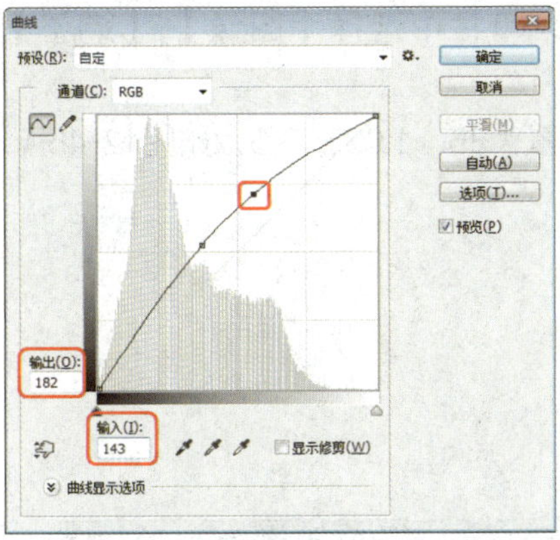

图12-39

图12-40

图12-41

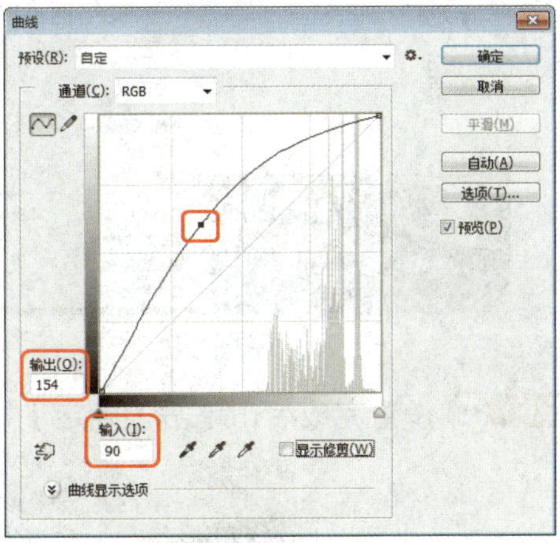

图12-42

Step 11 设置完成后，单击【确定】按钮，按Ctrl+D组合键取消选取，使用【多边形套索工具】进行选取，如图12-43所示。

Step 12 按Ctrl+M组合键，在弹出的对话框中添加一个曲线点，将【输出】、【输入】分别设置为149、115，如图12-44所示。

图12-43

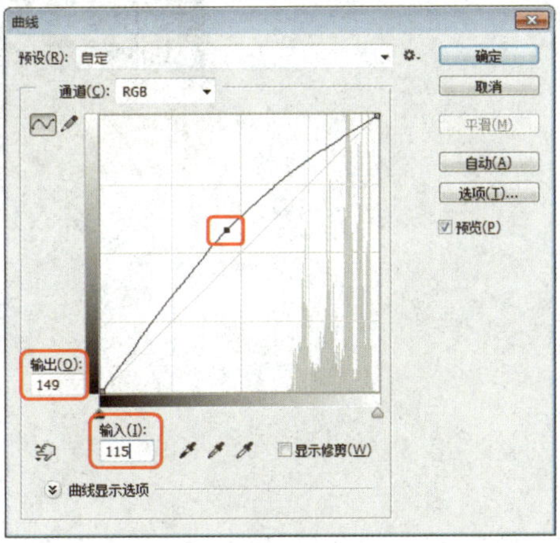

图12-44

Step 13 设置完成后，单击【确定】按钮，在菜单栏中选择【图像】|【调整】|【色阶】命令，如图12-45所示。

Step 14 在弹出的对话框中将【输入色阶】分别设置为35、1.63、255，如图12-46所示。

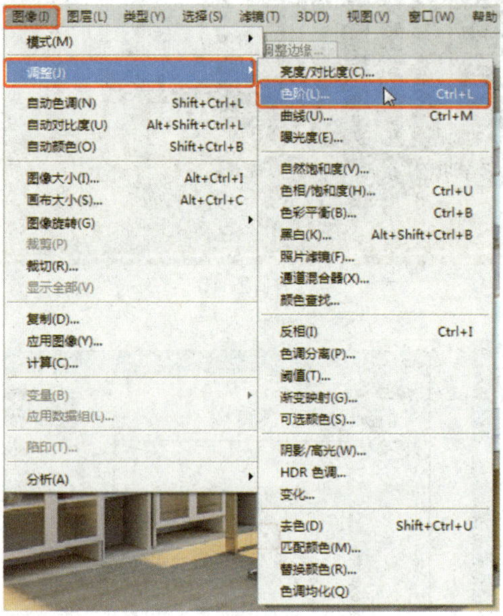

图12-45

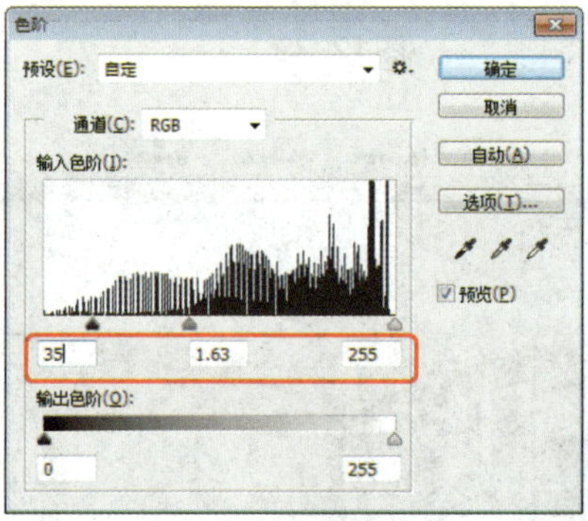

图12-46

Step 15 设置完成后，单击【确定】按钮，调整后的效果如图12-47所示。

图12-47

第13章

卫生间室内灯光表现

本章导读：

重点知识

◈ 材质的制作
◈ 灯光的设置
◈ 渲染参数的设置

本章将通过实例来讲解卫生间室内灯光表现根据建筑物的使用性质、所处环境和相应标准，创造功能合理、舒适优美、满足人们物质和精神生活需要的室内环境。这一空间环境具有使用价值，满足相应的功能要求。

13.1 精通全封闭空间：卫生间室内灯光表现

本例主要介绍卫生间室内灯光表现效果，其中主要对材质的制作、灯光设置和渲染参数设置进行详细介绍，完成后的效果如图13-1所示。

图13-1

13.1.1 材质设置

下面详细介绍材质的制作，主要包括墙体材质设置、地面材质设置和灯泡材质设置等。

1．制作墙体材质

Step 1 按Ctrl+O组合键，在弹出的对话框中打开随书附带光盘中的CDROM\场景\Cha13\项目指导——卫生间室内灯光表现.max，如图13-2所示。

Step 2 在场景中选择【墙体】对象，按M键打开材质编辑器，选择一个新的材质样本球，将其命名为【墙体】，单击【Standard】按钮，在弹出的【材质/贴图浏览器】对话框中选择【VRayMtl】材质，单击【确定】按钮，在【贴图】卷展栏中单击【漫反射】右侧的【无】按钮，在弹出的【材质/贴图浏览器】对话框中选择【位图】贴图，单击【确定】按钮，如图13-3所示。

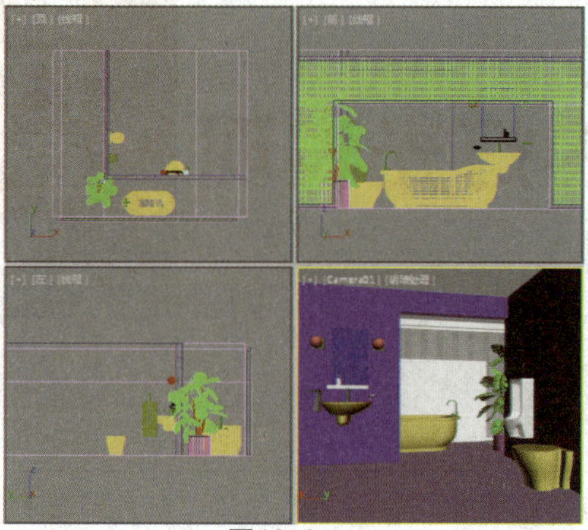

图13-2

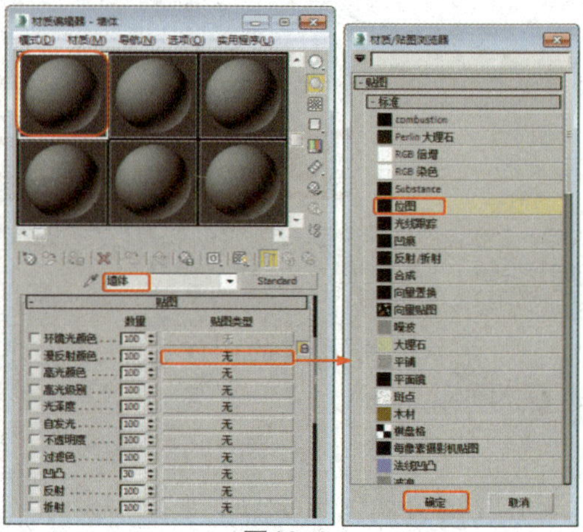

图13-3

Step 3 在弹出的对话框中打开随书附带光盘中的贴图文件【cizhuan006.jpg】，在【坐标】卷展栏中使用默认参数即可，然后单击【转到父对象】按钮和【将材质指定给选定对象】按钮，将材质指定给【墙体】对象，如图13-4所示。

2．制作地面材质

Step 1 在场景中选择【地板】对象，在材质编辑器中选择一个新的材质球，将其命名为【地面】，单击【Standard】按钮，在弹出的【材质/贴图浏览器】对话框中选择【VRayMtl】材质，单击【确定】按钮，在【基本参数】卷展栏中的【反射】选项组中，将【反射】颜色的RGB值设置为35、35、35，将【反射光泽度】设置为0.85，将【细分】设置为15，在【折射】选项组中，将【细分】设置为50，如图13-5所示。

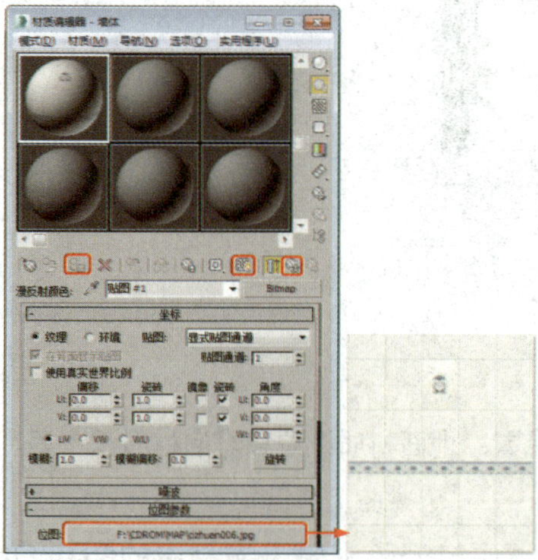

图13-4

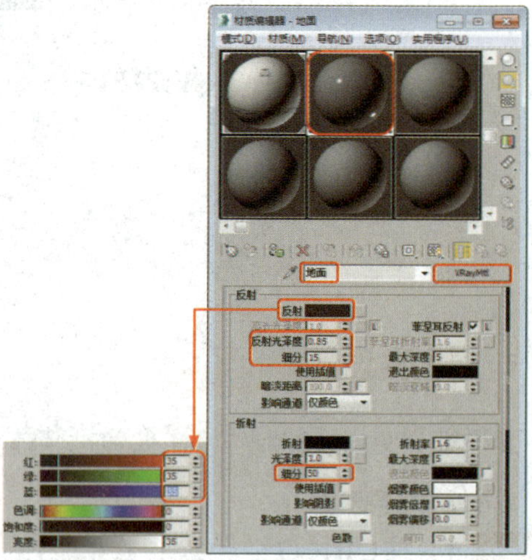

图13-5

Step 2 在【贴图】卷展栏中单击【漫反射】右侧的【无】按钮，在弹出的【材质/贴图浏览器】对话框中选择【位图】贴图，单击【确定】按钮，然后在弹出的对话框中打开随书附带光盘中的贴图文件【地砖.jpg】，在【坐标】卷展栏中将【瓷砖】下的U、V设置为2.6，在【位图参数】卷展栏中勾选【应用】复选框，并单击右侧的【查看图像】按钮，在弹出的对话框中通过调整控制柄来指定裁剪区域，如图13-6所示。

Step 3 单击【转到父对象】按钮，在【贴图】卷展栏中，将【漫反射】右侧的材质按钮拖动至【凹凸】右侧的【无】按钮上，在弹出的【复制（实例）贴图】卷展栏中勾选【实例】单选按钮，然后单击【确定】按钮，如图13-7所示。单击【将材质指定给选定对象】按钮，将材质指定给【地面】对象。

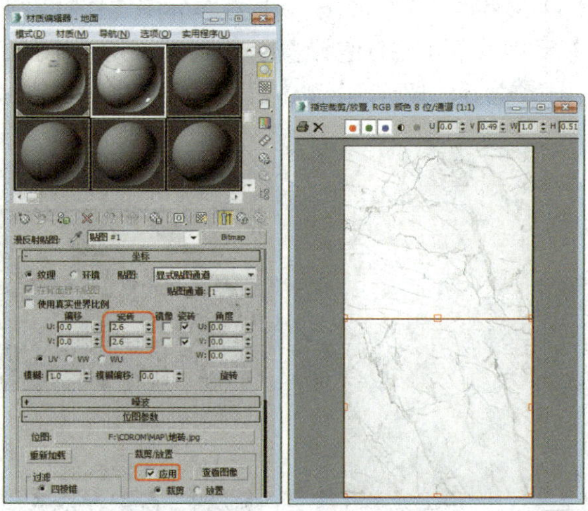

图13-6

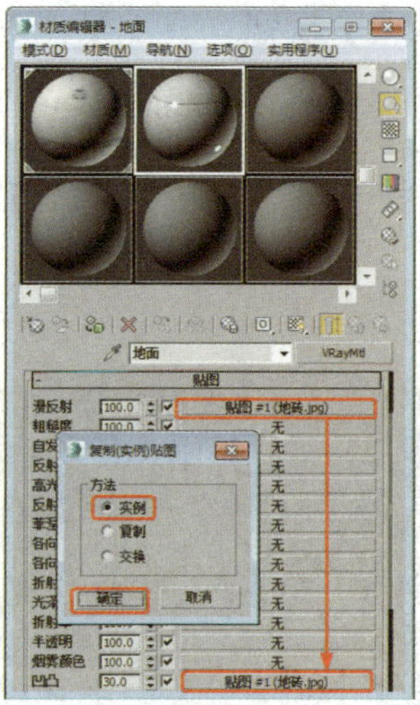

图13-7

3．制作瓷器材质

Step 1 在场景中选择【马桶】、【洗手盆】和【浴盆】对象，如图13-8所示。

Step 2 在材质编辑器中选择一个新的材质样本球，将其命名为【白瓷】，单击【Standard】按钮，在弹出的【材质/贴图浏览器】对话框中选择【VRayMtl】材质，单击【确定】按钮，在【基本参数】卷展栏中将【漫反射】颜色的RGB值设置为249、249、249，在【反射】选项组中，将【反射】的RGB值设置为25、25、25，将【反射光泽度】设置为0.85，如图13-9所示。然后单击【将材质指定给选定对象】按钮，将材质指定给选定对象。

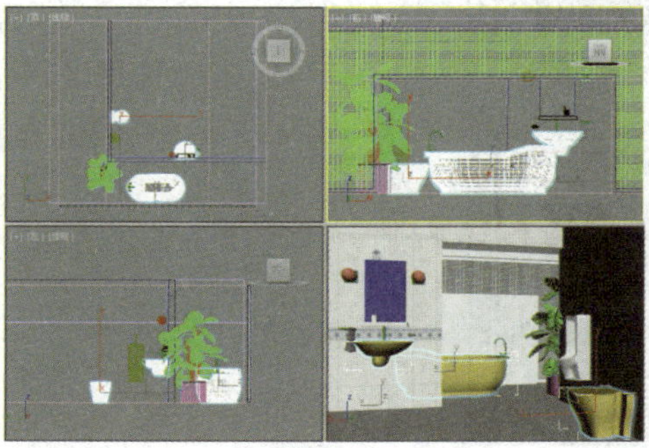

图13-8

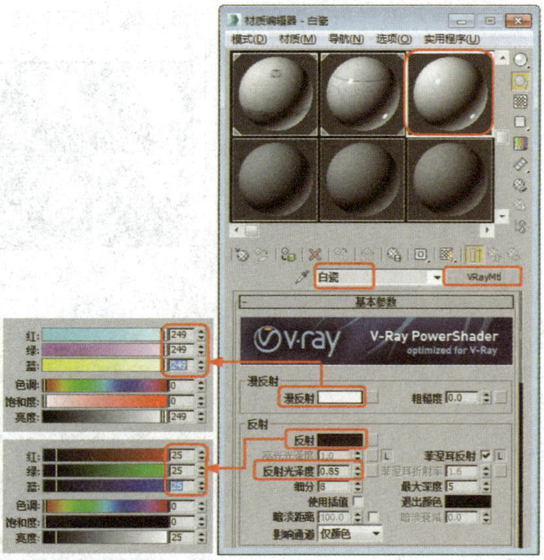

图13-9

4．制作不锈钢材质

Step 1 在场景中选择【灯托】、【毛巾架】和【水龙头】对象，如图13-10所示。

Step 2 在材质编辑器中选择一个新的材质样本球，将其命名为【不锈钢】，单击【Standard】按钮，在弹出的【材质/贴图浏览器】对话框中选择【VRayMtl】材质，单击【确定】按钮，在【基本参数】卷展栏中将【漫反射】颜色的RGB值设置为50、50、50，在【反射】选项组中，将【反射】的RGB值设置为150、150、150，将【反射光泽度】设置为0.9，将【细分】设置为5，取消勾选【菲涅耳反射】复选框，单击【背景】按钮，如图13-11所示。

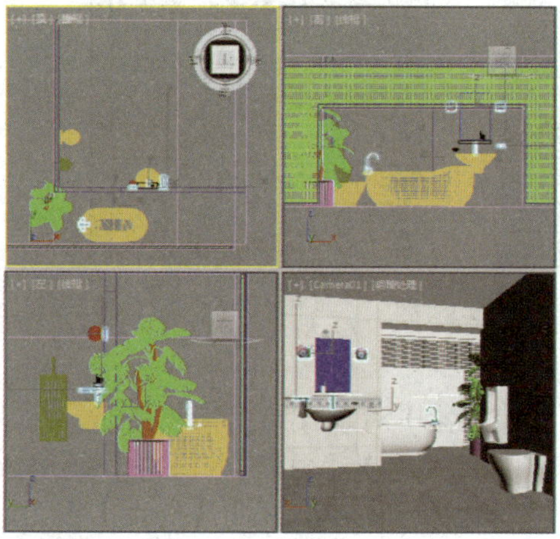

图13-10

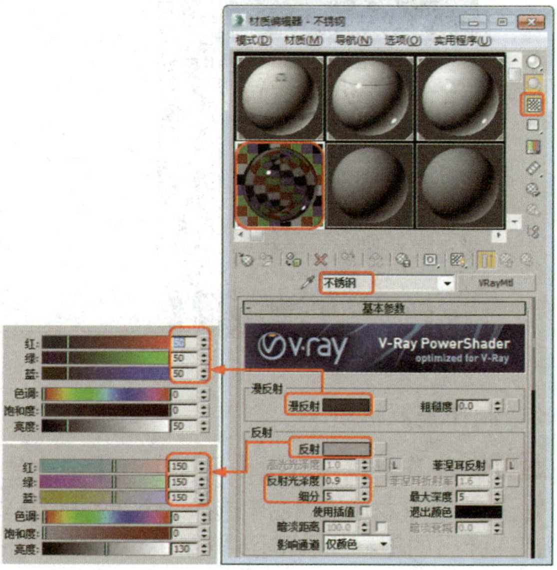

图13-11

Step 3 在【折射】选项组中将【细分】设置为50，将【折射率】设置为2.97，如图13-12所示。单击【将材质指定给选定对象】按钮，将材质指定给选定对象。

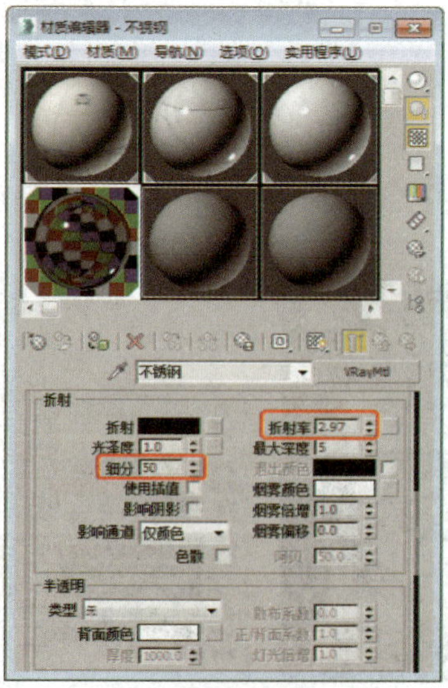

图13-12

5. 制作镜面材质

Step 1 在场景中选择【镜子】对象，在材质编辑器中选择一个新的材质样本球，将其命名为【镜面】，单击【Standard】按钮，在弹出的【材质/贴图浏览器】对话框中选择【VRayMtl】材质，单击【确定】按钮，在【基本参数】卷展栏中将【漫反射】颜色的RGB值设置为126、126、126，在【反射】选项组中，将【反射】的RGB值设置为253、253、253，将【反射光泽度】设置为0.5，将【细分】设置为25，如图13-13所示。

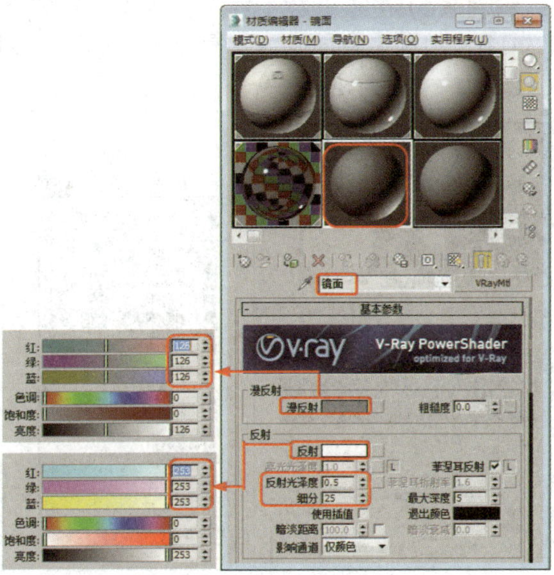

图13-13

Step 2 在【双向反射分布函数】卷展栏中将类型设置为【多面】，在【贴图】卷展栏中将【漫反射】右侧的数量设置为30，并单击【无】按钮，在弹出的【材质/贴图浏览器】对话框中选择【噪波】贴图，单击【确定】按钮，如图13-14所示。

Step 3 在【噪波参数】卷展栏中，选中【分形】单选按钮，将【大小】设置为40，将【颜色#1】的RGB值设置为190、194、198，然后单击【背景】按钮[按钮图标]，如图13-15所示。然后单击【转到父对象】按钮[按钮图标]，将【反射】下方的【菲涅耳反射】复选框取消勾选，单击【将材质指定给选定对象】按钮[按钮图标]，将材质指定给【镜子】对象。

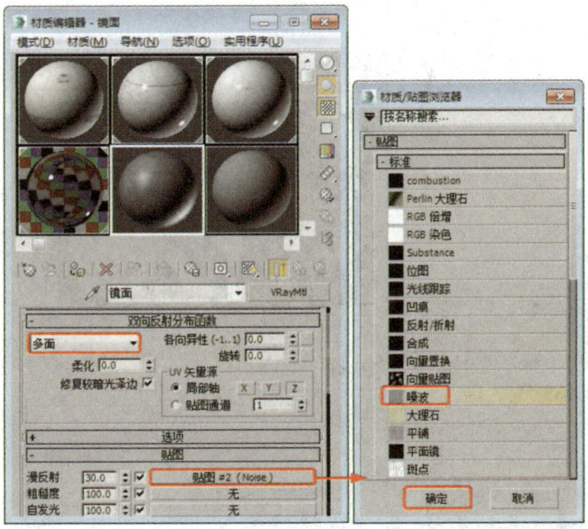

图13-14

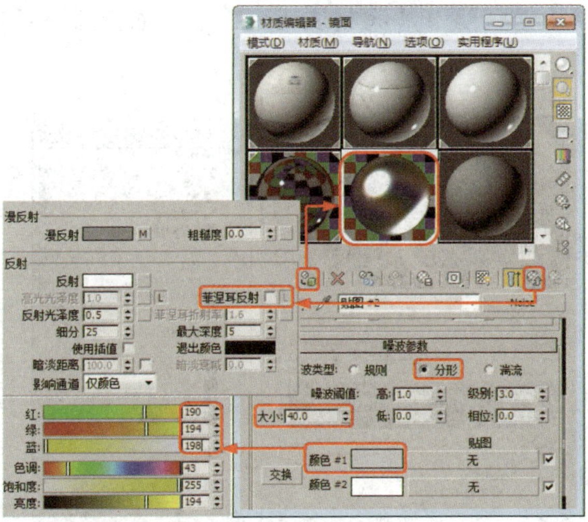

图13-15

6. 制作灯泡材质

Step 1 在场景中选择【灯泡】对象，在材质编辑器中选择一个新的材质样本球，将其命名为【灯泡】，单击【Standard】按钮，在弹出的【材质/贴图浏览器】对话框中选择

【VR-灯光材质】，单击【确定】按钮，如图13-16所示。

Step 2 在【参数】卷展栏中将【颜色】的RGB值设置为254、247、230，将倍增设置为0.8，勾选【背面发光】复选框，如图13-17所示。

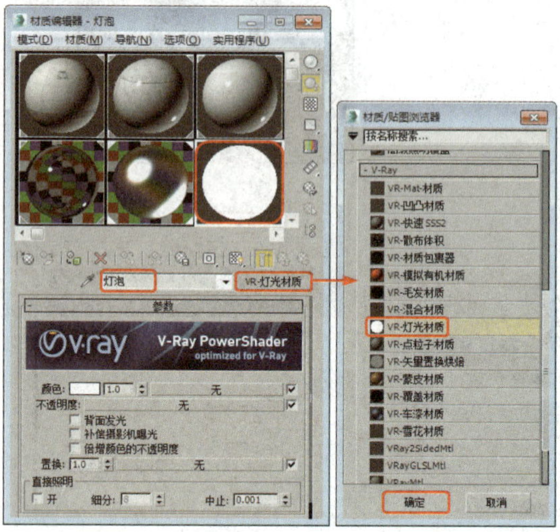

图13-16

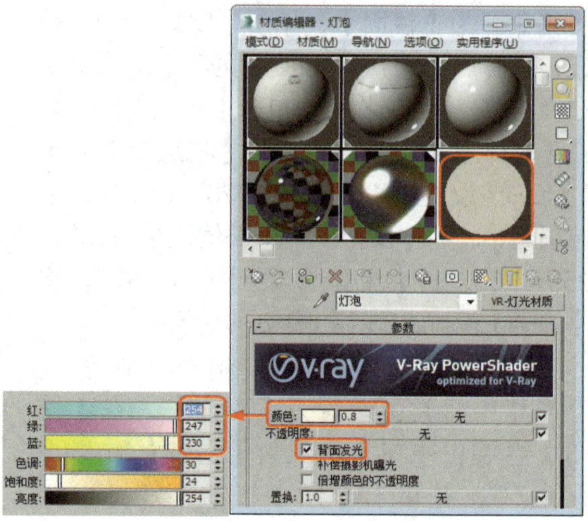

图13-17

Step 3 单击【颜色】右侧的【无】按钮，在弹出的【材质/贴图浏览器】对话框中选择【衰减】贴图，单击【确定】按钮，如图13-18所示。

Step 4 在【衰减参数】卷展栏中将【衰减类型】设置为【阴影/灯光】，然后将【明暗处理：光】选项组的第一个色块的RGB值设置为253、254、240，将【明暗处理：光】选项组的第二个色块的RGB值设置为253、244、209，如图13-19所示。然后单击【转到父对象】按钮和【将材质指定给选定对象】按钮，将材质指定给【灯泡】对象。

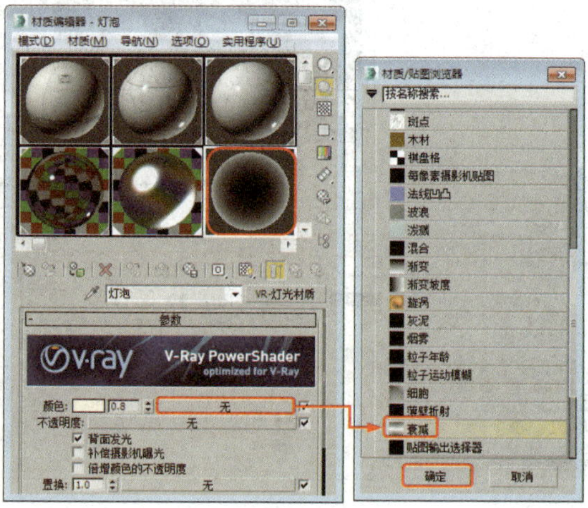

图13-18

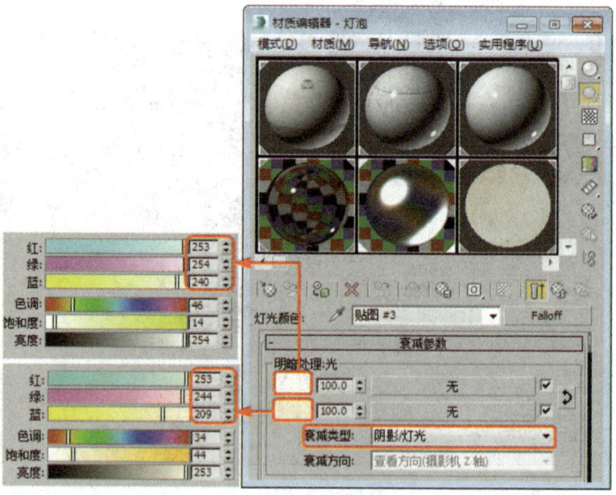

图13-19

7．制作植物材质

Step 1 在场景中选择【花盆】对象，在材质编辑器中选择一个新的材质样本球，将其命名为【花盆】，单击【Standard】按钮，在弹出的【材质/贴图浏览器】对话框中选择

【VRayMtl】材质，单击【确定】按钮，在【基本参数】卷展栏中将【漫反射】颜色的RGB值设置为14、14、14，在【反射】选项组中将【反射】的RGB值设置为186、186、186，单击【高光光泽度】右侧的 L 按钮，然后将【高光光泽度】设置为0.85，取消勾选【菲涅耳反射】复选框，将【反射光泽度】设置为0.95，将【细分】设置为13，如图13-20所示。

Step 2 在【双向反射分布函数】卷展栏中将类型设置为【沃德】，然后单击【背景】按钮，如图13-21所示。然后单击【将材质指定给选定对象】按钮，将材质指定给【花盆】对象。

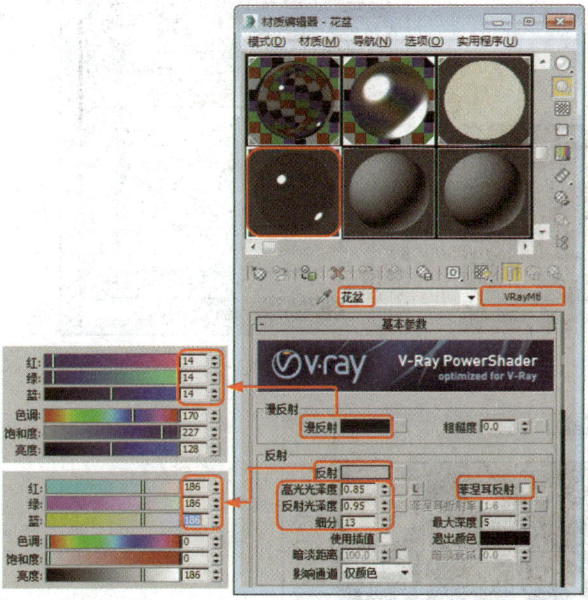

图13-20

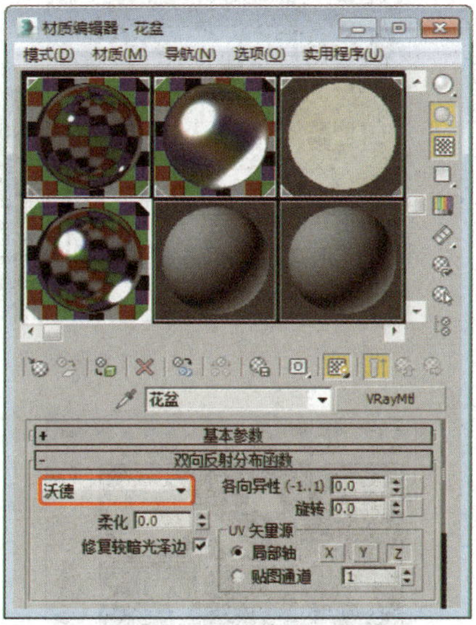

图13-21

Step 3 在场景中选择【植物茎】对象，在材质编辑器中选择一个新的材质样本球，将其命名为【植物茎】，单击【Standard】按钮，在弹出的【材质/贴图浏览器】对话框中选择【VRayMtl】材质，单击【确定】按钮，在【贴图】卷展栏中单击【漫反射】右侧的【无】按钮，在弹出的【材质/贴图浏览器】对话框中选择【位图】贴图，单击【确定】按钮，在弹出的对话框中打开随书附带光盘中的贴图文件【树干.jpg】，在【坐标】卷展栏中，将【瓷砖】下的V设置为5，如图13-22所示。

Step 4 在【输出】卷展栏中勾选【启用颜色贴图】复选框，在【颜色贴图】选项组中选中【RGB】单选按钮，然后单击取消【绿色曲线开/关切换】按钮 G 和【蓝色曲线开/关切换】按钮 B 的选中状态，并向上调整红色曲线左侧关键点的位置，效果如图13-23所示。

Step 5 单击【转到父对象】按钮，在【贴图】卷展栏中，将【凹凸】右侧的数量设置为200，并将【漫反射】右侧的材质按钮拖动至【凹凸】右侧的【无】按钮上，在弹出的【复制（实例）贴图】对话框中选中【复制】单选按钮，然后单击【确定】按钮，如图13-24所示。

Step 6 单击【凹凸】右侧的贴图按钮，并在【位图参数】卷展栏中单击【位图】右侧的按钮，在弹出的对话框中打开随书附带光盘中的贴图文件【树干a.jpg】，如图13-25所示。然后单击【转到父对象】按钮和【将材质指定给选定对象】按钮，将材质指定给【植物茎】对象。

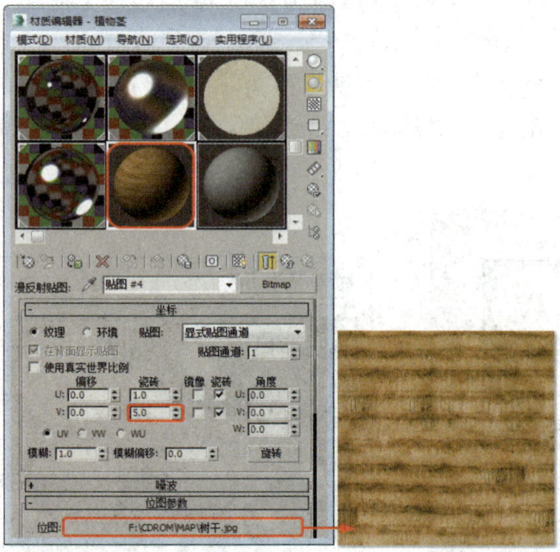

图13-22

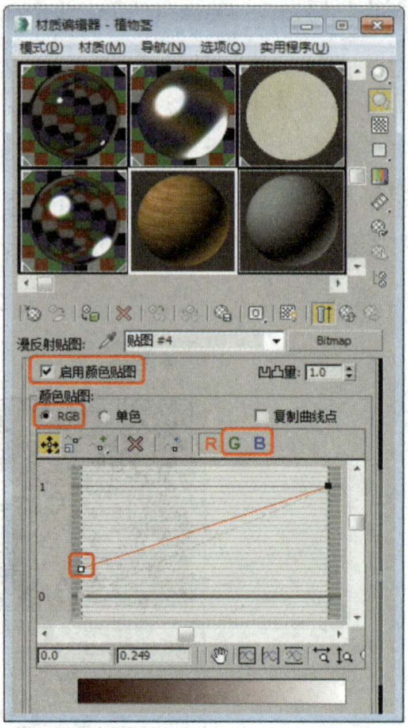

图13-23

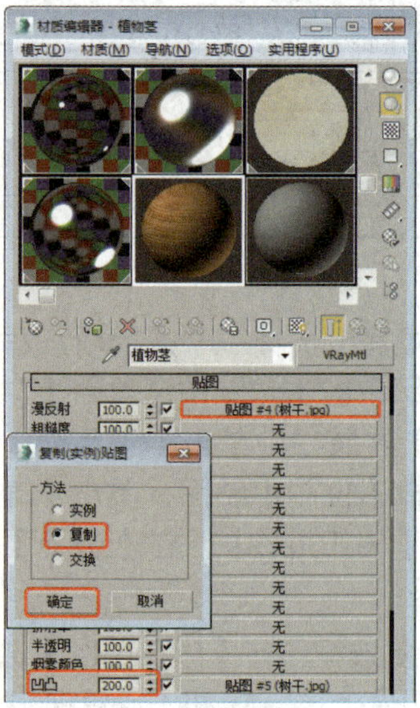

图13-24

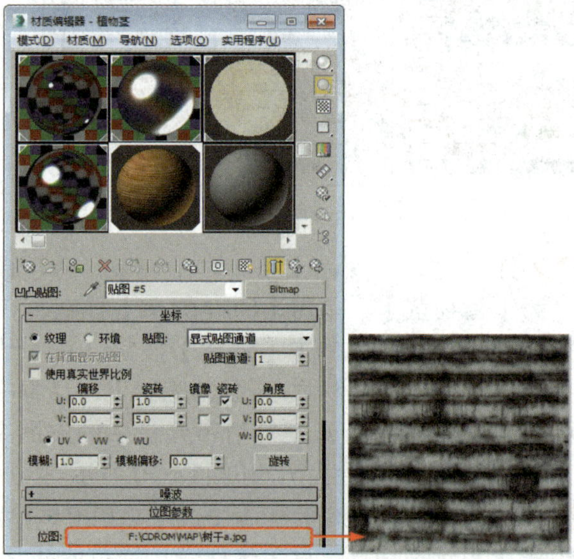

图13-25

Step 7 在场景中选择【植物叶】对象，在材质编辑器中选择一个新的材质样本球，将其命名为【植物叶】，单击【Standard】按钮，在弹出的【材质/贴图浏览器】对话框中选择【VRayMtl】材质，单击【确定】按钮，在【基本参数】卷展栏中，将【反射】选项组中的【反射】颜色的RGB值设置为34、34、34，将【反射光泽度】设置为0.7，取消【菲涅耳反射】的勾选，在【折射】选项组中，将【折射】的RGB值设置为44、44、44，将【光泽度】设置为0.4，如图13-26所示。

Step 8 在【贴图】卷展栏中单击【漫反射】右侧的【无】按钮，在弹出的【材质/贴图浏览器】对话框中选择【位图】贴图，单击【确定】按钮，在弹出的对话框中打开随书附带光盘中的贴图文件【叶子.jpg】，在【坐标】卷展栏中使用默认参数设置即可，如图13-27所示。

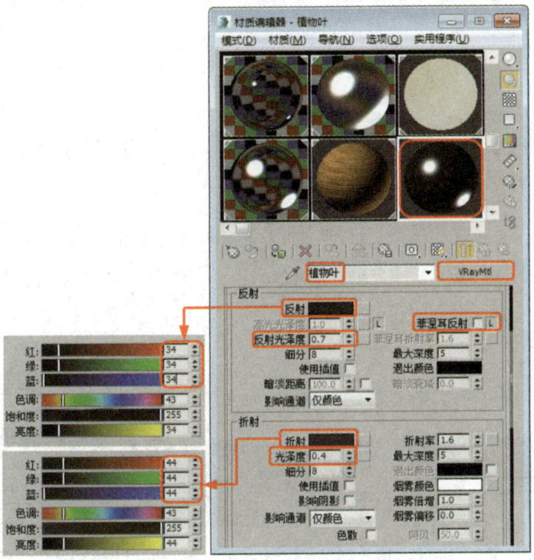

图13-26

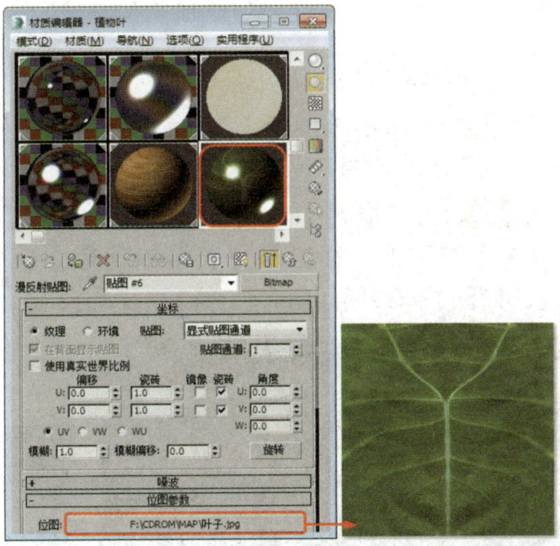

图13-27

Step 9 在【输出】卷展栏中勾选【启用颜色贴图】复选框，在【颜色贴图】选项组中选中【RGB】单选按钮，然后单击取消【红色曲线开/关切换】按钮 R 和【蓝色曲线开/关切换】按钮 B 的选中状态，并向下调整绿色曲线关键点的位置，效果如图13-28所示。

Step 10 单击【转到父对象】按钮，在【贴图】卷展栏中，单击【凹凸】右侧的【无】按钮，在弹出的【材质/贴图浏览器】对话框中选择【位图】贴图，单击【确定】按钮，再在弹出的对话框中打开随书附带光盘中的贴图文件【叶子a.jpg】，在【坐标】卷展栏中使用默认参数设置即可，如图13-29所示。然后单击【转到父对象】按钮和【将材质指定给选定对象】按钮，将材质指定给【植物叶】对象。

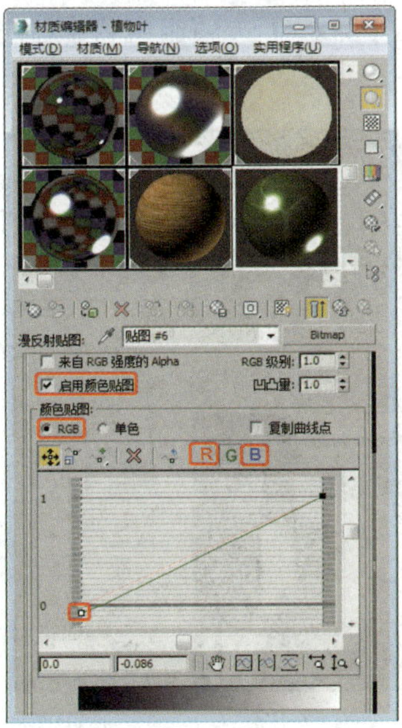

图13-28

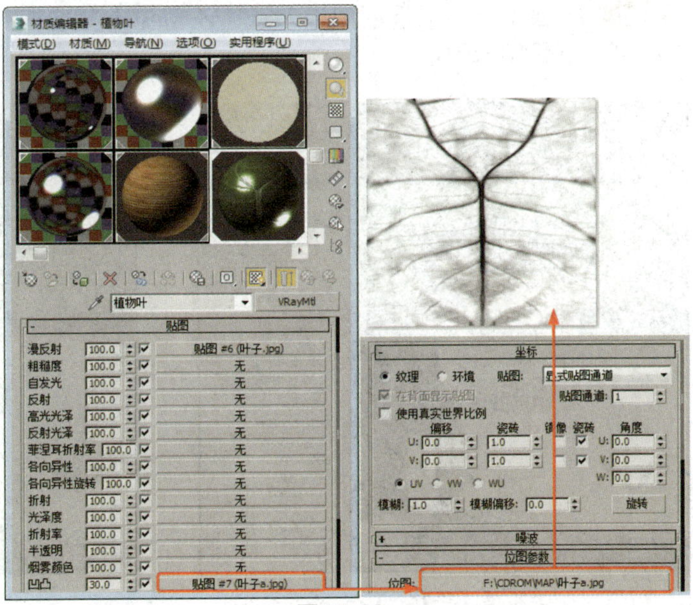

图13-29

13.1.2 灯光设置

本节主要介绍灯光的设置，其中，创建VR-灯光作为主光源，创建目标平行光作为辅助光源。

1．创建主光源

Step 1 选择【创建】|【灯光】|【VRay】|【VR-灯光】工具，在【前】视图中创建VR-灯光，如图13-30所示。

Step 2 切换到【修改】命令面板，在【参数】卷展栏中单击【排除】按钮，弹出【排除/包含】对话框，在左侧列表框中选择【玻璃】对象，并单击>>按钮，然后单击【确定】按钮，如图13-31所示。

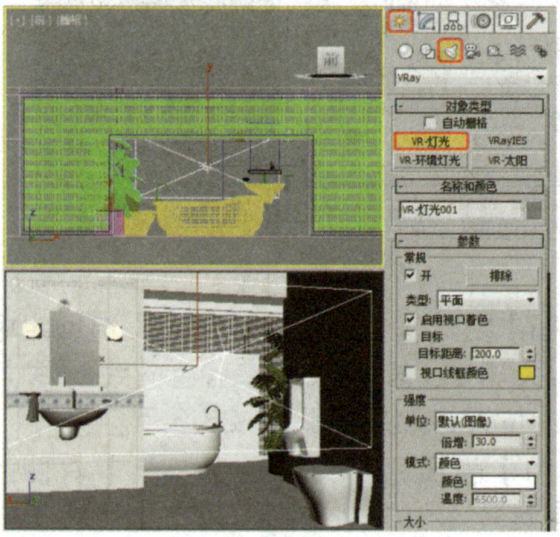

图13-30

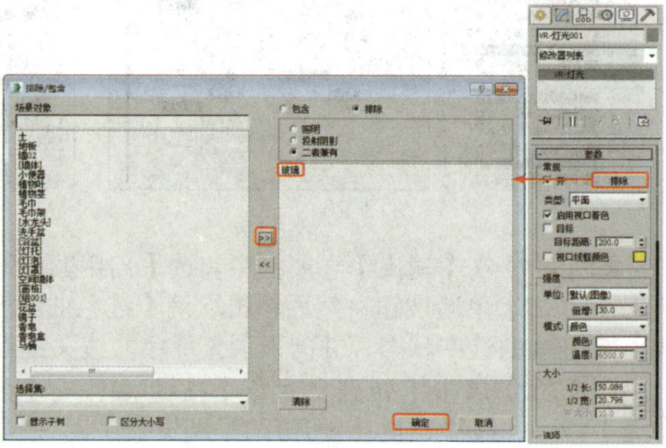

图13-31

Step 3 在【强度】选项组中将【倍增】设置为1.5，在【大小】选项组中将【1/2长】设置为96.321，将【1/2宽】设置为38.845，如图13-32所示。

Step 4 在【选项】选项组中勾选【不可见】复选框，在【采样】选项组中将【细分】设置为20，如图13-33所示。

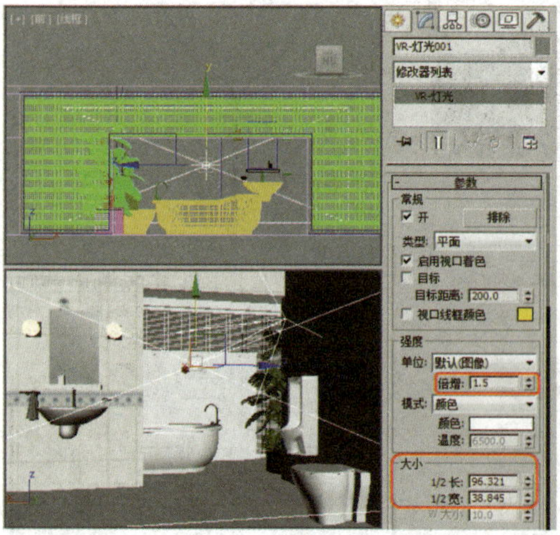

图13-32

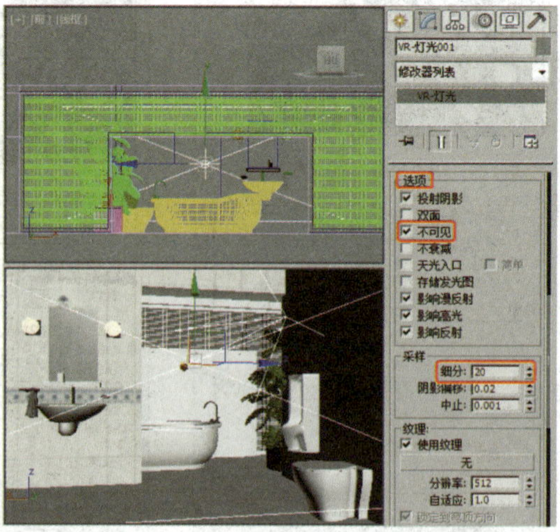

图13-33

Step 5 在工具栏中单击【选择并旋转】按钮和【捕捉开关】按钮，然后在【顶】视图中沿X轴将VR-灯光旋转180度，并在其他视图中调整灯光位置，效果如图13-34所示。

2．创建辅助光源

Step 1 选择【创建】|【灯光】|【标准】|【目标平行光】工具，在【顶】视图中创建一盏目标平行光，如图13-35所示。

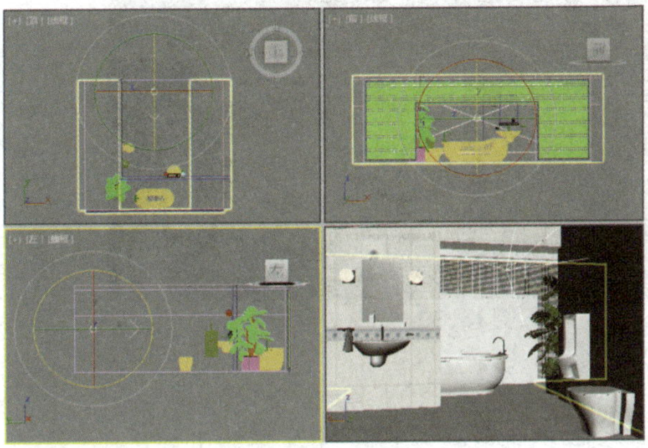

图13-34

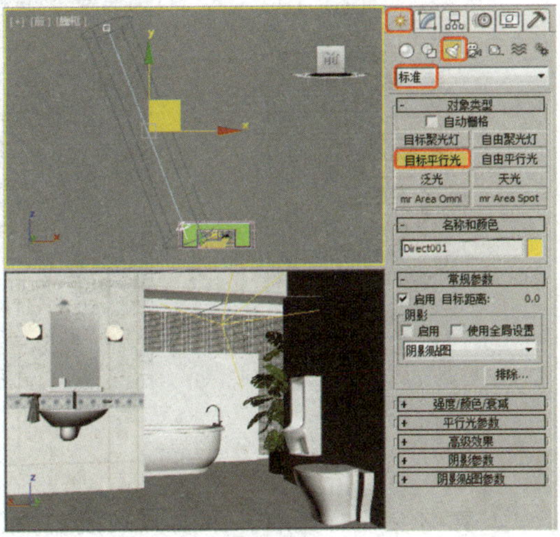

图13-35

Step 2 在【常规参数】卷展栏中，勾选【阴影】选项组中的【启用】复选框，将阴影模式定义为【VR-阴影】，然后单击【排除】按钮，弹出【排除/包含】对话框，在左侧列表框中选择【玻璃】、【镜子】和【组001】对象，并单击>>按钮，然后单击【确定】按钮，如图13-36所示。

Step 3 在【强度/颜色/衰减】卷展栏中将【倍增】设置为0.8，并将右侧色块的RGB值设置为200、234、255，在【平行光参数】卷展栏中将【聚光区/光束】和【衰减区/区域】分别设置为0.5和42，如图13-37所示。

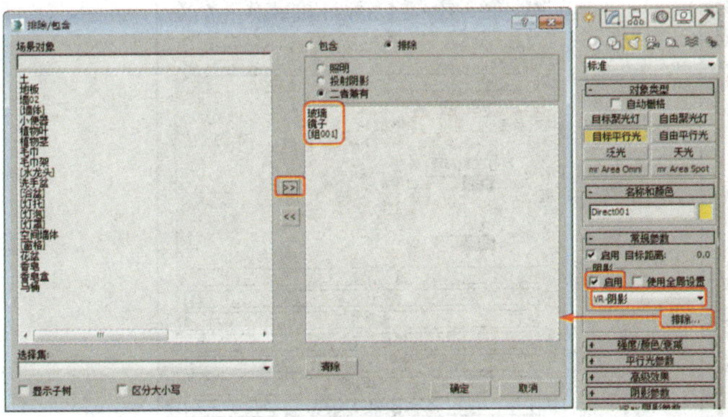

图13-36

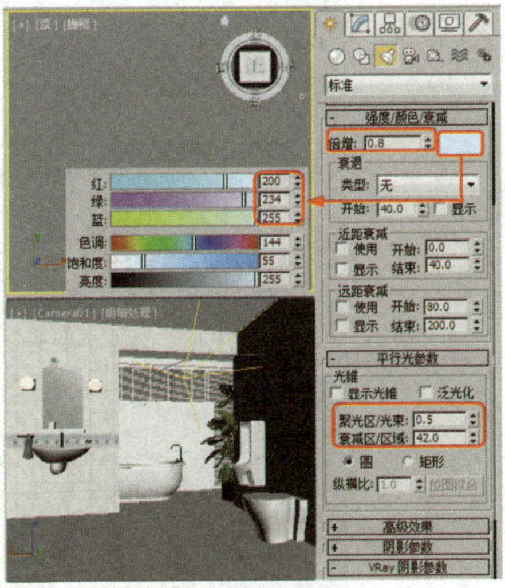

图13-37

Step 4 在【VRay阴影参数】卷展栏中勾选【区域阴影】复选框，将【细分】设置为

20，如图13-38所示。

Step 5 在其他视图中调整灯光位置，效果如图13-39所示。

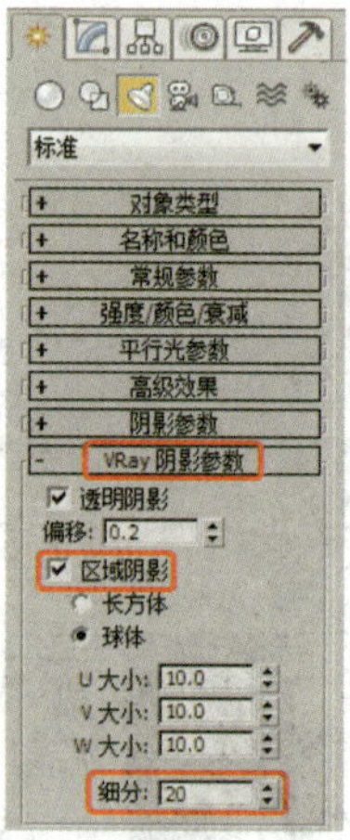

图13-38

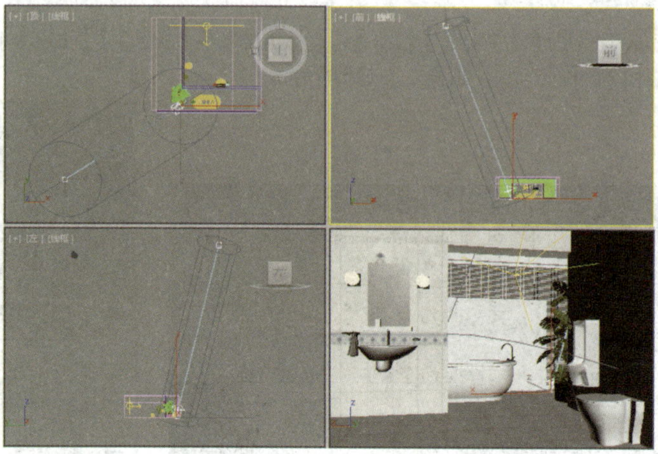

图13-39

13.1.3 渲染参数设置

设置材质和灯光后，下面再来设置一下最终渲染参数，具体操作步骤如下：

Step 1 在工具栏中单击【渲染设置】按钮，弹出【渲染设置】对话框，选择【V-Ray】选项卡，打开【全局开关[无名汉化]】卷展栏，开启【高级模式】。将【默认灯光】设置为【关】，在【图像采样器（抗锯齿）】卷展栏中，将过滤器类型设置为【Catmull-Rom】，如图13-40所示。

Step 2 在【环境】卷展栏中，勾选【全局照明（GI）环境】复选框，将倍增设置为2，如图13-41所示。

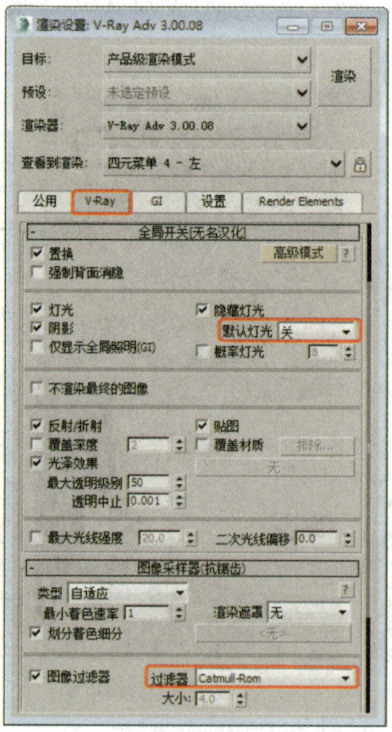

图13-40

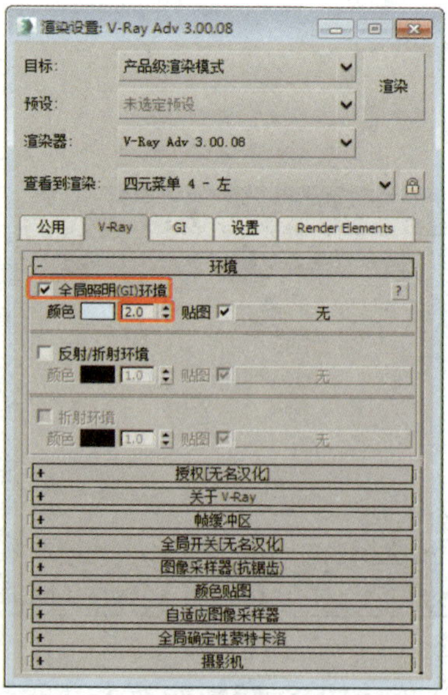

图13-41

Step 3 选择【GI】选项卡，开启【高级模式】。勾选【启用全局照明（GI）】复选框，将【首次引擎】设置为【发光图】，将【二次引擎】设置为【灯光缓存】，将【饱和度】设置为0.2。在【发光图】卷展栏中，开启【高级模式】。将【当前预置】设置为【非常低】，勾选【显示计算相位】和【显示直接光】复选框，并在右侧下拉列表中选择【显示新采样为亮度】，如图13-42所示。

Step 4 选择【设置】选项卡，开启【高级模式】。在【系统】卷展栏中将【动态内存限制（MB）】设置为400，如图13-43所示。设置完成后，确认当前激活的视图为【摄影机】视图，单击【渲染】按钮进行渲染即可。

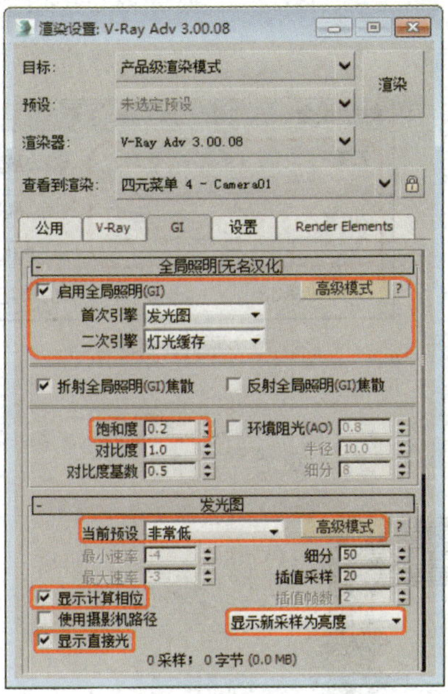

图13-42

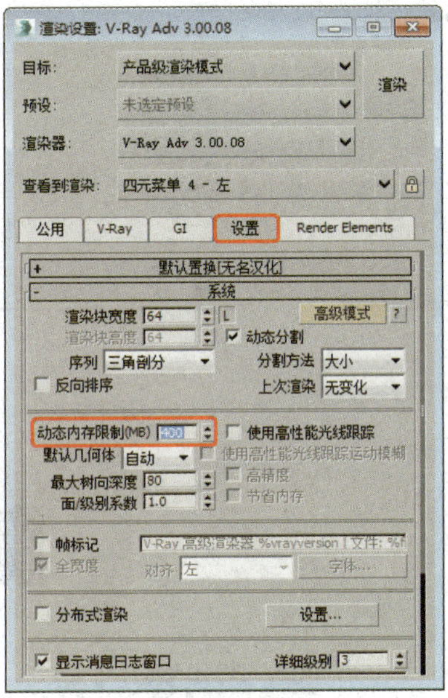

图13-43

13.2 后期处理

下面介绍如何对完成后的效果进行调整，其具体操作步骤如下：

Step 1 启动Photoshop CC，按Ctrl+O组合键，在弹出的对话框中选择素材文件，并将其打开，效果如图13-44所示。

图13-44

Step 2 在菜单栏中执行【图像】|【调整】|【亮度/对比度】命令，如图13-45所示。

Step 3 弹出【亮度/对比度】对话框，将【亮度】设置为30，将【对比度】设置为-15，如图13-46所示。

Step 4 完成后的效果如图13-47所示。

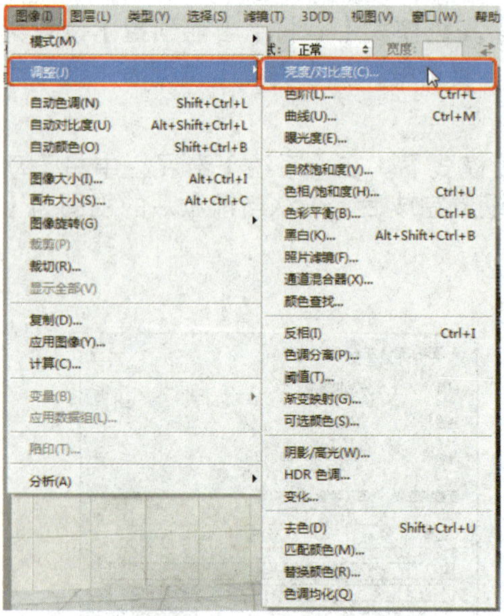

图13-45

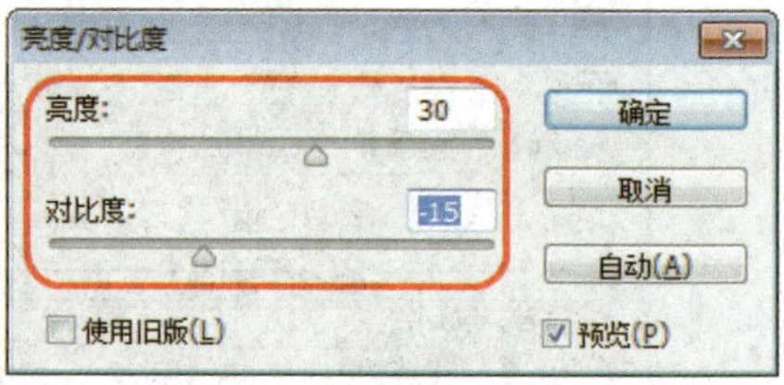

图13-46

图13-47